实例百分百丛书

中文版 AutoCAD 机械设计实例精讲

◎ 李代叙 编

内容简介

本书通过 100 个精选实例详细讲解了使用 AutoCAD 绘图的方法、操作与技巧，实例涉及机械、模具等多个领域。全书内容包括 AutoCAD 2008 中文版的安装、基本绘图命令、基本编辑命令、高级编辑命令、定义绘图环境、尺寸标注、文本标注、图案填充、三维模型绘制以及三维模型编辑等。

本书包括基础篇、提高篇、实战篇三个部分。第一部分通过 70 个实例，逐一讲解 AutoCAD 2008 中文版的基本绘图及部分高级命令，每个命令均通过实例进行讲解，确保读者真正掌握。第二部分通过 21 个实例，力求使用基础篇所学命令，进行综合应用，并进一步学习部分高级命令。第三部分通过 9 个实例，结合实际综合运用所学知识，提升读者的实战能力。

本书适合 AutoCAD 的初、中级读者快速入门并全面掌握软件、同时适合作为院校相关专业的教材，还可作为行业从业者的备查手册及社会培训机构教学与自学。

书中实例源文件可以从 www.bhp.com.cn 免费获得。

图书在版编目（CIP）数据

中文版 AutoCAD 机械设计实例精讲/李代叙编.—北京：科学出版社，2009.1

（实例百分百丛书）

ISBN 978-7-03-022793-5

Ⅰ. 中…　Ⅱ. 李…　Ⅲ. 机械设计：计算机辅助设计—应用软件，AutoCAD　Ⅳ. TH122

中国版本图书馆 CIP 数据核字（2008）第 124094 号

责任编辑：邓　伟　／　责任校对：赵丽丽

责任印刷：双　青　／　封面设计：青青果园

科学出版社 出版

北京东黄城根北街 16 号

邮政编码：100717

http://www.sciencep.com

双青印刷厂 印刷

科学出版社发行　各地新华书店经销

*

2009 年 1 月第　一　版　开本：787×1092 1/16

2009 年 1 月第一次印刷　印张：24.25

印数：1—3 000　字数：557 232

定价：39.00 元

前　言

AutoCAD 是由美国 Autodesk 公司推出的一个优秀的计算机辅助设计软件，从 1982 年开发的 AutoCAD 第一个版本以来，已经发布了十几个版本。正是由于产品的不断更新，使得计算机辅助设计及绘图技术在许多领域得到了前所未有的发展，其应用范围遍布机械、航天、轻工、建筑、电子、模具等设计领域。AutoCAD 彻底改变了传统的手工绘图模式，把工程设计人员从繁重的手工绘图中解放了出来，从而极大地提高了设计效率和工作质量。

AutoCAD 2008 是美国 Autodesk 公司于 2007 年 3 月发布的最新版本，对于初学者在学习这个软件的过程中，应当在掌握其基本功能的基础上，学会如何使用 AutoCAD 设计并绘制机械图样。本书就是围绕着这个目的来组织、安排内容的，即将 AutoCAD 的基本命令与典型零件的设计实例相结合，并综合编者多年从事 AutoCAD 教学和设计的经验，让您能在很短的时间内成为 AutoCAD 设计的高手。

为了方便广大读者学习，编者花费半年时间写作这本书。本书全面地介绍了 AutoCAD 2008 中文版，并以实例介绍了 AutoCAD 2008 中文版的应用。学完本书之后，对 AutoCAD 2008 中文版的基本操作以及在具体绘制图形过程中的一些技巧有比较深刻的了解。

本书的特点

1．循序渐进，由浅入深

为了方便读者学习，本书首先让读者了解 AutoCAD 2008 中文版，并逐渐掌握 AutoCAD 2008 中文版。读者在实例操作的基础上，逐渐学习 AutoCAD 2008 中文版。从而读者可以边学习，边动手，更快的掌握介绍了 AutoCAD 2008 中文版。

2．步步讲解，理解深刻

本书各实例都是按编者在实践操作过程的步骤，一步一步操作和讲解，使读者在学习介绍了 AutoCAD 2008 中文版的同时也学习到了工厂的实践知识。

3．案例精讲，深入剖析

根据编者多年的实践经验，精选机械、结构、模具等方面 100 个实例，详细讲解介绍了 AutoCAD 2008 中文版的操作和应用。

4．配有光盘，加速学习

为了让初学者快速入门，本书配套光盘中赠送了本书所完成的 100 个实例。

5．提供完善的售后服务

为了方便读者学习，编者在有一个专用邮箱 gzqixildx@126.com，用于解答 AutoCAD 的问题。读者可以将自己遇到的问题发布在该邮箱。我会帮助大家解决这些问题。

本书的内容

第 1 章：介绍了 AutoCAD 2008 中文版的安装，AutoCAD 2008 中文版的启动和关闭，AutoCAD 2008 中文版的基本文件操作命令，AutoCAD 2008 中文版的基本绘图命令，以及 AutoCAD 2008 中文版的图层命令。

第 2 章：本章详细讲解了 AutoCAD 2008 中文版的基本绘图命令和高级绘图命令，比如多线、块、陈列、镜像、复制等命令，讲解了对图形进行尺寸标注和输入文字。

第 3 章：本章并更深入讲解了 AutoCAD 2008 中文版的基本绘图命令和高级绘图命令，比如多线、块、陈列、镜像、复制、尺寸标注和输入文字等命令，并详细讲解了对直线、图层、尺寸标注样式和文字等图元进行编辑。

第 4 章：本章详细介绍了三维实体模型的创建方法，讲述了 AutoCAD 中直接创建三维实体对象的方法，以及通过将二维对象沿路径延伸或放样或绕轴旋转的方法来创建实体。也讲解了组合实体的创建方法，即通过对已有实体对象进行并集、差集或交集等布尔运算来创建复杂的实体。

第 5 章：本章中通过对三维模型实例的编辑，讲解了使用查询命令来分析实体的物理特性（体积、惯性矩、重心等），对实体进行倒角、圆角、剖切、截面和分解等操作，对实体的面、边和体等元素进行编辑操作。同时也讲解了在实体上标注尺寸和编辑文字。

第 6 章：讲解了综合使用基本平面绘图命令和高级命令，绘制较复杂的二维图形。本章也讲解了如何使用样板文件和自定义的样板文件。

第 7 章：讲解了三维实体模型的创建方法的综合使用。

第 8 章：本章例讲解了 AutoCAD 在机械设计方面的运用，综合使用 AutoCAD 平面绘图命令绘制精确机械设计图形。

第 9 章：本章讲解了 AutoCAD 在手机设计方面的运用，综合使用 AutoCAD 平面绘图命令绘制精确新产品设计图形。

第 10 章：本章讲解了 AutoCAD 在模具设计方面的运用，综合使用 AutoCAD 平面绘图命令绘制精确模具图形。

适合的读者

- AutoCAD 基础读者
- 想进一步学习 AutoCAD 的读者
- 行业从业人员
- 大专院校的学生
- 社会培训学生

本书由李代叙编写，参与编写和资料整理的还有卜庆玲、冯曼菲、匡妍娜、雷成健、李小波、刘浩然、刘会神、马震、齐志华、舒军、孙大林、王辉、王沛、王石、王晓悦、熊英、张杰、袁福庆、赵显琼、韩延峰、李刚、张佳楠、张金霞、左伟明、孔鹏，在此一并表示感谢。

编者

目录

第1篇　基础

第 2 篇　提高

第 3 篇 实践

CHAPTER

01

基础篇

本篇介绍 AutoCAD 2008 的安装和一些绘制基本图形命令，如直线、矩形、圆、圆弧、椭圆等简单的二维绘图命令。这些命令是学习 AutoCAD 绘图的基础，可以帮助读者对 AutoCAD 的绘图有一个基本的认识和了解。分别安排了“绘制基本图形命令”、“绘制基本二维对象”、“编辑二维对象”、“绘制基本三维对象”以及“编辑三维对象”5 章内容，每章都列举了大量的实例，从实战出发，分门别类地为读者介绍绘制和编辑图形元素对象的制作方法与技巧。

第 1 章　绘制基本图形命令

在本章中，将介绍一下 AutoCAD 2008 安装和一些绘制基本图形的命令，如直线、矩形、圆、圆弧、椭圆等简单的二维绘图命令。这些命令为 AutoCAD 绘图的基本操作，是学习的基础，可以帮助读者对 AutoCAD 的绘图有一个基本的认识和了解。

本章实例

实例 1　安装 AutoCAD 2008 中文版
实例 2　多边形——文件操作命令和直线命令
实例 3　吊环——圆和圆弧命令
实例 4　A4 图纸模板
实例 5　垫圈——圆环命令
实例 6　水管平面图——圆和矩形命令
实例 7　三通水管平面图——直线和圆命令
实例 8　四通水管平面图——直线和圆弧命令

实例1　安装 AutoCAD 2008 中文版

安装 AutoCAD 2008 中文版的建议配置为：

1．CPU：Pentium III 或 Pentium IV（建议使用 Pentium ）800MHz。

2．内存：512MB 或以上。

3．空闲硬盘空间：750MB 或以上。

4．视频显示器：1024×768 VGA。

5．鼠标或其他定点设备。

6．光盘驱动器。

7．操作系统：Microsoft Windows 2000 Service Pack 3 或更高版本，Windows XP 或更高版本。

步骤1　执行安装程序

将 AutoCAD 2008 中文版光盘放入光驱后，将自动运行安装程序，弹出【AutoCAD 2008】对话框，如图 1-1 所示。

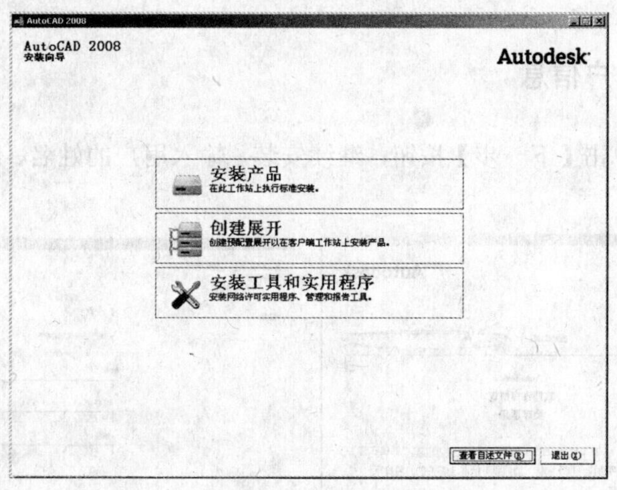

图 1-1　安装 AutoCAD 2008

步骤2　进入安装向导

选择图 1-1 中的【安装产品】选项，进入 AutoCAD 2008 的安装向导，如图 1-2 所示。

步骤3　安装向导

支持部件安装完成后，弹出【AutoCAD 2008 安装】对话框，如图 1-3 所示。单击【下一步】按钮，系统将继续安装，否则单击【取消】按钮退出安装程序。

AutoCAD 2008
安装向导
Autodesk
欢迎使用 AutoCAD 2008 安装向导
信息
文档
支持
< 上一步(B)
下一步(N) >
取消(C)

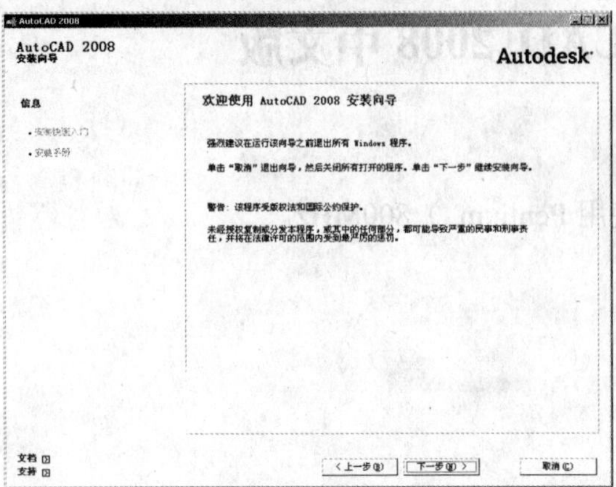

图 1-2　进入安装向导

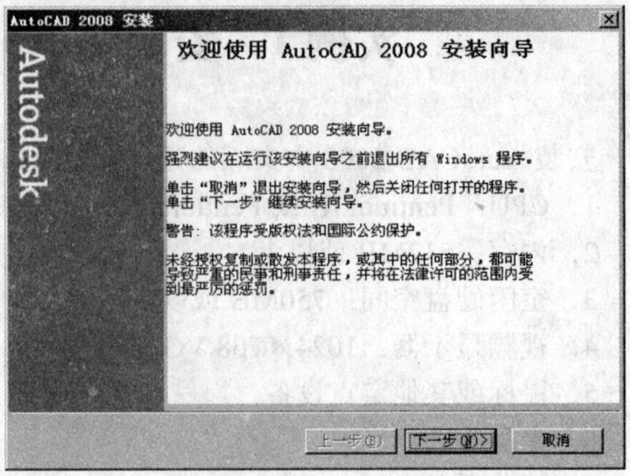

AutoCAD 2008 安装
Autodesk
欢迎使用 AutoCAD 2008 安装向导
欢迎使用 AutoCAD 2008 安装向导。
强烈建议在运行该安装向导之前退出所有 Windows 程序。
单击“取消”退出安装向导，然后关闭任何打开的程序。
单击“下一步”继续安装向导。
警告：该程序受版权法和国际公约保护。
未经授权复制或散发本程序，或其中的任何部分，都可能导致严重的民事和刑事责任，并将在法律许可的范围内受到最严厉的惩罚。
上一步(B)
下一步(N)>
取消

图 1-3　安装向导

步骤 4　签署许可协议

单击【下一步】按钮后，弹出【许可协议】对话框，如图 1-4 所示。此时应认真阅读该协议。如果接受该协议，则单击【下一步】按钮，系统将继续安装。否则，单击【取消】按钮，退出安装程序。

步骤 5　输入用户信息

如果接受协议，单击【下一步】按钮，继续安装。输入用户的姓名、组织等信息，如图 1-5 所示。

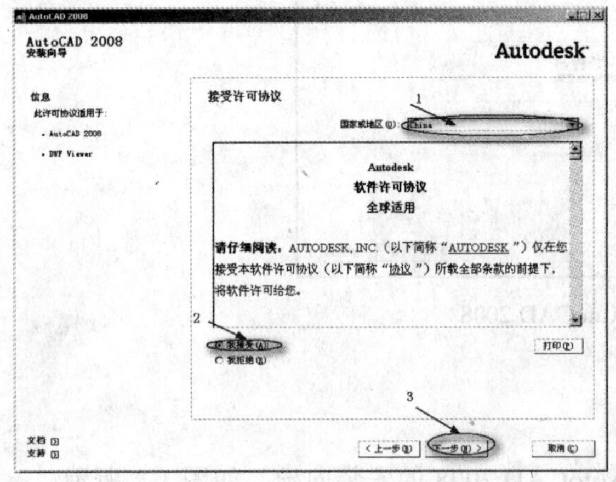

AutoCAD 2008
安装向导
Autodesk
接受许可协议
信息
1
2
3
Autodesk
软件许可协议
全球适用
请仔细阅读：AUTODESK, INC.（以下简称“AUTODESK”）仅在您接受本软件许可协议（以下简称“协议”）所载全部条款的前提下，将软件许可给您。
打印(P)
< 上一步(B)
取消(C)

图 1-4　安装许可协议

AutoCAD 2008
安装向导
Autodesk
个性化产品
信息
< 上一步(B)
下一步(N) >
取消(C)

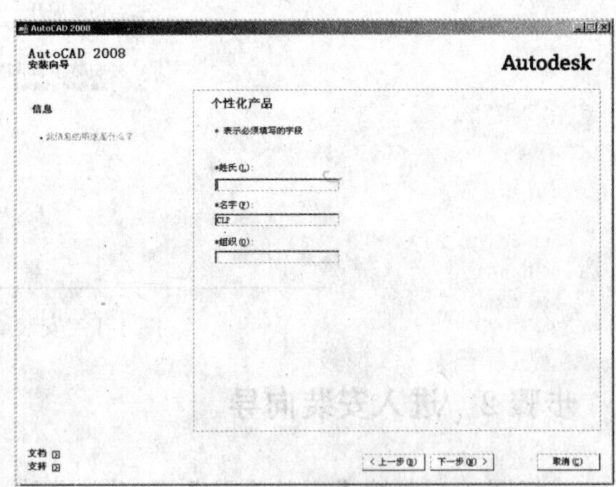

图 1-5　输入用户信息

步骤 6　选择安装类型

输入完成后，单击【下一步】按钮可选择配置来设定自己的安装路径、安装类型、文本编辑器等，设定完成后再返回此菜单。如采用默认安装，直接单击【安装】按钮，如图 1-6 所示。

步骤 7　指定安装目录

选择安装类型后，单击【下一步】按钮，需要指定用于安装 AutoCAD 2008 中文版的目录，如图 1-7 所示。用户可以重新指定安装目录。

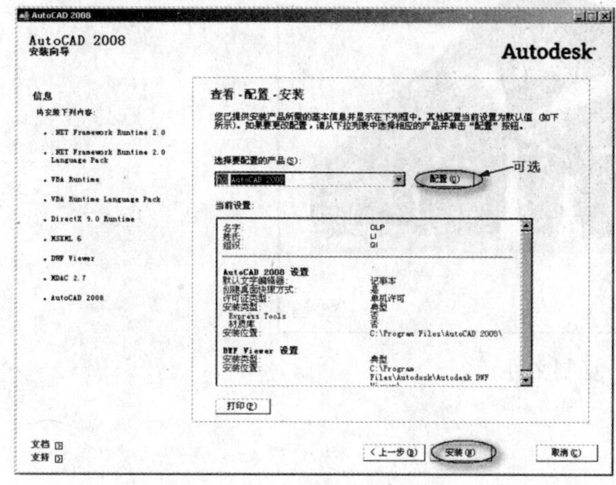

图 1-6　选择安装类型

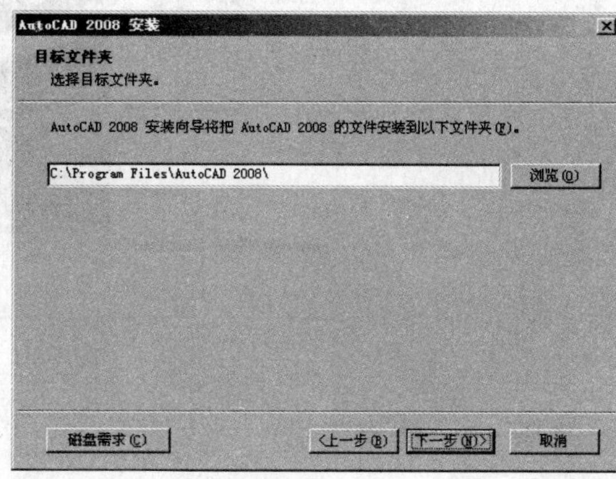

图 1-7　指定安装目录

步骤 8　选择文字编辑器和创建快捷方式

指定安装目录后，单击【下一步】按钮，需要安装 AutoCAD 2008 中文版的文字编辑器和创建快捷方式，如图 1-8 所示。到此为止就完成了安装的设置工作。单击【下一步】按钮，安装程序提示是否开始安装工作，如图 1-9 所示。

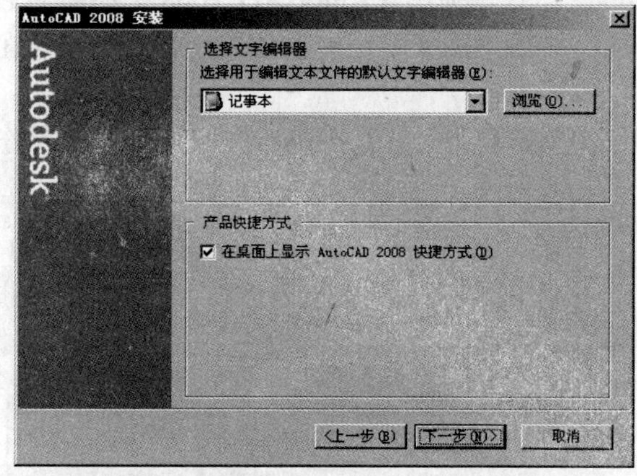

图 1-8　选择文字编辑器和创建快捷方式

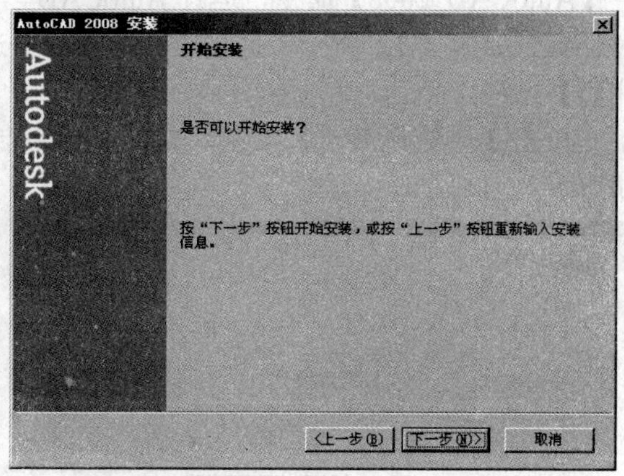

图 1-9　确定开始安装

步骤 9　系统安装

单击【下一步】按钮，安装程序将自动进行安装的初始化工作，并将 AutoCAD 文件复制到计算机中，如图 1-10 所示。

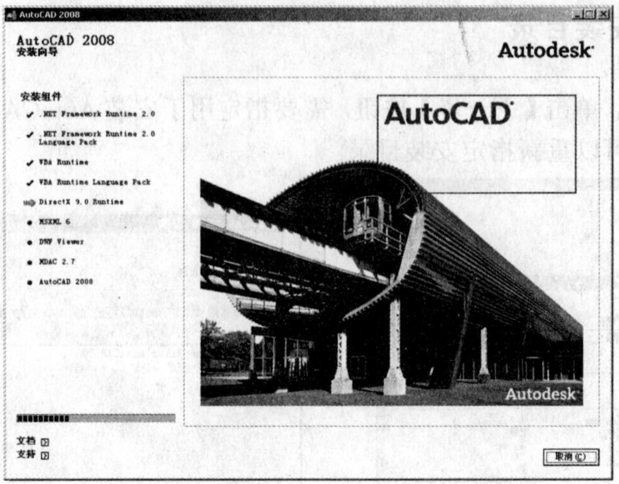

图 1-10　复制文件

步骤 10　结束安装

如果成功地完成了上述安装步骤，安装程序会提示结束安装，如图 1-11 所示。重新启动计算机使设置生效，如图 1-12 所示。

步骤 11　注册和激活 AutoCAD

依次单击【开始】→【所有程序】→【Autodesk】→【AutoCAD 2008 simplified Chinese】→【AutoCAD 2008】命令，运行 AutoCAD。第一次运行，弹出【AutoCAD 2008 产品激活】对话框，如图 1-12 所示。选择【激活产品】选项，然后单击【下一步】按钮，将启动【现在注册】过程。

单击【注册和激活】按钮，获得一个激活码。单击【下一步】按钮，按照提示说明操作即可。

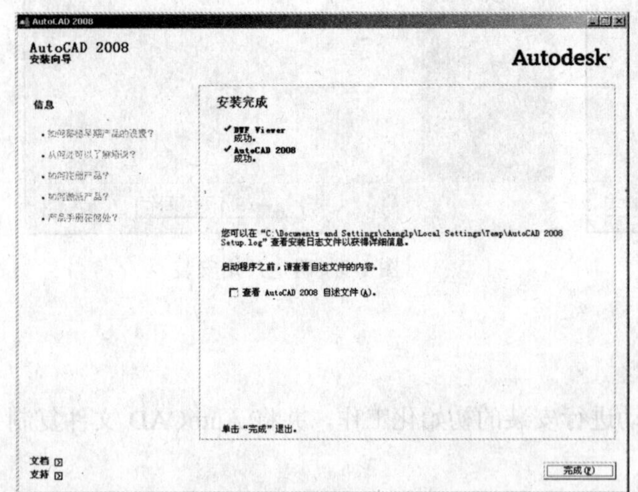

图 1-11　安装完成

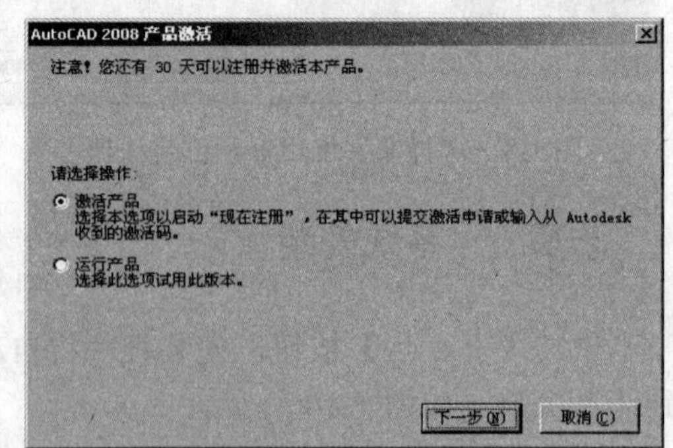

图 1-12　重新启动计算机

实例2　多边形——文件操作命令和直线命令

本实例通过绘制多边形平面图，学习文件操作命令、直线命令以及 AutoCAD 命令的操作。不管是使用向导、样板或默认创建新图方式，创建一张新图时，AutoCAD 2008 中文版都将为这张新图命名为“DRAWING1.DWG”。默认图形名随开始新图形的数目而变化。例如，如果开始创建另一图形，默认的图形名将为 drawing2.dwg。这时，可以立即开始在这张新图上绘制图形。用户可以随时选择【文件】→【保存】命令或选择【文件】→【另存为】命令，将这张新图保存成图形文件。

在 AutoCAD 2008 中，执行命令有三种方法。

- 方法一：通过菜单，可执行大部分命令。例如，执行【圆环】命令，可在菜单中选择【绘图】→【圆环】命令，如图 1-13 所示。
- 方法二：通过按钮操作，方便快捷。但工具栏中没有的按钮，则需要通过其他方法执行。例如，执行【图案填充】命令，可用鼠标单击绘图工具栏中的【图案填充】按钮，如图 1-14 所示。
- 方法三：通过命令行键入命令。例如，执行直线命令，可在命令行中键入“line”或“l”，然后按 Enter 键即可。适当记住常用命令的命令名称，在熟练绘图时，左手操作键盘，右手操作鼠标，将会大大提高绘图速度。

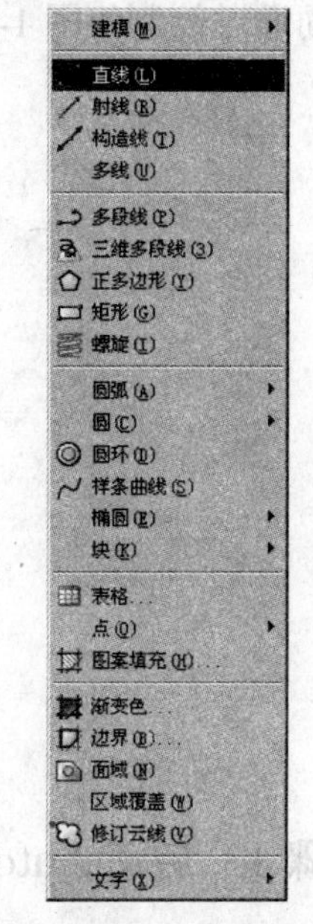

图 1-13　通过菜单执行命令

图 1-14　通过按钮执行命令

对比三种方法，各有不同特点，在熟练掌握 AutoCAD 绘图技能后，综合运用可提高工作效率。下面讲解直线命令的绘制方法。直线命令是 CAD 一个用来绘制直线的基本命令。绘制直线的方法有以下几种：

绝对坐标法：例如，绘制了一条从 X 值为-2、Y 值为 1 的位置开始，到端点(3,4)处结束的线段。可以输入，命令 L 或 line|起点:#-2,1|下一点:#3,4。绘制中，按 F12 键，可以临时关闭动态输入；单击状态工具条上的【DUCS】选项，可以禁用动态输入；单击【DYN】选项，可以打开和关闭动态输入功能，如图 1-15 所示。

-18.5856, 9.5575, 0.0000　捕捉　栅格　正交　极轴　对象捕捉　对象追踪　DUCS　DYN　线宽　模型

图 1-15　AutoCAD 工具条

增量法：相对坐标法，它是基于上一输入点的。如果知道某点与前一点的位置关系，可以使用相对 X,Y 坐标。要指定相对坐标，在坐标前面添加一个@符号。例如，输入@3,4 指定一点，此点在上一指定点沿 X 轴方向增加 3 个单位，沿 Y 轴方向增加 4 个单位。

极坐标：极坐标也分为相对输入和绝对输入法两种。输入方式和规则如上。一直线距离原点有 3 个单位，并且与 X 轴成 50 度角，则输入 L，然后按 Eenter 键；然后输入起点#0，0，按 Enter 键；最后输入终点#3<45，按 Enter 键。

下面通过绘制如图 1-16 所示的一个多边形来讲解这些操作。

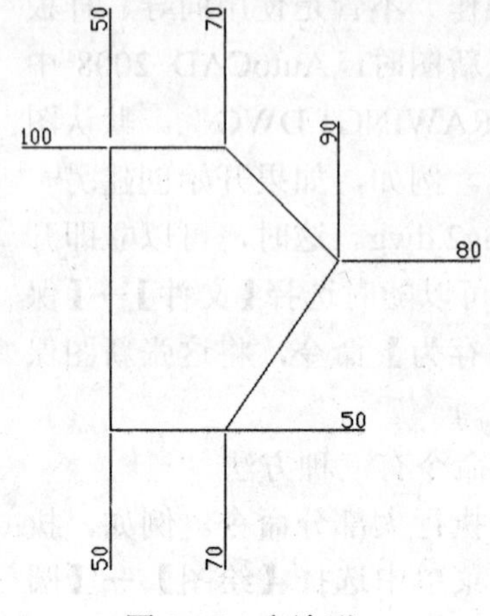

图 1-16　多边形

步骤 1　启动 AutoCAD 2008

依次单击【开始】→【所有程序】→【Autodesk】→【AutoCAD 2008 simplified Chinese】→【AutoCAD 2008】命令，运行 AutoCAD 2008，如图 1-17 所示。

图 1-17　AutoCAD 经典界面

AutoCAD 绘图区为黑色，线条颜色默认为白色。为了方便阅读，在后面实例中将绘图区颜色设为白色，如图 1-18 所示。设置方法为，选择【工具】→【选项】→【颜色】命令，弹出【图形窗口颜色】对话框，将颜色设置为白色即可。操作过程如图 1-19、图 1-20 和图 1-21 所示。

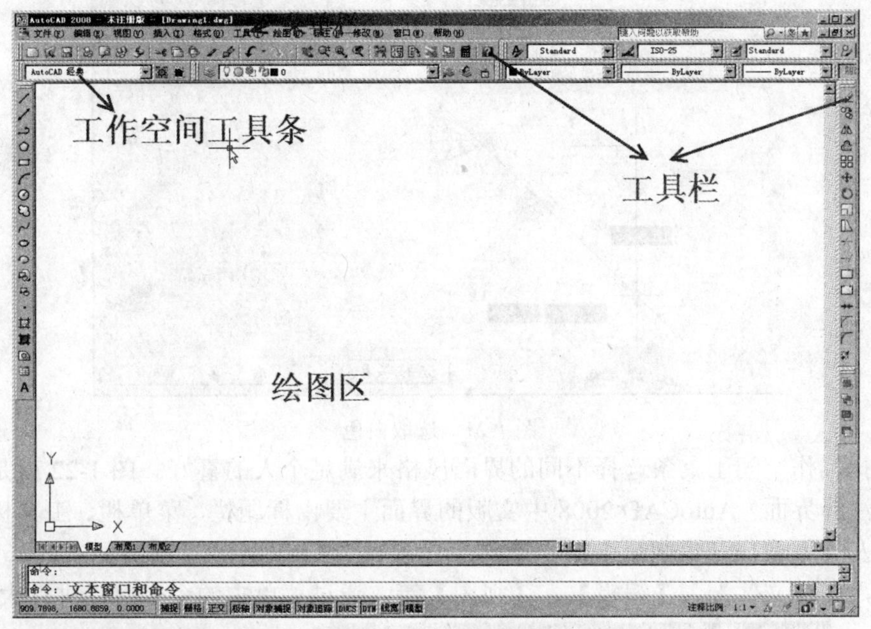

图 1-18　AutoCAD 经典界面

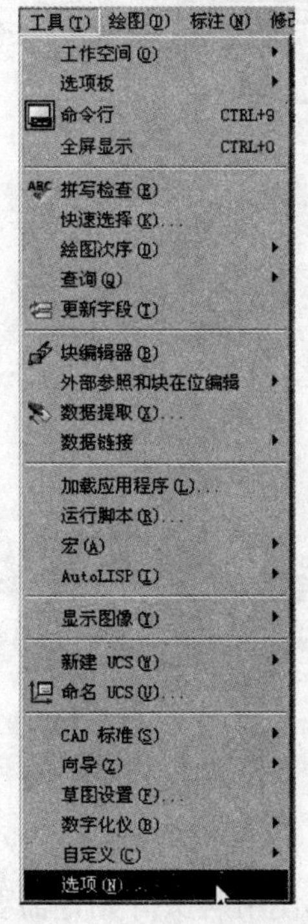

图 1-19　执行【选项】命令

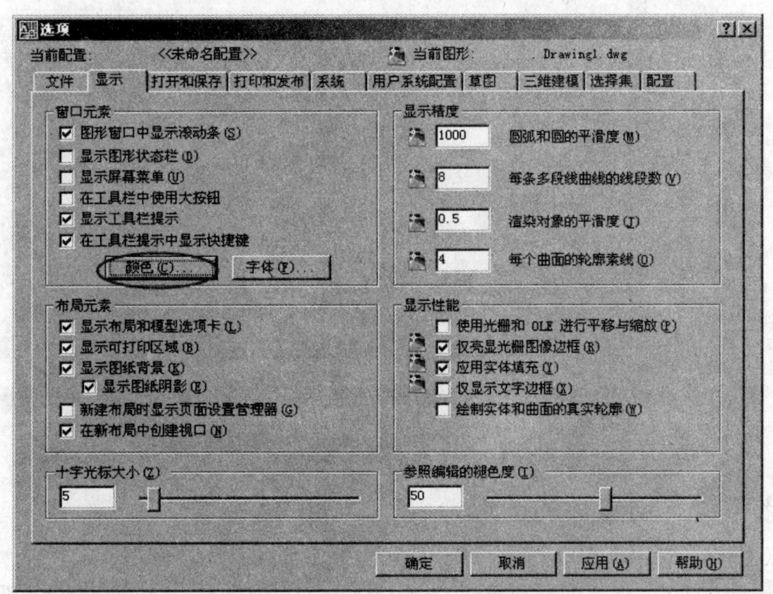

图 1-20　【选项】对话框

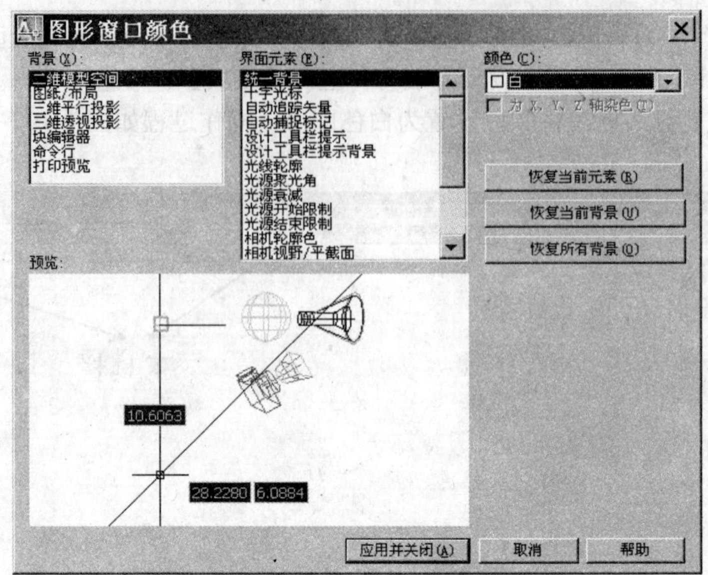

图 1-21　选取白色

通过选择工作空间工具条选择不同的界面风格来满足个人的喜好。图 1-22 就是 AutoCAD 二维草图与注释界面。AutoCAD 2008 中文版的界面主要由标题栏、菜单栏、工具栏、状态栏、绘图窗口以及文本窗口（也叫命令行）等几部分组成。AutoCAD 工作界面友好，菜单栏中包含常用菜单，如【文件】、【编辑】、【视图】等，通过菜单中的命令可以进行大部分操作。

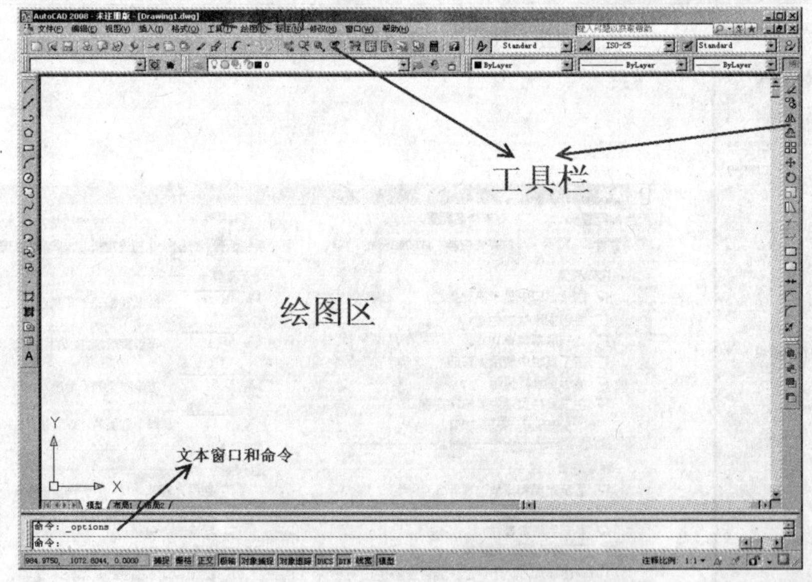

图 1-22　AutoCAD 二维草图与注释界面

步骤 2　创建新的图形

建新图形的方法有从头开始，和使用默认图形样板文件两种。如果使用从头开始，需要将 STARTUP 系统变量设置为 1，将 FILEDIA 系统变量设置为 1。设置方法如下：

在命令提示下，输入以下命令：

```
startup Enter
1 Enter;
Filedia Enter
1Enter
```

如果要换回利用图形文本打开，可以输入

```
startup Enter
0 Enter;
Filedia Enter
1 Enter
```

这里选择默认方式。选择【文件】→【新建】命令，系统显示【选择样板】对话框，如图 1-23 所示。在该窗口中可使用样板、向导等方式创建新图形。选择【打开】按钮后面的▾按钮，选择【无样板】打开方式。

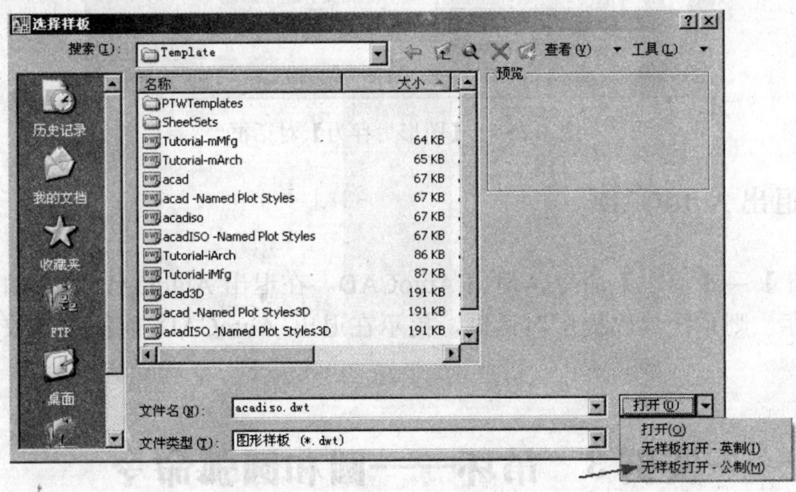

图 1-23　【选择样板】对话框

步骤 3　绘制多边形

连续绘制 5 条头尾相连的直线。选择【绘图】→【直线】命令，并根据提示，进行如下操作：

```
LINE 指定第一点：#50,50Enter
指定下一点或[放弃（U）]：@20,0Enter
指定下一点或[放弃（U）]：#90,80Enter
指定下一点或[闭合（C）/放弃（U）]:#70,100Enter
（如果在动态状态下#不能少，否则变成增量输入）
指定下一点或[闭合（C）/放弃（U）]:#50,100Enter
指定下一点或[闭合（C）/放弃（U）]:@50<270Enter
指定下一点或[闭合（C）/放弃（U）]://Enter
```

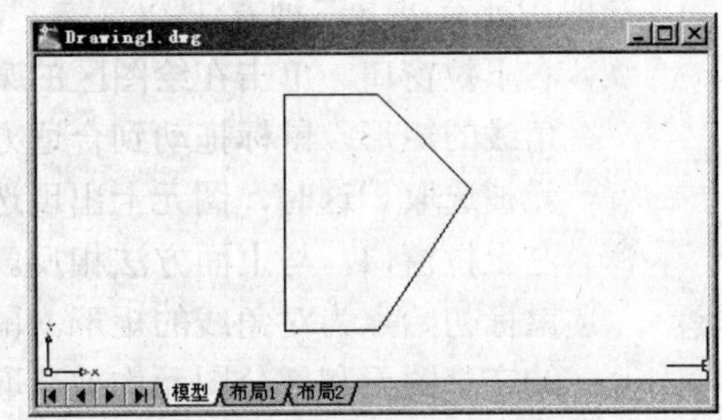

图 1-24　绘制的非等边五边形

结果如图 1-24 所示。

步骤 4　保存文件

选择【文件】→【保存】命令，弹出【图形另存为】对话框，如图 1-25 所示。可以选择保存文件的目录和文件名，以“EXAMPLE2.dwg”为文件名保存该图形文件。

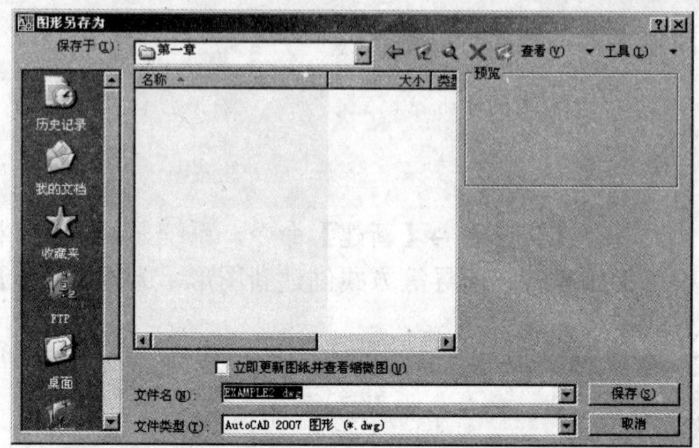

图 1-25　【图形另存为】对话框

步骤 5　退出 AutoCAD

选择【文件】→【退出】命令，退出 AutoCAD。在退出 AutoCAD 时，如果当前的图形文件没有被保存，则系统弹出提示对话框，提示在退出 AutoCAD 前保存或放弃对图形所做的修改。

实例 3　吊环——圆和圆弧命令

本实例通过绘制吊环，介绍图层的概念、图元选取的基本操作和圆及圆弧的命令。

图层相当于图纸绘图中使用的重叠图纸。图层是图形中使用的主要组织工具。可以使用图层将信息按功能编组，以及执行线型、颜色及其他标准。这种分配方案的目的是有效而方便地组织部件。

选取图元有以下三种方法：

- 右下拉窗口。单击在绘图区的某点，然后向右下方拖动，此时出现以鼠标初始点为对角线的矩形。鼠标拖动到合适方位，再次单击鼠标，此时包括在矩形窗口内的完整图元被选取。这时，图元上出现选取标识，如图 1-26 和图 1-27 所示。
- 左上拉窗口，与上面方法相反。单击绘图区的某点，然后向左上方拖动，此时出现以鼠标初始点为对角线的矩形。鼠标拖到合适方位，再次单击鼠标，包括在矩形窗口内的完整图元和部分图元均被选取，在图元上出现选取标识，如图 1-28 和图 1-29 所示。

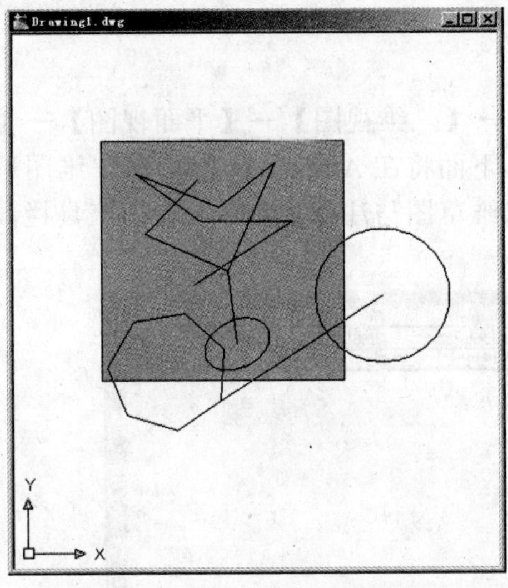

图 1-26　右下拉窗口

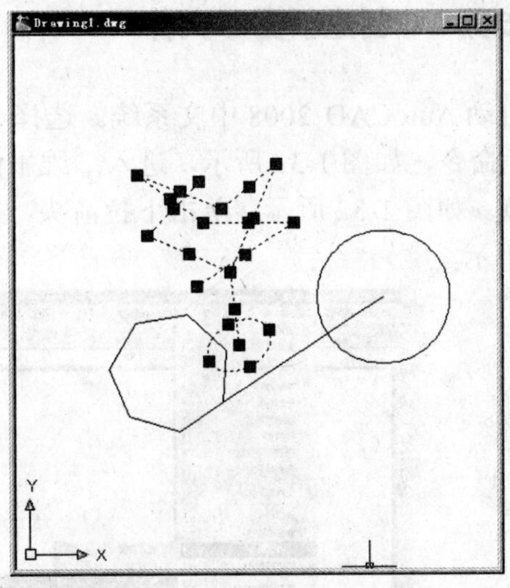

图 1-27　选取标识

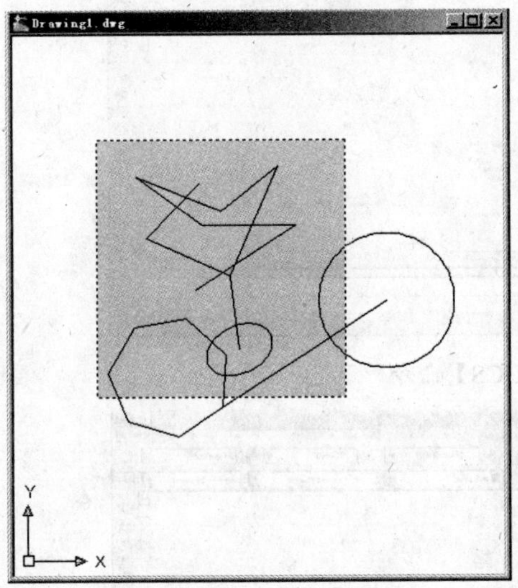

图 1-28　左上拉窗口

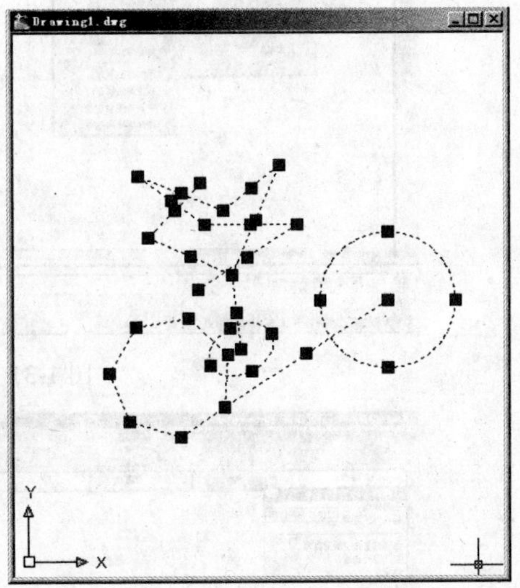

图 1-29　选取标识

- 方法三：直接单击图元。鼠标单击图元，图元出现选取标识。

通过 AutoCAD 2008 来绘制如图 1-30 所示的吊环图形，可以练习绘制圆弧和圆弧命令以及介绍图层的使用。

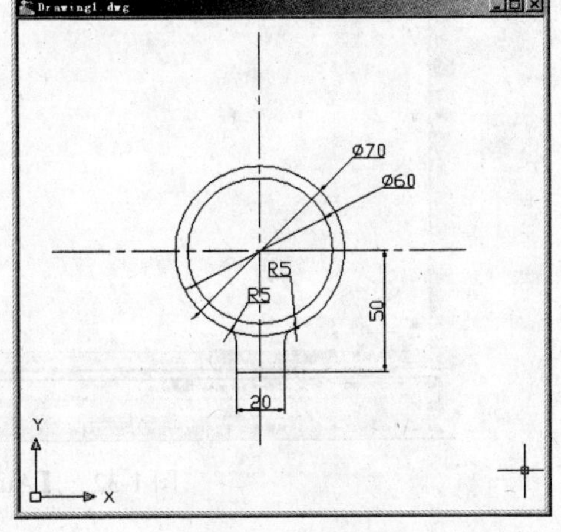

图 1-30　吊环

步骤 1 创建新图形文件

启动 AutoCAD 2008 中文系统。选择【视图】→【三维视图】→【平面视图】→【当前 UCS】命令，如图 1-31 所示，进入二维平面绘图。下面将在 AutoCAD 2008 的二维图形视图中绘制。如图 1-32 所示，单击下拉箭头，单击【二维草图与注释】命令，调出工具栏，如图 1-33 所示。

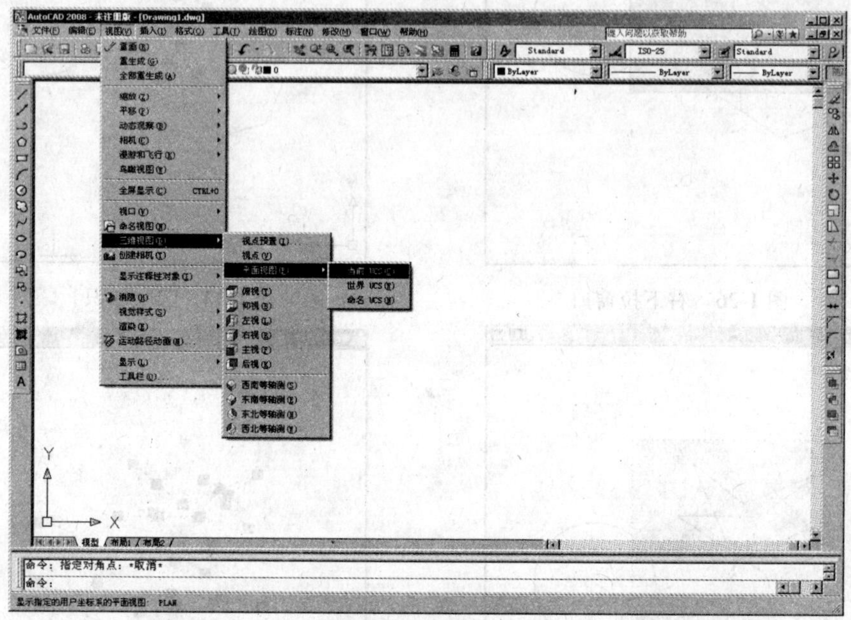

图 1-31 【当前 UCS】命令

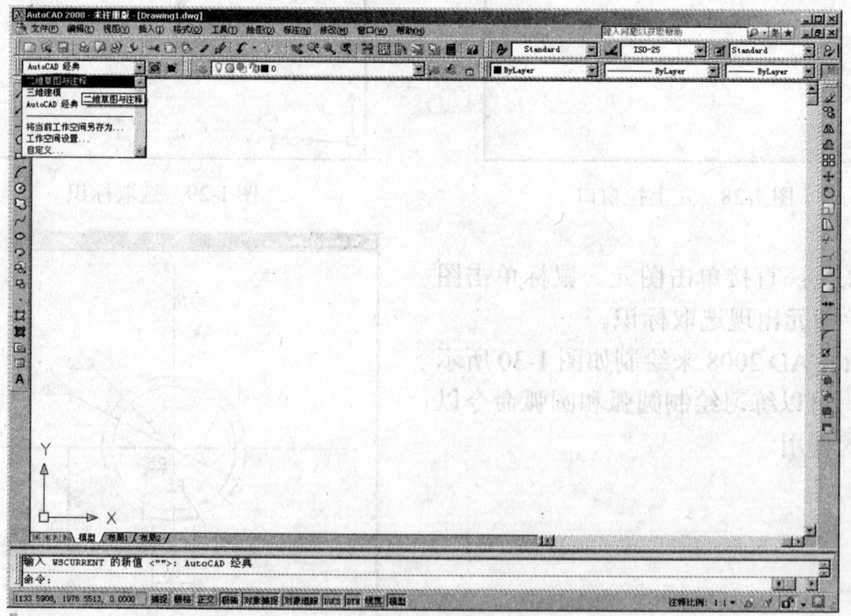

图 1-32 【AutoCAD 经典】界面方案

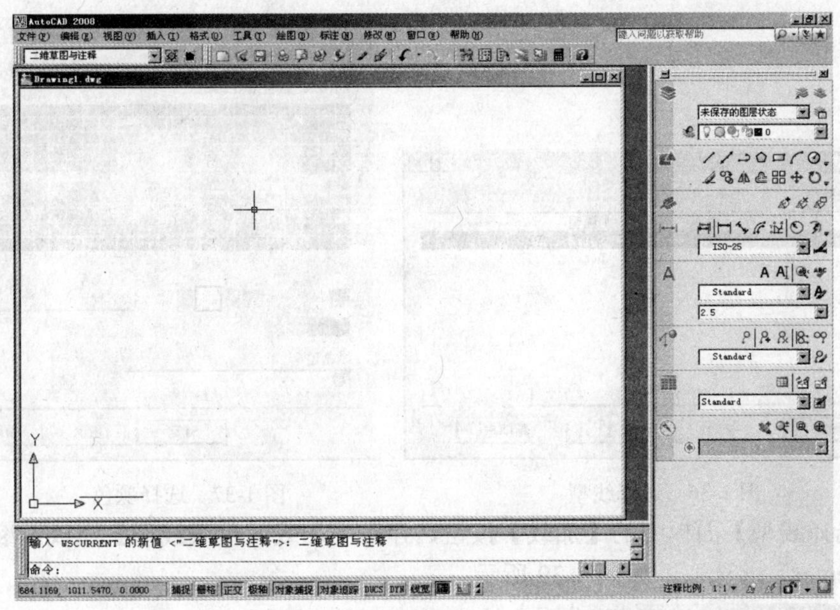

图 1-33　【二维草图与注释】界面方案

步骤 2　绘制中心线

选择【格式】→【图层】命令，弹出【图层特性管理器】面板，或者单击工作界面右边图层工具栏中的【图层特性管理器】按钮，弹出【图层特性管理器】面板，如图 1-34 和图 1-35 所示。

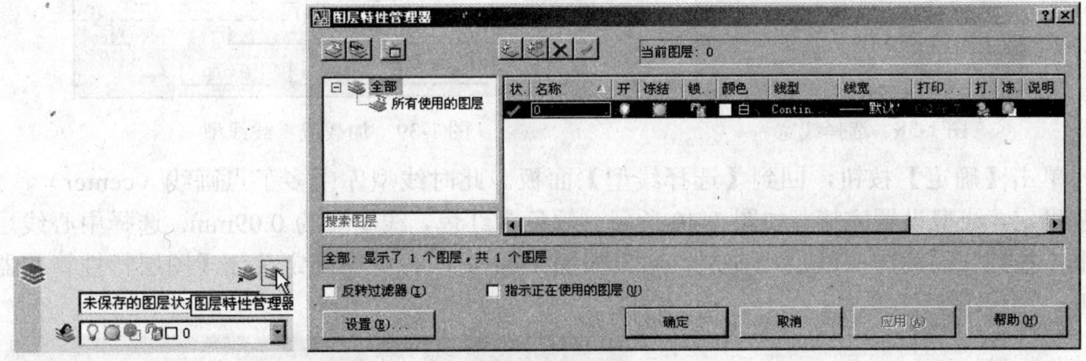

图 1-34　图层工具栏　　　　图 1-35　【图层特性管理器】面板

按 ALT+N 键或者单击按钮，新建一个图层，命名层名为【实线】。双击该层的颜色，设定颜色为白色，双击线型设为实线（contituous），双击线宽设定线宽度为（0.25mm），如图 1-36、图 1-37 和图 1-38 所示。

同理新建中心线层，并设置中心线层的线型设为点画线（center）。设置线型时，开始步骤同上，弹出【选择线型】面板，但线型库中只有实线（contituous），点画线（center）需要加载。

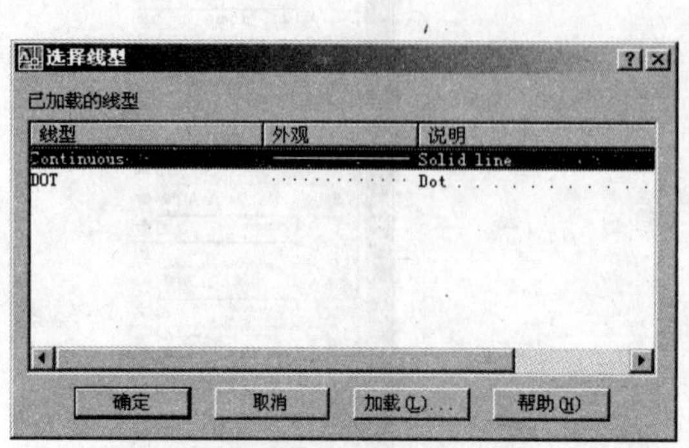

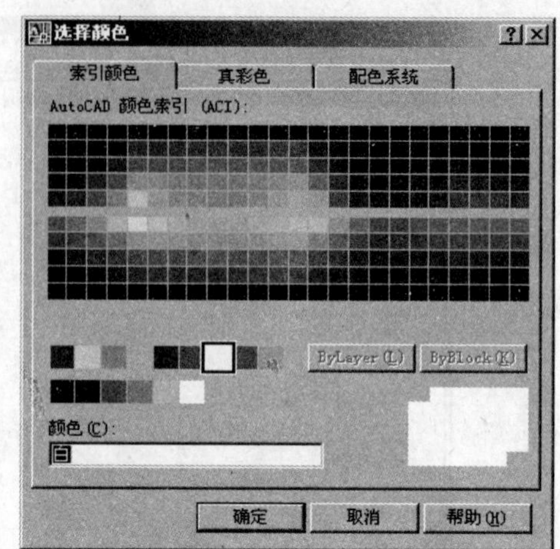

图 1-36　选择线型　　　　图 1-37　选择颜色

单击【选择线型】面板中的【加载】按钮，弹出【加载或重载线型】面板。滚动滑块，找到点画线（center）并选取，如图 1-39 所示。

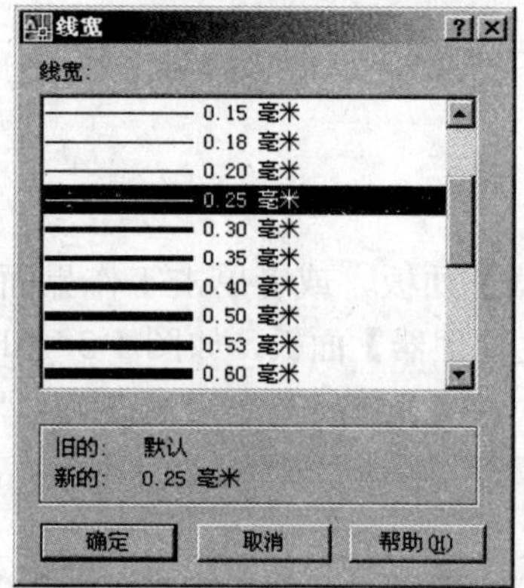

图 1-38　选择线宽　　　　图 1-39　加载或重载线型

单击【确定】按钮，回到【选择线型】面板。此时线型库中多了点画线（center），选取并确定，线型设置完毕，如图 1-40 所示。颜色为红色，线宽度为 0.09mm。选择中心线层，后单击按钮设为中心线层当前层，结果如图 1-41 所示，单击确定关闭【图层特性管理器】面板。

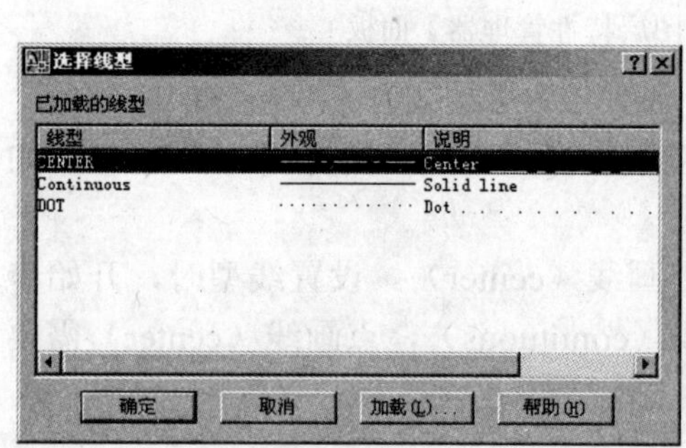

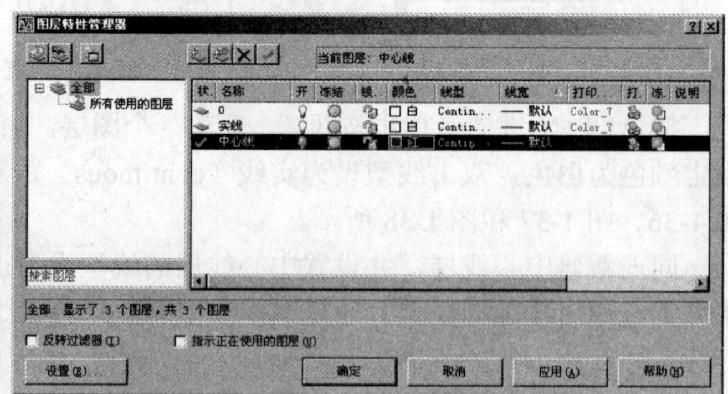

图 1-40　选择线型　　　　图 1-41　【图层特性管理器】对话框

（2）选择【绘图】→【直线】命令，或者单击绘图工具栏的直线按钮，如图 1-42 所示。绘制两条直线，分别是起点（30，110）、终点（200，110），起点（115，30）、终点（115，200）。结果如图 1-43 所示。

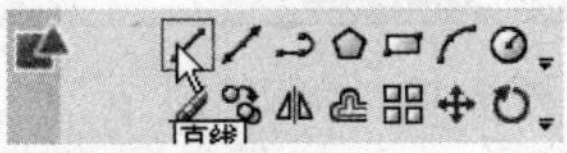

图 1-42　绘图工具栏

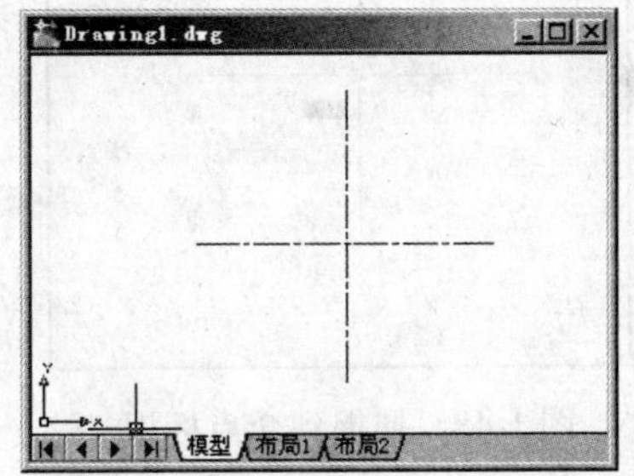

图 1-43　绘制吊环中心线

步骤 3　绘制圆

打开【图层特性管理器】面板，设实线层为当前图层，或者单击图层工具栏图层过滤器的下拉箭头，选择实线层，即将实线层设置为当前层，如图 1-44 所示。选择【绘图】→【圆】→【圆心，直径】命令（如图 1-45 所示），或者选取绘图工具栏右侧的下拉箭头找到【圆】按钮并选取，如图 1-46 所示。绘制两个圆，圆心是两条中心线的交点，直径分别是 60、70。在选择两条中心线交点时需要开启【对象捕捉】按钮对象捕捉，此时当执行绘圆功能时，鼠标靠近两中心线交点时，会出现黄色的交点标识，单击鼠标选取圆心在两中心线交点，输入半径即可，如图 1-47 和图 1-48 所示。绘制结果如图 1-49 所示。

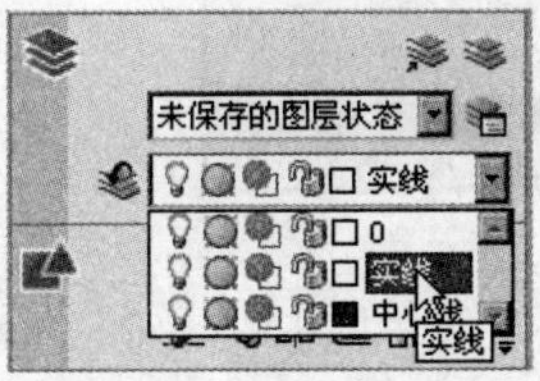

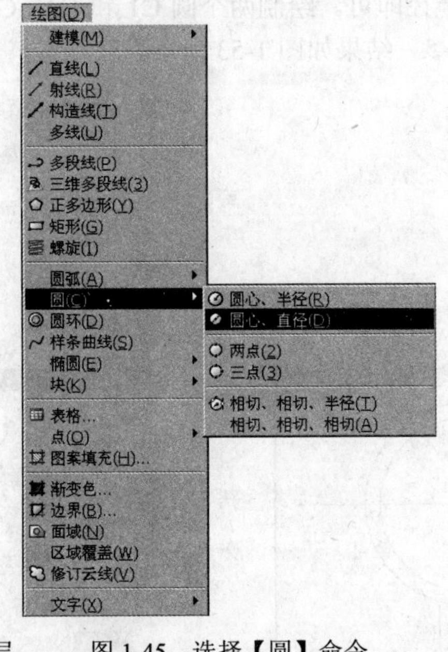

图 1-44　设置图层为当前图层

图 1-45　选择【圆】命令

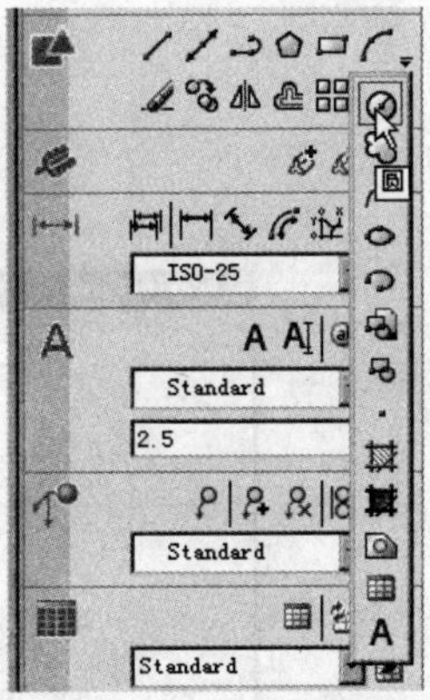

图 1-46　选择【圆】按钮

图 1-47　开启对象捕捉功能

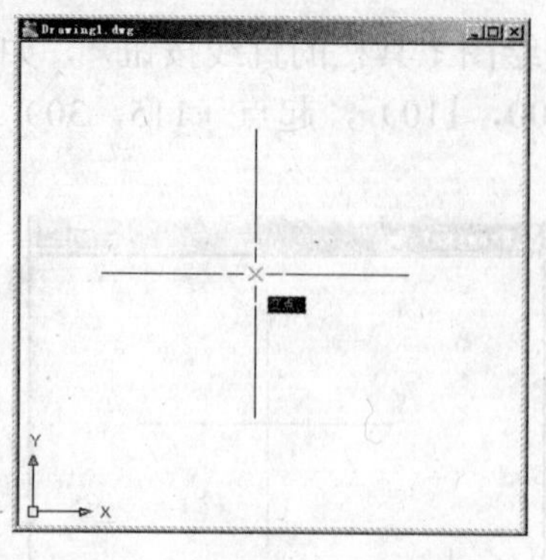

图 1-48　捕捉到交点标识

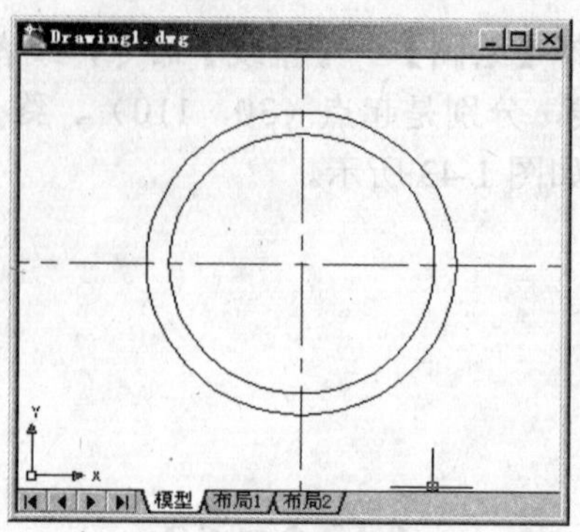

图 1-49　绘制的圆

步骤 4　绘制圆弧

Step 01 选择【绘图】→【直线】命令，并根据提示进行如下操作：

```
命令: _line 指定第一点: 125,70Enter
指定下一点或[放弃（U）]: 125,60Enter
指定下一点或[放弃（U）]: 105,60Enter
指定下一点或 [闭合(C)/放弃(U)]: 105,70Enter
指定下一点或 [闭合(C)/放弃(U)]: Enter
```

结果如图 1-50 所示。

Step 02 选择【绘图】→【圆】→【相切、相切、半径】命令，如图 1-51 所示。当鼠标靠近要相切的直线时，会出现相切符号，如图 1-52 所示。此时单击鼠标，用同样的方法选取另一相切对象，然后键盘输入半径即可。绘制两个圆 C1 和 C2，C1 圆与 L1 和大圆相切，C2 圆与 L3 和大圆相切，半径都是 5。结果如图 1-53 所示。

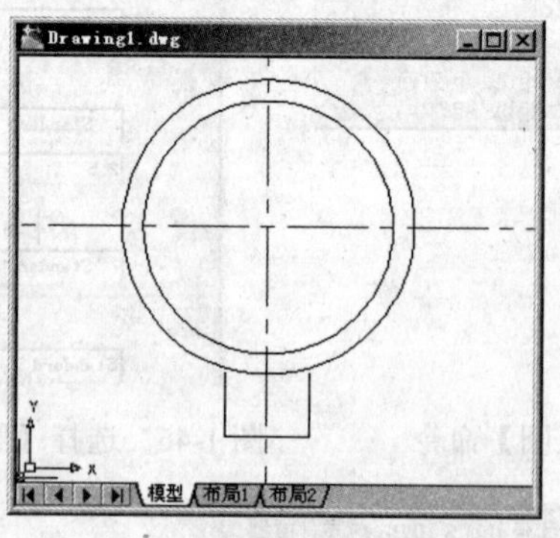

图 1-50　绘制的三条直线

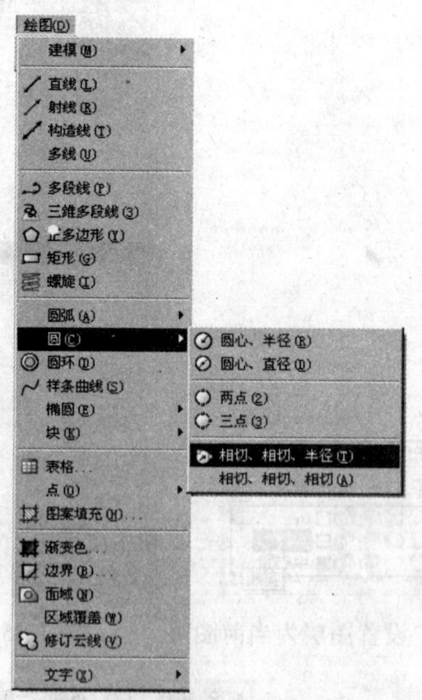

图 1-51　选择【圆】命令

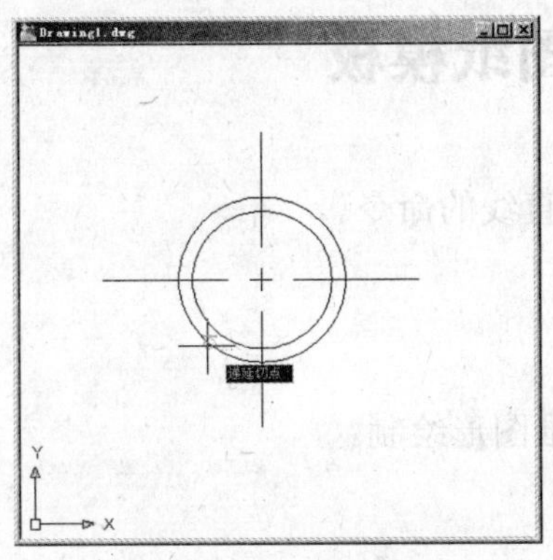

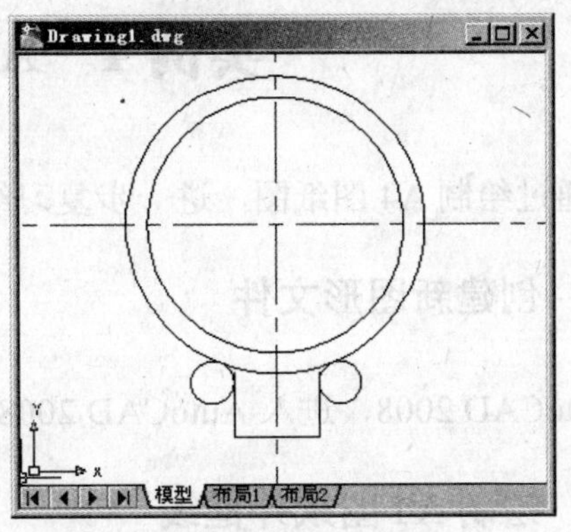

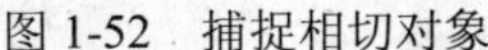
图 1-52　捕捉相切对象　　　　图 1-53　绘制的两个相切圆

Step 03 选择【绘图】→【圆弧】→【起点、圆心、端点】命令，如图 1-54 所示，绘制两个圆弧。一圆弧的起点是圆 C1 与 L1 的相切点，圆心是 C1 圆的圆心，端点是 C1 和大圆的相切点，另一圆弧的起点是圆 C1 与大圆的相切点，圆心是 C2 圆的圆心，端点是 C2 和 L3 的相切点。

注意：在绘制圆弧时，点选起点和圆心后，圆弧走向是按逆时针方向旋转的，起点和终点交换选择顺序时，所画的圆弧正好是一个圆的两个不同部分。

Step 04 选择【绘图】→【直线】命令，绘制两条直线。一条直线的起点是（105，60）、终点是 C1 和 L1 的相切点，另一条直线的起点是（125，60）、终点是 C2 和 L3 的相切点。选择【编辑】→【清除】命令，删除圆 C1 和 C2 以及直线 L1 和 L2。结果如图 1-55 所示。

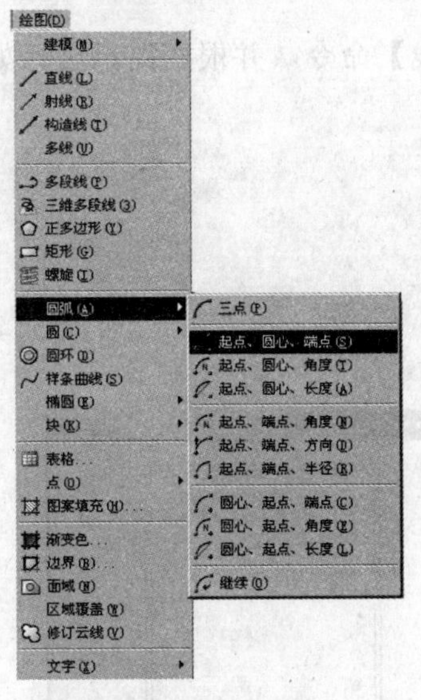

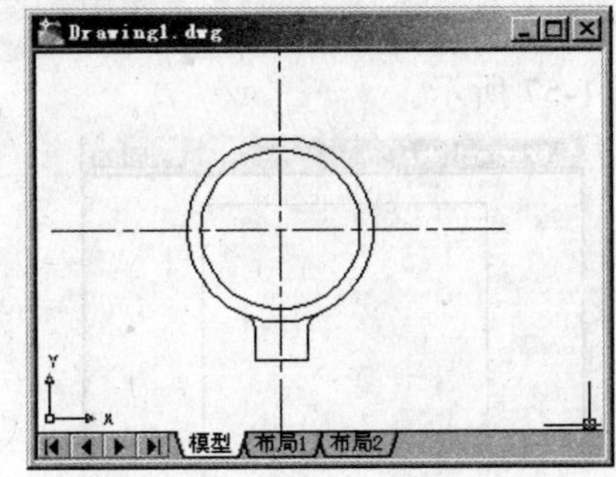

图 1-54　选择圆弧命令　　　　图 1-55　绘制的吊环

步骤 5　保存文件并退出

选择【文件】→【保存】命令，以“EXAMPLE3.dwg”为文件名保存该图形文件。选择【文件】→【退出】命令，退出 AutoCAD。

实例4　A4图纸模板

本实例通过绘制 A4 图纸图，进一步复习绘制直线的命令。

步骤1　创建新图形文件

启动 AutoCAD 2008，进入 AutoCAD 2008 二维图形绘制。

步骤2　绘制 A4 图纸外框线

设置当前层为实线，绘制 4 条头尾相连的直线，选择【绘图】→【直线】命令，并根据提示进行如下操作：

```
命令: _line 指定第一点: 10,10Enter
指定下一点或[放弃（U）]: 220,10Enter
指定下一点或[放弃（U）]: 220,307Enter
指定下一点或 [闭合(C)/放弃(U)]: 10,307Enter
指定下一点或 [闭合(C)/放弃(U)]: 10,10Enter
指定下一点或 [闭合(C)/放弃(U)]: Enter
```

结果如图 1-56 所示。

步骤3　绘制 A4 图纸内框线

绘制 4 条头尾相连的直线，选择【绘图】→【直线】命令，并根据提示进行如下操作：

```
命令: _line 指定第一点: 15,15Enter
指定下一点或[放弃（U）]: 215,15Enter
指定下一点或[放弃（U）]: 215,302Enter
指定下一点或 [闭合(C)/放弃(U)]: 15,302Enter
指定下一点或 [闭合(C)/放弃(U)]: 15,15Enter
指定下一点或 [闭合(C)/放弃(U)]: Enter
```

结果如图 1-57 所示。

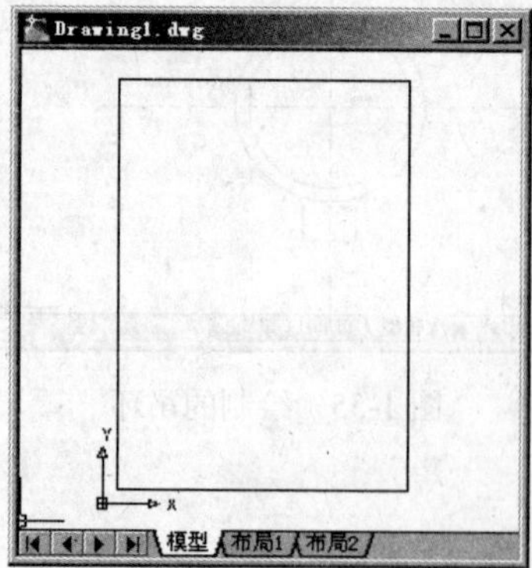

图 1-56　绘制的 A4 图框外框线

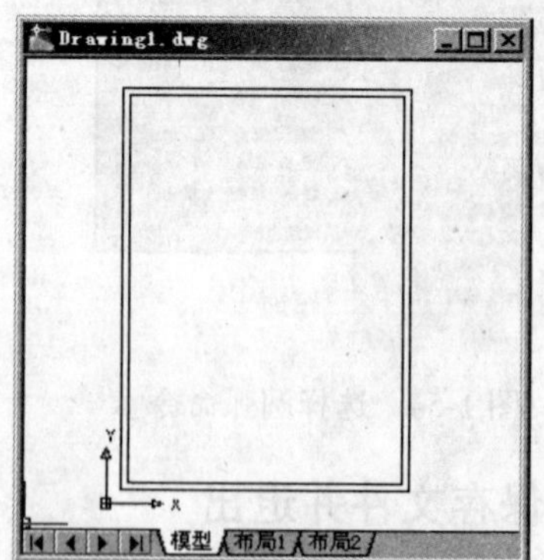

图 1-57　绘制的 A4 图框内框线

步骤4　保存文件并退出

选择【文件】→【保存】命令，以“EXAMPLE4.dwg”为文件名保存该图形文件。选择【文件】→【退出】命令，退出AutoCAD。

实例5　垫圈——圆环命令

本实例通过绘制垫圈图，学习圆环命令及对象捕捉命令，并复习绘制直线的命令。

在绘图过程中，经常需要将一条直线的端点定位在另一条直线的端点或者中点或其他特征点上。除了后面将要介绍的对象捕捉工具栏中各种捕捉功能外，在一般情况下，只需打开绘图区特性工具栏中的【对象捕捉】选项，即可完成一般的捕捉功能，例如直线的端点、两图元的交点以及圆和椭圆的圆心等。效果如图1-58和图1-59所示。

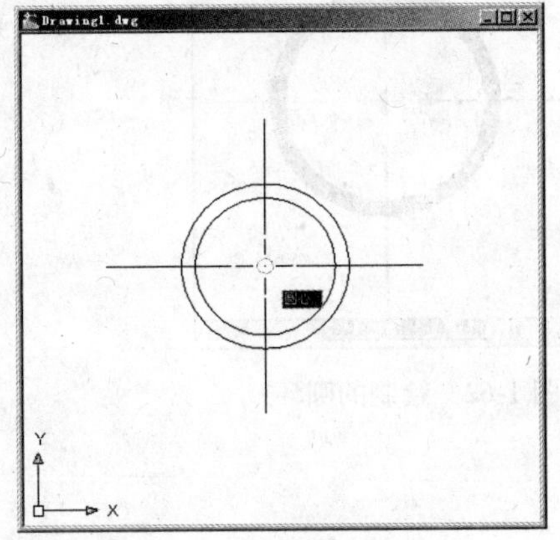

图1-58　捕捉到圆心

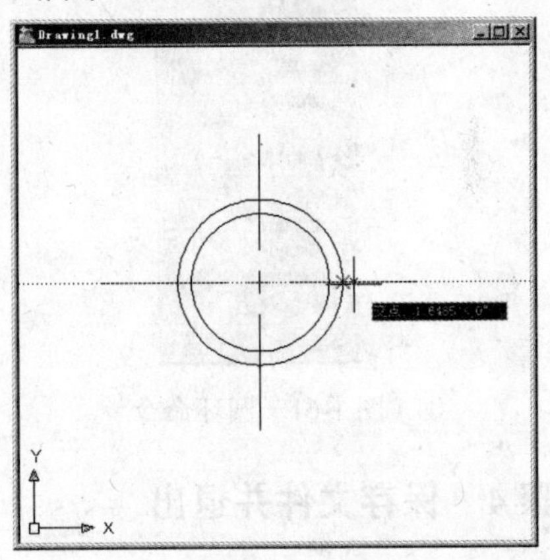

图1-59　捕捉到交点

步骤1　创建新图形文件

启动AutoCAD 2008中文系统。进入AutoCAD 2008二维图形绘制。

步骤2　绘制中心线

Step 01 设置层，选择【格式】→【图层】命令，弹出【图层特性管理器】面板。分别设置实线层的线型设为实线，颜色为白色，线宽度为0.25mm。设置中心线层的线型设为点画线，颜色为红色，线宽度为0.09mm。设置当前层设为中心线层。

Step 02 选择【绘图】→【直线】命令，绘制两条直线，分别是起点（60，100）、终点（160，100），起点（110，50）、终点（110，150）。结果如图1-60所示。

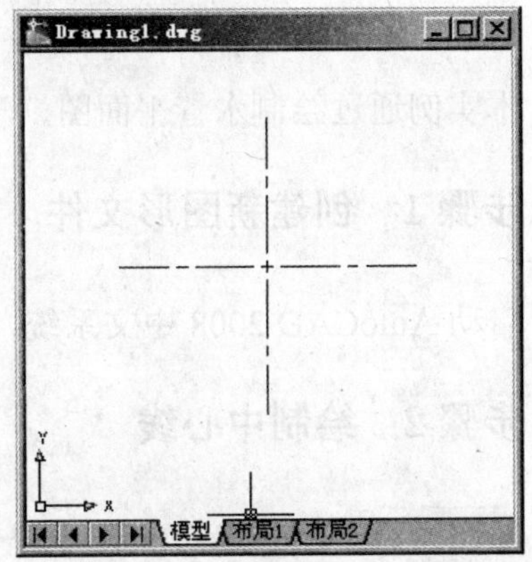

图1-60　绘制的中心线

步骤 3 绘制圆环

设实线层为当前图层，选择【绘图】→【圆环】命令，如图 1-61 所示，按照提示分别输入内径 20，外径 22。打开对象捕捉功能，捕捉到两中心线交点，单击鼠标选择圆环中心。结果如图 1-62 所示。

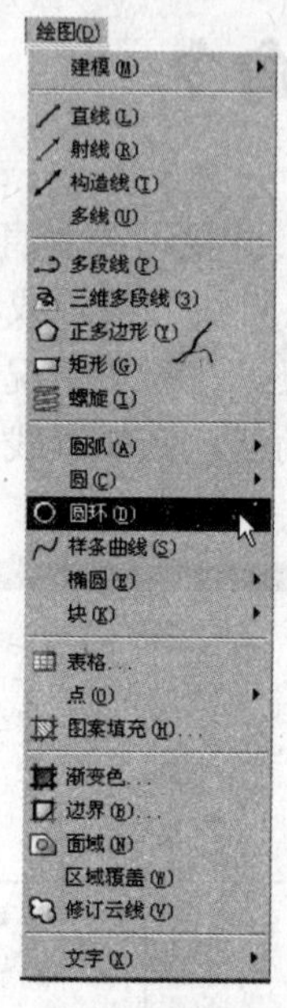

图 1-61 圆环命令

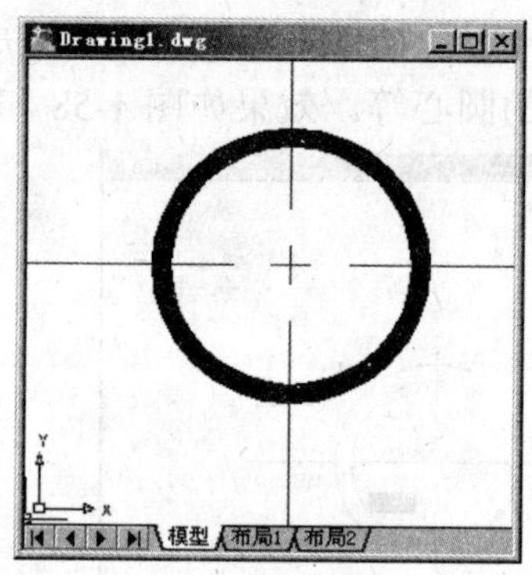

图 1-62 绘制的圆环

步骤 4 保存文件并退出

选择【文件】→【保存】命令，以“EXAMPLE5.dwg”为文件名保存该图形文件。选择【文件】→【退出】命令，退出 AutoCAD。

实例 6 水管平面图——圆和矩形命令

本实例通过绘制水管平面图，学习矩形命令，并复习绘制圆的命令。

步骤 1 创建新图形文件

启动 AutoCAD 2008 中文系统，并进入 AutoCAD 2008 二维图形绘制。

步骤 2 绘制中心线

Step 01 设置层，选择【格式】→【图层】命令，弹出【图层特性管理器】面板。分别设置实线层的线型设为实线，颜色为白色，线宽度为 0.25mm。设置中心线层的线型设为中心线，颜色为红色，线宽度为 0.09mm。设置虚线层的线型设为点画线，颜色为青色，线宽度为 0.09mm。把当前层设为中心线层。

Step 02 选择【绘图】→【直线】命令，绘制 4 条直线，分别是起点（40，100）、终点（100，100），起点（70，70）、终点（70，130），起点（120，100）、终点（180，100），起点（150，70）、终点（150，130）。结果如图 1-63 所示。

步骤 3　绘制水管主视图矩形

Step 01 绘制矩形。设实线层为当前图层，选择【绘图】→【矩形】命令，按照提示分别输入矩形两对角点的坐标（50，110）和（90，90）。

Step 02 绘制直线段。设虚线层为当前图层，选择【绘图】→【直线】命令，绘制两条直线段，起点（50，108）、终点（90，108），起点（50，92）、终点（90，92）。结果如图 1-64 所示。

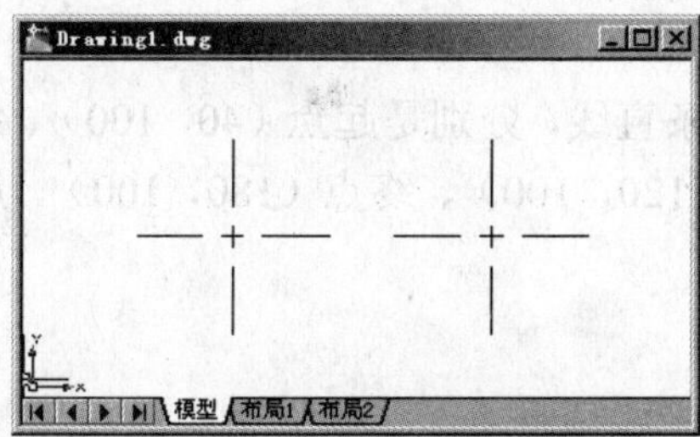

图 1-63　绘制的中心线

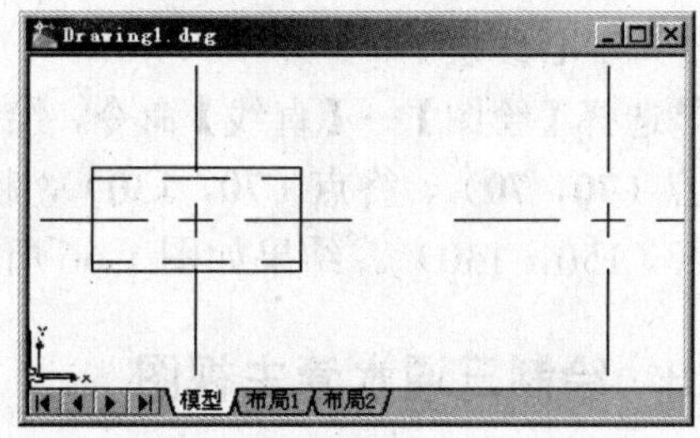

图 1-64　绘制的水管主视图

步骤 4　绘制水管右视图

设实线层为当前图层，选择【绘图】→【圆】命令，绘制两个圆，圆心是两条中心线的交点，直径分别是 8、10。结果如图 1-65 所示。

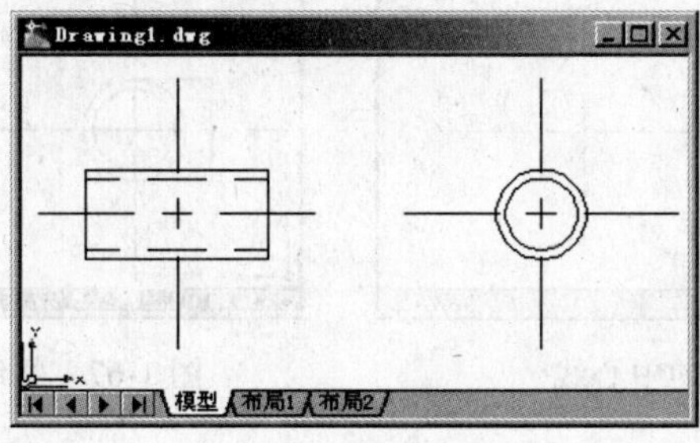

图 1-65　绘制的水管

步骤 5　保存文件并退出

选择【文件】→【保存】命令，以“EXAMPLE6.dwg”为文件名保存该图形文件。选择【文件】→【退出】命令，退出 AutoCAD。

实例7 三通水管平面图——直线和圆命令

本实例通过绘制三通水管平面图，复习直线和圆命令，复习设置图层命令和设置层。

步骤1 创建新图形文件

启动 AutoCAD 2008 中文系统，并进入 AutoCAD 2008 二维图形绘制。

步骤2 绘制中心线

Step 01 设置层，选择【格式】→【图层】命令，弹出【图层特性管理器】面板，分别设置实线层的线型设为实线，颜色为白色，线宽度为 0.25mm。设置中心线层的线型设为中心线，颜色为红色，线宽度为0.09mm。设置虚线层的线型设为点画线，颜色为青色，线宽度为0.09mm。把当前层设为中心线层。

Step 02 选择【绘图】→【直线】命令，绘制4条直线，分别是起点（40，100）、终点（100，100），起点（70，70）、终点（70，130），起点（120，100）、终点（180，100），起点（150，70）、终点（150，130）。结果如图1-66所示。

步骤3 绘制三通水管主视图

Step 01 设实线层为当前图层，选择【绘图】→【圆】命令，绘制两个圆，圆心是两条中心线的交点，直径分别是8、10。

Step 02 选择【绘图】→【直线】命令，以圆与中心线的交点为起点，长度为15的直线段L1和L2，再连接直线段L1和L2。结果如图1-67所示。

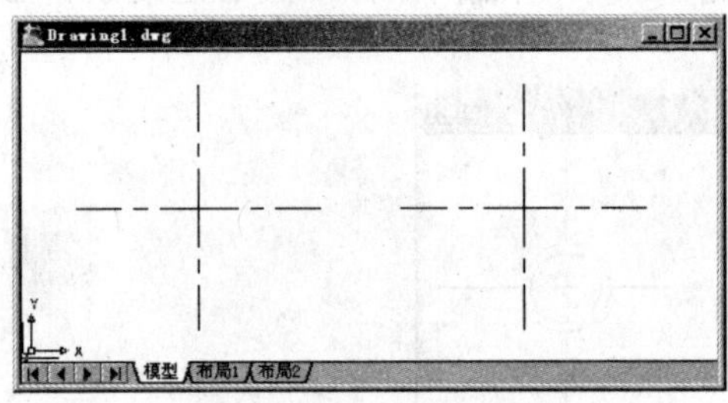

图1-66 绘制的中心线

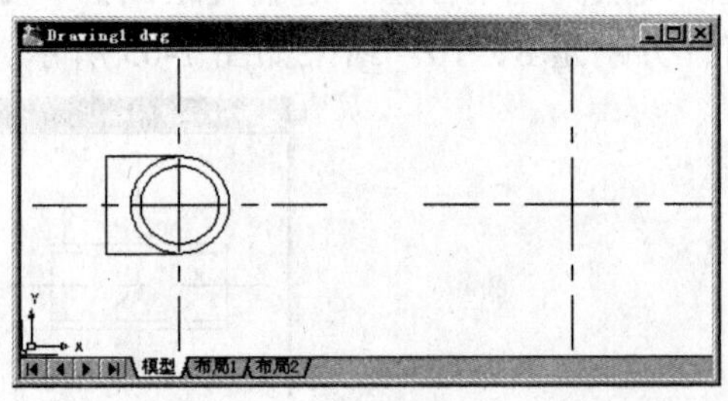

图1-67 绘制的三通水管主视图

步骤4 绘制三通水管右视图

Step 01 选择【绘图】→【圆】命令，绘制两个圆，圆心是两条中心线的交点，直径分别是8、10。结果如图1-68所示。

Step 02 选择【绘图】→【矩形】命令，按照提示分别输入矩形两对角点的坐标（135，110）和（165，90）。

Step 03 设虚线层为当前图层，选择【绘图】→【直线】命令，绘制两条直线段，起点（135，

108）、终点（165，108），起点（135，92）、终点（165，92）。结果如图 1-69 所示。

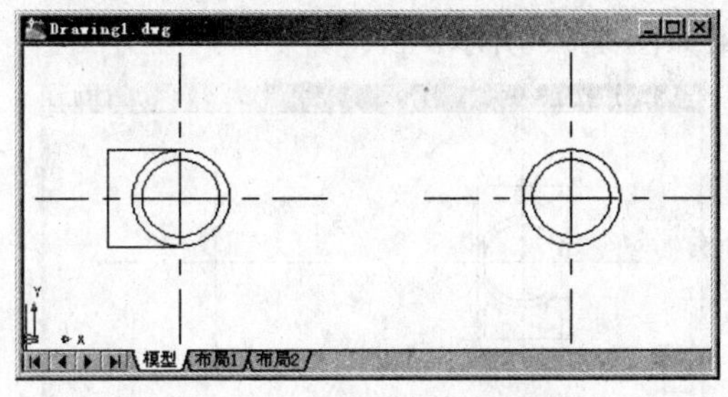

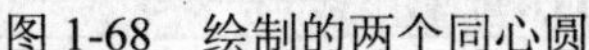
图 1-68　绘制的两个同心圆

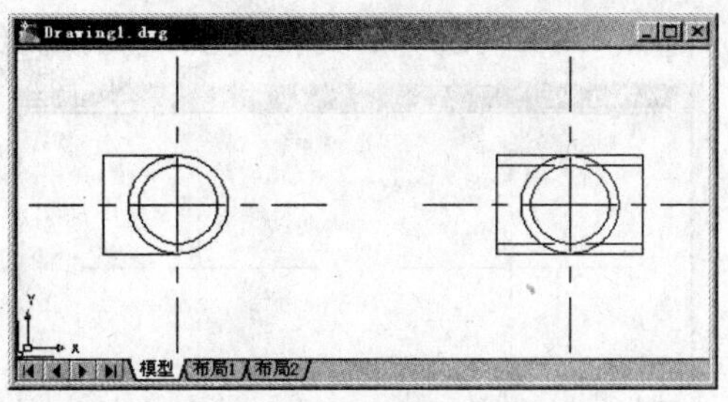

图 1-69　绘制的三通水管右视图

步骤 5　保存文件并退出

选择【文件】→【保存】命令，以“EXAMPLE7.dwg”为文件名保存该图形文件。选择【文件】→【退出】命令，退出 AutoCAD。

实例 8　四通水管平面图——直线和圆弧命令

本实例通过绘制四通水管平面图，复习直线和圆弧命令。

步骤 1　创建新图形文件

启动 AutoCAD 2008 中文系统，并进入 AutoCAD 2008 二维图形绘制。

步骤 2　绘制中心线

Step 01 设置层，选择【格式】→【图层】命令，弹出【图层特性管理器】面板，分别设置实线层（线型设为实线，颜色为白色，线宽度为 0.25mm）、设置中心线层的线型设为中心线，颜色为红色，线宽度为 0.09mm。设置虚线层的线型设为点画线，颜色为青色，线宽度为 0.09mm。把当前层设为中心线层。

Step 02 选择【绘图】→【直线】命令，绘制 4 条直线，分别是起点（40，100）、终点（100，100），起点（70，70）、终点（70，130），起点（120，100）、终点（180，100），起点（150，70）、终点（150，130）。结果如图 1-70 所示。

步骤 3　绘制四通水管主视图

Step 01 设实线层为当前图层，选择【绘图】→【圆】命令，绘制两个圆，圆心是两条中心线的交点，直径分别是 10、12。

Step 02 选择【绘图】→【矩形】命令，按照提示分别输入矩形对角点的坐标（58，120）和（82，80）。

Step 03 设虚线层为当前图层，选择【绘图】→【直线】命令，起点（60，120）、终点（60，80），起点（80，120）、终点（80，80）。结果如图 1-71 所示。

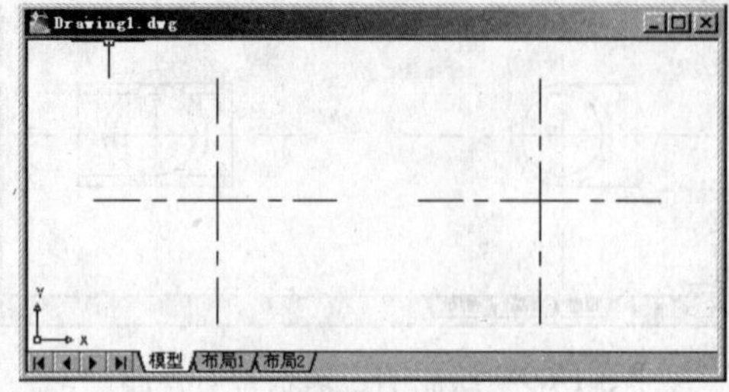

图 1-70　绘制四通水管的中心线

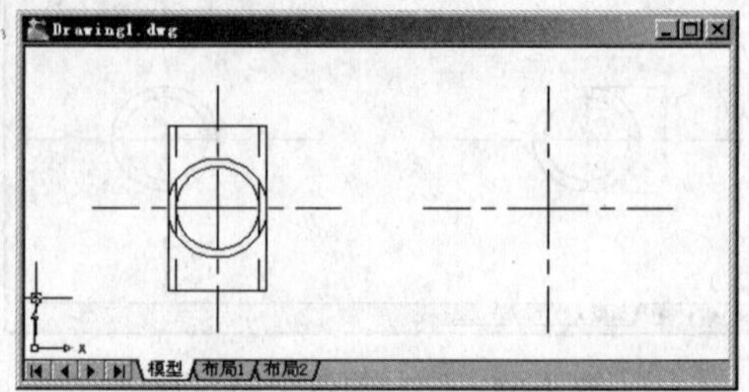

图 1-71　绘制的四通水管主视图

步骤 4　绘制四通水管右视图

Step 01 设实线层为当前图层，选择【绘图】→【直线】命令，分别是起点（130，88），点（130，112），点（138，112）、点（138，120），点（162，120），点（162，112），点（170，112）、点（170，88），点（162，88），点（162，80），点（138，80）、点（138，88），终点（130，88）。

Step 02 绘制两条直线，选择【绘图】→【直线】命令，分别是起点（138，112）、终点（162，88），起点（162，112）、终点（138，88）。结果如图 1-72 所示。

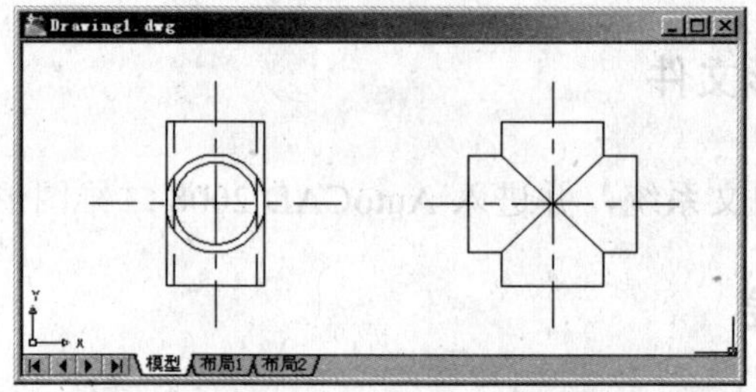

图 1-72　绘制的四通水管右视图

步骤 5　保存文件并退出

选择【文件】→【保存】命令，以“EXAMPLE8.dwg”为文件名保存该图形文件。选择【文件】→【退出】命令，退出 AutoCAD。

通过前面七个具体实例，可对 AutoCAD 2008 有一些感性认识，下面按照实例中的详细步骤已经初步了解了 AutoCAD 2008 的绘图思路。

第 2 章　绘制基本二维对象

在 AutoCAD 2008 中，除了前面介绍的直线、矩形、圆、圆弧等简单的二维绘图命令外，还有一些高级图形对象绘制和编辑命令，如多线、多段线、样条曲线、复制、打断等。使用这些命令可以绘制复杂的二维图形。本章和下一章将详细介绍如何绘制和编辑图形元素对象。

本章实例

实例 9　法兰盘——多线命令
实例 10　齿轮轴——多线命令
实例 11　六角螺母——正多边形命令和圆弧命令
实例 12　轴——尺寸标注
实例 13　轴套——尺寸标注
实例 14　支撑座——尺寸标注
实例 15　主动轴——公差标注
实例 16　底板——公差标注
实例 17　蜗杆——公差标注
实例 18　长方体轴测图——缩放对象
实例 19　支撑架轴测图——修剪对象
实例 20　平底键——倒角
实例 21　按键——倒圆
实例 22　平键轴平面图——选择与复制对象
实例 23　圆柱销——延伸对象和移动对象
实例 24　圆锥销——镜像对象
实例 25　开口销——打断对象和删除对象
实例 26　模板——阵列对象
实例 27　导柱——块操作
实例 28　导套——剖面线

实例 9　法兰盘——多线命令

在 AutoCAD 2008 中，多线是指由多条平行线组成的线型，它可以包含 1-16 条（多线元素）平行线。绘制多线的方法与绘制直线的方法类似，需要指定一个起点和端点。与直线不同的是，一条多线可以由一条或多条平行直线线段组成。通过指定距多线初始位置的偏移量就可以确定元素的位置。带有正偏移的元素出现在多线段中间的一条线的一侧，带有负偏移的元素出现在这条线的另一侧。

用户可以创建和保存多线的样式，设置元素的总数和每个元素的位置、每个元素与多线中间的偏移距离、每个元素的颜色和线型、每个顶点出现的直线的可见性、使用的封口类型、多线的背景填充颜色等。本例通过绘制法兰盘，学习多线的定义，绘制多线。

步骤 1　创建新图形文件

启动 AutoCAD 2008 中文系统，建立新的图形文件。

步骤 2　绘制法兰盘主视图

Step 01 设置层，选择【格式】→【图层】命令，弹出【图层特性管理器】对话框，分别设置实线层，设置中心线层，设置虚线层。

Step 02 设中心线层为当前图层，绘制两条直线. 选择【绘图】→【直线】命令，并根据提示进行如下操作：

```
命令：_line  指定第一点：30，100Enter
指定下一点或[放弃（U）]：220，100Enter
指定下一点或[放弃（U）]：Enter
```

选择【绘图】→【直线】命令，并根据提示进行如下操作：

```
命令：_line  指定第一点：80，40Enter
指定下一点或[放弃（U）]：80，160Enter
指定下一点或[放弃（U）]：Enter
```

结果如图 2-1 所示。

Step 03 设实线层为当前图层，绘制三个圆。

绘制圆的方法有如图 2-2 所示几种，通过按钮启动【圆】命令，即可根据不同要求绘制圆。

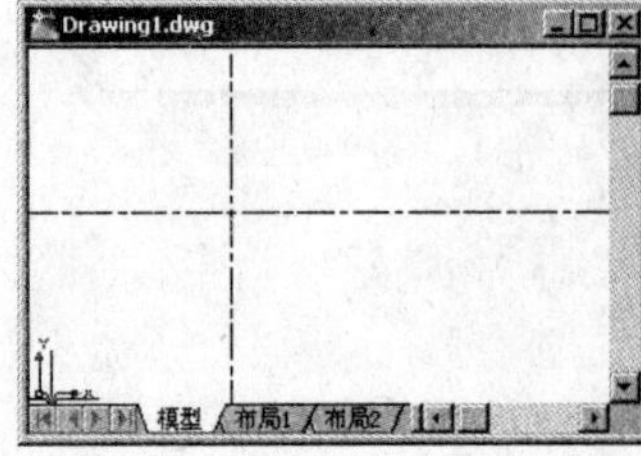

图 2-1　绘制法兰盘中心线

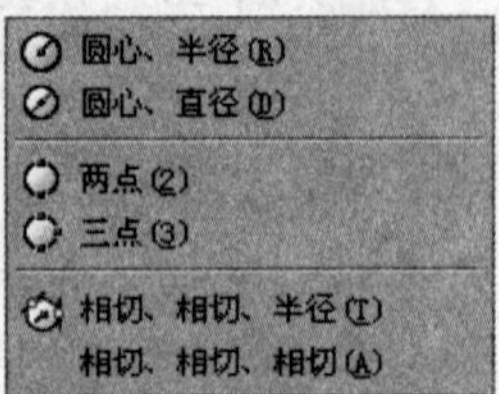

图 2-2　绘制圆的方法

选择【绘图】→【圆】→【圆心，直径】命令，并根据提示进行如下操作：

```
命令：_circle 指定圆的圆心或 [三点(3P)/两点(2P)/相切、相切、半径(T)]: 80,100Enter
指定圆的半径或 [直径(D)]: _d 指定圆的直径: 10 Enter
```

选择【绘图】→【圆】→【圆心，直径】命令，并根据提示进行如下操作：

```
命令: CIRCLE 指定圆的圆心或 [三点(3P)/两点(2P)/相切、相切、半径(T)]: 80,100Enter
指定圆的半径或 [直径(D)] : _d 指定圆的直径<10.0000>: 20 Enter
```

选择【绘图】→【圆】→【圆心，直径】命令，并根据提示进行如下操作：

```
命令: CIRCLE 指定圆的圆心或 [三点(3P)/两点(2P)/相切、相切、半径(T)]: 80,100Enter
指定圆的半径或 [直径(D)] : _d 指定圆的直径<20.0000>: 40 Enter
```

结果如图 2-3 所示。

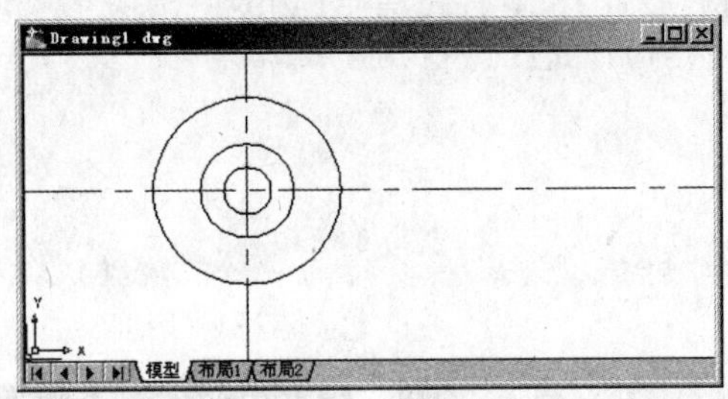

图 2-3　绘制法兰盘主视图

步骤 3　绘制法兰盘右视图

Step 01 设置多线样式。选择【格式】→【多线样式】命令，弹出【多线样式】对话框。单击【新建】按钮，在【新样式名】中输入“FALAN”，如图 2-4 所示，并单击【继续】按钮，进入【新建多线样式】对话框中，按照图 2-5 设置各参数，并按【确定】按钮，完成设置。

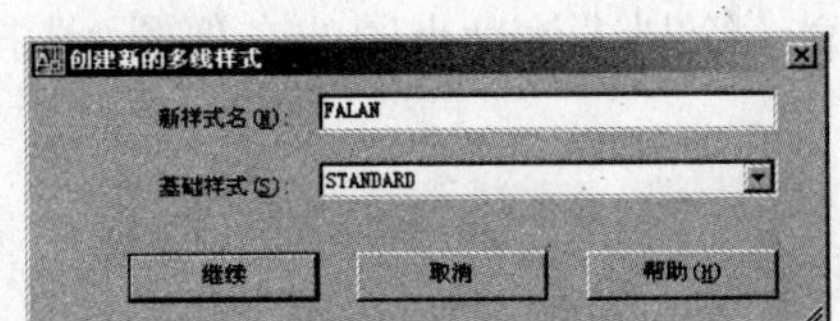

图 2-4　【创建新的多线样式】对话框

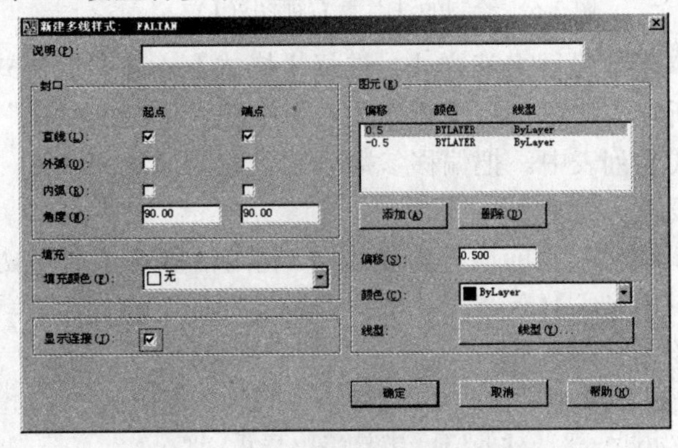

图 2-5　【新建多线样式】对话框

Step 02 绘制法兰盘右视图。利用话框对象捕捉功能，绘制法兰盘大圆的右视图。选择【绘图】→【多线】命令，并根据提示进行如下操作：

```
命令: _mline
当前设置: 对正 = 上，比例 = 20.00，样式 = STANDARD
指定起点或 [对正(J)/比例(S)/样式(ST)]:                //单击与大圆上面与中心线交点
相同高度的点
```

```
指定下一点：                                //单击与大圆下面与中心线交点相同高
度的点
指定下一点或 [放弃(U)]:Enter
```

结果如图 2-6 所示。

Step 03 设置多线样式。选择【格式】→【多线样式】命令，弹出多线样式对话框。单击【新建】按钮，在【新样式名】中输入“FALAN1”，并单击【继续】按钮，进入【新建多线样式】列表中。把偏移参数分别设置为 1 和-1，其余参数不变，并单击【确定】按钮，完成设置。

Step 04 利用话框对象捕捉功能，绘制法兰盘中圆的右视图。选择【绘图】→【多线】命令，并根据提示进行如下操作：

```
命令: _mline
当前设置: 对正 = 上，比例 = 20.00，样式 = STANDARD
指定起点或 [对正(J)/比例(S)/样式(ST)]:          //单击与中圆上面与中心线交点
相同高度的点
指定下一点：                                   //单击与中圆下面与中心线交点
相同高度的点
指定下一点或 [放弃(U)]:Enter
```

结果如图 2-7 所示。

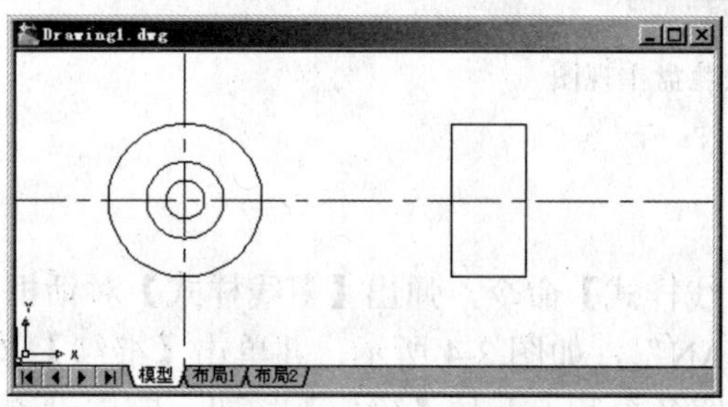

图 2-6　绘制的法兰盘右视图（1）

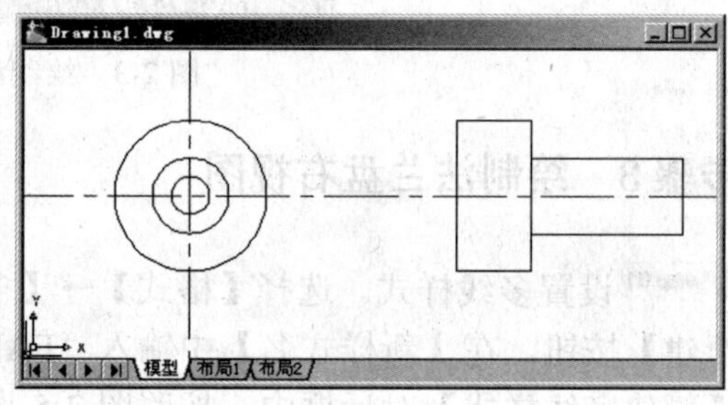

图 2-7　绘制的法兰盘右视图（2）

Step 05 设置多线样式。选择【格式】→【多线样式】命令，弹出【多线样式】对话框。单击【新建】按钮，在【新样式名】中输入“FALAN2”，并单击【继续】按钮，进入【新建多线样式】列表中。把偏移参数分别设置为 1.5 和-1.5，其余参数不变，并单击【确定】按钮，完成设置。

Step 06 把当前层设为虚线层。利用话框对象捕捉功能，绘制法兰盘小圆的右视图。选择【绘图】→【多线】命令，并根据提示进行如下操作：

```
命令: _mline
当前设置: 对正 = 上，比例 = 20.00，样式 = STANDARD
指定起点或 [对正(J)/比例(S)/样式(ST)]:          //单击与小圆上面与中心线交点
相同高度的点
指定下一点：                                   //单击与小圆下面与中心线交点
相同高度的点
指定下一点或 [放弃(U)]:Enter
```

结果如图 2-8 所示。

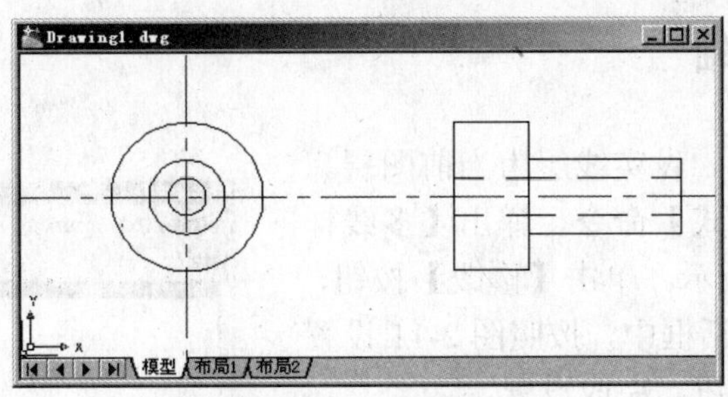

图 2-8　绘制的法兰盘右视图（3）

步骤 4　保存文件

选择【文件】→【保存】命令，以“EXAMPLE9.dwg”为名保存该图形文件。选择【文件】→【退出】命令，退出 AutoCAD。

实例 10　齿轮轴——多线命令

本例通过绘制齿轮轴，进一步学习绘制多线，设置多线样式。

步骤 1　创建新图形文件

启动 AutoCAD 2008 中文系统，建立新的图形文件。

步骤 2　绘制中心线

Step 01 设置层，选择【格式】→【图层】命令，弹出【图层特性管理器】对话框，分别设置实线层，设置中心线层，设置虚线层。

Step 02 设中心线层为当前图层，绘制一条直线。选择【绘图】→【直线】命令，并根据提示进行如下操作：

```
命令：_line  指定第一点：50，100Enter
指定下一点或[放弃（U）]：160，100Enter
指定下一点或[放弃（U）]：Enter
```

结果如图 2-9 所示。

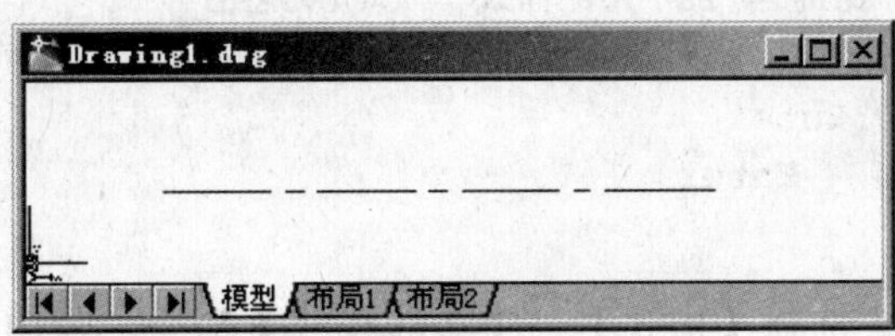

图 2-9　绘制齿轮轴的中心线

步骤3 绘制齿轮轴

Step 01 设置多线样式。设实线层为当前图层。选择【格式】→【多线样式】命令，弹出【多线样式】对话框，如图2-10所示。单击【修改】按钮，进入【新建多线样式】对话框中，按照图2-11设置各参数，并按【确定】按钮，完成设置。

Step 02 绘制齿轮轴大径。选择【绘图】→【多线】命令，并根据提示进行如下操作：

```
命令: _mline
当前设置: 对正 = 上, 比例 = 20.00, 样式 = STANDARD
指定起点或 [对正(J)/比例(S)/样式(ST)]: 60,85 Enter
指定下一点: 60,115 Enter
指定下一点或 [放弃(U)]:Enter
```

结果如图2-12所示。

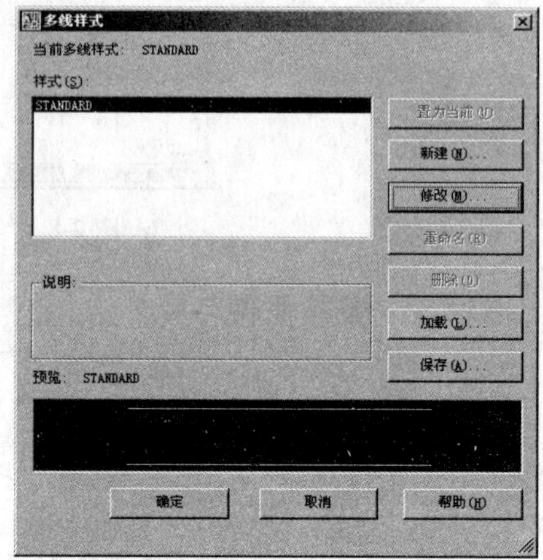

图2-10 【多线样式】对话框

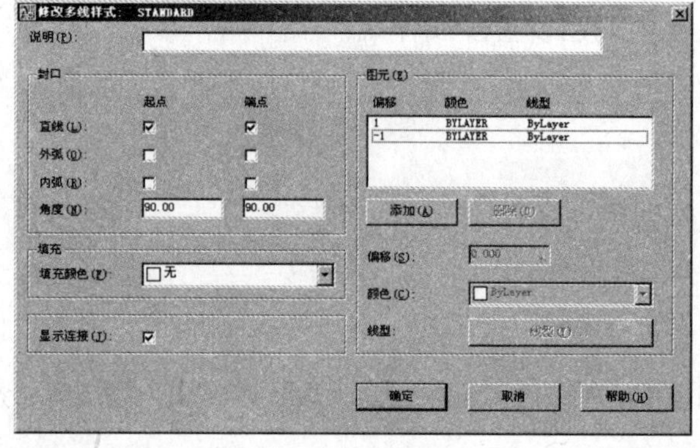

图2-11 【修改多线样式】对话框

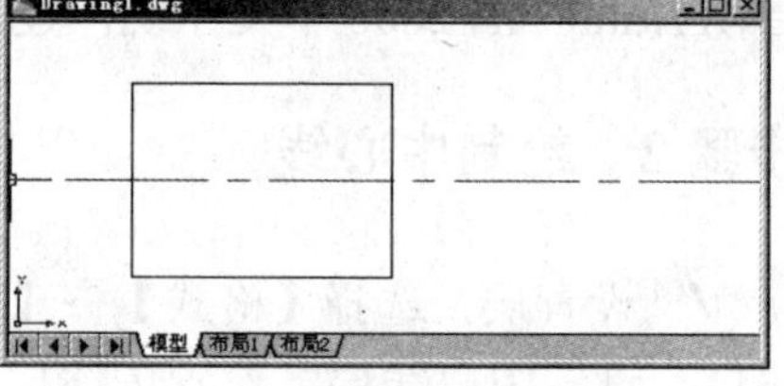

图2-12 绘制齿轮轴的大径

Step 03 绘制齿轮轴小径。选择【绘图】→【多线】命令，并根据提示进行如下操作：

```
命令: _mline
当前设置: 对正 = 上, 比例 = 20.00, 样式 = STANDARD
指定起点或 [对正(J)/比例(S)/样式(ST)]:  s Enter
输入比例<20.00>: 25 Enter
当前设置: 对正 = 上, 比例 = 25.00, 样式 = STANDARD
指定起点或 [对正(J)/比例(S)/样式(ST)]: 100,90 Enter
指定下一点: 100,110 Enter
指定下一点或 [放弃(U)]: Enter
```

结果如图2-13所示。

Step 04 设置多线样式。选择【格式】→【多线样式】命令，弹出【多线样式】对话框。单击【新建】按钮，在【新样式名】中输入“ZHOU”，并单击【继续】按钮，进入【新建多线样式】对话框中，按照图2-14所示设置各参数，并按【确定】按钮，完成设置。返回到【多线样式】对话框，在【样式】框中选中“ZHOU”，并按【置为当前】按钮，如图 2-15 所示，最后按【确定】按钮，完成设置。

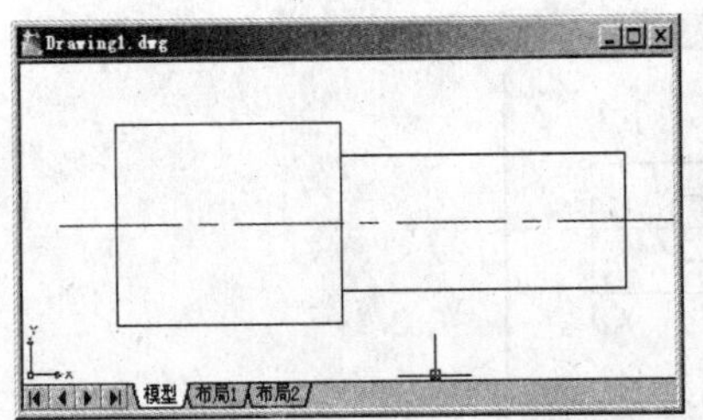

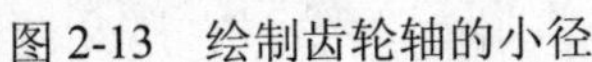

图 2-13　绘制齿轮轴的小径

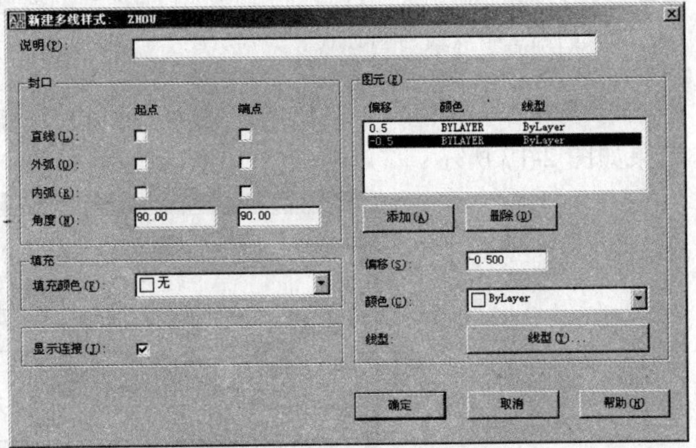

图 2-14　【新建多线样式】对话框

Step 05 绘制齿轮轴键槽。选择【绘图】→【多线】命令，并根据提示进行如下操作：

```
命令：_mline
当前设置：对正 = 上，比例 = 20.00，样式 = STANDARD
指定起点或 [对正(J)/比例(S)/样式(ST)]:   s Enter
输入比例<20.00>: 10 Enter
当前设置：对正 = 上，比例 = 10.00，样式 = STANDARD
指定起点或 [对正(J)/比例(S)/样式(ST)]:  115,105 Enter
指定下一点： 135,115 Enter
指定下一点或 [放弃(U)]: Enter
```

结果如图 2-16 所示。

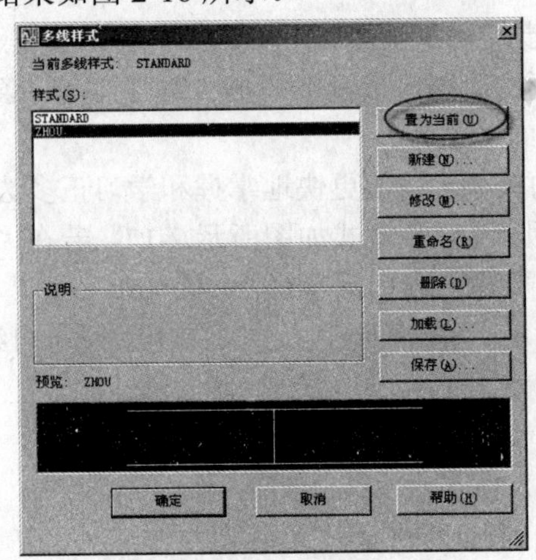

图 2-15　【多线样式】对话框

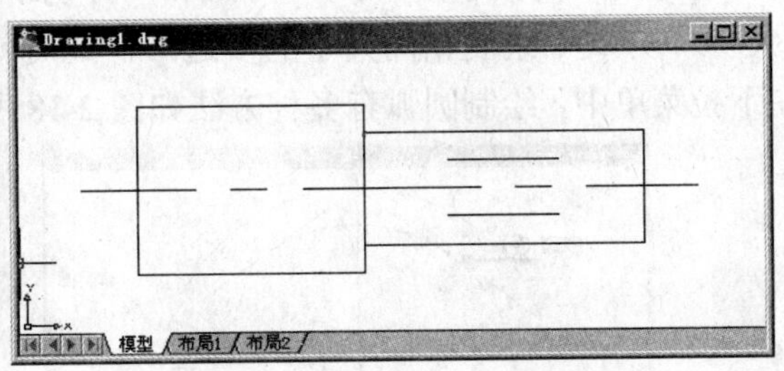

图 2-16　绘制齿轮轴键槽

Step 06 绘制两个圆弧。选择【绘图】→【圆弧】→【起点、端点、半径】命令，并根据提示进行如下操作：

```
命令：_arc 指定圆弧的起点或 [圆心(C)]: 115,115 Enter
指定圆弧的第二个点或 [圆心(C)/端点(E)]: _e
指定圆弧的端点：115,105 Enter
```

```
指定圆弧的圆心或 [角度(A)/方向(D)/半径(R)]: _r 指定圆弧的半径: 5 Enter
```

选择【绘图】→【圆弧】→【起点、端点、半径】命令，并根据提示进行如下操作：

```
命令: _arc 指定圆弧的起点或 [圆心(C)]: 135,105 Enter
指定圆弧的第二个点或 [圆心(C)/端点(E)]: _e
指定圆弧的端点: 135,115 Enter
指定圆弧的圆心或 [角度(A)/方向(D)/半径(R)]: _r 指定圆弧的半径: 5 Enter
```

结果如图 2-17 所示。

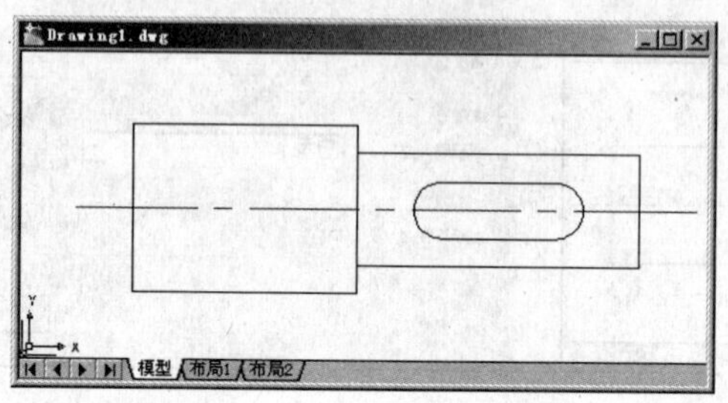

图 2-17　绘制齿轮轴

步骤 4　保存文件

选择【文件】→【保存】命令，以“EXAMPLE10.dwg”为名保存该图形文件。选择【文件】→【退出】命令，退出 AutoCAD。

实例 11　六角螺母——正多边形命令和圆弧命令

在 AutoCAD 2008 中，使用正多边形命令可创建具有 3 至 1024 条等长边的闭合多段线。可以使用三种方法来创建多边形；绘制外切正多边形；绘制内接正多边形；通过指定一条边绘制正多边形。

先了解一下在 AutoCAD 2008 中正多边形与圆的关系，以便更快地掌握和学习正多边形的使用。多边形的“内接于圆（I）”方式和“外切于圆（C）”方式如图所示 2-17，若在“外切于圆（C）”方式下绘制相同大小的多边形，此时就要输入内切圆半径 39.75mm。

在下拉菜单中，绘制圆弧有多种方法如图 2-18 所示，单击按钮按照命令行提示也可绘制。

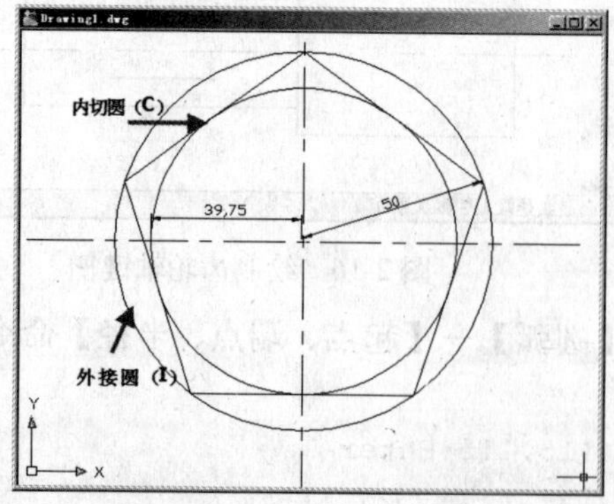

图 2-17　多边形的“内接于圆（I）”方式和“外切于圆（C）”方式

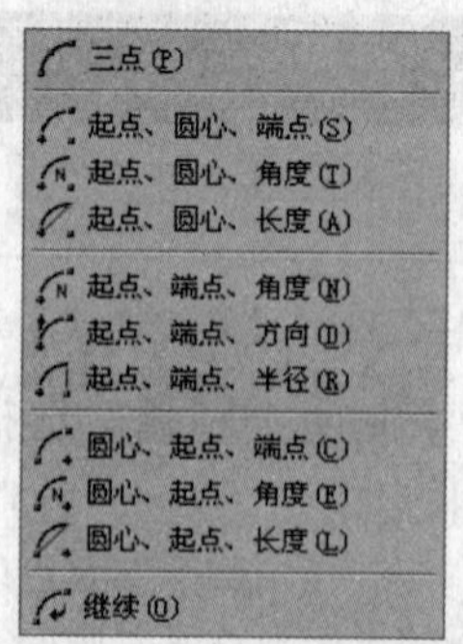

图 2-18　绘制圆弧的方法

本例通过绘制六角螺母，学习绘制直线、正多边形、圆弧命令以及平移视图。

步骤 1　创建新图形文件

启动 AutoCAD 2008 中文系统，进入二维绘图模式。

步骤 2　绘制六角螺母主视图

Step 01 设置层，选择【格式】→【图层】命令，弹出【图层特性管理器】对话框，分别设置实线层，设置中心线层。

Step 02 把当前层设为中心线层，绘制两条直线。选择【绘图】→【直线】命令，并根据提示进行如下操作：

```
命令: _line  指定第一点: -15, 0Enter
指定下一点或[放弃(U)]: 15, 0Enter
指定下一点或[放弃(U)]: Enter
```

选择【绘图】→【直线】命令，并根据提示进行如下操作：

```
命令: _line  指定第一点: 0, -15Enter
指定下一点或[放弃(U)]: 0, 15Enter
指定下一点或[放弃(U)]: Enter
```

这时，有可能看不到刚才画的图，可以选择【视图】→【平移】→【实时】命令，此时，绘图区鼠标以一只小手出现，按鼠标左键不放，把刚才画的中心线拖放在屏幕中间位置，然后放开鼠标左键。

结果如图 2-19 所示。

Step 03 把当前层设为实线层，绘制一个正六边形。选择【绘图】→【多边形】命令，并根据提示进行如下操作：

```
命令: _polygon 输入边的数目 <4>: 6 Enter
指定正多边形的中心点或 [边(E)]:0,0 Enter
输入选项 [内接于圆(I)/外切于圆(C)] <C>: Enter
指定圆的半径: 12 Enter
```

结果如图 2-20 所示。

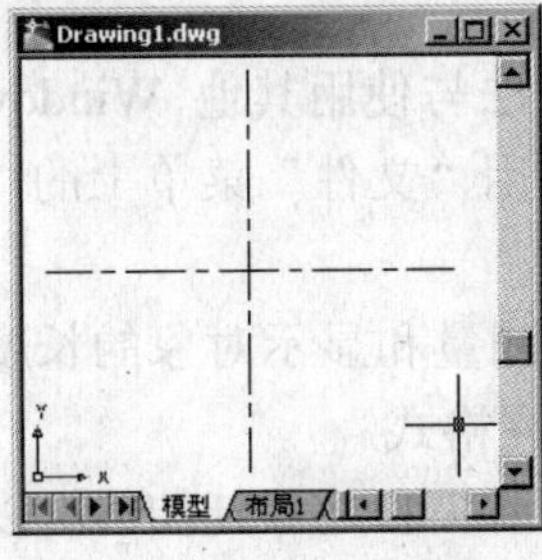

图 2-19　绘制中心线

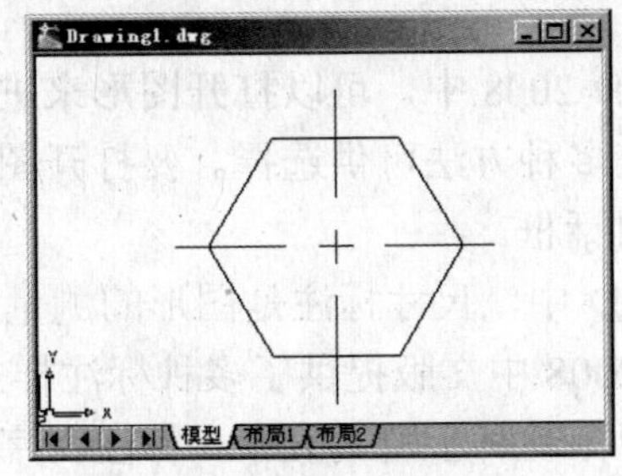

图 2-20　绘制正六边形

Step 04 绘制两个圆（Circle），均以点（0,0）为中心，半径分别为 8、12。选择【绘图】→【圆】→【圆心，半径】命令，并根据提示在命令行中输入：

```
命令: _circle 指定圆的圆心或 [三点(3P)/两点(2P)/相切、相切、半径(T)]:0, 0 Enter
指定圆的半径或 [直径(D)] <6.0000>: 8 Enter
```

选择【绘图】→【圆】→【圆心，半径】命令，并根据提示在命令行中输入：

```
命令: _circle 指定圆的圆心或 [三点(3P)/两点(2P)/相切、相切、半径(T)]:0, 0 Enter
指定圆的半径或 [直径(D)] <6.0000>: 12 Enter
```

结果如图 2-21 所示。

Step 05 选择【绘图】→【圆弧】→【起点，圆心，角度】命令，并根据提示在命令行中输入：

```
命令: _arc 指定圆弧的起点或 [圆心(C)]: 0,-7
指定圆弧的第二个点或 [圆心(C)/端点(E)]: _c 指定圆弧的圆心: 0,0
指定圆弧的端点或 [角度(A)/弦长(L)]: _a 指定包含角: 270
```

结果如图 2-22 所示。

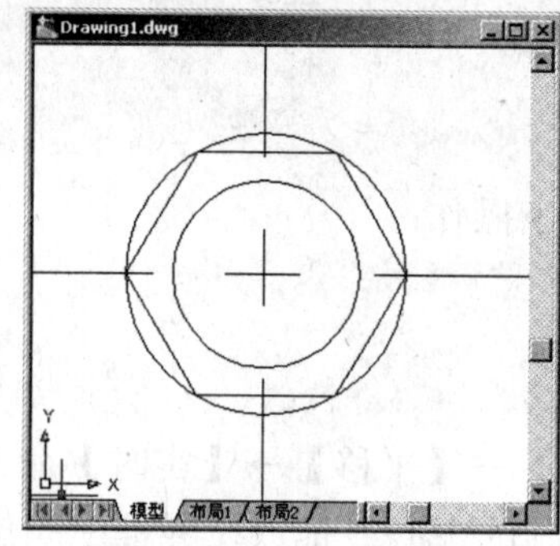

图 2-21　绘制正六边形

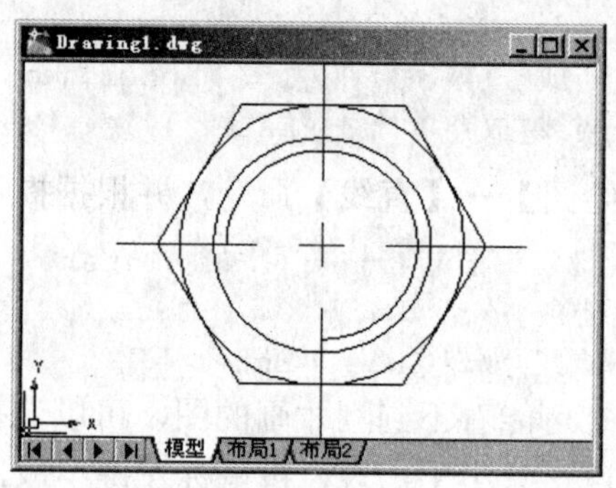

图 2-22　绘制六角螺母主视图

步骤 3　保存文件

选择【文件】→【保存】命令，以“EXAMPLE11.dwg”为名保存该图形文件。选择【文件】→【退出】命令，退出 AutoCAD。

实例 12　轴——尺寸标注

在 AutoCAD 2008 中，可以打开图形来进行处理，方法与使用其他 Windows 应用程序类似。此外，还有多种方法可供选择。要打开图形，可以使用“文件”菜单上的“打开”以显示“选择文件”对话框。

在 AutoCAD 中，尺寸标注是图形的测量注释，可以测量和显示对象的长度、角度等测量值。AutoCAD 2008 中文版提供了多种标注样式和设置标注格式。

标注具有以下几种独特的元素：标注文字、尺寸线、箭头和尺寸延伸线。以下简要介绍一下标注的元素。

- 标注文字是用于指示测量值的字符串。文字还可以包含前缀、后缀和公差。
- 尺寸线用于指示标注的方向和范围。对于角度标注，尺寸线是一段圆弧。

- 箭头，也称为终止符号，显示在尺寸线的两端。可以为箭头或标记指定不同的尺寸和形状。
- 尺寸延伸线，也称为投影线或证示线，从部件延伸到尺寸线。
- 中心标记是标记圆或圆弧中心的小十字。
- 中心线是标记圆或圆弧中心的虚线。

基本的标注类型包括：线性标注；径向（半径、直径和折弯）标注；角度标注；坐标标注；弧长标注等。线性标注可以是水平、垂直、对齐、旋转、基线或连续（链式）。

本例通过标注轴，初步学习新建标注样式的设置，学习绘制线性标注和绘制半径标注。

步骤 1　创建图形文件

启动 AutoCAD 2008 中文版系统。选择【文件】→【打开】命令，打开第 2 章中创建的实例文件“EXAMPLE10.dwg”。选择【文件】→【另存为】命令，将其另存为“EXAMPLE12.dwg”。

步骤 2　图层、标注比例和设置标注样式

Step 01 选择【格式】→【图层】命令，弹出【图层特性管理器】对话框，分别设置新图层，并命名为“Dim”，将该图层置为当前层。

Step 02 通过命令行设置标注比例，操作如下：

```
命令:dimscale
输入 DIMSCALE 的新值 <1.0000>:1Enter
```

Step 03 设置标注样式。选择【格式】→【标注样式】命令，弹出【标注样式管理器】对话框，如图 2-23 所示。单击【新建】按钮，弹出【创建新标注样式】对话框，在【新样式名】中输入“2008 中文”，如图 2-24 所示。

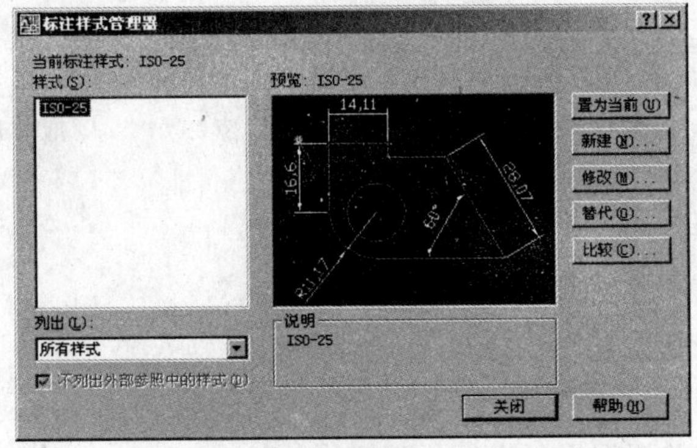

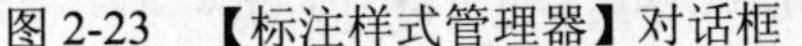

图 2-23　【标注样式管理器】对话框

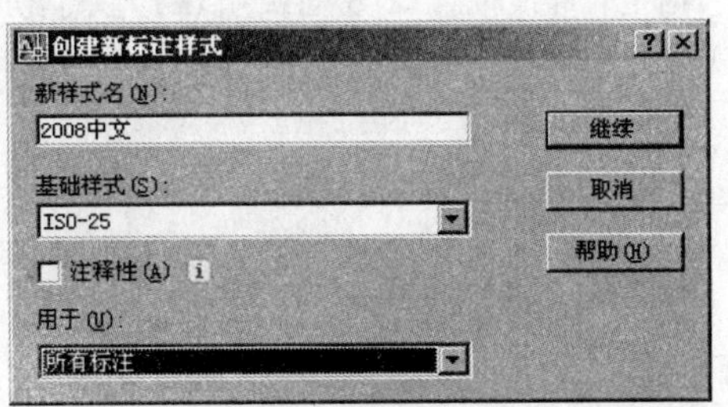

图 2-24　【创建新标注样式】对话框

Step 04 单击【继续】按钮，弹出【新建标注样式】对话框，可以设置不同要求如图 2-25 所示。完成修改后，单击【确定】按钮，则返回到【标注样式管理器】对话框，在【样式】框中，选择“2008 中文”，然后单击【置为当前】按钮，再单击【关闭】按钮，完成并退出标注样式。

步骤 3　绘制线性标注

Step 01 选择【标注】→【线性】命令，并根据提示进行如下操作：

```
选择第一第尺寸界线原点或<选择对象>：Enter
选择标注对象：//选择图形中轴的小径
指定尺寸线位置或[多行文字(M)/文字(T)/ 角度(A)/ 水平(H)/垂直(V)/旋转(R)]： //拖动光标
在合适位置单击确定
标注文字 = 50
```

选择【标注】→【线性】命令，同样操作标注键槽平直段部分的尺寸。结果如图 2-26 所示。

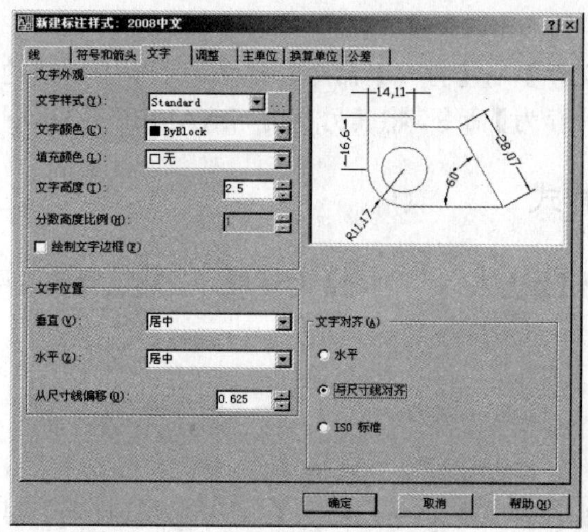

图 2-25　【新建标注样式】对话框

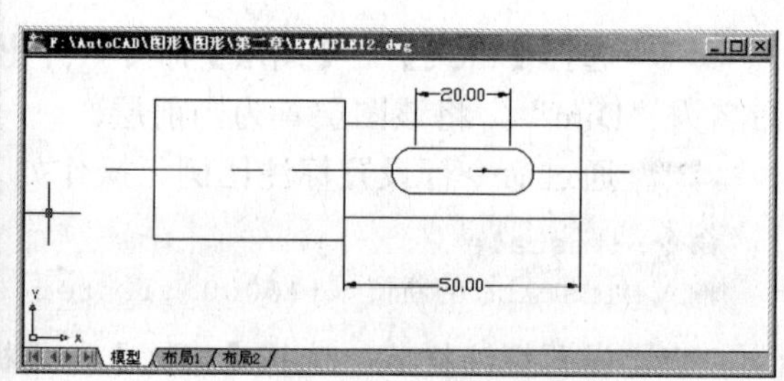

图 2-26　绘制的线性标注(1)

Step 02 选择【标注】→【线性】命令，并根据提示进行如下操作：

```
选择第一第尺寸界线原点或<选择对象> ：选择图形中轴的小径的端点
选择第二第尺寸界线原点：      //选择图形中轴的大径的端点
指定尺寸线位置或[多行文字(M)/文字(T)/ 角度(A)/ 水平(H)/垂直(V)/旋转(R)]： //拖动光标
在合适位置单击确定
标注文字 = 90
```

结果如图 2-27 所示。

步骤 4　绘制半径标注

Step 01 选择【标注】→【半径】命令，并根据提示进行如下操作：

```
选择圆弧或圆 ：//选择图形中轴的键槽圆弧部分
指定尺寸线位置或[多行文字(M)/文字(T)/ 角度(A)]：                 //拖动光标在合
适位置单击确定
```

结果如图 2-28 所示。

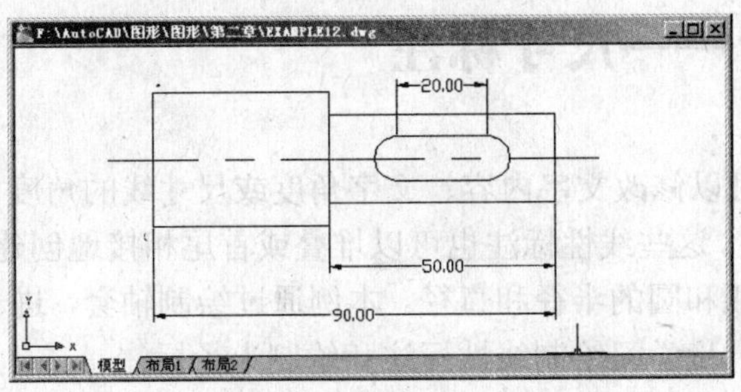

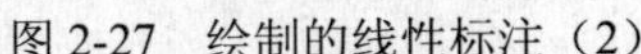
图 2-27　绘制的线性标注（2）

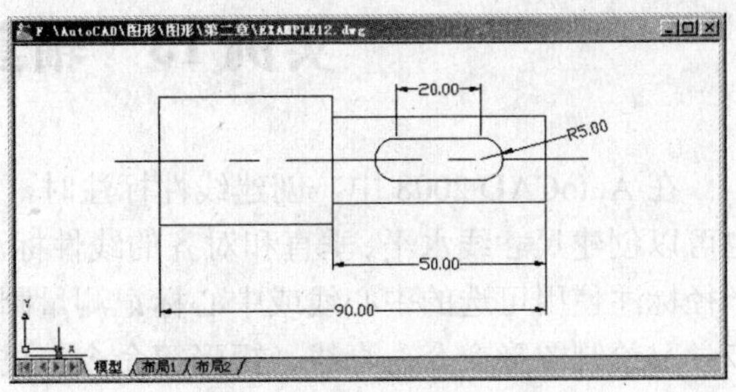

图 2-28　绘制的半径标注

步骤 5　绘制尺寸标注

Step 01 选择【标注】→【线性】命令，并根据提示进行如下操作：

```
选择第一第尺寸界线原点或<选择对象>：                    //选择图形中轴的大径的端点
选择第二第尺寸界线原点：                               //选择图形中轴的大径的另一个端点
指定尺寸线位置或[多行文字(M)/文字(T)/ 角度(A)/ 水平(H)/垂直(V)/旋转(R)]:m Enter
```

Step 02 弹出【文字格式】对话框，如图 2-29，在对话框中，可以对文字的样式、大小、字体、位置等进行设置。在数值前输入“%%c”后，再单击【确定】按钮，则返回到绘图区域。

```
指定尺寸线位置或[多行文字(M)/文字(T)/ 角度(A)/ 水平(H)/垂直(V)/旋转(R)]：  //拖动光标在合适位置单击确定
标注文字 = 30
```

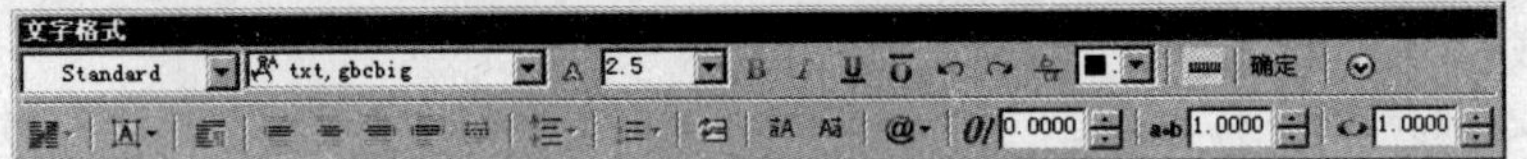

图 2-29　【文字格式】对话框

选择【标注】→【线性】命令，同样操作标注轴小径的尺寸，结果如图 2-30 所示。

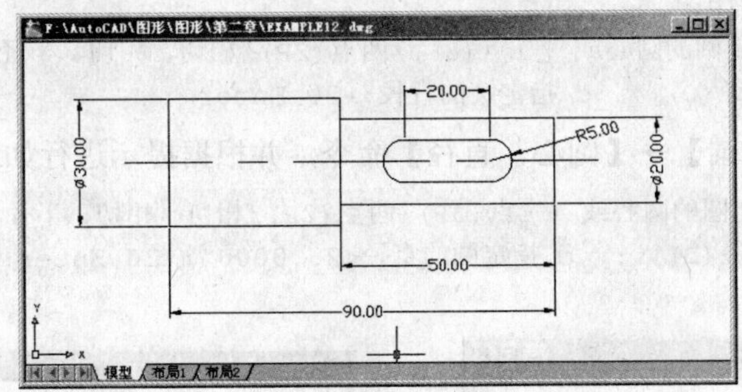

图 2-30　绘制的尺寸标注

步骤 6　保存文件

选择【文件】→【保存】命令，保存该图形文件。选择【文件】→【退出】命令，退出 AutoCAD。

实例13　轴套——尺寸标注

在 AutoCAD 2008 中，创建线性标注时，可以修改文字内容、文字角度或尺寸线的角度。也可以创建尺寸线水平、垂直和对齐的线性标注。这些线性标注也可以堆叠或首尾相接地创建。半径标注使用可选的中心线或中心标记测量圆弧和圆的半径和直径。本例通过绘制轴套，进一步学习绘制图形命令：直线、矩形等命令，进一步学习绘制线性标注和绘制半径标注。

步骤1　创建新图形文件

启动 AutoCAD 2008 中文系统，建立新的图形文件。

步骤2　绘制轴套主视图

Step 01 设置层，选择【格式】→【图层】命令，弹出【图层特性管理器】对话框，分别设置实线层，设置中心线层，设置虚线层，设置标注线层。

Step 02 设中心线层为当前图层，绘制两条直线。选择【绘图】→【直线】命令，并根据提示进行如下操作：

```
命令: _line  指定第一点: 30, 100Enter
指定下一点或[放弃 (U)]: 220, 100Enter
指定下一点或[放弃 (U)]: Enter
```

选择【绘图】→【直线】命令，并根据提示进行如下操作：

```
命令: _line  指定第一点: 80, 40Enter
指定下一点或[放弃 (U)]: 80, 160Enter
指定下一点或[放弃 (U)]: Enter
```

结果如图 2-31 所示。

Step 03 设实线层为当前图层，绘制两个圆。选择【绘图】→【圆】→【圆心，直径】命令，并根据提示进行如下操作：

```
命令: _circle 指定圆的圆心或 [三点(3P)/两点(2P)/相切、相切、半径(T)]: 150,100Enter
指定圆的半径或 [直径(D)]: _d 指定圆的直径: 20 Enter
```

选择【绘图】→【圆】→【圆心，直径】命令，并根据提示进行如下操作：

```
命令: CIRCLE 指定圆的圆心或 [三点(3P)/两点(2P)/相切、相切、半径(T)]: 150,100Enter
指定圆的半径或 [直径(D)] : _d 指定圆的直径<20.0000>: 26 Enter
```

结果如图 2-32 所示。

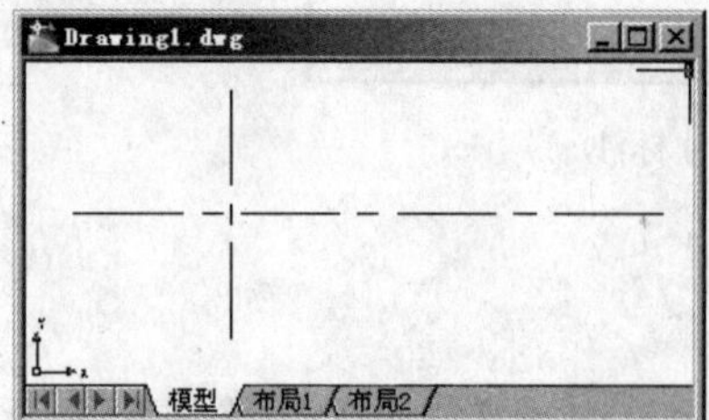

图 2-31　绘制中心线

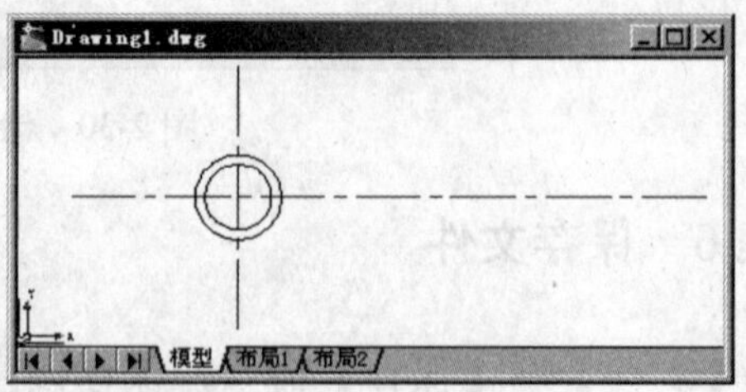

图 2-32　绘制的轴套主视图

步骤 3　绘制轴套右视图

Step 01 绘制一个矩形。选择【绘图】→【矩形】命令，并根据提示进行如下操作：

```
命令: _rectang
指定第一个角点或 [倒角(C)/标高(E)/圆角(F)/厚度(T)/宽度(W)]: 150,113Enter
指定另一个角点或 [面积(A)/尺寸(D)/旋转(R)]: 160,87Enter
```

结果如图 2-33 所示。

Step 02 设虚线层为当前图层，选择【绘图】→【直线】命令，绘制两条直线。选择【绘图】→【直线】命令，并根据提示进行如下操作：

```
命令: _line  指定第一点: 150, 110Enter
指定下一点或[放弃(U)]: 160, 110Enter
指定下一点或[放弃(U)]: Enter
```

选择【绘图】→【直线】命令，并根据提示进行如下操作：

```
命令: _line  指定第一点: 150, 90Enter
指定下一点或[放弃(U)]: 160, 90Enter
指定下一点或[放弃(U)]: Enter
```

结果如图 2-34 所示。

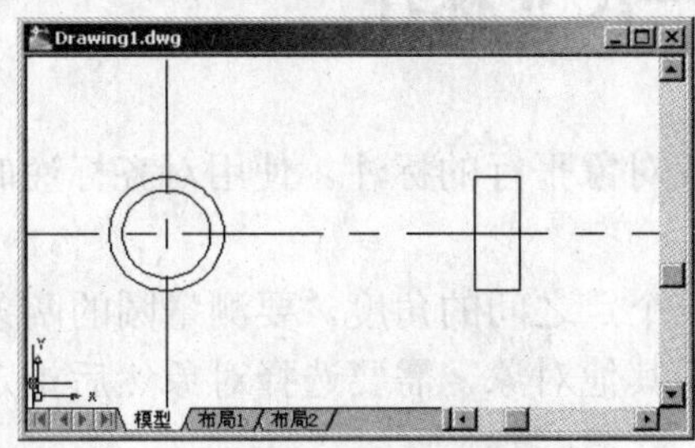

图 2-33　绘制矩形

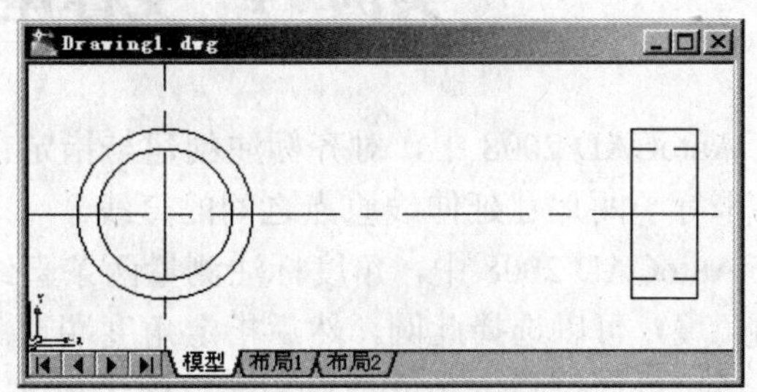

图 2-34　绘制的轴套右视图

步骤 4　绘制直径标注和线性标注

Step 01 设标注尺寸线层为当前图层，对右视图的矩形进行宽度标注。选择【标注】→【线性】命令，并根据提示进行如下操作：

```
选择第一第尺寸界线原点或<选择对象> :                    //选择右视图中左边的端点
选择第二第尺寸界线原点:                                 //选择右视图中右边的端点
指定尺寸线位置或[多行文字(M)/文字(T)/ 角度(A)/ 水平(H)/垂直(V)/旋转(R)]:  //拖动光标在合适位置单击确定
标注文字 = 10
```

结果如图 2-35 所示。

Step 02 选择【标注】→【直径】命令，并根据提示进行如下操作：

```
选择圆弧或圆 : //选择主视图中的大圆
指定尺寸线位置或[多行文字(M)/文字(T)/ 角度(A)]:          //拖动光标在合
```

适位置单击确定

同样，选择【标注】→【直径】命令，对视图中的小圆进行标注。结果如图 2-36 所示。

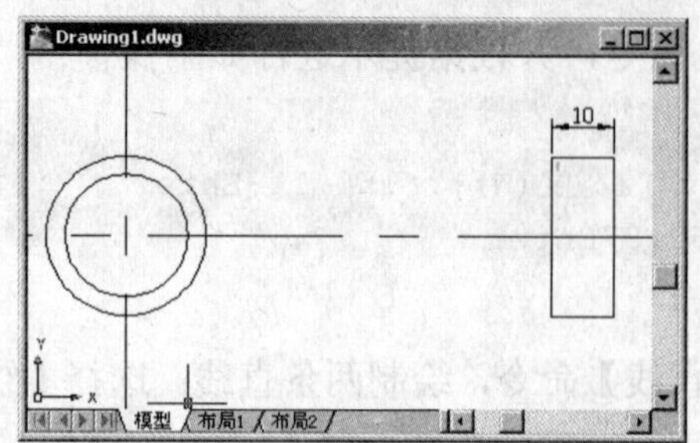

图 2-35　绘制轴套的线性尺寸标注

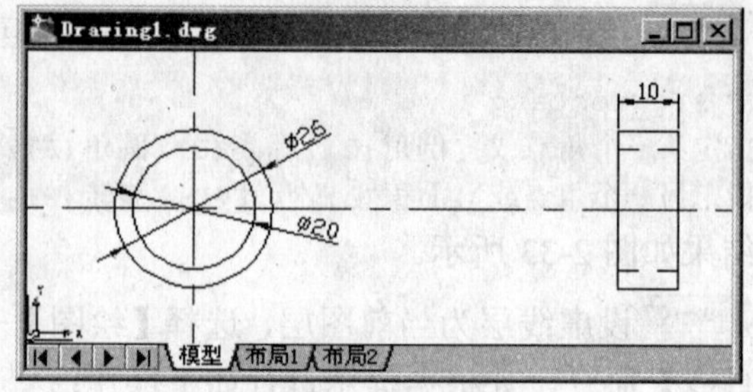

图 2-36　绘制轴套的尺寸标注

步骤 5　保存文件

选择【文件】→【保存】命令，以"EXAMPLE13.dwg"为名保存该图形文件。选择【文件】→【退出】命令，退出 AutoCAD。

实例 14　支撑座——尺寸标注

在 AutoCAD 2008 中，对齐标注创建与指定位置或对象平行的标注。使用对齐标注时，尺寸线将平行于两尺寸延伸线原点之间的直线。

在 AutoCAD 2008 中，角度标注测量两条直线或三个点之间的角度。要测量圆的两条半径之间的角度，可以选择此圆，然后指定角度端点。对于其他对象，需要选择对象然后指定标注位置。还可以通过指定角度顶点和端点标注角度。

在 AutoCAD 2008 中，也可以相对于现有角度标注创建基线和连续角度标注。基线和连续角度标注小于或等于 180 度。要获得大于 180 度的基线和连续角度标注，请使用夹点编辑拉伸现有基线或连续标注的尺寸延伸线的位置。

本例通过绘制支撑座，进一步学习绘制图形命令：直线、圆、矩形等命令，初步学习绘制对齐标注和绘制角度标注，进一步学习绘制线性标注和绘制半径标注。

步骤 1　创建新图形文件

启动 AutoCAD 2008 中文系统，建立新的图形文件。

步骤 2　绘制支撑座

Step 01 设置层，选择【格式】→【图层】命令，弹出【图层特性管理器】对话框，分别设置实线层，设置中心线层，设置虚线层，设置标注线层。

Step 02 设中心线层为当前图层，绘制两条直线。选择【绘图】→【直线】命令，并根据提示进行如下操作：

```
命令: _line  指定第一点: 60, 120Enter
指定下一点或[放弃(U)]: 140, 120Enter
指定下一点或[放弃(U)]: Enter
```

选择【绘图】→【直线】命令，并根据提示进行如下操作：

```
命令: _line  指定第一点: 100, 40Enter
指定下一点或[放弃(U)]: 100, 160Enter
指定下一点或[放弃(U)]: Enter
```

结果如图2-37所示。

Step 03 设实线层为当前图层，绘制两个圆。选择【绘图】→【圆】→【圆心，直径】命令，并根据提示进行如下操作：

```
命令: _circle 指定圆的圆心或 [三点(3P)/两点(2P)/相切、相切、半径(T)]: 70,100Enter
指定圆的半径或 [直径(D)]: _d 指定圆的直径: 20 Enter
```

选择【绘图】→【圆】→【圆心，直径】命令，并根据提示进行如下操作：

```
命令: CIRCLE 指定圆的圆心或 [三点(3P)/两点(2P)/相切、相切、半径(T)]: 70,100Enter
指定圆的半径或 [直径(D)] : _d 指定圆的直径<20.0000>: 30 Enter
```

结果如图2-38所示。

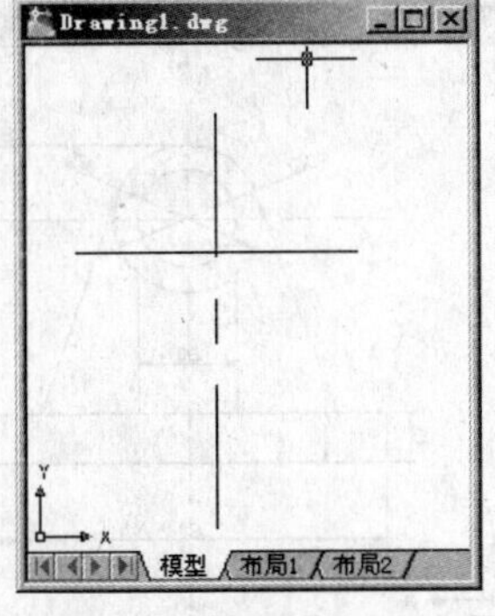

图2-37 绘制中心线

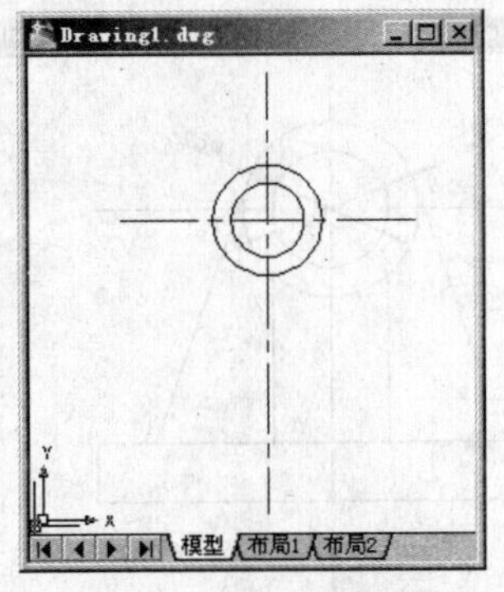

图2-38 绘制圆

Step 04 绘制一个矩形。选择【绘图】→【矩形】命令，并根据提示进行如下操作：

```
命令: _rectang
指定第一个角点或 [倒角(C)/标高(E)/圆角(F)/厚度(T)/宽度(W)]: 60,80Enter
指定另一个角点或 [面积(A)/尺寸(D)/旋转(R)]: 140,70Enter
```

结果如图2-39所示。

Step 05 选择【绘图】→【直线】命令，打开【状态栏】→【正交】，利用正交功能，绘制两条直线，起点分别是（90，80）、（110，80），与垂直中心线平行的直线，终点分别是与大圆的交点。

Step 06 选择【绘图】→【直线】命令，关闭【状态栏】→【正交】，打开【状态栏】→【对象捕捉】，利用对象捕捉功能，绘制两条直线，起点分别是（70，80）、（130，80），与大圆相切的直线。结果如图2-40所示。

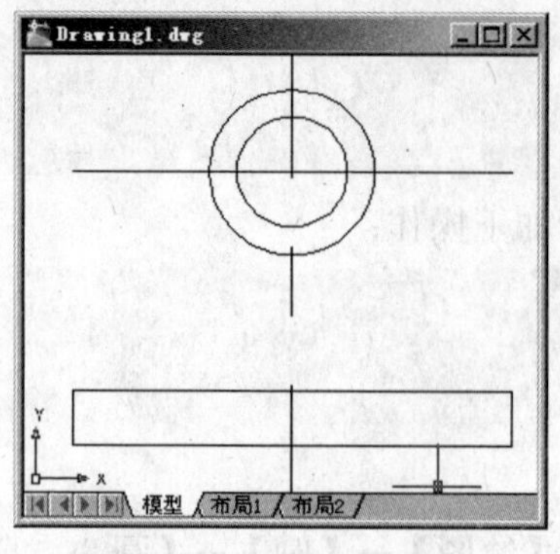

图 2-39　绘制的矩形

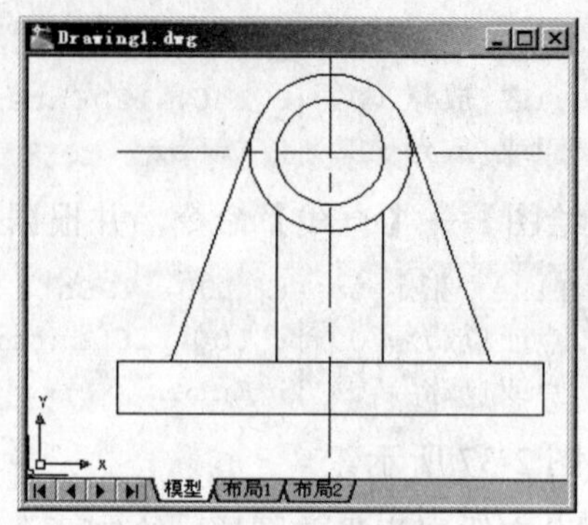

图 2-40　绘制的支撑座

步骤 3　绘制直径标注和线性标注

Step 01 设标注尺寸线层为当前图层，选择【标注】→【直径】命令，对视图中的圆进行标注。结果如图 2-41 所示。

Step 02 选择【标注】→【线性】命令，对支撑座的底板进行长度和高度标注以及支撑座的高度。结果如图 2-42 所示。

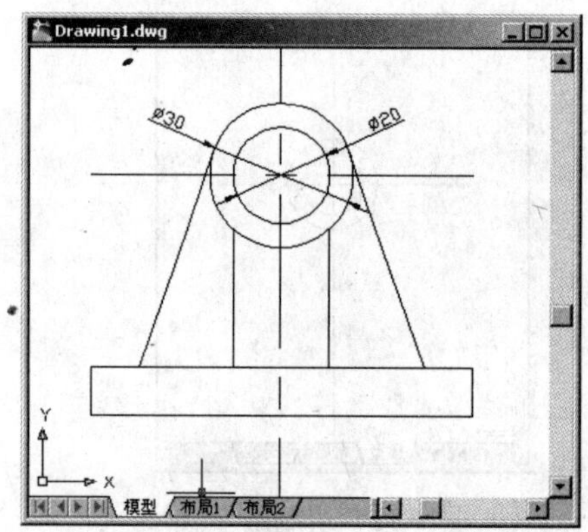

图 2-41　绘制支撑座的直径标注

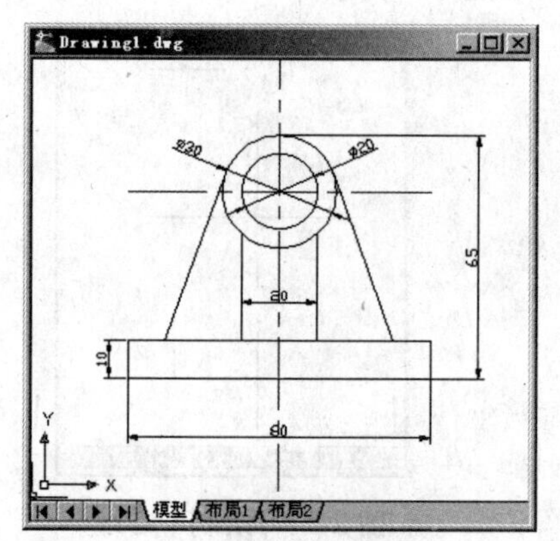

图 2-42　绘制支撑座的线性标注

步骤 4　绘制对齐标注和角度标注

Step 01 选择【标注】→【线性】命令，并根据提示进行如下操作：

```
选择第一第尺寸界线原点或<选择对象> : Enter
选择标注对象:                                    //选择图形中与圆相切的直线
指定尺寸线位置或[多行文字(M)/文字(T)/ 角度(A)]:        //拖动光标在合适位置单击确定
标注文字 = 47.7
```

结果如图 2-43 所示。

Step 02 选择【标注】→【角度】命令，并根据提示进行如下操作：

```
选择圆弧、圆、直线或<指定顶点>:                     //选择图形中轴的大径的端点
选择第二第尺寸界线原点:                           //选择图形中轴的大径的另一个端点
指定标注弧线位置或[多行文字(M)/文字(T)/角度(A)]:       //拖动光标在合适位置单击确定
```

```
标注文字 = 109。
```

结果如图 2-44 所示。

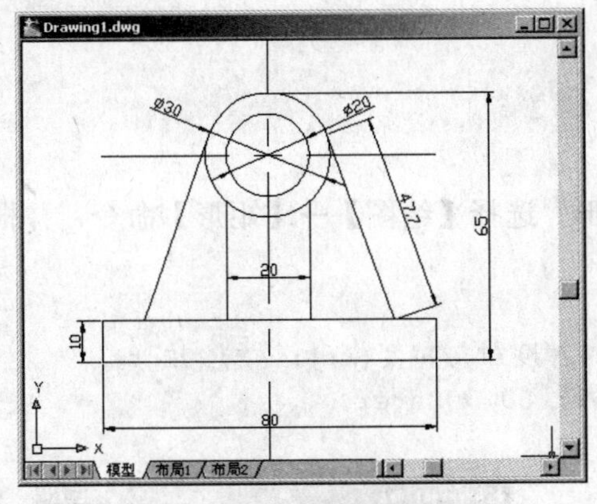

图 2-43　绘制支撑座的线性标注

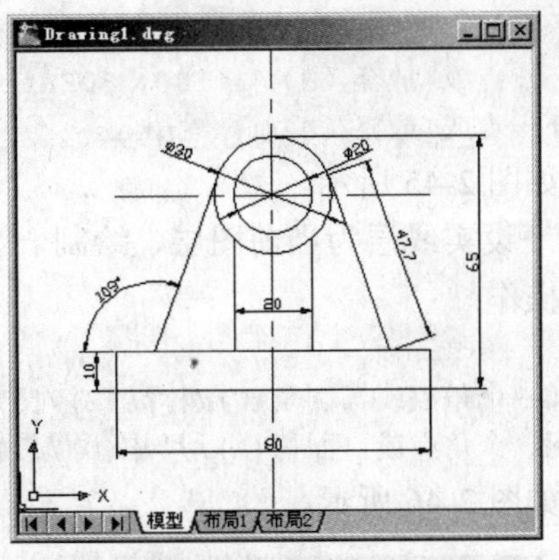

图 2-44　支撑座的尺寸标注

步骤 5　保存文件

选择【文件】→【保存】命令，以“EXAMPLE14.dwg”为名保存该图形文件。选择【文件】→【退出】命令，退出 AutoCAD。

实例 15　主动轴——公差标注

形位公差表示特征的形状、轮廓、方向、位置和跳动的允许偏差。在 AutoCAD 2008 中，可以通过特征控制框来添加形位公差，这些框中包含单个标注的所有公差信息。特征控制框至少由两个组件组成。第一个特征控制框包含一个几何特征符号，表示公差的几何特征，如位置、轮廓、形状、方向或跳动。形状公差控制直线度、平面度、圆度和圆柱度；轮廓控制直线和表面。

连续标注是首尾相连的多个标注。在创建连续标注之前，必须创建线性、对齐或角度标注。需要注意，形位公差不能与几何对象关联。

本例通过绘制主动轴，进一步学习绘制图形命令：多线、直线、矩形、圆弧等命令，初步学习绘制连续标注、绘制多重引线标注和绘制公差标注，进一步学习绘制线性标注和绘制半径标注。

步骤 1　创建新图形文件

启动 AutoCAD 2008 中文系统，建立新的图形文件。

步骤 2　绘制主动轴

Step 01 设置层，选择【格式】→【图层】命令，弹出【图层特性管理器】对话框，分别设置实线层，设置中心线层，设置标注线层。

Step 02 设中心线层为当前图层，绘制一条中心线。选择【绘图】→【直线】命令，并根据提示进行如下操作：

```
命令: _line  指定第一点: 40, 80Enter
指定下一点或[放弃 (U) ]: 100, 80Enter
指定下一点或[放弃 (U) ]:  Enter
```

结果如图 2-45 所示。

Step 03 设实线层为当前图层，绘制一个矩形。选择【绘图】→【矩形】命令，并根据提示进行如下操作：

```
命令: _rectang
指定第一个角点或 [倒角(C)/标高(E)/圆角(F)/厚度(T)/宽度(W)]: 42,90Enter
指定另一个角点或 [面积(A)/尺寸(D)/旋转(R)]: 60,70Enter
```

结果如图 2-46 所示。

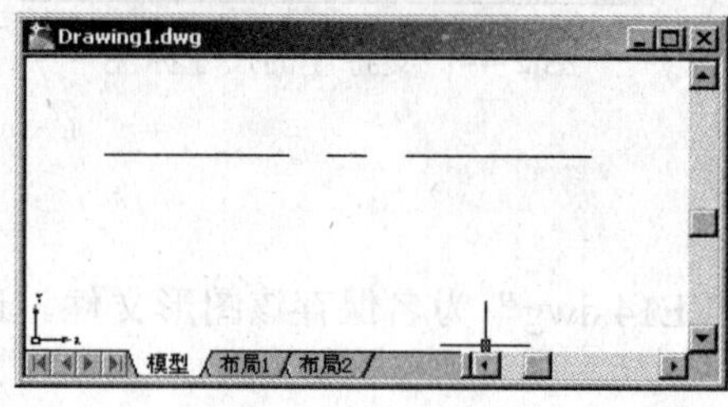

图 2-45　绘制中心线

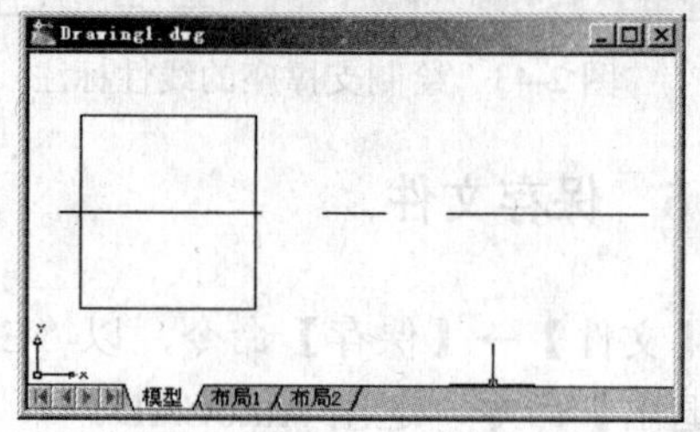

图 2-46　绘制矩形

Step 04 选择【绘图】→【直线】命令，并根据提示进行如下操作：

```
命令: _line  指定第一点: 60, 73Enter
指定下一点或[放弃 (U) ]: 62, 73Enter
指定下一点或[放弃 (U) ]: 62, 72Enter
指定下一点或[闭合 (C) /放弃 (U) ]:80,72Enter
指定下一点或[闭合 (C) /放弃 (U) ]:80,88Enter
指定下一点或[闭合 (C) /放弃 (U) ]:62,88Enter
指定下一点或[闭合 (C) /放弃 (U) ]:62,87Enter
指定下一点或[闭合 (C) /放弃 (U) ]:60,87Enter
指定下一点或[闭合 (C) /放弃 (U) ]:Enter
```

Step 05 选择【绘图】→【直线】命令，并根据提示进行如下操作：

```
命令: _line  指定第一点: 80, 75Enter
指定下一点或[放弃 (U) ]: 82,75Enter
指定下一点或[放弃 (U) ]: 82,74Enter
指定下一点或[闭合 (C) /放弃 (U) ]:95,74Enter
指定下一点或[闭合 (C) /放弃 (U) ]:95,86Enter
指定下一点或[闭合 (C) /放弃 (U) ]:82,86Enter
指定下一点或[闭合 (C) /放弃 (U) ]:82,85Enter
指定下一点或[闭合 (C) /放弃 (U) ]:80,85Enter
指定下一点或[闭合 (C) /放弃 (U) ]:Enter
```

结果如图 2-47 所示。

Step 06 选择【绘图】→【直线】命令，并根据提示进行如下操作：

```
命令：_line  指定第一点：62，73Enter
指定下一点或[放弃（U）]：62，87Enter
指定下一点或[放弃（U）]： Enter
```

选择【绘图】→【直线】命令，并根据提示进行如下操作：

```
命令：_line  指定第一点：82，75Enter
指定下一点或[放弃（U）]：82，85Enter
指定下一点或[放弃（U）]： Enter
```

结果如图 2-48 所示。

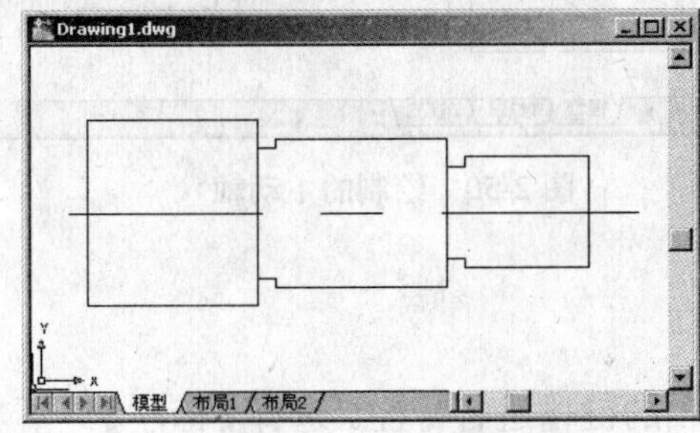

图 2-47　绘制的直线

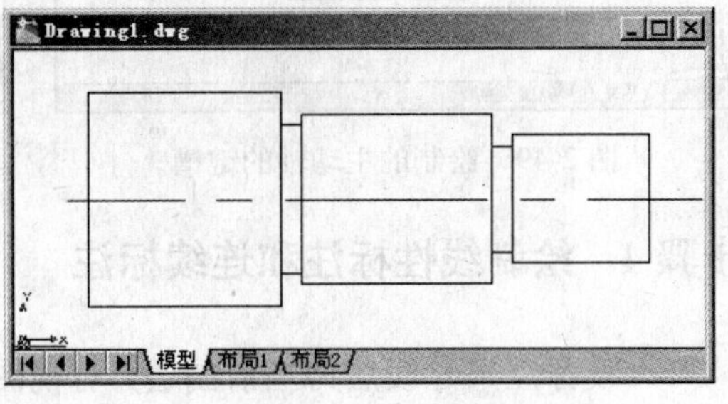

图 2-48　绘制的主动轴轮廓线

步骤 3　绘制主动轴上的键槽

Step 01 设置多线样式。设实线层为当前图层。选择【格式】→【多线样式】命令，弹出【多线样式】对话框。单击【修改】按钮，进入【新建多线样式】对话框中，偏移参数分别设置为 0.5 和-0.5，其余参数不变，并单击【确定】按钮，完成设置。

Step 02 选择【绘图】→【多线】命令，并根据提示进行如下操作：

```
当前设置：对正 = 上，比例 = 1.00，样式 = STANDARD
指定起点或 [对正(J)/比例(S)/样式(ST)]: s Enter
输入多线比例[8：00]: 4 Enter
当前设置：对正 = 上，比例 = 4.00，样式 = STANDARD
指定起点或 [对正(J)/比例(S)/样式(ST)]:46，82  Enter
指定下一点：56，82Enter
指定下一点或 [放弃(U)]: Enter
```

Step 03 绘制两个圆弧，圆弧的起点和端点分别是多线命令生成的直线的端点，圆弧的半径为 2。选择【绘图】→【圆弧】→【起点、端点、半径】命令，并根据提示进行如下操作：

```
命令：_arc 指定圆弧的起点或 [圆心(C)]: 56,78 Enter
指定圆弧的第二个点或 [圆心(C)/端点(E)]: _e
指定圆弧的端点: 56,82 Enter
指定圆弧的圆心或 [角度(A)/方向(D)/半径(R)]: _r 指定圆弧的半径: 2 Enter
```

Step 04 选择【绘图】→【圆弧】→【起点、端点、半径】命令，并根据提示进行如下操作：

```
命令：_arc 指定圆弧的起点或 [圆心(C)]: 46,82 Enter
指定圆弧的第二个点或 [圆心(C)/端点(E)]: _e
指定圆弧的端点: 46,78 Enter
```

```
指定圆弧的圆心或 [角度(A)/方向(D)/半径(R)]: _r 指定圆弧的半径: 2 Enter
```

结果如图 2-49 所示。

Step 05 同样的方法，绘制轴上另一个键槽。结果如图 2-50 所示。

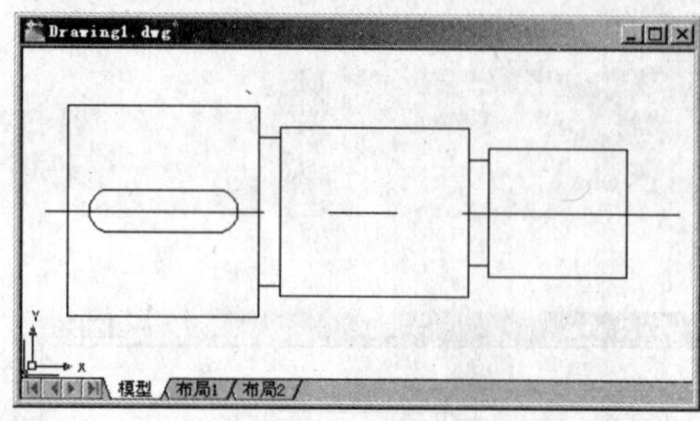

图 2-49 绘制的主动轴的键槽

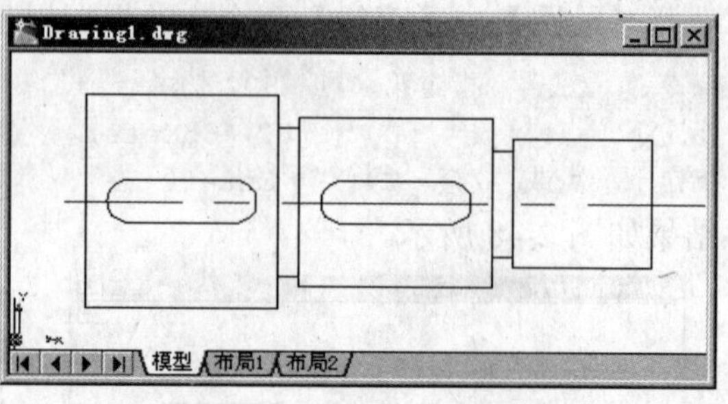

图 2-50 绘制的主动轴

步骤 4 绘制线性标注和连续标注

Step 01 设标注尺寸线层为当前图层，对视图中轴的键槽进行标注。选择【标注】→【半径】命令，并根据提示进行如下操作：

```
命令: _dimradius
选择圆弧或圆://选择一个圆弧
标注文字 = 2
指定尺寸线位置或 [多行文字(M)/文字(T)/角度(A)]: m Enter
```

此时，弹出如图 2-29 所示的【文字格式】对话框。在对话框中，可以对文字的样式、大小、字体、位置等进行设置。在数值前输入“4-”后，再单击【确定】按钮，则返回到绘图区域。

```
指定尺寸线位置或[多行文字(M)/文字(T)/ 角度(A)/ 水平(H)/垂直(V)/旋转(R)]: //拖动光标在合适位置单击确定
```

结果如图 2-51 所示。

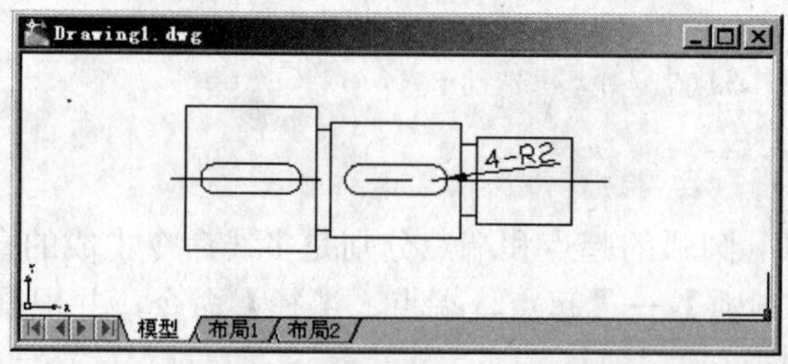

图 2-51 标注主动轴的半径尺寸

Step 02 设标注尺寸线层为当前图层，选择【标注】→【线性】命令，并根据提示进行如下操作：

```
指定第一条尺寸界线原点或 <选择对象>://选择最右直线的右上角的点
指定第二条尺寸界线原点: //选择最右直线的右下角的点
创建了无关联的标注。
指定尺寸线位置或
```

```
[多行文字(M)/文字(T)/角度(A)/水平(H)/垂直(V)/旋转(R)]: m Enter
```

此时，弹出【文字格式】对话框，在数值“12”前输入“%%c”，则变成“Φ12”。单击【确定】按钮，返回到命令行提示模式。

```
指定尺寸线位置或
[多行文字(M)/文字(T)/角度(A)/水平(H)/垂直(V)/旋转(R)]:                    //在适当的位置处单击鼠标左键确定
标注文字 = 30
```

同样的操作，对轴的其他部位进行直径标注。结果如图 2-52 所示。

Step 03 选择【标注】→【线性】命令，对视图中轴进行部分标注。结果如图 2-53 所示。

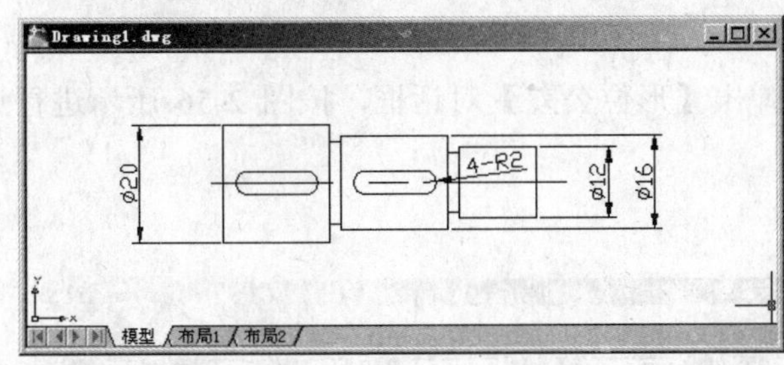

图 2-52 标注主动轴的轴向尺寸

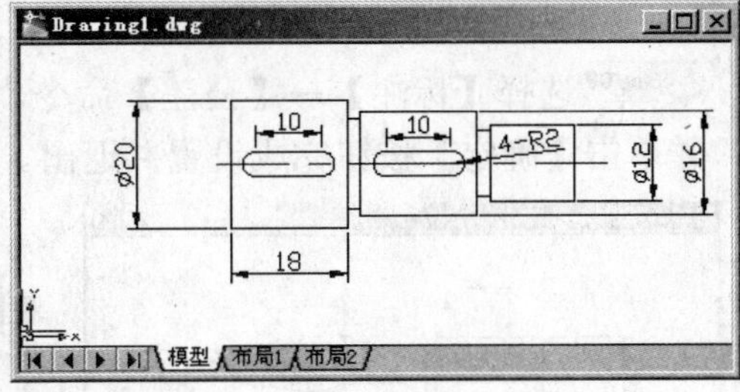

图 2-53 标注主动轴的线性尺寸

Step 04 在确保图 2-53 中线性尺寸值为“18”的尺寸为上一步的最后一个进行标注下，选择【标注】→【连续标注】命令，并根据提示进行如下操作：

```
选择连续标注:
指定第二条尺寸界线原点或 [放弃(U)/选择(S)] <选择>:          //选择轴上从左边数第二个阶梯上的左下角的点
标注文字 = 2
指定第二条尺寸界线原点或 [放弃(U)/选择(S)] <选择>:          //选择轴上从左边数第二个阶梯上的右下角的点
标注文字 = 18
指定第二条尺寸界线原点或 [放弃(U)/选择(S)] <选择>:          //选择轴上从左边数第三个阶梯上的右下角的点
标注文字 = 15
指定第二条尺寸界线原点或 [放弃(U)/选择(S)] <选择>:Enter
```

效果如图 2-54 所示。

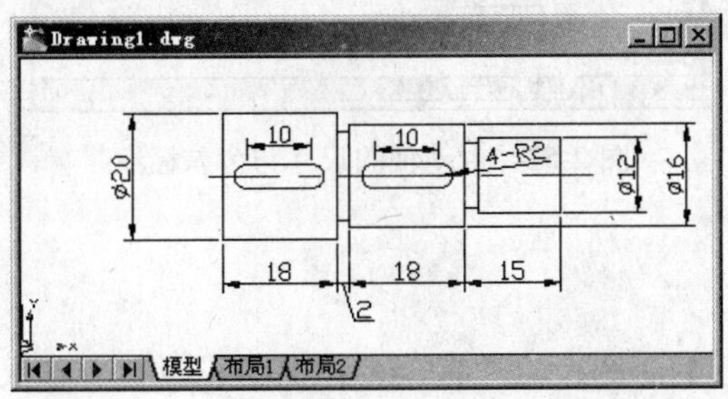

图 2-54 【连续标注】标注轴上的线性尺寸

步骤5 绘制引线标注和公差标注

Step 01 选择【标注】→【多重引线】命令，并根据提示进行如下操作：

```
指定第一个引线点或 [设置(S)] <设置>:              //轴的左边第一个阶梯上的直线上适当位置单击鼠标左键确定
指定下一点://在适当位置单击鼠标左键确定
指定下一点://在适当位置单击鼠标左键确定
指定下一点:// 按“Esc”
指定文字宽度 <0>:// 按“Esc” 取消操作
```

同样的操作，标注轴的左边第二个阶梯上的直线的引线和中心线的引线。结果图 2-55 所示。

Step 02 选择【标注】→【公差】命令，弹出【形位公差】对话框，按图 2-56 所示进行设置，并单击【确定】按钮完成设置并退出。

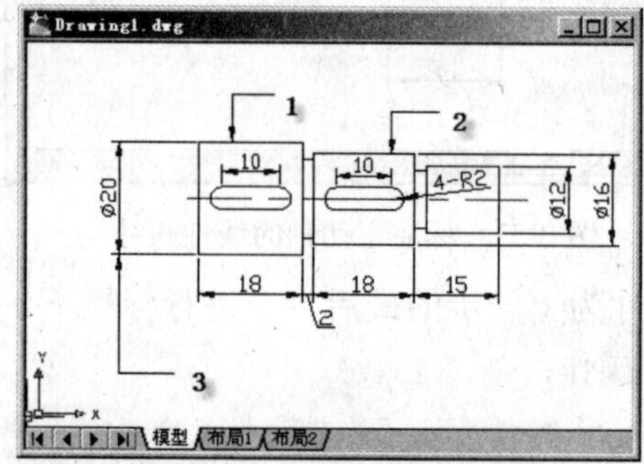

图 2-55 绘制轴上的引线

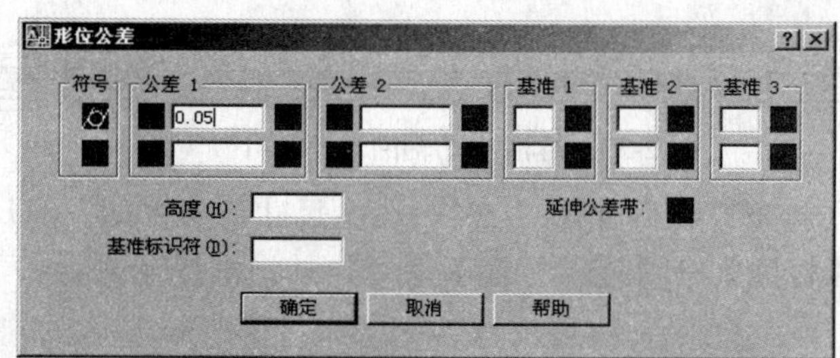

图 2-56 【形位公差】对话框

```
输入公差位置:              //把鼠标移动到图 2-55 中 1 处单击鼠标左键。
```

同样的操作，在图 2-55 中 2、3 处进行公差标注，结果如图 2-57 所示。

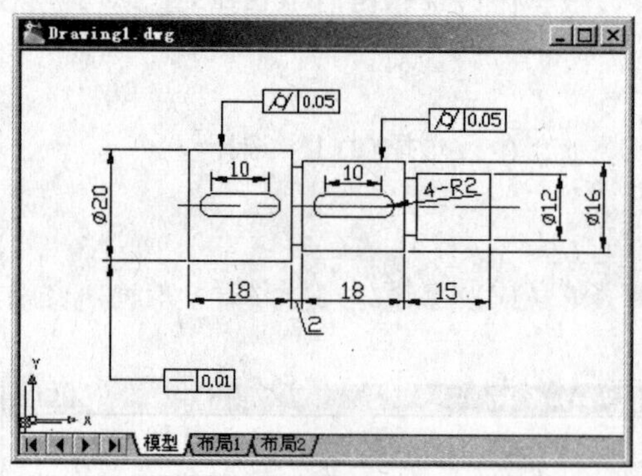

图 2-57 主动轴的尺寸与公差标注

步骤6 保存文件

选择【文件】→【保存】命令，以“EXAMPLE15.dwg”为名保存该图形文件。选择【文件】→【退出】命令，退出 AutoCAD。

实例 16　底板——公差标注

本例通过绘制底板，复习绘制图形命令：直线、矩形、圆等命令，进一步学习创建新标注样式、绘制线性标注、绘制半径标注和绘制公差标注。

步骤 1　创建新图形文件

启动 AutoCAD 2008 中文系统，建立新的图形文件。

步骤 2　绘制底板

Step 01 设置层，选择【格式】→【图层】命令，弹出【图层特性管理器】对话框，分别设置实线层，设置中心线层，设置标注线层。

Step 02 设中心线层为当前图层，绘制两条中心线。选择【绘图】→【直线】命令，并根据提示进行如下操作：

```
命令：_line  指定第一点：10，90Enter
指定下一点或[放弃（U）]：200，90Enter
指定下一点或[放弃（U）]： Enter
```

选择【绘图】→【直线】命令，并根据提示进行如下操作：

```
命令：_line  指定第一点：100，10Enter
指定下一点或[放弃（U）]：100，160Enter
指定下一点或[放弃（U）]： Enter
```

结果如图 2-58 所示。

Step 03 设实线层为当前图层，选择【绘图】→【矩形】命令，并根据提示进行如下操作：

```
命令：_rectang
指定第一个角点或 [倒角(C)/标高(E)/圆角(F)/厚度(T)/宽度(W)]：15,150Enter
指定另一个角点或 [面积(A)/尺寸(D)/旋转(R)]：180,15Enter
```

Step 04 选择【绘图】→【圆】→【圆心，半径】命令，并根据提示进行如下操作：

```
命令：_circle 指定圆的圆心或 [三点(3P)/两点(2P)/相切、相切、半径(T)]：100,90Enter
指定圆的半径或 [直径(D)]：20Enter
```

选择【绘图】→【圆】→【圆心，半径】命令，并根据提示进行如下操作：

```
命令：_circle 指定圆的圆心或 [三点(3P)/两点(2P)/相切、相切、半径(T)]：100,90Enter
指定圆的半径或 [直径(D)]：15Enter
```

结果如图 2-59 所示。

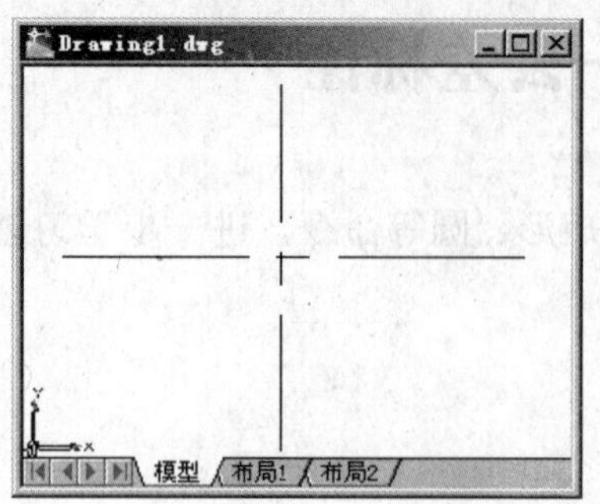

图 2-58　绘制中心线

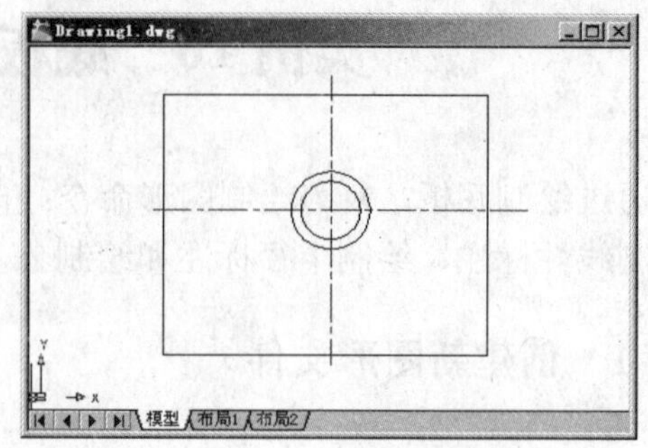

图 2-59　绘制底板平面图

步骤 3　绘制线性标注和直径标注

Step 01 设标注尺寸线层为当前图层。设置尺寸标注样式。选择【格式】→【标注样式】命令，弹出【标注样式管理器】对话框。单击【新建】按钮，弹出【创建新标注样式】对话框，在【创建新标注样式】中设置如图 2-60 所示。

单击【继续】按钮，弹出【新建标注样式】对话框，可以按要求设置成如图 2-61 所示的参数。完成修改后，单击【确定】按钮，则返回到【标注样式管理器】对话框，再单击【关闭】按钮，完成并退出标注样式。

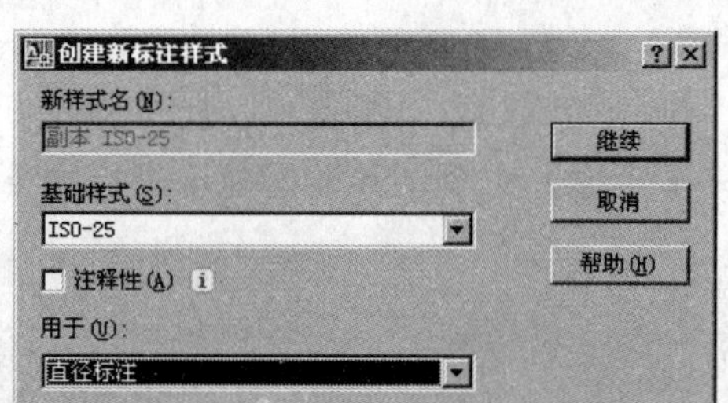

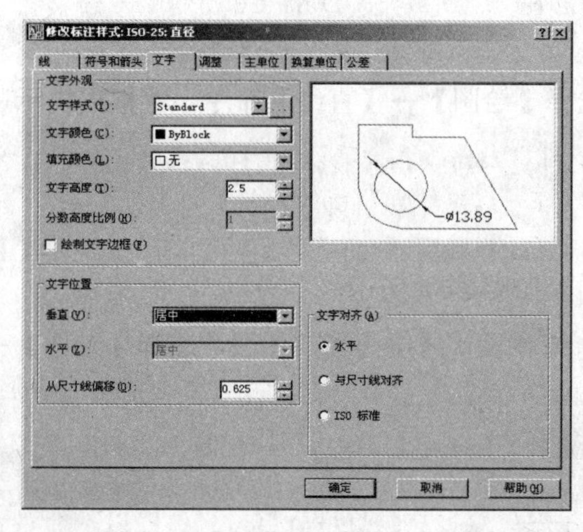

图 2-60　【创建新标注样式】对话框　图 2-61　【新建标注样式：ISO-25:直径】对话框

Step 02 选择【标注】→【直径】命令，并根据提示进行如下操作：

```
选择圆弧或圆://选择图形中较小的圆
标注文字 = 30
指定尺寸线位置或 [多行文字(M)/文字(T)/角度(A)]: m Enter
```

此时，弹出【文字格式】对话框。在数值后输入“Enter V%%c40X90%%d”后，再单击【确定】按钮，则返回到绘图区域。

```
指定尺寸线位置或 [多行文字(M)/文字(T)/角度(A)]:            //拖动光标在合适位置单击确定
```

结果如图 2-62 所示。

Step 03 选择【标注】→【线性】命令，对矩形的长和宽进行标注。结果如图 2-63 所示。

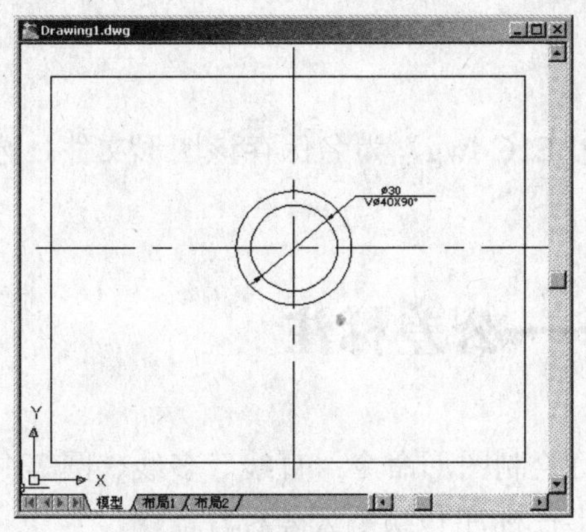

图 2-62　绘制的直径标注

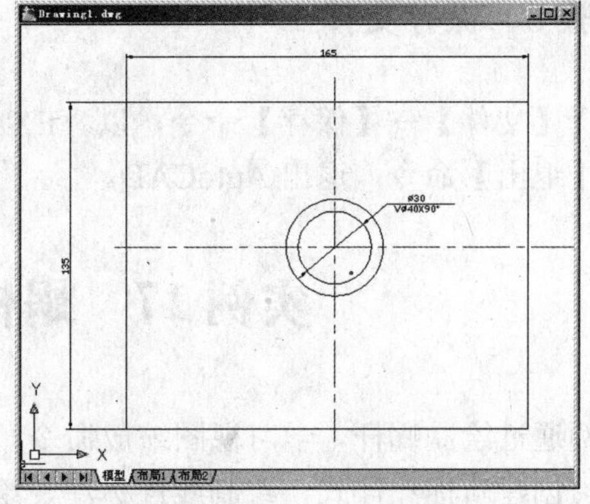

图 2-63　绘制的线性标注

步骤 4　绘制标注基准

分别选择【绘图】→【圆】→【圆心，半径】命令、选择【绘图】→【直线】命令和选择【绘图】→【文字】→【多行文字】命令，绘制如图 2-64 所示的基准符号。

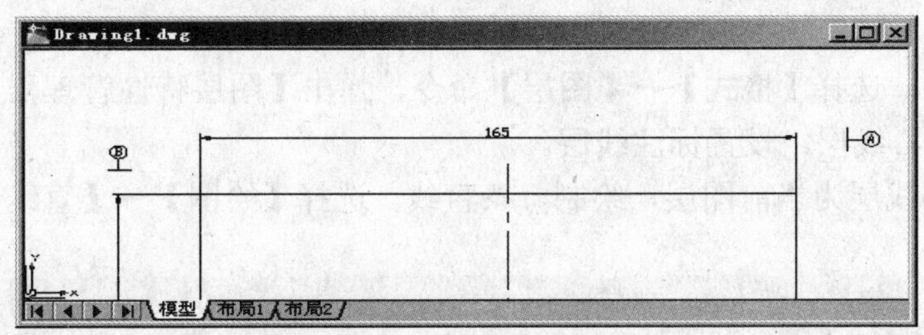

图 2-64　绘制的基准符号

步骤 5　绘制公差标注

Step 01 选择【绘图】→【直线】命令，从标注小圆直径的尺寸线端引出一段直线。

Step 02 选择【标注】→【公差】命令，弹出【形位公差】对话框。按图 2-65 所示进行设置，并单击【公差】按钮完成设置并退出。结果如图 2-66 所示。

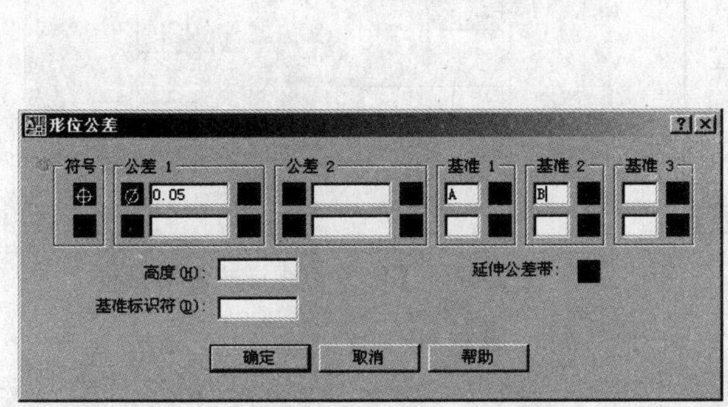

图 2-65　【形位公差】对话框

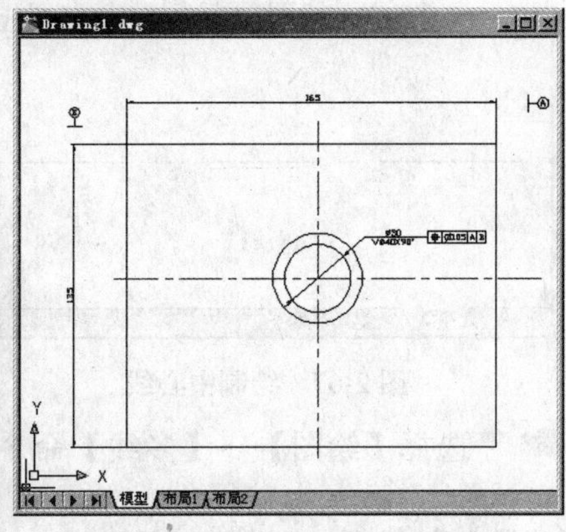

图 2-66　绘制的底板公差标注

步骤 6 保存文件

选择【文件】→【保存】命令，以“EXAMPLE16.dwg”为名保存该图形文件。选择【文件】→【退出】命令，退出 AutoCAD。

实例 17 蜗杆——公差标注

本例通过绘制蜗杆，学习视图缩放命令，复习绘制图形命令：直线、多线、圆等命令，进一步学习创建新标注样式、绘制线性标注、绘制半径标注和绘制公差标注。

步骤 1 创建新图形文件

启动 AutoCAD 2008 中文系统，建立新的图形文件。

步骤 2 绘制蜗杆主视图

Step 01 设置层，选择【格式】→【图层】命令，弹出【图层特性管理器】对话框，分别设置实线层，设置中心线层，设置标注线层。

Step 02 设中心线层为当前图层，绘制一条直线。选择【绘图】→【直线】命令，并根据提示进行如下操作：

```
命令: _line 指定第一点: 40, 80Enter
指定下一点或[放弃 (U)]: 160, 80Enter
指定下一点或[放弃 (U)]: Enter
```

结果如图 2-67 所示。

Step 03 设实线层为当前图层，选择【格式】→【多线样式】命令，弹出【多线样式】对话框。单击【修改】按钮，进入【修改多线样式】对话框。按照如图 2-68 所示设置各参数，并按【确定】按钮，完成设置。

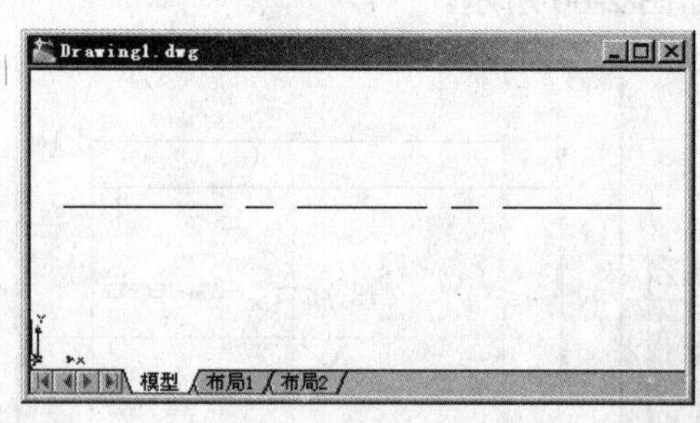

图 2-67 绘制中心线

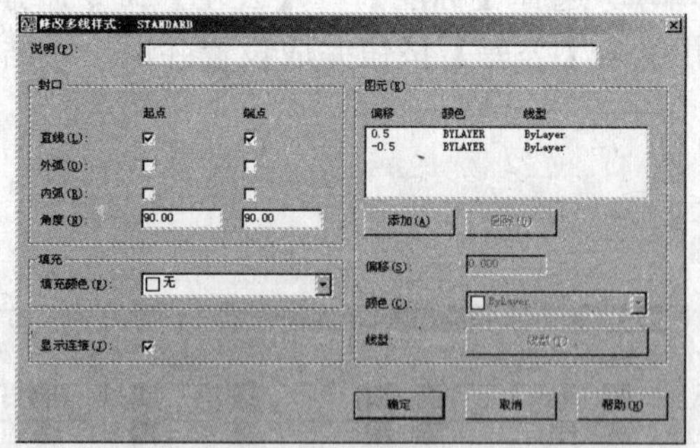

图 2-68 【修改多线样式】对话框

Step 04 选择【绘图】→【多线】命令，并根据提示进行如下操作：

```
当前设置: 对正 = 上, 比例 = 20.00, 样式 = STANDARD
指定起点或 [对正(J)/比例(S)/样式(ST)]:    s Enter
```

```
输入比例<20.00>: 30 Enter
当前设置: 对正 = 上, 比例 = 30.00, 样式 = STANDARD
指定起点或 [对正(J)/比例(S)/样式(ST)]:  80,95 Enter
指定下一点:  120,95 Enter
指定下一点或 [放弃(U)]: Enter
```

Step 05 选择【绘图】→【直线】命令，并根据提示进行如下操作：

```
命令: _line 指定第一点: 120,90 Enter
指定下一点或 [放弃(U)]: 140,90 Enter
指定下一点或 [放弃(U)]: 140,70 Enter
指定下一点或 [闭合(C)/放弃(U)]: 120,70 Enter
指定下一点或 [闭合(C)/放弃(U)]: Enter
```

选择【绘图】→【直线】命令，并根据提示进行如下操作：

```
命令: _line 指定第一点: 140,85 Enter
指定下一点或 [放弃(U)]: 150,85 Enter
指定下一点或 [放弃(U)]: 150,75 Enter
指定下一点或 [闭合(C)/放弃(U)]: 140,75 Enter
指定下一点或 [闭合(C)/放弃(U)]: Enter
```

选择【绘图】→【直线】命令，并根据提示进行如下操作：

```
命令: _line 指定第一点: 80,90 Enter
指定下一点或 [放弃(U)]: 60,90 Enter
指定下一点或 [放弃(U)]: 60,70 Enter
指定下一点或 [闭合(C)/放弃(U)]: 80,70 Enter
指定下一点或 [闭合(C)/放弃(U)]: Enter
```

选择【绘图】→【直线】命令，并根据提示进行如下操作：

```
命令: _line 指定第一点: 60,85 Enter
指定下一点或 [放弃(U)]: 50,85 Enter
指定下一点或 [放弃(U)]: 50,75 Enter
指定下一点或 [闭合(C)/放弃(U)]: 60,75 Enter
指定下一点或 [闭合(C)/放弃(U)]: Enter
```

Step 06 选择【视图】→【缩放】→【窗口】命令，把绘制的蜗杆显示到屏幕的中间位置。结果如图 2-69 所示。

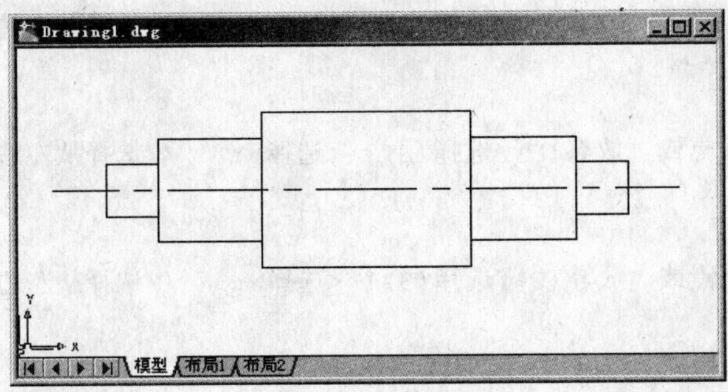

图 2-69　绘制的蜗杆

步骤 3　绘制线性标注和连续标注

Step 01 设标注尺寸线层为当前图层，选择【标注】→【线性】命令，并根据提示进行如下操作：

```
指定第一条尺寸界线原点或 <选择对象>://选择多线的左上角的点
指定第二条尺寸界线原点： //选择多线的左下角的点
创建了无关联的标注。
指定尺寸线位置或
[多行文字(M)/文字(T)/角度(A)/水平(H)/垂直(V)/旋转(R)]： m//弹出【文字格式】对话框，在数值“30”前输入“%%c”，则变成“Φ30”，单击【确定】按钮返回到命令行提示模式。
指定尺寸线位置或
[多行文字(M)/文字(T)/角度(A)/水平(H)/垂直(V)/旋转(R)]://在适当的位置处单击鼠标左键确定
标注文字 = 30
```

同样的操作，对蜗杆的其他部位进行直径标注。结果如图 2-70 所示。

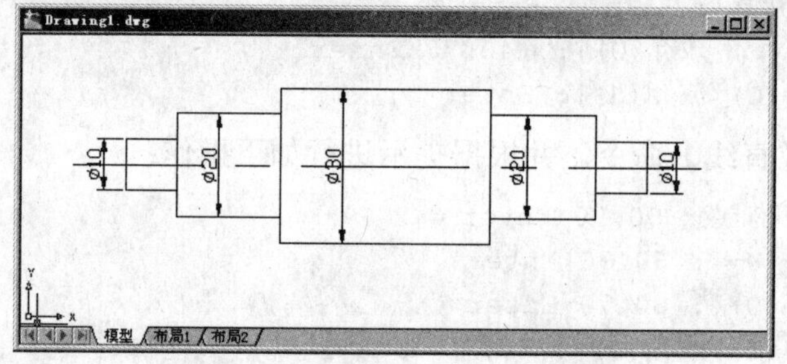

图 2-70　绘制蜗杆的轴向尺寸标注

Step 02 选择【标注】→【线性】命令，并根据提示进行如下操作：

```
指定第一条尺寸界线原点或 <选择对象>:          //选择从左边数蜗杆的左下角第一个角点
指定第二条尺寸界线原点:                      //选择从左边数蜗杆的左下角第二个角点
指定尺寸线位置或
[多行文字(M)/文字(T)/角度(A)/水平(H)/垂直(V)/旋转(R)]： //在适当的位置处单击鼠标左键确定
标注文字 = 10
```

Step 03 选择【标注】→【连续标注】命令，并根据提示进行如下操作：

```
指定第二条尺寸界线原点或 [放弃(U)/选择(S)] <选择>：  //选择从左边数蜗杆的左下角第三个角点
标注文字 = 20
指定第二条尺寸界线原点或 [放弃(U)/选择(S)] <选择>：  //选择从左边数蜗杆的左下角第 4 个角点
标注文字 = 40
指定第二条尺寸界线原点或 [放弃(U)/选择(S)] <选择>：  //选择从左边数蜗杆的左下角第 5 个角点
标注文字 = 20
指定第二条尺寸界线原点或 [放弃(U)/选择(S)] <选择>: Enter
```

Step 04 选择【标注】→【线性】命令，对蜗杆的总长进行标注。结果如图 2-71 所示。

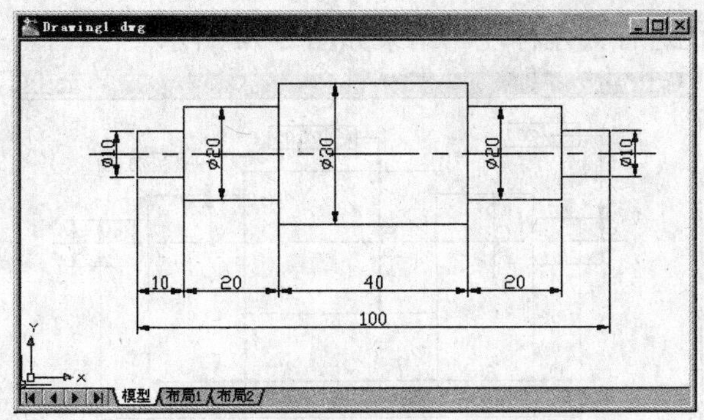

图 2-71　创建线性标注和连续标注

步骤 4　绘制形位公差

Step 01 选择【标注】→【多重引线】命令，并根据提示进行如下操作：

```
指定第一个引线点或 [设置(S)] <设置>:        //轴的左边第一个阶梯上的直线上适当位置单击鼠标左键确定
指定下一点:                                  //在适当位置单击鼠标左键确定
指定下一点:                                  //在适当位置单击鼠标左键确定
指定下一点:                                  //按 Esc 键
指定文字宽度 <0>:                            //按 Esc 键，取消操作
```

同样的操作，标注轴的左边第二个阶梯上的直线的引线和中心线的引线。结果图 2-72 所示。

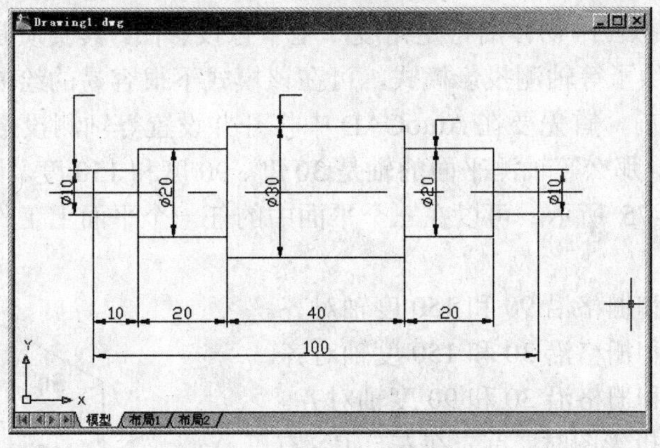

图 2-72　绘制轴上的引线

Step 02 标注轴上最小端处的形位公差值。选择【标注】→【公差】命令，弹出【形位公差】对话框，按图 2-73 所示进行设置，并单击【公差】按钮完成设置并退出。

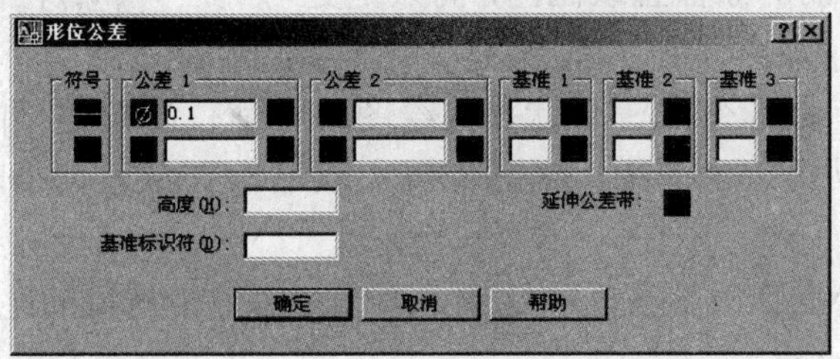

图 2-73　【形位公差】对话框

同样的操作，对其他进行公差标注。结果如图 2-74 所示.

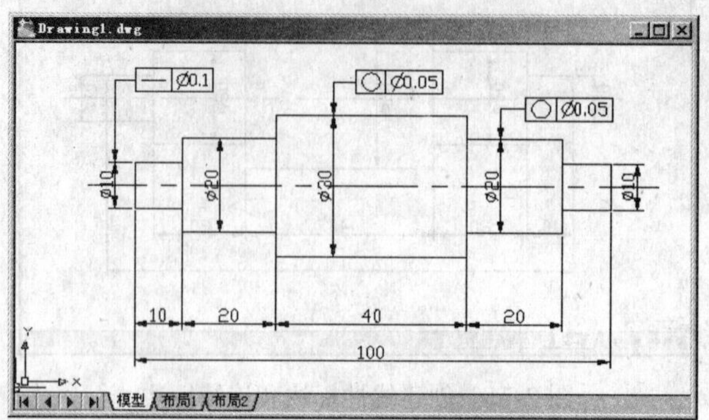

图 2-74　蜗杆的公差标注

步骤 5　保存文件

选择【文件】→【保存】命令，以“EXAMPLE17.dwg”为名保存该图形文件。选择【文件】→【退出】命令，退出 AutoCAD。

实例 18　长方体轴测图——缩放对象

等轴测投影图是模拟三维物体沿特定角度产生平行投影图，其实质是三维物体的二维投影图。在 AutoCAD 中提供了等轴测投影模式，可在该模式下很容易的绘制等轴测投影视图。绘制二维等轴测投影图之前，首先要在 AutoCAD 中打开并设置等轴测投影模式。

如果捕捉角度是 0，那么等轴测平面的轴是 30 度、90 度和 150 度。将捕捉样式设置为“等轴测”选现后，如图 2-75 所示，可以在三个平面中的任一个平面上工作，每个平面都有一对关联轴：

- 左平面：捕捉和栅格沿 90 和 150 度轴对齐。
- 上平面：捕捉和栅格沿 30 和 150 度轴对齐。
- 右平面：捕捉和栅格沿 30 和 90 度轴对齐。

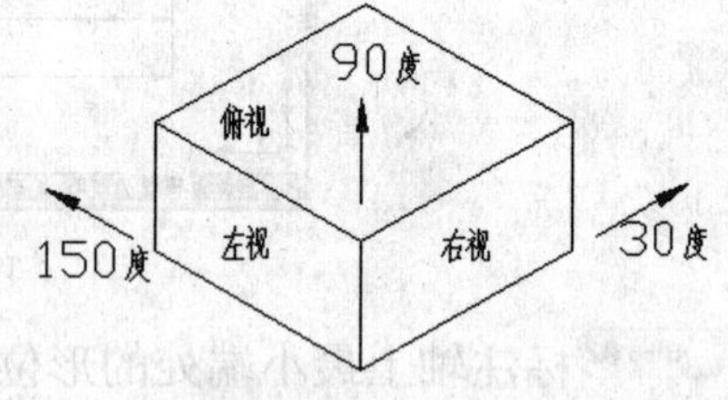

图 2-75　等轴测图形平面

在绘制二维等轴测投影图时，首先在左、上、右三个等轴测面中选择一个设置为当前的等轴测面。

使用“实时”选项，可以通过移动定点设备进行动态平移，不会更改图形中的对象位置或比例，而只是更改视图。

单击工具栏上的，鼠标变成形状，在绘图区合适位置单击，向右下方拖动可缩小图像，相反，向左上方拖动可放大图像，到图像放大或缩小到合适大小时松开，即可完成缩放对象。

可以通过放大和缩小操作改变视图的比例，不改变图形中对象的绝对大小，只改变视图的比例。

缩放以放大或缩小指定的矩形区域，通过指定要查看区域的两个对角，可以快速缩放图形中的某个矩形区域。所指定区域的左下角成为新视图的左上角。

本例通过绘制长方体轴测图，学习等轴测图的绘制以及视图平移命令和视图缩放命令。

步骤 1　创建新图形文件

启动 AutoCAD 2008 中文系统，建立新的图形文件。

步骤 2　绘制长方体轴测图

Step 01 选择【工具】→【草图设置】命令，弹出如图 2-76 所示的【草图设置】对话框，在【草图设置】对话框的【捕捉与栅格】选项卡中，打开等轴测捕捉模式，并将栅格、捕捉及正交模式打开，栅格间距设置为 10。

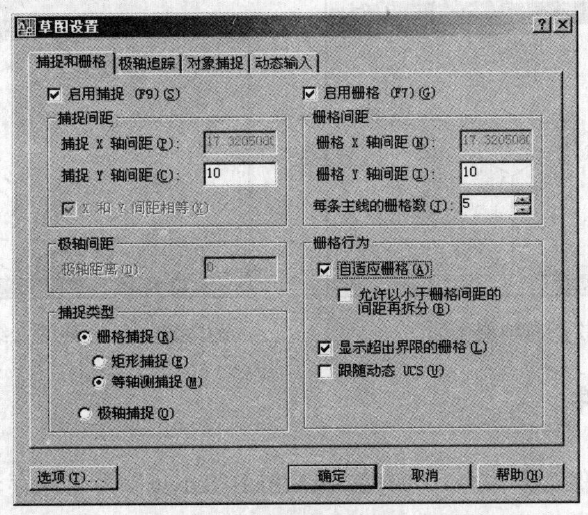

图 2-76　【草图设置】对话框

把表示栅格的点尽量显示在屏幕中央。选择【视图】→【缩放】→【窗口】命令，并根据提示进行如下操作：

```
[全部(A)/中心(C)/动态(D)/范围(E)/上一个(P)/比例(S)/窗口(W)/对象(O)] <实时>: _w
指定第一个角点:                                    //选择左上角靠近栅格的点
指定对角点:                                        //选择右上角靠近栅格的点
```

结果如图 2-77 所示。

Step 02 激活上轴测面，在命令提示行中调用“isoplane”命令，并根据提示进行如下操作：

```
当前等轴测平面: 左
输入等轴测平面设置[左(L)/上(T)/右(R)] 〈上〉 :T Enter
当前等轴测面:上
```

然后选择【绘图】→【直线】命令，绘制如图 2-78 所示的直线。在等轴测图中的直线用法与正交视图中的用法相同。

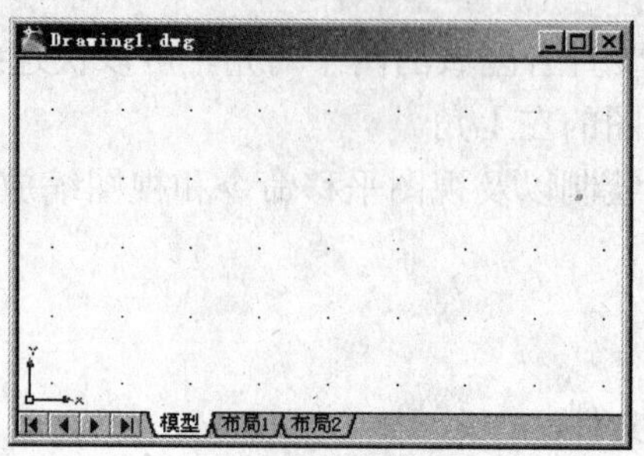

图 2-77　缩放栅格视图

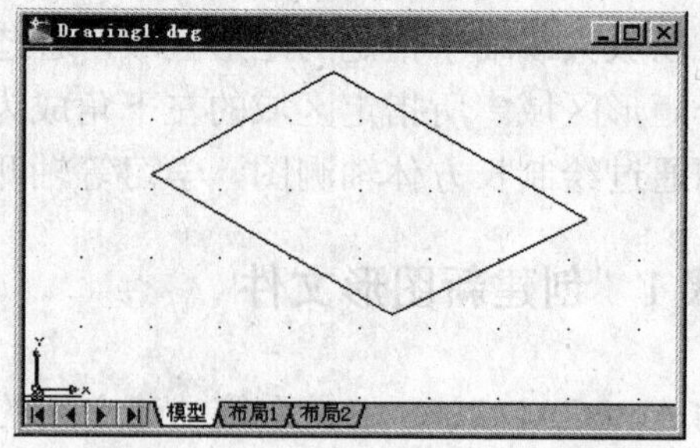

图 2-78　绘制上轴测平面

Step 03 按 Ctrl+E 键，切换到右轴测面，选择【绘图】→【直线】命令，绘制如图 2-79 所示的直线。

Step 04 再按一次 Ctrl+E 键，切换到左轴测面，选择【绘图】→【直线】命令，绘制如图 2-80 所示的直线。

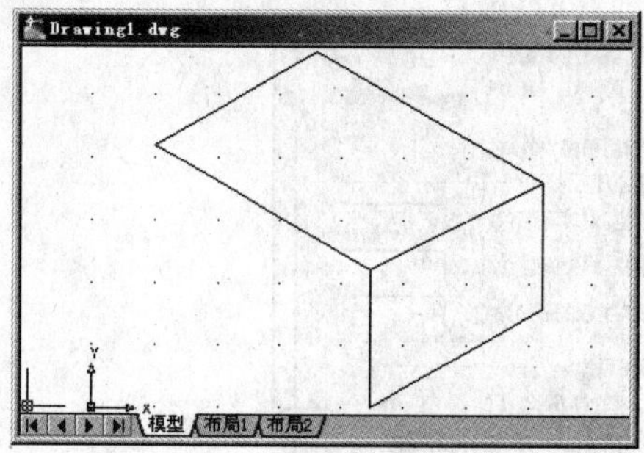

图 2-79　绘制右轴测平面

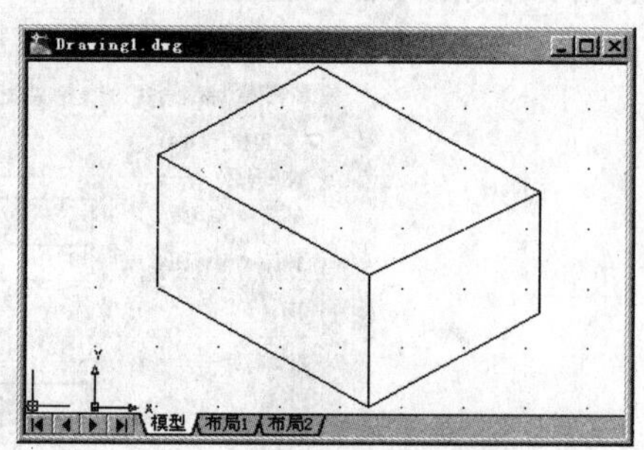

图 2-80　长方体的二维等轴测投影图

步骤 3　保存文件

选择【文件】→【保存】命令，以“EXAMPLE18.dwg”为名保存该图形文件。选择【文件】→【退出】命令，退出 AutoCAD。

实例 19　支撑架轴测图——修剪对象

修剪对象可以通过缩短或拉长，使对象与其他对象的边相接。这意味着可以先创建对象（例如直线），然后调整该对象，使其恰好位于其他对象之间。

先了解一下修剪对象命令的操作，以便更快掌握和学习【剪切】命令的使用。单击剪切按钮，选取剪切边，完毕后回车确认，再依次选取要裁剪对象的删除部分。剪切过程如图 2-81、图 2-82 和图 2-83 所示。

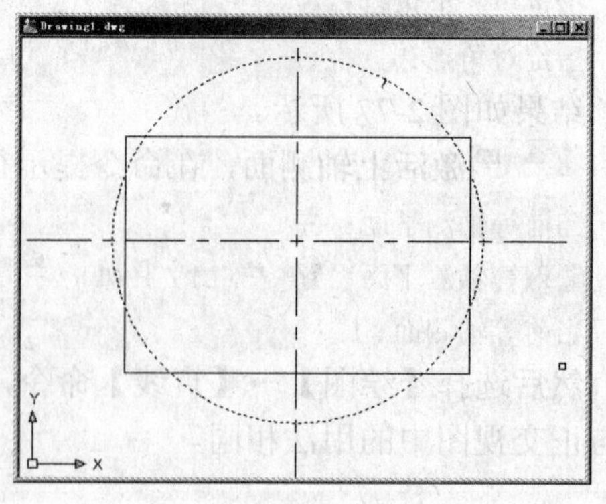

图 2-81　选取剪切边

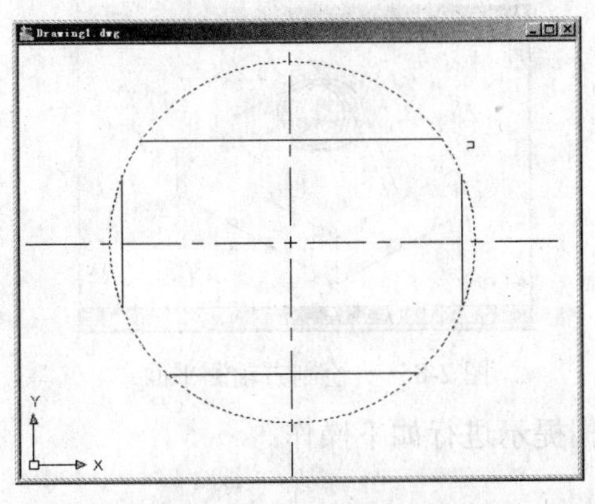

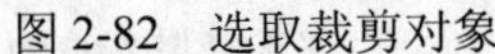
图 2-82 选取裁剪对象

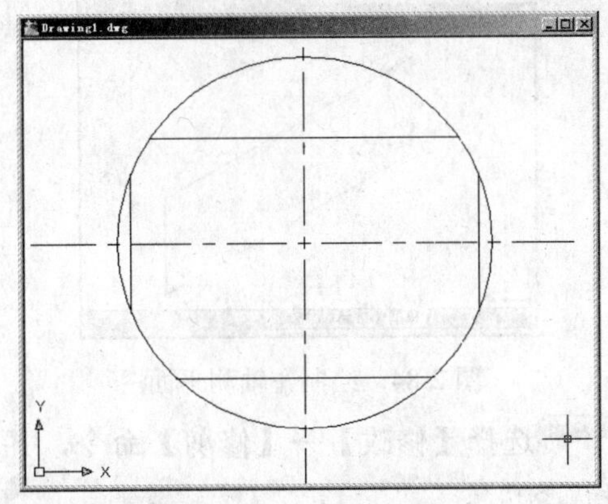

图 2-83 裁剪结果

除上面裁剪过程外，还有一种更简便快捷的方法，在单击剪切按钮后，不选取剪切边，直接回车，再选取裁剪对象即可。本例通过绘制支撑架轴测图，学习视图缩放命令，学习剪切命令，进一步学习等轴测图的绘制。

步骤 1　创建新图形文件

启动 AutoCAD 2008 中文系统，建立新的图形文件。

步骤 2　绘制长方体轴测图

Step 01 单击【工具】→【草图设置】命令，弹出【草图设置】对话框。在【草图设置】对话框的【捕捉与栅格】选项卡中，启用等轴测捕捉模式，并将栅格、捕捉及正交模式打开，栅格间距设置为 10。

Step 02 选择【视图】→【缩放】→【窗口】命令，把表示栅格的点尽量显示在屏幕中央位置。

Step 03 激活左轴测面，在命令提示行中调用“isoplane”命令，并根据提示进行如下操作：

```
当前等轴测平面: 左
输入等轴测平面设置[左(L)/上(T)/右(R)] 〈上〉:lEnter
当前等轴测面:左
```

然后选择【绘图】→【直线】命令，绘制如图 2-84 所示的直线。

Step 04 切换到右轴测面，在命令提示行中调用“isoplane”命令，并根据提示进行如下操作：

```
当前等轴测平面: 左
输入等轴测平面设置[左(L)/上(T)/右(R)] 〈上〉:r Enter
当前等轴测面:右
```

选择【绘图】→【直线】命令和选择【绘图】→【圆】→【圆心，半径】命令，绘制如图 2-85 所示的图形。

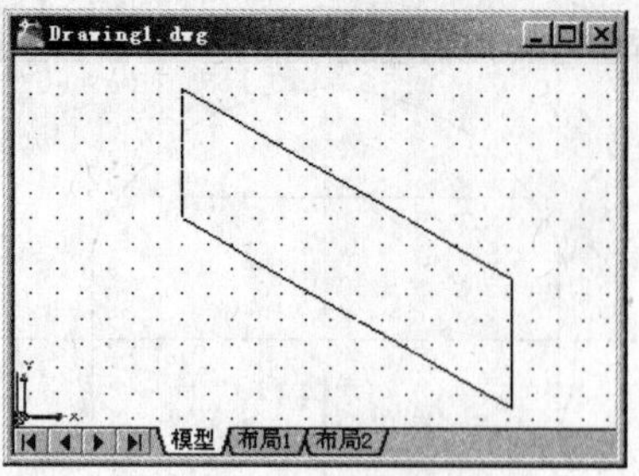
图 2-84　绘制左轴测平面

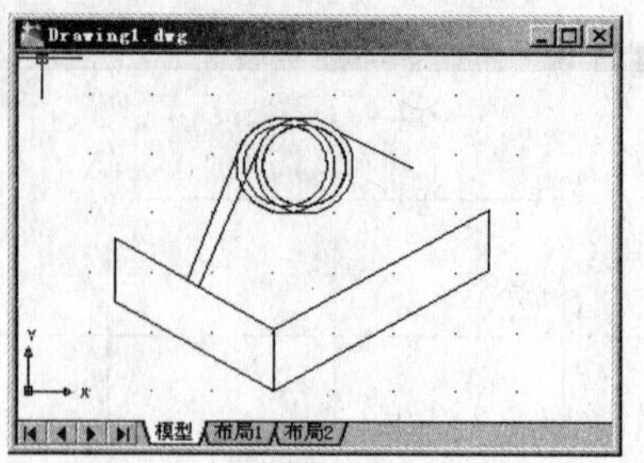
图 2-85　绘制右轴测平面

Step 05 选择【修改】→【修剪】命令，并根据提示进行如下操作：

```
选择剪切边...
选择对象或 <全部选择>:  找到 1 个                           //选择最右边的大圆
选择对象:Enter
选择要修剪的对象，或按住 Shift 键选择要延伸的对象，或
[栏选(F)/窗交(C)/投影(P)/边(E)/删除(R)/放弃(U)]:                //选择最左边的大圆
选择要修剪的对象，或按住 Shift 键选择要延伸的对象，或
[栏选(F)/窗交(C)/投影(P)/边(E)/删除(R)/放弃(U)]: Enter
```

同样的操作，对左边的小圆进行修剪。再选择【修改】→【修剪】命令，并根据提示进行如下操作：

```
选择剪切边...
选择对象或 <全部选择>:  找到 1 个                  //选择最左边的大圆相连的直线
选择对象: 找到 1 个, 总计 2 个                     //选择最右边的大圆相连的直线
选择对象:Enter
选择要修剪的对象，或按住 Shift 键选择要延伸的对象，或
[栏选(F)/窗交(C)/投影(P)/边(E)/删除(R)/放弃(U)]:               //选择最左边的大圆与
两直线间的圆弧部分
选择要修剪的对象，或按住 Shift 键选择要延伸的对象，或
[栏选(F)/窗交(C)/投影(P)/边(E)/删除(R)/放弃(U)]: Enter
```

结果如图 2-86 所示的图形。

Step 06 切换到上轴测面，在命令提示行中调用“isoplane”命令，并根据提示进行如下操作：

```
当前等轴测平面: 右
输入等轴测平面设置[左(L)/上(T)/右(R)] 〈上〉 :t Enter
当前等轴测面:上
```

选择【绘图】→【直线】命令，绘制如图 2-87 所示的图形。

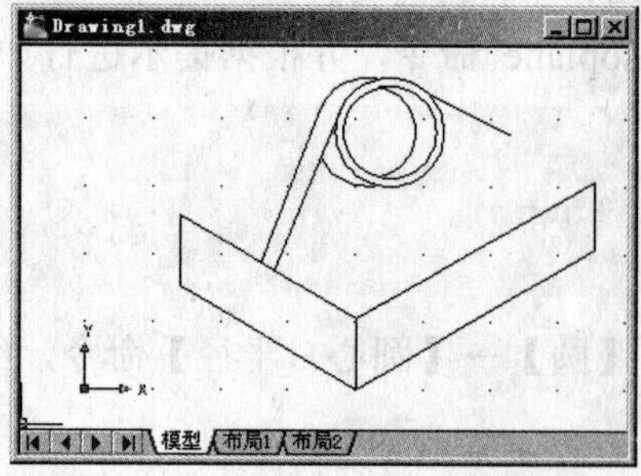
图 2-86　修剪右轴测平面图形

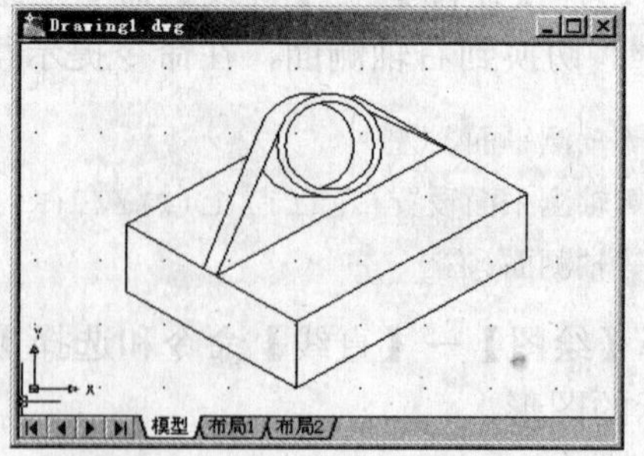
图 2-87　绘制的支撑架轴测图

步骤 3　保存文件

选择【文件】→【保存】命令，以“EXAMPLE19.dwg”为名保存该图形文件。选择【文件】→【退出】命令，退出 AutoCAD。

实例 20　平底键——倒角

在 AutoCAD 2008 中，【倒角】命令用来创建倒角，即将两个非平行的对象，通过延伸或修剪使它们相交或利用斜线连接。可以倒角的对象有：直线、多段线、射线、构造线等。

在 AutoCAD 2008 中，可使用两种方法来创建倒角，一种是指定倒角两端的距离；另一种是指定一端的距离和倒角的角度。

【倒角】命令用来创建倒角时，使用“多个”选项可以为多组对象倒角而无需结束命令。

先了解一下【倒角】命令的操作，以便更快掌握和学习【倒角】命令的使用。单击倒角按钮后，命令行显示当前倒角距离。若不合适，可根据命令行提示操作，分别选取第一和第二倒角边并倒角。操作过程如图 2-88、图 2-89 所示。

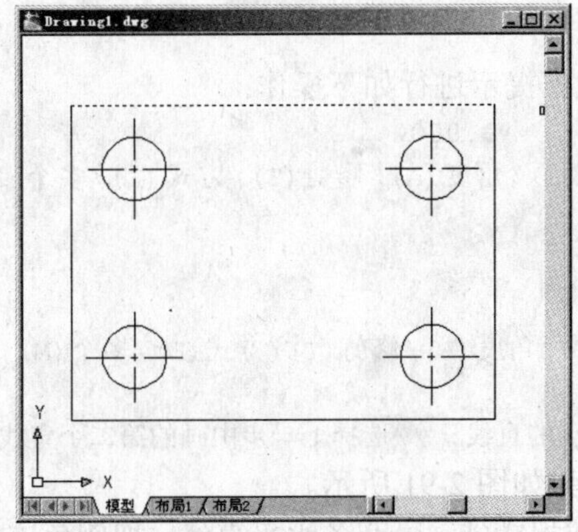

图 2-88　选取第一倒角边

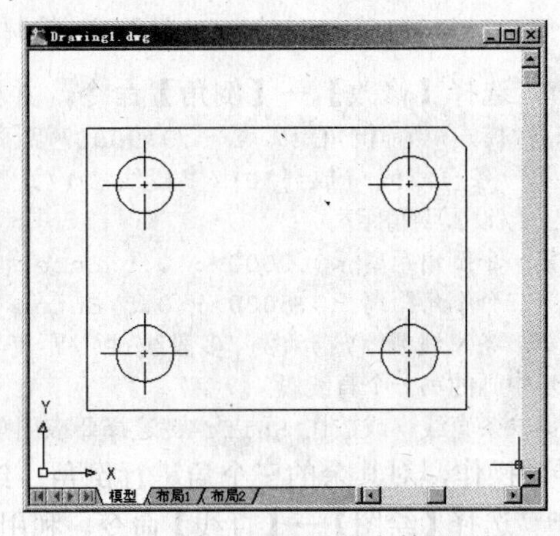

图 2-89　选取第二倒角边

本例通过绘制平底键，学习绘制倒角。

步骤 1　创建新图形文件

启动 AutoCAD 2008 中文系统，建立新的图形文件。

步骤 2　绘制平底键主视图

Step 01 设置层，选择【格式】→【图层】命令，弹出【图层特性管理器】对话框，分别设置实线层，设置中心线层。

Step 02 设中心线层为当前图层，绘制一条中心线。选择【绘图】→【直线】命令，并根据提示进行如下操作：

```
命令: _line 指定第一点: 40,73 Enter
指定下一点或 [放弃(U)]: 120,73 Enter
指定下一点或 [放弃(U)]: Enter
```

Step 03 设实线层为当前图层。选择【绘图】→【直线】命令，并根据提示进行如下操作：

```
命令: _line 指定第一点: 50,80 Enter
指定下一点或 [放弃(U)]: 50,66 Enter
指定下一点或 [放弃(U)]: 100,66 Enter
指定下一点或 [闭合(C)/放弃(U)]: 100,80 Enter
指定下一点或 [闭合(C)/放弃(U)]: c Enter
```

结果如图 2-90 所示。

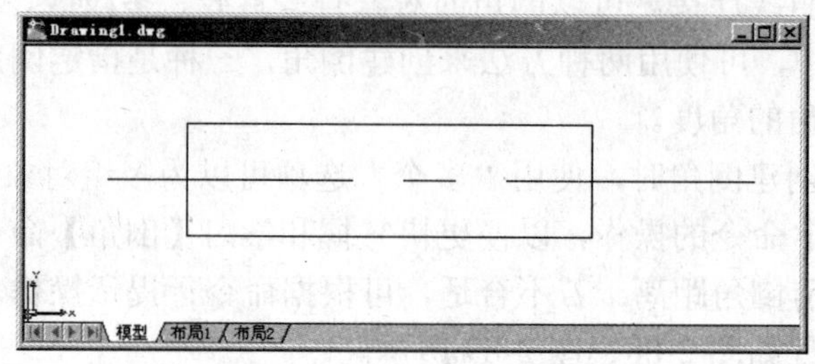

图 2-90　绘制的中心线和矩形框

Step 04 选择【修改】→【倒角】命令，并根据提示进行如下操作：

```
("修剪"模式) 当前倒角距离 1 = 0.0000，距离 2 = 0.0000
选择第一条直线或 [放弃(U)/多段线(P)/距离(D)/角度(A)/修剪(T)/方式(E)/多个(M)]: d Enter//设置倒角距离
指定第一个倒角距离 <0.0000>: 0.5 Enter
指定第二个倒角距离 <0.5000>: 0.5 Enter
选择第一条直线或 [放弃(U)/多段线(P)/距离(D)/角度(A)/修剪(T)/方式(E)/多个(M)]://选择上一步中画的第一个直线段
选择第二条直线，或按住 Shift 键选择要应用角点的直线: //选择上一步中画的第二个直线段
```

同样的操作，对其余的三个角进行倒角。结果如图 2-91 所示。

Step 05 选择【绘图】→【直线】命令，利用捕捉功能，画两条水平直线，把倒角连接起来。结果如图 2-92 所示。

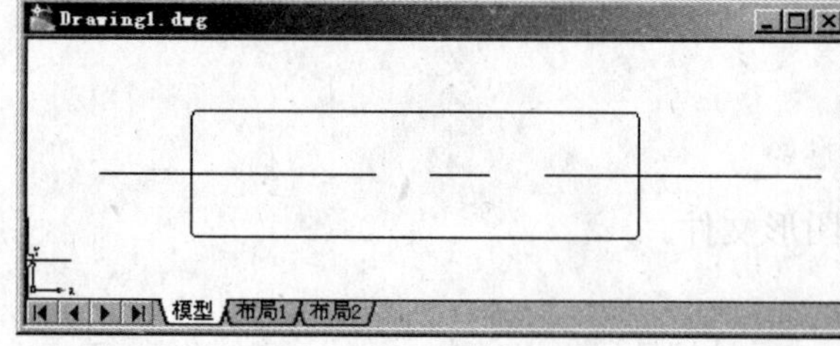

图 2-91　绘制的平底键倒角

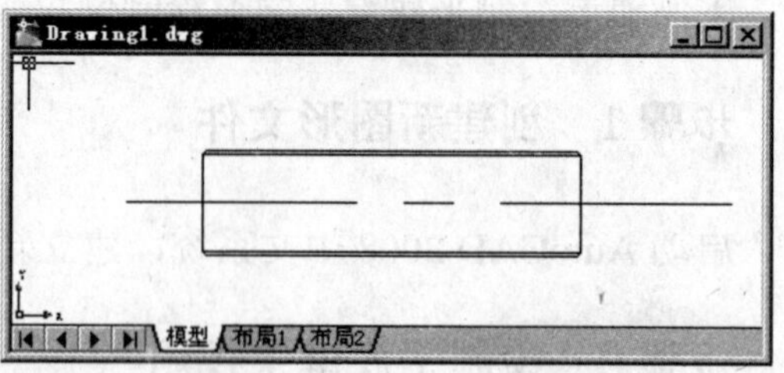

图 2-92　绘制的平底键

步骤 3　保存文件

选择【文件】→【保存】命令，以“EXAMPLE20.dwg”为名保存该图形文件。选择【文件】→【退出】命令，退出 AutoCAD。

实例 21　按键——倒圆

在 AutoCAD 2008 中，“圆角”命令用来创建圆角，可以通过一个指定半径的圆弧来光滑地连接两个对象。圆角使用与对象相切并且具有指定半径的圆弧连接两个对象。

先了解一下【圆角】命令的操作，以便更快掌握和学习【圆角】命令的使用。单击【圆角】命令后，命令行显示当前圆角半径，若不合适，可根据命令行提示操作，分别选取第一和第二倒角边并倒圆角。操作过程如图 2-93 和图 2-94 所示。

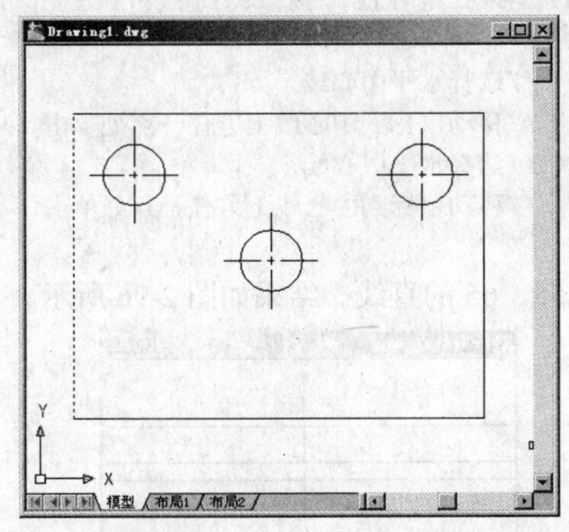

图 2-93　选取第一圆角边

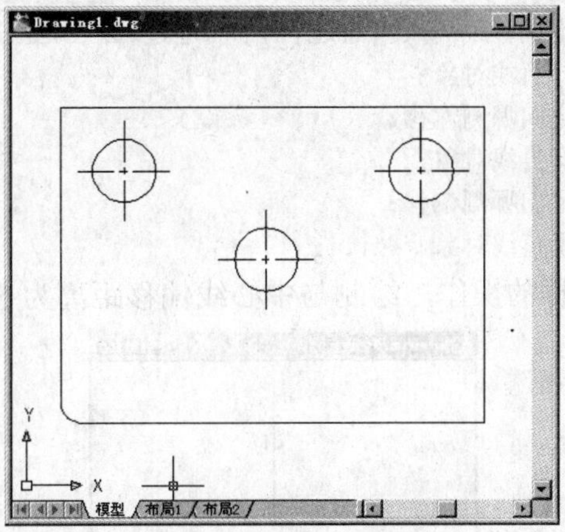

图 2-94　选取第二圆角边

“圆角”命令用来创建圆角时，使用“多个”选项可以圆角多组对象而无需结束命令。

在 AutoCAD 2008 中，向两个方向无限延伸的直线称为构造线，可用作创建其他对象的参照。例如，准备同一个项目的多个视图或创建临时交点用于对象捕捉。

构造线可以使用多种方法指定它的方向。创建直线的默认方法是两点法：指定两点定义方向。第一个点（根）是构造线概念上的中点，即通过“中点”对象捕捉捕捉到的点。本例通过绘制平底键，学习绘制倒圆，学习绘制构造线。

步骤 1　创建新图形文件

启动 AutoCAD 2008 中文系统，建立新的图形文件。

步骤 2　绘制按键轮廓图

Step 01 设置层，选择【格式】→【图层】命令，弹出【图层特性管理器】对话框，分别设置实线层，设置中心线层。

Step 02 设中心线层为当前图层，绘制两条直线。选择【绘图】→【直线】命令，并根据提示进行如下操作：

```
命令: _line 指定第一点: 20,30 Enter
指定下一点或 [放弃(U)]: 100,30 Enter
指定下一点或 [放弃(U)]: Enter
```

选择【绘图】→【直线】命令，并根据提示进行如下操作：

```
命令：_line 指定第一点：60,10 Enter
指定下一点或 [放弃(U)]：60,110 Enter
指定下一点或 [放弃(U)]：Enter
```

结果如图 2-95 所示。

Step 03 设实线层为当前图层。利用构造线画 5 条水平直线，选择【绘图】→【构造线】命令，并根据提示进行如下操作：

```
命令：_xline 指定点或 [水平(H)/垂直(V)/角度(A)/二等分(B)/偏移(O)]：o Enter
指定偏移距离或 [通过(T)] <通过>：5 Enter
选择直线对象：                              //选择水平中心线
指定向哪侧偏移：                            //移动鼠标到中心线上方任一点处单击
选择直线对象：                              //选择水平中心线
指定向哪侧偏移：                            //移动鼠标到中心线下方任一点处单击
选择直线对象：Enter
```

同样的操作，绘制与中心线偏移距离为 50、55、65 的直线。结果如图 2-96 所示。

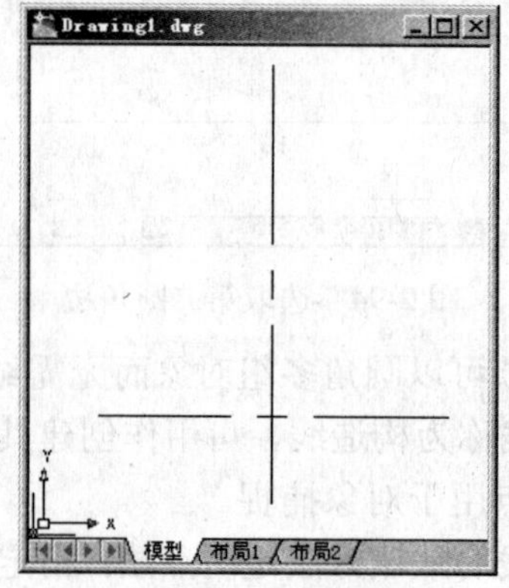

图 2-95　绘制的中心线

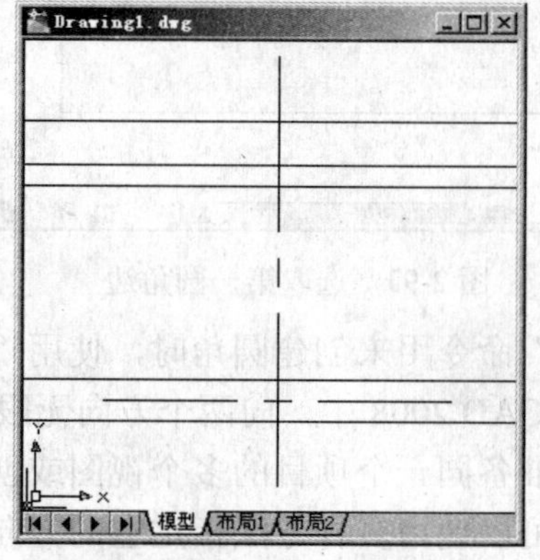

图 2-96　绘制的水平构造线

Step 04 利用构造线画 4 条垂直直线，选择【绘图】→【构造线】命令，并根据提示进行如下操作：

```
命令：_xline 指定点或 [水平(H)/垂直(V)/角度(A)/二等分(B)/偏移(O)]：o Enter
指定偏移距离或 [通过(T)] <通过>：10 Enter
选择直线对象：                              //选择垂直中心线
指定向哪侧偏移：                            //移动鼠标到中心线右方任一点处单击
选择直线对象：                              //选择垂直中心线
指定向哪侧偏移：                            //移动鼠标到中心线左方任一点处单击
选择直线对象：Enter
```

同样的操作，绘制与中心线偏移距离为 12 的直线。结果如图 2-97 所示。

Step 05 选择【修改】→【修剪】命令，对构造线进行修剪。结果如图 2-98 所示。

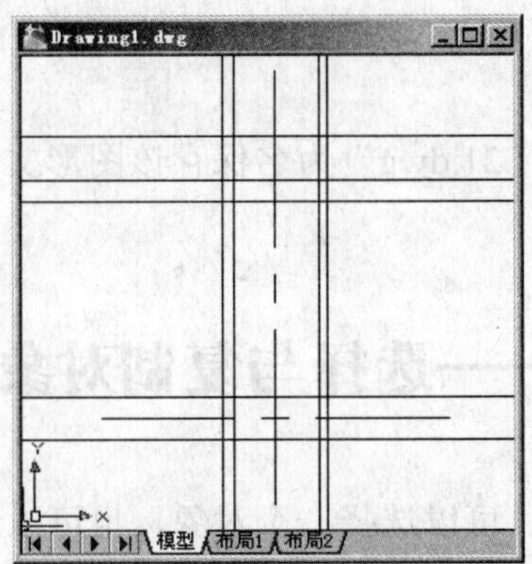
图 2-97　绘制的水平构造线

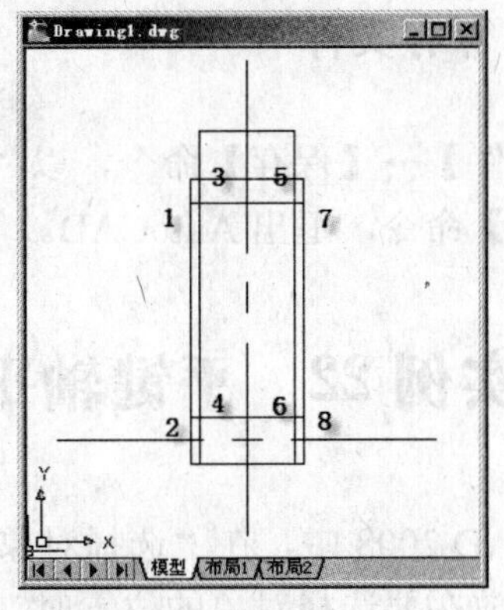

图 2-98　修剪构造线

Step 06 对构造线进行修剪，选择【修改】→【打断】命令，并根据提示进行如下操作：

```
命令： BREAK 选择对象：                              //在上图中的 1 处的点选取垂直直线
指定第二个打断点 或 [第一点(F)]:                      // 选取上图中的 2 处的点
```

重复上面的操作，分别选取 3、4，5、6，7、8 和 3、5 处。结果如图 2-99 所示。

步骤 3　修改轮廓线

选择【修改】→【圆角】命令，并根据提示进行如下操作：

```
当前设置：模式 = 修剪，半径 = 0.0000
选择第一个对象或 [放弃(U)/多段线(P)/半径(R)/修剪(T)/多个(M)]: r Enter    // 选择“半径”选项指定圆角的半径
指定圆角半径 <0.0000>: 0.5 Enter                                      // 指定圆角的半径为 0.5
选择第一个对象或 [放弃(U)/多段线(P)/半径(R)/修剪(T)/多个(M)]:          // 选择图 2-90 下图左下角的垂直直线
选择第二个对象，或按住 Shift 键选择要应用角点的对象：                   // 选择图 2-90 下图左下角的水平直线
```

同样的操作过程，对图形中所有的直角进行圆角操作。结果如图 2-100 所示。

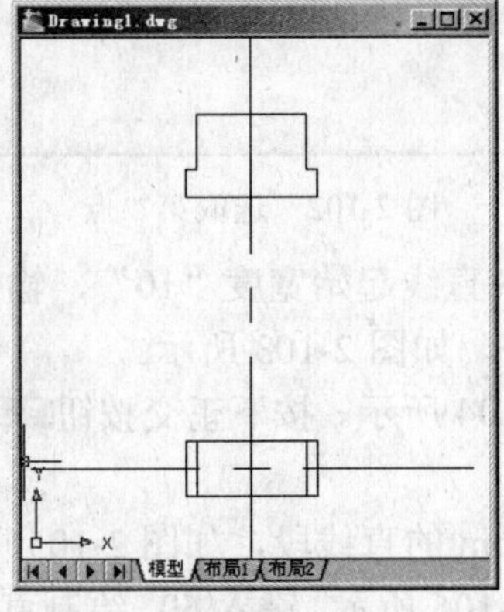
图 2-99　绘制的按键轮廓图

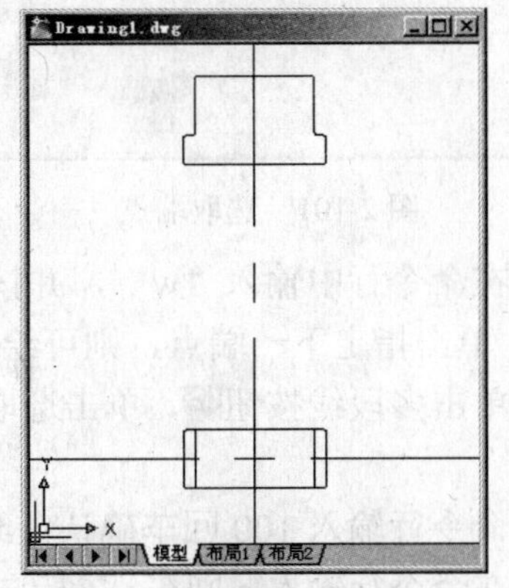
图 2-100　绘制的按键的主俯视图

步骤 4　保存文件

选择【文件】→【保存】命令，以“EXAMPLE21.dwg”为名保存该图形文件。选择【文件】→【退出】命令，退出 AutoCAD。

实例 22　平键轴平面图——选择与复制对象

在 AutoCAD 2008 中，在“选择对象”提示下，可以选择一个对象，也可以逐个选择多个对象。将光标放在要选择对象的位置时，将亮显对象。光标单击以选择对象。按 Shift 键并再次选择对象，可以将其从当前选择集中删除。

在 AutoCAD 2008 中，多段线是作为单个对象创建的相互连接的序列线段。可以创建直线段、弧线段或两者的组合线段。创建闭合多段线，可以通过绘制闭合的多段线来创建多边形。要使多段线闭合，请指定对象最后一条边的起点，输入 c（闭合），并按 Enter 键。

【多段线】命令可以绘制变化宽度的多段连续的线段和圆弧。先了解一下【多段线】命令的操作，以便更快掌握和学习【多段线】命令的使用。下面介绍利用【多段线】命令绘制箭头和环形跑道，来说明【多段线】的使用。

Step 01 选择【多段线】命令，单击选取端点，如图 2-101 所示。按下正交按钮正交，打开正交功能。

Step 02 在命令行中输入“w”，按 Enter 键。输入直线起始宽度“4”，回车确认终止宽度也为“4”，单击指定下一端点，如图 2-102 所示。

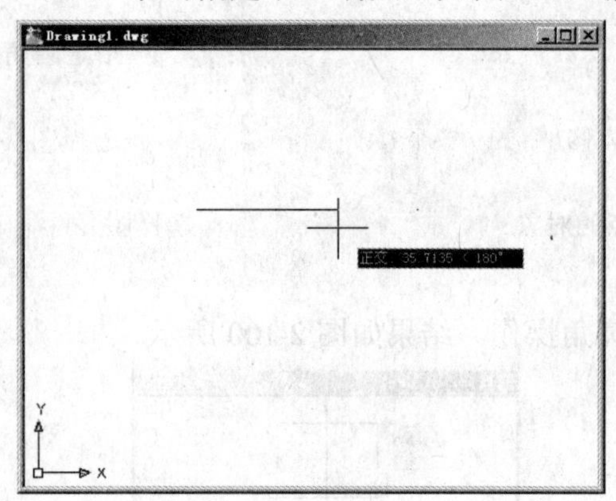

图 2-101　选取端点

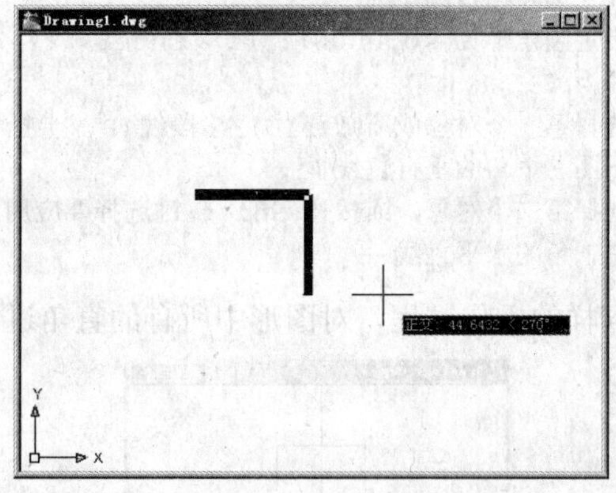

图 2-102　选取第二点

Step 03 在命令行中输入“w”，并按 Enter 键。输入直线起始宽度“10”，输入直线终止宽度“0”，单击指定下一端点，则可绘制实心封闭箭头，如图 2-103 所示。

Step 04 单击多段线按钮，单击选取端点，如图 2-104 所示。按下正交按钮正交，打开正交功能。

Step 05 命令行输入 100 回车确认，绘制长度为 100mm 的直线段，如图 2-105 所示。

Step 06 在命令行输入 a 回车，鼠标向下移动，如图 2-106 所示，键入 60，绘制直径为 60mm 的半圆弧，如图 2-107 所示。

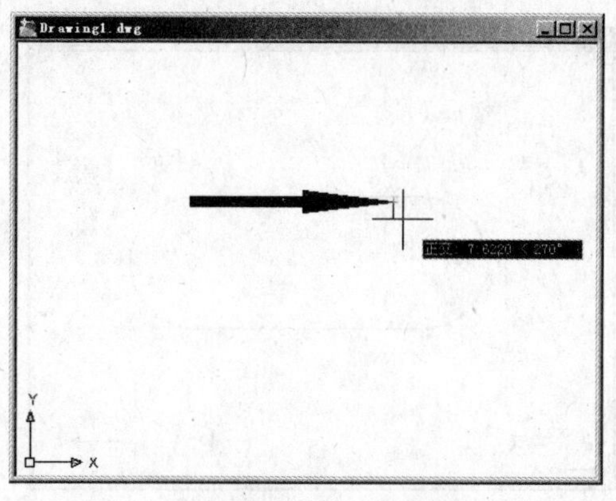

图 2-103 箭头结果

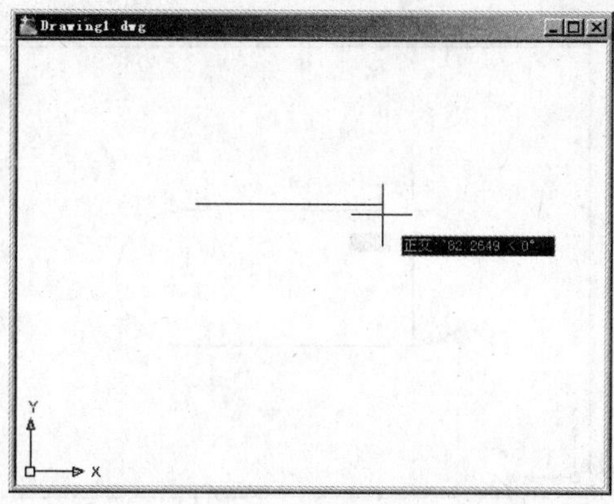

图 2-104 选取端点

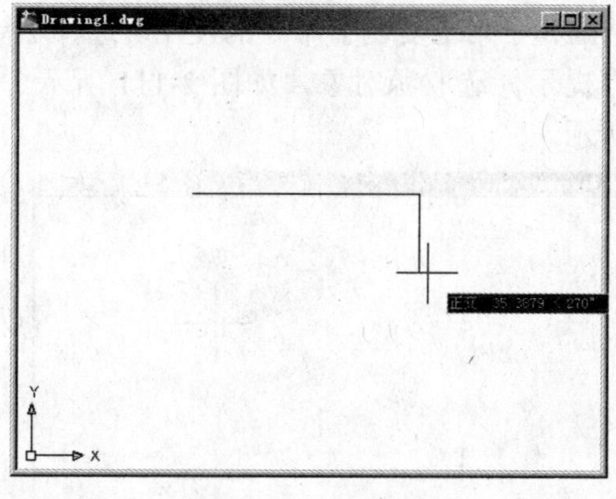

图 2-105 绘制直线

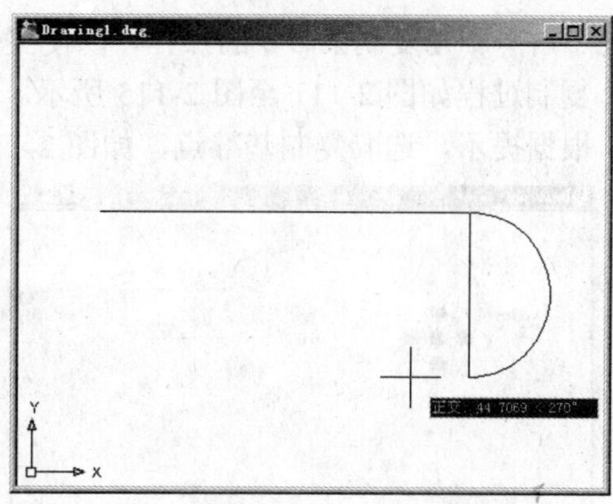

图 2-106 绘制半圆弧

Step 06 输入“l”，再次绘制直线，向左移动鼠标，到与起始点项对齐的位置，向上移动鼠标至起始点，出现如图 2-108 所示的虚线连接起始点和第二段直线终点时，单击确认线段终点。

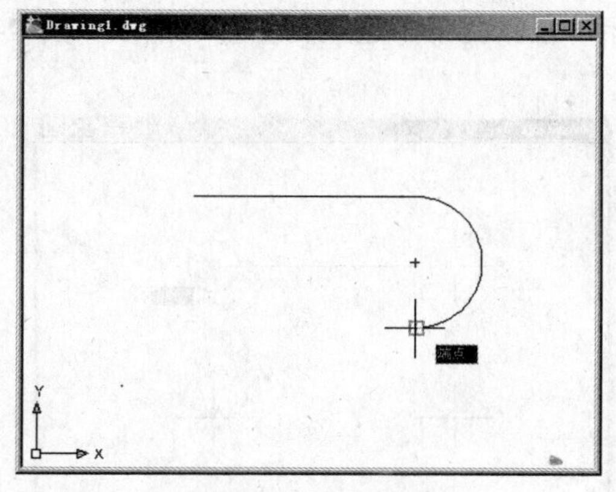

图 2-107 圆弧绘制完毕

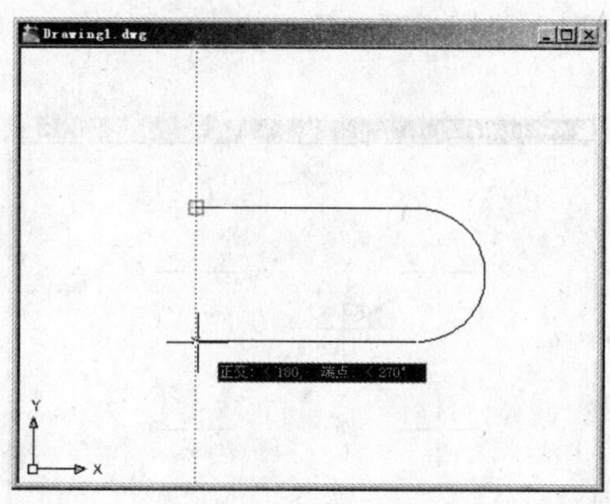

图 2-108 绘制直线

Step 07 键入“a”，绘制第二段圆弧。移动鼠标至第一段直线起始点，出现黄色方框对准标识。单击鼠标，确认圆弧终点，如图 2-109 所示。按 Enter 键，完成环形跑道绘制，结果如图 2-110。

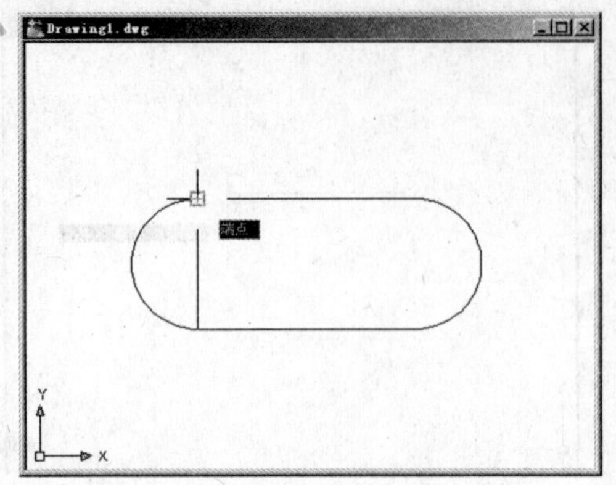

图 2-109　绘制第二段半圆弧

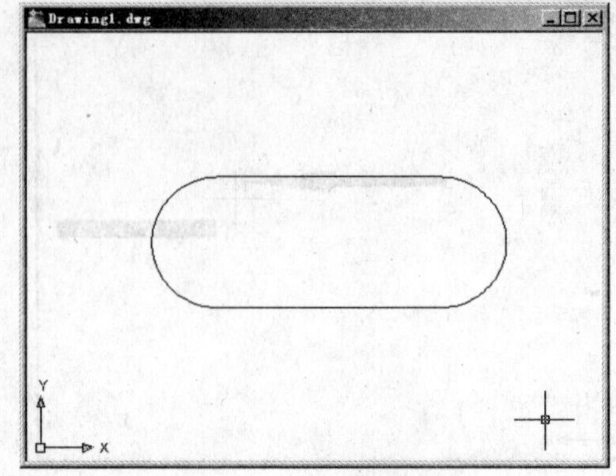

图 2-110　环形跑道绘制结果

先了解一下【复制】命令的操作，以便更快掌握和学习【复制】命令的使用。选择【复制】命令，复制过程如图 2-111 至图 2-115 所示。根据提示，选取源对象，如图 2-111 所示。按回车键，根据提示，选取复制基准点，如图 2-112 所示。

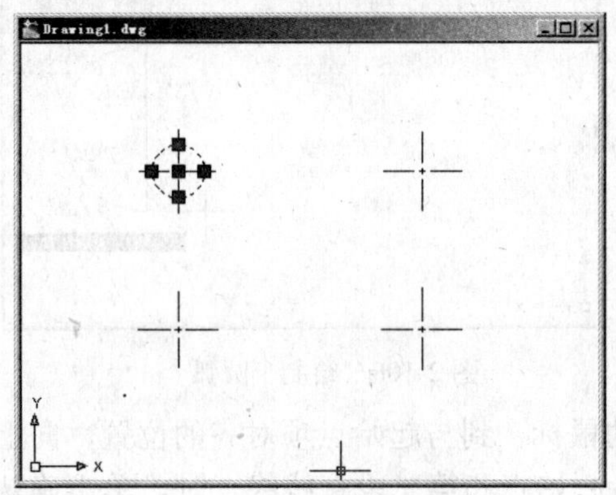

图 2-111　选取源对象

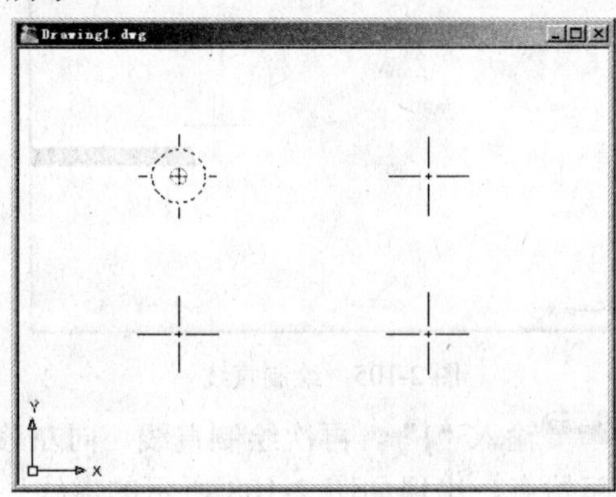

图 2-112　选取复制基准点

这时，鼠标为源对象形状，如图 2-113 所示。根据提示，选取目标基准点，如图 2-114 所示。

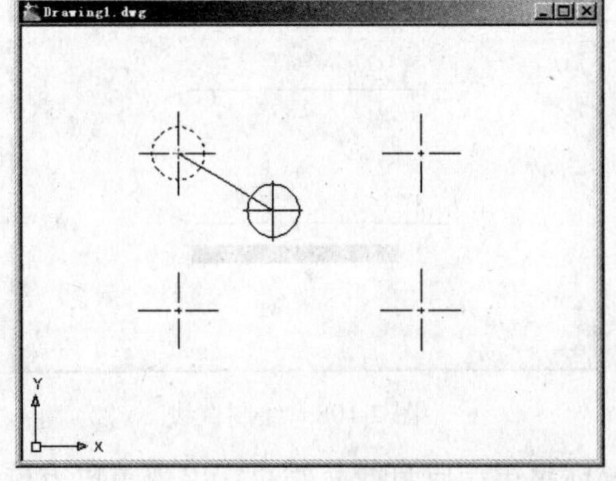

图 2-113　鼠标为源对象形状

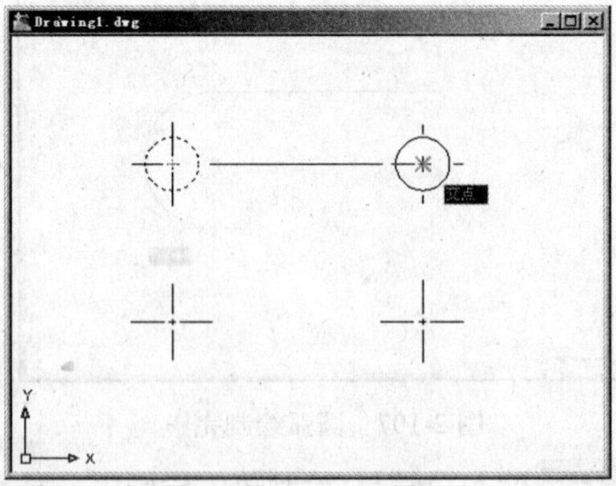

图 2-114　选取目标基准点

复制结果如图 2-115 所示。

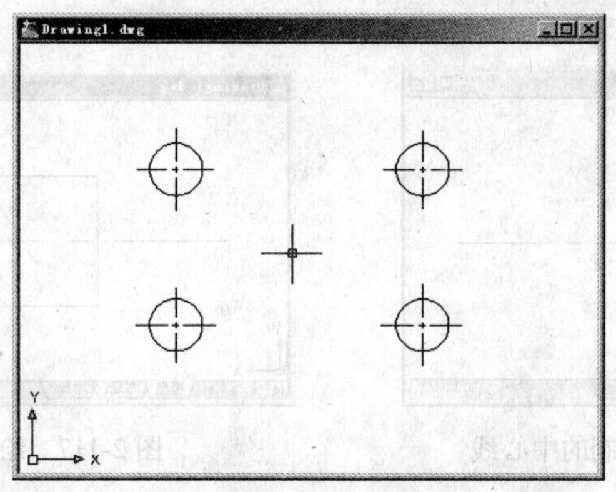

图 2-115 复制结果

本例通过绘制平键轴平面图，学习绘制多段线，学习选择对象与复制对象。

步骤 1 创建新图形文件

启动 AutoCAD 2008 中文系统，进入二维绘图模式。

步骤 2 绘制平键轴主视图

Step 01 设置层，选择【格式】→【图层】命令，弹出【图层特性管理器】对话框，分别设置实线层，设置中心线层。

Step 02 把当前层设为中心线层，绘制两条直线。选择【绘图】→【直线】命令，并根据提示进行如下操作：

```
命令: _line 指定第一点: 10,80 Enter
指定下一点或 [放弃(U)]: 150,80 Enter
指定下一点或 [放弃(U)]: Enter
```

选择【绘图】→【直线】命令，并根据提示进行如下操作：

```
命令: _line 指定第一点: 70,40 Enter
指定下一点或 [放弃(U)]: 70,120 Enter
指定下一点或 [放弃(U)]: Enter
```

结果如图 2-116 所示。

Step 03 设实线层为当前图层，绘制平键轴的轮廓线。选择【绘图】→【矩形】命令，并根据提示进行如下操作：

```
命令: _rectang
指定第一个角点或 [倒角(C)/标高(E)/圆角(F)/厚度(T)/宽度(W)]: 50,100 Enter
指定另一个角点或 [面积(A)/尺寸(D)/旋转(R)]: 110,60 Enter
```

再次选择【绘图】→【矩形】命令，并根据提示进行如下操作：

```
命令: _rectang
指定第一个角点或 [倒角(C)/标高(E)/圆角(F)/厚度(T)/宽度(W)]: 125,70 Enter
指定另一个角点或 [面积(A)/尺寸(D)/旋转(R)]: 145,90 Enter
```

选择【视图】→【缩放】→【窗口】命令，把绘制的图形显示在屏幕中央位置。

结果如图 2-117 所示。

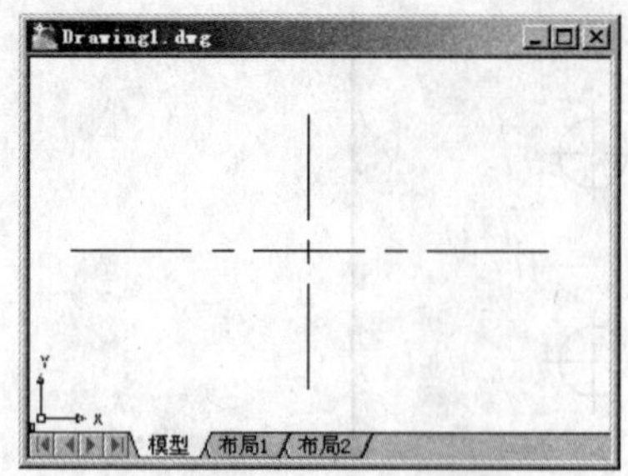
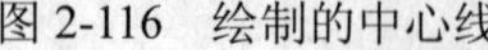

图 2-116　绘制的中心线

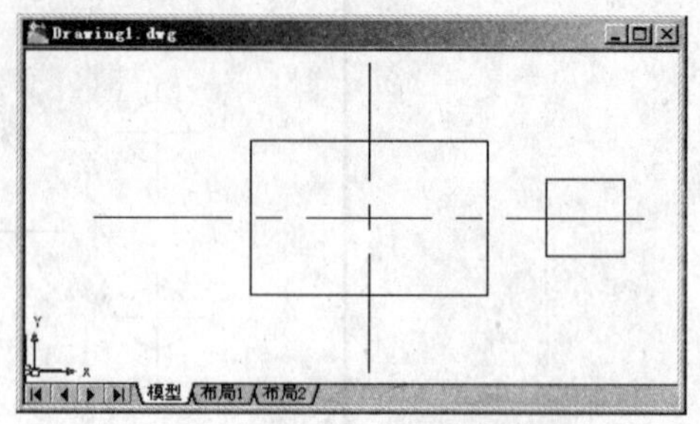

图 2-117　绘制的矩形

Step 04 选择【修改】→【复制】命令，并根据提示进行如下操作：

```
命令: _copy
选择对象: 找到 1 个//选择上一步绘制的较小的那个矩形
选择对象: Enter
指定基点或 [位移(D)] <位移>: 125,70 Enter
指定第二个点或 <使用第一个点作为位移>: 15,70 Enter
指定第二个点或 [退出(E)/放弃(U)] <退出>: Enter
```

结果如图 2-118 所示。

Step 05 选择【绘图】→【直线】命令，并根据提示进行如下操作：

```
命令: _line 指定第一点://选择复制的小矩形的右上角的点
指定下一点或 [放弃(U)]: 35,95 Enter
指定下一点或 [放弃(U)]: 50,95 Enter
指定下一点或 [闭合(C)/放弃(U)]: Enter
```

同样的操作，绘制另外几条直线。结果如图 2-119 所示。

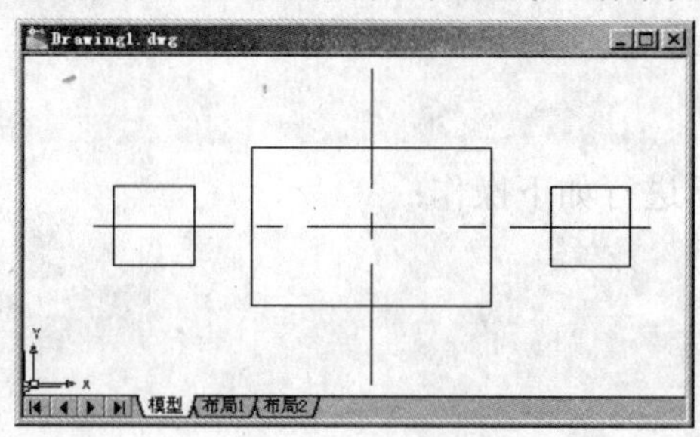

图 2-118　复制的矩形

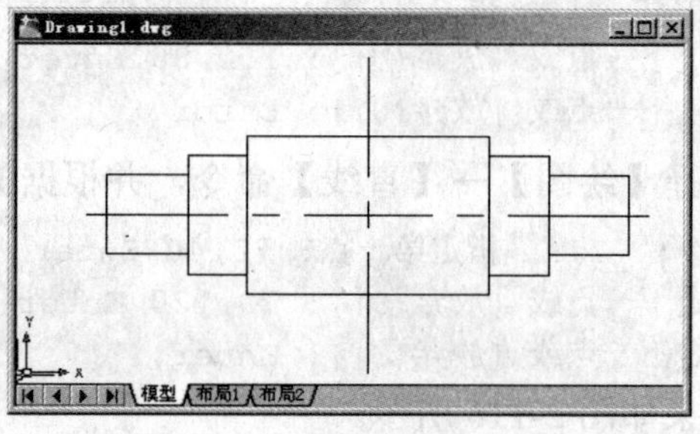

图 2-119　绘制平键轴轮廓线

Step 06 绘制键槽。选择【绘图】→【多段线】命令，并根据提示进行如下操作：

```
命令: _pline
指定起点: 65,85 Enter
当前线宽为 0.0000
指定下一个点或 [圆弧(A)/半宽(H)/长度(L)/放弃(U)/宽度(W)]: 95,85 Enter
指定下一点或 [圆弧(A)/闭合(C)/半宽(H)/长度(L)/放弃(U)/宽度(W)]:a Enter
指定圆弧的端点或
[角度(A)/圆心(CE)/闭合(CL)/方向(D)/半宽(H)/直线(L)/半径(R)/第二个点(S)/放弃(U)/宽度(W)]: 95,75 Enter
```

```
指定圆弧的端点或
[角度(A)/圆心(CE)/闭合(CL)/方向(D)/半宽(H)/直线(L)/半径(R)/第二个点(S)/放弃(U)/宽度(W)]: l Enter
指定下一点或 [圆弧(A)/闭合(C)/半宽(H)/长度(L)/放弃(U)/宽度(W)]: 65,75 Enter
指定下一点或 [圆弧(A)/闭合(C)/半宽(H)/长度(L)/放弃(U)/宽度(W)]: a Enter
指定圆弧的端点或[角度(A)/圆心(CE)/闭合(CL)/方向(D)/半宽(H)/直线(L)/半径(R)/第二个点(S)/放弃(U)/宽度(W)]: cl Enter
```

结果如图 2-120 所示。

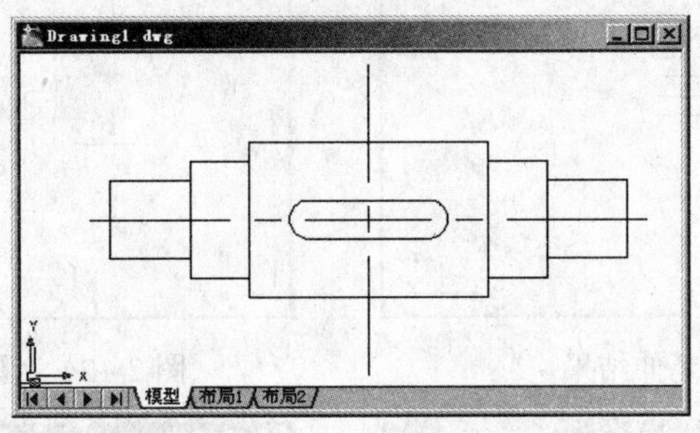

图 2-120　绘制平键轴平面图

步骤 3　保存文件

选择【文件】→【保存】命令，以"EXAMPLE22.dwg"为名保存该图形文件。选择【文件】→【退出】命令，退出 AutoCAD。

实例 23　圆柱销——延伸对象和移动对象

在 AutoCAD 2008 中，可以通过拉长，使对象与其他对象的边相接，即延伸对象。这意味着可以先创建对象，然后调整该对象，使其恰好位于其他对象之间。在 AutoCAD 2008 中，可以将对象延伸至投影边或延长线交点，即对象延长后相交的地方。如果未指定边界并在"选择对象"提示下，按 Enter 键，则所有显示的对象都将成为边界。

先了解一下【延伸】命令的操作，以便更快掌握和学习【延伸】命令的使用。【延伸】命令的操作方法如图 2-121 至图 2-123 所示。

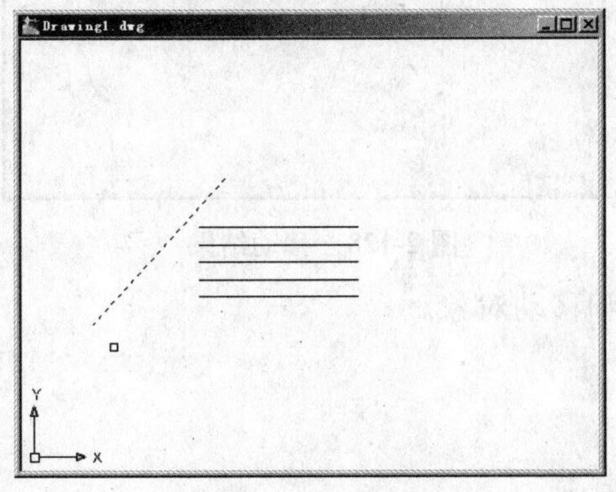

图 2-121　选取延伸边

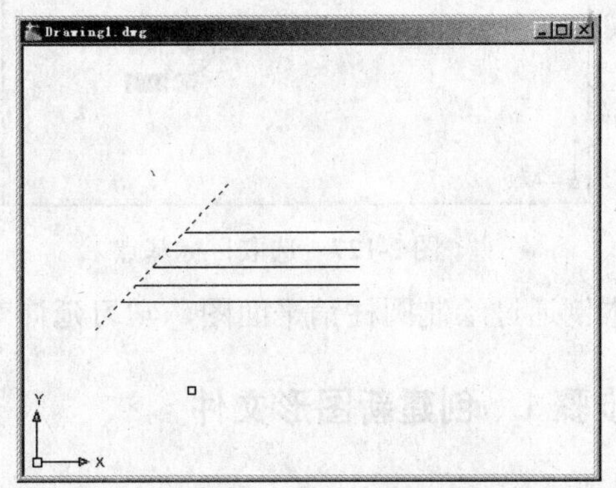

图 2-122　选取延伸对象

在 AutoCAD 2008 中，可以从原对象以指定的角度和方向移动对象。使用坐标、栅格捕捉、对象捕捉和其他工具可以精确移动对象。先了解一下【移动】命令的操作，以便更快掌握和学习【移动】命令的使用。【移动】命令移动对象过程如图 2-124 至图 2-128。

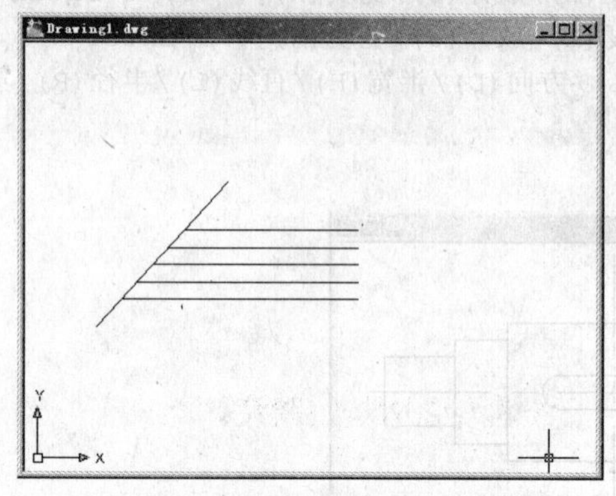

图 2-123　延伸结果

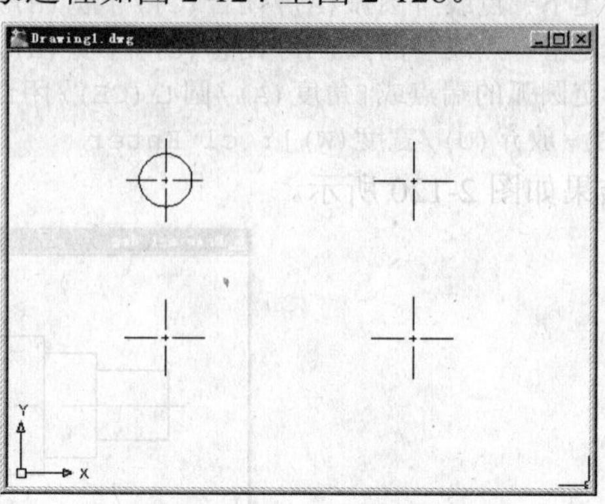

图 2-124　【移动】实例源图

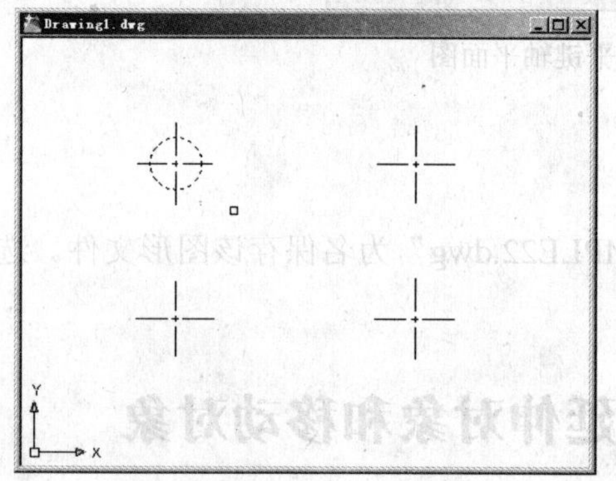

图 2-125　选取源对象

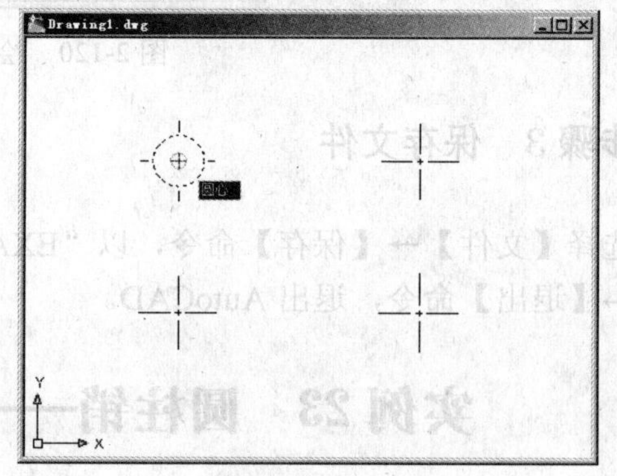

图 2-126　选取移动基点

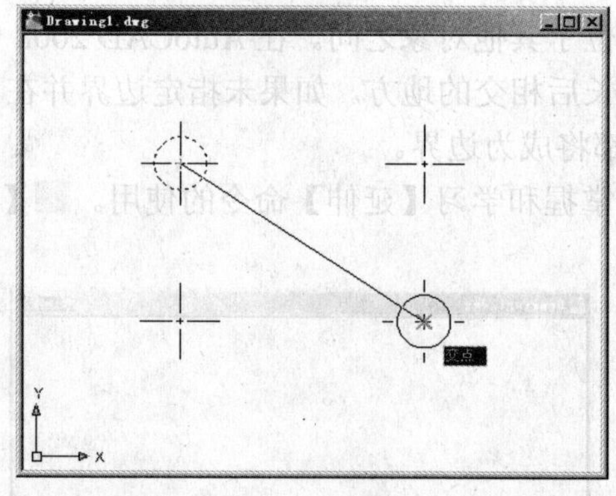

图 2-127　选取目标基点

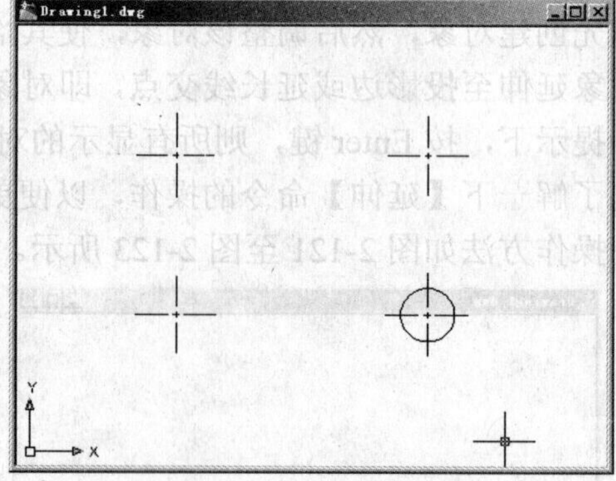

图 2-128　移动结果

本例通过绘制圆柱销平面图，学习延伸对象和移动对象。

步骤 1　创建新图形文件

启动 AutoCAD 2008 中文系统，进入二维绘图模式。

步骤 2　绘制圆柱销

Step 01 设置层，选择【格式】→【图层】命令，弹出【图层特性管理器】对话框，分别设置实线层，设置中心线层。

Step 02 把当前层设为中心线层，绘制一条直线。选择【绘图】→【直线】命令，并根据提示进行如下操作：

```
命令：_line 指定第一点：20,40 Enter
指定下一点或 [放弃(U)]：60,40 Enter
指定下一点或 [放弃(U)]：Enter
```

Step 03 设实线层为当前图层，绘制圆柱销的轮廓线。选择【绘图】→【直线】命令，并根据提示进行如下操作：

```
命令：_line 指定第一点：25,45 Enter
指定下一点或 [放弃(U)]：25,35 Enter
指定下一点或 [放弃(U)]：55,35 Enter
指定下一点或 [闭合(C)/放弃(U)]：55,45 Enter
指定下一点或 [闭合(C)/放弃(U)]：c Enter
```

结果如图 2-129 所示。

Step 04 选择【修改】→【倒角】命令，并根据提示进行如下操作：

```
("修剪"模式)当前倒角距离 1 = 0.0000，距离 2 = 0.0000
选择第一条直线或 [放弃(U)/多段线(P)/距离(D)/角度(A)/修剪(T)/方式(E)/多个(M)]： a Enter
指定第一条直线的倒角长度 <0.0000>：2 Enter
指定第一条直线的倒角角度 <0>：15 Enter
选择第一条直线或 [放弃(U)/多段线(P)/距离(D)/角度(A)/修剪(T)/方式(E)/多个(M)]：//选择上一步中画的第二个直线段
选择第二条直线，或按住 Shift 键选择要应用角点的直线：　　//选择上一步中画的第一个直线段
```

同样的操作，对其余的三个角进行倒角。结果如图 2-130 所示。

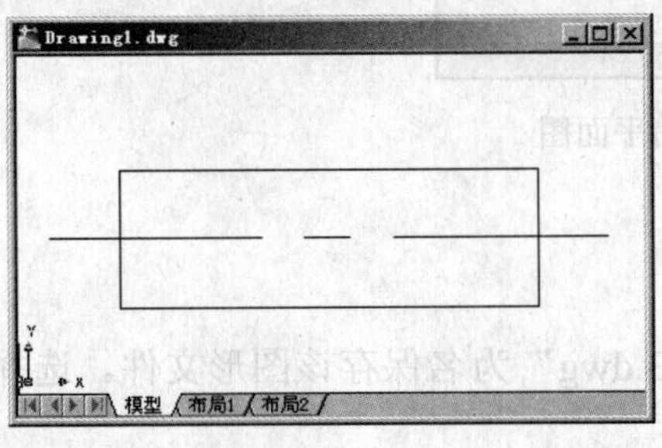

图 2-129　绘制圆柱销的中心线和矩形框

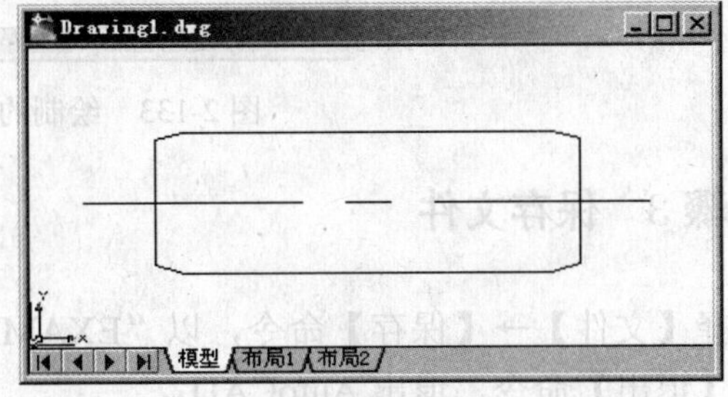

图 2-130　绘制的圆柱销的外形轮廓图

Step 05 选择【修改】→【移动】命令，并根据提示进行如下操作：

```
命令：_move
选择对象：找到 1 个　　//选取图 2-130 中左边的垂直直线为移动对象
选择对象：Enter
指定基点或 [位移(D)] <位移>： d Enter
```

```
指定位移 <0.0000, 0.0000, 0.0000>:  2,0 Enter
```

同样的操作，对图 2-130 中右边的垂直直线向左移动。结果如图 2-131 所示。

Step 06 选择【修改】→【延伸】命令，并根据提示进行如下操作：

```
选择边界的边...
选择对象或 <全部选择>:  找到 1 个                    //选取图 2-131 中上面的水平直线
选择对象: Enter
选择要延伸的对象，或按住 Shift 键选择要修剪的对象，或
[栏选(F)/窗交(C)/投影(P)/边(E)/放弃(U)]:                   //选取图 2-131 中上面的两
条垂直直线
选择要延伸的对象，或按住 Shift 键选择要修剪的对象，或
[栏选(F)/窗交(C)/投影(P)/边(E)/放弃(U)]: Enter
```

同样的操作，对图 2-131 中的垂直直线向下延伸到下面一条水平直线。结果如图 2-132 所示。

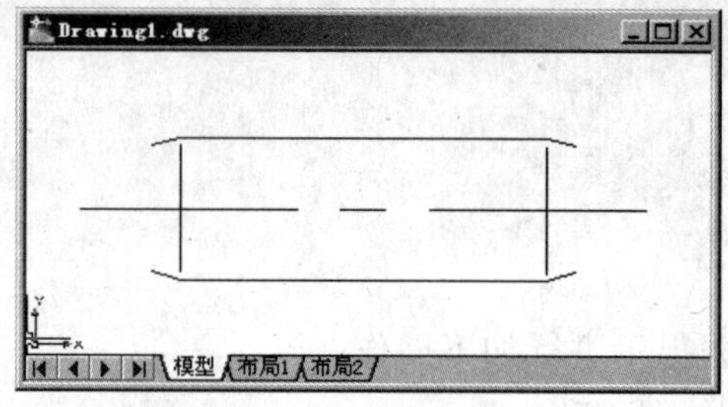

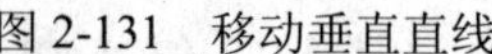
图 2-131　移动垂直直线

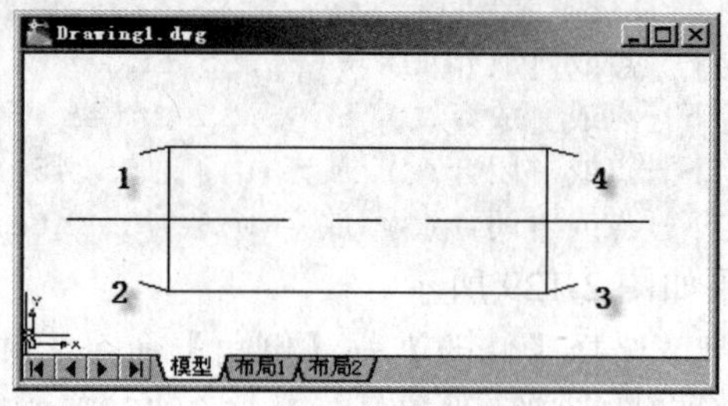

图 2-132　延伸直线

Step 07 选择【绘图】→【直线】命令，连接图 2-132 中所示的 1、2 点和 3、4 点间的两条直线。结果如图 2-133 所示。

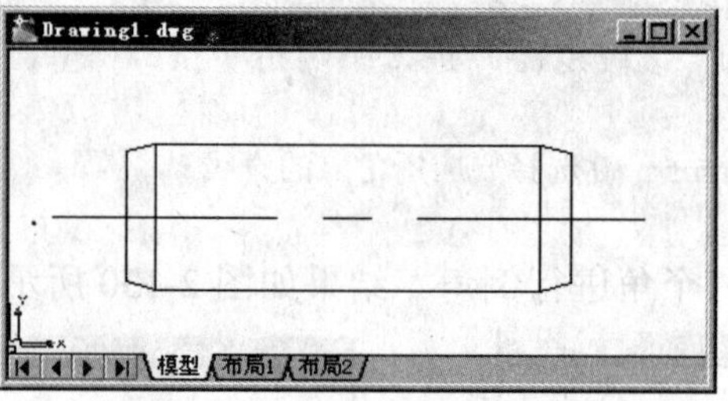

图 2-133　绘制的圆柱销平面图

步骤 3　保存文件

选择【文件】→【保存】命令，以“EXAMPLE23.dwg”为名保存该图形文件。选择【文件】→【退出】命令，退出 AutoCAD。

实例 24　圆锥销——镜像对象

在 AutoCAD 2008 中，可以绕指定轴翻转对象，创建对称的镜像图像。镜像对创建对称图形非常有用，因为可以快速地绘制半个对象，然后将其镜像，而不必绘制整个对象。绕轴（镜像线）翻转对象创建镜像图像，要指定临时镜像线，或者设置两个点。镜像后，可以选择是删

除源对象还是保留源对象。

默认情况下，镜像文字、属性和属性定义时，它们在镜像图像中不会反转或倒置。文字的对齐和对正方式在镜像对象前后相同。如果确实要反转文字，请将 MIRRTEXT 系统变量设置为 1。

先了解一下【镜像】命令的操作，以便更快掌握和学习【镜像】命令的使用。镜像过程如图 2-134 至图 2-142。

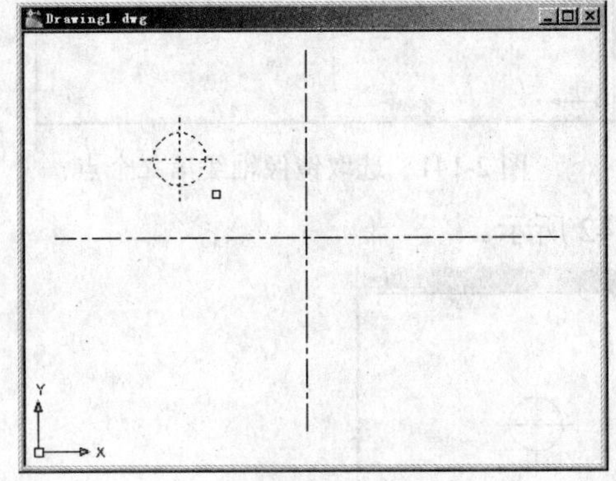

图 2-134　选取原对象

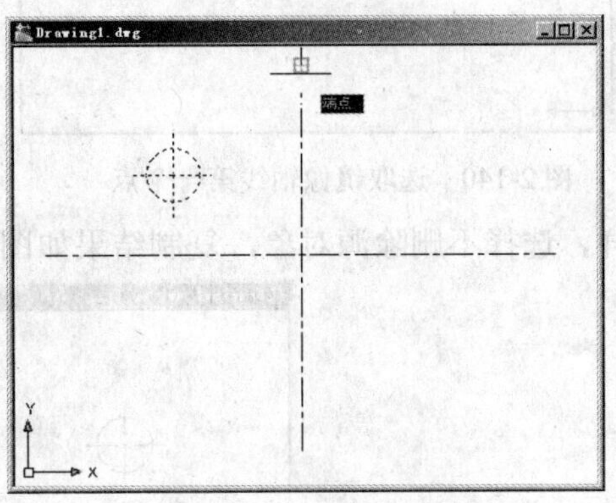

图 2-135　选取镜像轴线第一个点

在命令行提示是否删除源对象，根据具体要求选择，本例选择不删除，镜像结果如图 2-137 所示。将上面两个圆镜像到下面。

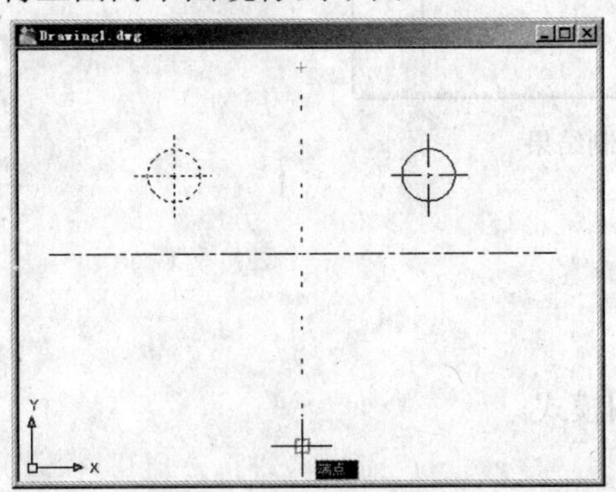

图 2-136　选取镜像轴线第二个点

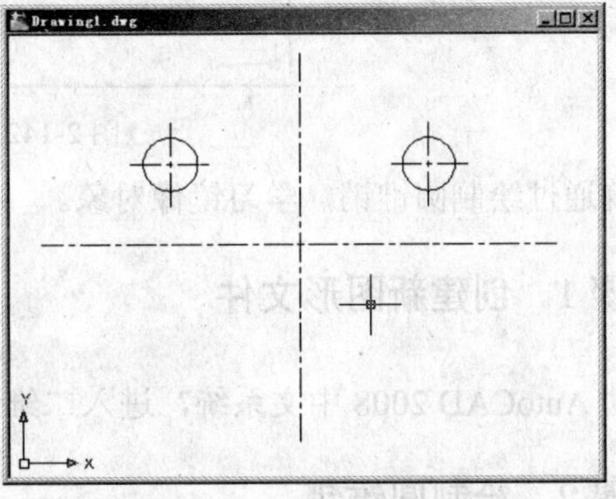

图 2-137　复制结果

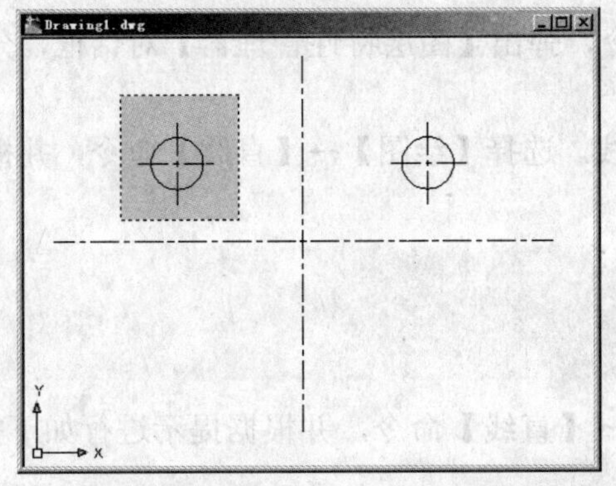

图 2-138　右上拉窗口选取镜像对象

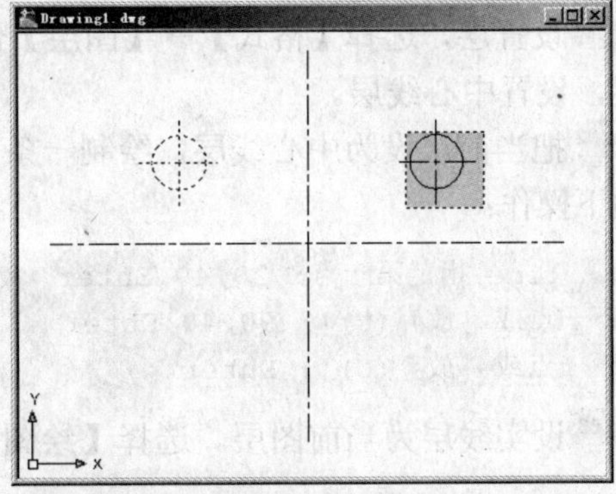

图 2-139　右上拉窗口选取镜像对象

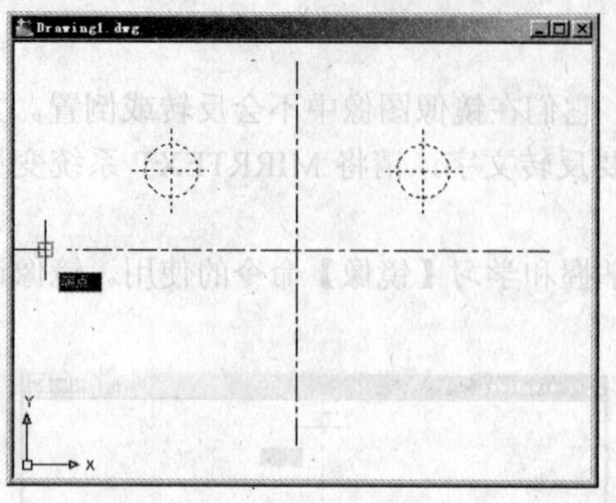
图 2-140　选取镜像轴线第一个点

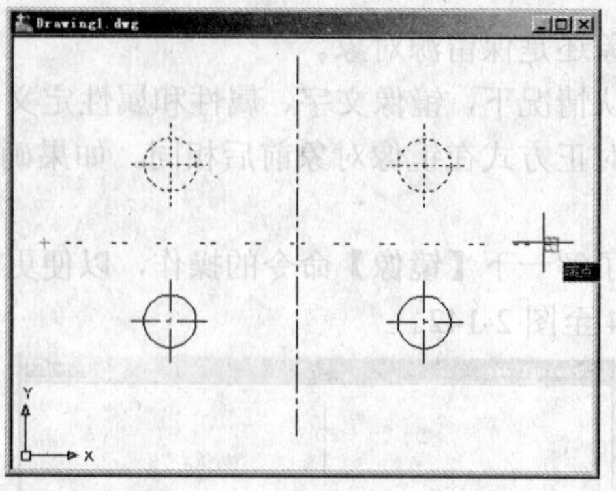
图 2-141　选取镜像轴线第二个点

同样，选择不删除源对象，复制结果如图 2-142 所示。

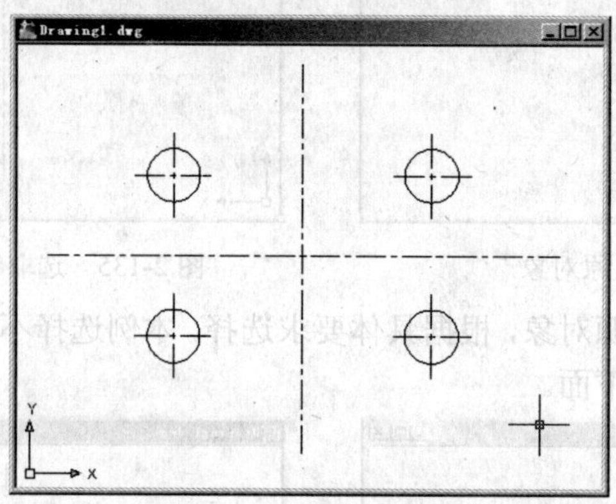
图 2-142　复制结果

本例通过绘制圆锥销，学习镜像对象。

步骤 1　创建新图形文件

启动 AutoCAD 2008 中文系统，进入二维绘图模式。

步骤 2　绘制圆锥销

Step 01 设置层，选择【格式】→【图层】命令，弹出【图层特性管理器】对话框，分别设置实线层，设置中心线层。

Step 02 把当前层设为中心线层，绘制一条直线。选择【绘图】→【直线】命令，并根据提示进行如下操作：

```
命令: _line 指定第一点: 20,40 Enter
指定下一点或 [放弃(U)]: 90,40 Enter
指定下一点或 [放弃(U)]: Enter
```

Step 03 设实线层为当前图层。选择【绘图】→【直线】命令，并根据提示进行如下操作：

```
命令: _line 指定第一点: 30,45 Enter
```

```
指定下一点或 [放弃(U)]: 80,45 Enter
指定下一点或 [放弃(U)]: Enter
```

结果如图 2-143 所示。

Step 04 选择【修改】→【镜像】命令，并根据提示进行如下操作：

```
命令: _mirror
选择对象: 找到 1 个
选择对象: Enter
指定镜像线的第一点:                              //选取中心线上的一个端点
指定镜像线的第二点:                              //选取中心线上的另一个端点
要删除源对象吗? [是(Y)/否(N)] <N>: Enter
```

结果如图 2-144 所示。

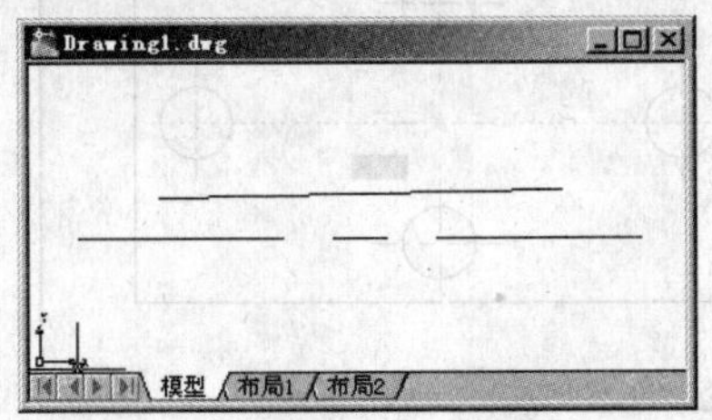

图 2-143　绘制中心线和直线

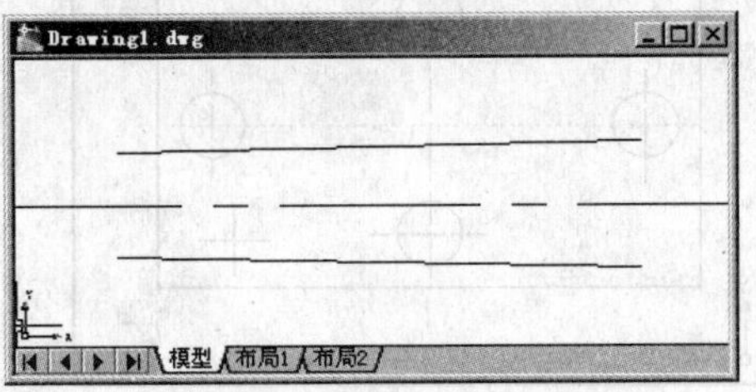

图 2-144　镜像直线

Step 05 选择【绘图】→【直线】命令，分别连接图 2-144 中两条直线的两点端点。结果如图 2-145 所示。

Step 06 绘制两个圆弧。选择【绘图】→【圆弧】→【起点、端点、半径】命令，并根据提示进行如下操作：

```
命令: ARC 指定圆弧的起点或 [圆心(C)]:                    //选取图 2-145 中的 1 点
指定圆弧的第二个点或 [圆心(C)/端点(E)]: _e Enter
指定圆弧的端点:                                          //选取图 2-145 中的 2 点
指定圆弧的圆心或 [角度(A)/方向(D)/半径(R)]: _r 指定圆弧的半径: 6 Enter
```

同样的操作，绘制另一端的圆弧，此圆弧的半径为 10。结果如图 2-146 所示。

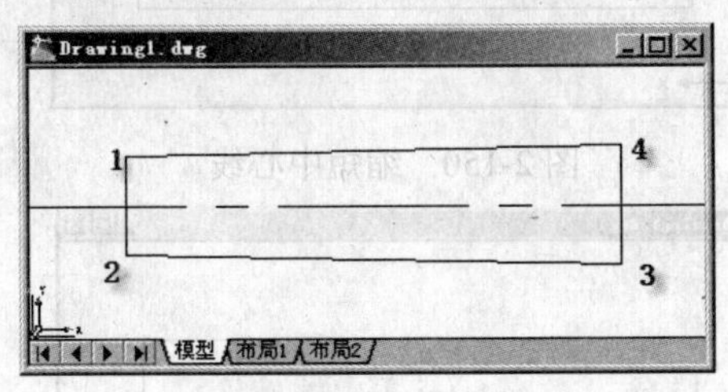

图 2-145　绘制直线

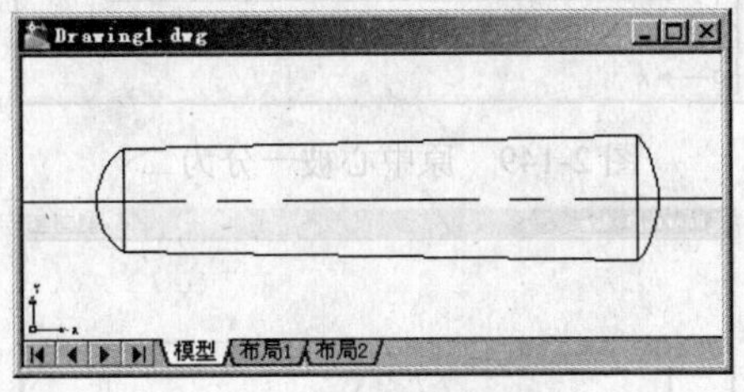

图 2-146　绘制的圆锥销

步骤 3　保存文件

选择【文件】→【保存】命令，以“EXAMPLE24.dwg”为名保存该图形文件。选择【文件】→【退出】命令，退出 AutoCAD。

实例 25　开口销——打断对象和删除对象

在 AutoCAD 2008 中，可以使用 Break 命令将一个对象打断为两个对象。两个对象之间可以具有间隙，也可以没有间隙。如果打断对象，而不创建间隙，需要在相同的位置指定两个打断点。完成此操作的最快方法是在提示输入第二点时输入@0,0。

先了解一下【打断于点】命令的操作，以便更快掌握和学习【打断于点】命令的使用。在实例中将介绍【打断】命令的使用。【打断于点】命令的操作过程如图 2-147 至图 2-152。

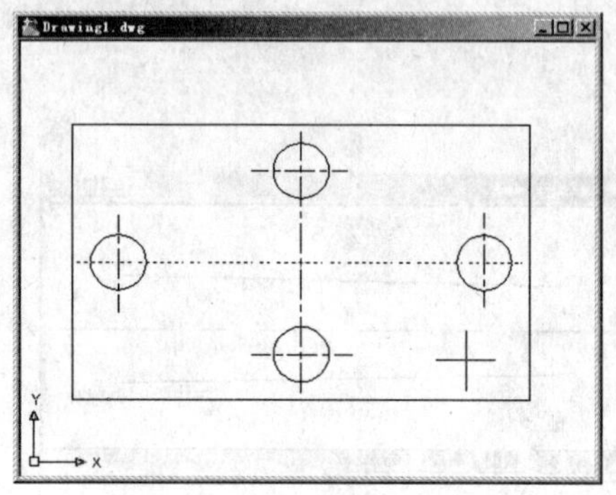

图 2-147　选取打断对象

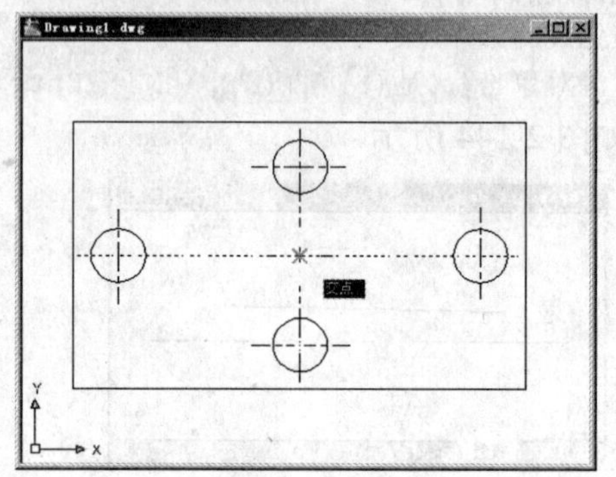

图 2-148　选取打断点

下面缩短中心线，选取中心线后，按下中心线端点的蓝色选取标识，使其变为红色，拖动至合适位置。（注：关闭【对象捕捉】功能，可方便拖动到合适位置）

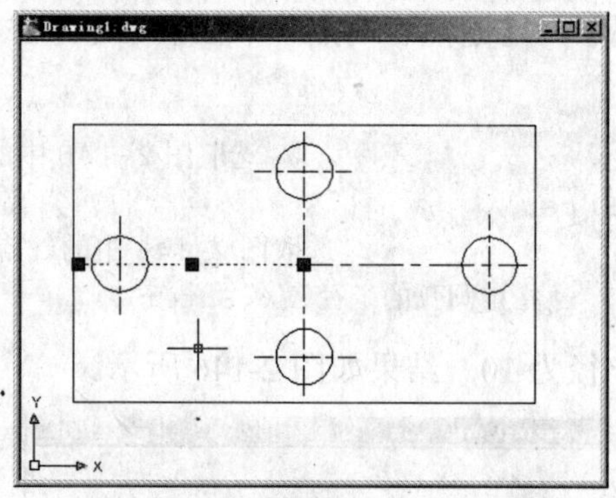

图 2-149　原中心被一分为二

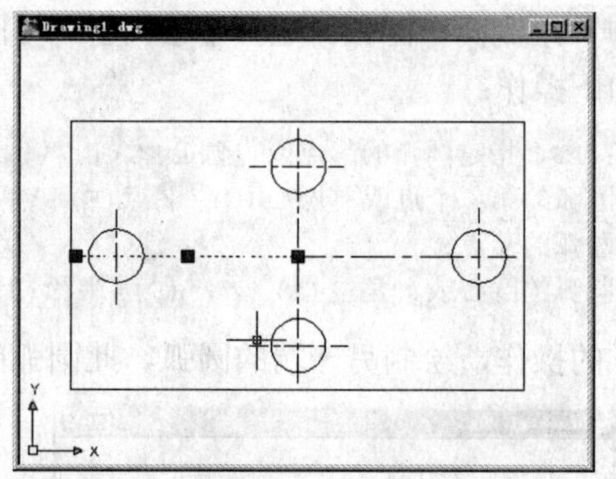

图 2-150　缩短中心线

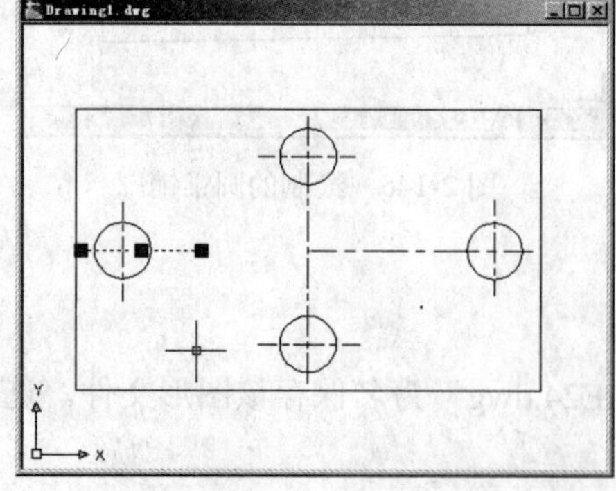

图 2-151　缩短中心线结果

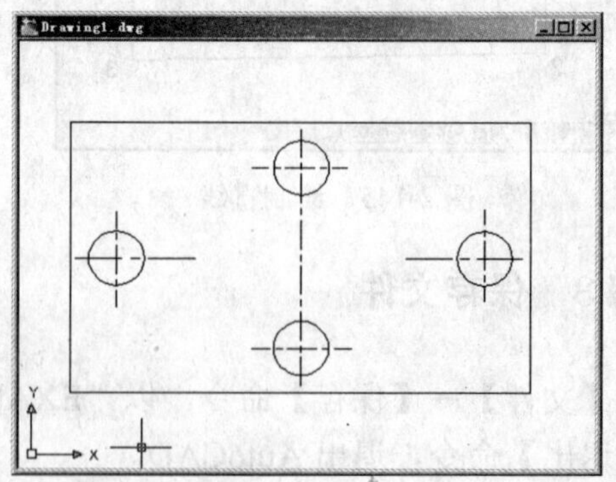

图 2-152　打断于点并调整中心线长度结果

在 AutoCAD 2008 中，可以使用多种方法从图形中删除对象。可以使用 ERASE 命令删除对象；也可以先选择对象，然后按 DELETE 键删除。本例通过绘制开口销，学习打断对象命令和删除对象命令。

步骤 1　创建新图形文件

启动 AutoCAD 2008 中文系统，进入二维绘图模式。

步骤 2　绘制开口销

Step 01 设置层，选择【格式】→【图层】命令，弹出【图层特性管理器】对话框，分别设置实线层，设置中心线层。

Step 02 把当前层设为中心线层，绘制两条直线。选择【绘图】→【直线】命令，并根据提示进行如下操作：

```
命令: _line 指定第一点: 20,40 Enter
指定下一点或 [放弃(U)]: 100,40 Enter
指定下一点或 [放弃(U)]: Enter
```

选择【绘图】→【直线】命令，并根据提示进行如下操作：

```
命令: _line 指定第一点: 40,20 Enter
指定下一点或 [放弃(U)]: 40,60 Enter
指定下一点或 [放弃(U)]: Enter
```

如图 2-153 所示。

Step 03 设实线层为当前图层。选择【绘图】→【圆】→【圆心，半径】命令，并根据提示进行如下操作：

```
命令: _circle 指定圆的圆心或 [三点(3P)/两点(2P)/相切、相切、半径(T)]: 40,40 Enter
指定圆的半径或 [直径(D)]: 2.5 Enter
```

选择【绘图】→【圆】→【圆心，半径】命令，并根据提示进行如下操作：

```
命令: _circle 指定圆的圆心或 [三点(3P)/两点(2P)/相切、相切、半径(T)]: 40,40 Enter
指定圆的半径或 [直径(D)]: 5 Enter
```

效果如图 2-154 所示。

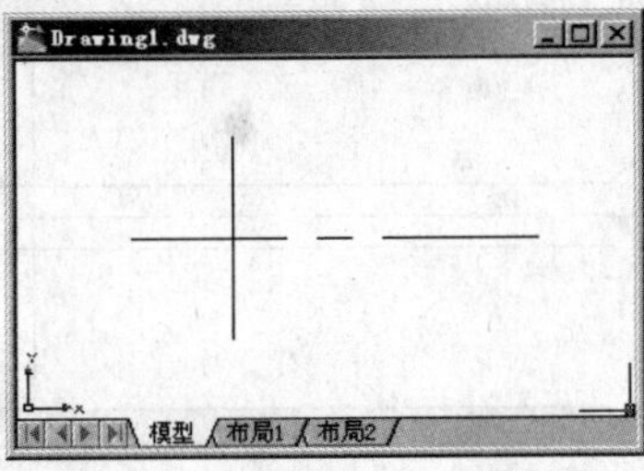

图 2-153　绘制开口销的中心线

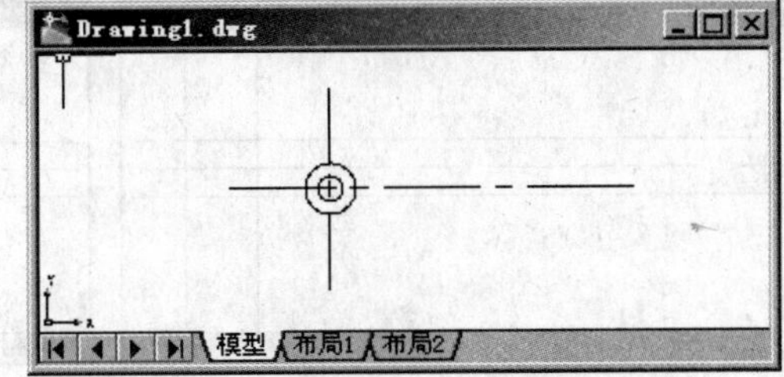

图 2-154　绘制开口销的头部

Step 04 选择【绘图】→【构造线】命令，并根据提示进行如下操作：

```
命令: _xline 指定点或 [水平(H)/垂直(V)/角度(A)/二等分(B)/偏移(O)]: o
指定偏移距离或 [通过(T)] <通过>: 2.5 Enter
```

```
选择直线对象：                                  //选择水平中心线
指定向哪侧偏移：                                //移动鼠标到水平中心线上方任一点处单击
选择直线对象：                                  //选择水平中心线
指定向哪侧偏移：                                //移动鼠标到水平中心线下方任一点处单击
选择直线对象：Enter
```

结果如图 2-155 所示。

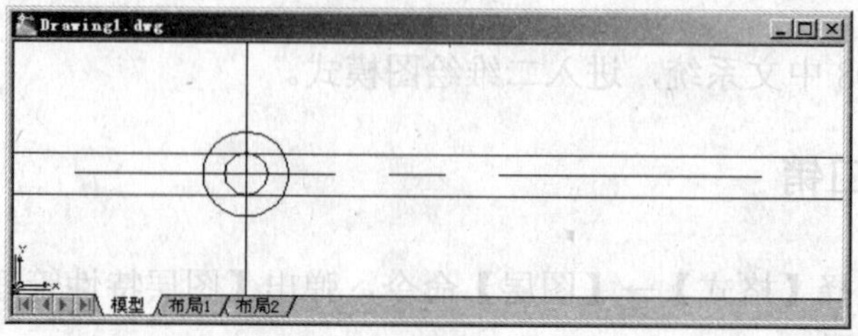

图 2-155　绘制水平构造线

Step 05 选择【绘图】→【构造线】命令，并根据提示进行如下操作：

```
命令：_xline 指定点或 [水平(H)/垂直(V)/角度(A)/二等分(B)/偏移(O)]：o
指定偏移距离或 [通过(T)] <通过>：50 Enter
选择直线对象：                                  //选择垂直中心线
指定向哪侧偏移：                                //移动鼠标到垂直中心线右方任一点处
单击
选择直线对象：Enter
```

选择【绘图】→【构造线】命令，并根据提示进行如下操作：

```
命令：_xline 指定点或 [水平(H)/垂直(V)/角度(A)/二等分(B)/偏移(O)]：o
指定偏移距离或 [通过(T)] <通过>：56.3Enter
选择直线对象：                                  //选择垂直中心线
指定向哪侧偏移：                                //移动鼠标到垂直中心线右方任一点处
单击
选择直线对象：Enter
```

结果如图 2-156 所示。

Step 06 对构造线进行修剪，选择【修改】→【打断】命令，并根据提示进行如下操作：

```
命令：BREAK 选择对象://在图 2-156 中的 1 处的点选取水平构造线
指定第二个打断点 或 [第一点(F)]:// 在选取图 2-156 中的 2 处的点选
```

重复上面的操作，分别选取 3、4 和 1、4 进行打断。结果如图 2-157 所示。

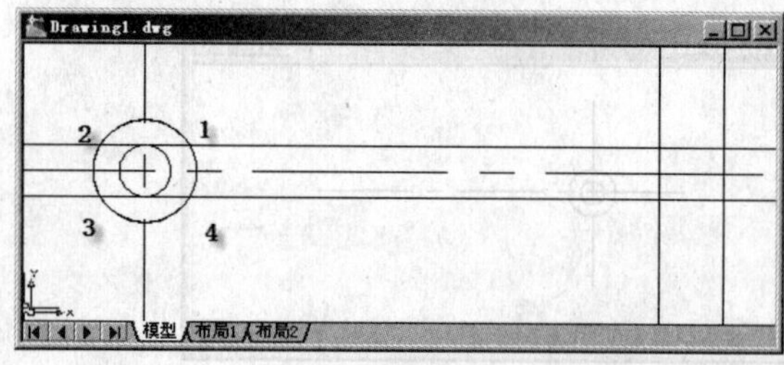

图 2-156　绘制垂直构造线

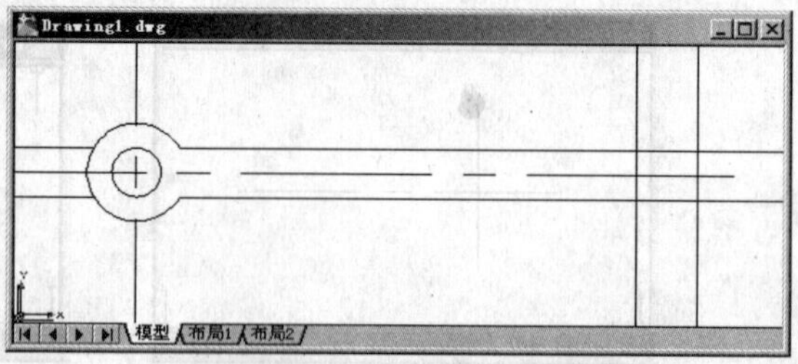

图 2-157　打断水平构造线

Step 07 对打断后的水平构造线进行删除，选择【修改】→【删除】命令，并根据提示进行如下操作：

```
命令: _erase
选择对象: 找到 1 个                         //选取打断后的水平构造线左边的直线的一条
选择对象: 找到 1 个, 总计 2 个              //选取打断后的水平构造线左边的直线的另一条
选择对象: Enter
```

结果如图 2-158 所示。

Step 08 选择【绘图】→【直线】命令，绘制如图 2-159 所示的直线。

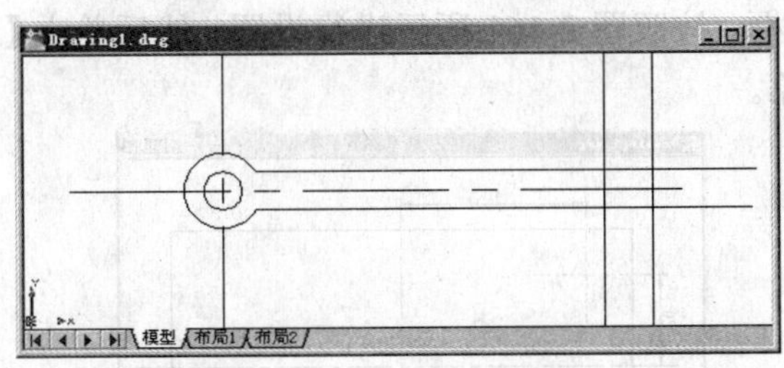

图 2-158　删除水平构造线

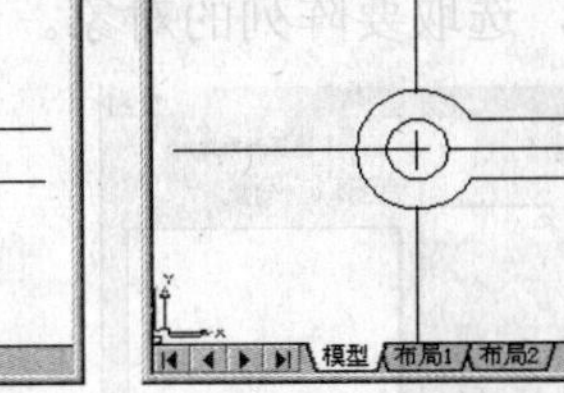

图 2-159　绘制的直线

Step 09 对构造线进行修剪，选择【修改】→【修剪】命令，并根据提示进行如下操作：

```
选择剪切边...
选择对象或 <全部选择>: 找到 1 个               //选取图 2-159 中最右边的垂直直线
选择对象: Enter
选择要修剪的对象，或按住 Shift 键选择要延伸的对象，或[栏选(F)/窗交(C)/投影(P)/边(E)/放
弃(U)]://选取剪切边右边的水平构造线
选择要修剪的对象，或按住 Shift 键选择要延伸的对象，或[栏选(F)/窗交(C)/投影(P)/边(E)/放
弃(U)]: Enter
```

同样的操作，对其他构造线进行修剪。结果如图 2-160 所示。

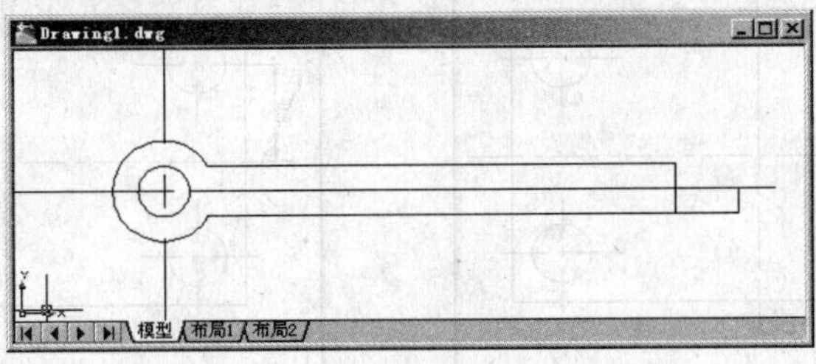

图 2-160　绘制的开口销

步骤 3　保存文件

选择【文件】→【保存】命令，以“EXAMPLE25.dwg”为名保存该图形文件。选择【文件】→【退出】命令，退出 AutoCAD。

实例 26　模板——阵列对象

在绘制按一定规律排列的一组对象时，常用【阵列】命令。这样可以节省绘图时间，提高绘图效率。在 AutoCAD 2008 中，利用【阵列】命令可以创建矩形阵列和环形阵列。

1. 矩形阵列

对于矩形阵列，可以控制行和列的数目以及它们之间的距离。对于环形阵列，可以控制对象副本的数目并决定是否旋转副本。

创建矩形阵列，将沿当前捕捉旋转角度定义的基线创建矩形阵列。该角度的默认设置为 0，因此矩形阵列的行和列与图形的 X 和 Y 轴正交。下面先介绍矩形阵列。

Step 01 单击矩阵按钮，弹出【阵列】对话框。按照图 2-161 所示进行设置，然后单击【选择对象】按钮，返回绘图区，选取要阵列的对象。

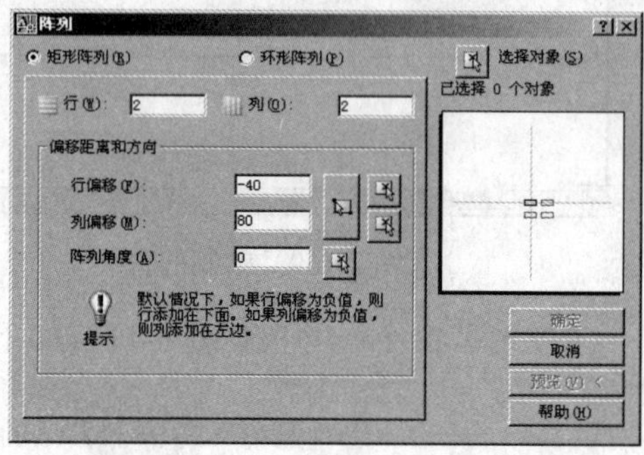

图 2-161 【阵列】对话框

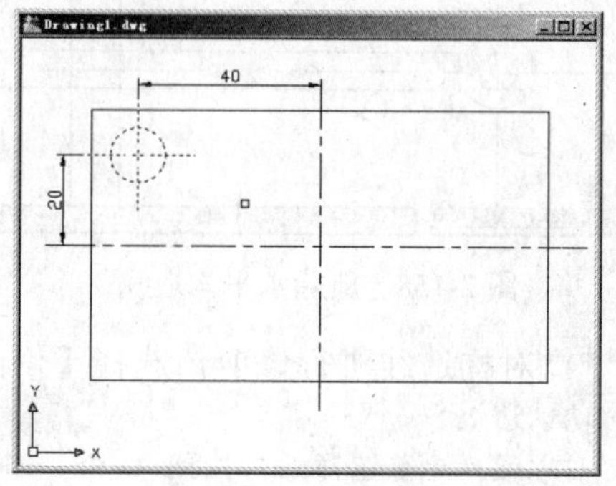

图 2-162 选取源对象

Step 02 源对象选取完毕后，按 Enter 键确认，返回【阵列】对话框。单击【预览】按钮，查看预览结果，如图 2-163 所示。确认无误后，确定。阵列结果如图 2-164 所示。

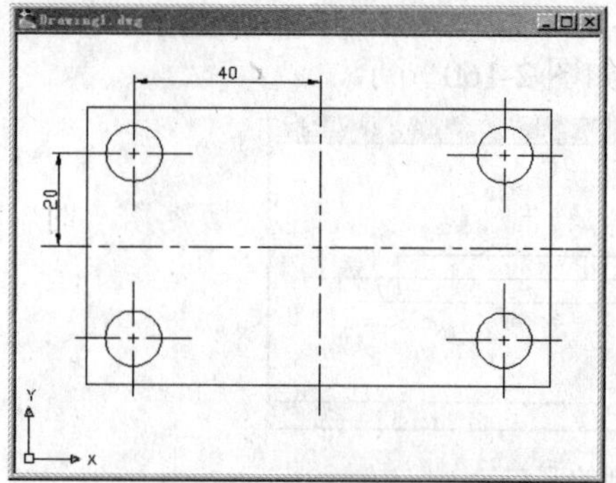

图 2-163 预览结果

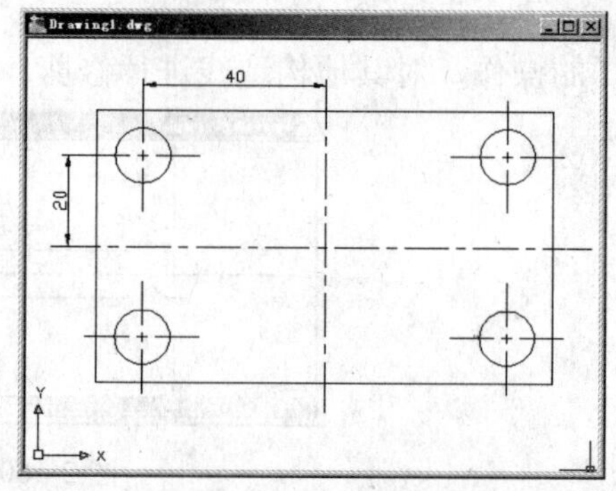

图 2-164 阵列结果

在设置偏移距离和方向时，有时还可用如下方法，具体过程如图 2-165 至图 2-170 所示。

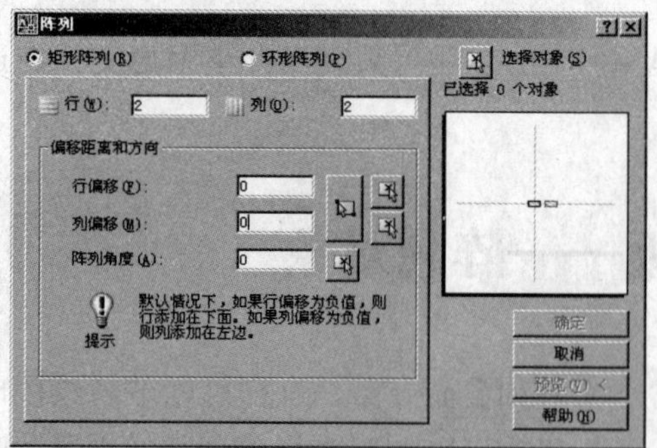

图 2-165 【阵列】对话框

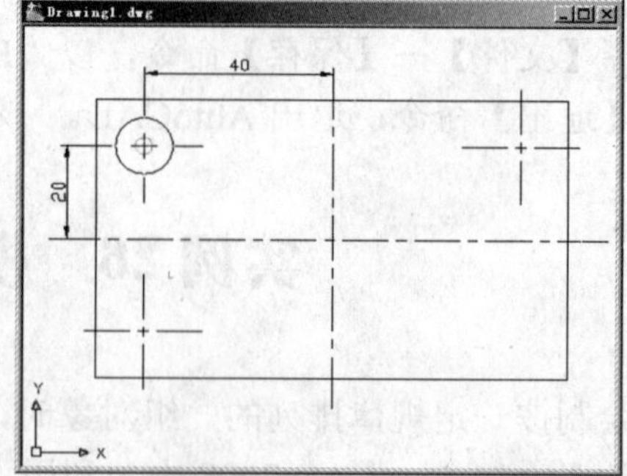

图 2-166 选取阵列行距第一点

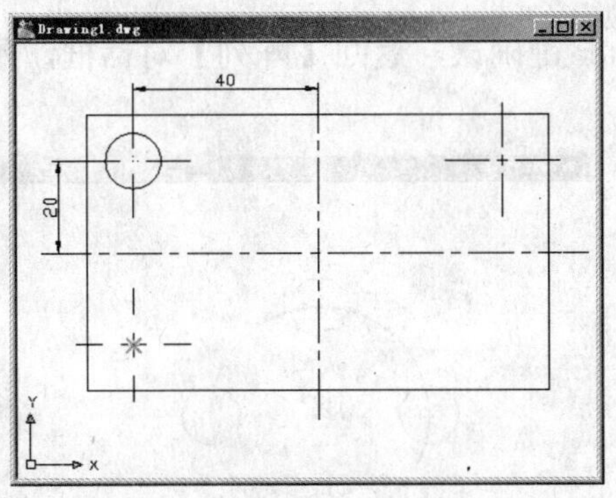

图 2-167　选取阵列行距第二点

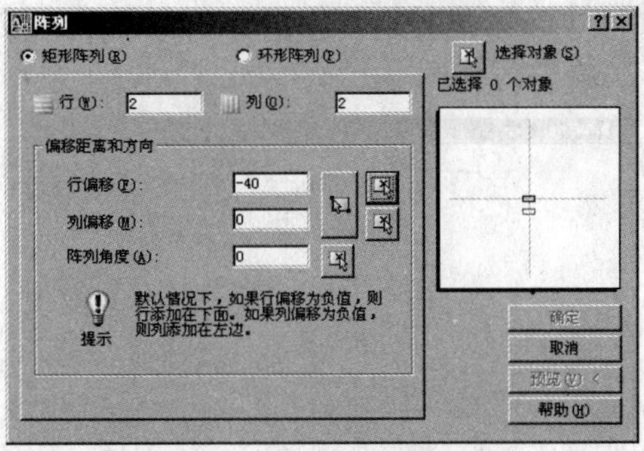

图 2-168　【阵列】对话框

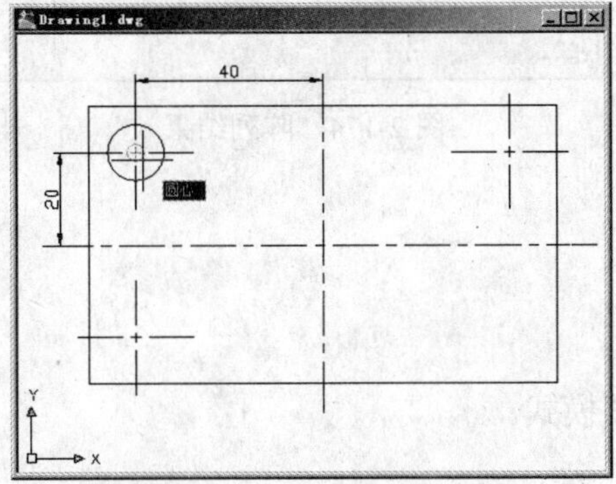

图 2-169　选取阵列列宽第一点

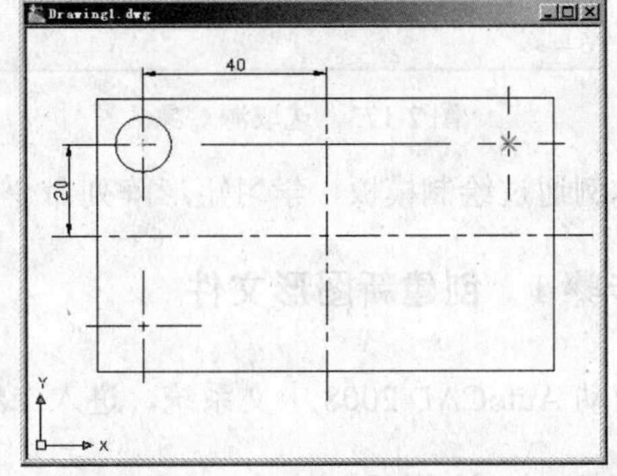

图 2-170　选取阵列列宽第二点

返回【阵列】对话框，后面步骤同上。

2．环形阵列

创建环形阵列时，阵列按逆时针或顺时针方向绘制，这取决于设置填充角度时输入的是正值还是负值。阵列的半径由指定中心点与参照点或与最后一个选定对象上的基点之间的距离决定。可以使用默认参照点（通常是与捕捉点重合的任意点），或指定一个要用作参照点的新基点。下面讲解如何进行环形阵列。

Step 01 单击环形阵列按钮，弹出【阵列】对话框，如图 2-171 所示。

Step 02 在【阵列】对话框中，确认阵列方式为“环形阵列”，输入阵列总数（包括源对象），单击中心点拾取按钮，返回绘图区，选择阵列中心，如图 2-172 所示。

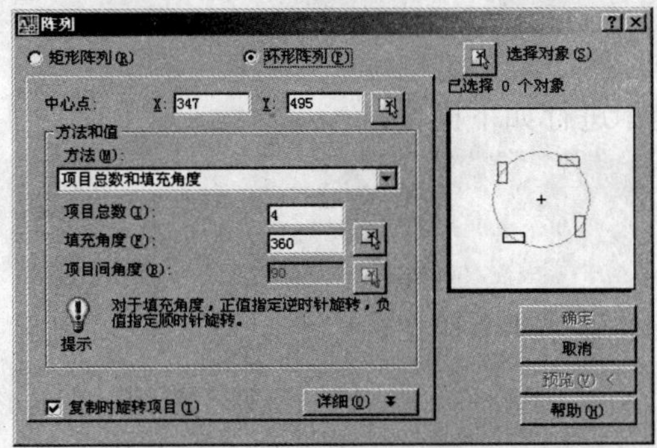

图 2-171　【阵列】对话框

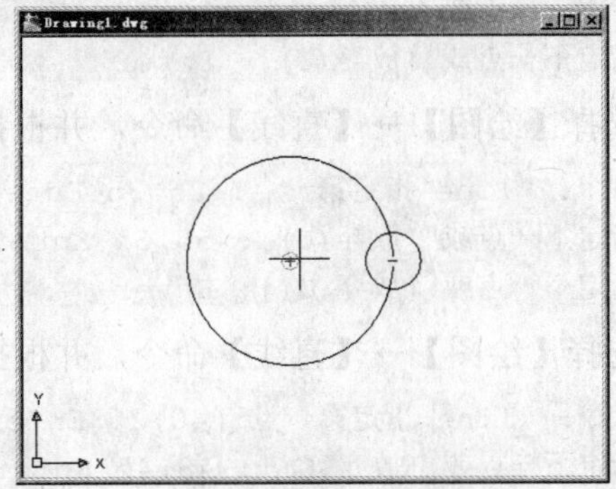

图 2-172　选取阵列中心点

Step 03 选择源对象，如图 2-173 所示。按 Enter 键确认，返回【阵列】对话框，预览确认无误后，确定，如图 2-174。

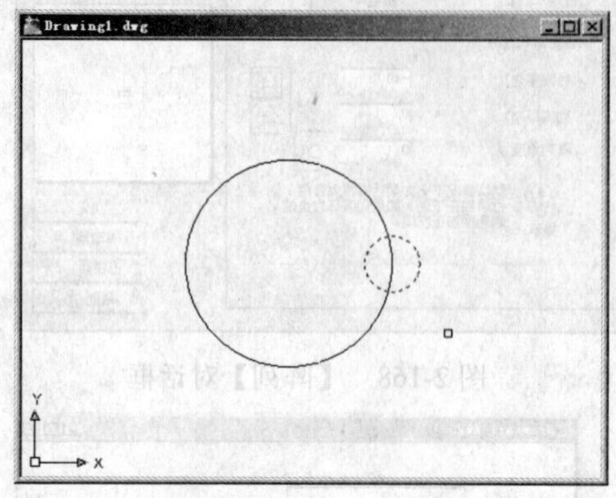

图 2-173 选取源对象

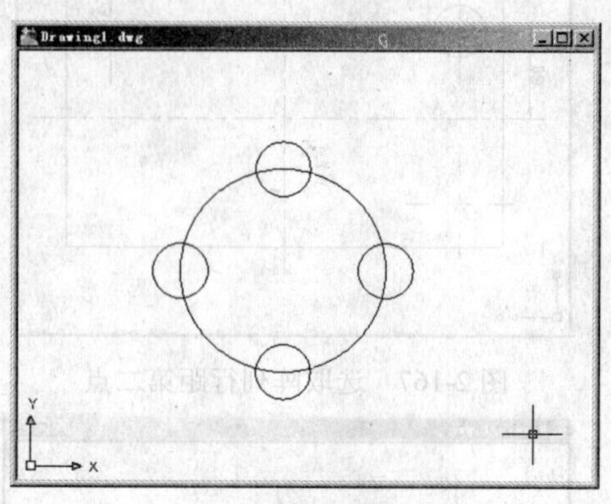

图 2-174 阵列结果

本例通过绘制模板，学习矩形阵列命令。

步骤 1 创建新图形文件

启动 AutoCAD 2008 中文系统，进入二维绘图模式。

步骤 2 绘制模板

Step 01 设置层，选择【格式】→【图层】命令，弹出【图层特性管理器】对话框，分别设置实线层，设置中心线层。

Step 02 把当前层设为中心线层，绘制 4 条直线。选择【绘图】→【直线】命令，并根据提示进行如下操作：

```
命令: _line 指定第一点: 20,60 Enter
指定下一点或 [放弃(U)]: 140,60 Enter
指定下一点或 [放弃(U)]: Enter
```

选择【绘图】→【直线】命令，并根据提示进行如下操作：

```
命令: _line 指定第一点: 80,20 Enter
指定下一点或 [放弃(U)]: 80,100 Enter
指定下一点或 [放弃(U)]: Enter
```

选择【绘图】→【直线】命令，并根据提示进行如下操作：

```
命令: _line 指定第一点: 25,35 Enter
指定下一点或 [放弃(U)]: 55,35 Enter
指定下一点或 [放弃(U)]: Enter
```

选择【绘图】→【直线】命令，并根据提示进行如下操作：

```
命令: _line 指定第一点: 40,25 Enter
指定下一点或 [放弃(U)]: 40,45 Enter
指定下一点或 [放弃(U)]: Enter
```

结果如图 2-175 所示。

Step 03 设实线层为当前图层。选择【绘图】→【圆】→【圆心，半径】命令，并根据提示进行如下操作：

```
命令: _circle 指定圆的圆心或 [三点(3P)/两点(2P)/相切、相切、半径(T)]: 40,35 Enter
指定圆的半径或 [直径(D)]: 7 Enter
```

结果如图 2-176 所示。

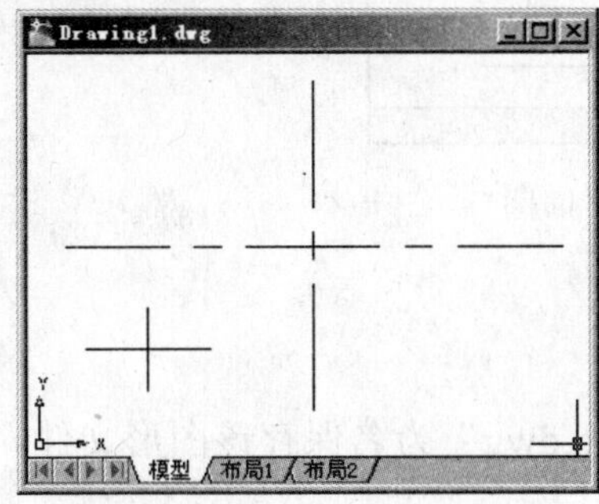

图 2-175 绘制中心线

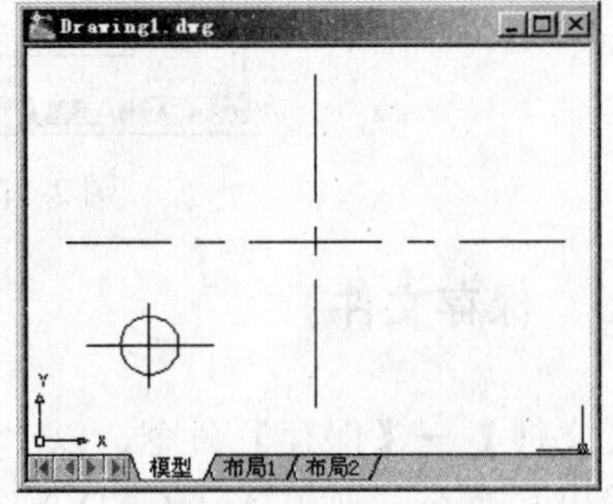

图 2-176 绘制圆

Step 04 绘制一个矩形。选择【绘图】→【矩形】命令，并根据提示进行如下操作：

```
指定第一个角点或 [倒角(C)/标高(E)/圆角(F)/厚度(T)/宽度(W)]: 22,98 Enter
指定另一个角点或 [面积(A)/尺寸(D)/旋转(R)]: 138,22 Enter
```

结果如图 2-177 所示。

Step 05 选择【修改】→【阵列】命令，系统将弹出【阵列】对话框，如图 2-178 所示。在该对话框中，进行如下设置：

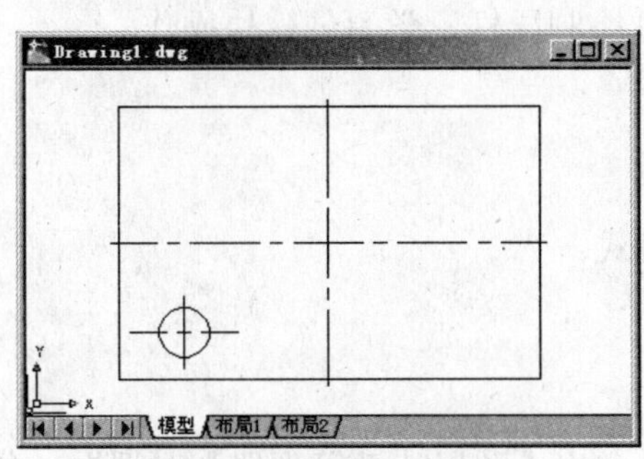

图 2-177 绘制圆和矩形

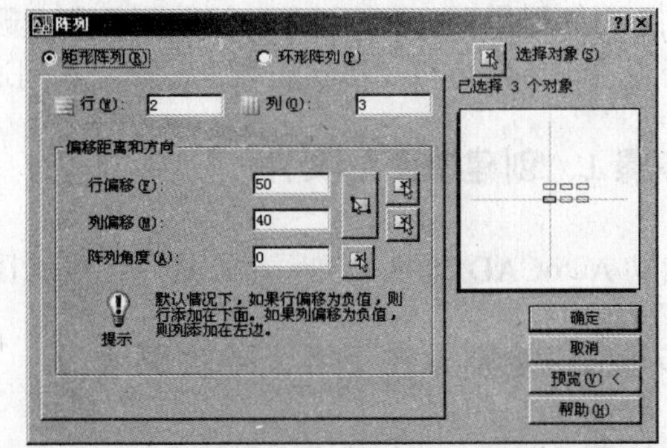

图 2-178 【阵列】对话框

- 单击“选择对象”按钮，在绘图区选择圆及其中心线为阵列的对象，然后回车返回【阵列】对话框。此时该图标下提示“已选择 3 个对象”。
- 选择“矩形阵列”选项。
- 在“行”文本框中输入 2。在“列”文本框中输入 3。
- 在“行偏移”文本框中输入 40。
- 在“列偏移”文本框中输入 50。
- 确定“阵列角度”文本框中为 0。

完成上述设置后，单击【确定】按钮完成阵列命令。绘制结果如图 2-179 所示。

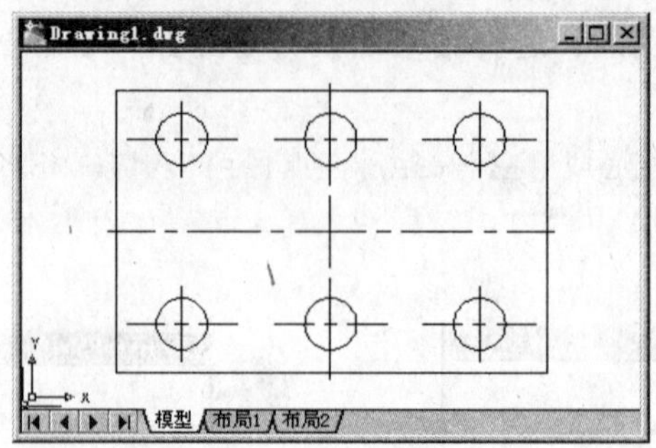

图 2-179　绘制模板平面图

步骤 3　保存文件

选择【文件】→【保存】命令，以“EXAMPLE26.dwg”为名保存该图形文件。选择【文件】→【退出】命令，退出 AutoCAD。

实例 27　导柱——块操作

AutoCAD 提供了将一些经常重复使用的对象组合在一起，形成一个块对象，并按指定的名称保存起来，以后可随时将它插入到图形中而不必重新绘制。虽然一个块可以由多个对象构成，但却是将块作为一个整体来使用。这时，块就可以作为一个对象来进行操作，如“移动”、“复制”、“镜像”、“旋转”、“阵列”和“删除”等命令。需要的时候，也可以使用“分解”命令将块分解为相对独立的多个对象。本例通过绘制导柱，学习创建块操作。

步骤 1　创建新图形文件

启动 AutoCAD 2008 中文系统，进入二维绘图模式。

步骤 2　绘制导柱下半个外轮廓线

Step 01 设置层，选择【格式】→【图层】命令，弹出【图层特性管理器】对话框，分别设置实线层，设置中心线层。

Step 02 把当前层设为中心线层，绘制一条直线。选择【绘图】→【直线】命令，并根据提示进行操作：

```
命令：_line 指定第一点：20，60Enter
指定下一点或[放弃（U）]：140，60Enter
指定下一点或[放弃（U）]： Enter
```

Step 03 设实线层为当前图层。选择【绘图】→【直线】命令，并根据提示进行操作：

```
命令：_line 指定第一点：25，60Enter
```

```
指定下一点或[放弃（U）]：25，44Enter
指定下一点或[放弃（U）]：35，44Enter
指定下一点或[闭合（C）/放弃（U）]：35,49Enter
指定下一点或[闭合（C）/放弃（U）]：37,49Enter
指定下一点或[闭合（C）/放弃（U）]：37,47Enter
指定下一点或[闭合（C）/放弃（U）]：130,47Enter
指定下一点或[闭合（C）/放弃（U）]：130,60Enter
指定下一点或[闭合（C）/放弃（U）]://Enter
```

结果如图2-180所示。

Step 04 选择【修改】→【圆角】命令，并根据提示进行如下操作：

```
当前设置：模式 = 修剪，半径 = 0.0000
选择第一个对象或 [放弃(U)/多段线(P)/半径(R)/修剪(T)/多个(M)]: r  Enter    // 选择“半径”选项指定圆角的半径
指定圆角半径 <0.0000>: 2 Enter                                      // 指定圆角的半径为2
选择第一个对象或 [放弃(U)/多段线(P)/半径(R)/修剪(T)/多个(M)]:       // 选择图2-117中1处的垂直直线
选择第二个对象，或按住 Shift 键选择要应用角点的对象：              // 选择图2-180中1处的水平直线
```

同样的操作过程，对图形中所有的直角进行圆角操作，圆角半径为0.5。结果如图2-181所示。

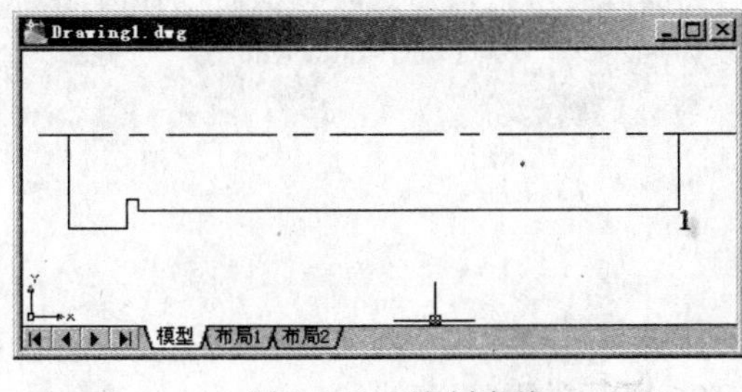

图2-180　绘制直线

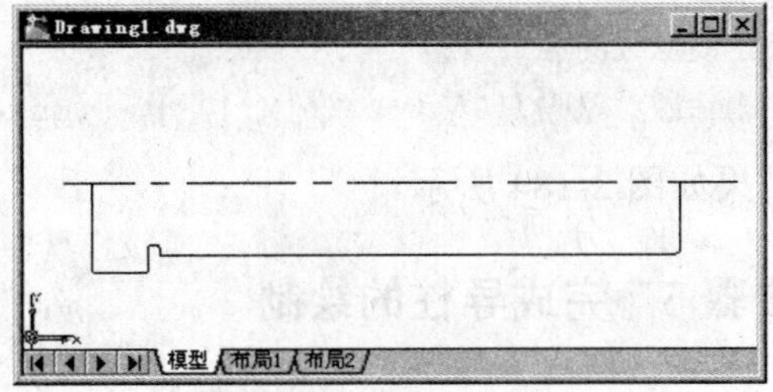

图2-181　直角进行倒角

步骤3　创建块对象

利用已完成的标识点图形来创建块对象。选择【绘图】→【块】→【创建】命令，弹出【块定义】对话框，如图2-182所示。并进行如下设置：

- 在【名称】文本框中输入块名“zhou-bian”。
- 设置【基点】三维坐标为（0,0,0）。
- 在【对象】栏中，单击“选择对象”图标返回绘图区并选择除中心线以外全部图形对象。并选中“转换为块”项。

其他设置不变，如图2-183所示。单击【确定】按钮完成创建块命令，由此创建了一个名为“zhou-bian”的块对象。

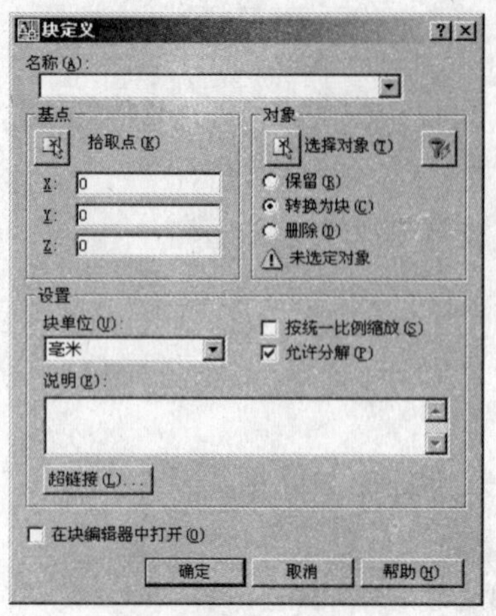

图 2-182 【块定义】对话框（1）

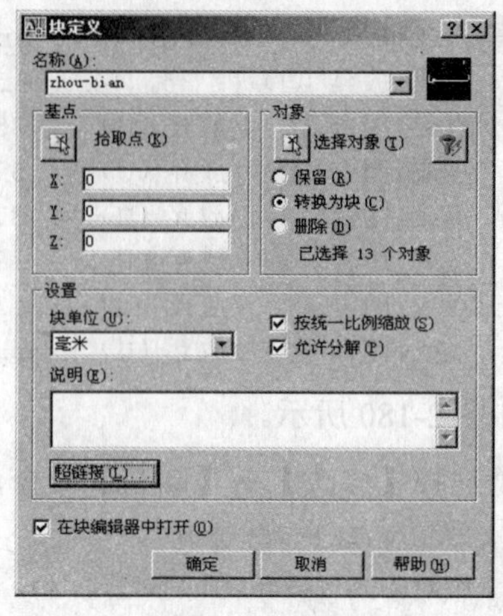

图 2-183 【块定义】对话框（2）

步骤 4 使用块对象

选择【修改】→【镜像】命令，并根据提示进行如下操作：

```
命令: _mirror
选择对象: 找到 1 个                                    //选取上一步定义的块对象
选择对象: Enter
指定镜像线的第一点:                                     //选取中心线上的一个端点
指定镜像线的第二点:                                    //选取中心线上的另一个端点
要删除源对象吗? [是(Y)/否(N)] <N>: Enter
```

结果如图 2-184 所示。

步骤 5 完成导柱的绘制

选择【绘图】→【直线】命令，绘制如图 2-185 所示的两条直线。

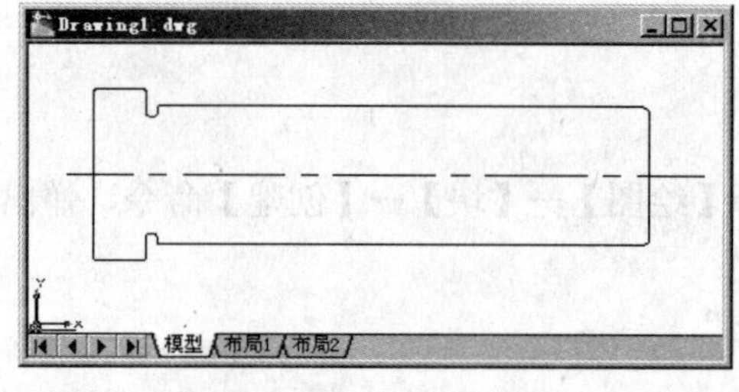

图 2-184 镜像块对象

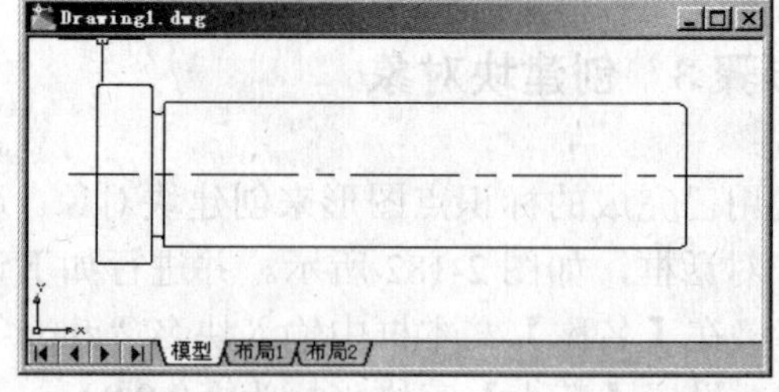

图 2-185 导柱的平面图

步骤 6 保存文件

选择【文件】→【保存】命令，以“EXAMPLE27.dwg”为名保存该图形文件。选择【文件】→【退出】命令，退出 AutoCAD。

实例 28　导套——剖面线

图案填充经常用于在剖视图中表达对象的材料类型，从而增加图形的可读性。在 AutoCAD 中，无论一个图案填充是多么复杂，系统都将其认为是一个独立的图形对象，可作为一个整体进行各种操作。先介绍一下如何使用剖面线命令。单击填充按钮，弹出【图案填充和渐变色】对话框，如图 2-186 所示。单击【样例】选项，选择填充的标准，如图 2-187 所示。设置后，如图 2-188 所示。

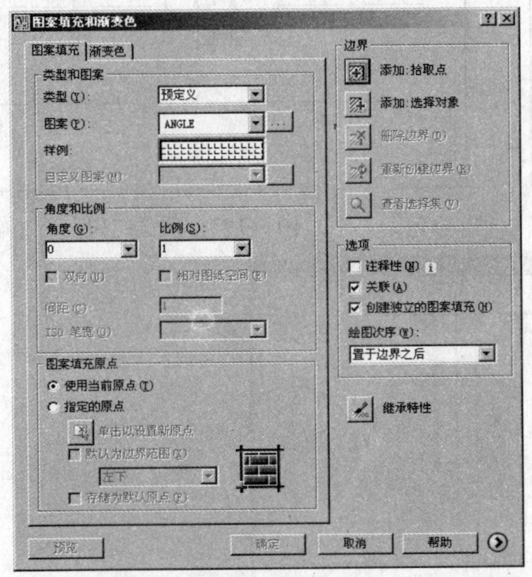

图 2-186　【图案填充和渐变色】对话框

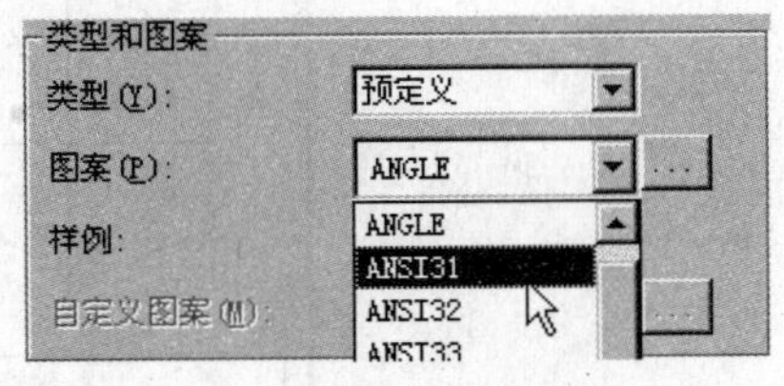

图 2-187　选取图案样式

单击【边界】选项框中的【添加：拾取点】按钮，如图 2-189 所示。回到绘图区中，选择一个填充区域，如图 2-190 所示。

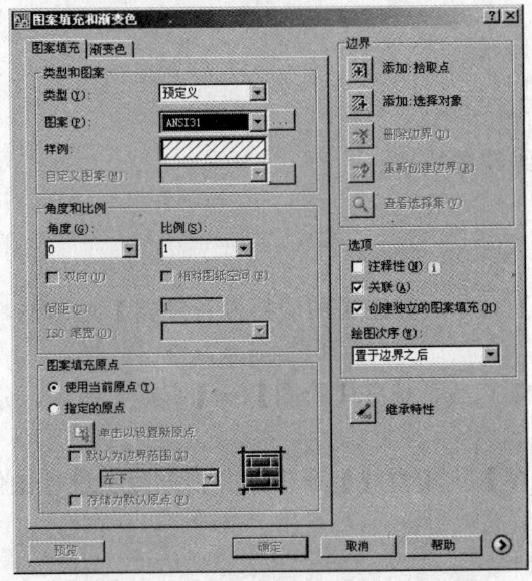

图 2-188　观察图案样例为所需样式

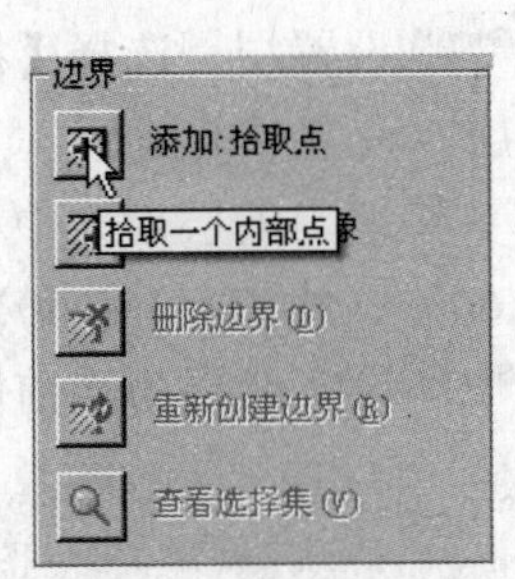

图 2-189　单击【添加拾取点】

确认后，按 Enter 键，回到【图案填充和渐变色】对话框。单击【预览】按钮，预览结果如图 2-191 所示，确认没有问题，返回【图案填充和渐变色】对话框。单击【确定】按钮，填充效果如图 2-192。

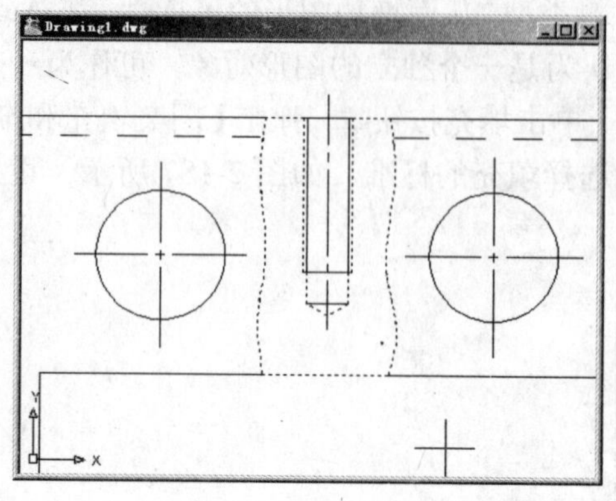

图 2-190　选取要填充的对象

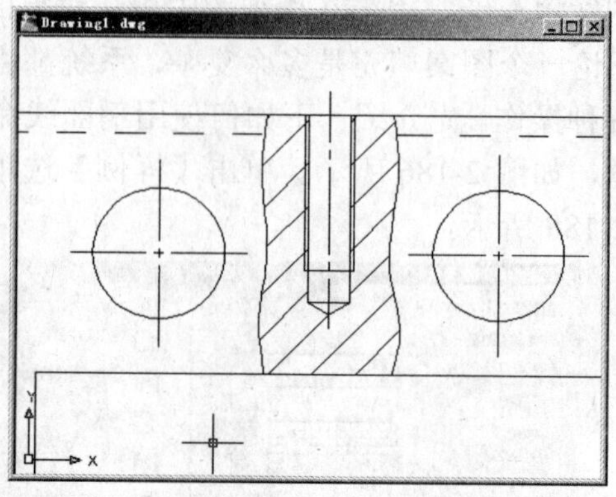

图 2-191　预览结果

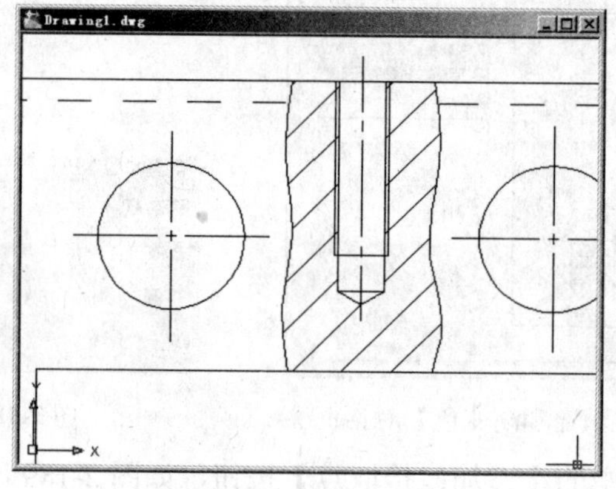

图 2-192　图案填充结果

本例通过绘制导套，学习绘制剖面线。

步骤 1　创建新图形文件

启动 AutoCAD 2008 中文系统，进入二维绘图模式。

步骤 2　绘制导套下半个外轮廓线

Step 01 设置层，选择【格式】→【图层】命令，弹出【图层特性管理器】对话框，分别设置实线层，设置中心线层。

Step 02 把当前层设为中心线层，绘制一条直线，选择【绘图】→【直线】命令，分别是起点（20,60）、终点（100,60）。

Step 03 设实线层为当前图层。选择【绘图】→【直线】命令，并根据提示进行操作：

```
命令: _line  指定第一点: 30, 60Enter
指定下一点或[放弃（U）]: 30, 44Enter
指定下一点或[放弃（U）]: 40, 44Enter
```

```
指定下一点或[闭合（C）/放弃（U）]: 40,47Enter
指定下一点或[闭合（C）/放弃（U）]: 80,47Enter
指定下一点或[闭合（C）/放弃（U）]: 80,60Enter
指定下一点或[闭合（C）/放弃（U）]://Enter
```

选择【视图】→【缩放】→【窗口】命令，把刚才绘制的外轮廓线显示在屏幕的中央位置。结果如图 2-193 所示。

Step 04 选择【修改】→【圆角】命令，并根据提示进行如下操作：

```
当前设置：模式 = 修剪，半径 = 0.0000
选择第一个对象或 [放弃(U)/多段线(P)/半径(R)/修剪(T)/多个(M)]: r  Enter // 选择“半径”选项指定圆角的半径
指定圆角半径 <0.0000>: 0.5 Enter  // 指定圆角的半径为 0.5
选择第一个对象或 [放弃(U)/多段线(P)/半径(R)/修剪(T)/多个(M)]:          // 选择图 2-193 中 3 垂直直线
选择第二个对象，或按住 Shift 键选择要应用角点的对象:          // 选择图 2-193 中 4 水平直线
```

Step 05 选择【修改】→【倒角】命令，并根据提示进行如下操作：

```
("修剪"模式) 当前倒角距离 1 = 0.0000，距离 2 = 0.0000
选择第一条直线或 [放弃(U)/多段线(P)/距离(D)/角度(A)/修剪(T)/方式(E)/多个(M)]: d Enter//设置倒角距离
指定第一个倒角距离 <0.0000>: 1 Enter
指定第二个倒角距离 <0.5000>: 1 Enter
选择第一条直线或 [放弃(U)/多段线(P)/距离(D)/角度(A)/修剪(T)/方式(E)/多个(M)]:// 选择图 2-193 中 1 垂直直线
选择第二条直线，或按住 Shift 键选择要应用角点的直线:          //选择图 2-193 中 2 水平直线
```

同样的操作，对其余两个直角进行倒角。

结果如图 2-194 所示。

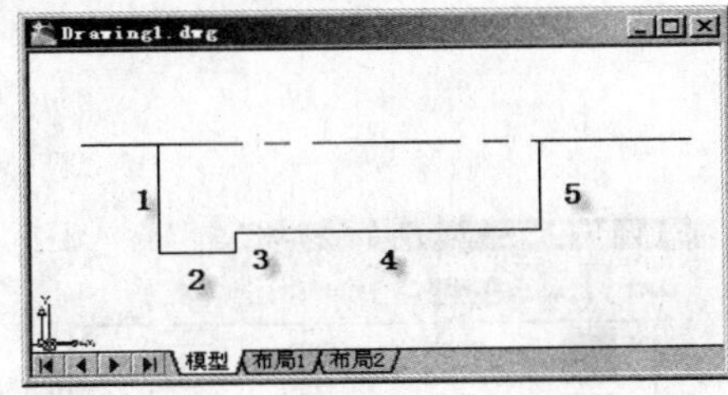

图 2-193　绘制导套下半个外轮廓线

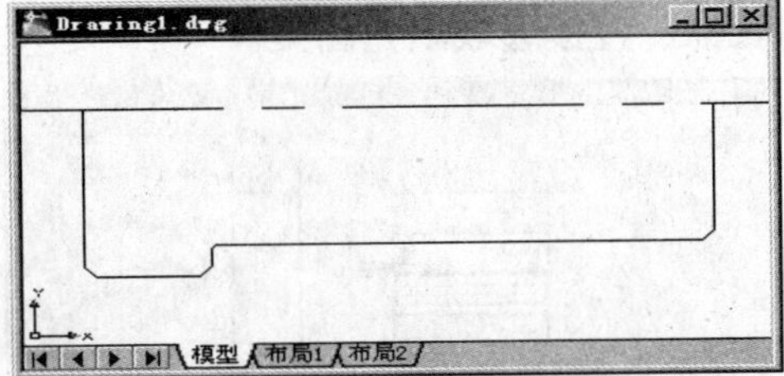

图 2-194　修剪直角

步骤 3　绘制导套下半个内轮廓线

Step 01 选择【绘图】→【直线】命令，并根据提示进行操作：

```
命令: _line  指定第一点: 30, 52Enter
指定下一点或[放弃（U）]: 80, 52Enter
指定下一点或[放弃（U）]:  Enter
```

结果如图 2-195 所示。

步骤 4　绘制导套下半个内轮廓线

选择【修改】→【镜像】命令，并根据提示进行如下操作：

```
命令：_mirror
选择对象：找到 1 0个                                  //先取上面绘制的导套下半个轮廓线
选择对象：Enter
指定镜像线的第一点：                                  //选取中心线上的一个端点
指定镜像线的第二点：                                  //选取中心线上的另一个端点
要删除源对象吗？[是(Y)/否(N)] <N>：Enter
```

结果如图 2-196 所示。

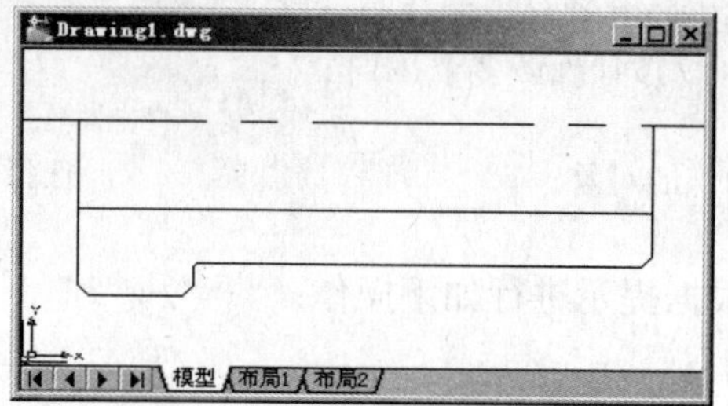

图 2-195　绘制导套下半个轮廓线

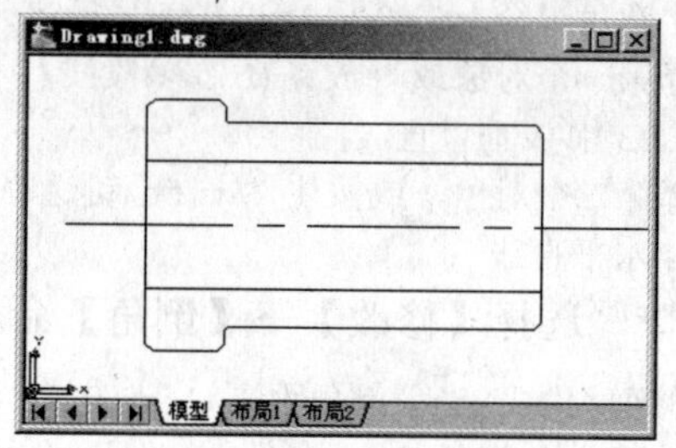

图 2-196　绘制的导套

步骤 5　填充剖面线

Step 01 选择【绘图】→【图案填充】命令，弹出如图 2-197 所示的【图案填充及渐变色】对话框。

Step 02 单击图 2-197【图案填充及渐变色】对话框中标识为“1”处的按钮，则弹出图 2-198 所示的【图案填充选项板】对话框，在该对话框中，可以选择和定义进填充图案。完成设置后单击【确定】按钮返回【图案填充及渐变色】对话框。也可以单击【图案和类型】框中“图案”下拉列表框，直接选取填充图案。

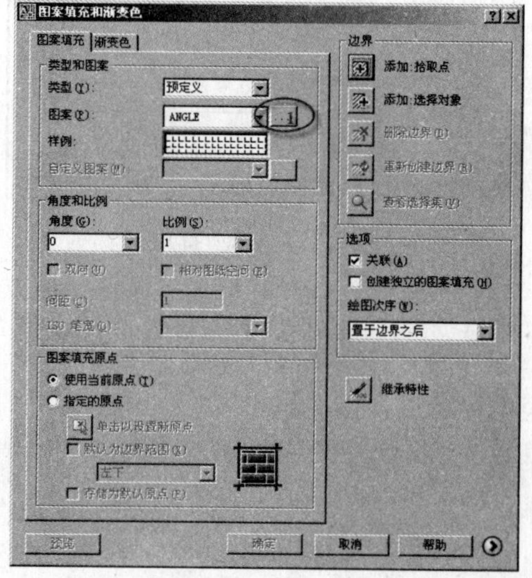

图 2-197　【图案填充及渐变色】对话框

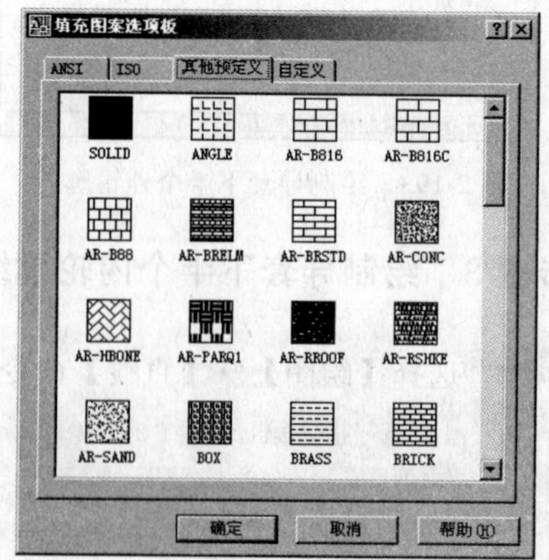

图 2-198　【图案填充选项板】对话框

Step 03 在【图案填充及渐变色】对话框中，单击【拾取一个内部点】按钮进入绘图状态，选择导套断面边界中任意一点，这时该边界将显示为选中状态，如图 2-199 所示。

Step 04 按 Enter 键，返回【图案填充及渐变色】对话框。单击【预览】按钮，查看填充图案的预览效果。这时，可看到填充图案基本适合。单击【确定】按钮，完成填充图案的绘制。结果如图 2-200 所示。

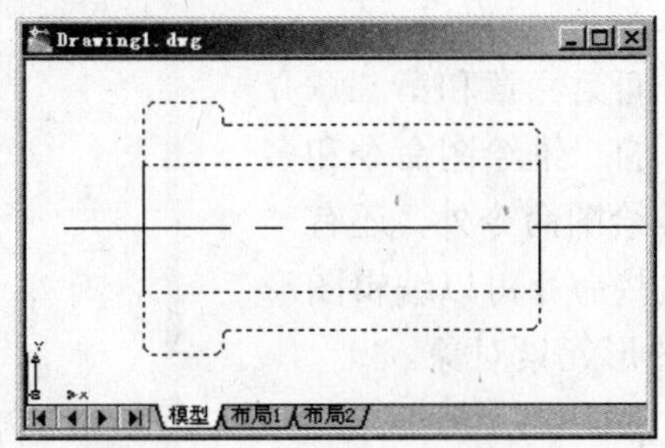

图 2-199　确定图案填充边界

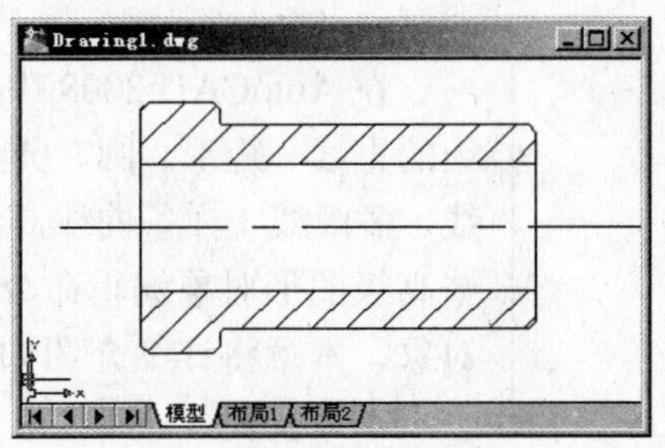

图 2-200　图案填充绘制结果

步骤 6　保存文件

选择【文件】→【保存】命令，以“EXAMPLE28.dwg”为名保存该图形文件。选择【文件】→【退出】命令，退出 AutoCAD。

第 3 章　编辑二维对象

在 AutoCAD 2008 中，除了前面第一章和第二章介绍的直线、矩形、圆、圆弧等简单的二维绘图命令和多线、多段线、样条曲线高级的二维绘图命令外，还有一些高级图形对象编辑命令，使用这些命令可以编辑图形对象。本章将详细介绍如何编辑图形元素对象。

本章实例

实例 29　编辑法兰盘——修改对象
实例 30　编辑齿轮轴——布局
实例 31　编辑六角螺母——布局视口
实例 32　编辑轴——尺寸标注
实例 33　编辑轴套——尺寸标注
实例 34　编辑支撑座——尺寸标注
实例 35　编辑主动轴——公差标注
实例 36　编辑底板——公差标注
实例 37　编辑蜗杆——公差标注
实例 38　编辑长方体轴测图——缩放对象
实例 39　编辑支撑架轴测图——尺寸标注
实例 40　编辑平底键——倒角
实例 41　绘制按键——倒圆
实例 42　编辑平键轴平面图——裁剪对象
实例 43　绘制圆螺母——延伸对象和裁剪对象
实例 44　绘制压紧套——镜像对象和移动对象
实例 45　绘制阀心——打断对象和删除命令
实例 46　绘制样板——阵列对象和块操作
实例 47　绘制导柱——倒角和圆角
实例 48　绘制导套——剖面线

实例 29　编辑法兰盘——修改对象

在 AutoCAD 2008 中，可以轻易修改对象的大小、形状和位置。进行修改可以按照以下几种方式。

- 输入命令，然后选择要修改的对象。
- 选择对象，然后输入用于修改对象的命令。
- 选择一个对象并在其上右击鼠标，以显示具有相关选项的快捷菜单。
- 双击对象以显示“特性”选项板，或者在某些情况下，将显示一个与该类对象相关的对话框或编辑器。

本例通过编辑法兰盘，学习选择和修改对象。

步骤 1　创建图形文件

启动 AutoCAD 2008 中文版系统。选择【文件】→【打开】命令，打开第 2 章中创建的实例文件“EXAMPLE9.dwg”。选择【文件】→【另存为】命令，将其另存为“EXAMPLE29.dwg”。

步骤 2　修改图形对象的尺寸

Step 01 单击大圆，圆上出现 4 个蓝点和圆心上出现一个蓝点，则表示选中对象。单击大圆上的 4 个蓝点中的任意一点，该点变红，如图 3-1 所示。并根据提示进行如下操作：

```
指定拉伸点或 [基点(B)/复制(C)/放弃(U)/退出(X)]: 80,130
```

Step 02 同样的操作，对右视图中的大的多样线进行修改，结果如图 3-2 所示。

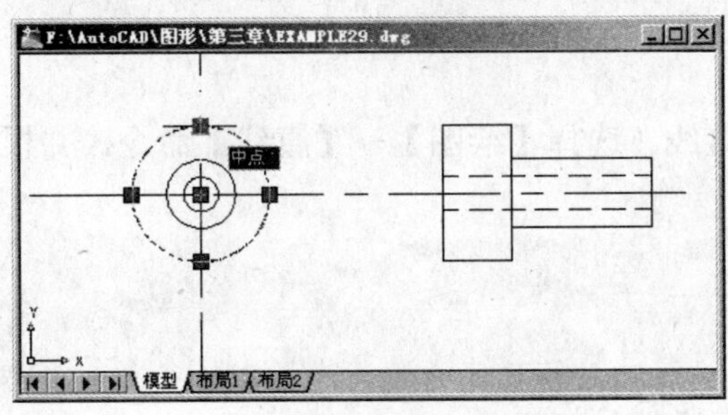

图 3-1　选中要修改的对象

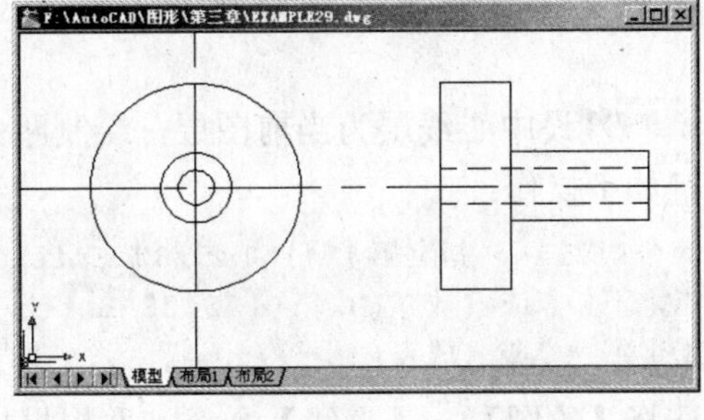

图 3-2　修改法兰盘的尺寸

步骤 3　增加法兰盘主视图上的孔

Step 01 设中心线层为当前图层，绘制两条直线。选择【绘图】→【直线】命令，并根据提示进行如下操作：

```
命令: _line 指定第一点: 70,80 Enter
指定下一点或 [放弃(U)]: 90,80 Enter
指定下一点或 [放弃(U)]: Enter
```

选择【绘图】→【直线】命令，并根据提示进行如下操作：

```
命令: _line 指定第一点: 80,70 Enter
指定下一点或 [放弃(U)]: 80,90 Enter
指定下一点或 [放弃(U)]: Enter
```

Step 02 设实线层为当前图层，绘制一个圆。选择【绘图】→【圆】→【圆心，半径】命令，并根据提示进行如下操作：

```
命令: _circle 指定圆的圆心或 [三点(3P)/两点(2P)/相切、相切、半径(T)]: 80,80 Enter
指定圆的半径或 [直径(D)]: 5 Enter
```

结果如图 3-3 所示。

Step 03 绘制其余 3 个相同的小圆。选择【修改】→【阵列】命令，弹出【阵列】对话框，勾择“环形阵列”项，选择小圆及其中心线为阵列对象，其他参数如图 3-4 所示。单击【确定】按钮退出【阵列】对话框。

结果如图 3-5 所示。

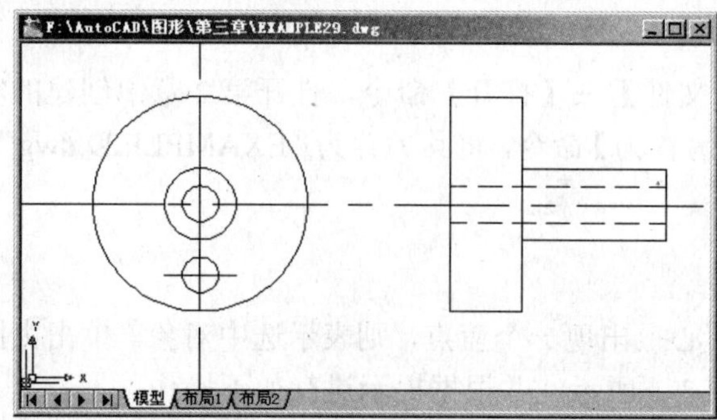

图 3-3 绘制小圆

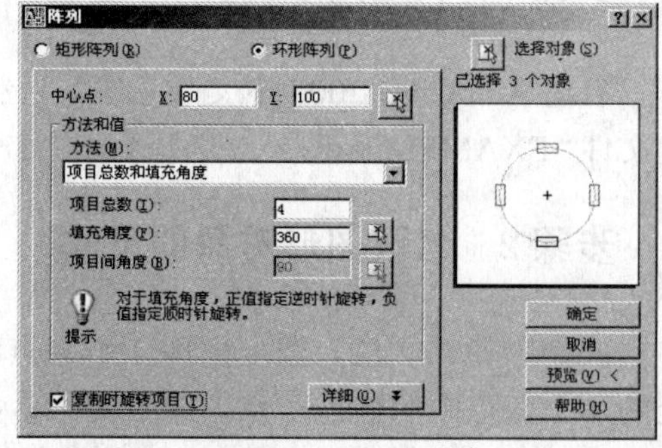

图 3-4 【阵列】对话框

步骤 4 增加法兰盘左视图上的孔

Step 01 设中心线层为当前图层，绘制两条直线。选择【绘图】→【直线】命令，并根据提示进行如下操作：

```
命令: _line 指定第一点: 145,80 Enter
指定下一点或 [放弃(U)]: 175,80 Enter
指定下一点或 [放弃(U)]: Enter
```

选择【绘图】→【直线】命令，并根据提示进行如下操作：

```
命令: _line 指定第一点: 145,120 Enter
指定下一点或 [放弃(U)]: 175,120 Enter
指定下一点或 [放弃(U)]: Enter
```

Step 02 设图层 2 为当前图层，绘制 4 条直线。选择【绘图】→【直线】命令，并根据提示进行如下操作：

```
命令: _line 指定第一点: 150,75 Enter
指定下一点或 [放弃(U)]: 170,75 Enter
指定下一点或 [放弃(U)]: Enter
```

选择【绘图】→【直线】命令，并根据提示进行如下操作：

```
命令: _line 指定第一点: 150,85 Enter
指定下一点或 [放弃(U)]: 170,85 Enter
指定下一点或 [放弃(U)]: Enter
```

选择【绘图】→【直线】命令，并根据提示进行如下操作：

```
命令: _line 指定第一点: 150,115 Enter
指定下一点或 [放弃(U)]: 170,115 Enter
指定下一点或 [放弃(U)]: Enter
```

选择【绘图】→【直线】命令，并根据提示进行如下操作：

```
命令: _line 指定第一点: 150,125 Enter
指定下一点或 [放弃(U)]: 170,125 Enter
指定下一点或 [放弃(U)]: Enter
```

结果如图 3-6 所示。

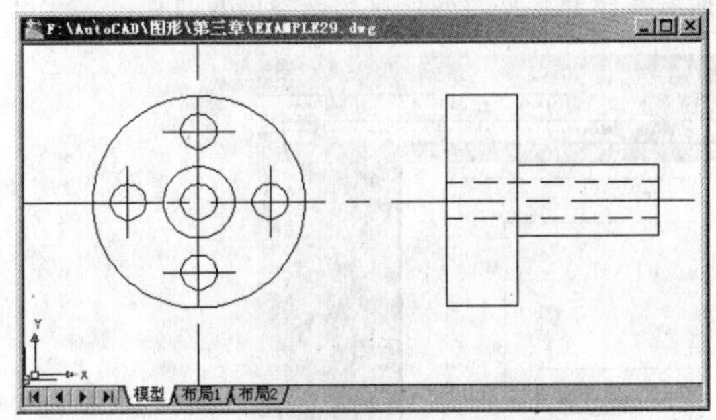

图 3-5 绘制环形阵列

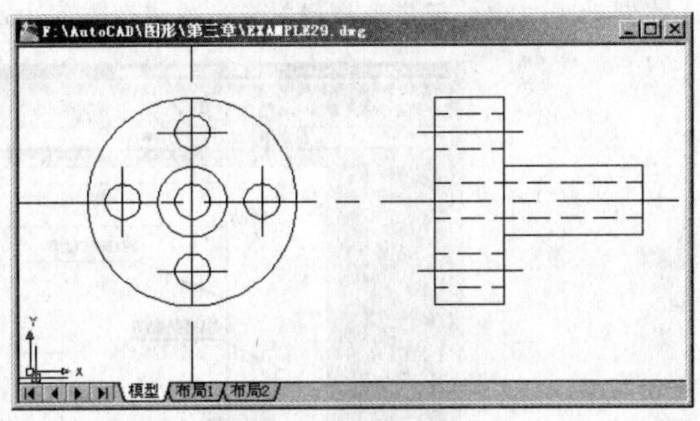

图 3-6 绘制法兰盘

步骤 5 保存文件

选择【文件】→【保存】命令，保存该图形文件。选择【文件】→【退出】命令，退出 AutoCAD。

实例 30 编辑齿轮轴——布局

在 AutoCAD 2008 中，布局是一种图纸空间环境，它模拟图纸页面，提供直观的打印设置。在布局中可以创建并放置视口对象，可以添加标题栏，也可以添加其他几何图形。

图纸空间就像一张图纸，打印之前可以在上面排放图形。图纸空间用于创建最终的打印布局，而不用于绘图或设计工作。前面各个实例中所有的内容都是在模型空间中进行的，模型空间是一个三维坐标空间，主要用于几何模型的构建。而在对几何模型进行打印输出时，则通常在图纸空间中完成。

页面设置与布局相关联并存储在图形文件中。页面设置中指定的设置决定了最终输出的格式和外观。页面设置是打印设备和其他影响最终输出的外观和格式的设置的集合。

本例通过编辑齿轮轴，学习 AutoCAD 2008 中文版的布局设置和页面设置。

步骤 1　创建图形文件

启动 AutoCAD 2008 中文版系统。选择【文件】→【打开】命令，打开第 2 章中创建的实例文件“EXAMPLE10dwg”。单击【文件】→【另存为】命令，将其另存为“EXAMPLE30.dwg”。

步骤 2　进入图纸空间

在模型空间模式下，选择“布局 1”选项卡，就可以进入相应的图纸空间环境，如图 3-7 所示。

提示：在图纸空间中，可随时选择“模型”选项卡、命令行输入 model、状态栏中选择“模型”按钮来返回模型空间。可以在布局中的浮动视口上双击鼠标，进入视口中的模型空间（图 3–8），也可以在当前布局中创建浮动视口来访问模型空间。浮动视口相当于模型空间中的视图对象，可以在浮动视口中处理模型空间对象。在模型空间中的所有修改都将反映到所有图纸空间视口中。

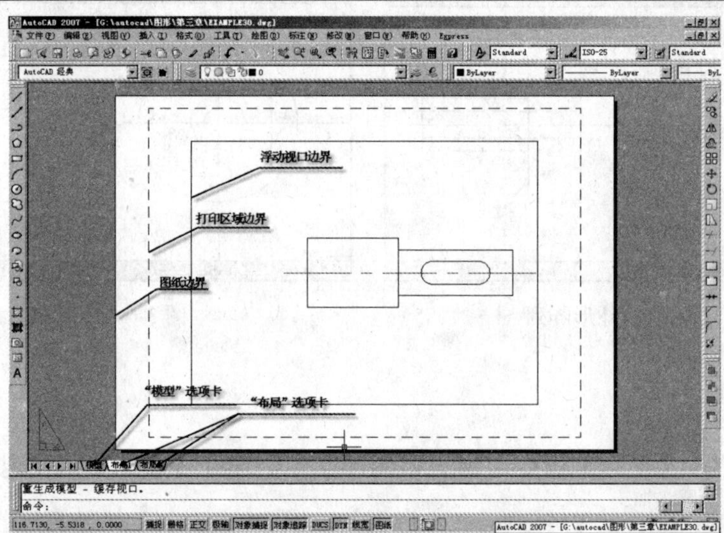

图 3-7　进入图纸空间

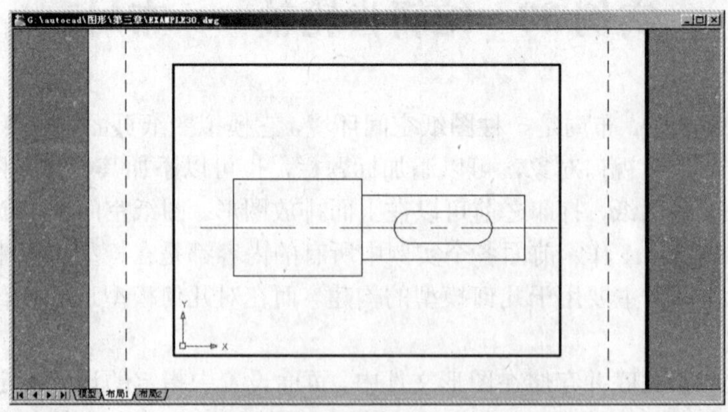

图 3-8　在布局中访问模型空间

步骤 3　页面设置

Step 01 选择【文件】→【页面设置管理器】命令，弹出如图 3-9 所示的【页面设置管理器】对话框。

Step 02 单击【修改】按钮，弹出如图 3-10 所示的【页面设置】对话框。在【页面设置】对话框中，可以选择或修改“打印机/绘图仪”的名称、“图纸尺寸”、“打印范围”、“打印比例”、“单位”、“图形方向”等参数。完成如图 3-11 所示的设置。单击【确定】按钮，完成设置并返回到【页面设置管理器】对话框。

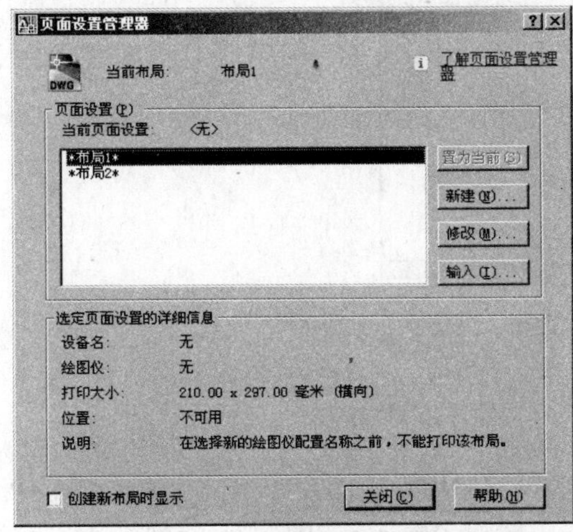

图 3-9　【页面设置管理器】对话框

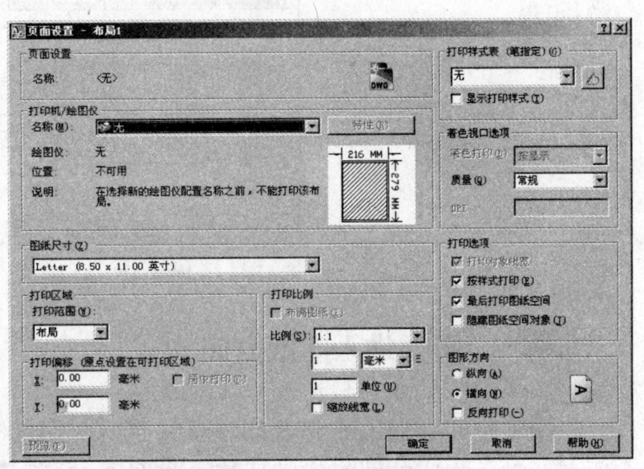

图 3-10　【页面设置】对话框（1）

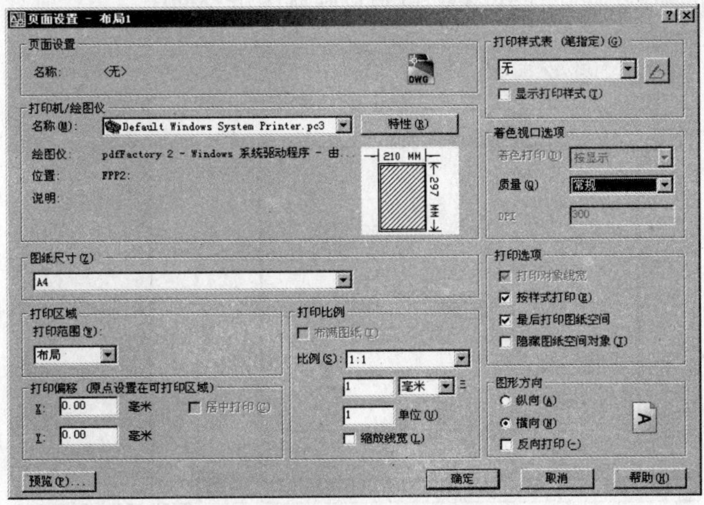

图 3-11　【页面设置】对话框（2）

步骤 4　进入模型空间

Step 01 在图纸空间中，选择“模型”选项卡，进入视口中的模型空间。

Step 02 创建轴上另一个键槽。选择【修改】→【复制】命令，并根据提示进行如下操作：

```
命令: _copy
选择对象: 找到 1 个                                   //选择键槽上的一个圆弧
选择对象: 找到 1 个, 总计 2 个                        //选择键槽上的一个圆弧
选择对象: 找到 1 个, 总计 3 个                        //选择键槽上的平行直线
选择对象: Enter
指定基点或 [位移(D)] <位移>: 15,95 Enter
指定第二个点或 <使用第一个点作为位移>: 70,95 Enter
指定第二个点或 [退出(E)/放弃(U)] <退出>: Enter
```

结果如图 3-12 所示。

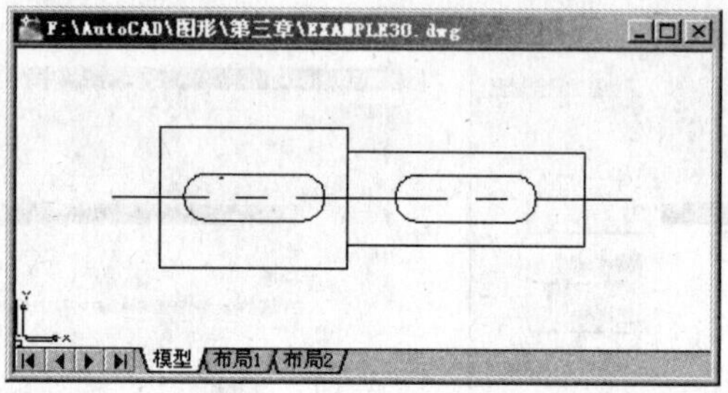

图 3-12　绘制另一个键槽

步骤 5　再次进入图纸空间

在模型空间中的所有修改都将反映到所有图纸空间中。在模型空间模式下，选择“布局 1”选项卡，进入相应的图纸空间环境，如图 3-13 所示。比较一下图 3-8、图 3-12 和图 3-13，可以看出，在模型空间中修改的图形对象，也会反映到图纸空间中。

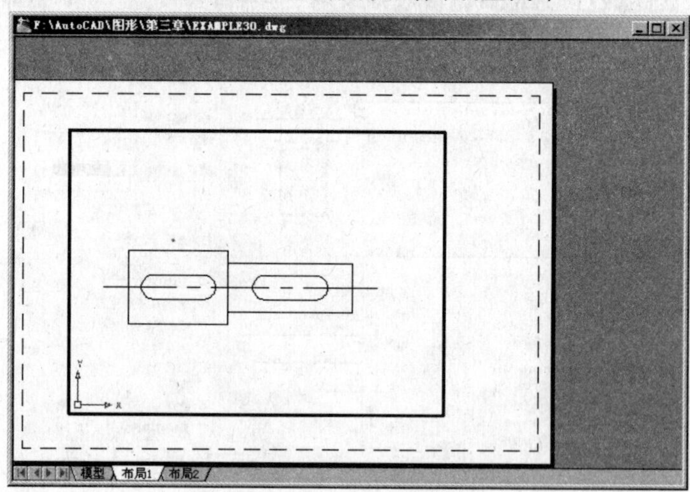

图 3-13　绘制齿轮轴平面图

步骤 6　保存文件

选择【文件】→【保存】命令，保存该图形文件。选择【文件】→【退出】命令，退出 AutoCAD。

实例 31　编辑六角螺母——布局视口

在构造布局时，可以将视口视为模型空间中的视图对象，对它进行移动和调整大小。本例通过编辑六角螺母，学习 AutoCAD 2008 中文版的布局视口。

步骤 1　创建图形文件

启动 AutoCAD 2008 中文版系统。选择【文件】→【打开】命令，打开第 2 章中创建的实例文件“EXAMPLE11dwg”。选择【文件】→【另存为】命令，将其另存为“EXAMPLE31.dwg”。

步骤 2　创建视口

Step 01 在模型空间模式下，选择“布局 1”选项卡，就可以进入相应的图纸空间环境。

Step 02 选择【视图】→【视口】→【一个视口】命令，并根据提示进行如下操作：

```
命令: _-vports
切换到图纸空间。
指定视口的角点或 [开(ON)/关(OFF)/布满(F)/着色打印(S)/锁定(L)/对象(O)/多边形(P)/恢复(R)/2/3/4] <布满>: off
选择对象: 找到 1 个//移动鼠标到浮动边界，单击并选中浮动边界
选择对象: Enter
```

结果如图 3-14 所示。

Step 03 选择【视图】→【视口】→【新建视口】命令，弹出【视口】对话框。在【标准视口】框中选择“两个：垂直”项，如图 3-15 所示。单击【确定】按钮，完成设置。并根据提示进行如下操作：

图 3-14　关闭浮动视口

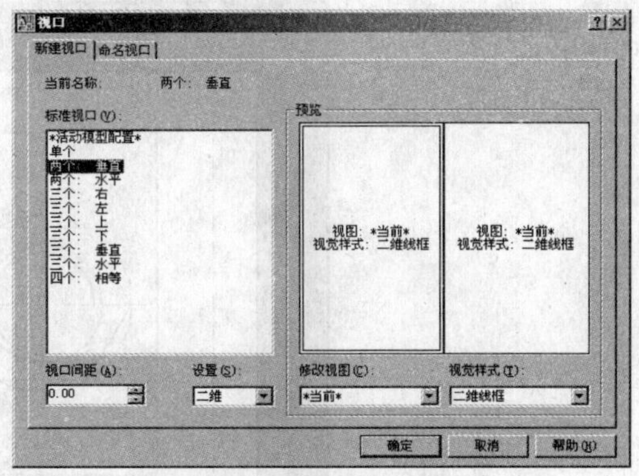

图 3-15 【视口】对话框

```
选项卡索引 <0>: 0
指定第一个角点或 [布满(F)] <布满>://单击浮动视口边界的左上角的顶点
指定对角点: //单击浮动视口边界的右下角的顶点
正在重生成布局。
正在重生成模型。
```

结果如图 3-16 所示。

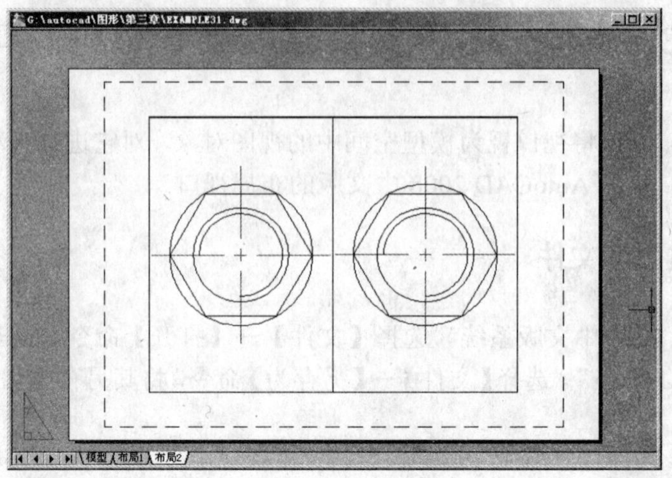

图 3-16 创建两个垂直视口

步骤 3 使用浮动视口

Step 01 选择【视图】→【视口】→【一个视口】命令，并根据提示进行如下操作：

```
命令: _-vports
切换到图纸空间。
指定视口的角点或 [开(ON)/关(OFF)/布满(F)/着色打印(S)/锁定(L)/对象(O)/多边形(P)/恢复(R)/2/3/4] <布满>: off Enter
选择对象: 找到 1 个                    //移动鼠标到右边一个浮动边界，单击并选中右边的那一个浮动边界
选择对象: Enter
```

结果如图 3-17 所示。

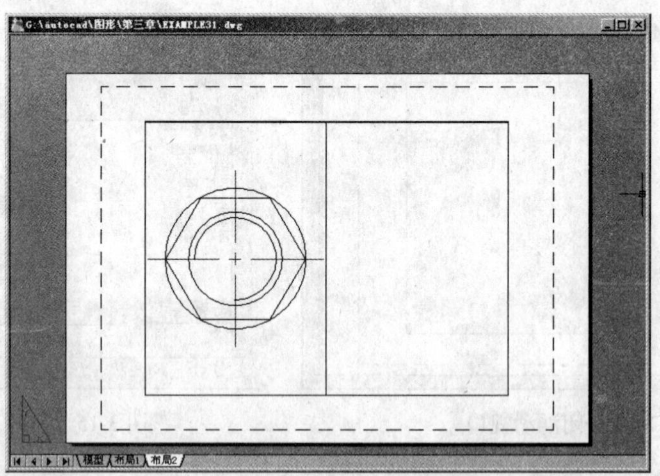

图 3-17 关闭一个浮动视口

Step 02 在布局中的浮动视口上双击鼠标，进入视口中的模型空间。

Step 03 选择【绘图】→【矩形】命令，并根据提示进行如下操作：

```
命令: _polygon 输入边的数目 <4>: 6 Enter
```

```
指定正多边形的中心点或 [边(E)]:                    //选择中心线的交点
输入选项 [内接于圆(I)/外切于圆(C)] <I>: c Enter
指定圆的半径: 12  Enter
```

选择【修改】→【删除】命令，把以前绘制的内接正六边形删除。结果如图 3-18 所示。

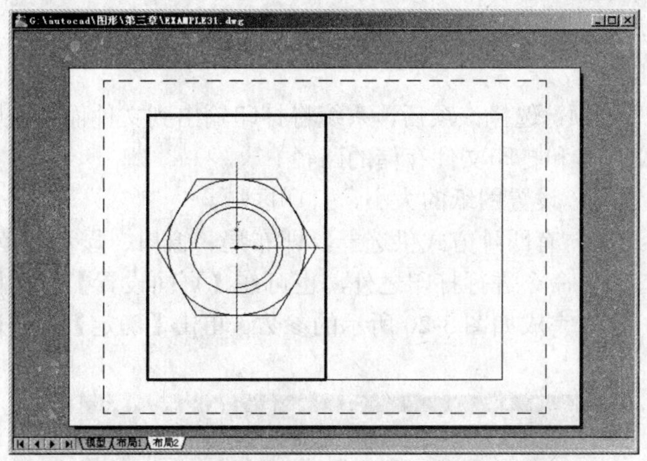

图 3-18　修改浮动视口内的对象

步骤 4　打开视口

Step 01 选择【视图】→【视口】→【一个视口】命令，并根据提示进行如下操作：

```
命令: _-vports
切换到图纸空间。
指定视口的角点或 [开(ON)/关(OFF)/布满(F)/着色打印(S)/锁定(L)/对象(O)/多边形(P)/恢复(R)/2/3/4] <布满>: o n  Enter
选择对象: 找到 1 个              //移动鼠标到右边一个被关闭浮动边界，单击并选中右边的那一个浮动边界
选择对象: Enter
```

Step 02 在布局中的浮动视口上双击鼠标，进入视口中的布局空间。结果如图 3-19 所示。

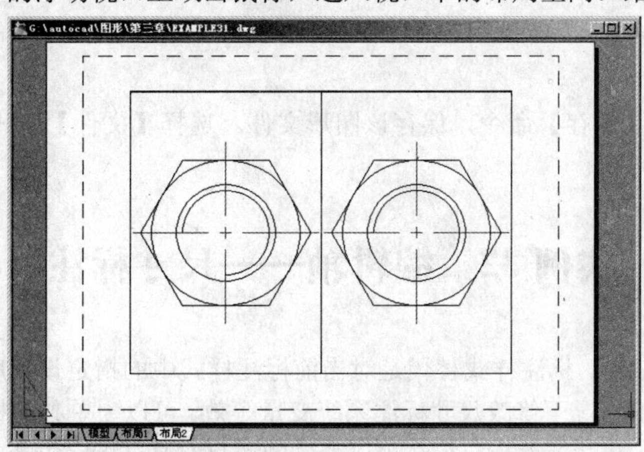

图 3-19　布局空间视图

步骤 5　图形打印命令

选择【文件】→【打印】命令，弹出【打印】对话框。该对话框的内容与【页面设置】对话框类似，简要介绍如下：

- 【预览】按钮：完全预览按图纸中打印出来的样式显示图形。要退出打印预览，右击鼠标并选择“退出”。
- “打印到文件”选项：选择该项后，系统将打印输出到文件而不是输出到打印机。但需要指定打印文件名和打印文件存储的路径。
- “图纸尺寸”选项：设置图纸的大小，打印区域。
- “打印区域”选项：有四种方式供选择，即布局、窗口、显示和范围。
- 除了使用“打印”命令进行打印之外，也可在【页面设置】对话框中单击【打印】按钮直接进行打印。完成如图 3-20 所示的参数。单击【确定】按钮进行打印并返回到绘图区域。

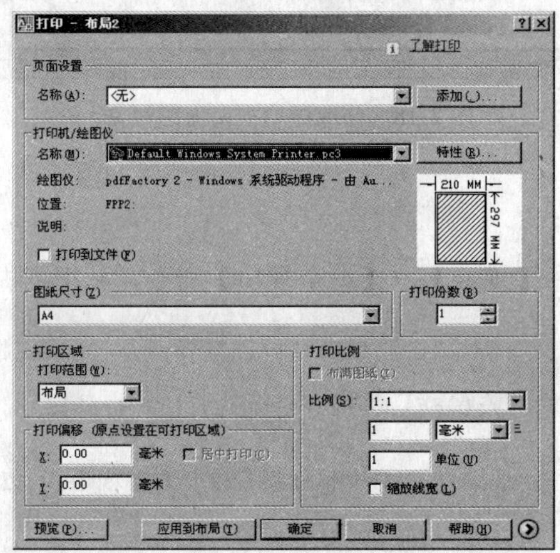

图 3-20　【打印】对话框

步骤 6　保存文件

选择【文件】→【保存】命令，保存该图形文件。选择【文件】→【退出】命令，退出 AutoCAD。

实例 32　编辑轴——尺寸标注

在 AutoCAD 2008 中，标注样式替代是对当前标注样式中的指定设置所做的修改。它与在不修改当前标注样式的情况下修改尺寸标注系统变量等效。可以为单独的标注或当前的标注样式定义标注样式替代。尺寸公差指定标注可以变动的数目。通过指定生产中的公差，可以控制零件所需的精度等级。可以通过为标注文字附加公差的方式，直接将公差应用到标注中，这些标注公差指示标注的最大和最小允许尺寸。还可以为某一或某些尺寸设置或修改尺寸公差值。

本例通过编辑轴的尺寸标注，学习修改尺寸标注样式——显示尺寸公差和标注文字高度。

步骤 1　创建图形文件

启动 AutoCAD 2008 中文版系统。选择【文件】→【打开】命令，打开第 2 章中创建的实例文件“EXAMPLE12.dwg”。选择【文件】→【另存为】命令，将其另存为“EXAMPLE32.dwg”。

步骤 2　修改标注尺寸样式

Step 01 单击【格式】→【标注样式】命令，弹出【标注样式管理器】对话框。确保在【样式】选项下选中“2008 中文”，如图 3-21 所示。

Step 02 单击【修改】按钮，弹出【修改标注样式：2008 中文】对话框。把文字高度修改为 2，如图 3-22 所示。

Step 03 完成设置后单击【确定】按钮返回到【标注样式管理器】对话框。在【标注样式管理器】对话框中单击【关闭】按钮完成修改标注样式。结果如图 3-23 所示。

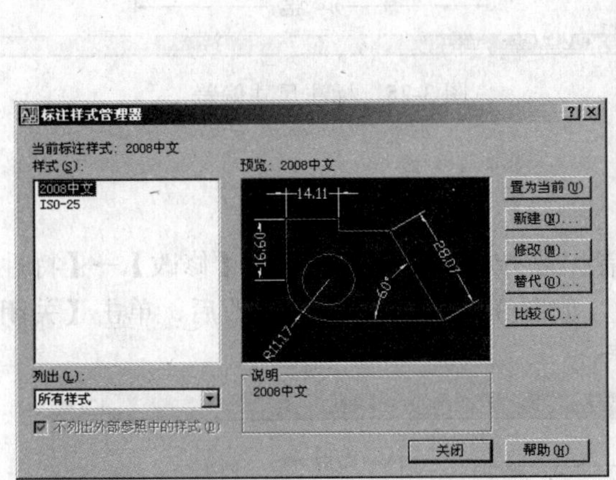

图 3-21　【标注样式管理器】对话框图

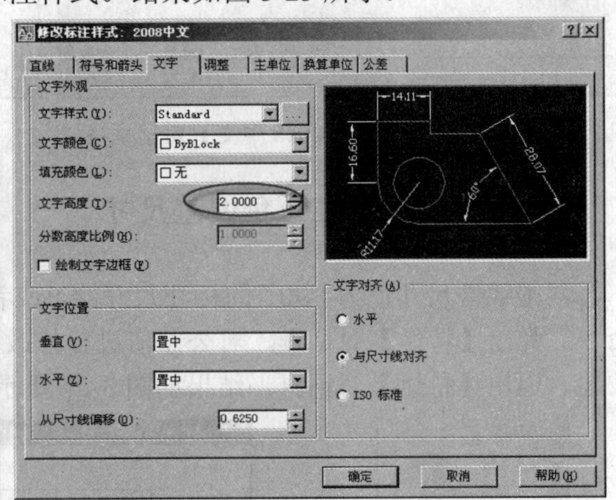

图 3-22　【修改标注样式：2008 中文】对话框-文字高度

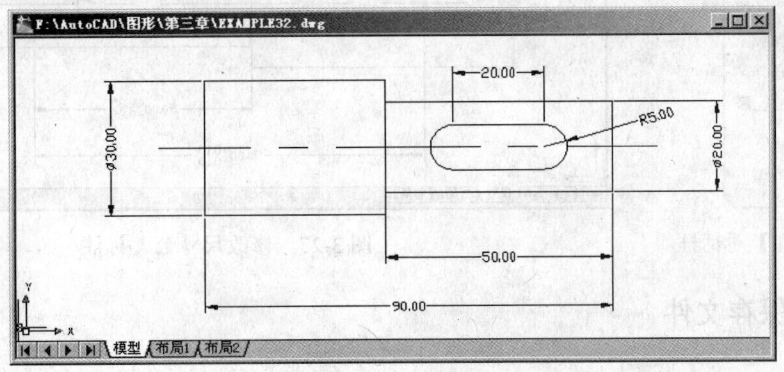

图 3-23　修改尺寸标注字体高度

步骤 3　增加标注正负偏差尺寸

给所有尺寸标注增加正负偏差。选择【格式】→【标注样式】命令，弹出【标注样式管理器】对话框。确保在【样式】选项下选中“2008 中文”，并单击【修改】按钮，弹出【修改标注样式：2008 中文】对话框。选择“公差”项，按图 3-24 进行设置。完成设置后单击【确定】按钮返回到【标注样式管理器】对话框。在【标注样式管理器】对话框中单击【关闭】按钮完成修改标注样式。结果如图 3-25 所示。

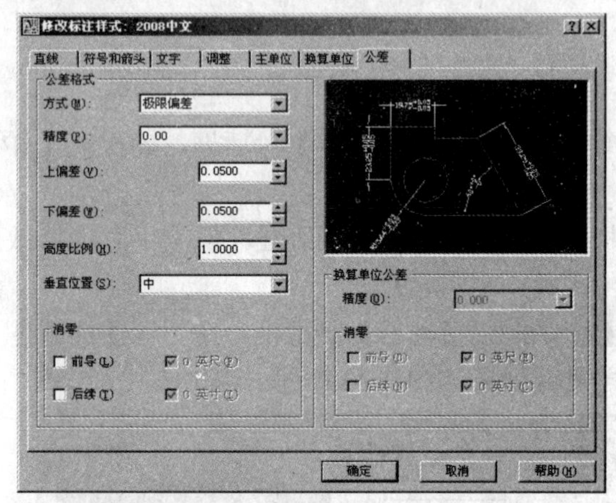

图 3-24　【修改标注样式：2008 中文】对话框-公差

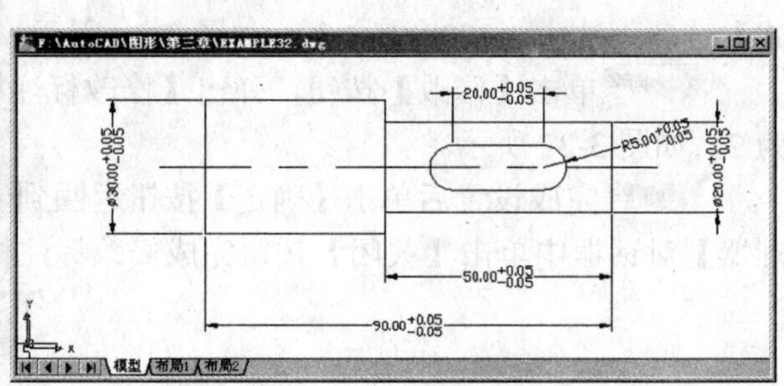

图 3-25　标注尺寸偏差

步骤 4　修改标注正负偏差尺寸

双击线性尺寸值为“90”的标注尺寸线，或者先选择标注尺寸线再选择【修改】→【特性】命令，弹出【特性】对话框。对公差值进行修改，如图 3-26 所示。完成修改后，单击【关闭】按钮，退出【特性】对话框。结果如图 3-27 所示。

图 3-26　【特性】对话框

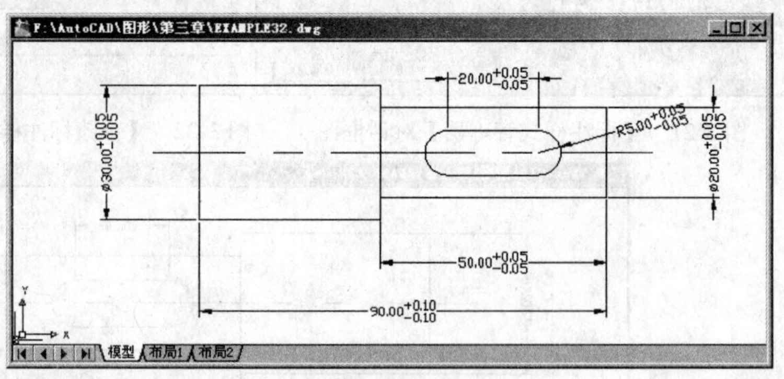

图 3-27　修改尺寸公差标注

步骤 5　保存文件

选择【文件】→【保存】命令，保存该图形文件。选择【文件】→【退出】命令，退出 AutoCAD。

实例 33　编辑轴套——尺寸标注

在 AutoCAD 2008 中，创建标注时，当前标注样式将与之相关联。标注将保持此标注样式，除非对其应用新标注样式或设置标注样式替代。通过指定其他标注样式修改现有的标注。修改标注样式后，可以选择是否更新与此标注样式相关联的标注。本例通过编辑轴套的尺寸标注，学习新建尺寸标注样式。

步骤 1　创建图形文件

启动 AutoCAD 2008 中文版系统。选择【文件】→【打开】命令，打开第 2 章中创建的实例文件“EXAMPLE13.dwg”。选择【文件】→【另存为】命令，将其另存为“EXAMPLE33.dwg”。

步骤 2　新建直径标注样式

Step 01 选择【格式】→【标注样式】命令，弹出【标注样式管理器】对话框。在【标注样式管理器】中单击【新建】按钮，弹出【创建新标注样式】对话框，设置成如图 3-28 所示。

Step 02 完成设置后，单击【确定】按钮，弹出【新建标注样式：ISO-25：直径】对话框。把文字高度修改为 2，把文字对齐方式设为水平，其他如图 3-29 所示。

Step 03 完成设置后，单击【确定】按钮返回到【标注样式管理器】对话框。在【标注样式管理器】对话框中单击【关闭】按钮完成修改标注样式。结果如图 3-30 所示。

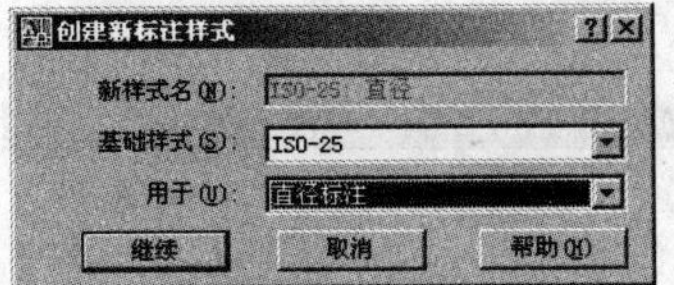

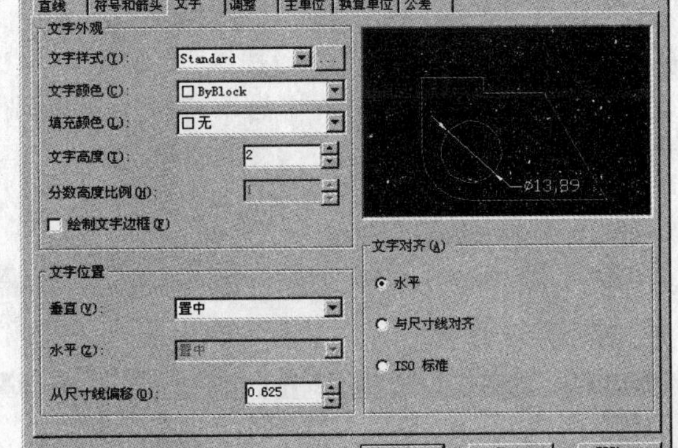

图 3-28　【创建新标注样式】对话框-直径标注　图 3-29　【新建标注样式：ISO-25：直径】对话框

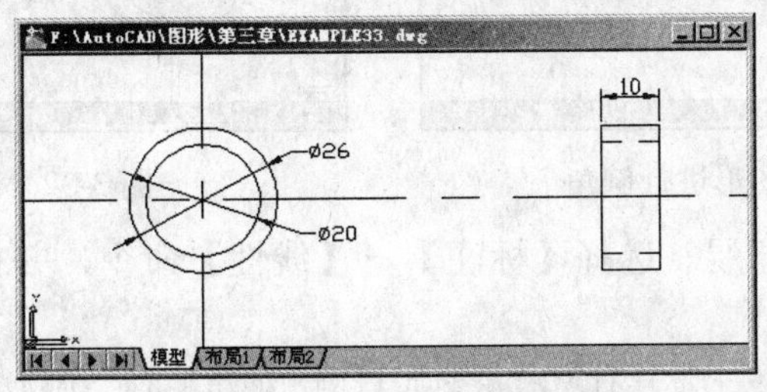

图 3-30　直径标注样式

步骤 3　修改轴套左视图

Step 01 选择【修改】→【倒角】命令，并根据提示进行如下操作：

```
命令: _chamfer
("不修剪"模式)当前倒角距离 1 = 0.0000，距离 2 = 0.0000
选择第一条直线或 [放弃(U)/多段线(P)/距离(D)/角度(A)/修剪(T)/方式(E)/多个(M)]: t Enter
输入修剪模式选项 [修剪(T)/不修剪(N)] <不修剪>: t Enter
选择第一条直线或 [放弃(U)/多段线(P)/距离(D)/角度(A)/修剪(T)/方式(E)/多个(M)]: d Enter
指定第一个倒角距离 <0.0000>: 0.5 Enter
指定第二个倒角距离 <0.5000>: 0.5 Enter
选择第一条直线或 [放弃(U)/多段线(P)/距离(D)/角度(A)/修剪(T)/方式(E)/多个(M)]: p Enter
选择二维多段线:                                        //选择左视图的矩形
4 条直线已被倒角
```

结果如图 3-31 所示。

Step 02 选择【修改】→【删除】命令，并根据提示进行如下操作：

```
命令: _erase
选择对象: 找到 1 个                                    //选择线性尺寸值为 9 的尺寸标注
选择对象: Enter
```

选择【格式】→【图层工具】→【将对象复制到新图层】命令，并根据提示进行如下操作：

```
命令: _copytolayer
选择要复制的对象: 找到 1 个//选择一条虚线
选择要复制的对象: 找到 1 个，总计 2 个//选择另一条虚线
选择要复制的对象: Enter
选择目标图层上的对象或 [名称(N)] <名称(N)>://选择已经被倒角的矩形
2 个对象已复制并放置在图层"0"上。
指定基点或 [位移(D)/退出(X)] <退出(X)>: Enter
```

结果如图 3-32 所示。

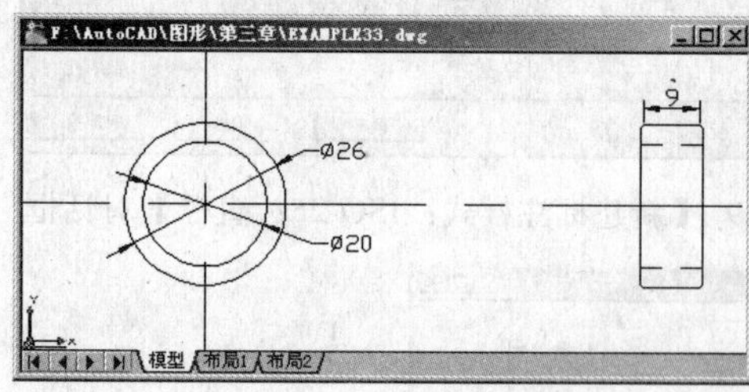

图 3-31　对图形进行倒角

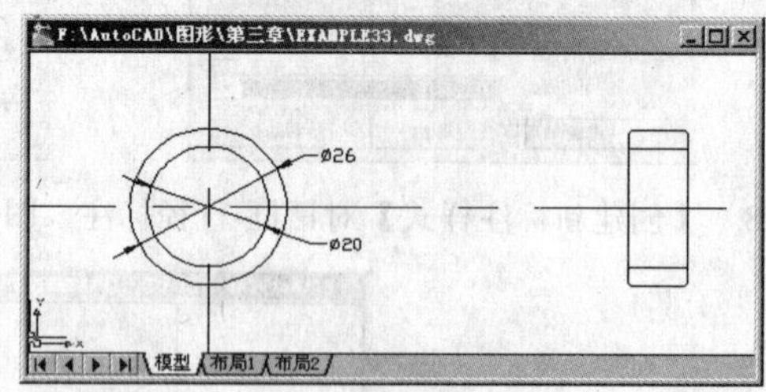

图 3-32　改变图层

Step 03 设当前层为标注层。选择【标注】→【线性】命令，并根据提示进行如下操作：

```
命令: _dimlinear
指定第一条尺寸界线原点或 <选择对象>://选择被倒角的矩形的一个顶点
指定第二条尺寸界线原点: //选择被倒角的矩形的另一个顶点
```

```
指定尺寸线位置或[多行文字(M)/文字(T)/角度(A)/水平(H)/垂直(V)/旋转(R)]://在适当位置处单击鼠标左键
标注文字 = 10
```

Step 04 选择【格式】→【图层】命令，弹出【图层特性管理器】对话框，创建一个剖面线层，并设当前层为剖面线层。单击【确定】按钮，完成设置并退出【图层特性管理器】对话框。

Step 05 选择【绘图】→【图案填充】命令，如图 3-33 所示的图案填充。

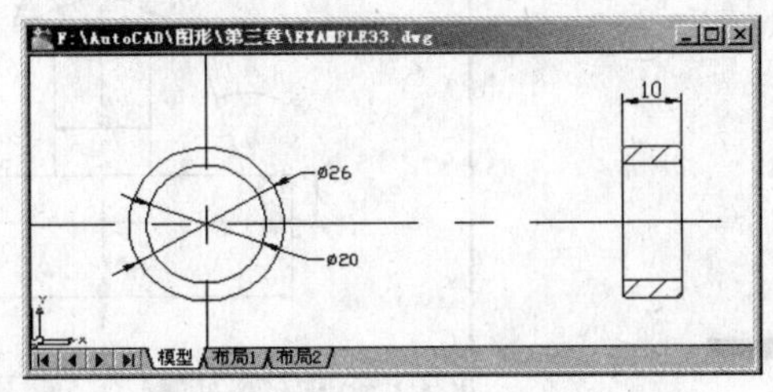

图 3-33 绘制的轴套平面图

步骤 4 保存文件

选择【文件】→【保存】命令，保存该图形文件。选择【文件】→【退出】命令，退出 AutoCAD。

实例 34 编辑支撑座——尺寸标注

在 AutoCAD 2008 中，可以调整标注文字。例如，可以根据“文字”选项卡上的文字位置、水平设置以及是否选择了“调整”选项卡上的“在尺寸延伸线之间绘制尺寸线”选项，绘制多个不同的直径标注。本例通过编辑支撑座的尺寸标注，学习直径尺寸标注样式和为某一尺寸标注尺寸公差。

步骤 1 创建图形文件

启动 AutoCAD 2008 中文版系统。选择【文件】→【打开】命令，打开第 2 章中创建的实例文件“EXAMPLE14.dwg”。选择【文件】→【另存为】命令，将其另存为“EXAMPLE34.dwg”。

步骤 2 新建直径标注样式

Step 01 单击【格式】→【标注样式】命令，弹出【标注样式管理器】对话框。单击【新建】按钮，弹出【创建新标注样式】对话框。在【用于】选项框中选择“直径标注”选项。设置成如图 3-34 所示。

Step 02 完成设置后，单击【继续】按钮，弹出【新建标注样式：ISO-25：直径】对话框。把文字高度修改为 2，把文字对齐方式设为“水平”。设置【文字位置】选项框下的“垂直方向”选项为“置中”。

Step 03 完成设置后，单击【确定】按钮，返回【标注样式管理器】对话框。在【标注样式管理器】对话框中单击【关闭】按钮完成修改标注样式。

结果如图 3-35 所示。

所有标注
线性标注
角度标注
半径标注
直径标注
坐标标注
引线和公差

图 3-34 【用于】框的下拉菜单

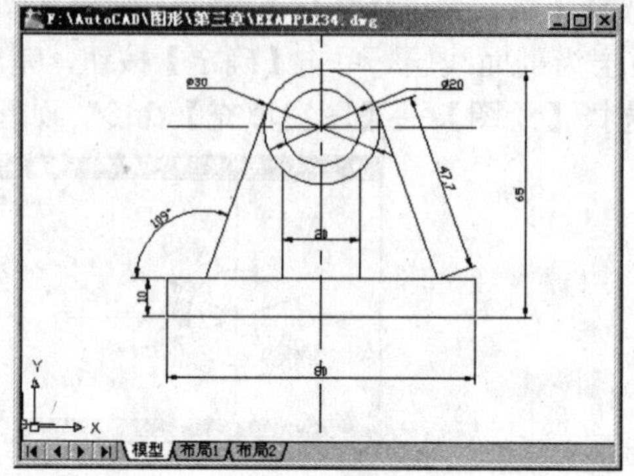

图 3-35 增加直径标注样式

步骤 3 修改标注尺寸样式

Step 01 单击【格式】→【标注样式】命令，弹出【标注样式管理器】对话框。单击【修改】按钮，弹出【新建标注样式：ISO-25：直径】对话框。

Step 03 在【文字】选项中，把文字高度修改为“2”。【文字位置】选项框中的“垂直方向”选项设置为“置中”，【水平方向】选项设置为“置中”，其他设置不变。在【主单位】框下设置为如图 3-36 所示，其他设置不变。

Step 04 完成设置后，单击【确定】按钮，返回到【标注样式管理器】对话框。在【标注样式管理器】对话框中单击【关闭】按钮完成修改标注样式。

结果如图 3-37 所示。

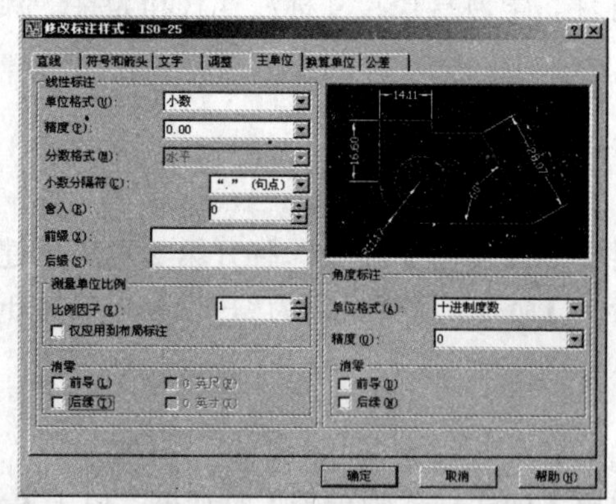

图 3-36 【修改标注样式：ISO-25】对话框-主单位

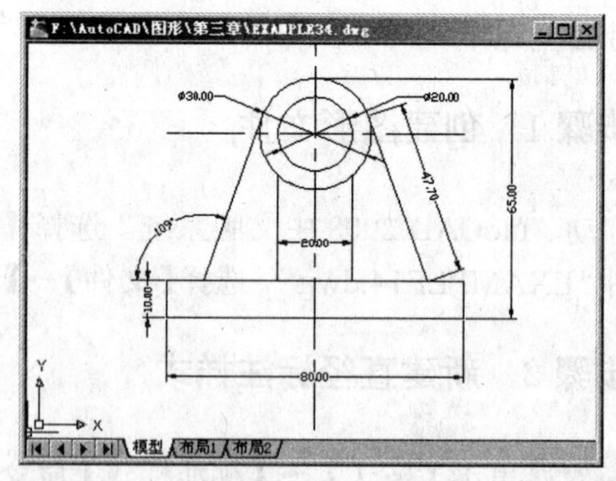

图 3-37 修改标注样式：ISO-25

步骤 4 增加标注正负偏差尺寸

Step 01 选择圆的直径标注尺寸值为“Φ20”的标注尺寸，单击【修改】→【特性】命令，弹出【特性】对话框。

Step 02 对公差值进行修改，上偏差设为0.05，下偏差设为0.02。完成修改后，单击【关闭】按钮，退出【特性】对话框。结果如图3-38所示。

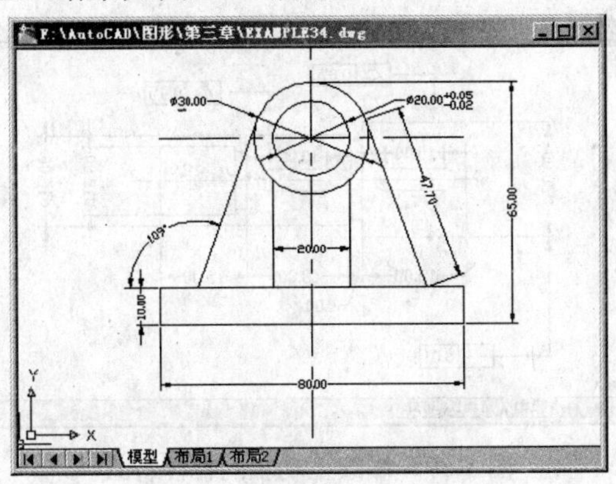

图3-38 增加圆的尺寸公差

步骤5 保存文件

选择【文件】→【保存】命令，保存该图形文件。选择【文件】→【退出】命令，退出AutoCAD。

实例35 编辑主动轴——公差标注

调整半径标注文字时，可以根据“文字”选项卡上的文字位置、水平设置以及是否选择了“调整”选项卡上的“在尺寸延伸线之间绘制尺寸线”选项，绘制多个不同的半径标注。本例通过编辑支撑座的尺寸标注，学习半径尺寸标注样式和编辑形位公差。本例选择【修改】→【对象】→【文字】→【编辑】命令编辑形位公差。

步骤1 创建图形文件

启动AutoCAD 2008中文版系统。选择【文件】→【打开】命令，打开第2章中创建的实例文件“EXAMPLE15.dwg”。选择【文件】→【另存为】命令，将其另存为“EXAMPLE35.dwg”。

步骤2 修改标注尺寸样式

Step 01 单击【格式】→【标注样式】命令，弹出【标注样式管理器】对话框。单击【修改】按钮，弹出【修改标注样式：ISO-25】对话框。

Step 02 在【文字】选项卡中，设置“文字高度”选项为“2”，设置【文字位置】选项框下“垂直方向”选项为“置中”，设置“水平方向”选项为“置中”。

Step 03 在【主单位】选项卡中，设置“精度”选项为保留小数点后两位数，“小数分隔符”修改为“句点”。

Step 04 完成设置后，单击【确定】按钮，返回到【标注样式管理器】对话框。在【标注样式管理器】对话框中，单击【关闭】按钮，完成修改标注样式。结果如图 3-39 所示。

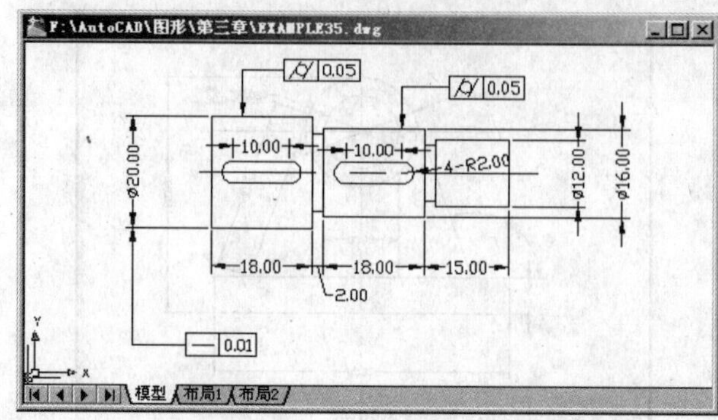

图 3-39　修改主动轴的标注样式

步骤 3　新建半径标注样式

Step 01 单击【格式】→【标注样式】命令，弹出【标注样式管理器】对话框。

Step 02 单击【新建】按钮，弹出【创建新标注样式】对话框。在【用于】列表框中选择“半径标注”选项，如图 3-40 所示。完成设置后，单击【继续】按钮，弹出【新建标注样式：ISO-25：半径】对话框。

Step 03 在【文字】选项卡下，设置“文字对齐”选项为“水平”选项。设置【文字位置】选项框中的“垂直方向”选项为“置中”。

Step 04 完成设置后，单击【确定】按钮，返回到【标注样式管理器】对话框。在【标注样式管理器】对话框中单击【关闭】按钮完成修改标注样式。结果如图 3-41 所示。

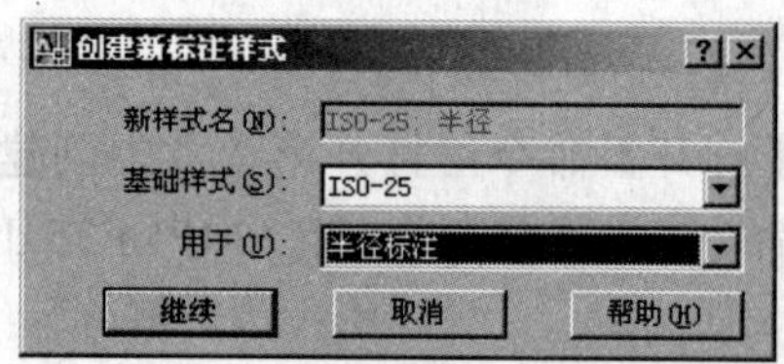

图 3-40　【创建新标注样式】对话框-半径标注

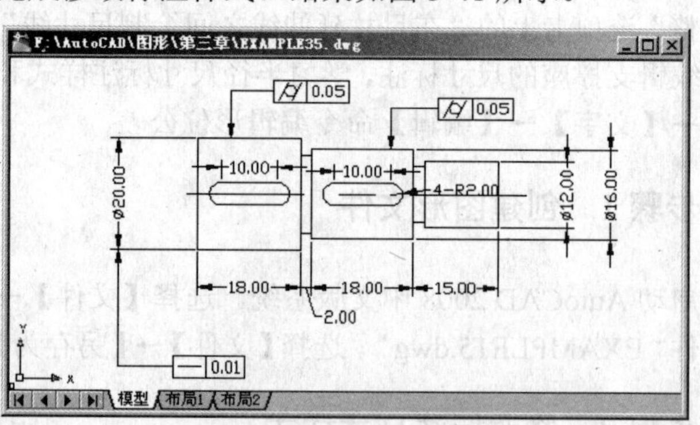

图 3-41　增加半径标注样式

步骤 4　修改公差标注

选择【修改】→【对象】→【文字】→【编辑】命令，并根据提示进行如下操作：

```
选择注释对象或 [放弃(U)]:
```

选择表示“直线度”的标注框，弹出【形位公差】对话框，修改如图 3-42 所示的公差值。单击【确定】按钮完成修改返回到命令行提示。

```
选择注释对象或 [放弃(U)]:
```

选择表示“直线度”的标注框，弹出【形位公差】对话框，在对话框中修改公差值为0.04。单击【确定】按钮完成修改返回到命令行提示。

```
选择注释对象或 [放弃(U)]:
```

结果如图3-43所示。

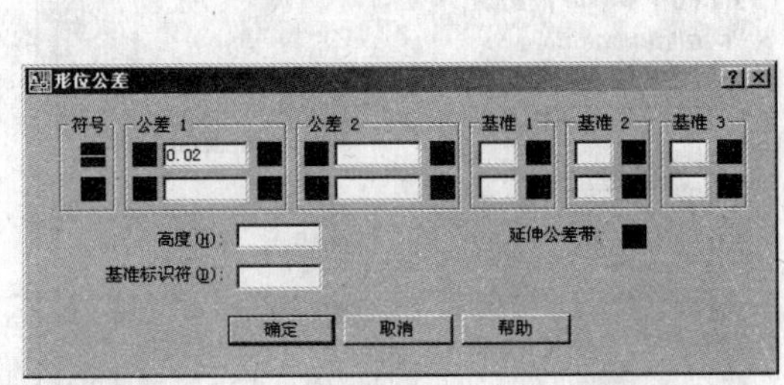

图3-42　【形位公差】对话框

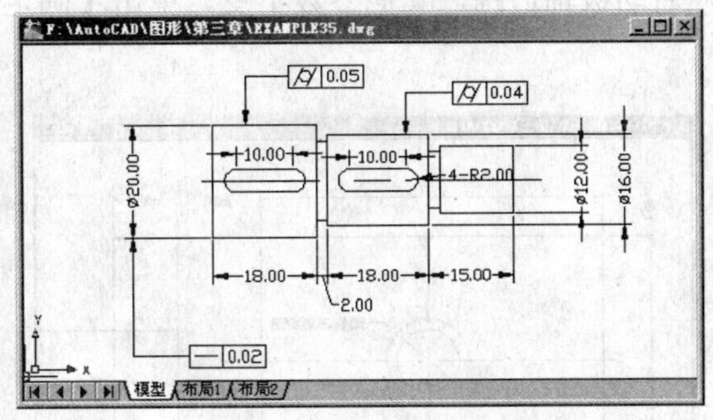

图3-43　修改公差标注

步骤5　保存文件

选择【文件】→【保存】命令，保存该图形文件。选择【文件】→【退出】命令，退出AutoCAD。

实例36　编辑底板——公差标注

本例通过编辑底板的尺寸标注，学习编辑形位公差。本例选择【修改】→【特性】命令编辑形位公差。

步骤1　创建图形文件

启动AutoCAD 2008中文版系统。选择【文件】→【打开】命令，打开第2章中创建的实例文件“EXAMPLE16.dwg”。选择【文件】→【另存为】命令，将其另存为“EXAMPLE36.dwg”。

步骤2　创建剖面图

Step 01 设当前层为“0”层。选择【绘图】→【直线】命令，并根据提示进行如下操作：

```
命令: _line 指定第一点: 220,15Enter
指定下一点或 [放弃(U)]: 250,15Enter
指定下一点或 [放弃(U)]: 250,150Enter
指定下一点或 [闭合(C)/放弃(U)]: 220,150Enter
指定下一点或 [闭合(C)/放弃(U)]: cEnter
```

Step 02 选择【绘图】→【射线】命令，并根据提示进行如下操作：

```
命令: _ray 指定起点: 220,105Enter
指定通过点: 230,105Enter
指定通过点: Enter
```

结果如图 3-44 所示。

Step 03 选择【格式】→【草图设置】命令，弹出【草图设置】对话框。按图 3-45 所示设置，启动极轴追踪，其他参数不变。单击【确定】完成设置退出【草图设置】对话框。

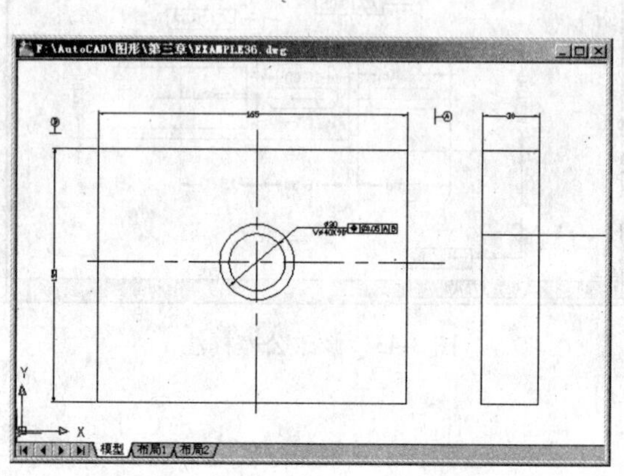

图 3-44　绘制直线和射线

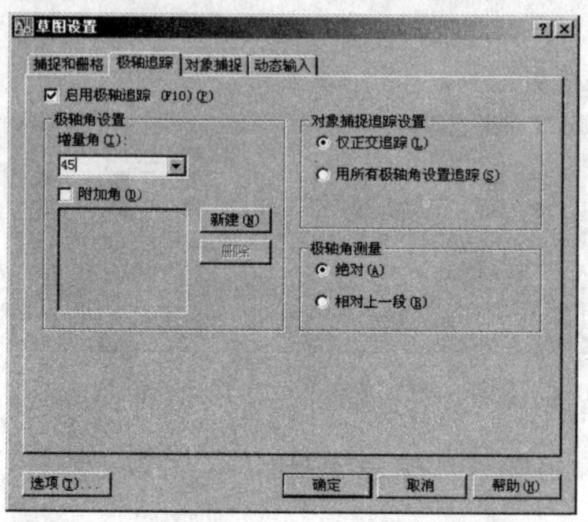

图 3-45　【草图设置】对话框-极轴追踪

Step 04 选择【绘图】→【射线】命令，并根据提示进行如下操作：

```
命令: _ray 指定起点: 250,110Enter
指定通过点:                // 移动鼠标，当出现如图 3-46 所示的角度时，单击鼠标，确定点的输入。
指定通过点: Enter
```

结果如图 3-47 所示。

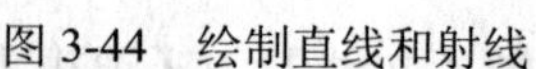

图 3-46　极轴-角度提示

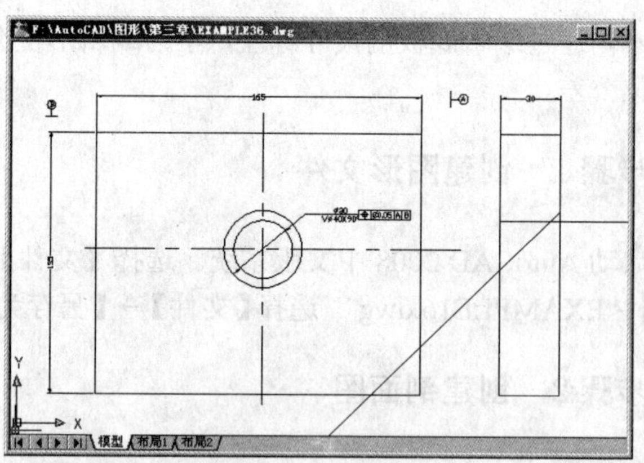

图 3-47　利用极轴追踪绘制射线

Step 05 选择【修改】→【修剪】命令，并根据提示进行如下操作：

```
命令: _trim
当前设置:投影=UCS, 边=无
选择剪切边...
选择对象或 <全部选择>:  找到 1 个                    //选择水平射线
选择对象: Enter
```

```
选择要修剪的对象，或按住 Shift 键选择要延伸的对象，或[栏选(F)/窗交(C)/投影(P)/边(E)/删除(R)/放弃(U)]: //选择上一步绘制的射线
选择要修剪的对象，或按住 Shift 键选择要延伸的对象，或[栏选(F)/窗交(C)/投影(P)/边(E)/删除(R)/放弃(U)]: Enter
```

同样的操作，对水平射线进行修剪。结果如图 3-48 所示。

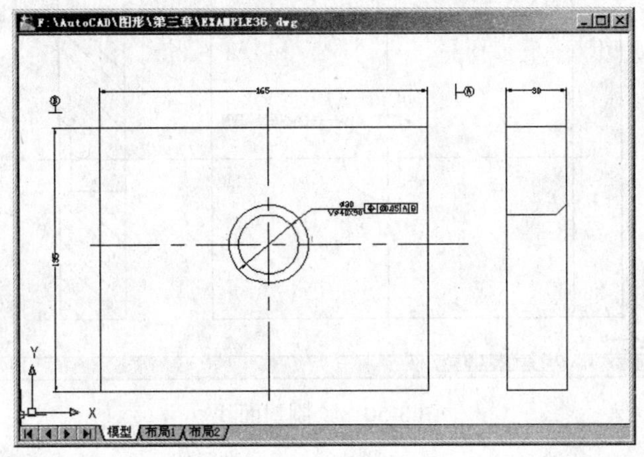

图 3-48 修剪射线

Step 06 设当前层为“center”层。绘制一条中心线，选择【绘图】→【直线】命令，起点是（210，90）、终点是（260，90）。

Step 07 设当前层为“0”层。选择【修改】→【镜像】命令，并根据提示进行如下操作：

```
选择对象: 指定对角点: 找到 1 个                          //选择水平射线
选择对象: 找到 1 个，总计 2 个                           //选择倾斜射线
选择对象: Enter
指定镜像线的第一点: 210,90 Enter
指定镜像线的第二点: 260,90 Enter
要删除源对象吗？[是(Y)/否(N)] <N>: Enter
```

Step 08 选择【绘图】→【直线】命令，连接两条射线的交点。结果如图 3-49 所示。

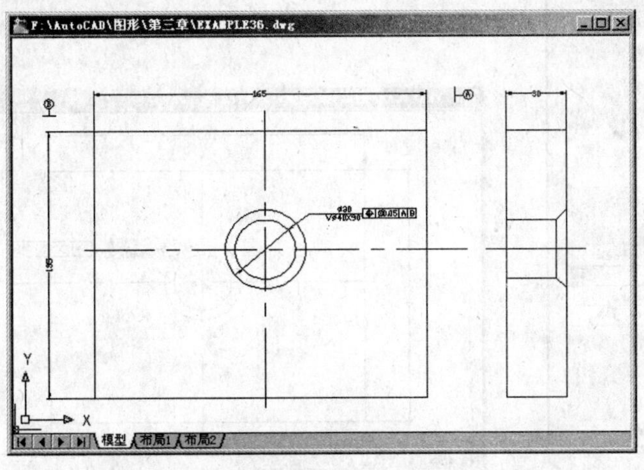

图 3-49 绘制左视图

Step 09 选择【格式】→【图层】命令，弹出【图层特性管理器】对话框，新建一个剖面线

层，并把剖面线层设为当前层。选择【绘图】→【图案填充】命令，对左视图进行绘制如图 3-50 所示的剖面线。

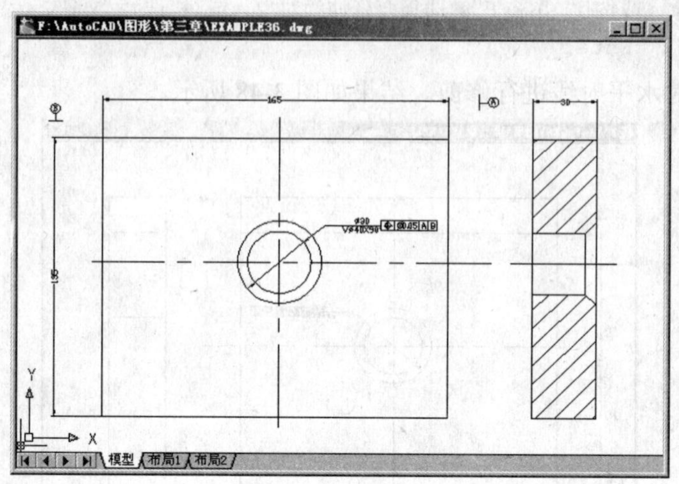

图 3-50 绘制剖面线

步骤 3 标注底板

Step 01 设当前层为“dim”层。选择【标注】→【线性】命令，对底板的厚度进行标注。

Step 02 选中形位公差，然后选择【修改】→【特性】命令，弹出【特性】对话框，选择如图 3-51 所示的文字高度，其他项保持不变。单击【关闭】完成设置退出【特性】对话框。

Step 03 选择【格式】→【标注样式】命令，弹出【标注样式管理器】对话框。单击【修改】按钮，弹出【修改标注样式：ISO-25】对话框。

Step 04 设置“文字高度”选项为“4”。完成设置后，单击【确定】按钮，返回到【标注样式管理器】对话框。在【标注样式管理器】对话框中，单击【关闭】按钮，完成修改标注样式。结果如图 3-52 所示。

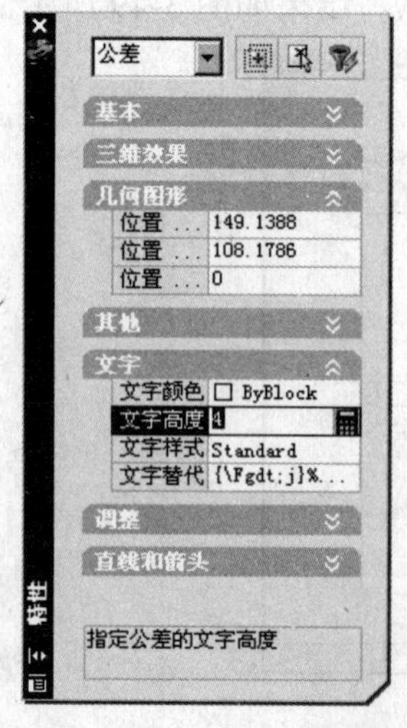

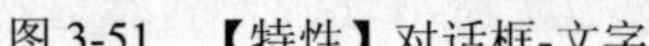

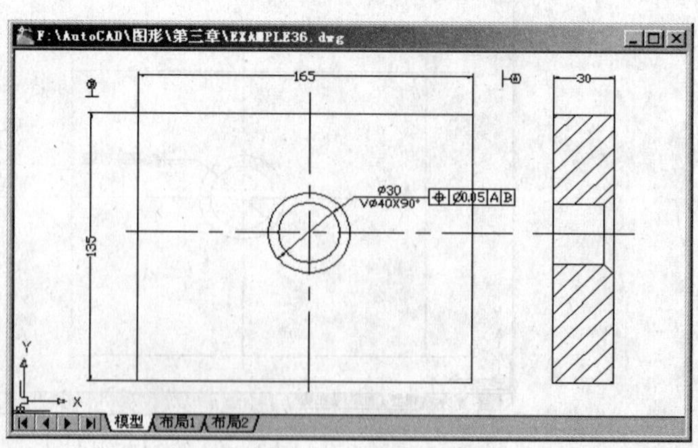

图 3-51 【特性】对话框-文字

图 3-52 绘制底板

步骤 4 保存文件

选择【文件】→【保存】命令，保存该图形文件。选择【文件】→【退出】命令，退出 AutoCAD。

实例 37 编辑蜗杆——公差标注

本例通过编辑蜗杆的公差标注，学习和复习编辑尺寸标注

步骤 1 创建图形文件

启动 AutoCAD 2008 中文版系统。选择【文件】→【打开】命令，打开第 2 章中创建的实例文件“EXAMPLE17.dwg”。选择【文件】→【另存为】命令，将其另存为“EXAMPLE37.dwg”。

步骤 2 修改标注尺寸样式

Step 01 选择【格式】→【标注样式】命令，弹出【标注样式管理器】对话框。单击【修改】按钮，弹出【修改标注样式：ISO-25】对话框。

Step 02 设置“文字高度”选项为“2”。设置【文字位置】选项框下“垂直方向”选项为“置中”。设置“水平方向”选项为“置中”。

Step 03 完成设置后，单击【确定】按钮，返回到【标注样式管理器】对话框。在【标注样式管理器】对话框中，单击【关闭】按钮，完成修改标注样式。结果如图 3-53 所示。

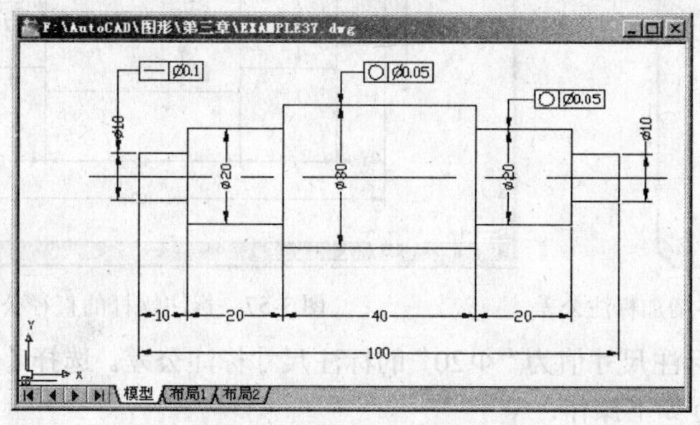

图 3-53 修改蜗杆零件的标注样式

步骤 3 修改标注尺寸的位置

从图 3-53 中看到，标注为“Φ10”的尺寸与标注形位公差的尺寸线重合了，要重新调整“Φ10”的位置。选择标注为“Φ10”的标注，如图 3-54 所示。单击图 3-54 中“Φ10”处的蓝点，则蓝点变成红点，移动鼠标到适当的位置，单击鼠标。完成对标注尺寸值位置的改变。结果如图 3-55 所示。

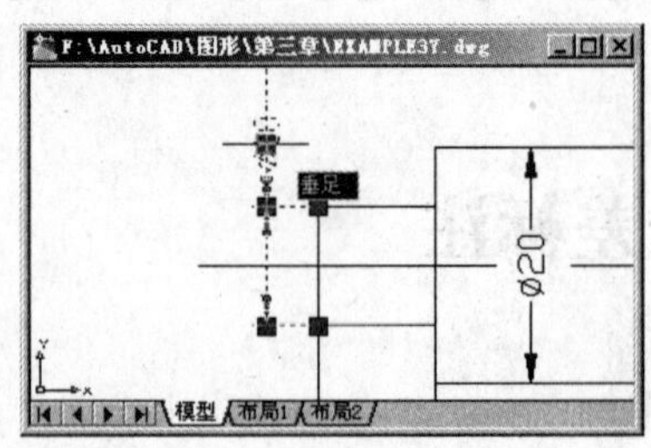

图 3-54 选择尺寸标注

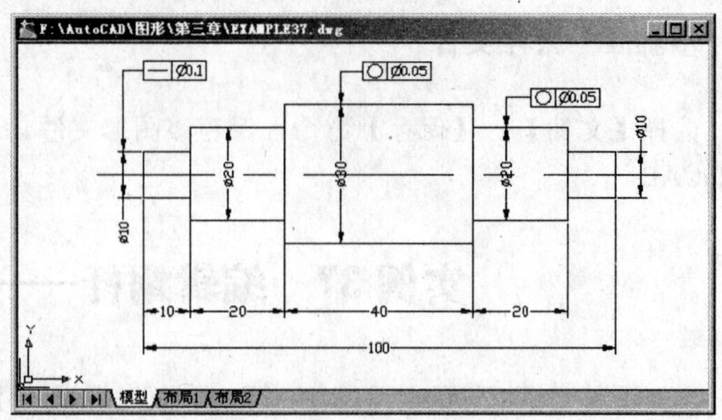

图 3-55 修改标注尺寸的位置

步骤 4 增加标注正负偏差尺寸

Step 01 先选择标注尺寸值为"Φ30"的标注尺寸，再选择【修改】→【特性】命令，弹出【特性】对话框。对公差项进行修改，如图 3-56 所示。完成修改后单击【关闭】按钮退出【特性】对话框。同样对其中一个标注尺寸值为"Φ20"的标注尺寸进行增加公差标注。结果如图 3-57 所示。

图 3-56 【特性】对话框-增加标注公差

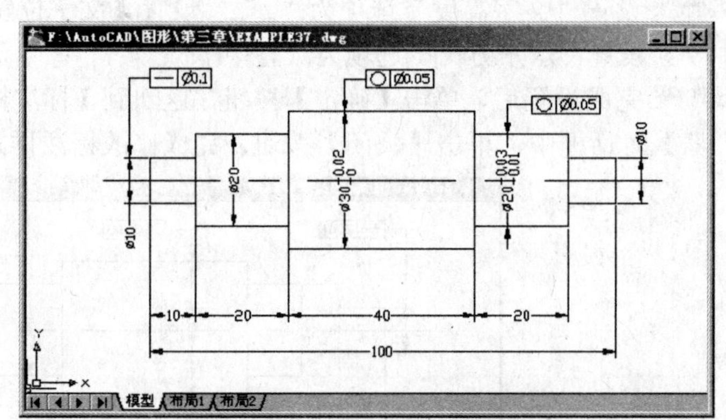

图 3-57 标注蜗杆的直径公差

Step 02 对另一个标注尺寸值为"Φ20"的标注尺寸标注公差。选择【修改】→【特性匹配】命令，并根据提示进行如下操作：

```
选择源对象:                //选择上一步已经标注了公差的标注尺寸值为"Φ20"的标注尺寸
当前活动设置: 颜色 图层 线型 线型比例 线宽 厚度 打印样式 标注 文字 填充图案 多段线 视口 表格材质 阴影显示
选择目标对象或 [设置(S)]:  //选择没有标注公差的标注尺寸值为"Φ20"的标注尺寸
选择目标对象或 [设置(S)]:Enter
```

结果如图 3-58 所示。

Step 03 先选择标注尺寸值为"40"的线性标注尺寸，再选择【修改】→【特性】命令，弹出【特性】对话框。对公差项进行修改。

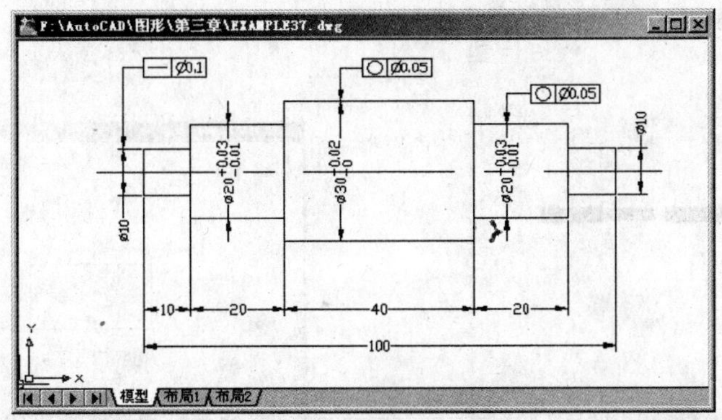

图 3-58　用【特性匹配】标注公差

Step 04 完成修改后，单击【关闭】按钮，退出【特性】对话框。同样对标注尺寸值为“20”和“100”的线性标注尺寸进行增加公差标注。结果如图 3-59 所示。

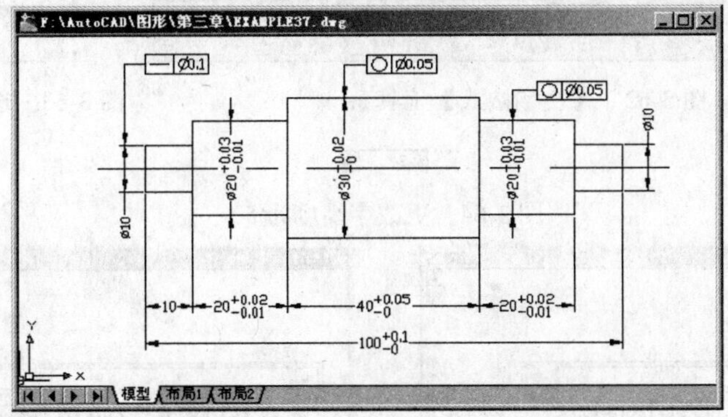

图 3-59　蜗杆的平面图

步骤 5　保存文件

选择【文件】→【保存】命令，保存该图形文件。选择【文件】→【退出】命令，退出 AutoCAD。

实例 38　编辑长方体轴测图——缩放对象

在 AutoCAD 2008 中，在等轴测图中不能直接生成文字的等轴测投影，但可以利用旋转和倾斜来将正交视图中的文字转化成其等轴测投影。输入文字相对比较复杂一些。这里讲解一下文字工具的使用方法。

Step 01 单击【文字】按钮 A，然后在绘图区中选取矩形窗口，如图 3-60 和 3-61 所示。

Step 02 选取区域后，弹出【文字格式】工具条，如图 3-62 所示。这里选择【宋体】选项，如图 3-63 所示。同时，修改文字大小为 5.5，如图 3-64 所示。

Step 03 在绘图区中，输入“AutoCAD2008 中文版”。由于文字较多，文字两行显示，如图 3-65 所示。可以调整文本框的宽度，使文字在同一行中显示，如图 3-66 所示。

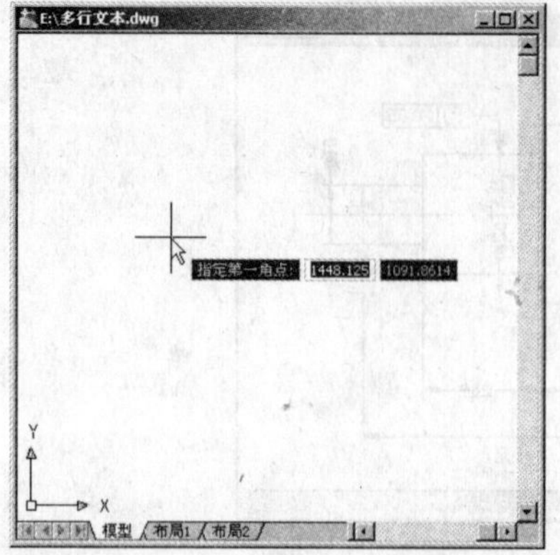

图 3-60　选取矩形窗口左上角点

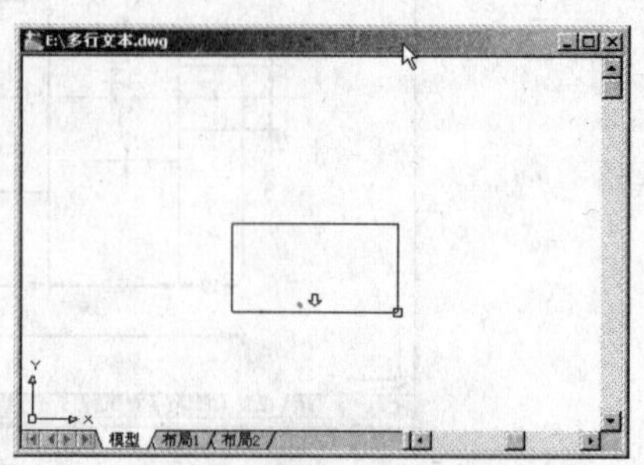

图 3-61　选取矩形窗口右下角点

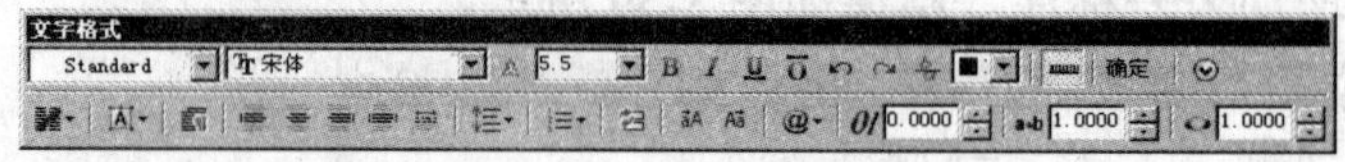

图 3-62　【文字格式】工具条

图 3-63　选取字体为宋体

5.5

图 3-64　更改字高度为 5.5

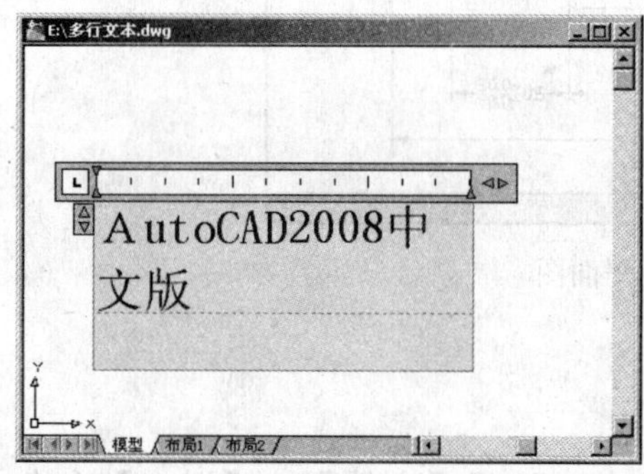

图 3-65　键入文本

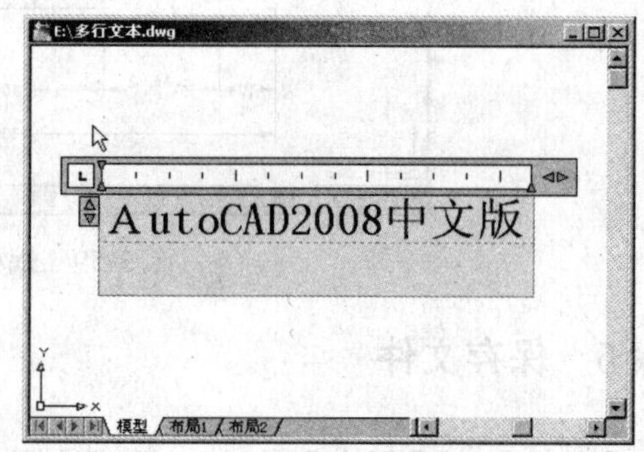

图 3-66　拓展文本框宽度

Step 04 回车键入第二行文本，如图 3-67 所示。文本键入完毕，单击【文字样式】对话框中的确定。结果如图 3-68 所示。

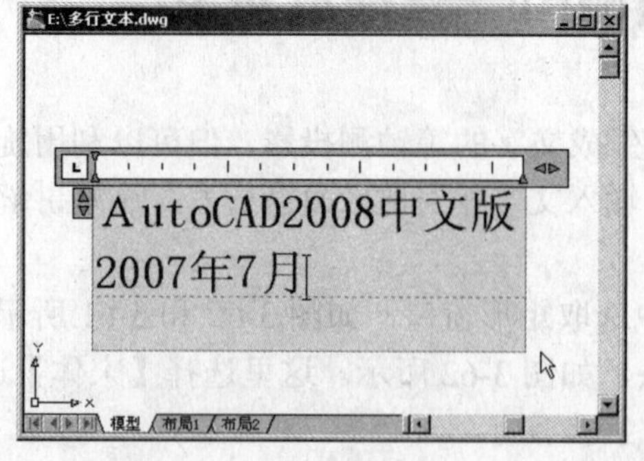

图 3-67　回车键入第二行文本

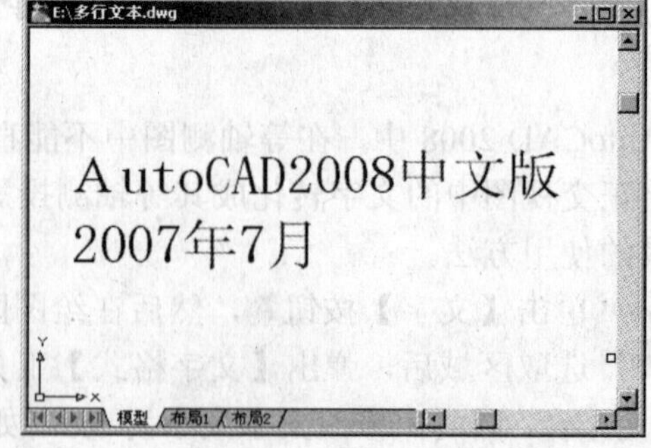

图 3-68　文本键入结果

本例通过编辑长方体轴测图，学习如何在轴测图中标注文字，并复习用缩放命令观察对象。

步骤1　创建图形文件

启动 AutoCAD 2008 中文版系统。选择【文件】→【打开】命令，打开第2章中创建的实例文件“EXAMPLE18.dwg”。选择【文件】→【另存为】命令，将其另存为“EXAMPLE38.dwg”。

步骤2　标注文字

Step 01 激活右轴测面，在命令提示行中调用“isoplane”命令，并根据提示进行如下操作：

```
当前等轴测平面：左
输入等轴测平面设置[左(L)/上(T)/右(R)] 〈上〉:r Enter
当前等轴测面:右
```

然后选择【绘图】→【文字】→【多行文字】命令，并根据提示进行如下操作：

```
命令: _mtext 当前文字样式:"Standard"  当前文字高度:2.5
指定第一角点:                    //移动鼠标到长方体右侧面适当位置处单击左健
指定对角点或 [高度(H)/对正(J)/行距(L)/旋转(R)/样式(S)/宽度(W)]: r Enter
指定旋转角度 <0>: 30 Enter
指定对角点或 [高度(H)/对正(J)/行距(L)/旋转(R)/样式(S)/宽度(W)]:
```

移动鼠标到长方体右侧面适当位置处，单击鼠标，弹出【文字格式】对话框，设置如图3-69所示。在提示输入文字框中，输入“The right side”字样。单击【确定】按钮，完成标注，并返到绘制模式。

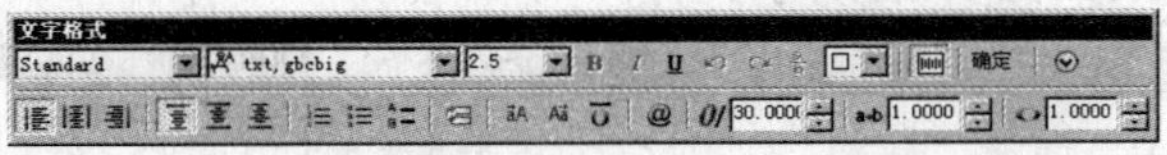

图3-69　【文字格式】对话框-设置倾斜角

此时看不清刚才输入的文字。选择【视图】→【缩放】→【窗口】命令，并根据提示进行如下操作：

```
[全部(A)/中心(C)/动态(D)/范围(E)/上一个(P)/比例(S)/窗口(W)/对象(O)] <实时>: _w
指定第一个角点:                        //移动鼠标到靠近文字左上角适当位置处单击鼠标
指定对角点:                            //移动鼠标到靠近文字右下角适当位置处单击鼠标
```

结果如图3-70所示。选择【视图】→【缩放】→【全部】命令，则长方体等测图全部显示在屏幕中央位置。

结果如图3-71所示。

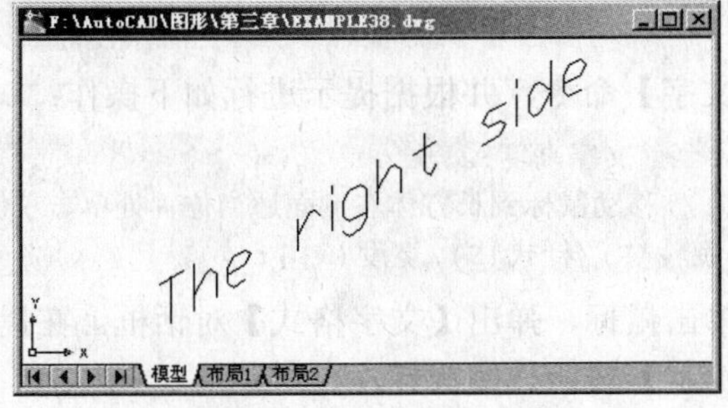

图3-70　右轴测面输入文字

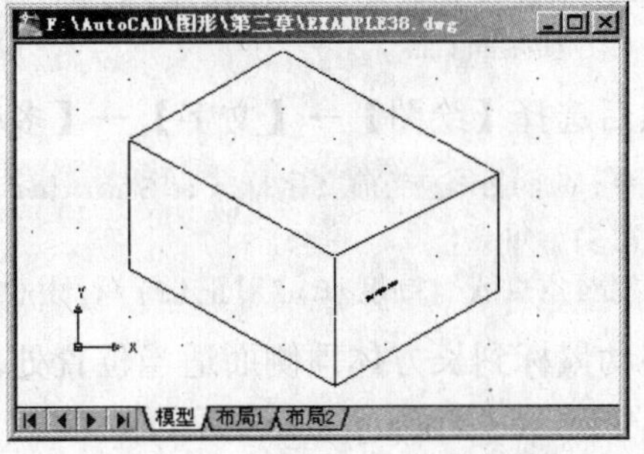

图3-71　显示全部长方体等测图（1）

Step 02 激活左轴测面，在命令提示行中调用“isoplane”命令，并根据提示进行如下操作：

```
当前等轴测平面：右
输入等轴测平面设置 [左(L)/上(T)/右(R)] <左>: Enter
当前等轴测面:左
```

然后选择【绘图】→【文字】→【多行文字】命令，并根据提示进行如下操作：

```
命令: _mtext 当前文字样式:"Standard"  当前文字高度:2.5
指定第一角点:                        //移动鼠标到长方体右侧面适当位置处单击左健
指定对角点或 [高度(H)/对正(J)/行距(L)/旋转(R)/样式(S)/宽度(W)]: r Enter
指定旋转角度 <0>: 330 Enter
指定对角点或 [高度(H)/对正(J)/行距(L)/旋转(R)/样式(S)/宽度(W)]:
```

移动鼠标到长方体左侧面适当位置处，单击鼠标，弹出【文字格式】对话框。把倾斜角设为 330，在提示输入文字框中输入“The left side”字样。单击【确定】按钮，完成标注，并返到绘制模式。

此时看不清刚才输入的文字。选择【视图】→【缩放】→【窗口】命令，并根据提示进行如下操作：

```
[全部(A)/中心(C)/动态(D)/范围(E)/上一个(P)/比例(S)/窗口(W)/对象(O)] <实时>: _w
指定第一个角点:                      //移动鼠标到靠近文字左上角适当位置处单击左健
指定对角点:                          //移动鼠标到靠近文字右下角适当位置处单击左健
```

结果如图 3-72 所示。选择【视图】→【缩放】→【全部】命令，则长方体等测图全部显示在屏幕中央位置。结果如图 3-73 所示。

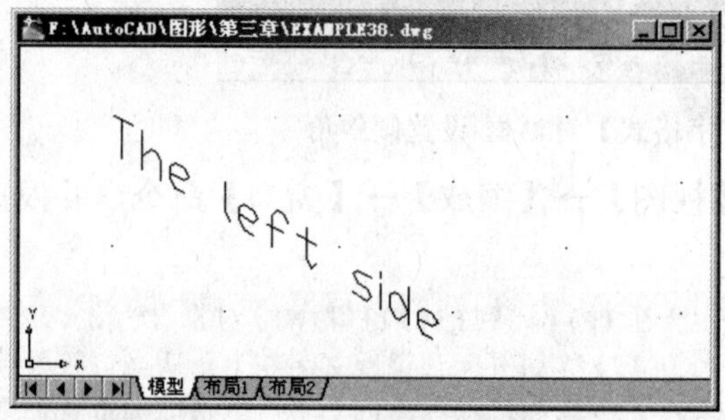

图 3-72 左轴测面输入文字

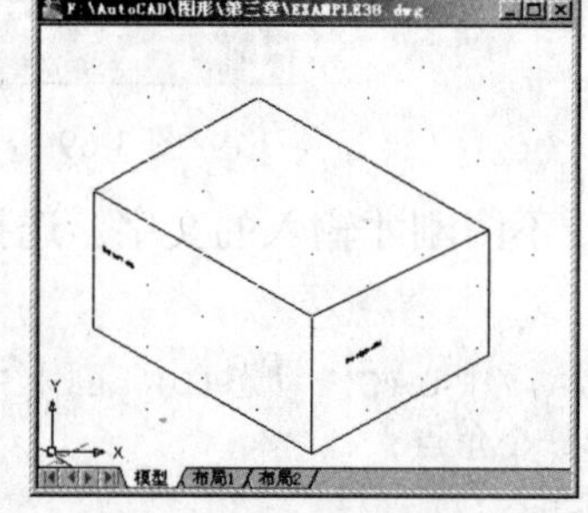

图 3-73 显示全部长方体等测图（2）

Step 03 激活上轴测面，在命令提示行中调用“isoplane”命令，并根据提示进行如下操作：

```
当前等轴测平面：左
输入等轴测平面设置 [左(L)/上(T)/右(R)] <上>: Enter
当前等轴测面:上
```

然后选择【绘图】→【文字】→【多行文字】命令，并根据提示进行如下操作：

```
命令: _mtext 当前文字样式:"Standard"  当前文字高度:2.5
指定第一角点:                        //移动鼠标到长方体右侧面适当位置处单击左健
指定对角点或 [高度(H)/对正(J)/行距(L)/旋转(R)/样式(S)/宽度(W)]:
```

移动鼠标到长方体顶侧面适当位置处，单击鼠标，弹出【文字格式】对话框。在提示输入文字框中输入“The top side”字样。单击【确定】按钮，完成标注，并返到绘制模式。

此时看不清刚才输入的文字。选择【视图】→【缩放】→【窗口】命令，并根据提示进行如下操作：

```
[全部(A)/中心(C)/动态(D)/范围(E)/上一个(P)/比例(S)/窗口(W)/对象(O)] <实时>: _w
指定第一个角点:                    //移动鼠标到靠近文字左上角适当位置处单击左健
指定对角点:                        //移动鼠标到靠近文字右下角适当位置处单击左健
```

结果如图 3-74 所示。选择【视图】→【缩放】→【全部】命令，则长方体等测图全部显示在屏幕中央位置。结果如图 3-75 所示。

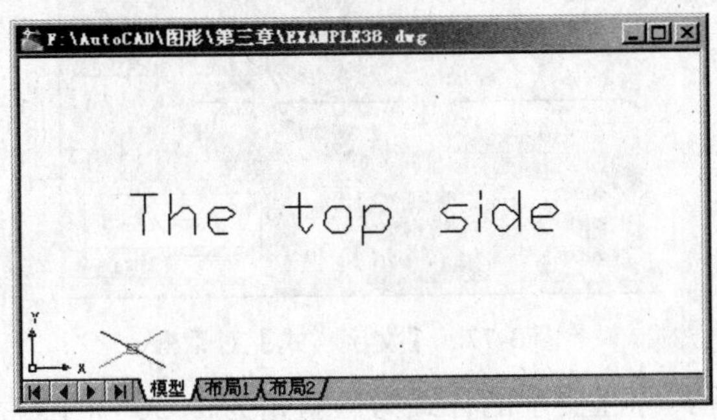

图 3-74　上轴测面输入文字

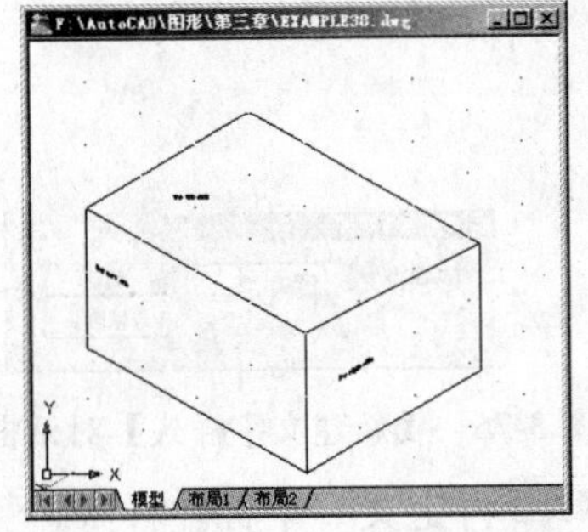

图 3-75　显示全部长方体等测图（3）

步骤 3　保存文件

选择【文件】→【保存】命令，保存该图形文件。选择【文件】→【退出】命令，退出 AutoCAD。

实例 39　编辑支撑架轴测图——尺寸标注

在 AutoCAD 2008 中，在等轴测投影模式下进行尺寸标注时，同添加文字一样，需要进行角度转换以产生其等轴测投影。标注文字的外观由“标注样式管理器”对话框中“文字”选项卡的选定的文字样式控制。可以在创建标注样式的同时选择文字样式，并指定文字颜色和与当前文字样式高度设置无关的高度。也可以指定基本标注文字与其包围线框之间的间距。本例通过编辑支撑架轴测图，学习如何在轴测图中进行尺寸标注。

步骤 1　创建图形文件

启动 AutoCAD 2008 中文版系统。选择【文件】→【打开】命令，打开第 2 章中创建的实例文件“EXAMPLE19.dwg”。选择【文件】→【另存为】命令，将其另存为“EXAMPLE39.dwg”。

步骤 2　标注尺寸

Step 01 设置层，选择【格式】→【图层】命令，弹出【图层特性管理器】对话框，增加一个“dim”层，并把新建的层设为当前层。单击【确定】按钮，完成设置并退出【图层特性管理器】对话框。

Step 02 定义一个倾斜角为“-30”的字体样式。选择【格式】→【文字样式】命令，弹出【文字样式】对话框，单击【新建】按钮，弹出【新建文字样式】对话框。输入如图 3-76 所示的样式名。单击【确定】按钮，完成设置并退出【新建文字样式】对话框。

在【文字样式】对话框中设置倾斜角度为“-30”，如图 3-77 所示。单击【确定】按钮和单击【关闭】按钮完成新建文字样式。

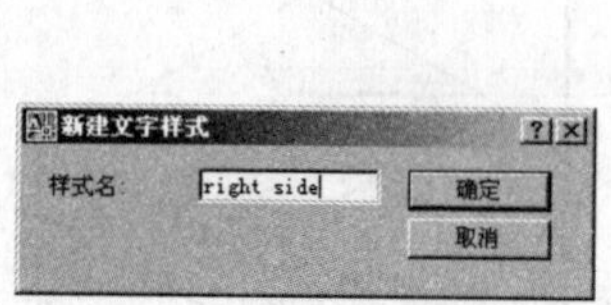

图 3-76 【新建文字样式】对话框

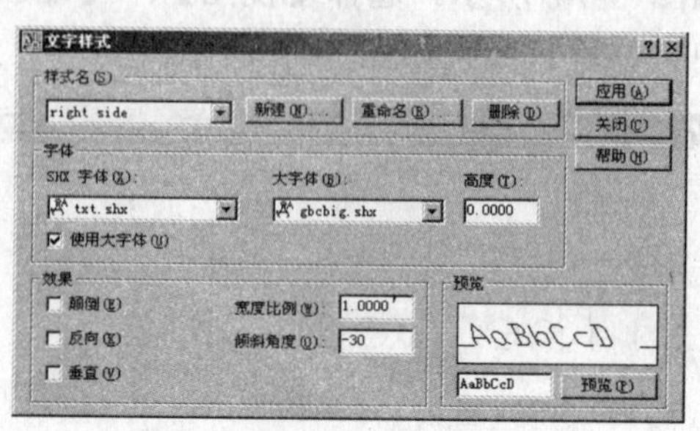

图 3-77 【文字样式】对话框

Step 03 再定义一个标注样式，并设置其标注文字的样式为倾斜角为“-30”的文字样式。选择【格式】→【标注样式】命令，弹出【标注样式管理器】对话框。在【标注样式管理器】中单击【新建】按钮，弹出【创建新标注样式】对话框，在【新样式名】文本框输入“right side”。完成设置后，单击【继续】按钮，弹出【新建标注样式：right side】对话框。【文字】选项卡设置如图 3-78 所示。完成设置后，单击【确定】按钮返回到【标注样式管理器】对话框。在【标注样式管理器】对话框中单击【置为当前】按钮，然后单击【关闭】按钮完成修改标注样式。

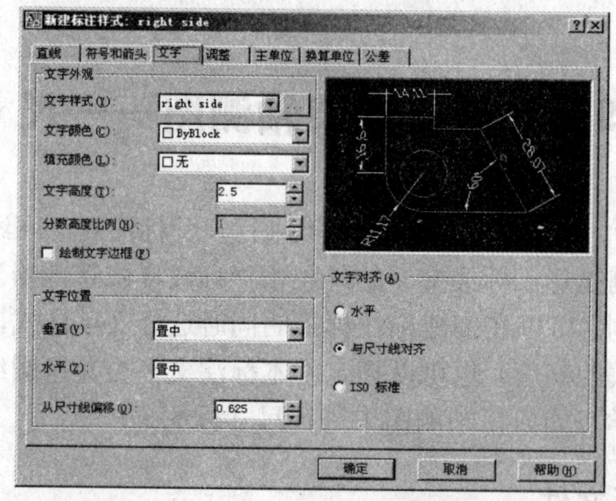

图 3-78 【新建标注样式：right side】对话框

Step 04 激活右轴测面，在命令提示行中调用“isoplane”命令，并根据提示进行如下操作：

```
当前等轴测平面：左
输入等轴测平面设置[左(L)/上(T)/右(R)] 〈上〉:r Enter
当前等轴测面:右
```

选择【标注】→【对齐】命令，对支撑架底板右轴测面的长和高进行标注。结果如图 3-79 所示。

选择【视图】→【平移】→【实时】命令，则鼠标变成手形，单击鼠标不放，对图形进行拖动，直到能看到两个圆为止。选择【标注】→【直径】命令，对支撑架右轴测面的两个圆进行标注。结果如图 3-80 所示。

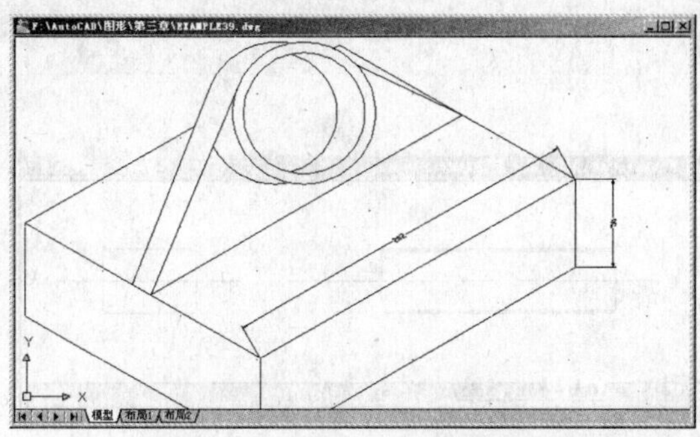
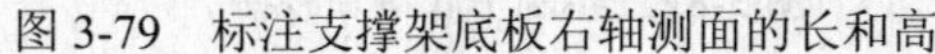

图 3-79 标注支撑架底板右轴测面的长和高

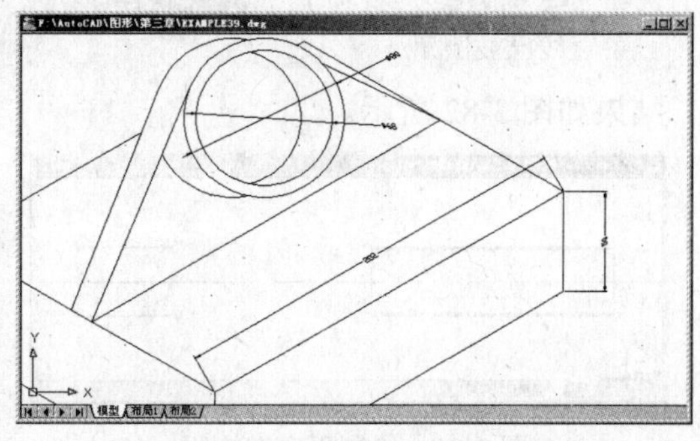

图 3-80 标注支撑架右轴测面的两个圆

步骤 3 保存文件

选择【文件】→【保存】命令，保存该图形文件。选择【文件】→【退出】命令，退出 AutoCAD。

实例 40 编辑平底键——倒角

本例通过编辑平底键，复习倒角命令绘制图形和复习标注尺寸。

步骤 1 创建图形文件

启动 AutoCAD 2008 中文版系统。选择【文件】→【打开】命令，打开第 2 章中创建的实例文件“EXAMPLE20.dwg”。选择【文件】→【另存为】命令，将其另存为“EXAMPLE40.dwg”。

步骤 2 绘制平底键左视图

Step 01 设中心线层为当前图层，绘制一条中心线。选择【绘图】→【直线】命令，并根据提示进行如下操作：

```
命令: _line 指定第一点: 130,73 Enter
指定下一点或 [放弃(U)]: 170,73 Enter
指定下一点或 [放弃(U)]: Enter
```

Step 02 设实线层为当前图层，选择【绘图】→【矩形】命令，并根据提示进行如下操作：

```
指定第一个角点或 [倒角(C)/标高(E)/圆角(F)/厚度(T)/宽度(W)]: 140,80 Enter
指定另一个角点或 [面积(A)/尺寸(D)/旋转(R)]: 160,66 Enter
```

结果如图 3-81 所示。

Step 03 选择【修改】→【倒角】命令，并根据提示进行如下操作：

```
(“修剪”模式) 当前倒角距离 1 = 0.5000，距离 2 = 0.5000
选择第一条直线或 [放弃(U)/多段线(P)/距离(D)/角度(A)/修剪(T)/方式(E)/多个(M)]: p
```

```
Enter
选择二维多段线://选择上一步绘制的矩形
4 条直线已被倒角
```

结果如图 3-82 所示。

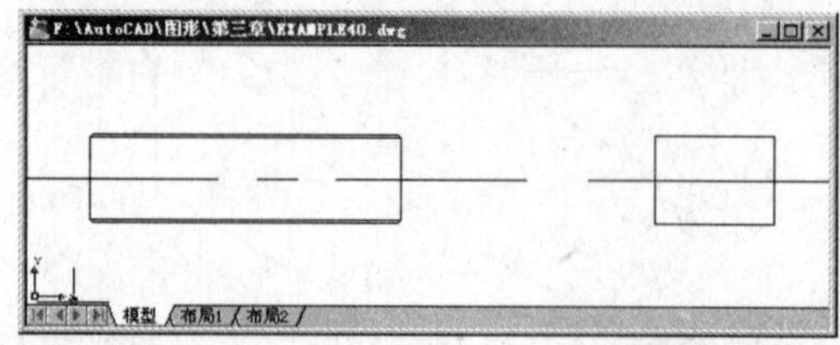

图 3-81　绘制平底键矩形

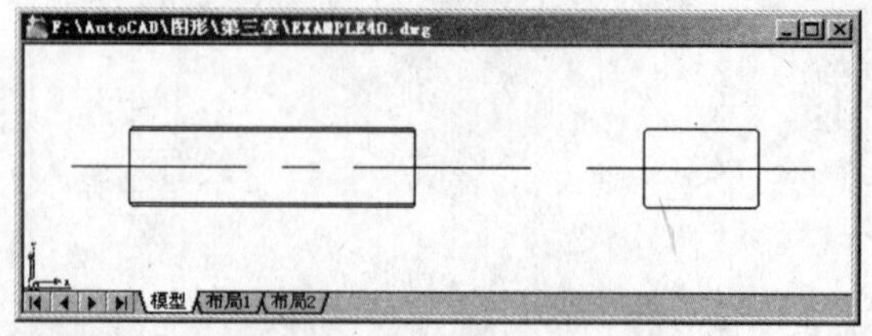

图 3-82　绘制平底键左视图

步骤 3　标注尺寸

Step 01 设置层，选择【格式】→【图层】命令，弹出【图层特性管理器】对话框，增加一个“dim”层，并把新建的层设为当前图层。单击【确定】按钮，完成设置并退出【图层特性管理器】对话框。

Step 02 选择【格式】→【标注样式】命令，弹出【标注样式管理器】对话框。单击【修改】按钮，弹出【修改标注样式：ISO-25】对话框。在【文字】选项卡中的【文字位置】选项框中，设置“垂直方向”选项为“置中”，“水平方向”选项为“置中”。在【主单位】选项卡，设置如图 3-83 所示。完成设置后，单击【确定】按钮，返回【标注样式管理器】对话框。在【标注样式管理器】对话框中，单击【关闭】按钮，完成修改标注样式。

Step 03 选择【标注】→【线性】命令，对平底键的长、宽、高进行标注。结果如图 3-84 所示。

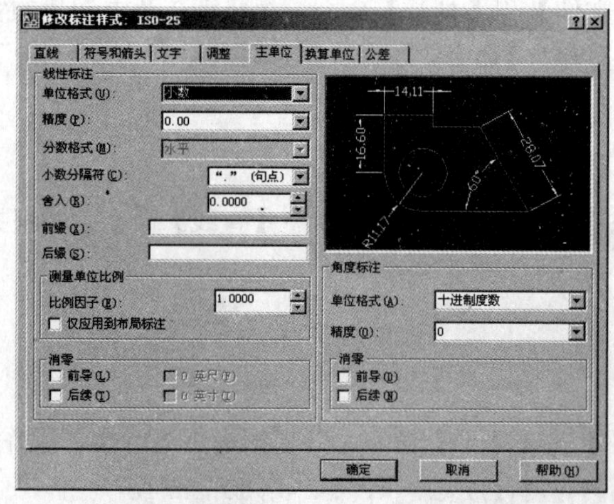

图 3-83　【修改标注样式：ISO-25】对话框-主单位

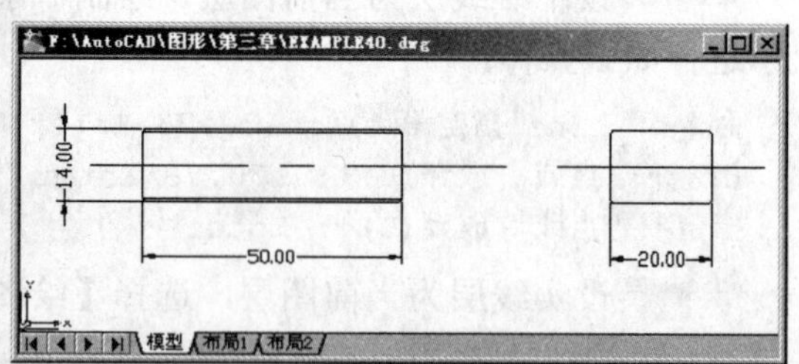

图 3-84　绘制平底键尺寸标注

Step 04 选择【标注】→【多重引线】命令，并根据提示进行如下操作：

```
命令: _mleader
指定引线箭头的位置或 [引线基线优先(L)/内容优先(C)/选项(O)] <引线基线优先>:
指定引线基线的位置:
```

弹出【文字格式】对话框，输入 0.5X45%%d。单击【确定】按钮，退出【文字格式】对话框。结果如图 3-85 所示。

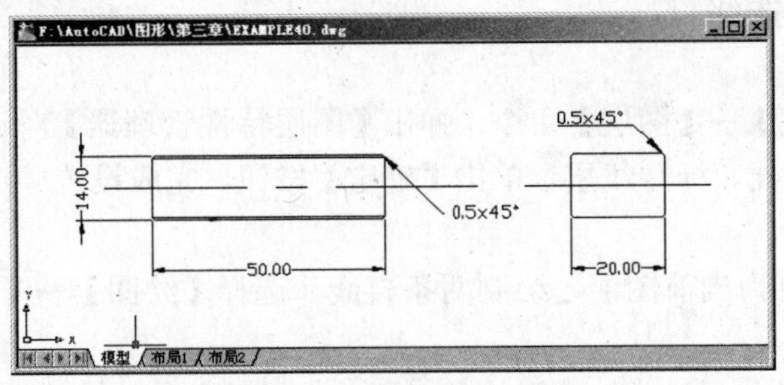

图 3-85 绘制平底键倒角

步骤 4 增加标注正负偏差尺寸

首先选择标注尺寸值为“14.00”的标注尺寸，再选择【修改】→【特性】命令，弹出【特性】对话框，对公差项进行修改。完成修改后，单击【关闭】按钮，退出【特性】对话框。同样对其中一个标注尺寸值为“50.00”和“20.00”的标注尺寸进行增加公差标注。结果如图 3-86 所示。

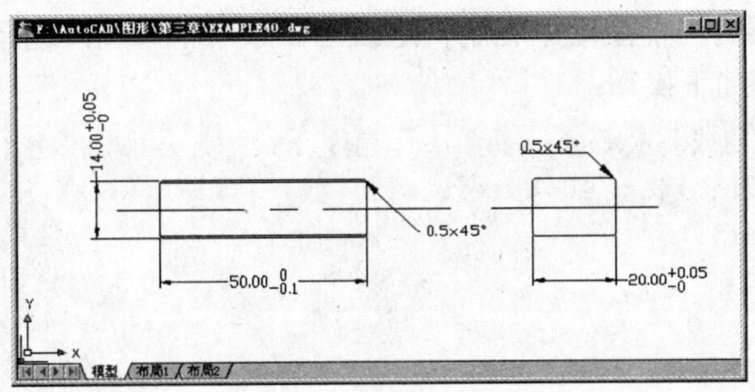

图 3-86 绘制平底键

步骤 5 保存文件

选择【文件】→【保存】命令，保存该图形文件。选择【文件】→【退出】命令，退出 AutoCAD。

实例 41 绘制按键——倒圆

本例通过绘制按键，复习绘制构造线、绘制倒圆命令和复习标注尺寸。

步骤 1 创建新图形文件

启动 AutoCAD 2008 中文系统，建立新的图形文件。选择【文件】→【保存】命令，以

"EXAMPLE41.dwg"为名保存该图形文件。

步骤 2　绘制构造线

Step 01 选择【格式】→【图层】命令，弹出【图层特性管理器】对话框，分别设置实线层，设置中心线层，辅助线层，标注线层。单击【确定】按钮，完成设置并退出【图层特性管理器】对话框。

Step 02 设中心线层为当前图层，绘制两条直线。选择【绘图】→【直线】命令，并根据提示进行如下操作：

```
命令: _line 指定第一点: 40,130 Enter
指定下一点或 [放弃(U)]: 100,130 Enter
指定下一点或 [放弃(U)]: Enter
```

选择【绘图】→【直线】命令，并根据提示进行如下操作：

```
命令: _line 指定第一点: 70,40 Enter
指定下一点或 [放弃(U)]: 70,160 Enter
指定下一点或 [放弃(U)]: Enter
```

结果如图 3-87 所示。

Step 03 设辅助线层为当前图层。利用构造线画 3 条水平直线，选择【绘图】→【构造线】命令，并根据提示进行如下操作：

```
命令: _xline 指定点或 [水平(H)/垂直(V)/角度(A)/二等分(B)/偏移(O)]: o Enter
指定偏移距离或 [通过(T)] : 40 Enter
选择直线对象:                                          //选择水平中心线
指定向哪侧偏移:                                        //移动鼠标到水平中心线的下方
单击鼠标
选择直线对象: Enter
```

选择【绘图】→【构造线】命令，并根据提示进行如下操作：

```
命令: _xline 指定点或 [水平(H)/垂直(V)/角度(A)/二等分(B)/偏移(O)]: o Enter
指定偏移距离或 [通过(T)] <40.0000>: 60 Enter
选择直线对象:                                          //选择水平中心线
指定向哪侧偏移:                                        //移动鼠标到水平中心线的下方
单击鼠标
选择直线对象: Enter
```

选择【绘图】→【构造线】命令，并根据提示进行如下操作：

```
命令: _xline 指定点或 [水平(H)/垂直(V)/角度(A)/二等分(B)/偏移(O)]: o Enter
指定偏移距离或 [通过(T)] <60.0000>: 65 Enter
选择直线对象:                                          //选择水平中心线
指定向哪侧偏移:                                        //移动鼠标到水平中心线的下方
单击鼠标
选择直线对象: Enter
```

利用构造线画 4 条垂直直线，选择【绘图】→【构造线】命令，并根据提示进行如下操作：

```
命令: _xline 指定点或 [水平(H)/垂直(V)/角度(A)/二等分(B)/偏移(O)]: o Enter
```

```
指定偏移距离或 [通过(T)] <5.0000>: 7.5 Enter
选择直线对象:                                            //选择垂直中心线
指定向哪侧偏移:                                          //移动鼠标到选择垂直中心线右
边单击鼠标
选择直线对象:                                            //选择垂直中心线
指定向哪侧偏移:                                          //移动鼠标到选择垂直中心线左
边单击鼠标
选择直线对象: Enter
```

结果如图 3-88 所示。

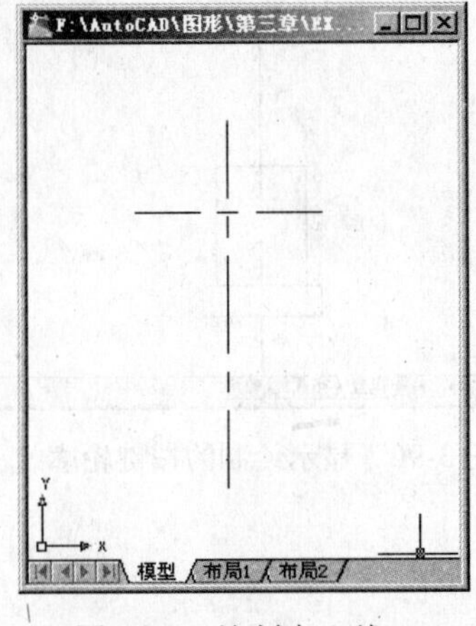

图 3-87　绘制中心线　　　　图 3-88　绘制水平构造线

Step 04 选择【绘图】→【构造线】命令，并根据提示进行如下操作：

```
命令: _xline 指定点或 [水平(H)/垂直(V)/角度(A)/二等分(B)/偏移(O)]: o Enter
指定偏移距离或 [通过(T)] <7.5000>: 10 Enter
选择直线对象:                                            //选择垂直中心线
指定向哪侧偏移:                                          //移动鼠标到选择垂直中心线右
边单击鼠标
选择直线对象:                                            //选择垂直中心线
指定向哪侧偏移:                                          //移动鼠标到选择垂直中心线左
边单击鼠标
选择直线对象: Enter
```

这时，绘制的构造线在屏幕的左下角，看不太清楚。选择【视图】|【缩放】|【窗口】命令，把绘制的构造线显示在屏幕的中间位置。结果如图 3-89 所示。

步骤 3　绘制按键轮廓图

Step 01 设实线层为当前图层，绘制两个圆。选择【绘图】→【圆】→【圆心，半径】命令，并根据提示进行如下操作：

```
命令: _circle 指定圆的圆心或 [三点(3P)/两点(2P)/相切、相切、半径(T)]: 70,130 Enter
指定圆的半径或 [直径(D)]: 7.5 Enter
```

选择【绘图】→【圆】→【圆心，半径】命令，并根据提示进行如下操作：

```
命令: _circle 指定圆的圆心或 [三点(3P)/两点(2P)/相切、相切、半径(T)]: 70,130 Enter
指定圆的半径或 [直径(D)]: 10 Enter
```

Step 02 选择【绘图】→【直线】命令，利用辅助线。绘制如图 3-90 所示的直线。选择【格式】→【图层】命令，弹出【图层特性管理器】对话框，将辅助线层关闭。结果如图 3-90 所示。

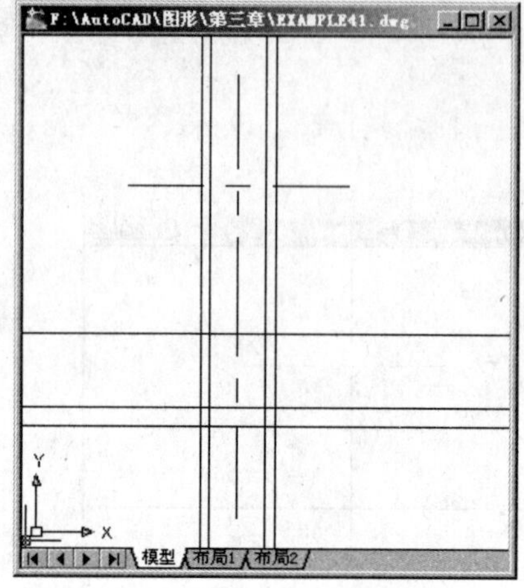

图 3-89　绘制中心线和构造线

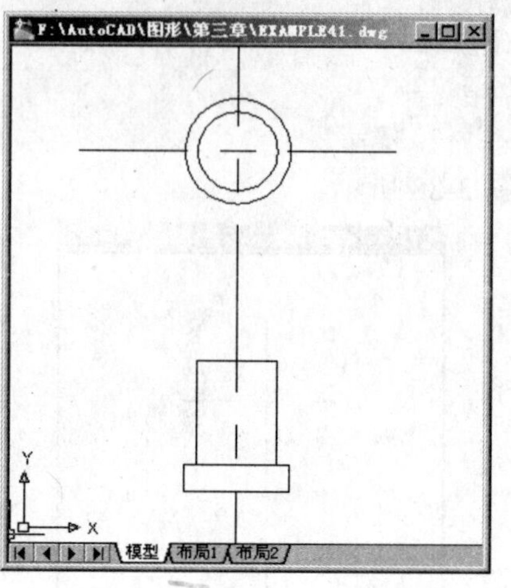

图 3-90　显示绘制的按键轮廓线

步骤 4　修改轮廓线

Step 01 选择【修改】→【圆角】命令，并根据提示进行如下操作：

```
当前设置: 模式 = 修剪, 半径 = 0.0000
选择第一个对象或 [放弃(U)/多段线(P)/半径(R)/修剪(T)/多个(M)]: r  Enter
指定圆角半径 <0.0000>: 1 Enter
选择第一个对象或 [放弃(U)/多段线(P)/半径(R)/修剪(T)/多个(M)]: m  Enter
选择第一个对象或 [放弃(U)/多段线(P)/半径(R)/修剪(T)/多个(M)]:          //选择按键底面的水平线
选择第二个对象, 或按住 Shift 键选择要应用角点的对象:          //选择按键底面的垂直线
选择第一个对象或 [放弃(U)/多段线(P)/半径(R)/修剪(T)/多个(M)]:          //选择按键底面的水平线
选择第二个对象, 或按住 Shift 键选择要应用角点的对象:          //选择按键底面的另一个角的垂直线
选择第一个对象或 [放弃(U)/多段线(P)/半径(R)/修剪(T)/多个(M)]:          //选择按键底面的台阶的水平线
选择第二个对象, 或按住 Shift 键选择要应用角点的对象:          //选择将要倒圆的按键底面的垂直线
选择第一个对象或 [放弃(U)/多段线(P)/半径(R)/修剪(T)/多个(M)]:          //选择按键底面的台阶的另一条水平线
选择第二个对象, 或按住 Shift 键选择要应用角点的对象:          //选择将要倒圆的按键底面的垂直线
选择第一个对象或 [放弃(U)/多段线(P)/半径(R)/修剪(T)/多个(M)]: Enter
```

至此，完成了对手机 OK 按键底部四个直角的倒圆。同样的操作，对顶面进行半径值为 2 的倒圆，对台阶处进行半径值为 0.4 的倒圆。结果如图 3-91 所示。

Step 02 选择【修改】→【延伸】命令，把倒圆时裁剪去的部分连接起来。结果如图 3-92 所示。

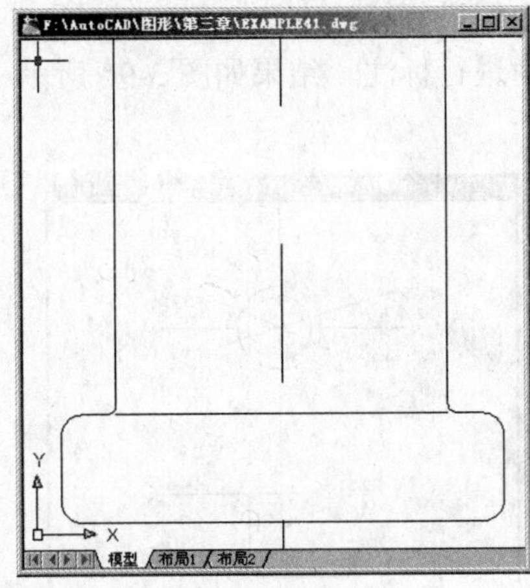

图 3-91　绘制按键俯视图的圆角

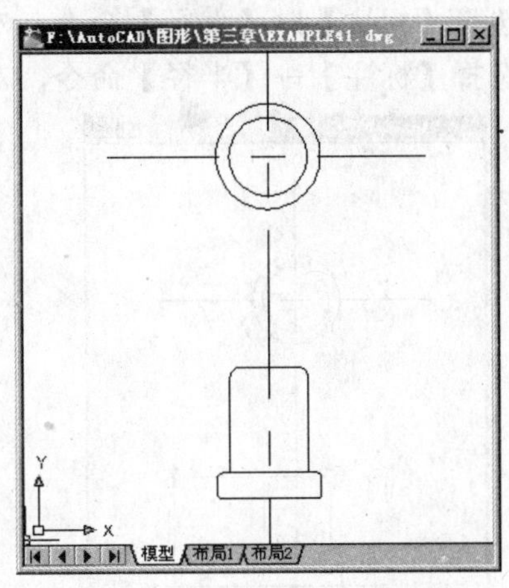

图 3-92　补按键俯视图的轮廓线

步骤 5　标注尺寸

Step 01 设标注线层为当前图层，选择【格式】→【标注样式】命令，弹出【标注样式管理器】对话框。单击【修改】按钮，弹出【修改标注样式：ISO-25】对话框。在【文字】选项卡的【文字位置】选项框中，设置“垂直方向”选项为“置中”，“水平方向”选项为“置中”。【主单位】选项卡设置如图 3-93 所示。完成设置后，单击【确定】按钮，返回到【标注样式管理器】对话框。在【标注样式管理器】对话框中，单击【关闭】按钮，完成修改标注样式。

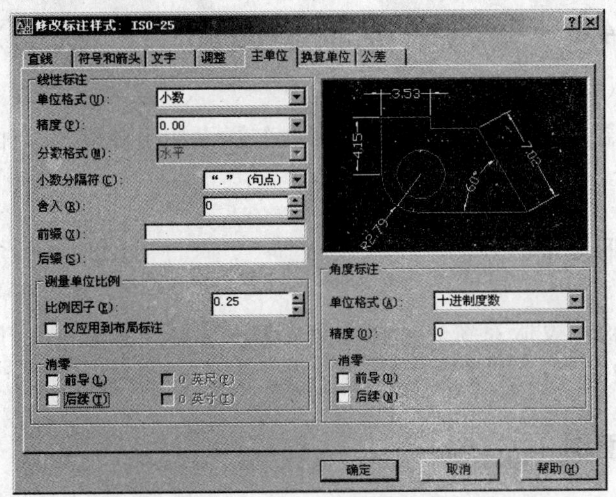

图 3-93　【修改标注样式：ISO-25】对话框-设置测量单位比例

Step 02 选择【格式】→【标注样式】命令，弹出【标注样式管理器】对话框。单击【新建】按钮，弹出【创建新标注样式】对话框。在【创建新标注样式】对话框的【用于】选项中选择“直径标注”项。单击【继续】按钮，弹出【新建标注样式：ISO-25：直径】对话框。在【文字】选项卡中，设置“文字对齐”选项为“水平”。单击【确定】按钮，则返回到【标注样式管理器】

对话框，再单击【关闭】按钮，完成并退出标注样式。同样的操作，增加半径标注样式。

Step 03 选择【标注】→【线性】命令，对按键的高度尺寸进行标注。结果如图 3-94 所示。

Step 04 选择【标注】→【直径】命令，对两个圆进行标注。

Step 05 选择【标注】→【半径】命令，对圆角进行标注。结果如图 3-95 所示。

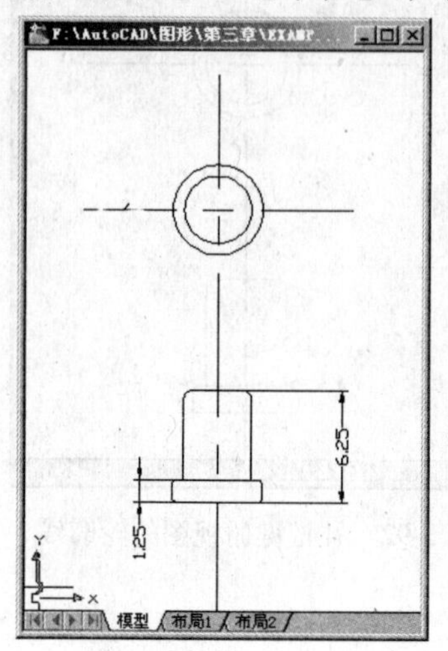

图 3-94　绘制手机 OK 按键的线性尺寸

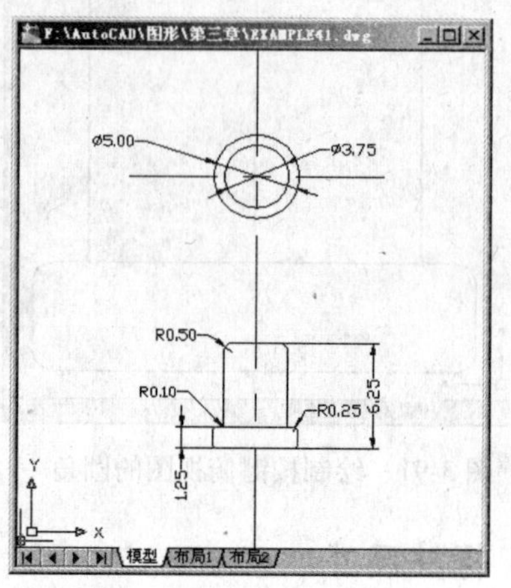

图 3-95　绘制手机 OK 按键

步骤 6　保存文件

选择【文件】→【保存】命令。选择【文件】→【退出】命令，退出 AutoCAD。

实例 42　编辑平键轴平面图——裁剪对象

本例通过编辑平底键，学习裁剪对象、图形中怎样添加粗糙度、添加文字标注和复习标注尺寸。

步骤 1　创建图形文件

启动 AutoCAD 2008 中文版系统。选择【文件】→【打开】命令，打开第 2 章中创建的实例文件“EXAMPLE22.dwg”。选择【文件】→【另存为】命令，将其另存为“EXAMPLE42.dwg”。

步骤 2　绘制断面图

Step 01 设置层，选择【格式】→【图层】命令，弹出【图层特性管理器】对话框，分别新设置剖面线层，辅助线层，标注线层。单击【确定】按钮，完成设置并退出【图层特性管理器】对话框。

Step 02 设中心线层为当前图层，绘制两条直线。选择【绘图】→【直线】命令，并根据提示进行如下操作：

```
命令: _line 指定第一点: 20,20 Enter
指定下一点或 [放弃(U)]: 80,20 Enter
指定下一点或 [放弃(U)]: Enter
```

选择【绘图】→【直线】命令，并根据提示进行如下操作：

```
命令: _line 指定第一点: 50,-10 Enter
指定下一点或 [放弃(U)]: 50,50 Enter
指定下一点或 [放弃(U)]: Enter
```

Step 03 设辅助线层为当前图层。利用构造线画3条构造线，选择【绘图】→【构造线】命令，并根据提示进行如下操作：

```
命令: _xline 指定点或 [水平(H)/垂直(V)/角度(A)/二等分(B)/偏移(O)]: o Enter
指定偏移距离或 [通过(T)] <通过>: 5 Enter
选择直线对象:                              //选择水平中心线
指定向哪侧偏移:                            //移动鼠标到水平中心线的下方任一处单击鼠标
选择直线对象:                              //选择水平中心线
指定向哪侧偏移:                            //移动鼠标到水平中心线的上方任一处单击鼠标
选择直线对象: Enter
```

选择【绘图】→【构造线】命令，并根据提示进行如下操作：

```
命令: XLINE 指定点或 [水平(H)/垂直(V)/角度(A)/二等分(B)/偏移(O)]: o Enter
指定偏移距离或 [通过(T)] <5.0000>: 16 Enter
选择直线对象:                              //选择垂直中心线
指定向哪侧偏移:                            //移动鼠标到垂直中心线的右方任一处单击鼠标
选择直线对象: Enter
```

结果如图3-96所示。

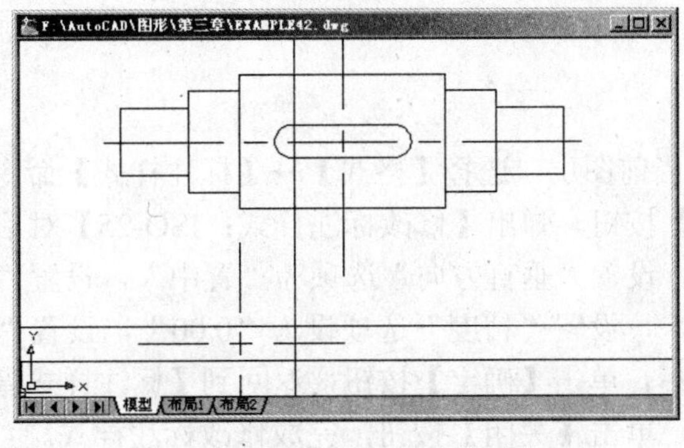

图3-96　绘制中心线和构造线

Step 04 设实线层为当前图层。选择【绘图】→【圆】→【圆心，半径】命令，并根据提示进行如下操作：

```
命令: _circle 指定圆的圆心或 [三点(3P)/两点(2P)/相切、相切、半径(T)]: 50,20 Enter
指定圆的半径或 [直径(D)]: 20 Enter
```

选择【绘图】→【直线】命令，利用AutoCAD的捕捉功能，连接构造线的交点和构造线与圆的交点，绘制如图3-86所示的凹槽。

选择【格式】→【图层】命令，弹出【图层特性管理器】对话框，将辅助线层关闭。单击【确定】按钮，完成设置并退出【图层特性管理器】对话框。结果如图3-97所示。

Step 05 设实线层为当前图层。选择【修改】→【裁剪】命令，并根据提示进行如下操作：

```
命令: _trim
当前设置:投影=UCS，边=无
选择剪切边...
选择对象或 <全部选择>:  指定对角点: 找到 3 个                //选择刚刚绘制的直线
选择对象: Enter
选择要修剪的对象，或按住 Shift 键选择要延伸的对象，或[栏选(F)/窗交(C)/投影(P)/边(E)/删除(R)/放弃(U)]://选择绘制的圆
选择要修剪的对象，或按住 Shift 键选择要延伸的对象，或[栏选(F)/窗交(C)/投影(P)/边(E)/删除(R)/放弃(U)]: Enter
```

结果如图 3-98 所示。

Step 06 设剖面线层为当前图层。选择【绘图】→【图案填充】命令，完成如图 3-99 所示剖面线。

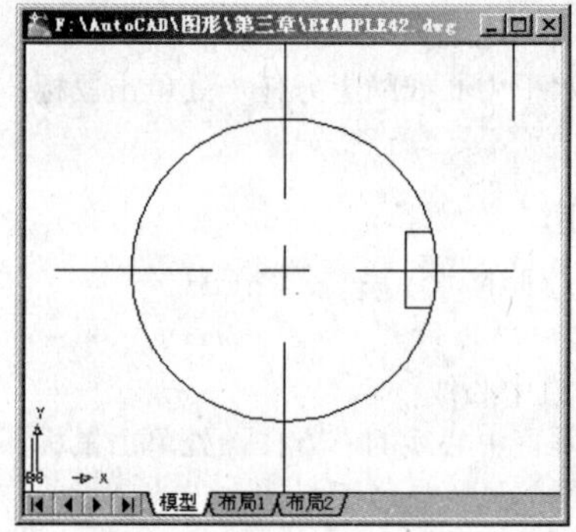

图 3-97 绘制的圆和直线

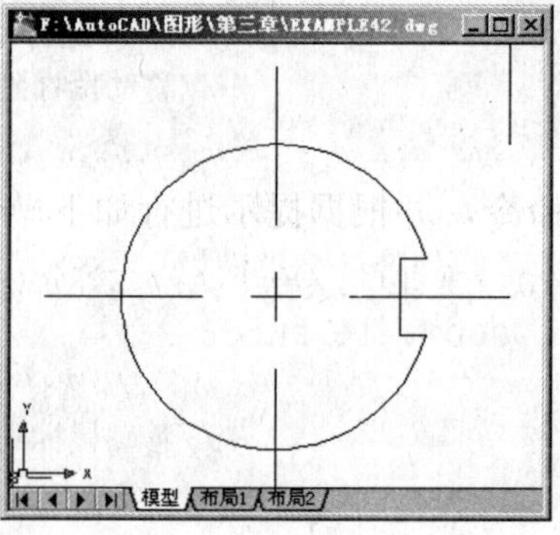

图 3-98 绘制断面轮廓线

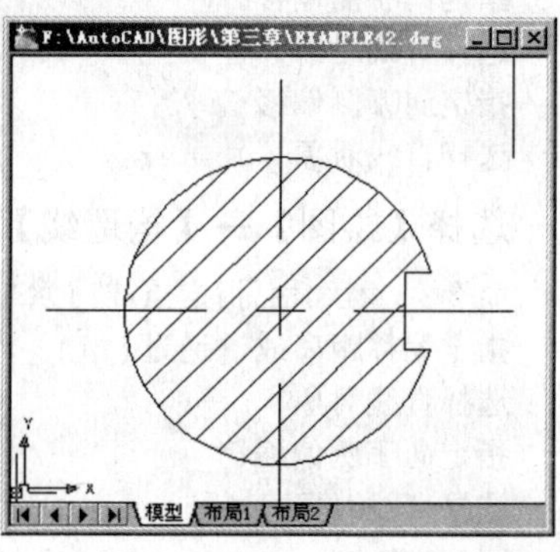

图 3-99 绘制轴的断面图

步骤 3　标注尺寸

Step 01 设标注线层为当前图层。选择【格式】→【标注样式】命令，弹出【标注样式管理器】对话框。单击【修改】按钮，弹出【修改标注样式：ISO-25】对话框。在【文字】选项卡中的【文字位置】选项框，设置“垂直方向”选项为“置中”，设置“水平方向”选项为“置中”。在【主单位】选项卡，设置“精度”选项设为“0.00”，设置“小数分隔符”选项设为“.”（句点）。完成设置后，单击【确定】按钮，返回到【标注样式管理器】对话框。在【标注样式管理器】对话框中，单击【关闭】按钮，完成修改标注样式。

Step 02 选择【格式】→【标注样式】命令，弹出【标注样式管理器】对话框。单击【新建】按钮，弹出【创建新标注样式】对话框。在【创建新标注样式】对话框的【用于】选项设置为“直径标注”。单击【继续】按钮，弹出【新建标注样式：ISO-25：直径】对话框。在【文字】选项卡中，设置“文字对齐”选项为“水平”。单击【确定】按钮，则返回到【标注样式管理器】对话框。再单击【关闭】按钮，完成并退出标注样式。

Step 03 选择【标注】→【直径】命令，对圆进行标注。选择【标注】→【线性】命令，对平键轴进行尺寸标注。结果如图 3-100 所示。

Step 04 选择【修改】→【特性】命令，增加如图 3-101 所示的公差标注。

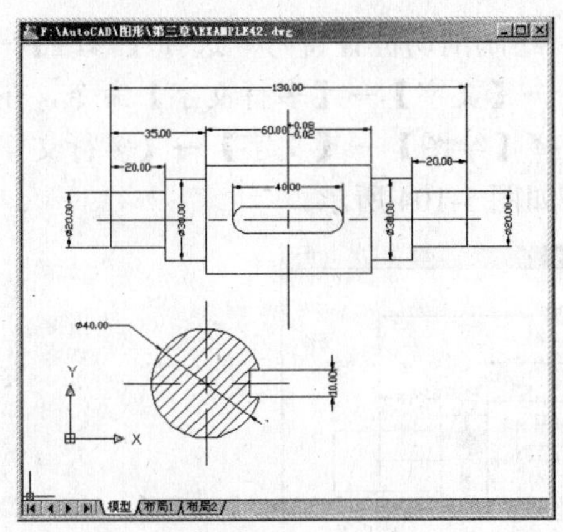

图 3-100　绘制尺寸标注　　　图 3-101　绘制公差标注

步骤 4　标注粗糙度

Step 01 选择【绘图】→【直线】命令，绘制粗糙度符号。选择【绘图】→【文字】→【多行文字】命令，在绘制的粗糙度符号上写上“1.6”的字样。选择【修改】→【复制】命令，并根据提示进行如下操作：

```
选择对象：指定对角点：找到 4 个                          //选择粗糙度符号及其文字
选择对象：Enter
指定基点或 [位移(D)] <位移>:                              //选择粗糙度符号的底角的点
指定第二个点或 <使用第一个点作为位移>:                    //选取平键槽直线上的一点
指定第二个点或 [退出(E)/放弃(U)] <退出>:                  //选取平键轴直线上的一点
指定第二个点或 [退出(E)/放弃(U)] <退出>:                  //选取平键轴直线上的一点
指定第二个点或 [退出(E)/放弃(U)] <退出>:                  //选取平键轴直线上的一点
指定第二个点或 [退出(E)/放弃(U)] <退出>: Enter
```

结果如图 3-102 所示。

Step 02 选择【绘图】→【文字】→【多行文字】命令，在第一个绘制的粗糙度符号前面写上“其余：”的字样。选择【修改】→【对象】→【文字】→【编辑】命令，在第一个绘制的粗糙度符号上面的“1.6”的字样改写成“3.2”。结果如图 3-103 所示。

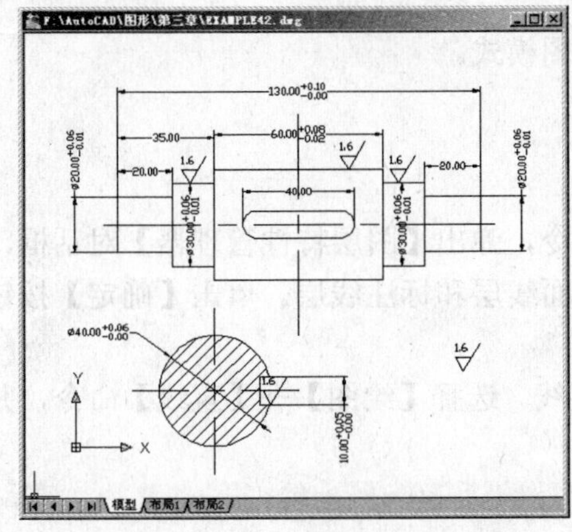

图 3-102　绘制平键轴的粗糙度

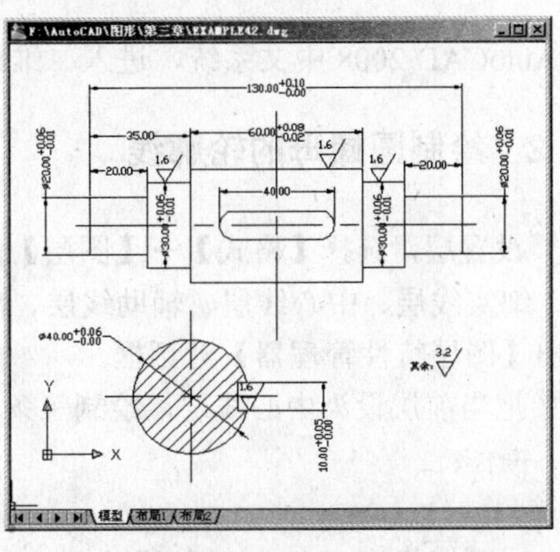

图 3-103　修改粗糙度

Step 03 选择【标注】→【多重引线】命令，绘制剖切位置符号。选择【修改】→【镜像】命令，绘制另一个剖切位置符号。选择【绘图】→【文字】→【多行文字】命令，在绘制的剖切位置符号的箭头处分别写上“A”的字样。选择【绘图】→【文字】→【多行文字】命令，在绘制的断面图下方写上“A-A”的字样。结果如图 3-104 所示。

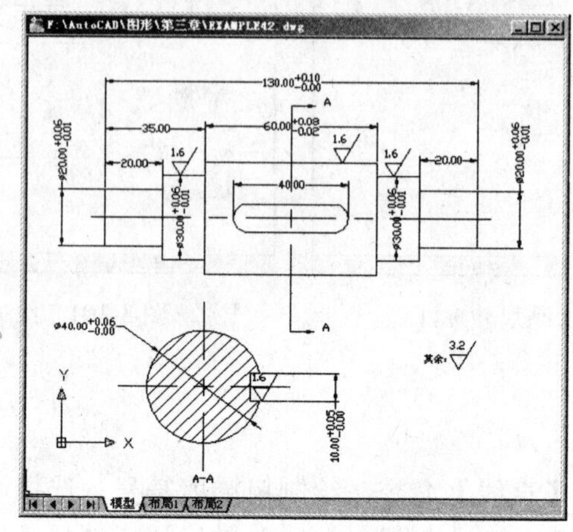

图 3-104　绘制平键轴

步骤 5　保存文件

选择【文件】→【保存】命令，保存该图形文件。选择【文件】→【退出】命令，退出 AutoCAD。

实例 43　绘制圆螺母——延伸对象和裁剪对象

本例通过绘制圆螺母，复习延伸对象、裁剪对象、绘制多重引线和复习标注尺寸。

步骤 1　创建新图形文件

启动 AutoCAD 2008 中文系统，进入二维绘图模式。

步骤 2　绘制圆螺母的轮廓线

Step 01 设置层，选择【格式】→【图层】命令，弹出【图层特性管理器】对话框，分别设置实线层、细实线层、中心线层、辅助线层、剖面线层和标注线层。单击【确定】按钮，完成设置，退出【图层特性管理器】对话框。

Step 02 把当前层设为中心线层，绘制三条直线。选择【绘图】→【直线】命令，并根据提示进行如下操作：

```
命令: _line 指定第一点: 20,100 Enter
指定下一点或 [放弃(U)]: 100,100 Enter
```

```
指定下一点或 [放弃(U)]: Enter
```

选择【绘图】→【直线】命令，并根据提示进行如下操作：

```
命令: _line 指定第一点: 120,100 Enter
指定下一点或 [放弃(U)]: 160,100 Enter
指定下一点或 [放弃(U)]: Enter
```

选择【绘图】→【直线】命令，并根据提示进行如下操作：

```
命令: _line 指定第一点: 60,60 Enter
指定下一点或 [放弃(U)]: 60,140 Enter
指定下一点或 [放弃(U)]: Enter
```

结果如图 3-105 所示。

Step 03 绘制圆螺母的主视图轮廓线。设实线层为当前图层。选择【绘图】→【圆】→【圆心，半径】命令，分别绘制以两中心线的交点为圆心，半径为 17.5、13.5、9.5 的同心圆。

Step 04 设细实线层为当前图层。选择【绘图】→【圆弧】→【起点，圆心，角度】命令，绘制一个以两中心线的交点为圆心，半径为 10 的圆弧。结果如图 3-106 所示。

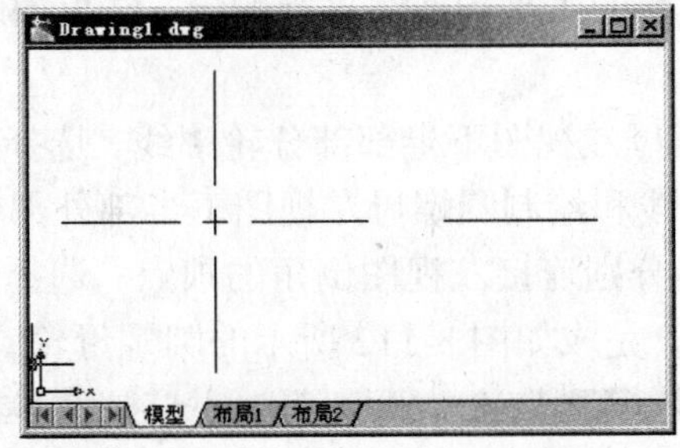

图 3-105　绘制圆螺母的中心线

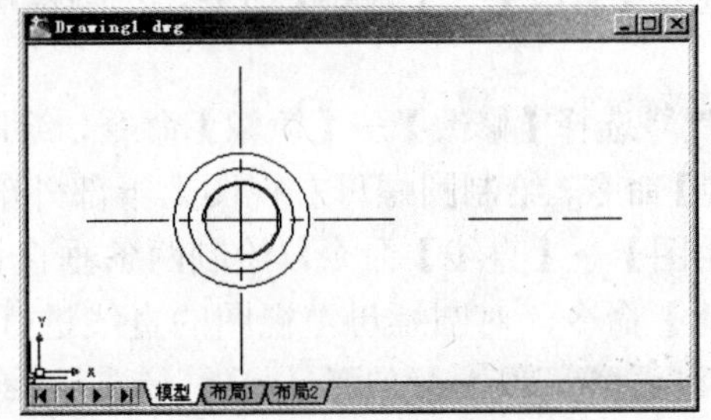

图 3-106　绘制圆

Step 05 设辅助线层为当前图层，绘制圆螺母视图的轮廓线。选择【绘图】→【构造线】命令，绘制如图 3-107 所示的构造线。

Step 06 设实线层为当前图层。选择【绘图】→【直线】命令，连接各辅助线的交点，绘制如图 3-108 所示的轮廓线。选择【格式】→【图层】命令，弹出【图层特性管理器】对话框，关闭辅助线层。单击【确定】按钮，完成设置并退出【图层特性管理器】对话框。结果如图 3-108 所示。

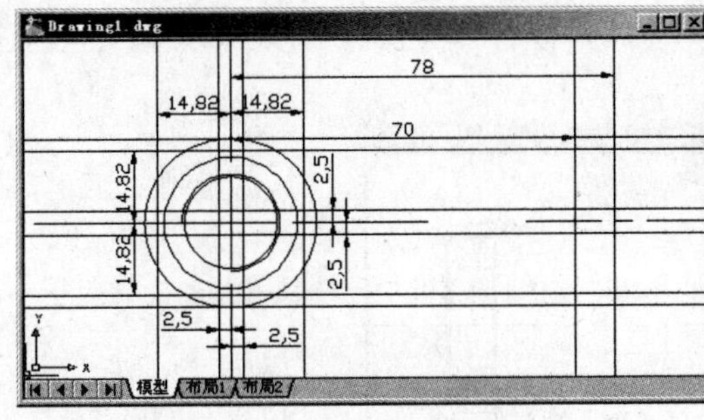

图 3-107　绘制圆螺母辅助线

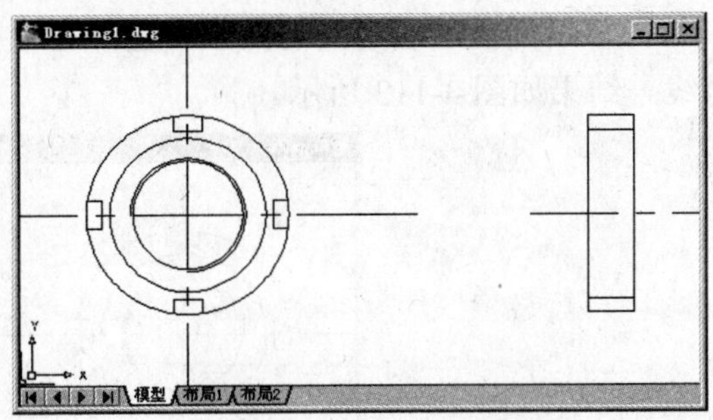

图 3-108　关闭辅助线层

Step 07 选择【修改】→【裁剪】命令，绘制圆螺母的槽轮廓线，结果如图 3-109 所示。

Step 08 选择【绘图】→【构造线】命令，分别绘制过圆与中心线交点的水平构造线。

Step 09 设细实线层为当前图层。选择【绘图】→【构造线】命令，分别绘制过圆弧与中心线交点的水平构造线。结果如图 3-110 所示的水平构造线。

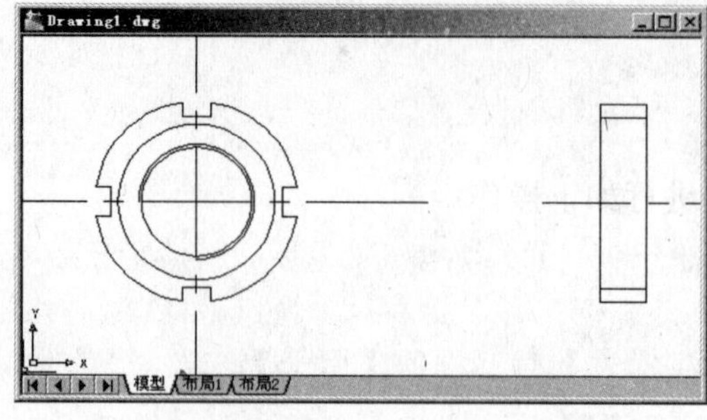

图 3-109　绘制完成圆螺母主视图轮廓线

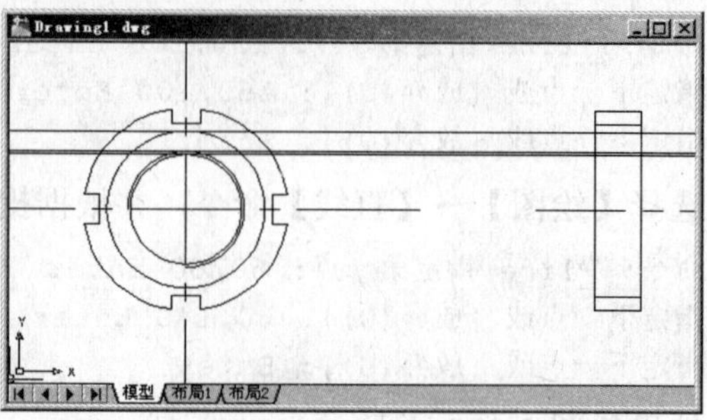

图 3-110　绘制水平构造线

Step 10 设实线层为当前图层。选择【绘图】→【直线】命令，绘制一条过水平构造线与垂直直线交点且与垂直直线成 30 度的直线。选择【修改】→【倒角】命令，对圆螺母左视图的左上角和螺纹处进行倒角。选择【修改】→【裁剪】命令，对圆螺母左视图的水平构造线进行裁剪。选择【修改】→【删除】命令，对圆螺母左视图的水平构造线进行删除。结果如图 3-111 所示。

Step 11 选择【修改】→【镜像】命令，绘制圆螺母左视图下半部部分轮廓线。选择【修改】→【延伸】命令，绘制圆螺母左视图上半部外部轮廓线和绘制圆螺母左视图下半部外部轮廓线。选择【绘图】→【直线】命令，绘制两条垂直直线，分别连接左视图倒角的顶点。选择【修改】→【裁剪】命令，对圆螺母左视图的直线进行裁剪。完成如图 3-112 所示的圆螺母轮廓线。

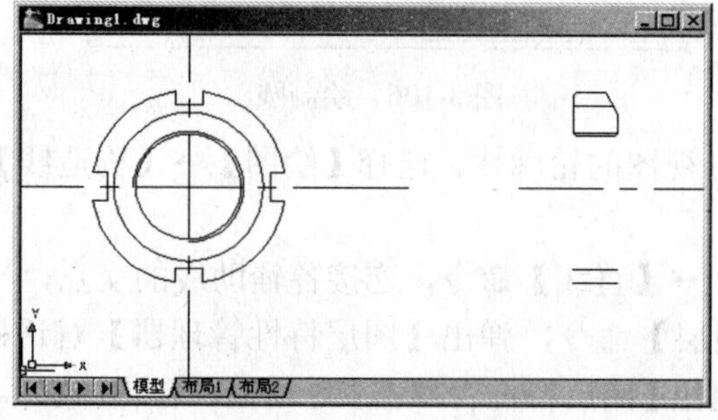

图 3-111　绘制圆螺母左视图上半部部分轮廓线

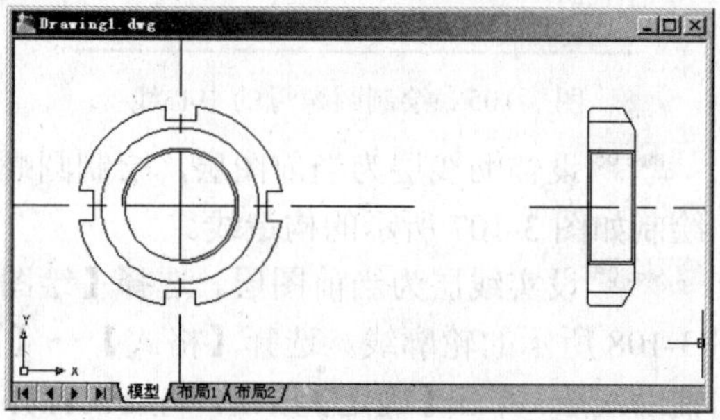

图 3-112　绘制圆螺母轮廓线

Step 12 设剖面线层为当前图层。选择【绘图】→【图案填充】命令，绘制圆螺母左视图的剖面线。结果如图 3-113 所示。

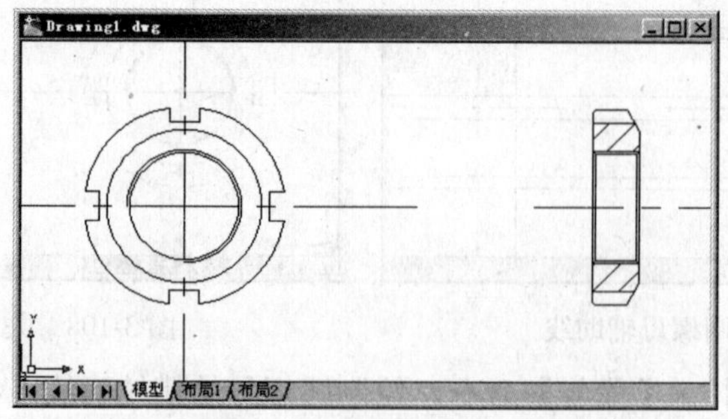

图 3-113　绘制圆螺母的剖面线

步骤 3 标注尺寸

Step 01 设标注线层为当前图层，选择【格式】→【标注样式】命令，弹出【标注样式管理器】对话框。单击【修改】按钮，弹出【修改标注样式：ISO-25】对话框。在【文字】选项卡的【文字位置】选项框中，设置“垂直方向”选项为“置中”，“水平方向”选项为“置中”。其他设置不变。完成设置后单击【确定】按钮返回到【标注样式管理器】对话框。在【标注样式管理器】对话框中单击【关闭】按钮完成修改标注样式。

选择【格式】→【标注样式】命令，弹出【标注样式管理器】对话框。单击【新建】按钮，弹出【创建新标注样式】对话框。在【创建新标注样式】对话框的【用于】选项设置为“直径标注”。单击【继续】按钮，弹出【新建标注样式：ISO-25：直径】对话框。在【文字】选项卡下设置“文字对齐”选项为“水平”。单击【确定】按钮，则返回到【标注样式管理器】对话框，再单击【关闭】按钮，完成并退出标注样式。

Step 02 选择【标注】→【直径】命令，对圆进行标注。选择【标注】→【线性】命令，对槽、螺纹直径等进行尺寸标注。选择【标注】→【角度】命令，对左视图中的角度进行尺寸标注。结果如图 3-114 所示。

Step 03 选择【标注】→【多重引线】命令，对倒角进行尺寸标注。结果如图 3-115 所示。

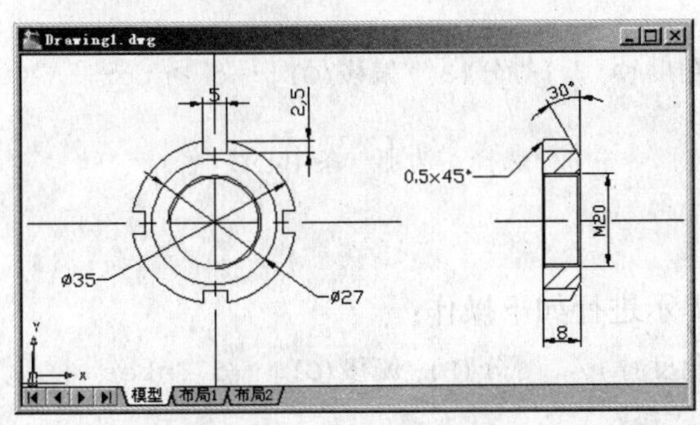

图 3-114 标注圆螺母

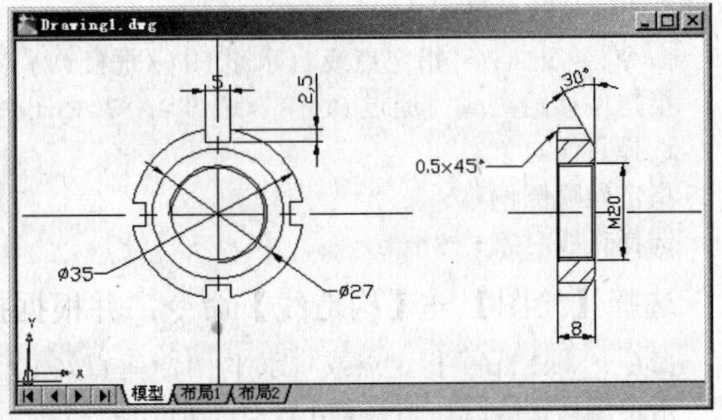

图 3-115 标注圆螺母

步骤 4 保存文件

选择【文件】→【保存】命令，以“EXAMPLE43.dwg”为名保存该图形文件。选择【文件】→【退出】命令，退出 AutoCAD。

实例 44 绘制压紧套——镜像对象和移动对象

本例通过绘制压紧套，复习镜像对象、移动对象和复习标注尺寸。

步骤 1 创建新图形文件

启动 AutoCAD 2008 中文系统，进入二维绘图模式。

步骤 2 绘制压紧套的轮廓线

Step 01 设置层，选择【格式】→【图层】命令，弹出【图层特性管理器】对话框，分别设置实线层，设置细实线层，设置中心线层，设置辅助线层，设置剖面线层，设置标注线层。单击【确定】按钮，完成设置并退出【图层特性管理器】对话框。

Step 02 把当前层设为中心线层，绘制两条直线。选择【绘图】→【直线】命令，并根据提示进行如下操作：

```
命令: _line 指定第一点: 60,140 Enter
指定下一点或 [放弃(U)]: 60,40 Enter
指定下一点或 [放弃(U)]: Enter
```

选择【绘图】→【直线】命令，并根据提示进行如下操作：

```
命令: _line 指定第一点: 140,140 Enter
指定下一点或 [放弃(U)]: 140,40 Enter
指定下一点或 [放弃(U)]: Enter
```

结果如图 3-116 所示。

Step 03 设辅助线层为当前图层。绘制垂直构造线。选择【绘图】→【构造线】命令，并根据提示进行如下操作：

```
命令: _xline 指定点或 [水平(H)/垂直(V)/角度(A)/二等分(B)/偏移(O)]: o Enter
指定偏移距离或 [通过(T)] <通过>: 7 Enter
选择直线对象:                                   //选择左边那一条中心线
指定向哪侧偏移:
选择直线对象: Enter
```

选择【绘图】→【构造线】命令，并根据提示进行如下操作：

```
命令: _xline 指定点或 [水平(H)/垂直(V)/角度(A)/二等分(B)/偏移(O)]: o Enter
指定偏移距离或 [通过(T)] <7.0000>: 8 Enter
选择直线对象:                                   //选择左边那一条中心线
指定向哪侧偏移:                                 //选择左边那一条中心线的左边
选择直线对象: Enter
```

选择【绘图】→【构造线】命令，并根据提示进行如下操作：

```
命令: _xline 指定点或 [水平(H)/垂直(V)/角度(A)/二等分(B)/偏移(O)]: o Enter
指定偏移距离或 [通过(T)] <8.0000>: 11 Enter
选择直线对象:                                   //选择左边那一条中心线
指定向哪侧偏移:                                 //选择左边那一条中心线的左边
选择直线对象:                                   //选择右边那一条中心线
指定向哪侧偏移:                                 //选择右边那一条中心线的左边
选择直线对象: Enter
```

选择【绘图】→【构造线】命令，并根据提示进行如下操作：

```
命令: _xline 指定点或 [水平(H)/垂直(V)/角度(A)/二等分(B)/偏移(O)]: o Enter
指定偏移距离或 [通过(T)] <11.0000>: 12 Enter
选择直线对象:                                   //选择左边那一条中心线
指定向哪侧偏移:                                 //选择左边那一条中心线的左边
```

```
选择直线对象：                                    //选择右边那一条中心线
指定向哪侧偏移：                              //选择右边那一条中心线的左边
选择直线对象：Enter
```

结果如图 3-117 所示。

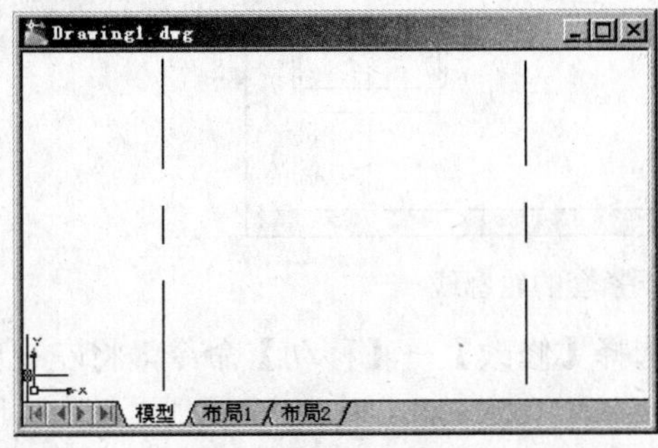

图 3-116　绘制中心线

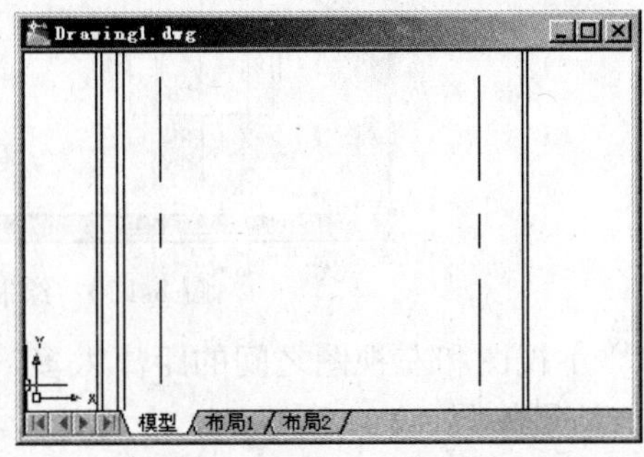

图 3-117　绘制垂直构造线

Step 04 绘制水平构造线。选择【绘图】→【构造线】命令，并根据提示进行如下操作：

```
命令：_xline 指定点或 [水平(H)/垂直(V)/角度(A)/二等分(B)/偏移(O)]：h Enter
指定通过点：60,100 Enter
指定通过点：60,97 Enter
指定通过点：60,95 Enter
指定通过点：60,89 Enter
指定通过点：60,85 Enter
指定通过点：Enter
```

绘制如图 3-118 所示的构造线。

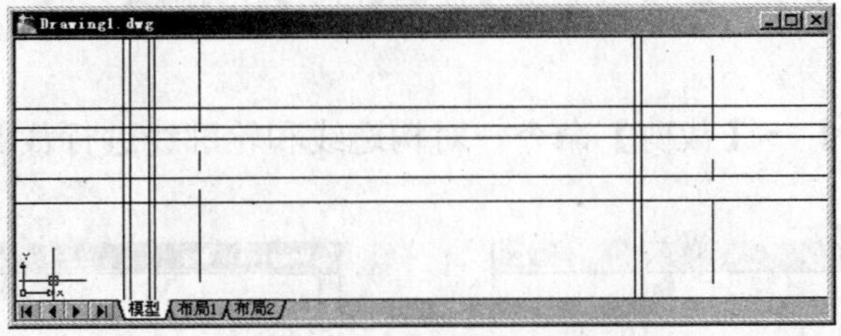

图 3-118　绘制水平构造线

Step 04 设细实线层为当前图层。选择【绘图】→【直线】命令，绘制螺纹细实线。设实线层为当前图层。绘制视图中心线左半部分轮廓线。选择【绘图】→【直线】命令，绘制如图 3-119 所示的轮廓线。选择【格式】→【图层】命令，弹出【图层特性管理器】对话框，关闭辅助线层。单击【确定】按钮，完成设置并退出【图层特性管理器】对话框。结果如图 3-119 所示。

图 3-119　绘制左半部分轮廓线

Step 05 选择【修改】→【镜像】命令，绘制视图中心线左半部分轮廓线。选择【绘图】→【直线】命令，连接主视图中内圆的台阶线。结果如图 3-120 所示。

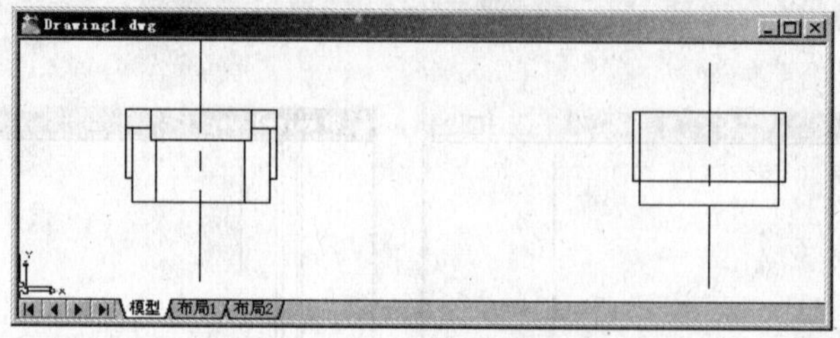

图 3-120　绘制压紧套的轮廓线

Step 06 主视图和左视图之间的距离太多，选择【修改】→【移动】命令，将左视图向左移动 20mm。结果如图 3-121 所示。

Step 07 设剖面线层为当前图层。选择【绘图】→【图案填充】命令，绘制如图 3-122 所示的剖面线。

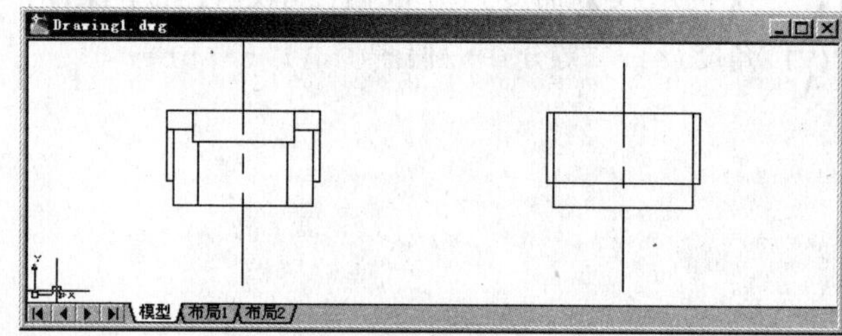

图 3-121　移动左视图

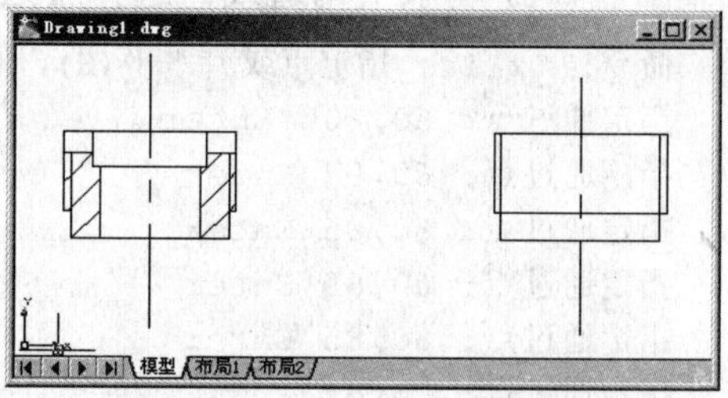

图 3-122　绘制压紧套剖面线

Step 08 绘制水平和垂直构造线。选择【绘图】→【构造线】命令，绘制如图 3-123 所示的构造线。

Step 09 选择【修改】→【裁剪】命令，对构造线和轮廓线进行裁剪，绘制结果如图 3-124 所示。

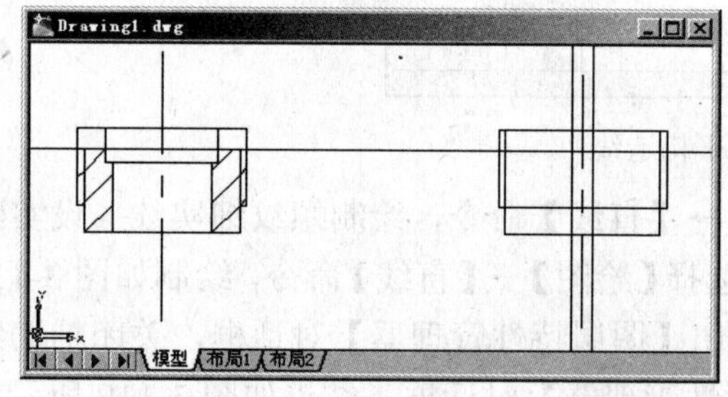

图 3-123　绘制槽的构造线

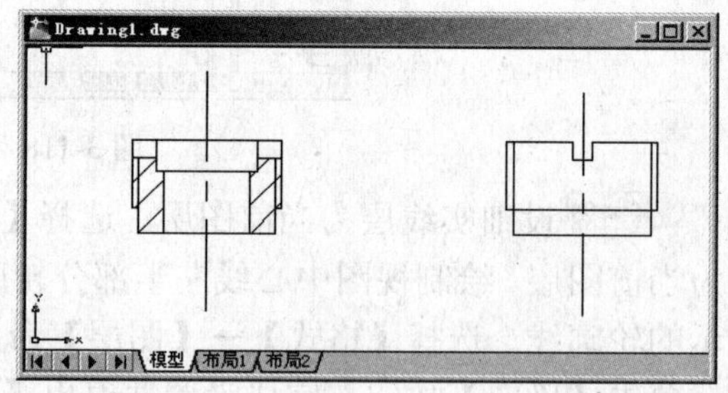

图 3-124　绘制压紧套的凹槽

步骤 3　标注尺寸

Step 01 设标注线层为当前图层，选择【格式】→【标注样式】命令，弹出【标注样式管理器】对话框。单击【修改】按钮，弹出【修改标注样式：ISO-25】对话框。在【文字】选项卡，【文字位置】框下“垂直方向”选“置中”，“水平方向”选“置中”。其他设置不变。完成设置后单击【确定】按钮返回到【标注样式管理器】对话框。在【标注样式管理器】对话框中单击【关闭】按钮完成修改标注样式。

选择【格式】→【标注样式】命令，弹出【标注样式管理器】对话框。单击【新建】按钮，弹出【创建新标注样式】对话框，在【创建新标注样式】对话框的【用于】栏选择“直径标注”项。单击【继续】按钮，弹出【新建标注样式：ISO-25：直径】对话框，在【文字】选项卡下把“文字对齐”方式设为“水平”。单击【确定】按钮，则返回到【标注样式管理器】对话框，再单击【关闭】按钮，完成并退出标注样式。

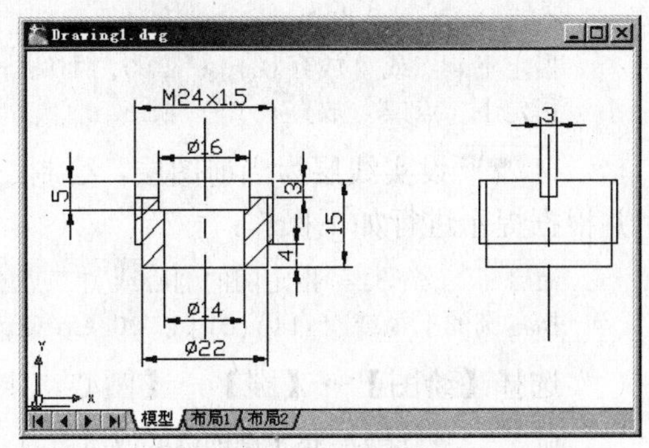

图3-125　绘制的压紧套

Step 02 选择【标注】→【线性】命令，对槽、螺纹直径、高度等进行尺寸标注。结果如图3-125所示。

步骤4　保存文件

选择【文件】→【保存】命令，以“EXAMPLE44.dwg”为名保存该图形文件。选择【文件】→【退出】命令，退出AutoCAD。

实例45　绘制阀心——打断对象和删除命令

本例通过绘制阀心，复习打断对象、删除对象命令和复习标注尺寸。

步骤1　创建新图形文件

启动AutoCAD 2008中文系统，进入二维绘图模式。

步骤2　绘制阀心的轮廓线

Step 01 设置层，选择【格式】→【图层】命令，弹出【图层特性管理器】对话框，分别设置实线层，设置中心线层，设置辅助线层，设置剖面线层，设置标注线层。单击【确定】按钮，完成设置并退出【图层特性管理器】对话框。

Step 02 把当前层设为中心线层，绘制三条直线。选择【绘图】→【直线】命令，并根据提示进行如下操作：

```
命令: _line 指定第一点: 20,80 Enter
指定下一点或 [放弃(U)]: 140,80 Enter
指定下一点或 [放弃(U)]: Enter
```

选择【绘图】→【直线】命令，并根据提示进行如下操作：

```
命令: _line 指定第一点: 50,50 Enter
指定下一点或 [放弃(U)]: 50,110 Enter
```

```
指定下一点或 [放弃(U)]: Enter
```

选择【绘图】→【直线】命令，并根据提示进行如下操作：

```
命令: _line 指定第一点: 110,50 Enter
指定下一点或 [放弃(U)]: 110,110 Enter
指定下一点或 [放弃(U)]: Enter
```

Step 03 设实线层为当前图层，绘制三个圆。选择【绘图】→【圆】→【圆心，半径】命令，并根据提示进行如下操作：

```
命令: _circle 指定圆的圆心或 [三点(3P)/两点(2P)/相切、相切、半径(T)]: 50,80 Enter
指定圆的半径或 [直径(D)]: 20 Enter
```

选择【绘图】→【圆】→【圆心，半径】命令，并根据提示进行如下操作：

```
命令: _circle 指定圆的圆心或 [三点(3P)/两点(2P)/相切、相切、半径(T)]: 110,80 Enter
指定圆的半径或 [直径(D)]: 20 Enter
```

选择【绘图】→【圆】→【圆心，半径】命令，并根据提示进行如下操作：

```
命令: _circle 指定圆的圆心或 [三点(3P)/两点(2P)/相切、相切、半径(T)]: 110,80 Enter
指定圆的半径或 [直径(D)]: 20 Enter
```

结果如图 3-126 所示。

Step 04 设辅助线层为当前图层。绘制水平和垂直构造线。选择【绘图】→【构造线】命令，并根据提示进行如下操作：

```
命令: _xline 指定点或 [水平(H)/垂直(V)/角度(A)/二等分(B)/偏移(O)]: o Enter
指定偏移距离或 [通过(T)] <通过>: 10 Enter
选择直线对象: //选择水平中心线
指定向哪侧偏移: //选择水平中心线的上方
选择直线对象: //选择水平中心线
指定向哪侧偏移: //选择水平中心线的下方
选择直线对象: Enter
```

同样的操作，绘制如图 3-127 所示的构造线。

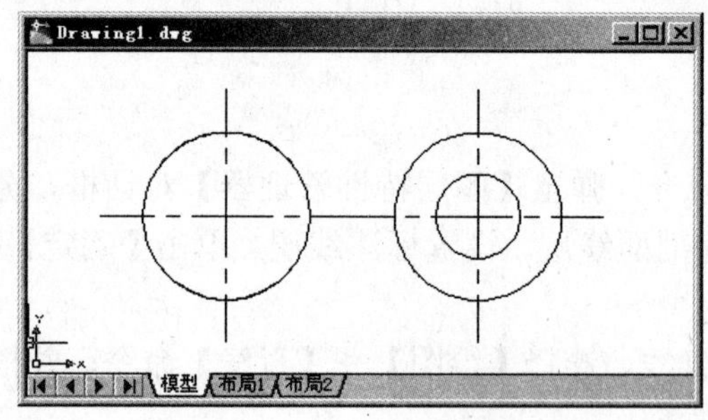

图 3-126　绘制的中心线和圆

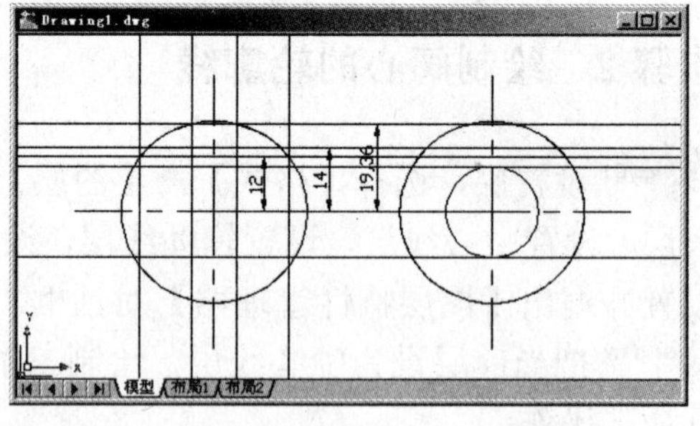

图 3-127　绘制水平和垂直构造线

Step 05 设实线层为当前图层。利用构造线与构造线的交点和构造线与圆的交点，选择【绘图】→【直线】命令，绘制如图 3-128 所示的直线。利用构造线，选择【绘图】→【圆】→【圆心，半径】命令，分别绘制三个圆。结果如图 3-128 所示。选择【格式】→【图层】命令，弹出【图层特性管理器】对话框，关闭辅助线层。单击【确定】按钮，完成设置并退出【图层特性管理器】对话框。结果如图 3-128 所示。

Step 06 选择【修改】→【打断】命令，并根据提示进行如下操作：

```
命令: _break 选择对象://选择左边第一个圆
指定第二个打断点 或 [第一点(F)]: f  Enter
指定第一个打断点: //选择左边第一个圆与垂直直线的一个交点
指定第二个打断点: //选择左边第一个圆与垂直直线的另一个交点
```

同样的操作，完成如图3-129所示的轮廓线。

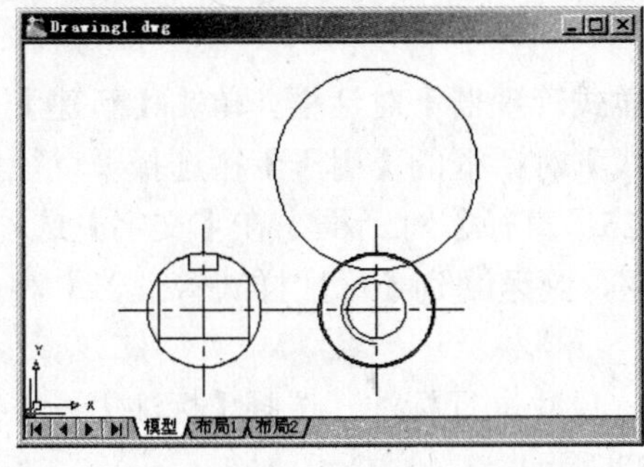

图3-128 关闭辅助线层

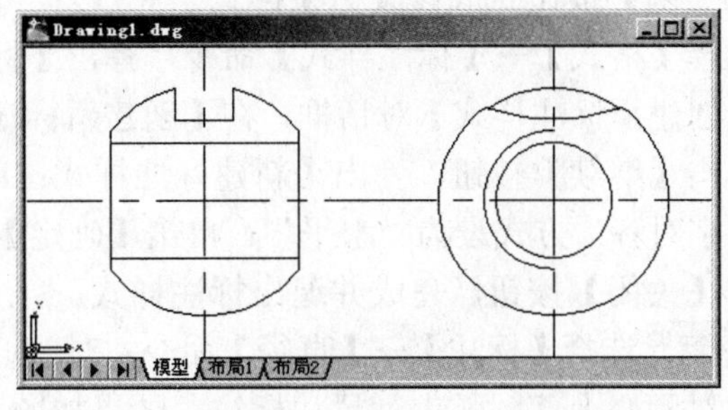

图3-129 打断修改后的轮廓线

Step 07 确保已经开启了【正交】功能和【捕捉】功能。选择【绘图】→【直线】命令，从右至左绘制如图3-130所示的三条直线。

Step 08 选择【修改】→【删除】命令，把上一步绘制的第一条和第二条直线删除。结果如图3-131所示。

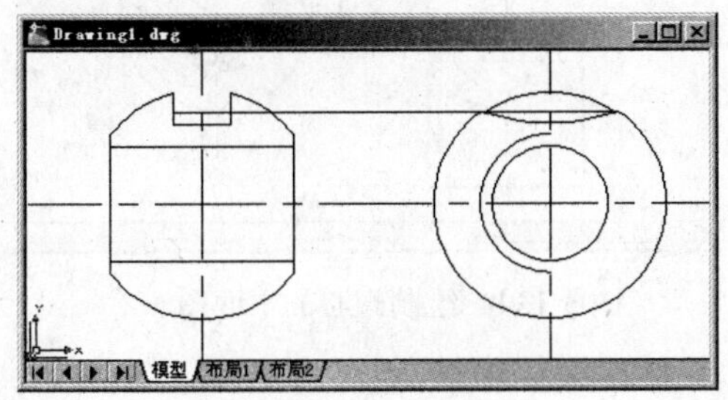

图3-130 绘制三条直线

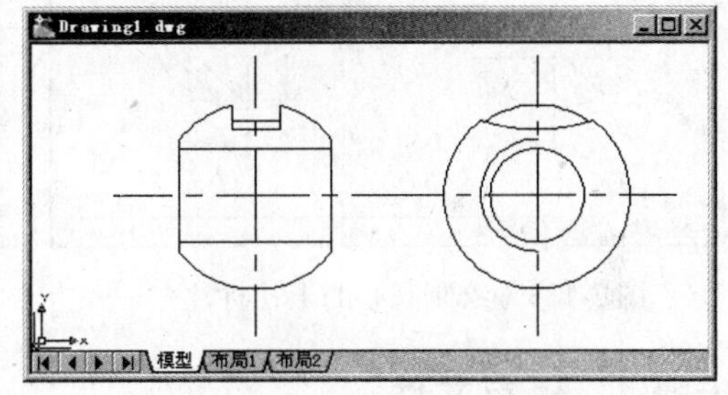

图3-131 绘制的阀心轮廓线

Step 09 设剖面线层为当前图层。选择【绘图】→【图案填充】命令，绘制如图3-132所示的剖面线。

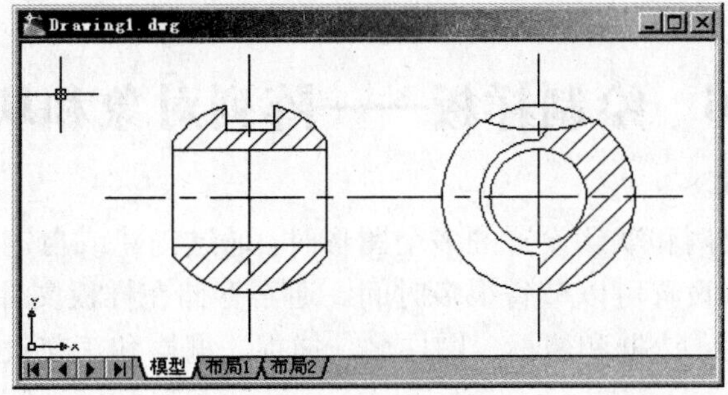

图3-132 绘制的阀心剖面线

步骤 3　标注尺寸

Step 01 设标注线层为当前图层，选择【格式】→【标注样式】命令，弹出【标注样式管理器】对话框。单击【修改】按钮，弹出【修改标注样式：ISO-25】对话框。在【文字】选项卡，【文字位置】框下“垂直方向”选“置中”，“水平方向”选“置中”。其他设置不变。完成设置后单击【确定】按钮返回到【标注样式管理器】对话框。在【标注样式管理器】对话框中单击【关闭】按钮完成修改标注样式。

选择【格式】→【标注样式】命令，弹出【标注样式管理器】对话框。单击【新建】按钮，弹出【创建新标注样式】对话框，在【创建新标注样式】对话框的【用于】栏选择“直径标注”项。单击【继续】按钮，弹出【新建标注样式：ISO-25：直径】对话框，在【文字】选项卡下把“文字对齐”方式设为“水平”。单击【确定】按钮，则返回到【标注样式管理器】对话框，再单击【关闭】按钮，完成并退出标注样式。

Step 02 选择【标注】→【直径】命令，对阀心主体尺寸进行标注。选择【标注】→【半径】命令，对阀心上部圆弧进行尺寸标注。结果如图 3-133 所示。

Step 03 选择【标注】→【线性】命令，对槽、高度等进行尺寸标注。结果如图 3-134 所示。

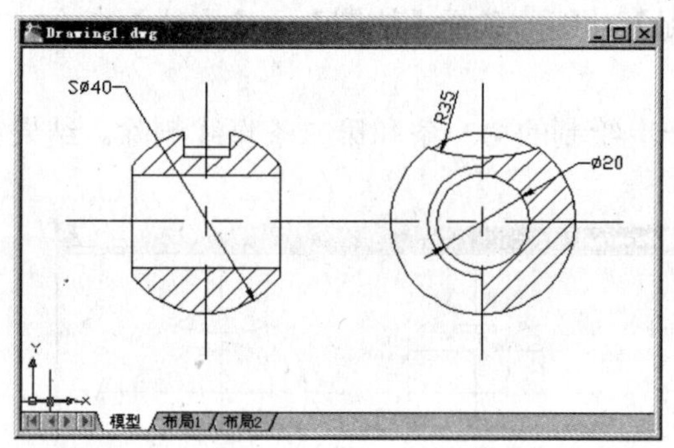

图 3-133　绘制阀心的半径标注

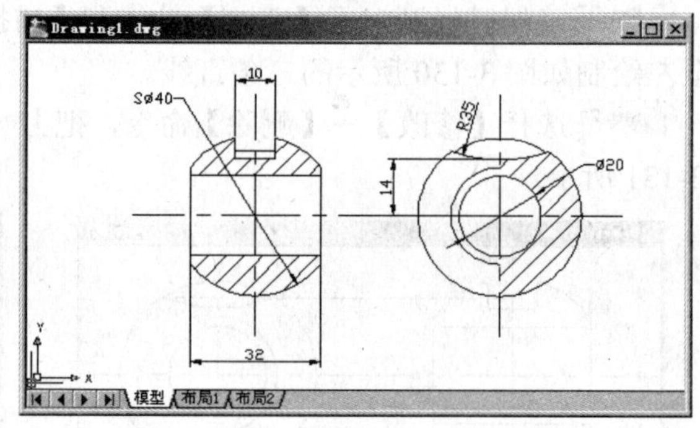

图 3-134　绘制阀心的平面图

步骤 4　保存文件

选择【文件】→【保存】命令，以“EXAMPLE45.dwg”为名保存该图形文件。选择【文件】→【退出】命令，退出 AutoCAD。

实例 46　绘制样板——阵列对象和块操作

需要创建使用相同惯例和默认设置的多个图形时，通过创建或自定义样板文件而不是每次启动时都指定惯例和默认设置可以节省很多时间。通常存储在样板文件中的惯例和设置包括：单位类型和精度、标题栏、边框和徽标、图层名、捕捉、栅格和正交设置、栅格界限、标注样式、文字样式、线型等。

默认情况下，图形样板文件存储在 template 文件夹中，以便访问。本例通过绘制样板，学习如何创建样板文件、复习阵列对象和块操作。

步骤1　创建新图形文件

启动 AutoCAD 2008 中文系统，进入二维绘图模式。

步骤2　绘制样板文件外框

Step 01 设置层，选择【格式】→【图层】命令，弹出【图层特性管理器】对话框，分别设置粗实线层，设置实线层，设置中心线层，设置标注线层。单击【确定】按钮，完成设置并退出【图层特性管理器】对话框。

Step 02 把当前层设为实线层，绘制 A3 图纸外框线。选择【绘图】→【矩形】命令，并根据提示进行如下操作：

```
指定第一个角点或 [倒角(C)/标高(E)/圆角(F)/厚度(T)/宽度(W)]: 0,0 Enter
指定另一个角点或 [面积(A)/尺寸(D)/旋转(R)]: 297,420 Enter
```

Step 03 设粗实线层为当前图层。绘制 A3 图纸内框线。选择【绘图】→【矩形】命令，并根据提示进行如下操作：

```
指定第一个角点或 [倒角(C)/标高(E)/圆角(F)/厚度(T)/宽度(W)]: 10,10 Enter
指定另一个角点或 [面积(A)/尺寸(D)/旋转(R)]: 287,410 Enter
```

结果如图 3-135 所示。

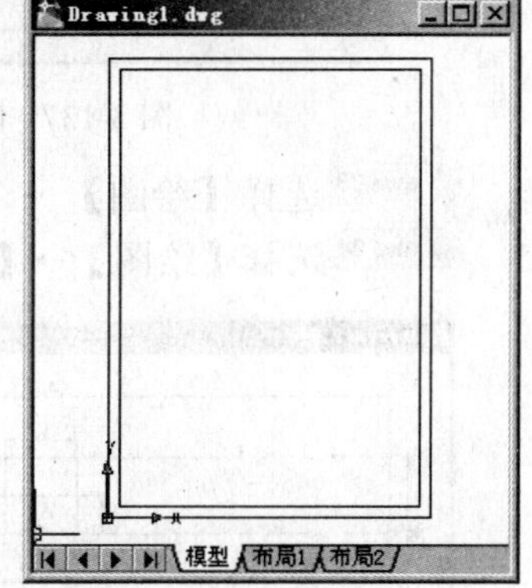

图 3-135　绘制 A3 图纸内外框线

步骤3　绘制样板文件标题栏

Step 01 选择【绘图】→【直线】命令，并根据提示进行如下操作：

```
LINE 指定第一点: 147,18Enter
指定下一点或[放弃(U)]: 214,18Enter
指定下一点或[放弃(U)]:  Enter
```

选择【绘图】→【直线】命令，并根据提示进行如下操作：

```
LINE 指定第一点: 162,10Enter
指定下一点或[放弃(U)]: 162,26Enter
指定下一点或[放弃(U)]: Enter
```

选择【绘图】→【直线】命令，并根据提示进行如下操作：

```
LINE 指定第一点: 187,10Enter
指定下一点或[放弃(U)]: 187,26Enter
指定下一点或[放弃(U)]: Enter
```

结果如图 3-136 所示。

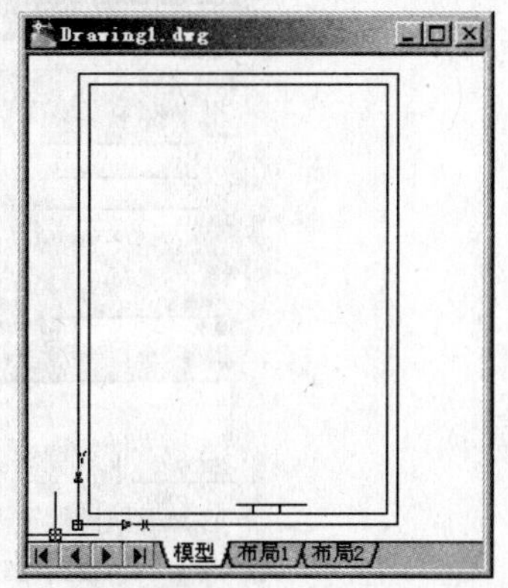

图 3-136　绘制三条直线

Step 02 选择【修改】→【阵列】命令，系统将弹出【阵列】对话框，如图 3-137 所示。在该对话框中，单击【选择对象】

按钮，选择阵列的对象为刚刚绘制的三条直线。单击【确定】按钮，完成阵列命令。绘制结果如图 3-138 所示。

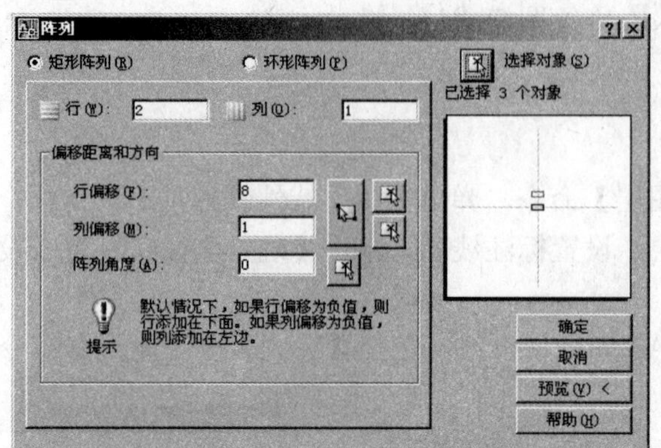

图 3-137 【阵列】对话框

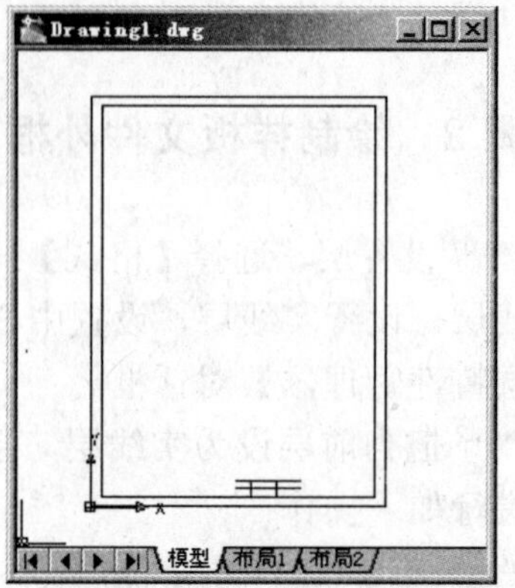

图 3-138 阵列绘制三条直线

Step 03 选择【绘图】→【直线】命令，绘制如图 3-139 所示的直线。

Step 04 选择【绘图】→【文字】→【多行文字】命令，绘制如图 3-140 所示的文字和位置。

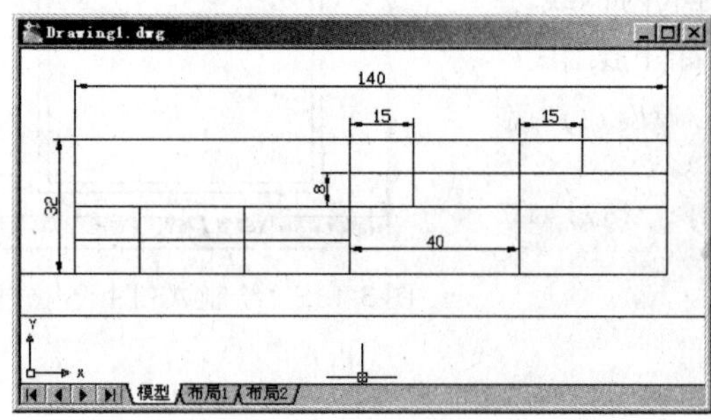

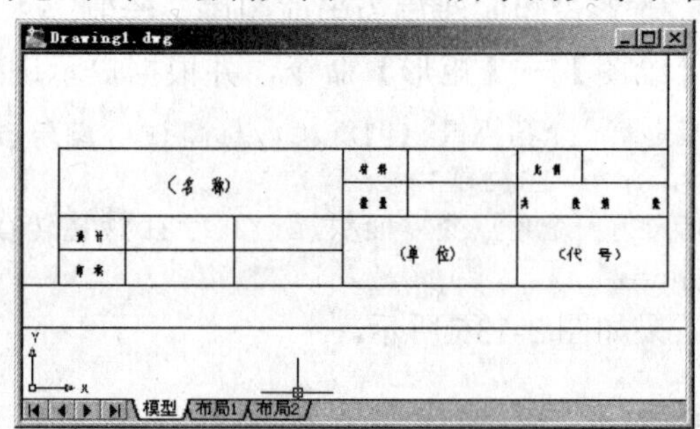

图 3-140 绘制标题栏文字

Step 05 选择【绘图】→【块】→【创建】命令，弹出【块定义】对话框，并按图 3-141 进行设置。其中选择对象为绘制的标题栏轮廓线及文字。完成了 A3 样板图纸的绘制，如图 3-142 所示。

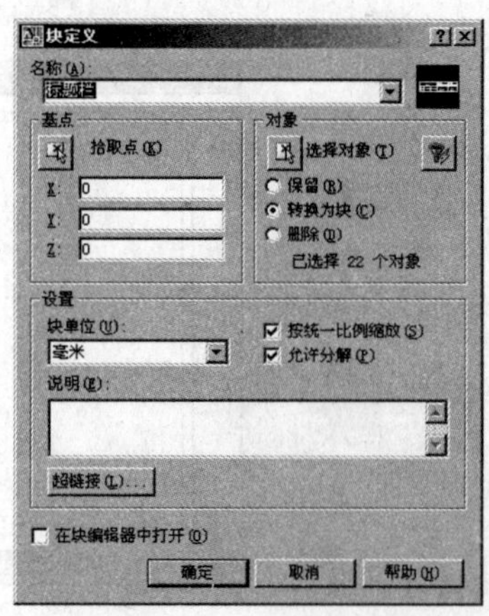

图 3-141 【块定义】对话框

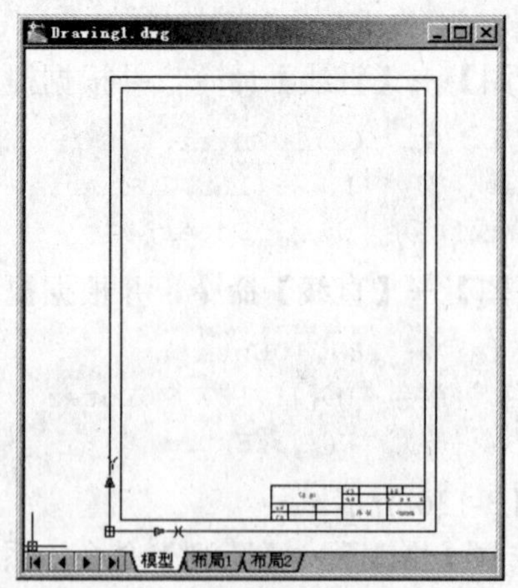

图 3-142 绘制 A3 样板图纸

步骤4　保存文件

选择【文件】→【保存】命令，弹出【图形另存为】对话框,按图3-143所示进行设置并保存该图形文件。

图3-143　【图形另存为】对话框-样板文件

选择【文件】→【保存】命令，以“EXAMPLE46.dwg”为名保存该图形文件。选择【文件】→【退出】命令，退出AutoCAD。

同样的操作，完成A3图纸-横、A4图纸-纵和A4图纸-横，以便以后使用方便。

实例47　绘制导柱——倒角和圆角

本例通过绘制导柱，复习倒角命令、圆角命令和复习标注尺寸。

步骤1　创建新图形文件

启动AutoCAD 2008中文系统，进入二维绘图模式。

步骤2　绘制导柱的轮廓线

Step 01 设置层，选择【格式】→【图层】命令，弹出【图层特性管理器】对话框，分别设置实线层，设置中心线层，设置辅助线层，设置标注线层。单击【确定】按钮，完成设置并退出【图层特性管理器】对话框。

Step 02 把当前层设为中心线层，绘制两条直线。选择【绘图】→【直线】命令，在屏幕中间适当位置绘制如图3-144所示的两条垂直相交的中心线。

Step 03 设辅助线层为当前图层，绘制导柱的辅助线。选择【绘图】→【构造线】命令，绘制如图3-144所示的辅助线。结果如图3-144所示。

Step 04 把当前层设为实线层。选择【绘图】→【直线】命令，利用辅助线，绘制如图3-145所示的导柱轮廓线。选择【格式】→【图层】命令，弹出【图层特性管理器】对话框，关闭辅助线层。单击【确定】按钮，完成设置并退出【图层特性管理器】对话框。结果如图3-145所示。

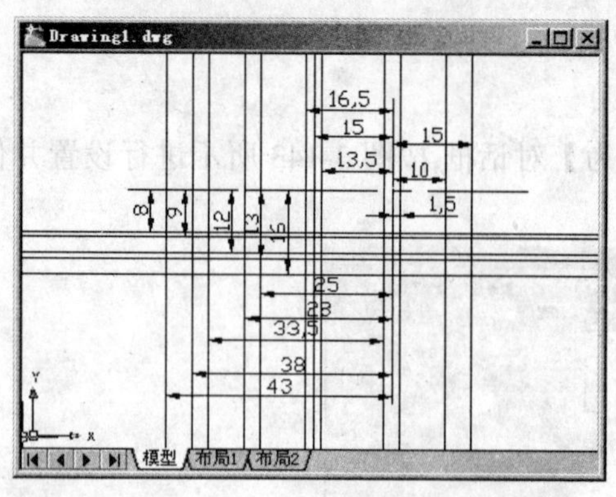

图 3-144　绘制导柱辅助线

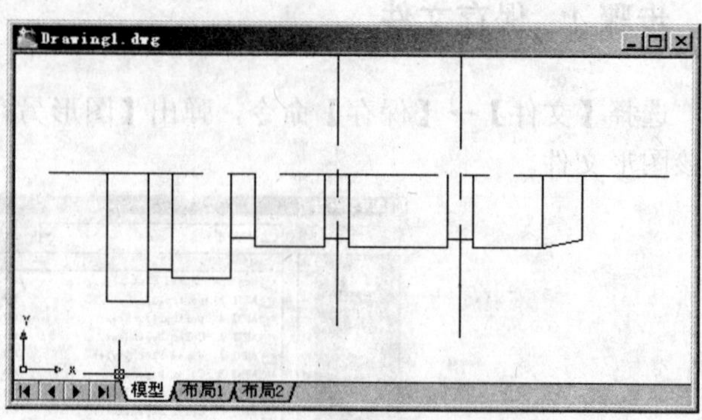

图 3-145　绘制导柱部分轮廓线

Step 05 选择【修改】→【圆角】命令，绘制导柱头部的圆角半径为 2，其余圆角半径为 1 的圆角。结果如图 3-146 所示。

Step 06 选择【绘图】→【块】→【创建】命令，弹出【块定义】对话框，在【名称】文本框中输入块名“daozhu”，设置【基点】三维坐标为（0,0,0），在【对象】栏中，单击“选择对象”图标返回绘图区并选择除中心线以外全部图形对象。并选中“转换为块”项。其他设置不变。单击【确定】按钮完成创建块命令，由此创建了一个名为“daozhu”的块对象。结果如图 3-147 所示。

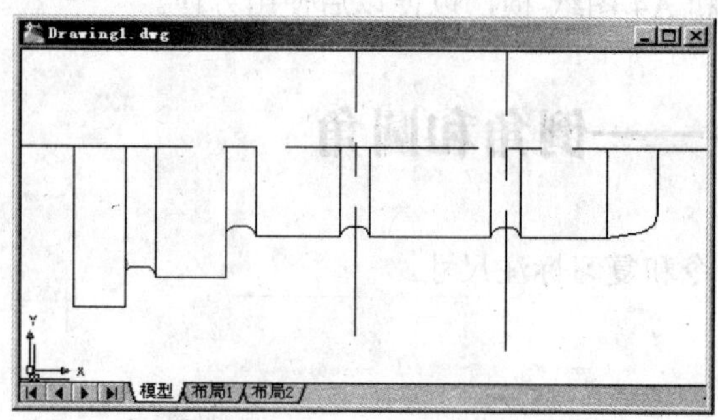

图 3-146　绘制导柱圆角

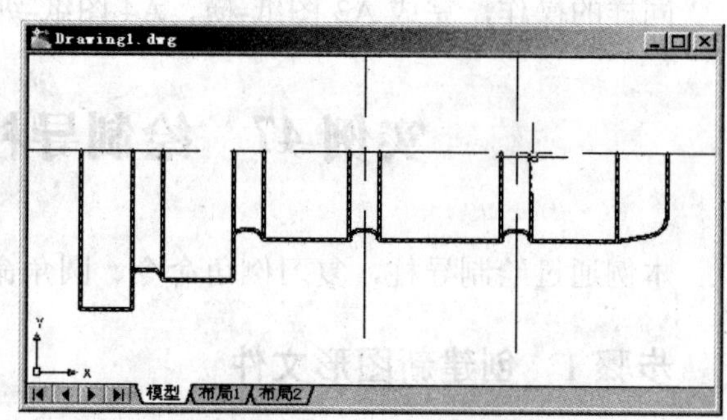

图 3-147　定义导柱块

Step 07 选择【修改】→【镜像】命令，把刚刚绘制的块作为镜像对象，把水平中心线作为对称轴，绘制导柱另一半轮廓线。选择【修改】→【拉伸】命令，调整中心线的长度。结果如图 3-148 所示。

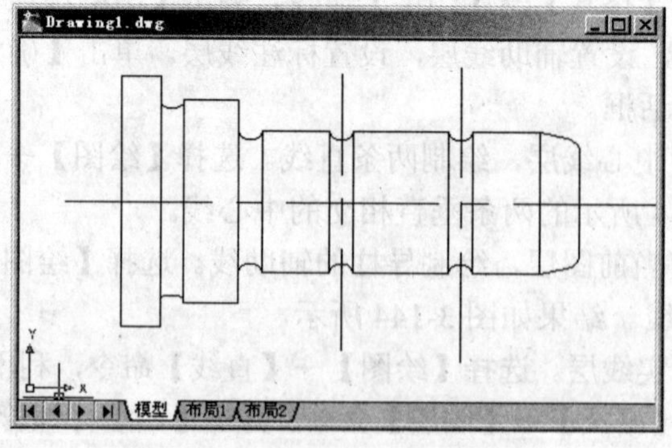

图 3-148　绘制导柱轮廓线

步骤 3　标注尺寸

Step 01 设标注线层为当前图层，选择【格式】→【标注样式】命令，弹出【标注样式管理器】对话框。单击【修改】按钮，弹出【修改标注样式：ISO-25】对话框。在【文字】选项卡，【文字位置】框下“垂直方向”选“置中”，“水平方向”选“置中”。在【主单位】选项卡，“精度”修改为保留小数点后两位数，“小数分隔符”修改为“句点”。其他设置不变。完成设置后单击【确定】按钮返回到【标注样式管理器】对话框。在【标注样式管理器】对话框中单击【关闭】按钮完成修改标注样式。

选择【格式】→【标注样式】命令，弹出【标注样式管理器】对话框。单击【新建】按钮，弹出【创建新标注样式】对话框，在【创建新标注样式】对话框的【用于】栏选择“半径标注”项。单击【继续】按钮，弹出【新建标注样式：ISO-25：半径】对话框，在【文字】选项卡下把“文字对齐”方式设为“水平”。单击【确定】按钮，则返回到【标注样式管理器】对话框。

Step 02 选择【标注】→【半径】命令，对圆及其圆角进行半径标注。绘制如图 3-149 所示的尺寸标注。

Step 03 选择【标注】→【线性】命令，对长、宽、高等进行尺寸标注。绘制如图 3-150 所示的尺寸标注。

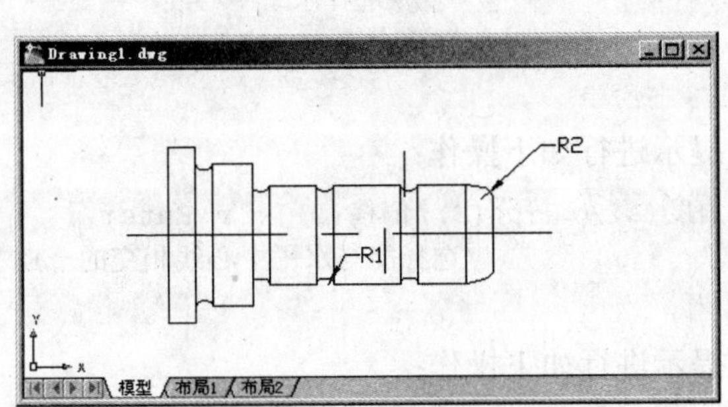

图 3-149　绘制的导柱

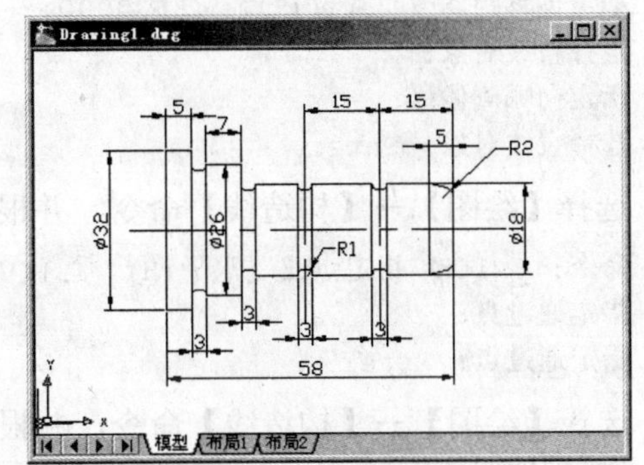

图 3-150　绘制的导柱

步骤 4　保存文件

选择【文件】→【保存】命令，以“EXAMPLE47.dwg”为名保存该图形文件。选择【文件】→【退出】命令，退出 AutoCAD。

实例 48　绘制导套——剖面线

本例通过绘制导套，复习绘制剖面线。

步骤 1　创建新图形文件

启动 AutoCAD 2008 中文系统，进入二维绘图模式。

步骤 2　绘制导套的轮廓线

Step 01 设置层，选择【格式】→【图层】命令，弹出【图层特性管理器】对话框，分别设置实线层，设置中心线层，设置辅助线层，设置标注线层，设置剖面线层。单击【确定】按钮，完成设置并退出【图层特性管理器】对话框。

Step 02 把当前层设为中心线层，绘制一条直线。选择【绘图】→【直线】命令，在屏幕中间适当位置绘制如图 3-140。

Step 03 设辅助线层为当前图层，绘制导柱的辅助线。选择【绘图】→【构造线】命令，并根据提示进行如下操作：

```
命令：_xline 指定点或 [水平(H)/垂直(V)/角度(A)/二等分(B)/偏移(O)]: o Enter
指定偏移距离或 [通过(T)] <通过>: 15 Enter
选择直线对象:                                          //选择水平中心线
指定向哪侧偏移:                                    //选择水平中心线的上方
选择直线对象: Enter
```

选择【绘图】→【构造线】命令，并根据提示进行如下操作：

```
命令：_xline 指定点或 [水平(H)/垂直(V)/角度(A)/二等分(B)/偏移(O)]: o Enter
指定偏移距离或 [通过(T)] <15.0000>: 21 Enter
选择直线对象:                                          //选择水平中心线
指定向哪侧偏移:                                    //选择水平中心线的上方
选择直线对象: Enter
```

选择【绘图】→【构造线】命令，并根据提示进行如下操作：

```
命令：_xline 指定点或 [水平(H)/垂直(V)/角度(A)/二等分(B)/偏移(O)]: v Enter
指定通过点:                                        //选择能与水平中心线相交的一点
指定通过点: Enter
```

选择【绘图】→【构造线】命令，并根据提示进行如下操作：

```
命令：_xline 指定点或 [水平(H)/垂直(V)/角度(A)/二等分(B)/偏移(O)]: o Enter
指定偏移距离或 [通过(T)] <21.0000>: 20 Enter
选择直线对象:                                          //选择刚刚绘制的垂直构造线
指定向哪侧偏移:                                    //选择刚刚绘制的垂直构造线的右方
选择直线对象: Enter
```

结果如图 3-151 所示。

Step 04 把当前层设为实线层。选择【绘图】→【直线】命令，利用辅助线，绘制如图 3-152 所示的导柱轮廓线。选择【格式】→【图层】命令，弹出【图层特性管理器】对话框，关闭辅助线层。单击【确定】按钮，完成设置并退出【图层特性管理器】对话框。结果如图 3-152 所示。

Step 05 选择【修改】→【圆角】命令，并根据提示进行如下操作：

```
命令：_fillet
当前设置：模式 = 修剪，半径 = 0.0000
选择第一个对象或 [放弃(U)/多段线(P)/半径(R)/修剪(T)/多个(M)]: r Enter
指定圆角半径 <0.0000>: 3 Enter
选择第一个对象或 [放弃(U)/多段线(P)/半径(R)/修剪(T)/多个(M)]: m Enter
```

```
选择第一个对象或 [放弃(U)/多段线(P)/半径(R)/修剪(T)/多个(M)]:            //选择水平直线
选择第二个对象，或按住 Shift 键选择要应用角点的对象:            //选择垂直直线
选择第一个对象或 [放弃(U)/多段线(P)/半径(R)/修剪(T)/多个(M)]:            //选择另一条水平直线
选择第二个对象，或按住 Shift 键选择要应用角点的对象:            //选择刚刚已经被选择了的垂直直线
选择第一个对象或 [放弃(U)/多段线(P)/半径(R)/修剪(T)/多个(M)]: Enter
```

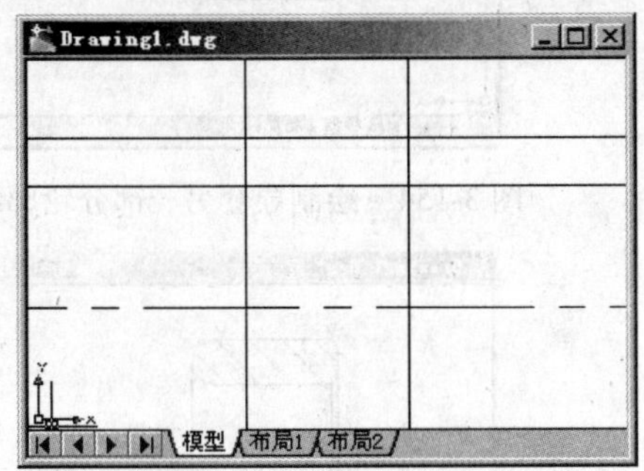

图 3-151　绘制导套辅助线

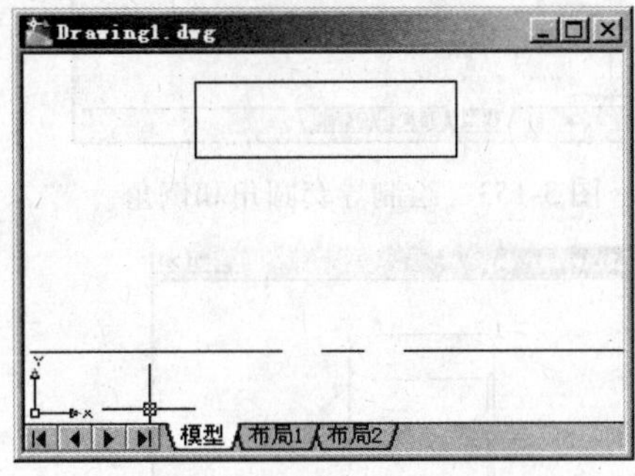

图 3-152　绘制导套部分轮廓线

选择【修改】→【圆角】命令，并根据提示进行如下操作：

```
命令: _chamfer
("修剪"模式)当前倒角距离 1 = 0.0000，距离 2 = 0.0000
选择第一条直线或 [放弃(U)/多段线(P)/距离(D)/角度(A)/修剪(T)/方式(E)/多个(M)]: d Enter
指定第一个倒角距离 <0.0000>: 1 Enter
指定第二个倒角距离 <1.0000>: 1 Enter
选择第一条直线或 [放弃(U)/多段线(P)/距离(D)/角度(A)/修剪(T)/方式(E)/多个(M)]: m Enter
选择第一条直线或 [放弃(U)/多段线(P)/距离(D)/角度(A)/修剪(T)/方式(E)/多个(M)]:
    //选择水平直线
选择第二条直线，或按住 Shift 键选择要应用角点的直线:            //选择垂直直线
选择第一条直线或 [放弃(U)/多段线(P)/距离(D)/角度(A)/修剪(T)/方式(E)/多个(M)]:
    //选择另一条水平直线
选择第二条直线，或按住 Shift 键选择要应用角点的直线:        //选择刚刚已经被选择了的垂直直线
选择第一条直线或 [放弃(U)/多段线(P)/距离(D)/角度(A)/修剪(T)/方式(E)/多个(M)]: Enter
```

结果如图 3-153 所示。

Step 06 选择【修改】→【镜像】命令，把水平中心线以上绘制的图形作为镜像对象，把水平中心线作为对称轴，绘制导套另一半轮廓线。结果如图 3-154 所示。

Step 07 选择【绘图】→【直线】命令，连接上下两部分轮廓线对应的点，绘制如图 3-155 所示的直线。选择【修改】→【拉伸】命令，调整中心线的长度。结果如图 3-155 所示。

Step 08 设剖面线层为当前图层。选择【绘图】→【图案填充】命令，完成如图 3-156 所示剖面线。

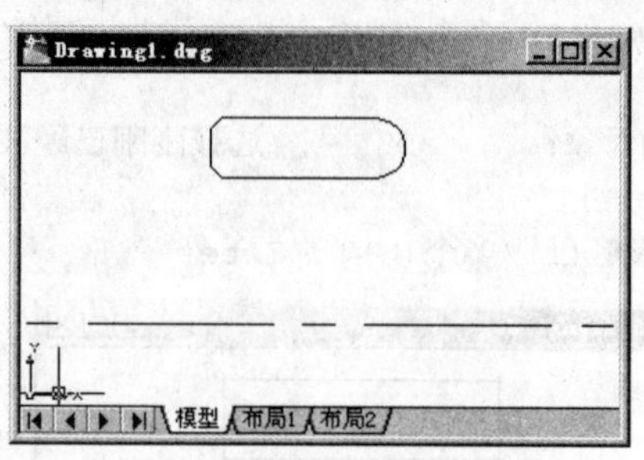

图 3-153　绘制导套圆角和倒角

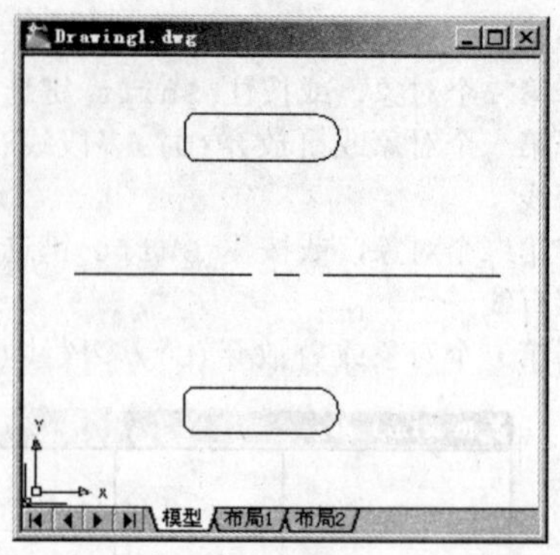

图 3-154　绘制导套另一部分轮廓线

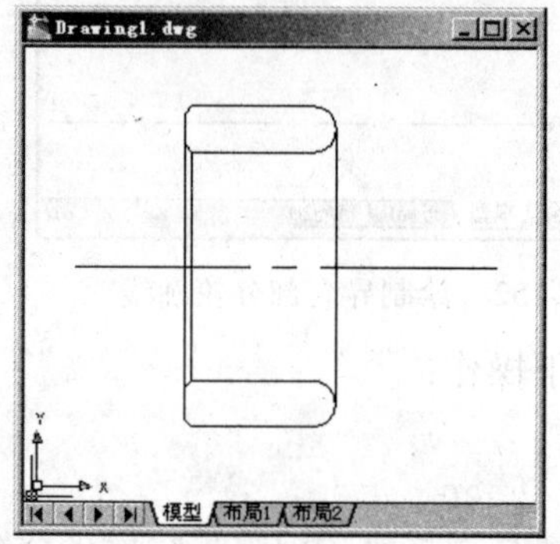

图 3-155　绘制导套的廓线

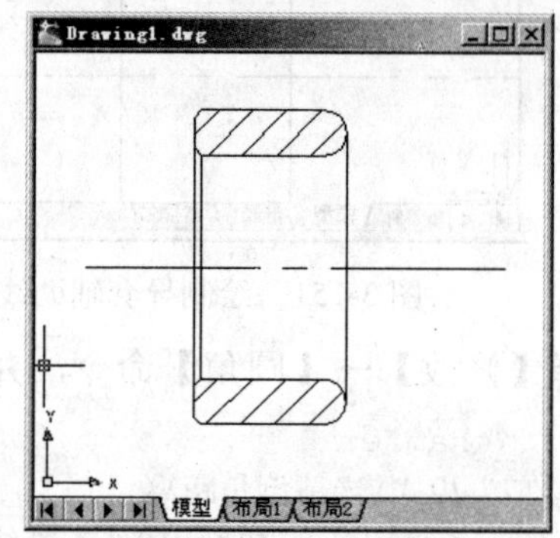

图 3-156　绘制导套的剖面线

步骤 3　标注尺寸

Step 01 设标注线层为当前图层，选择【格式】→【标注样式】命令，弹出【标注样式管理器】对话框。单击【修改】按钮，弹出【修改标注样式：ISO-25】对话框。在【文字】选项卡，【文字位置】框下“垂直方向”选“置中”，“水平方向”选“置中”。在【主单位】选项卡，“精度”修改为保留小数点后两位数，“小数分隔符”修改为“句点”。其他设置不变。完成设置后单击【确定】按钮返回到【标注样式管理器】对话框。在【标注样式管理器】对话框中单击【关闭】按钮完成修改标注样式。

选择【格式】→【标注样式】命令，弹出【标注样式管理器】对话框。单击【新建】按钮，弹出【创建新标注样式】对话框，在【创建新标注样式】对话框的【用于】栏选择“半径标注”项。单击【继续】按钮，弹出【新建标注样式：ISO-25：半径】对话框，在【文字】选项卡下把“文字对齐”方式设为“水平”。单击【确定】按钮，则返回到【标注样式管理器】对话框，再单击【关闭】按钮，完成并退出标注样式。

Step 02 选择【标注】→【半径】命令，对圆角进行标注。选择【标注】→【线性】命令，对长、宽、高等进行尺寸标注。结果如图 3-157 所示。

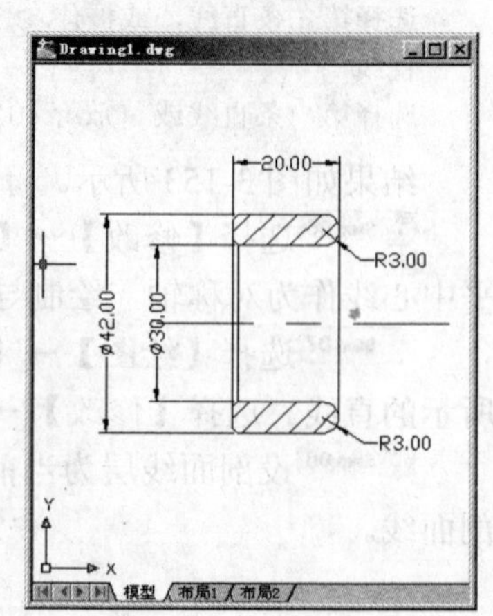

图 3-157　绘制导套尺寸标注

Step 03 选择【标注】→【多重引线】命令，对倒角进行尺寸标注。结果如图 3-158 所示。

Step 04 选择【修改】→【特性】命令，增加如图 3-159 所示的公差标注。

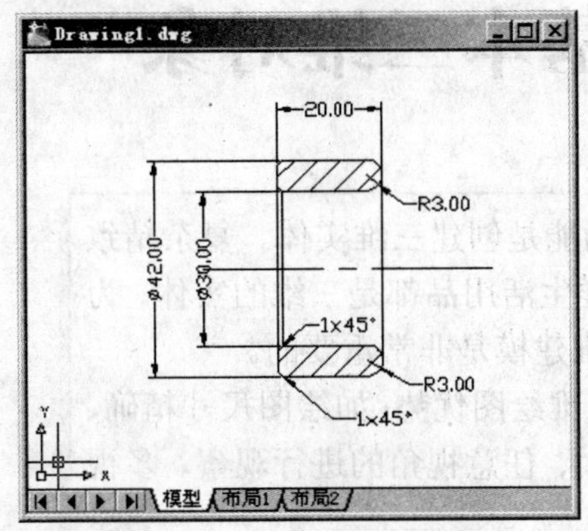

图 3-158　绘制导套倒角标注

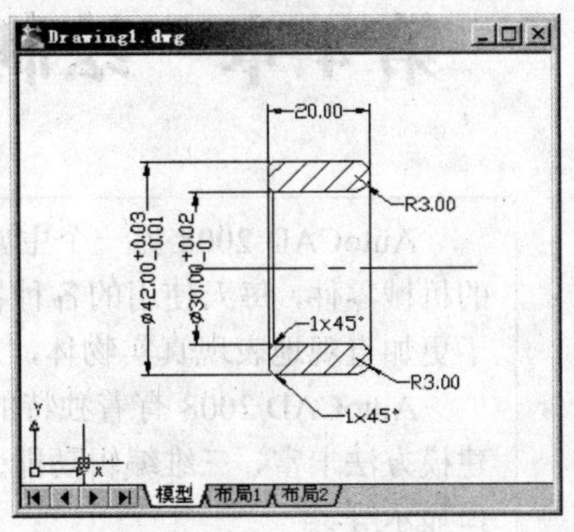

图 3-159　绘制的导套

步骤 4　保存文件

选择【文件】→【保存】命令，以“EXAMPLE48.dwg”为名保存该图形文件。选择【文件】→【退出】命令，退出 AutoCAD。

第 4 章　绘制基本三维对象

AutoCAD 2008 另一个主要功能是创建三维实体。复杂精致的机械零件，每天使用的各种各样生活用品都是三维的实体。为了更加直观地表现真实物体，三维建模是非常重要的。

AutoCAD 2008 有着独特的三维绘图优势：如绘图尺寸精确、建模方法丰富、三维编辑功能强大、任意视角的进行观察、多视口显示等。

先可以从头开始或从现有对象创建三维实体和曲面。然后可以结合这些实体和曲面创建实体模型。三维对象也可以通过模拟曲面（三维厚度）表示为线框模型或网格模型。

使用三维建模，可以创建设计的实体、线框和网格模型。在三维中建模有许多优点：从任何有利位置查看模型；自动生成可靠的标准或辅助二维视图；创建截面和二维图形；消除隐藏线并进行真实感着色；检查干涉；添加光源；创建真实感渲染；浏览模型；使用模型创建动画；执行工程分析；提取工艺数据等。

本章通过 11 个实例由浅入深地介绍了三维实体的生成方法，通过绘制三维图形，学习三维实体的常用的绘制技巧和三维实体的编辑命令。具体的知识有：基本三维实体的绘制命令、曲面的生成命令、用户坐标系的建立、布尔运算等。

本章实例

实例 49 圆柱

在 AutoCAD 2008 中，通过定义模型的平行投影或透视投影可以在图形中创建真实的视觉效果。透视视图和平行投影之间的差别是：透视视图取决于理论相机和目标点之间的距离。较小的距离产生明显的透视效果，较大的距离产生轻微的效果。

可以通过输入一个点的坐标值或测量两个旋转角度定义观察方向。此点表示朝原点 (0,0,0) 观察模型时，用户在三维空间中的位置。视点坐标值相对于世界坐标系，除非修改 WORLDVIEW 系统变量。

创建实体圆柱体可以创建以圆或椭圆为底面的实体圆柱体。

本实例简单地介绍了三维实体——圆柱体的生成方法，初步认识绘制三维图形，初步学习三维实体的绘制命令，初步了解三维视图的设置。

步骤 1 新建文件

首先启动 AutoCAD 2008 系统，进入三维建模模式。

Step 01 设置层，选择【格式】→【图层】命令，弹出【图层特性管理器】对话框，建立一个“3d”图层，并将“0”图层设为当前图层。

Step 02 选择【工具】→【草图设置】命令，弹出【草图设置】对话框，按图 4-1 设置各选项单击【确定】按钮，完成设置返回到绘图模式。

Step 03 选择【视图】→【三维视图】→【视点预置】命令，弹出如图 4-2 所示的【视点预置】对话框。

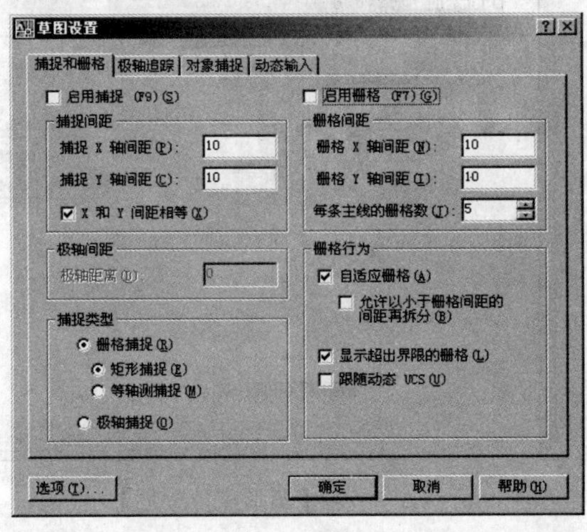

图 4-1 【草图设置】对话框

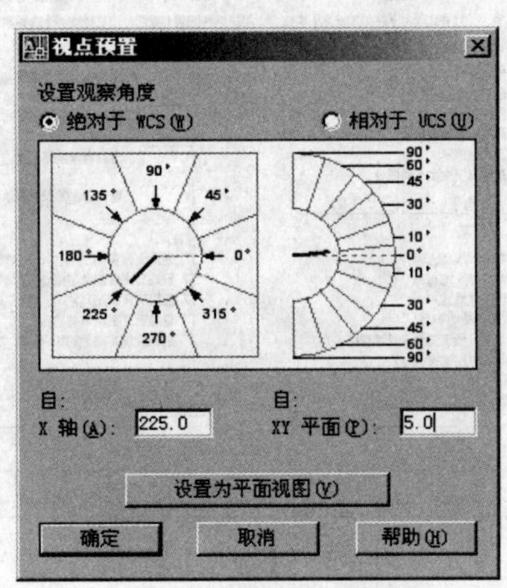

图 4-2 【视点预置】对话框

在该对话框中，设在“自 X 轴”文本框中设置观察角度在 XY 平面上与 X 轴的夹角为 225，在“自 XY 平面”文本框中设置观察角度与 XY 平面的夹角为 5，通过这两个夹角就可以得到一个相对于当前坐标系（WCS 或 UCS）的特定三维视图。

Step 04 选择【视图】→【命名视图】命令，弹出如图 4-3 所示的【视图管理器】对话框。在【视图管理器】对话框中单击【新建】按钮，弹出【新建视图】对话框，在“视图名称”框中输入“view1”，其他参数设置如图 4-4 所示，将完成设置后单击【确定】按钮返回【视图管理器】对话框。单击【确定】按钮，完成设置返回到绘图模式，这样，三维视图以“view1”为名保存起来。

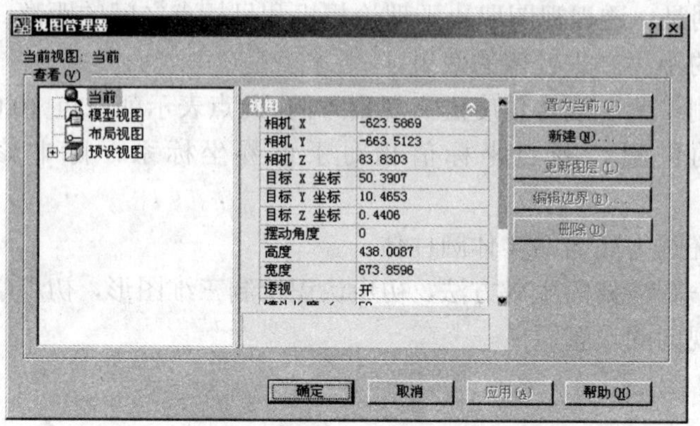

图 4-3 【视图管理器】对话框

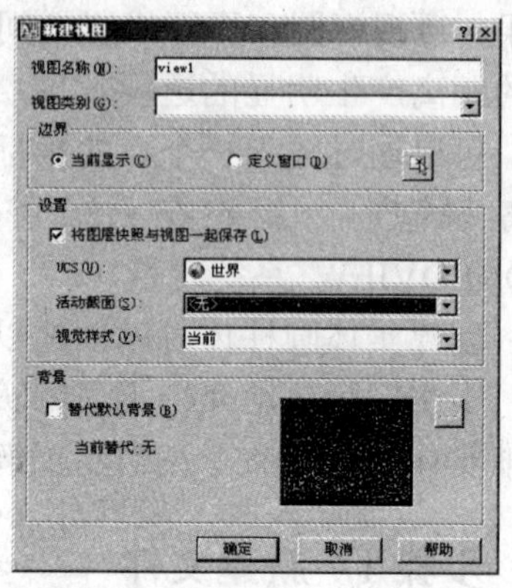

图 4-4 【新建视图】对话框

Step 05 选择【工具】→【选项】命令，弹出如图 4-5 所示的【选项】对话框。单击【选项】对话框中的【窗口元素】框的【颜色】按钮，弹出【图形窗口颜色】对话框，在图 4-6 中，在【背景】框中选择“三维透视投影”项，在【界面元素】框中分别选择“天空背景顶部”、“背景天空地平线”、“背景地面原点”、“背景地面水平线”、“陆地背景底部”、“背景地球水平线”项，在【颜色】框中都选择“白”项。设置完成后单击【应用并关闭】按钮返回【选项】对话框。单击【确定】按钮，完成设置返回到绘图模式。

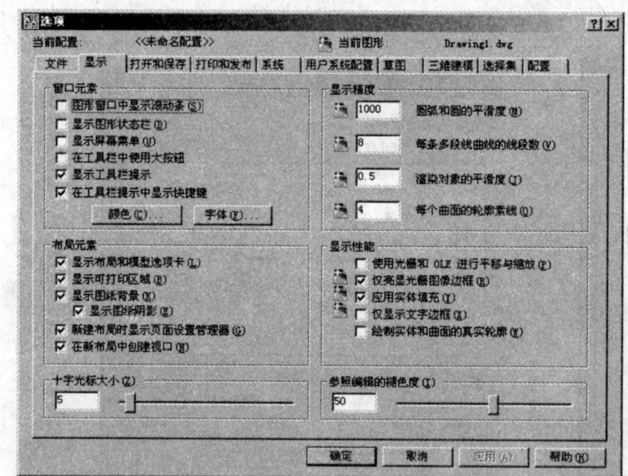

图 4-5 【选项】对话框

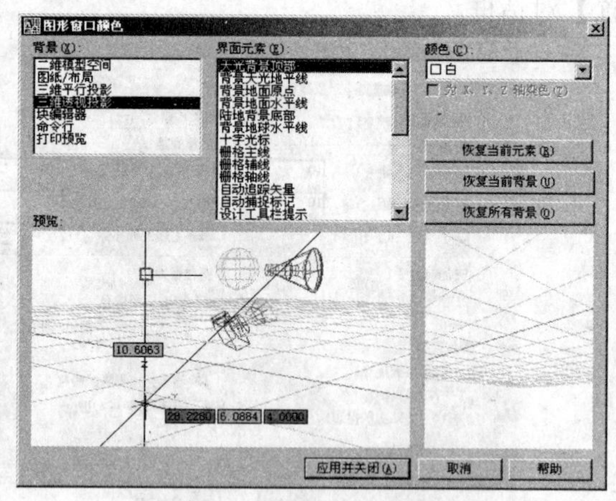

图 4-6 【图形窗口颜色】对话框

步骤 2 绘制圆柱

选择【绘图】→【建模】→【圆柱体】命令，并根据提示进行如下操作：

```
指定底面的中心点或 [三点(3P)/两点(2P)/相切、相切、半径(T)/椭圆(E)]: 0,0,0Enter
```

```
指定底面半径或 [直径(D)]: 5Enter
指定高度或 [两点(2P)/轴端点(A)]: 50Enter
```

选择【视图】→【缩放】→【窗口】命令，把绘制的圆柱体放大到适当大小，结果如图 4-7 所示。

图 4-7　绘制圆柱体

步骤 3　保存文件

选择【文件】→【保存】命令，以“EXAMPLE49.dwg”为名保存该图形文件。选择【文件】→【退出】命令，退出 AutoCAD。

实例 50　圆锥头

在 AutoCAD 2008 中，可以以圆或椭圆为底面，将底面逐渐缩小到一点来创建实体圆锥体。也可以通过逐渐缩小到与底面平行的圆或椭圆平面来创建圆台。默认情况下，圆锥体的底面位于当前 UCS 的 XY 平面上。圆锥体的高度与 Z 轴平行。

在 AutoCAD 2008 中，创建实体球体。指定中心点后，放置球体使其中心轴平行于当前用户坐标系（UCS）的 Z 轴。可以使用 SPHERE 命令中的以下任意一个选项定义球体：

- 三点，通过在三维空间的任意位置指定三个点来定义球体的圆周。这三个指定点还定义了圆周平面。
- 两点，通过在三维空间的任意位置指定两个点来定义球体的圆周。圆周平面由第一个点的 Z 值定义。
- 相切、相切、半径，定义具有指定半径，且与两个对象相切的球体。指定的切点投影在当前 UCS 上。

这里介绍一下 AutoCAD 2008 的三维空间的坐标：笛卡尔坐标、柱坐标或球坐标。

- 三维笛卡尔坐标：三维笛卡尔坐标通过使用三个坐标值来指定精确的位置：X、Y 和 Z。
- 输入柱坐标：三维柱坐标通过 XY 平面中与 UCS 原点之间的距离、XY 平面中与 X 轴的角度以及 Z 值来描述精确的位置。柱坐标输入相当于三维空间中的二维极坐标输入。它在垂直于 XY 平面的轴上指定另一个坐标。柱坐标通过定义某点在 XY 平面中距

UCS 原点的距离，在 XY 平面中与 X 轴所成的角度以及 Z 值来定位该点。

- 输入球坐标：三维球坐标通过指定某个位置距当前 UCS 原点的距离、在 XY 平面中与 X 轴所成的角度以及与 XY 平面所成的角度来指定该位置。三维中的球坐标输入与二维中的极坐标输入类似。

可以重新定位和旋转用户坐标系，以便于使用坐标输入、栅格显示、栅格捕捉、正交模式和其他图形工具。

AutoCAD 还有两个坐标系：一个是被称为世界坐标系（WCS）的固定坐标系，一个是被称为用户坐标系（UCS）的可移动坐标系。默认情况下，这两个坐标系在新图形中是重合的。

通常在二维视图中，WCS 的 X 轴水平，Y 轴垂直。WCS 的原点为 X 轴和 Y 轴的交点(0,0)。图形文件中的所有对象均由其 WCS 坐标定义。但是，使用可移动的 UCS 创建和编辑对象通常更方便。实际上，所有坐标输入以及其他许多工具和操作，均参照当前的 UCS。

可以使用以下方法重新定位用户坐标系：通过定义新原点移动 UCS；将 UCS 与现有对象对齐；通过指定新原点和新 X 轴上的一点旋转 UCS；将当前 UCS 绕 Z 轴旋转指定的角度；恢复到上一个 UCS；恢复 UCS 以与 WCS 重合。

每种方法均在 UCS 命令中有相对应的选项。一旦定义了 UCS，则可以为其命名并在需要再次使用时恢复。要有效地进行三维建模，必须控制用户坐标系。注意，仅当命令处于活动状态时，动态 UCS 才可用。

本实例简单地介绍了三维实体——圆锥头的生成方法，初步学习坐标系的使用，学习创建三维实体——圆锥体的绘制命令，进一步了解三维视图的设置。

步骤 1　新建文件

首先启动 AutoCAD 2008 系统，进入三维建模模式。

Step 01 设置层，选择【格式】→【图层】命令，弹出【图层特性管理器】对话框，建立一个“3d”图层，并将“3d”图层设为当前图层。

Step 02 选择【工具】→【草图设置】命令，弹出【草图设置】对话框，确保“启用栅格”没有被勾选。

Step 03 选择【视图】→【三维视图】→【视点预置】命令，弹出【视点预置】对话框。在该对话框中，在“自 X 轴”文本框中设置观察角度在 XY 平面上与 X 轴的夹角为 225，在“自 XY 平面”文本框中设置观察角度与 XY 平面的夹角为 5，通过这两个夹角就可以得到一个相对于当前坐标系（WCS 或 UCS）的特定三维视图。

步骤 2　绘制圆锥头

Step 01 选择【绘图】→【建模】→【圆锥体】命令，并根据提示进行如下操作：

```
指定底面的中心点或 [三点(3P)/两点(2P)/相切、相切、半径(T)/椭圆(E)]: 0,0,0 Enter
指定底面半径或 [直径(D)]: 20Enter
指定高度或 [两点(2P)/轴端点(A)/顶面半径(T)]: tEnter
指定顶面半径 <0.0000>: 10 Enter
指定高度或 [两点(2P)/轴端点(A)]: 50Enter
```

选择【视图】→【缩放】→【窗口】命令，把绘制的圆柱体放大到适当大小，结果如图 4-8 所示。

Step 02 选择【工具】→【新建 UCS】→【原点】命令，并根据提示进行如下操作：

```
指定 UCS 的原点或 [面(F)/命名(NA)/对象(OB)/上一个(P)/视图(V)/世界(W)/X/Y/Z/Z 轴(ZA)] <世界>: _o
指定新原点 <0,0,0>: 0,0,50 Enter
```

结果如图 4-9 所示。

图 4-8　绘制圆锥体

图 4-9　移动坐标原点

Step 03 选择【绘图】→【建模】→【圆柱体】命令，并根据提示进行如下操作：

```
指定底面的中心点或 [三点(3P)/两点(2P)/相切、相切、半径(T)/椭圆(E)]: 0,0,0Enter
指定底面半径或 [直径(D)]:10Enter
指定高度或 [两点(2P)/轴端点(A)]:2Enter
```

结果如图 4-10 所示。

Step 04 选择【工具】→【新建 UCS】→【原点】命令，并根据提示进行如下操作：

```
指定 UCS 的原点或 [面(F)/命名(NA)/对象(OB)/上一个(P)/视图(V)/世界(W)/X/Y/Z/Z 轴(ZA)]
<世界>: _o
指定新原点 <0,0,0>: 0,0,2Enter
```

Step 05 选择【绘图】→【建模】→【球体】命令，并根据提示进行如下操作：

```
指定中心点或 [三点(3P)/两点(2P)/相切、相切、半径(T)]: 0,0,0Enter
指定半径或 [直径(D)]: 10Enter
```

结果如图 4-11 所示。

图 4-10　绘制圆柱体

图 4-11　绘制圆锥头

步骤 3　保存文件

选择【文件】→【保存】命令，以“EXAMPLE50.dwg”为名保存该图形文件。选择【文件】→【退出】命令，退出 AutoCAD。

实例 51　沉头螺钉

在 AutoCAD 2008 中，如果拉伸闭合对象，则生成的对象为实体。如果拉伸开放对象，则生成的对象为曲面。

在 AutoCAD 2008 中，通过以下任意命令从两个或多个单个实体创建复合实体：“并集”、“差集”和“交集”。（“圆角”和“倒角”也可以创建复合实体。）

- 使用“并集”命令，可以合并两个或两个以上实体（或面域）的总体积，成为一个复合对象。
- 使用“差集”命令，可以从一组实体中删除与另一组实体的公共区域。例如，可以使用“差集”命令从对象中减去圆柱体，从而在机械零件中添加孔。
- 使用“交集”命令，可以从两个或两个以上重叠实体的公共部分创建复合实体。“交集”命令用于删除非重叠部分，并从公共部分创建复合实体。

要同时查看多个视图，可将“模型”选项卡的绘图区域拆分成多个单独的查看区域，这些区域称为模型空间视口。可以将模型空间视口的排列保存起来以便随时重复使用。

本实例简单地介绍了三维实体——沉头螺钉的绘制方法，初步学习坐标系的使用，初步学习视口的使用，学习创建复合三维实体的绘制命令，进一步了解三维视图的设置。

步骤 1　新建文件

Step 01 启动 AutoCAD 2008 系统，进入三维建模模式。

Step 02 设置层，选择【格式】→【图层】命令，弹出【图层特性管理器】对话框，建立一个“3d”图层，并将“3d”图层设为当前图层。

Step 03 选择【工具】→【草图设置】命令，弹出【草图设置】对话框，确保“启用栅格”没有被勾选。

Step 04 选择【视图】→【三维视图】→【视点预置】命令，弹出【视点预置】对话框。在该对话框中，设在“自 X 轴”文本框中设置观察角度在 XY 平面上与 X 轴的夹角为 225，在“自 XY 平面”文本框中设置观察角度与 XY 平面的夹角为 45，通过这两个夹角就可以得到一个相对于当前坐标系（WCS 或 UCS）的特定三维视图。

Step 05 选择【视图】→【视口】→【四个视口】命令，命令行的显示如下所示：

```
命令: _-vports
输入选项 [保存(S)/恢复(R)/删除(D)/合并(J)/单一(SI)/?/2/3/4] <3>: _4
正在重生成模型。
```

Step 05 设置视口。为了便于绘图，可以设置四个视口。这样，在三维建模时便于观察和三维操作。将左上角视口设置为主视图。将左下角视口设置为俯视图。将右上角视口设置为左视图。右下角视口设置不变。移动光标到左上角视口并单击，选择【视图】→【三维视图】→【主视图】命令，命令行的显示如下所示：

```
命令: _-view 输入选项 [?/删除(D)/正交(O)/恢复(R)/保存(S)/设置(E)/窗口(W)]: _front
```

移动光标到左下角视口并单击，选择【视图】→【三维视图】→【俯视图】命令，命令行的显示如下所示：

```
命令: _-view 输入选项 [?/删除(D)/正交(O)/恢复(R)/保存(S)/设置(E)/窗口(W)]: _top
```

移动光标到右上角视口并单击，选择【视图】→【三维视图】→【左视图】命令，命令行的显示如下所示：

```
命令: _-view 输入选项 [?/删除(D)/正交(O)/恢复(R)/保存(S)/设置(E)/窗口(W)]: _left
```

结果如图 4-12 所示。

步骤 2 绘制沉头螺钉

Step 01 将右上角视口设为当前视图。选择【绘图】→【建模】→【圆柱体】命令，并根据提示进行如下操作：

```
指定底面的中心点或[三点(3P)/两点(2P)/相切、相切、半径(T)/椭圆(E)]:0,0,0Enter
指定底面半径或 [直径(D)]:9Enter
指定高度或 [两点(2P)/轴端点(A)]:1Enter
```

选择【视图】→【缩放】→【窗口】命令，把绘制的圆柱体放大到适当大小，结果如图 4-13 所示。

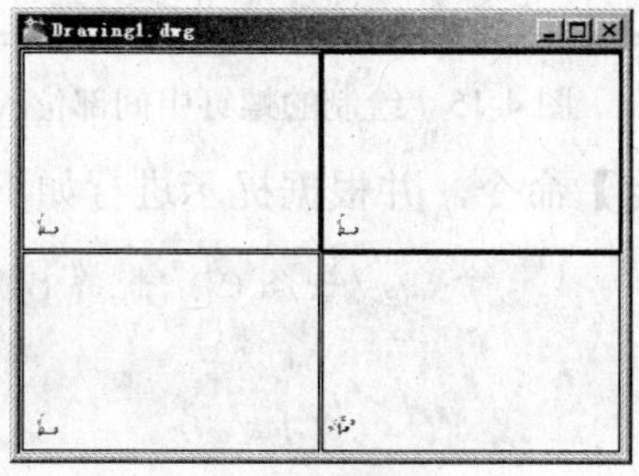

图 4-12 设置视口

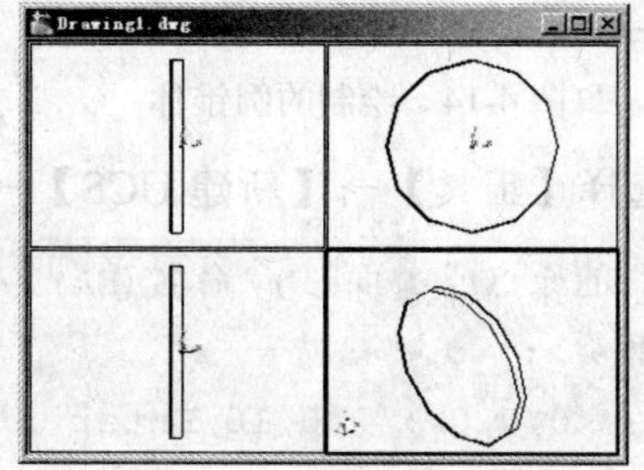

图 4-13 绘制的螺钉头部位

Step 02 选择【工具】→【新建 UCS】→【原点】命令，并根据提示进行如下操作：

```
指定 UCS 的原点或 [面(F)/命名(NA)/对象(OB)/上一个(P)/视图(V)/世界(W)/X/Y/Z/Z 轴(ZA)] <世界>:_o
指定新原点 <0,0,0>:0,0,1Enter
```

Step 03 选择【绘图】→【建模】→【圆锥体】命令，并根据提示进行如下操作：

```
命令:_cone
```

```
指定底面的中心点或 [三点(3P)/两点(2P)/相切、相切、半径(T)/椭圆(E)]: 0,0,0
指定底面半径或 [直径(D)] <9.0000>: 9Enter
指定高度或 [两点(2P)/轴端点(A)/顶面半径(T)] <1.0000>: t Enter
指定顶面半径 <0.0000>: 4.5 Enter
指定高度或 [两点(2P)/轴端点(A)] <1.0000>: 5 Enter
```

结果如图 4-14 所示。

Step 04 选择【工具】→【新建 UCS】→【原点】命令，并根据提示进行如下操作：

```
指定 UCS 的原点或 [面(F)/命名(NA)/对象(OB)/上一个(P)/视图(V)/世界(W)/X/Y/Z/Z 轴(ZA)] <世界>: _o
指定新原点 <0,0,0>: 0,0,5 Enter
```

Step 05 选择【绘图】→【建模】→【圆柱体】命令，并根据提示进行如下操作：

```
指定底面的中心点或 [三点(3P)/两点(2P)/相切、相切、半径(T)/椭圆(E)]: 0,0,0 Enter
指定底面半径或 [直径(D)] <4.5>: 4.5 Enter
指定高度或 [两点(2P)/轴端点(A)] <5.0000>: 10 Enter
```

选择【视图】→【缩放】→【窗口】命令，把绘制的圆柱体放大到适当大小，结果如图 4-15 所示。

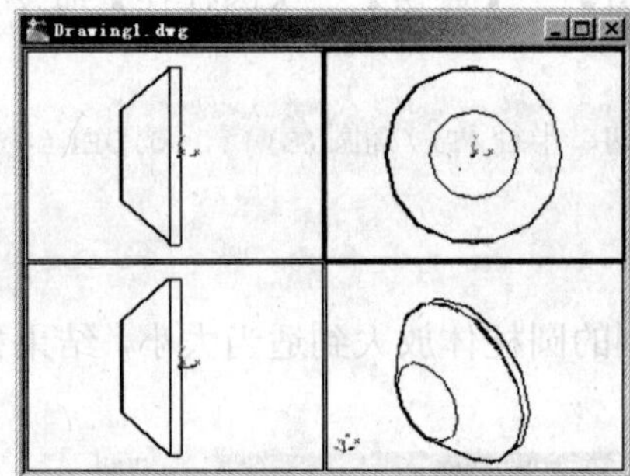

图 4-14　绘制的圆锥体

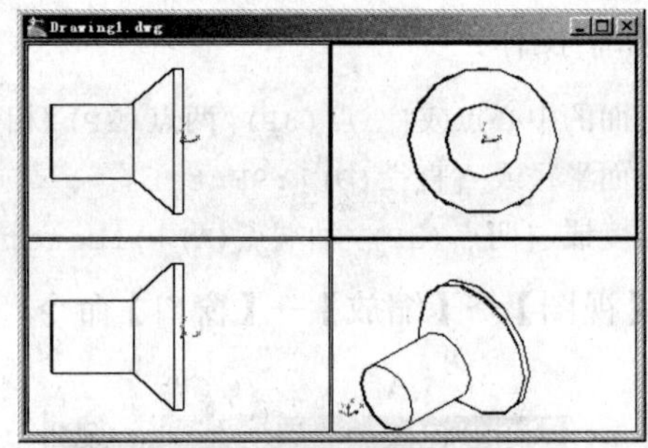

图 4-15　绘制的螺钉中间部位

Step 05 选择【工具】→【新建 UCS】→【原点】命令，并根据提示进行如下操作：

```
指定 UCS 的原点或 [面(F)/命名(NA)/对象(OB)/上一个(P)/视图(V)/世界(W)/X/Y/Z/Z 轴(ZA)] <世界>: _o
指定新原点 <0,0,0>: 0,0,10 Enter
```

Step 07 选择【绘图】→【建模】→【圆柱体】命令，并根据提示进行如下操作：

```
指定底面的中心点或 [三点(3P)/两点(2P)/相切、相切、半径(T)/椭圆(E)]: 0,0,0 Enter
指定底面半径或 [直径(D)] <4.5>: 5 Enter
指定高度或 [两点(2P)/轴端点(A)] <5100000>: 60 Enter
```

选择【视图】→【缩放】→【窗口】命令，把绘制的圆柱体放大到适当大小，结果如图 4-16 所示。

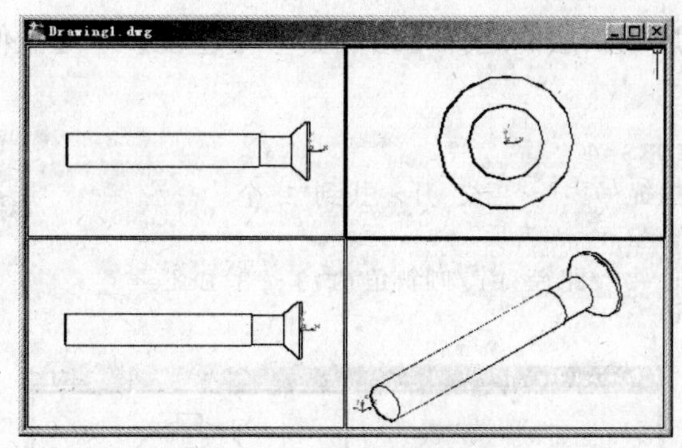

图 4-16　绘制的螺钉尾位

Step 08 选择【修改】→【实体编辑】→【并集】命令，并根据提示进行如下操作：

```
选择对象: 找到 1 个                              //选择第一个创建的圆柱体
选择对象: 找到 1 个，总计 2 个                   //选择第二个创建的圆锥体
选择对象: 找到 1 个，总计 3 个                   //选择第三个创建的圆柱体
选择对象: 找到 1 个，总计 4 个                   //选择第四个创建的圆柱体
选择对象:Enter
```

设当前图层为 0 图层，选择【工具】→【新建 UCS】→【原点】命令，并根据提示进行如下操作：

```
当前 UCS 名称: *没有名称*
指定 UCS 的原点或 [面(F)/命名(NA)/对象(OB)/上一个(P)/视图(V)/世界(W)/X/Y/Z/Z 轴
(ZA)] <世界>: _o
指定新原点 <0,0,0>: 0,0,-16 Enter
```

Step 09 将“0”图层设为当前图层。选择【绘图】→【矩形】命令，并根据提示进行如下操作：

```
命令: _rectang
指定第一个角点或 [倒角(C)/标高(E)/圆角(F)/厚度(T)/宽度(W)]: 1.5,10 Enter
指定另一个角点或 [面积(A)/尺寸(D)/旋转(R)]: -1.5,-10 Enter
```

选择【视图】→【缩放】→【窗口】命令，把绘制的矩形放大到适当大小，结果如图 4-17 所示。

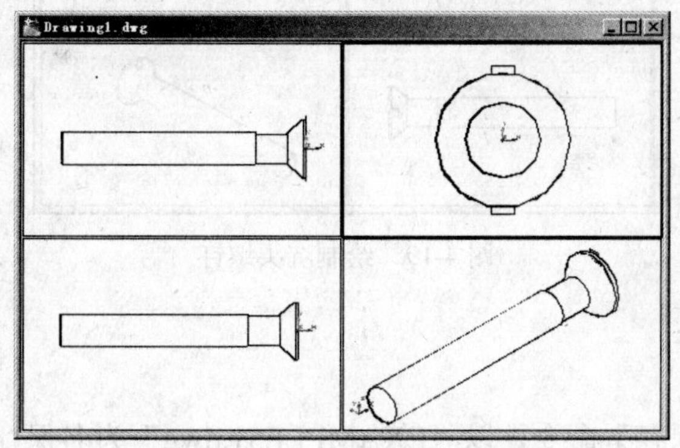

图 4-17　绘制的矩形

Step 10 设当前图层为 3d 图层，选择【绘图】→【建模】→【拉伸】命令，并根据提示进行如下操作：

```
当前线框密度： ISOLINES=4
选择要拉伸的对象： <捕捉 关> <正交 开> 找到 1 个          //选择上一步绘制的矩形
选择要拉伸的对象：Enter
指定拉伸的高度或 [方向(D)/路径(P)/倾斜角(T)]: 3 Enter
```

结果如图 4-18 所示。

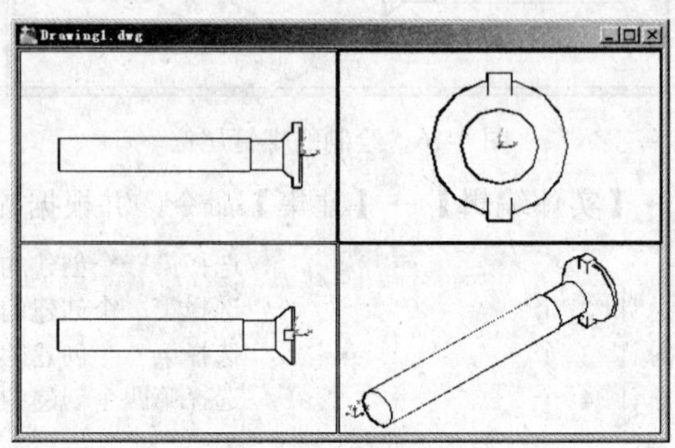

图 4-18　绘制拉伸实体

Step 11 选择【修改】→【实体编辑】→【差集】命令，并根据提示进行如下操作：

```
命令： _subtract 选择要从中减去的实体或面域...
选择对象：找到 1 个                          //选择前面使用“并集”命令生成的实体
选择对象：Enter
选择要减去的实体或面域 ..
选择对象：找到 1 个                          //选择拉伸体
选择对象：Enter
```

结果如图 4-19 所示。

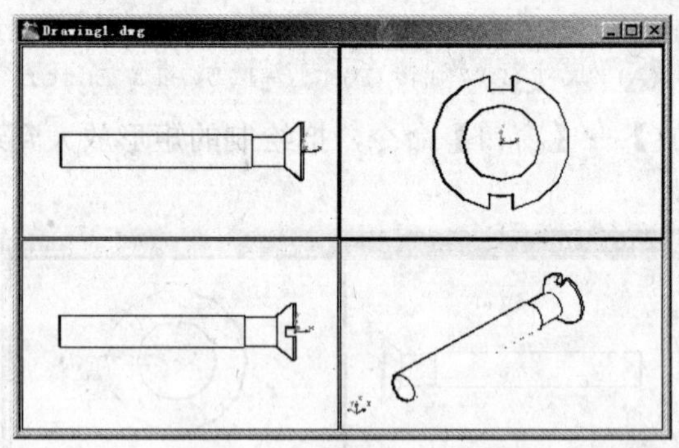

图 4-19　绘制沉头螺钉

步骤 3　保存文件

选择【文件】→【保存】命令，以“EXAMPLE51.dwg”为名保存该图形文件。选择【文件】→【退出】命令，退出 AutoCAD。

实例 52　内六角圆柱头螺钉

在 AutoCAD 2008 中，使用“旋转”命令，可以通过绕轴旋转开放或闭合对象来创建实体或曲面。旋转对象定义实体或曲面的轮廓。如果旋转闭合对象，则生成实体。如果旋转开放对象，则生成曲面。一次可以旋转多个对象。

本实例简单地介绍了三维实体——内六角圆柱头螺钉的绘制，初步学习“旋转”命令的使用，学习创建复合三维实体的绘制命令，进一步了解三维视图的设置。

步骤 1　新建文件

Step 01 启动 AutoCAD 2008 系统，进入三维建模模式。

Step 02 设置层，选择【格式】→【图层】命令，弹出【图层特性管理器】对话框，建立一个“3d”图层，并将“0”图层设为当前图层。

Step 03 选择【工具】→【草图设置】命令， 弹出【草图设置】对话框，确保“启用栅格”没有被勾选。

Step 04 选择【视图】→【三维视图】→【视点预置】命令，弹出【视点预置】对话框。在该对话框中，设在“自 X 轴”文本框中设置观察角度在 XY 平面上与 X 轴的夹角为 325，在“自 XY 平面”文本框中设置观察角度与 XY 平面的夹角为 5，通过这两个夹角就可以得到一个相对于当前坐标系（WCS 或 UCS）的特定三维视图。

步骤 2　绘制旋转对象

选择【绘图】→【多段线】命令，并根据提示进行如下操作：

```
指定起点: 0,0,0 Enter
当前线宽为 0.0000
指定下一个点或[圆弧(A)/半宽(H)/长度(L)/放弃(U)/宽度(W)]:50,0Enter
指定下一点或 [圆弧(A)/闭合(C)/半宽(H)/长度(L)/放弃(U)/宽度(W)]: 50,10  Enter
指定下一点或 [圆弧(A)/闭合(C)/半宽(H)/长度(L)/放弃(U)/宽度(W)]: 12,10  Enter
指定下一点或 [圆弧(A)/闭合(C)/半宽(H)/长度(L)/放弃(U)/宽度(W)]: 12,15  Enter
指定下一点或 [圆弧(A)/闭合(C)/半宽(H)/长度(L)/放弃(U)/宽度(W)]: 0,15  Enter
指定下一点或 [圆弧(A)/闭合(C)/半宽(H)/长度(L)/放弃(U)/宽度(W)]: c  Enter
```

选择【视图】→【缩放】→【窗口】命令，把绘制的多段线放大到适当大小，结果如图 4-20 所示。

步骤 3　绘制内六角圆柱头螺钉

Step 01 设当前图层为“3d”图层，选择【绘图】→【建模】→【旋转】命令，并根据提示进行如下操作：

```
当前线框密度:  ISOLINES=4
选择要旋转的对象:
```

```
正在恢复执行 REVOLVE 命令。
选择要旋转的对象：找到 1 个                              //选择上一步绘制的多段线
选择要旋转的对象:Enter
指定轴起点或根据以下选项之一定义轴 [对象(O)/X/Y/Z] <对象>://选择上一步绘制的多段线与 X
轴重合的直线的一个端点
指定轴端点:                                             //选择上一步绘制的多段线与 X 轴重合的直线的
另一个端点
指定旋转角度或 [起点角度(ST)] <360>: Enter
```

结果如图 4-21 所示。

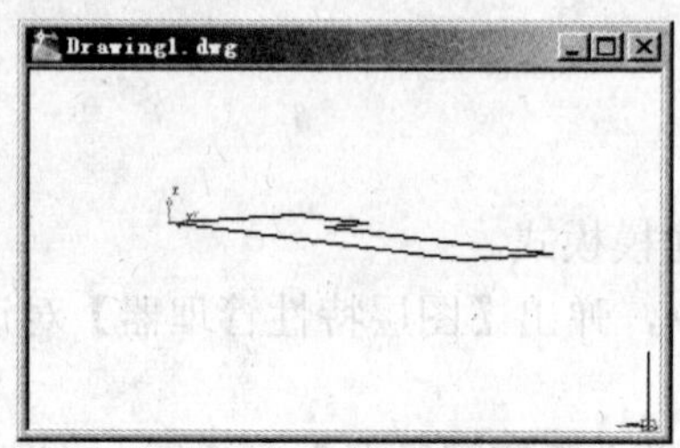

图 4-20　绘制多段线

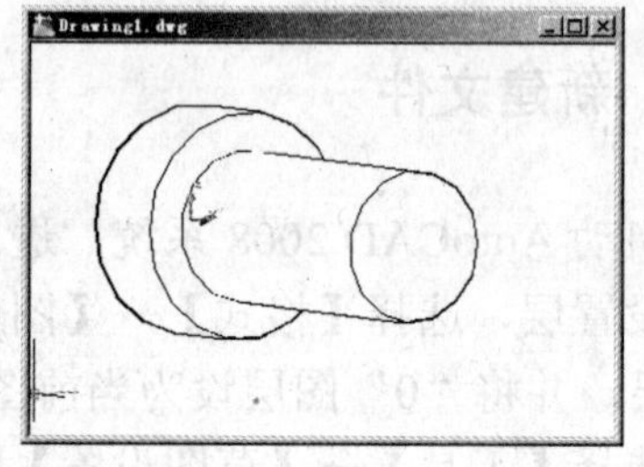

图 4-21　绘制的旋转体

Step 02 选择【视图】→【动态观察】→【自由动态观察】命令，单击鼠标并拖动，把绘制的图形显示如图 4-22 所示的位置时，放开鼠标。

Step 03 选择【工具】→【新建 UCS】→【Y 轴】命令，并根据提示进行如下操作：

```
指定 UCS 的原点或 [面(F)/命名(NA)/对象(OB)/上一个(P)/视图(V)/世界(W)/X/Y/Z/Z 轴
(ZA)] <世界>: _y
指定绕 Y 轴的旋转角度 <90>: -90  Enter
```

结果如图 4-23 所示。

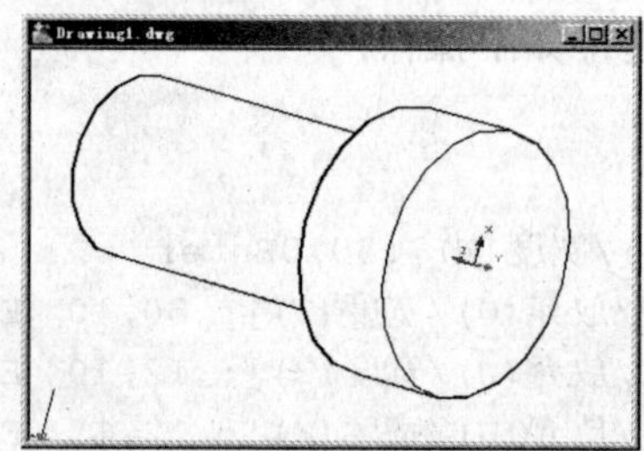

图 4-22　改变观察位置

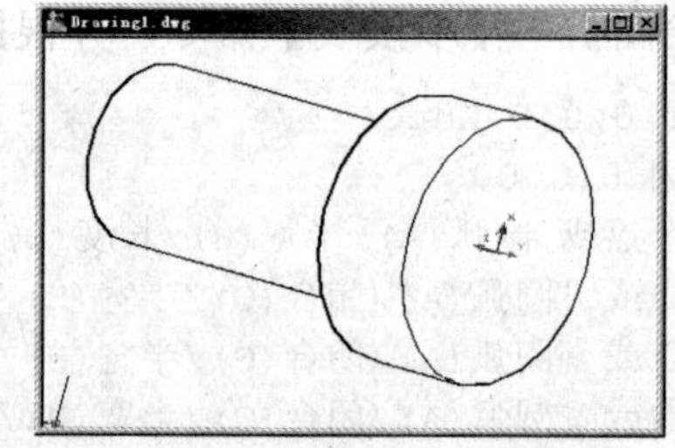

图 4-23　绕 Y 轴旋转

Step 04 设当前图层为“0”图层，选择【绘图】→【正多边形】命令，并根据提示进行如下操作：

```
命令: _polygon 输入边的数目 <4>: 6 Enter
指定正多边形的中心点或 [边(E)]: 0,0 Enter
输入选项 [内接于圆(I)/外切于圆(C)] <I>: c Enter
指定圆的半径: 8 Enter
```

Step 05 设当前图层为 3d 图层，选择【绘图】→【建模】→【拉伸】命令，并根据提示进行如下操作：

```
当前线框密度: ISOLINES=4
```

```
选择要拉伸的对象: 找到 1 个                          //选择上一步绘制的正六边形
选择要拉伸的对象: Enter
指定拉伸的高度或 [方向(D)/路径(P)/倾斜角(T)]: d Enter
指定方向的起点: 0,0,0 Enter
指定方向的端点: 0,0,8 Enter
```

结果如图 4-24 所示。

Step 05 选择【修改】→【实体编辑】→【差集】命令，并根据提示进行如下操作：

```
命令: _subtract 选择要从中减去的实体或面域...
选择对象: 找到 1 个                          //选择旋转体
选择对象: Enter
选择要减去的实体或面域 ..
选择对象: 找到 1 个                          //选择拉伸体
选择对象: Enter
```

结果如图 4-25 所示。

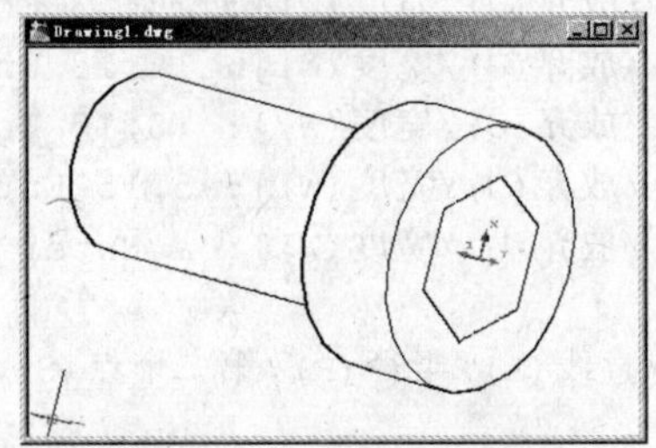

图 4-24 绘制正多边形拉伸体

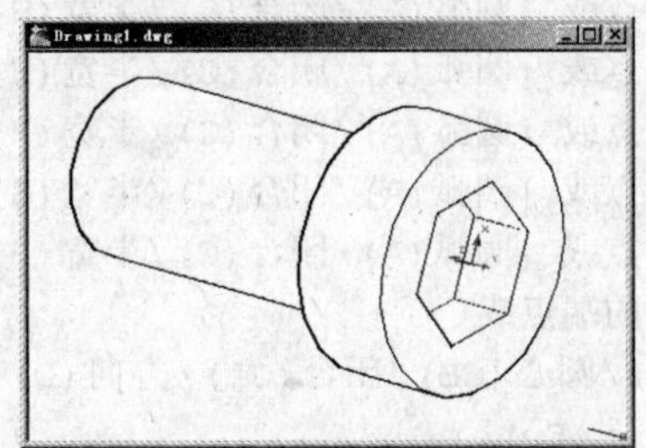

图 4-25 绘制内六角圆柱头螺钉

步骤 4 保存文件

选择【文件】→【保存】命令，以“EXAMPLE52.dwg”为名保存该图形文件。选择【文件】→【退出】命令，退出 AutoCAD。

实例 53 阶梯导柱

本实例通过绘制阶梯导柱，简单地介绍了三维实体——阶梯导柱的绘制，进一步学习“旋转”命令的使用，进一步学习坐标系的使用，学习创建复合三维实体的绘制命令，进一步了解三维视图的设置。

步骤 1 新建文件

Step 01 启动 AutoCAD 2008 系统，进入三维建模模式。

Step 02 设置层，选择【格式】→【图层】命令，弹出【图层特性管理器】对话框，建立一个“3d”图层，并将“0”图层设为当前图层。

Step 03 选择【工具】→【草图设置】命令，弹出【草图设置】对话框，确保“启用栅格”

没有被勾选。

Step 04 选择【视图】→【三维视图】→【视点预置】命令，弹出【视点预置】对话框。在该对话框中，设在“自 X 轴”文本框中设置观察角度在 XY 平面上与 X 轴的夹角为 325，在“自 XY 平面”文本框中设置观察角度与 XY 平面的夹角为 45，通过这两个夹角就可以得到一个相对于当前坐标系（WCS 或 UCS）的特定三维视图。

步骤 2　绘制旋转对象

选择【绘图】→【多段线】命令，并根据提示进行如下操作：

```
命令: _pline
指定起点: 0,0 Enter
当前线宽为 0.0000
指定下一个点或 [圆弧(A)/半宽(H)/长度(L)/放弃(U)/宽度(W)]: 20,0 Enter
指定下一点或 [圆弧(A)/闭合(C)/半宽(H)/长度(L)/放弃(U)/宽度(W)]: 20,13 Enter
指定下一点或 [圆弧(A)/闭合(C)/半宽(H)/长度(L)/放弃(U)/宽度(W)]: 18,13 Enter
指定下一点或 [圆弧(A)/闭合(C)/半宽(H)/长度(L)/放弃(U)/宽度(W)]: 18,15 Enter
指定下一点或 [圆弧(A)/闭合(C)/半宽(H)/长度(L)/放弃(U)/宽度(W)]: 5,15 Enter
指定下一点或 [圆弧(A)/闭合(C)/半宽(H)/长度(L)/放弃(U)/宽度(W)]: a Enter
指定圆弧的端点或
[角度(A)/圆心(CE)/闭合(CL)/方向(D)/半宽(H)/直线(L)/半径(R)/第二个点(S)/放弃(U)/宽度(W)]: r Enter
指定圆弧的半径: 5 Enter
指定圆弧的端点或 [角度(A)]: 0,10 Enter
指定圆弧的端点或
[角度(A)/圆心(CE)/闭合(CL)/方向(D)/半宽(H)/直线(L)/半径(R)/第二个点(S)/放弃(U)/宽度(W)]: cl Enter
```

选择【视图】→【缩放】→【窗口】命令，把绘制的多段线放大到适当大小，结果如图 4-26 所示。

步骤 3　绘制阶梯导柱

Step 01 设当前图层为“3d”图层，选择【绘图】→【建模】→【旋转】命令，并根据提示进行如下操作：

```
命令: _revolve
当前线框密度: ISOLINES=4
选择要旋转的对象: 找到 1 个                    //选择上一步绘制的多段线
选择要旋转的对象: Enter
指定轴起点或根据以下选项之一定义轴 [对象(O)/X/Y/Z] <对象>: ://选择上一步绘制的多段线与 X 轴重合的直线的一个端点
指定轴端点: :                                //选择上一步绘制的多段线与 X 轴重合的直线的另一个端点
指定旋转角度或 [起点角度(ST)] <360>: Enter
```

结果如图 4-27 所示。

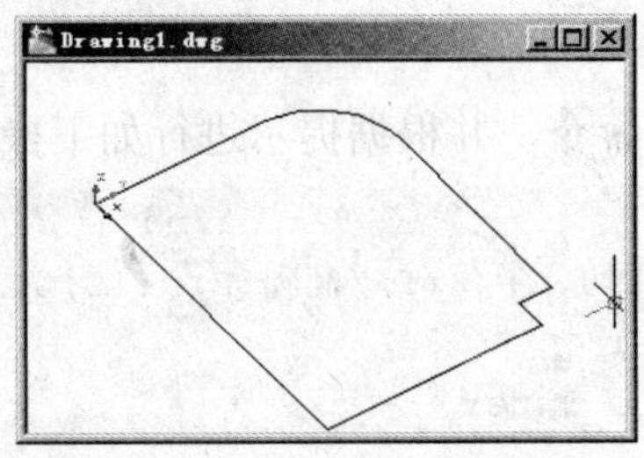

图 4-26　绘制阶梯导柱多段线

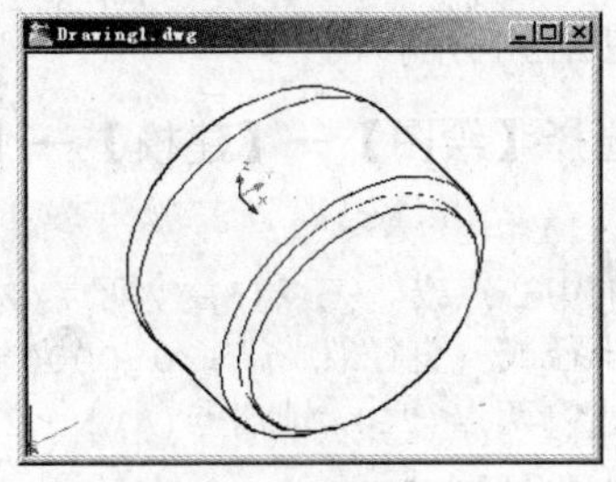

图 4-27　绘制旋转体

Step 02 选择【工具】→【新建 UCS】→【原点】命令，并根据提示进行如下操作：

```
命令: _ucs
当前 UCS 名称: *世界*
指定 UCS 的原点或 [面(F)/命名(NA)/对象(OB)/上一个(P)/视图(V)/世界(W)/X/Y/Z/Z 轴(ZA)] <世界>: _o
指定新原点 <0,0,0>: 20,0,0 Enter
```

选择【工具】→【新建 UCS】→【Y 轴】命令，并根据提示进行如下操作：

```
命令: _ucs
当前 UCS 名称: *没有名称*
指定 UCS 的原点或 [面(F)/命名(NA)/对象(OB)/上一个(P)/视图(V)/世界(W)/X/Y/Z/Z 轴(ZA)] <世界>: _y
指定绕 Y 轴的旋转角度 <90>: 90 Enter
```

结果如图 4-28 所示。

Step 03 选择【绘图】→【建模】→【圆柱体】命令，并根据提示进行如下操作：

```
命令: _cylinder
指定底面的中心点或 [三点(3P)/两点(2P)/相切、相切、半径(T)/椭圆(E)]: 0,0,0 Enter
指定底面半径或 [直径(D)]: 20 Enter
指定高度或 [两点(2P)/轴端点(A)]: 28 Enter
```

结果如图 4-29 所示。

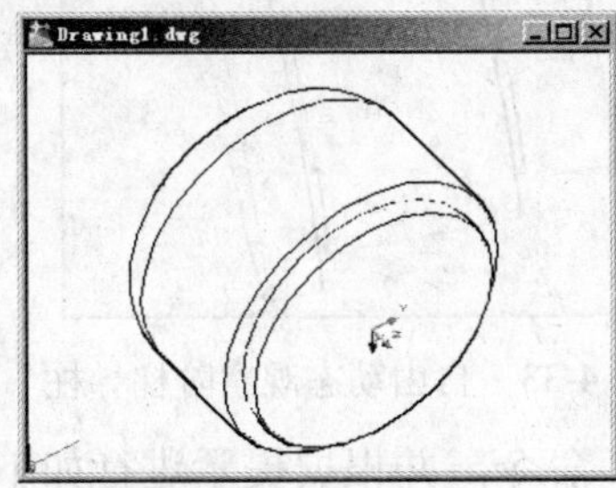

图 4-28　改变坐标

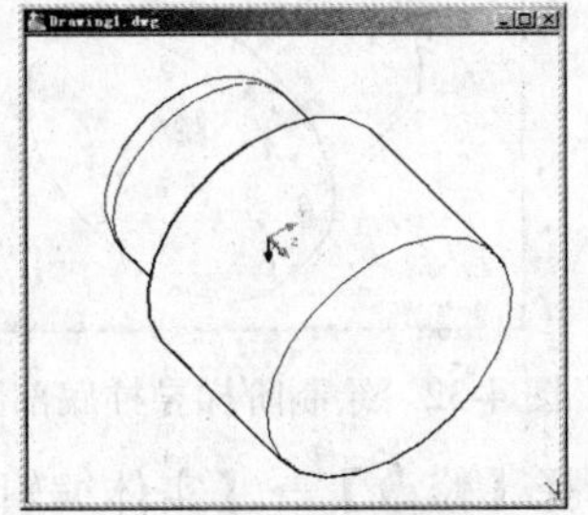

图 4-29　绘制圆柱体

Step 04 选择【工具】→【新建 UCS】→【原点】命令，并根据提示进行如下操作：

```
命令: _ucs
当前 UCS 名称: *没有名称*
指定 UCS 的原点或 [面(F)/命名(NA)/对象(OB)/上一个(P)/视图(V)/世界(W)/X/Y/Z/Z 轴(ZA)] <世界>: _o
指定新原点 <0,0,0>: 0,0,28 Enter
```

结果如图 4-30 所示。

Step 05 选择【绘图】→【建模】→【圆柱体】命令，并根据提示进行如下操作：

```
命令: _cylinder
指定底面的中心点或 [三点(3P)/两点(2P)/相切、相切、半径(T)/椭圆(E)]: 0,0,0 Enter
指定底面半径或 [直径(D)] <20.0000>: 18 Enter
指定高度或 [两点(2P)/轴端点(A)] <28.0000>: 2 Enter
```

结果如图 4-31 所示。

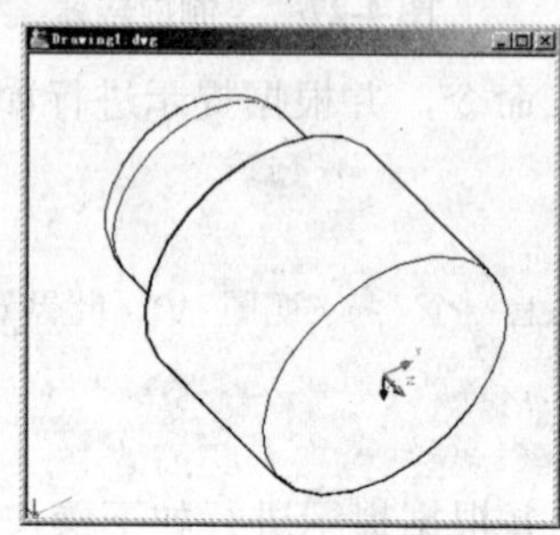

图 4-30　再次改变坐标

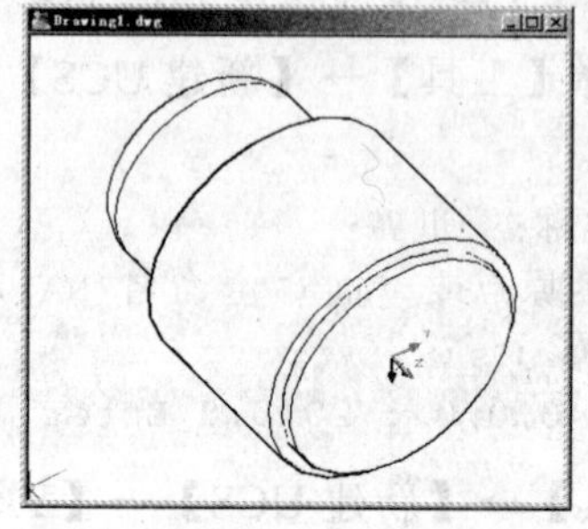

图 4-31　再绘制一个圆柱体

Step 05 选择【绘图】→【建模】→【圆柱体】命令，并根据提示进行如下操作：

```
命令: _cylinder
指定底面的中心点或 [三点(3P)/两点(2P)/相切、相切、半径(T)/椭圆(E)]: 0,0,2 Enter
指定底面半径或 [直径(D)] <18.0000>: 25 Enter
指定高度或 [两点(2P)/轴端点(A)] <2.0000>: 8 Enter
```

结果如图 4-32 所示。

Step 07 选择【视图】→【动态观察】→【自由动态观察】命令，拖动鼠标，把绘制的图形显示如图 4-33 所示的位置时，放开鼠标。

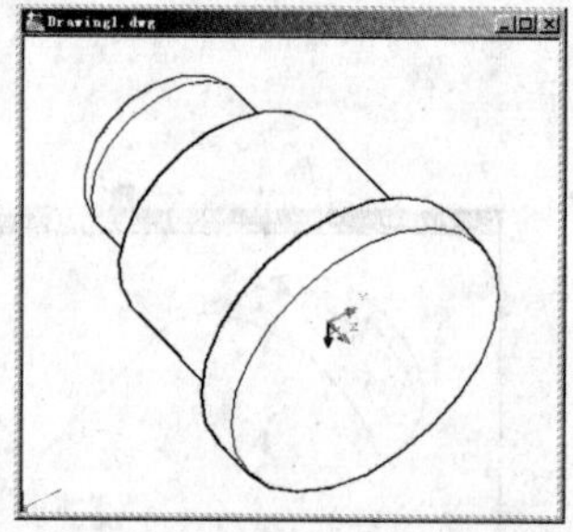

图 4-32　绘制阶梯导柱底部圆柱

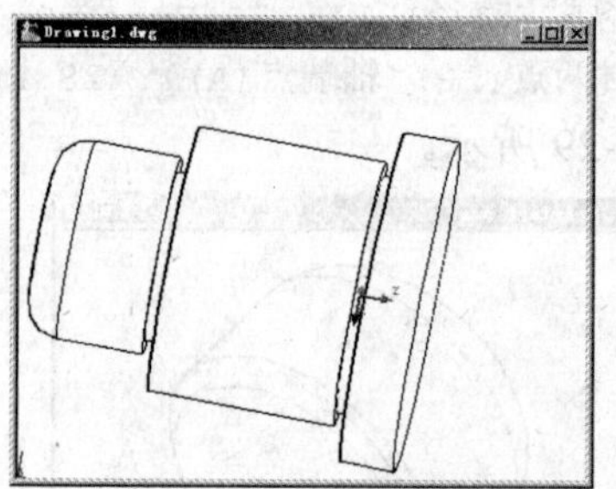

图 4-33　自由动态观察阶梯导柱

Step 08 选择【修改】→【实体编辑】→【并集】命令，并根据提示进行如下操作：

```
命令: _union
选择对象: 找到 1 个//选择旋转体
选择对象: 找到 1 个，总计 2 个//选择一个圆柱体
选择对象: 找到 1 个，总计 3 个//选择一个圆柱体
选择对象: 找到 1 个，总计 4 个//选择一个圆柱体
选择对象: Enter
```

结果如图 4-34 所示。

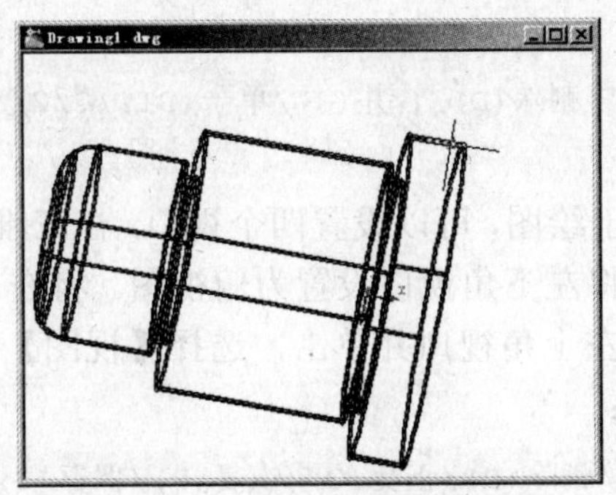

图 4-34 绘制的阶梯导柱

步骤 4 保存文件

选择【文件】→【保存】命令，以“EXAMPLE53.dwg”为名保存该图形文件。选择【文件】→【退出】命令，退出 AutoCAD。

实例 54 B 型导套

在 AutoCAD 2008 中，要确定模型空间中的点或角度，按照以下过程操作：从“视图”工具栏中选择预设的三维视图；输入表示三维空间中观察位置的坐标或角度；修改当前 UCS、保存的 UCS 或 WCS 的 XY 平面视图；使用定点设备动态修改三维视图；设置前向剪裁平面和后向剪裁平面，以限制当前显示的对象。

本实例简单地介绍了三维实体——B 型导套的绘制，进一步学习“拉伸”命令的使用，进一步学习视口的使用，学习创建复合三维实体的绘制命令，进一步了解三维视图的设置。

注意：执行减操作的两个面域必须位于同一平面上。但是，通过在不同的平面上选择面域集，可同时执行多个减操作。程序会在每个平面上分别生成减去的面域。如果没有其他选定的共面面域，则该面域将被拒绝。

步骤 1 新建文件

Step 01 启动 AutoCAD 2008 系统，进入三维建模模式。

Step 02 在该文件中建立一个“3d”图层，并将“0”图层设为当前图层。

Step 03 选择【工具】→【草图设置】命令，弹出【草图设置】对话框，确保“启用栅格”选项没有被勾选。

Step 04 选择【视图】→【三维视图】→【视点预置】命令，弹出【视点预置】对话框。在“自 X 轴”文本框中设置观察角度在 XY 平面上与 X 轴的夹角为 325，在“自 XY 平面”文本框中设置观察角度与 XY 平面的夹角为 45，通过这两个夹角就可以得到一个相对于当前坐标系（WCS 或 UCS）的特定三维视图。

Step 05 选择【视图】→【视口】→【四个视口】命令，命令行的显示如下所示：

```
命令: _-vports
输入选项 [保存(S)/恢复(R)/删除(D)/合并(J)/单一(SI)/?/2/3/4] <3>: _4
正在重生成模型。
```

Step 05 设置视口。为了便于绘图，可以设置四个视口，在三维建模时便于观察和三维操作。将左上角视口设置为主视图。将左下角视口设置为俯视图。将右上角视口设置为左视图。右下角视口设置不变。移动光标到左上角视口并单击，选择【视图】→【三维视图】→【主视图】命令，命令行的显示如下所示：

```
命令: _-view 输入选项 [?/删除(D)/正交(O)/恢复(R)/保存(S)/设置(E)/窗口(W)]: _front
```

移动光标到左下角视口并单击，选择【视图】→【三维视图】→【俯视图】命令，命令行的显示如下所示：

```
命令: _-view 输入选项 [?/删除(D)/正交(O)/恢复(R)/保存(S)/设置(E)/窗口(W)]: _top
```

移动光标到右上角视口并单击，选择【视图】→【三维视图】→【左视图】命令，命令行的显示如下所示：

```
命令: _-view 输入选项 [?/删除(D)/正交(O)/恢复(R)/保存(S)/设置(E)/窗口(W)]: _left
```

Step 05 选择【工具】→【选项】命令，弹出【选项】对话框。单击【选项】对话框中的【窗口元素】框的【颜色】按钮，弹出【图形窗口颜色】对话框，在【背景】框中选择“三维平行投影”项，在【界面元素】框中分别选择“统一背景”项，在【颜色】框中选择“白”项，如图 4-35 所示。设置完成后单击【应用并关闭】按钮返回【选项】对话框。单击【确定】按钮，完成设置返回到绘图模式。

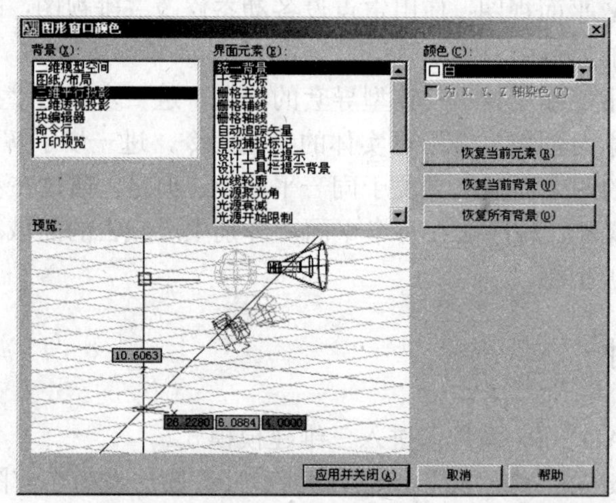

图 4-35 【图形窗口颜色】对话框

步骤 2 绘制平面对象

选择【绘图】→【圆】→【圆心，半径】命令，并根据提示进行如下操作：

```
命令: _circle 指定圆的圆心或 [三点(3P)/两点(2P)/相切、相切、半径(T)]: 0,0
指定圆的半径或 [直径(D)]: 20
```

重复上述操作，分别绘制半径为 12.5、13.5、17.5 的同心圆。结果如图 4-36 所示。

步骤 3　绘制 B 型导套

Step 01 设当前图层为“3d”层。将右上角视口设为当前视图。选择【绘图】→【建模】→【拉伸】命令，并根据提示进行如下操作：

```
当前线框密度： ISOLINES=4
选择要拉伸的对象： 找到 1 个                              //选择半径为 12.5 的圆
选择要拉伸的对象: Enter
指定拉伸的高度或 [方向(D)/路径(P)/倾斜角(T)]: 55 Enter
```

分别在四个视口中，滚动鼠标中键，对视图进行缩放。结果如图 4-37 所示。

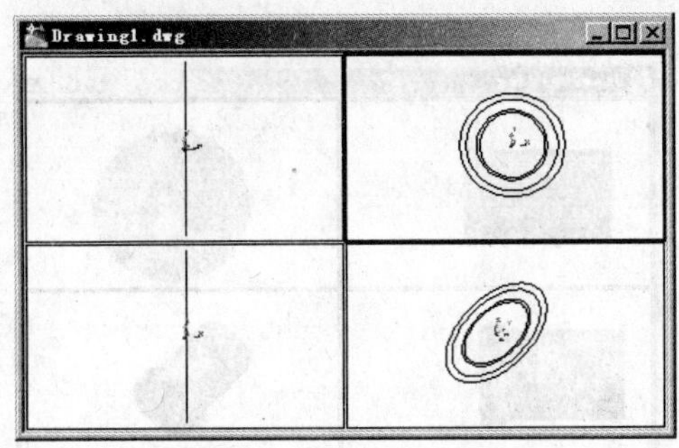

图 4-36　绘制同心圆　　　　图 4-37　拉伸第一个内径圆柱

Step 02 将右下角视口设为当前视图。选择【绘图】→【建模】→【拉伸】命令，并根据提示进行如下操作：

```
当前线框密度： ISOLINES=4
选择要拉伸的对象：找到 1 个                           //选择半径为 13.5 的圆
选择要拉伸的对象： Enter
指定拉伸的高度或 [方向(D)/路径(P)/倾斜角(T)] <55.0000>: 25 Enter
```

Step 03 选择【绘图】→【建模】→【拉伸】命令，并根据提示进行如下操作：

```
当前线框密度： ISOLINES=4
选择要拉伸的对象：找到 1 个                           //选择半径为 17.5 的圆
选择要拉伸的对象： Enter
指定拉伸的高度或 [方向(D)/路径(P)/倾斜角(T)] <25.0000>: 55 Enter
```

Step 04 选择【绘图】→【建模】→【拉伸】命令，并根据提示进行如下操作：

```
当前线框密度： ISOLINES=4
选择要拉伸的对象：找到 1 个                           //选择半径为 20 的圆
选择要拉伸的对象： Enter
指定拉伸的高度或 [方向(D)/路径(P)/倾斜角(T)] <55.0000>: 10 Enter
```

选择【视图】→【缩放】→【窗口】命令，把绘制的圆柱体放大到适当大小。结果如图 4-38 所示。

Step 05 选择【修改】→【实体编辑】→【并集】命令，并根据提示进行如下操作：

```
命令: _union
选择对象: 找到 1 个                                  //选择半径为 20 的拉伸体
选择对象: 找到 1 个，总计 2 个                        //选择半径为 17.5 的拉伸体
```

```
选择对象：Enter
```

Step 05 选择【修改】→【实体编辑】→【差集】命令，并根据提示进行如下操作：

```
命令：_subtract 选择要从中减去的实体或面域...
选择对象：找到 1 个                              //选择上一步由【并集】命令生成的实
体
选择对象：Enter
选择要减去的实体或面域 ..
选择对象：找到 1 个                              //选择半径为 12.5 的拉伸体
选择对象：Enter
```

结果如图 4-39 所示。

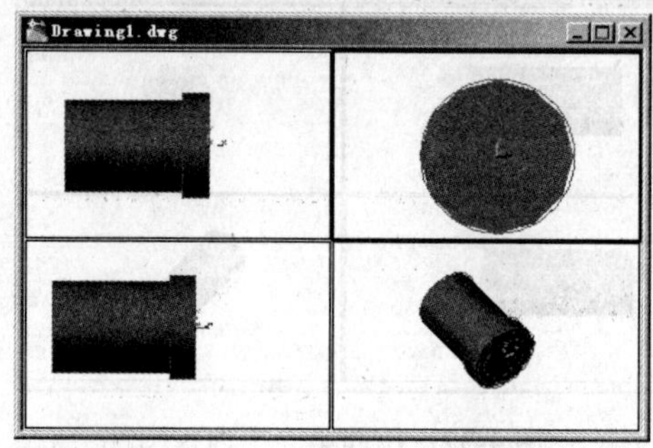

图 4-38 绘制的三个拉伸体

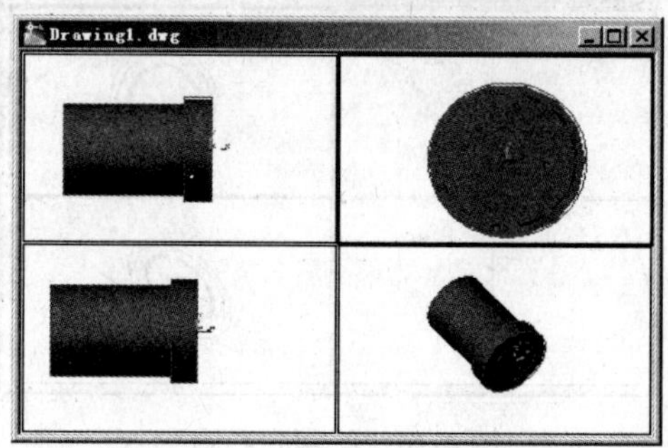

图 4-39 绘制 B 型导套的小内径

Step 07 选择【修改】→【实体编辑】→【差集】命令，并根据提示进行如下操作：

```
命令：_subtract 选择要从中减去的实体或面
域...
选择对象：找到 1 个
            //选择上一步由【差集】命令生
成的实体
选择对象：Enter
选择要减去的实体或面域 ..
选择对象：找到 1 个
            //选择半径为 13.5 的拉伸体
选择对象：Enter
```

结果如图 4-40 所示。

图 4-40 绘制的 B 型导套

步骤 4 保存文件

选择【文件】→【保存】命令，以“EXAMPLE54.dwg”为名保存该图形文件。选择【文件】→【退出】命令，退出 AutoCAD。

实例 55 平垫圈

本实例简单地介绍了三维实体——平垫圈的绘制，进一步学习“旋转”命令的使用，进一步了解三维视图的设置。

步骤1 新建文件

Step 01 启动 AutoCAD 2008 系统，进入三维建模模式。

Step 02 设置层，选择【格式】→【图层】命令，弹出【图层特性管理器】对话框，建立一个“3d”图层和一个“center”图层，并将“center”图层设为当前图层。

Step 03 选择【工具】→【草图设置】命令，弹出【草图设置】对话框，确保“启用栅格”没有被勾选。

Step 04 选择【视图】→【三维视图】→【视点预置】命令，弹出【视点预置】对话框。在该对话框中，设在“自 X 轴”文本框中设置观察角度在 XY 平面上与 X 轴的夹角为 325，在“自 XY 平面”文本框中设置观察角度与 XY 平面的夹角为 5，通过这两个夹角就可以得到一个相对于当前坐标系（WCS 或 UCS）的特定三维视图。

步骤2 绘制平面对象

Step 01 选择【绘图】→【直线】命令，并根据提示进行如下操作：

```
命令: _line 指定第一点:
指定第一点: 0,0 Enter
指定下一点或 [放弃(U)]: 50,0 Enter
指定下一点或 [放弃(U)]: Enter
```

Step 02 设“0”图层设为当前图层。选择【绘图】→【矩形】命令，并根据提示进行如下操作：

```
命令: _rectang
指定第一个角点或 [倒角(C)/标高(E)/圆角(F)/厚度(T)/宽度(W)]: 0,20 Enter
指定另一个角点或 [面积(A)/尺寸(D)/旋转(R)]: 5,25 Enter
```

选择【视图】→【缩放】→【窗口】命令，把绘制的多段线放大到适当大小。结果如图 4-41 所示。

步骤3 绘制平垫圈

Step 01 设当前图层为“3d”图层，选择【绘图】→【建模】→【旋转】命令，并根据提示进行如下操作：

```
命令: _revolve
当前线框密度: ISOLINES=4
选择要旋转的对象: 找到 1 个                          //选择上一步创建的矩形
选择要旋转的对象: Enter
```

指定轴起点或根据以下选项之一定义轴 [对象(O)/X/Y/Z] <对象>: o

```
选择对象:                                            //选择上一步绘制的中心线
指定旋转角度或 [起点角度(ST)] <360>: Enter
```

选择【视图】→【缩放】→【窗口】命令，把绘制的多段线放大到适当大小。结果如图 4-42 所示。

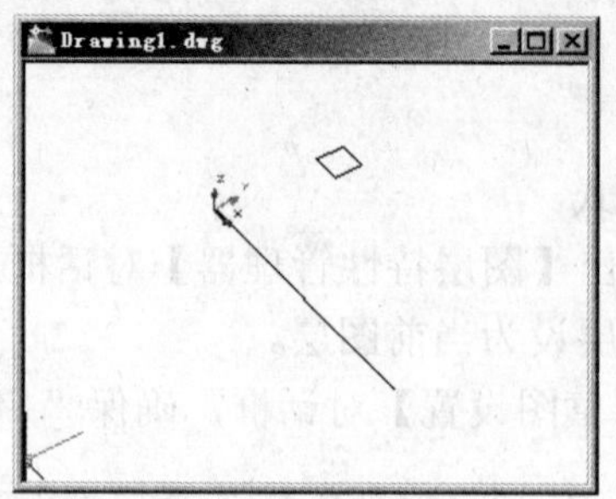

图 4-41 绘制的直线和矩形

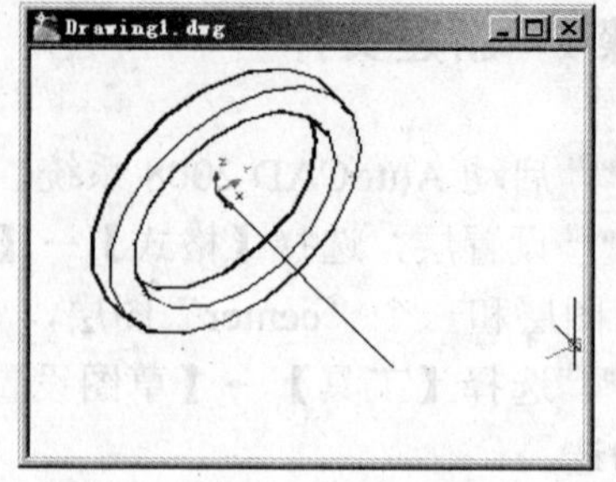

图 4-42 绘制旋转体

Step 02 选择【修改】→【圆角】命令，并根据提示进行如下操作：

```
命令: _fillet
当前设置: 模式 = 修剪, 半径 = 0.0000
选择第一个对象或 [放弃(U)/多段线(P)/半径(R)/修剪(T)/多个(M)]:          //选择旋转体的一个边
```

输入圆角半径:0.5

```
选择边或 [链(C)/半径(R)]:
                              //选择旋转体的第二个边
选择边或 [链(C)/半径(R)]:
                              //选择旋转体的第三个边
选择边或 [链(C)/半径(R)]:
                              //选择旋转体的第四个边
选择边或 [链(C)/半径(R)]: Enter
已选定 4 个边用于圆角。
```

结果如图 4-43 所示。

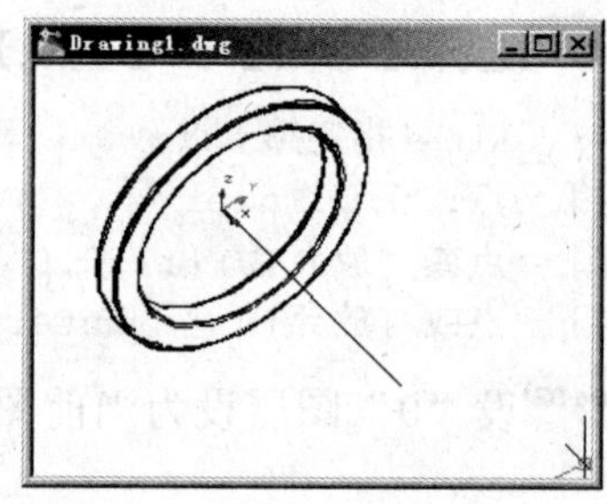

图 4-43 绘制的平垫圈

步骤 4 保存文件

选择【文件】→【保存】命令，以“EXAMPLE55.dwg”为名保存该图形文件。选择【文件】→【退出】命令，退出 AutoCAD。

实例 56 吊钩

在 AutoCAD 2008 中，使用 LOFT 命令，可以通过对包含两条或两条以上横截面曲线的一组曲线进行放样（绘制实体或曲面）来创建三维实体或曲面。如果对一组闭合的横截面曲线进行放样，则生成实体。如果对一组开放的横截面曲线进行放样，则生成曲面。

可以指定放样操作的路径。指定路径使用户可以更好地控制放样实体或曲面的形状。建议路径曲线始于第一个横截面所在的平面，止于最后一个横截面所在的平面。

也可以在放样时指定导向曲线。导向曲线是控制放样实体或曲面形状的另一种方式。可以使用导向曲线来控制点如何匹配相应的横截面以防止出现不希望看到的效果（例如结果实体或曲面中的皱褶）。每条导向曲线必须满足以下条件：与每个横截面相交，始于第一个横截面，止于最后一个横截面。

注意，放样时使用的曲线必须全部开放或全部闭合。不能使用既包含开放曲线又包含闭合曲线的选择集。

本实例简单地介绍了三维实体——吊钩的绘制，学习使用“放样”命令来绘制三维实体，进一步学习视口的使用，学习创建复合三维实体的绘制命令，进一步了解三维视图的设置。

步骤 1　新建文件

Step 01 设置层，选择【格式】→【图层】命令，弹出【图层特性管理器】对话框，建立一个“3d”图层，并将“0”图层设为当前图层。

Step 02 选择【工具】→【草图设置】命令，弹出【草图设置】对话框，确保“启用栅格”没有被勾选。

Step 03 选择【视图】→【三维视图】→【视点预置】命令，弹出【视点预置】对话框。在该对话框中，设在“自 X 轴”文本框中设置观察角度在 XY 平面上与 X 轴的夹角为 325，在“自 XY 平面”文本框中设置观察角度与 XY 平面的夹角为 45，通过这两个夹角就可以得到一个相对于当前坐标系（WCS 或 UCS）的特定三维视图。

Step 04 为了便于绘图，可以设置四个视口，在三维建模时便于观察和三维操作。选择【视图】→【视口】→【四个视口】命令，命令行的显示如下所示：

```
命令: _-vports
输入选项 [保存(S)/恢复(R)/删除(D)/合并(J)/单一(SI)/?/2/3/4] <3>: _4
正在重生成模型。
```

Step 05 设置视口将左上角视口设置为主视图。将左下角视口设置为俯视图。将右上角视口设置为左视图。右下角视口设置不变。移动光标到左上角视口并单击，选择【视图】→【三维视图】→【主视图】命令，命令行的显示如下所示：

```
命令: _-view 输入选项 [?/删除(D)/正交(O)/恢复(R)/保存(S)/设置(E)/窗口(W)]: _front
```

移动光标到左下角视口并单击，选择【视图】→【三维视图】→【俯视图】命令，命令行显示如下所示：

```
命令: _-view 输入选项 [?/删除(D)/正交(O)/恢复(R)/保存(S)/设置(E)/窗口(W)]: _top
```

移动光标到右上角视口并单击，选择【视图】→【三维视图】→【左视图】命令，命令行显示如下所示：

```
命令: _-view 输入选项 [?/删除(D)/正交(O)/恢复(R)/保存(S)/设置(E)/窗口(W)]: _left
```

Step 05 选择【工具】→【选项】命令，弹出【选项】对话框。单击【选项】对话框中的【窗口元素】框的【颜色】按钮，弹出【图形窗口颜色】对话框。设置【背景】选项为“三维平行投影”，【界面元素】选项为“统一背景”，【颜色】选项为“白”。设置完成后，单击【应用并关闭】按钮，返回【选项】对话框。单击【确定】按钮，完成设置，返回到绘图模式。

步骤 2　绘制平面对象

Step 01 设置右上角视口为当前视口。选择【绘图】→【多段线】命令，并根据提示进行如下操作：

```
命令: _pline
指定起点: 0,0 Enter
当前线宽为 0.0000
指定下一个点或 [圆弧(A)/半宽(H)/长度(L)/放弃(U)/宽度(W)]: a Enter
指定圆弧的端点或[角度(A)/圆心(CE)/方向(D)/半宽(H)/直线(L)/半径(R)/第二个点(S)/放弃(U)/宽度(W)]: r Enter
指定圆弧的半径: 20 Enter
指定圆弧的端点或 [角度(A)]: 0,40 Enter
指定圆弧的端点或[角度(A)/圆心(CE)/闭合(CL)/方向(D)/半宽(H)/直线(L)/半径(R)/第二个点(S)/放弃(U)/宽度(W)]: r Enter
指定圆弧的半径: 10 Enter
指定圆弧的端点或 [角度(A)]: -10,30 Enter
指定圆弧的端点或[角度(A)/圆心(CE)/闭合(CL)/方向(D)/半宽(H)/直线(L)/半径(R)/第二个点(S)/放弃(U)/宽度(W)]: -20,20 Enter
指定圆弧的端点或[角度(A)/圆心(CE)/闭合(CL)/方向(D)/半宽(H)/直线(L)/半径(R)/第二个点(S)/放弃(U)/宽度(W)]: l Enter
指定下一点或 [圆弧(A)/闭合(C)/半宽(H)/长度(L)/放弃(U)/宽度(W)]: -40,20 Enter
指定下一点或 [圆弧(A)/闭合(C)/半宽(H)/长度(L)/放弃(U)/宽度(W)]: Enter
```

结果如图 4-44 所示。

Step 02 设置左上角视口为当前视口。选择【绘图】→【圆心】→【圆心，半径】命令，并根据提示进行如下操作：

```
命令: _circle 指定圆的圆心或 [三点(3P)/两点(2P)/相切、相切、半径(T)]: 0,0 Enter
指定圆的半径或 [直径(D)] : 3 Enter
```

选择【绘图】→【圆心】→【圆心，半径】命令，并根据提示进行如下操作：

```
命令: _circle 指定圆的圆心或 [三点(3P)/两点(2P)/相切、相切、半径(T)]: 0,40 Enter
指定圆的半径或 [直径(D)] <3.0000>: 5 Enter
```

选择【绘图】→【圆心】→【圆心，半径】命令，并根据提示进行如下操作：

```
命令: _circle 指定圆的圆心或 [三点(3P)/两点(2P)/相切、相切、半径(T)]: 0,20,-40 Enter
指定圆的半径或 [直径(D)] <5.0000>: 5 Enter
```

结果如图 4-45 所示。

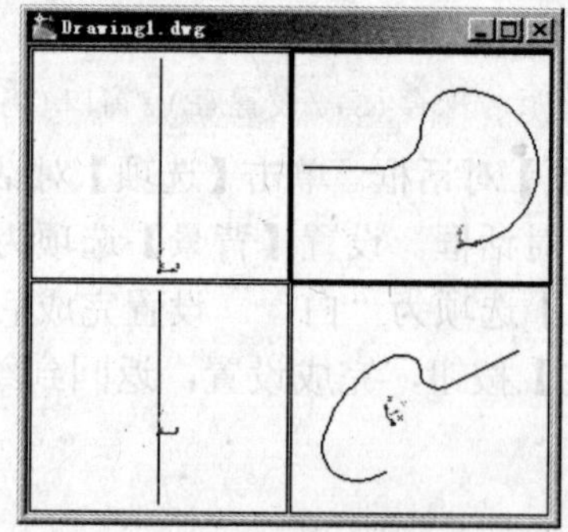

图 4-44　绘制多段线

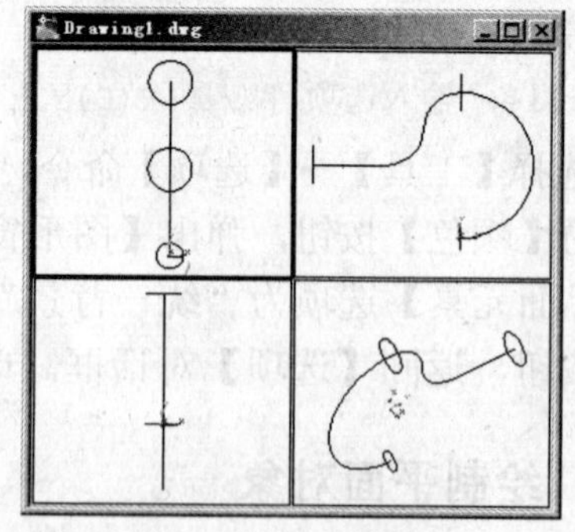

图 4-45　绘制圆

Step 03 设置右上角视口为当前视口。将“3d”图层设为当前图层。选择【绘图】→【建模】→【放样】命令，并根据提示进行如下操作：

```
命令: _loft
按放样次序选择横截面: 找到 1 个                    //选择上一步绘制的第一个圆
按放样次序选择横截面: 找到 1 个, 总计 2 个            //选择上一步绘制的第二个圆
按放样次序选择横截面: 找到 1 个, 总计 3 个            //选择上一步绘制的第三个圆
按放样次序选择横截面: Enter
输入选项 [导向(G)/路径(P)/仅横截面(C)] <仅横截面>: p Enter
选择路径曲线:                                       //选择绘制的多段线 Enter
```

结果如图 4-46 所示。

Step 04 选择【绘图】→【建模】→【球体】命令，并根据提示进行如下操作：

```
命令: _sphere
指定中心点或 [三点(3P)/两点(2P)/相切、相切、半径(T)]: 0,0,0 Enter
指定半径或 [直径(D)]: 3 Enter
```

结果如图 4-47 所示。

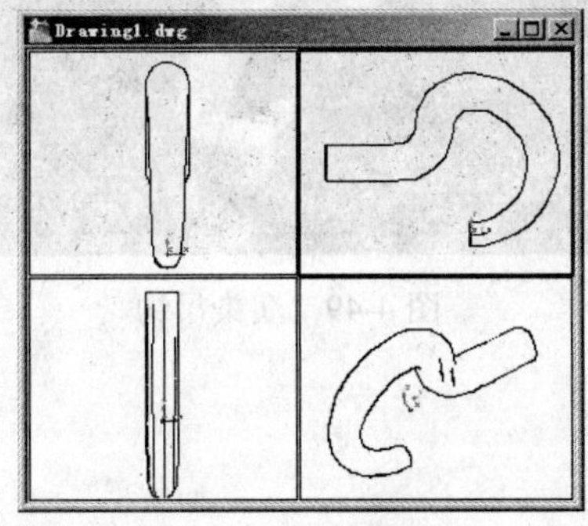

图 4-46 绘制放样体

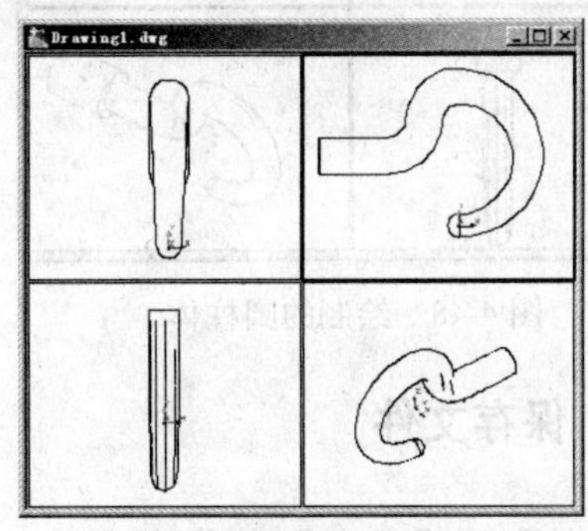

图 4-47 绘制球体

Step 05 选择【工具】→【新建 UCS】→【原点】命令，并根据提示进行如下操作：

```
命令: _ucs
当前 UCS 名称: *左视*
指定 UCS 的原点或 [面(F)/命名(NA)/对象(OB)/上一个(P)/视图(V)/世界(W)/X/Y/Z/Z 轴(ZA)] <世界>: _o
指定新原点 <0,0,0>: -40,20,0 Enter
```

选择【工具】→【新建 UCS】→【Y 轴】命令，并根据提示进行如下操作：

```
命令: _ucs
当前 UCS 名称: *没有名称*
指定 UCS 的原点或 [面(F)/命名(NA)/对象(OB)/上一个(P)/视图(V)/世界(W)/X/Y/Z/Z 轴(ZA)] <世界>: _y
指定绕 Y 轴的旋转角度 <90>: -90 Enter
```

Step 05 选择【绘图】→【建模】→【圆柱体】命令，并根据提示进行如下操作：

```
命令: _cylinder
指定底面的中心点或 [三点(3P)/两点(2P)/相切、相切、半径(T)/椭圆(E)]: 0,0,0 Enter
指定底面半径或 [直径(D)] <10.0000>: 8 Enter
指定高度或 [两点(2P)/轴端点(A)] <10.0000>: 20 Enter
```

结果如图 4-48 所示。

Step 07 选择【修改】→【实体编辑】→【并集】命令，并根据提示进行如下操作：

```
命令: _union
选择对象: 找到 1 个//选择圆柱体
选择对象: 找到 1 个, 总计 2 个//选择放样体
选择对象: 找到 1 个, 总计 3 个//选择球体
选择对象: Enter
```

Step 08 选择【视图】→【演染】→【演染】命令，弹出【演染】对话框。结果如图 4-49 所示。

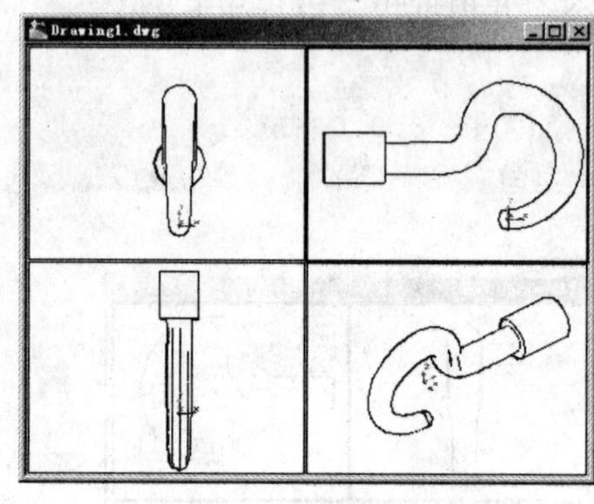

图 4-48　绘制的圆柱体

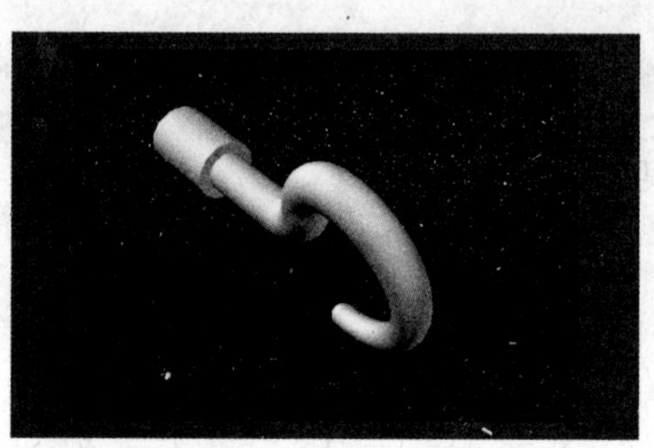

图 4-49　演染吊钩

步骤 3　保存文件

选择【文件】→【保存】命令，以“EXAMPLE56.dwg”为名保存该图形文件。选择【文件】→【退出】命令，退出 AutoCAD。

实例 57　等长双头螺柱

在 AutoCAD 2008 中，扫掠命令 SWEEP 用于沿指定路径以指定轮廓的形状（扫掠对象）绘制实体或曲面。使用 SWEEP 命令可以将螺旋用作路径。例如，可以沿着螺旋路径来扫掠圆，以创建弹簧实体模型。创建螺旋时，可以指定以下特性：底面半径，顶面半径，高度，圈数，圈高，扭曲方向。

- 如果指定一个值来同时作为底面半径和顶面半径，将创建圆柱形螺旋。默认情况下，为顶面半径和底面半径设置的值相同。
- 如果指定不同的值来作为顶面半径和底面半径，将创建圆锥形螺旋。
- 如果指定的高度值为 0，则将创建扁平的二维螺旋。
- 如果沿一条路径扫掠闭合的曲线，则生成实体。如果沿一条路径扫掠开放的曲线，则生成曲面。

本实例简单地介绍了三维实体——等长双头螺柱的绘制。通过该实例，可以学习“螺旋”命令的使用，学习“扫掠”命令的使用，进一步学习视口的使用，学习创建复合三维实体的绘制命令，进一步了解三维视图的设置。

步骤1 新建文件

Step 01 启动AutoCAD 2008系统，进入三维建模模式。

Step 02 设置层，选择【格式】→【图层】命令，弹出【图层特性管理器】对话框，建立一个“3d”图层和设置“0”层参数，并将“0”图层设为当前图层。

Step 03 选择【工具】→【草图设置】命令，弹出【草图设置】对话框，确保“启用栅格”没有被勾选。

Step 04 为了便于绘图，可以设置四个视口，在三维建模时便于观察和三维操作。选择【视图】→【视口】→【四个视口】命令，命令行的显示如下所示：

```
命令: _-vports
输入选项 [保存(S)/恢复(R)/删除(D)/合并(J)/单一(SI)/?/2/3/4] <3>: _4
正在重生成模型。
```

Step 05 设置视口将左上角视口设置为主视图。将左下角视口设置为俯视图。将右上角视口设置为左视图。右下角视口设置为西南等轴测。移动光标到左上角视口并单击，选择【视图】→【三维视图】→【主视图】命令，命令行的显示如下所示：

```
命令: _-view 输入选项 [?/删除(D)/正交(O)/恢复(R)/保存(S)/设置(E)/窗口(W)]: _front
```

移动光标到左下角视口并单击，选择【视图】→【三维视图】→【俯视图】命令，命令行显示如下所示：

```
命令: _-view 输入选项 [?/删除(D)/正交(O)/恢复(R)/保存(S)/设置(E)/窗口(W)]: _top
```

移动光标到右上角视口并单击，选择【视图】→【三维视图】→【左视图】命令，命令行显示如下所示：

```
命令: _-view 输入选项 [?/删除(D)/正交(O)/恢复(R)/保存(S)/设置(E)/窗口(W)]: _left
```

单击右上角视口，选择【视图】→【三维视图】→【西南等轴测】命令，命令行的显示如下所示：

```
命令: _-view 输入选项 [?/删除(D)/正交(O)/恢复(R)/保存(S)/设置(E)/窗口(W)]: _swiso
```

Step 05 选择【工具】→【选项】命令，弹出【选项】对话框。单击【选项】对话框中的【窗口元素】框的【颜色】按钮，弹出【图形窗口颜色】对话框。设置【背景】选项为“三维平行投影”，【界面元素】选项为“统一背景”，【颜色】选项为 “白”。设置完成后，单击【应用并关闭】按钮，返回【选项】对话框。单击【确定】按钮，完成设置，返回到绘图模式。

步骤2 绘制等长双头螺柱

Step 01 设右下角视口为当前视口。选择【绘图】→【螺旋】命令，并根据提示进行如下操作：

```
命令: _Helix
圈数 = 3.0000     扭曲=CCW
指定底面的中心点: 0,0,0 Enter
指定底面半径或 [直径(D)] <1.0000>: 10 Enter
指定顶面半径或 [直径(D)] <10.0000>: 10 Enter
指定螺旋高度或 [轴端点(A)/圈数(T)/圈高(H)/扭曲(W)] <1.0000>: t Enter
输入圈数 <3.0000>: 10 Enter
指定螺旋高度或 [轴端点(A)/圈数(T)/圈高(H)/扭曲(W)] <1.0000>: h Enter
```

```
指定圈间距 <0.2500>: 2.5 Enter
```

结果如图 4-50 所示。

Step 02 设右上角视口为当前视口。选择【工具】→【新建 UCS】→【原点】命令，并根据提示进行如下操作：

```
命令: _ucs
当前 UCS 名称: *没有名称*
指定UCS的原点或[面(F)/命名(NA)/对象(OB)/上一个(P)/视图(V)/世界(W)/X/Y/Z/Z轴(ZA)]<世界>: _o
指定新原点 <0,0,0>://选择螺旋线的端点
```

结果如图 4-51 所示。

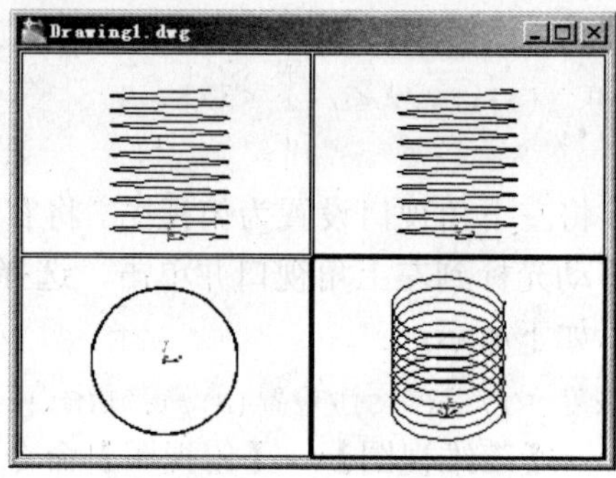

图 4-50　绘制螺旋线

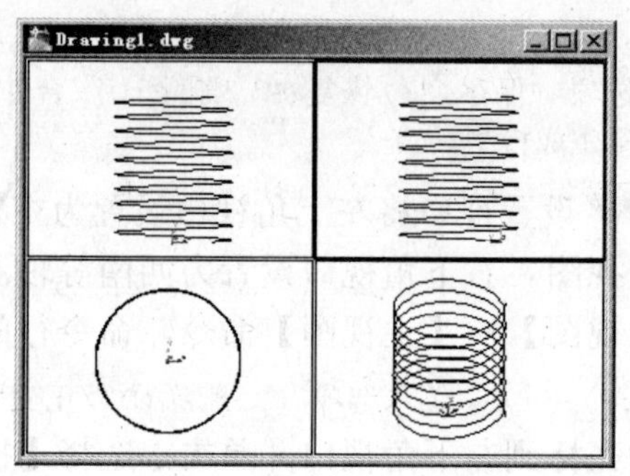

图 4-51　移动坐标原点

Step 03 选择【绘图】→【圆】→【圆心，半径】命令，并根据提示进行如下操作：

```
命令:_circle 指定圆的圆心或 [三点(3P)/两点(2P)/相切、相切、半径(T)]: 0,0,0 Enter
指定圆的半径或[直径(D)]: 1 Enter
```

结果如图 4-52 所示。

Step 04 设当前图层为“3d”层。选择【绘图】→【建模】→【扫掠】命令，并根据提示进行如下操作：

```
命令: _sweep
当前线框密度: ISOLINES=4
选择要扫掠的对象:找到 1 个//选择前面绘制的圆
选择要扫掠的对象: Enter
选择扫掠路径或[对齐(A)/基点(B)/比例(S)/扭曲(T)]://选择前面绘制的螺旋线
```

结果如图 4-53 所示。

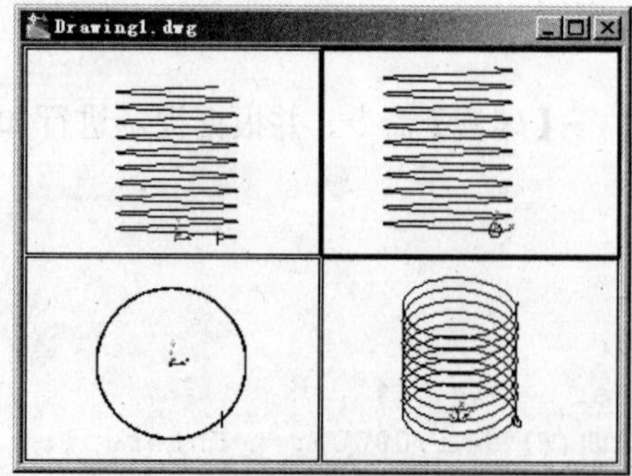

图 4-52　绘制螺纹的截面

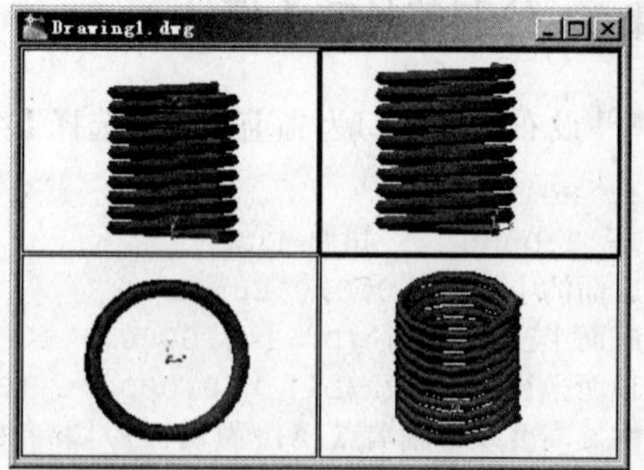

图 4-53　绘制扫掠体

Step 05 将左下角视口设为当前视图。选择【绘图】→【建模】→【圆柱体】命令，并根据提示进行如下操作：

```
命令: _cylinder
指定底面的中心点或 [三点(3P)/两点(2P)/相切、相切、半径(T)/椭圆(E)]: 0,0,2 Enter
指定底面半径或 [直径(D)]: 10.9 Enter
指定高度或 [两点(2P)/轴端点(A)]: 21 Enter
```

结果如图 4-54 所示。

Step 05 选择【修改】→【实体编辑】→【交集】命令，并根据提示进行如下操作：

```
命令: _intersect
选择对象: 找到 1 个//选择圆柱体
选择对象: 找到 1 个，总计 2 个//选择扫掠体
选择对象: Enter
```

结果如图 4-55 所示。

图 4-54　绘制圆柱体

图 4-55　绘制螺纹

Step 07 选择【绘图】→【建模】→【圆柱体】命令，并根据提示进行如下操作：

```
命令: _cylinder
指定底面的中心点或[三点(3P)/两点(2P)/相切、相切、半径(T)/椭圆(E)]: 0,0,-5Enter
指定底面半径或 [直径(D)] <10.9000>: 10.2Enter
指定高度或 [两点(2P)/轴端点(A)] <21.0000>: 28Enter
```

结果如图 4-56 所示。

Step 08 选择【格式】→【图层】命令，弹出【图层特性管理器】对话框，关闭“0”线层。单击【确定】按钮，完成设置并退出【图层特性管理器】对话框。选择【修改】→【实体编辑】→【并集】命令，并根据提示进行如下操作：

```
命令: _union
选择对象: 找到 1 个//选择绘制的螺纹
选择对象: 找到 1 个，总计 2 个//选择刚刚绘制的圆柱体
选择对象: Enter
```

结果如图 4-57 所示。

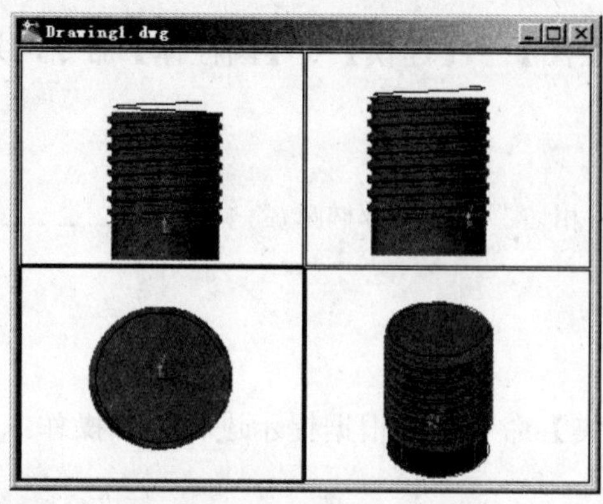

图 4-56　绘制螺纹体

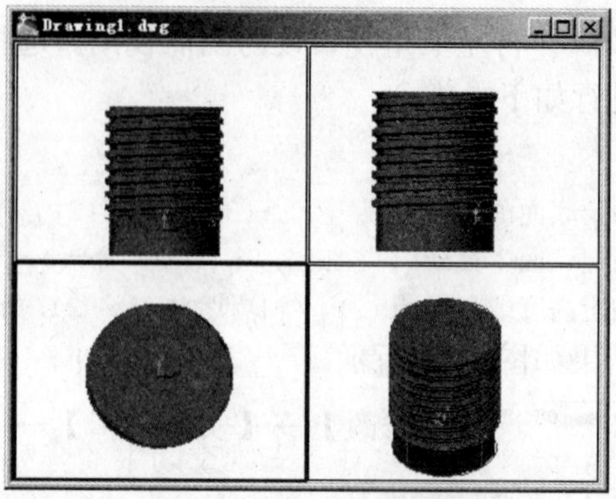

图 4-57　绘制的螺柱

Step 09 选择【修改】→【实体操作】→【三维镜像】命令，并根据提示进行如下操作：

```
命令: _mirror3d
选择对象: 找到 1 个//选择上一步绘制的实体
选择对象: Enter
指定镜像平面 (三点)的第一个点或
  [对象(O)/最近的(L)/Z 轴(Z)/视图(V)/XY 平面(XY)/YZ 平面(YZ)/ZX 平面(ZX)/三点(3)]
<三点>: 0,0,-5 Enter
在镜像平面上指定第二点: 1,0,-5 Enter
在镜像平面上指定第三点: 0,2,-5 Enter
是否删除源对象? [是(Y)/否(N)] <否>: Enter
```

选择【修改】→【实体编辑】→【并集】命令，并根据提示进行如下操作：

```
命令: _union
选择对象: 找到 1 个//选择镜像的源对象
选择对象: 找到 1 个，总计 2 个//选择镜像生成的对象
选择对象: Enter
```

选择【视图】→【缩放】→【窗口】命令，把绘制的等长双头螺柱放大到适当大小。结果如图 4-58 所示。

图 4-58　绘制的等长双头螺柱

步骤 3　保存文件

选择【文件】→【保存】命令，以“EXAMPLE57.dwg”为名保存该图形文件。选择【文件】→【退出】命令，退出 AutoCAD。

实例 58　开槽螺母

在 AutoCAD 2008 中，三维空间中的阵列使用 3DARRAY 命令。可以在三维空间中创建对象的矩形阵列或环形阵列。除了指定列数（X 方向）和行数（Y 方向）以外，还要指定层数（Z 方向）。

本实例简单地介绍了三维实体——开槽螺母的绘制。通过该实例，学习“三维阵列”命令的使用，复习“拉伸”命令的使用，进一步学习视口的使用，学习创建复合三维实体的绘制命令，了解三维视图的设置。

步骤 1　新建文件

Step 01 启动 AutoCAD 2008 系统，进入三维建模模式。

Step 02 设置层，选择【格式】→【图层】命令，弹出【图层特性管理器】对话框，建立一个“3d”图层，并将“0”图层设为当前图层。

Step 03 选择【工具】→【草图设置】命令，弹出【草图设置】对话框，确保“启用栅格”选项没有被勾选。

Step 04 选择【视图】→【三维视图】→【视点预置】命令，弹出【视点预置】对话框。在该对话框中，设在“自 X 轴”文本框中设置观察角度在 XY 平面上与 X 轴的夹角为 225，在“自 XY 平面”文本框中设置观察角度与 XY 平面的夹角为 45，通过这两个夹角就可以得到一个相对于当前坐标系（WCS 或 UCS）的特定三维视图。

Step 05 选择【视图】→【视口】→【四个视口】命令，命令行的显示如下所示：

```
命令: _-vports
输入选项 [保存(S)/恢复(R)/删除(D)/合并(J)/单一(SI)/?/2/3/4] <3>: _4
正在重生成模型。
```

Step 05 设置视口。为了便于绘图，可以设置四个视口，在三维建模时便于观察和三维操作。将左上角视口设置为主视图。将左下角视口设置为俯视图。将右上角视口设置为左视图。右下角视口设置不变。移动光标到左上角视口并单击，选择【视图】→【三维视图】→【主视图】命令，命令行的显示如下所示：

```
命令: _-view 输入选项 [?/删除(D)/正交(O)/恢复(R)/保存(S)/设置(E)/窗口(W)]: _front
```

移动光标到左下角视口并单击，选择【视图】→【三维视图】→【俯视图】命令，命令行显示如下所示：

```
命令: _-view 输入选项 [?/删除(D)/正交(O)/恢复(R)/保存(S)/设置(E)/窗口(W)]: _top
```

移动光标到右上角视口并单击，选择【视图】→【三维视图】→【左视图】命令，命令行显示如下所示：

```
命令：_-view 输入选项 [?/删除(D)/正交(O)/恢复(R)/保存(S)/设置(E)/窗口(W)]：_left
```

步骤 2　绘制拉伸对象

Step 01 设右上角视口为当前视口。选择【绘图】→【圆】→【圆心，直径】命令，并根据提示进行如下操作：

```
命令：_circle 指定圆的圆心或 [三点(3P)/两点(2P)/相切、相切、半径(T)]：0,0 Enter
指定圆的半径或 [直径(D)]：_d 指定圆的直径：30.8 Enter
```

Step 02 选择【绘图】→【正多边形】命令，并根据提示进行如下操作：

```
命令：_polygon 输入边的数目 <4>：6 Enter
指定正多边形的中心点或 [边(E)]：0,0 Enter
输入选项 [内接于圆(I)/外切于圆(C)] <I>：c Enter
指定圆的半径：25 Enter
```

选择【视图】→【缩放】→【窗口】命令，把绘制的图形放大到适当大小。结果如图 4-59 所示。

步骤 3　绘制开槽螺母

Step 01 设当前图层为“3d”图层。设右上角视口为当前视口。选择【绘图】→【建模】→【拉伸】命令，并根据提示进行如下操作：

```
命令：_extrude
当前线框密度：  ISOLINES=4
选择要拉伸的对象：找到 1 个                          //选择上一步绘制的圆
选择要拉伸的对象：找到 1 个，总计 2 个                //选择上一步绘制的矩形
选择要拉伸的对象：Enter
指定拉伸的高度或 [方向(D)/路径(P)/倾斜角(T)]：32.5 Enter
```

结果如图 4-60 所示。

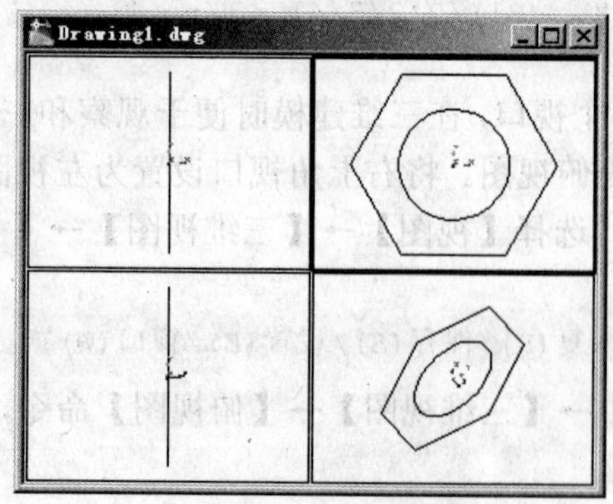

图 4-59　绘制螺母的拉伸面

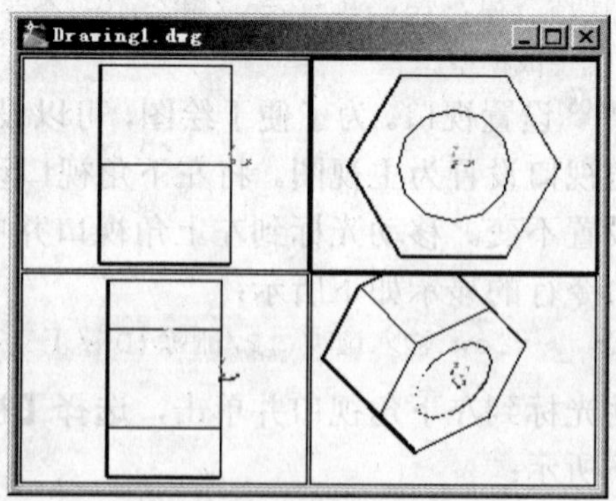

图 4-60　绘制螺母的拉伸体

Step 02 选择【修改】→【实体编辑】→【差集】命令，并根据提示进行如下操作：

```
命令: _subtract 选择要从中减去的实体或面域...
选择对象: 找到 1 个                                //选择上一步绘制的正六边形拉伸体
选择对象: Enter
选择要减去的实体或面域 ..
选择对象: 找到 1 个                                //选择上一步绘制的圆拉伸体
选择对象: Enter
```

结果如图 4-61 所示。

Step 03 设左下角视口为当前视口。选择【绘图】→【建模】→【圆锥体】命令，并根据提示进行如下操作：

```
命令: _cone
指定底面的中心点或 [三点(3P)/两点(2P)/相切、相切、半径(T)/椭圆(E)]: 0,0,0 Enter
指定底面半径或 [直径(D)] :70.0000 Enter
指定高度或 [两点(2P)/轴端点(A)/顶面半径(T)] <50.0000>: 50 Enter
```

结果如图 4-62 所示。

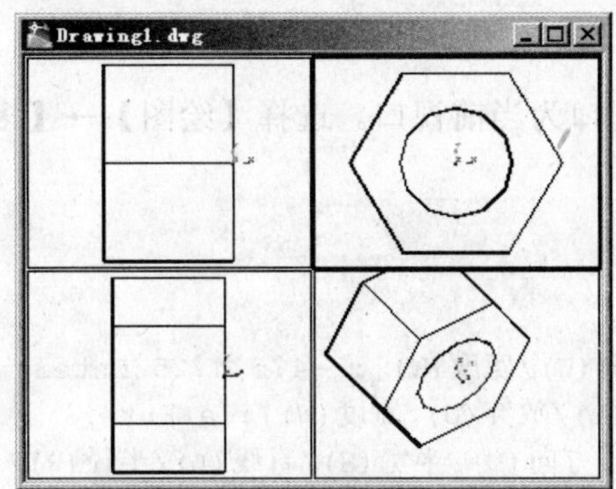

图 4-61　绘制螺母毛坯体

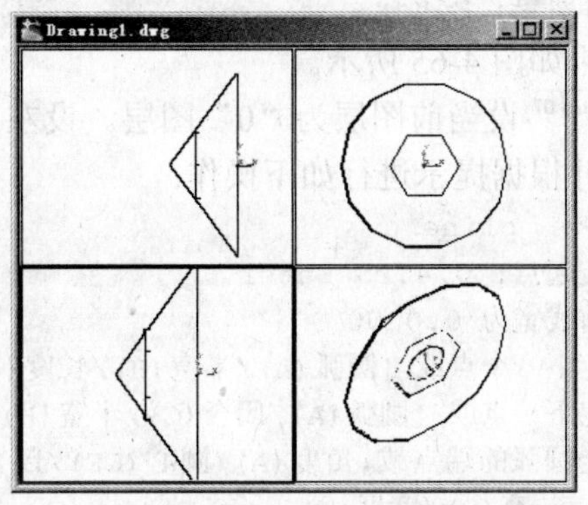

图 4-62　绘制圆锥体

Step 04 设右上角视口为当前视口。选择【修改】→【实体编辑】→【交集】命令，并根据提示进行如下操作：

```
命令: _intersect
选择对象: 找到 1 个
选择对象: 找到 1 个，总计 2 个
选择对象: Enter
```

结果如图 4-63 所示。

Step 05 设左下角视口为当前视口。选择【绘图】→【建模】→【圆锥体】命令，并根据提示进行如下操作：

```
命令: _cone
指定底面的中心点或 [三点(3P)/两点(2P)/相切、相切、半径(T)/椭圆(E)]: 0,0,32.5 Enter
指定底面半径或 [直径(D)] <70.0000>: 70 Enter
指定高度或[两点(2P)/轴端点(A)/顶面半径(T)] <50.0000>: -50 Enter
```

结果如图 4-64 所示。

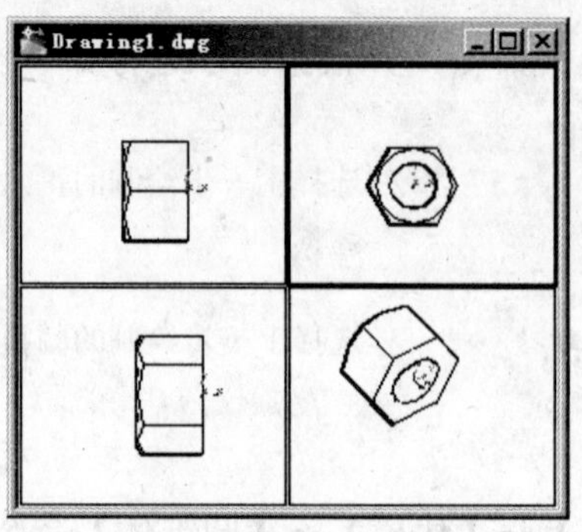
图 4-63　绘制螺母的一个倒角

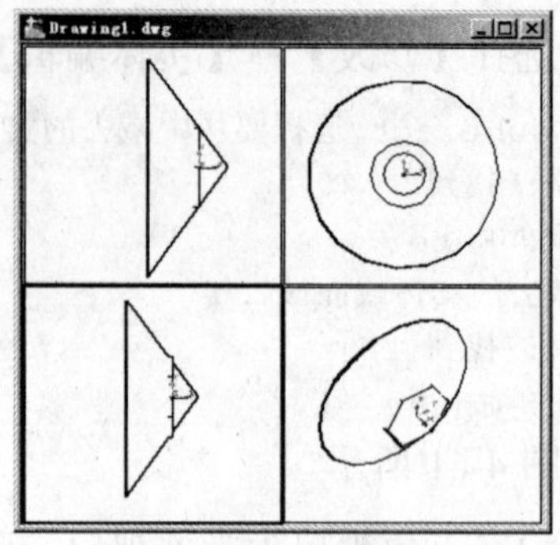
图 4-64　绘制另一个圆锥体

Step 05 设右上角视口为当前视口。选择【修改】→【实体编辑】→【交集】命令，并根据提示进行如下操作：

```
命令: _intersect
选择对象: 找到 1 个
选择对象: 找到 1 个, 总计 2 个
选择对象: Enter
```

结果如图 4-65 所示。

Step 07 设当前图层为“0”图层。设左下角视口为当前视口。选择【绘图】→【多段线】命令，并根据提示进行如下操作：

```
命令: _pline
指定起点: 0,4.25 Enter
当前线宽为 0.0000
指定下一个点或 [圆弧(A)/半宽(H)/长度(L)/放弃(U)/宽度(W)]: -4.5,4.25 Enter
指定下一点或 [圆弧(A)/闭合(C)/半宽(H)/长度(L)/放弃(U)/宽度(W)]: a Enter
指定圆弧的端点或[角度(A)/圆心(CE)/闭合(CL)/方向(D)/半宽(H)/直线(L)/半径(R)/第二个点(S)/放弃(U)/宽度(W)]: r Enter
指定圆弧的半径: 4.25 Enter
指定圆弧的端点或 [角度(A)]: -4.5,-4.25 Enter
指定圆弧的端点或[角度(A)/圆心(CE)/闭合(CL)/方向(D)/半宽(H)/直线(L)/半径(R)/第二个点(S)/放弃(U)/宽度(W)]: l Enter
指定下一点或[圆弧(A)/闭合(C)/半宽(H)/长度(L)/放弃(U)/宽度(W)]: 0,-4.25 Enter
指定下一点或[圆弧(A)/闭合(C)/半宽(H)/长度(L)/放弃(U)/宽度(W)]: c Enter
```

结果如图 4-66 所示。

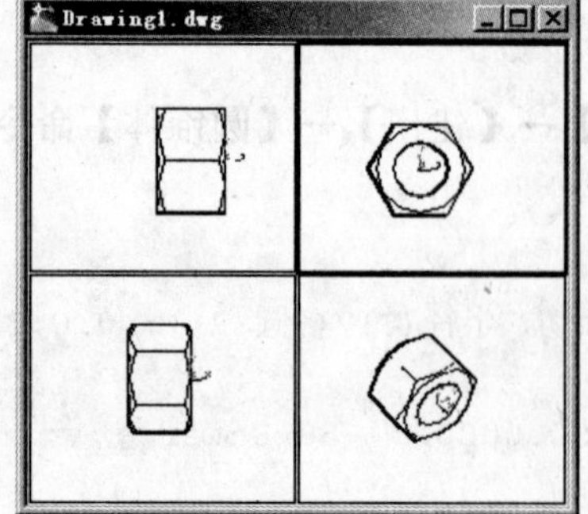
图 4-65　绘制螺母的另一个倒角

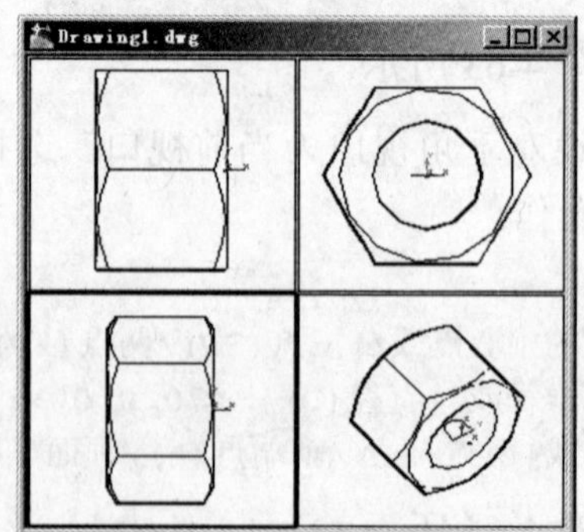
图 4-66　绘制槽的截面

Step 08 设当前图层为“3d”图层。选择【绘图】→【建模】→【拉伸】命令，并根据提示进行如下操作：

```
命令：_extrude
当前线框密度： ISOLINES=4
选择要拉伸的对象：找到 1 个//选择上一步绘制的多段线
选择要拉伸的对象：Enter
指定拉伸的高度或 [方向(D)/路径(P)/倾斜角(T)] <50.0000>: 25 Enter
```

结果如图 4-67 所示。

Step 09 选择【修改】→【三维操作】→【三维阵列】命令，并根据提示进行如下操作：

```
命令：_3darray
正在初始化...　已加载 3DARRAY。
选择对象：找到 1 个                                    //选择上一步绘制的拉伸体
选择对象：Enter
输入阵列类型 [矩形(R)/环形(P)] <矩形>:p Enter
输入阵列中的项目数目：6 Enter
指定要填充的角度 (+=逆时针，-=顺时针)<360>: Enter
旋转阵列对象？ [是(Y)/否(N)] <Y>: Enter
指定阵列的中心点：0,0,0 Enter
指定旋转轴上的第二点：10,0,0 Enter
```

结果如图 4-68 所示。

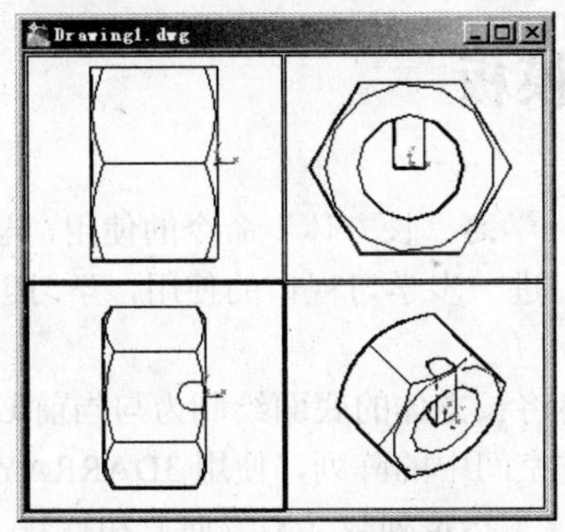

图 4-67　绘制一个拉伸体

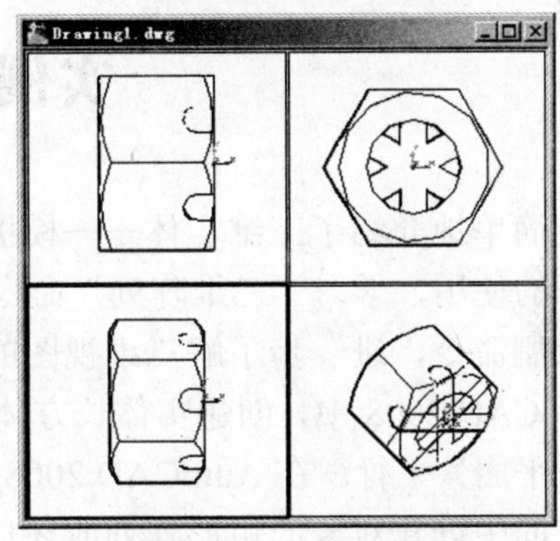

图 4-68　阵列拉伸体

Step 10 设右下角视口为当前视口。选择【修改】→【实体编辑】→【差集】命令，并根据提示进行如下操作：

```
命令：_subtract 选择要从中减去的实体或面域...
选择对象：找到 1 个//选择圆螺母主体
选择对象：Enter
选择要减去的实体或面域 ..
选择对象：找到 1 个//选择阵列生成的拉伸体之一
选择对象：找到 1 个，总计 2 个                          //选择阵列生成的拉伸体之二
选择对象：找到 1 个，总计 3 个                          //选择阵列生成的拉伸体之三
选择对象：找到 1 个，总计 4 个                          //选择阵列生成的拉伸体之 4
选择对象：找到 1 个，总计 5 个                          //选择阵列生成的拉伸体之 5
```

```
选择对象: 找到 1 个, 总计 6 个                    //选择阵列生成的拉伸体之 6
选择对象: Enter
```

结果如图 4-69 所示。

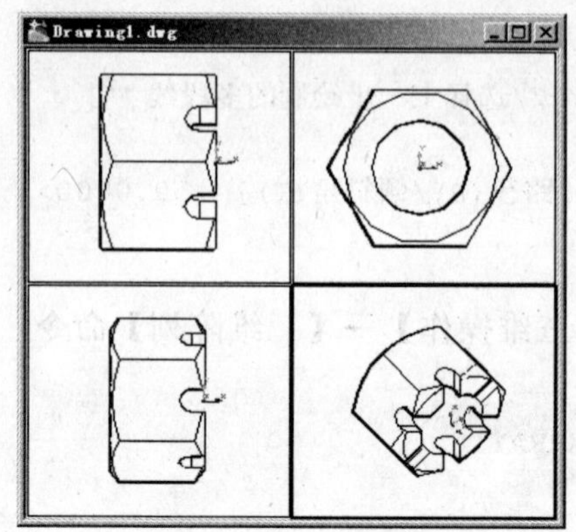

图 4-69 绘制开口螺母

步骤 4 保存文件

选择【文件】→【保存】命令，以“EXAMPLE58.dwg”为名保存该图形文件。选择【文件】→【退出】命令，退出 AutoCAD。

实例 59 模板

本实例简单地介绍了三维实体——模板的绘制，学习“长方体”命令的使用，学习“三维镜像”命令的使用，学习“三维阵列”命令的使用，进一步学习视口的使用，学习创建复合三维实体的绘制命令，进一步了解三维视图的设置。

在 AutoCAD 2008 中，创建实体长方体时，始终将长方体的底面绘制为与当前 UCS 的 XY 平面（工作平面）平行。在 AutoCAD 2008 中，三维空间中的阵列，使用 3DARRAY 命令，可以在三维空间中创建对象的矩形阵列或环形阵列。除了指定列数（X 方向）和行数（Y 方向）以外，还要指定层数（Z 方向）。

在 AutoCAD 2008 中，三维空间中的镜像，使用“三维镜像”命令，可以通过指定镜像平面来镜像对象。镜像平面可以是以下平面：平面对象所在的平面；通过指定点且与当前 UCS 的 XY、YZ 或 XZ 平面平行的平面；由三个指定点定义的平面。

步骤 1 新建文件

Step 01 启动 AutoCAD 2008 系统，进入三维建模模式。

Step 02 设置层，选择【格式】→【图层】命令，弹出【图层特性管理器】对话框，建立一个“3d”图层和设置“0”层参数，并将“3d”图层设为当前图层。

Step 03 选择【工具】→【草图设置】命令，弹出【草图设置】对话框，确保“启用栅格”

没有被勾选。

Step 04 为了便于绘图，可以设置四个视口。选择【视图】→【视口】→【四个视口】命令，命令行的显示如下所示：

```
命令: _-vports
输入选项 [保存(S)/恢复(R)/删除(D)/合并(J)/单一(SI)/?/2/3/4] <3>: _4
正在重生成模型。
```

Step 05 设置视口将左上角视口设置为主视图。将左下角视口设置为俯视图。将右上角视口设置为左视图。右下角视口设置为西南等轴测。移动光标到左上角视口并单击，选择【视图】→【三维视图】→【主视图】命令，命令行的显示如下所示：

```
命令: _-view 输入选项 [?/删除(D)/正交(O)/恢复(R)/保存(S)/设置(E)/窗口(W)]: _front
```

移动光标到左下角视口并单击，选择【视图】→【三维视图】→【俯视图】命令，命令行显示如下所示：

```
命令: _-view 输入选项 [?/删除(D)/正交(O)/恢复(R)/保存(S)/设置(E)/窗口(W)]: _top
```

移动光标到右上角视口并单击，选择【视图】→【三维视图】→【左视图】命令，命令行显示如下所示：

```
命令: _-view 输入选项 [?/删除(D)/正交(O)/恢复(R)/保存(S)/设置(E)/窗口(W)]: _left
```

单击右上角视口，选择【视图】→【三维视图】→【西南等轴测】命令，命令行显示如下所示：

```
命令: _-view 输入选项 [?/删除(D)/正交(O)/恢复(R)/保存(S)/设置(E)/窗口(W)]: _swiso
```

Step 05 选择【工具】→【选项】命令，弹出【选项】对话框。单击【选项】对话框中的【窗口元素】框的【颜色】按钮，弹出【图形窗口颜色】对话框，在【背景】框中选择“三维平行投影”项，在【界面元素】框中分别选择“统一背景”项，在【颜色】框中选择“白”项。设置完成后单击【应用并关闭】按钮返回【选项】对话框。单击【确定】按钮，完成设置返回到绘图模式。

步骤2 绘制模板

Step 01 设右上角视口为当前视口。选择【绘图】→【建模】→【长方体】命令，并根据提示进行如下操作：

```
命令: _box
指定第一个角点或 [中心(C)]: 0,0,0 Enter
指定其他角点或 [立方体(C)/长度(L)]: 250,270,0 Enter
指定高度或 [两点(2P)]: 25 Enter
```

结果如图4-70所示。

Step 02 选择【绘图】→【建模】→【圆柱体】命令，并根据提示进行如下操作：

```
命令: _cylinder
指定底面的中心点或 [三点(3P)/两点(2P)/相切、相切、半径(T)/椭圆(E)]: 25,55,0 Enter
指定底面半径或 [直径(D)]: 7 Enter
```

```
指定高度或 [两点(2P)/轴端点(A)] <25.0000>: 25 Enter
```

选择【绘图】→【建模】→【圆柱体】命令，并根据提示进行如下操作：

```
命令: _cylinder
指定底面的中心点或 [三点(3P)/两点(2P)/相切、相切、半径(T)/椭圆(E)]: 70,25,0 Enter
指定底面半径或 [直径(D)] <7.0000>: 6 Enter
指定高度或 [两点(2P)/轴端点(A)] <25.0000>: 25 Enter
```

结果如图 4-71 所示。

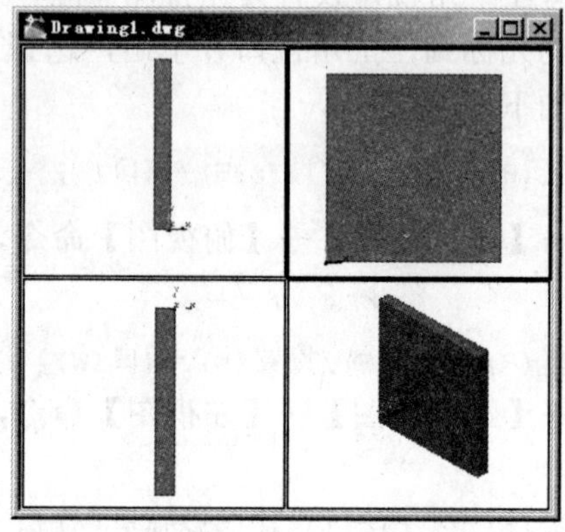

图 4-70　绘制一个长方体

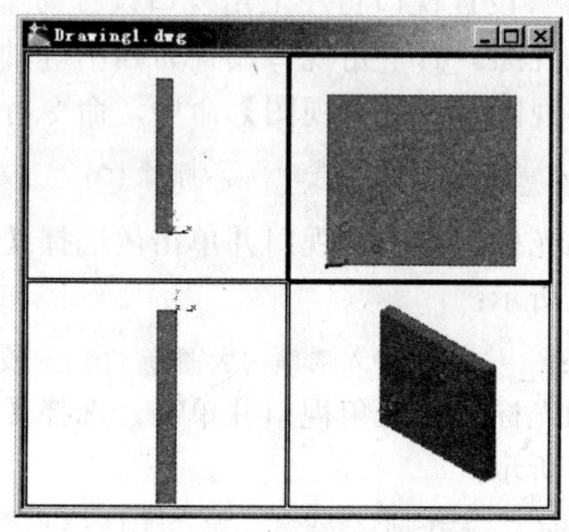

图 4-71　绘制两个圆柱体

Step 03 选择【修改】→【三维操作】→【三维阵列】命令，并根据提示进行如下操作：

```
命令: _3darray
选择对象: 找到 1 个//选择半径为 6 的圆柱体
选择对象: Enter
输入阵列类型 [矩形(R)/环形(P)] <矩形>:r Enter
输入行数 (---)<1>: 2 Enter
输入列数 (|||)<1>: 2 Enter
输入层数 (...)<1>: 1 Enter
指定行间距 (---): 200 Enter
指定列间距 (|||): 160 Enter
```

选择【修改】→【三维操作】→【三维阵列】命令，并根据提示进行如下操作：

```
命令: _3darray
选择对象: 找到 1 个//选择半径为 7 的圆柱体
选择对象: Enter
输入阵列类型 [矩形(R)/环形(P)] <矩形>: Enter
输入行数 (---)<1>: 2 Enter
输入列数 (|||)<1>: 2 Enter
输入层数 (...)<1>: 1 Enter
指定行间距 (---): 110 Enter
指定列间距 (|||): 220 Enter
```

结果如图 4-72 所示。

Step 04 选择【修改】→【实体编辑】→【差集】命令，并根据提示进行如下操作：

```
命令: _subtract 选择要从中减去的实体或面域...
```

```
选择对象：找到 1 个                                           //选择长方体主体
选择对象：Enter
选择要减去的实体或面域 ..
选择对象：找到 1 个                                           //选择阵列生成的圆柱体之一
选择对象：找到 1 个，总计 2 个                                //选择阵列生成的圆柱体之二
选择对象：找到 1 个，总计 3 个                                //选择阵列生成的圆柱体之三
选择对象：找到 1 个，总计 4 个                                //选择阵列生成的圆柱体之四
选择对象：找到 1 个，总计 5 个                                //选择阵列生成的圆柱体之五
选择对象：找到 1 个，总计 6 个                                //选择阵列生成的圆柱体之六
选择对象：找到 1 个，总计 5 个                                //选择阵列生成的圆柱体之七
选择对象：找到 1 个，总计 6 个                                //选择阵列生成的圆柱体之八
选择对象：Enter
```

结果如图 4-73 所示。

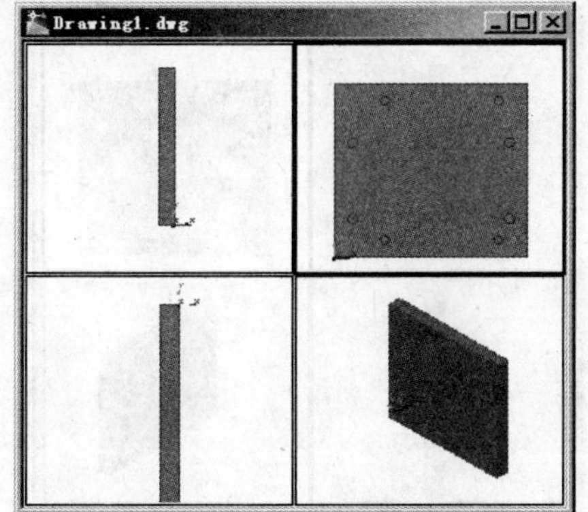

图 4-72　阵列圆柱体

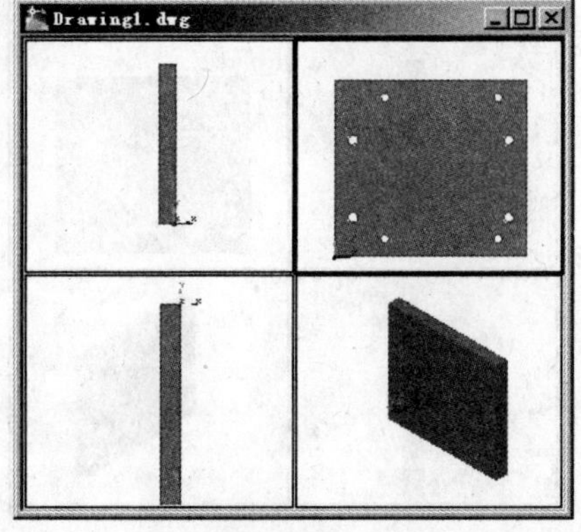

图 4-73　绘制模板的螺钉孔和导柱孔

Step 05 选择【绘图】→【建模】→【圆柱体】命令，并根据提示进行如下操作：

```
命令：_cylinder
指定底面的中心点或 [三点(3P)/两点(2P)/相切、相切、半径(T)/椭圆(E)]：135,125,0 Enter
指定底面半径或 [直径(D)] <6.0000>：25 Enter
指定高度或 [两点(2P)/轴端点(A)] <25.0000>：25 Enter
```

选择【绘图】→【建模】→【圆柱体】命令，并根据提示进行如下操作：

```
命令：_cylinder
指定底面的中心点或 [三点(3P)/两点(2P)/相切、相切、半径(T)/椭圆(E)]：60,125,0 Enter
指定底面半径或 [直径(D)] <25.0000>：14 Enter
指定高度或 [两点(2P)/轴端点(A)] <25.0000>：25 Enter
```

选择【修改】→【三维操作】→【三维镜像】命令，并根据提示进行如下操作：

```
命令：_mirror3d
选择对象：找到 1 个//选择上一步绘制的半径值为 14 的圆柱体
选择对象：Enter
指定镜像平面(三点)的第一个点或[对象(O)/最近的(L)/Z 轴(Z)/视图(V)/XY 平面(XY)/YZ 平面
(YZ)/ZX 平面(ZX)/三点 (3) ]<三点>：135,0,0 Enter
在镜像平面上指定第二点：135,250,0 Enter
在镜像平面上指定第三点：135,125,25 Enter
```

```
是否删除源对象？[是(Y)/否(N)] <否>: Enter
```

结果如图 4-74 所示。

Step 05 选择【修改】→【实体编辑】→【差集】命令，并根据提示进行如下操作：

```
命令: _subtract 选择要从中减去的实体或面域...
选择对象: 找到 1 个                                   //选择长方体主体
选择对象: Enter
选择要减去的实体或面域 ..
选择对象: 找到 1 个                                   //选择绘制的半径值为 14 的圆柱体
选择对象: 找到 1 个，总计 2 个                        //选择绘制的半径值为 25 的圆柱体
选择对象: 找到 1 个，总计 3 个                        //选择上一步镜像生成的圆柱体
选择对象: Enter
```

结果如图 4-75 所示。

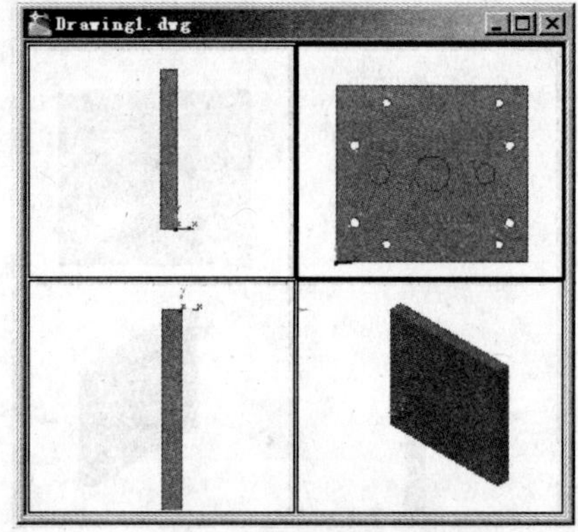

图 4-74　镜像绘制圆柱体

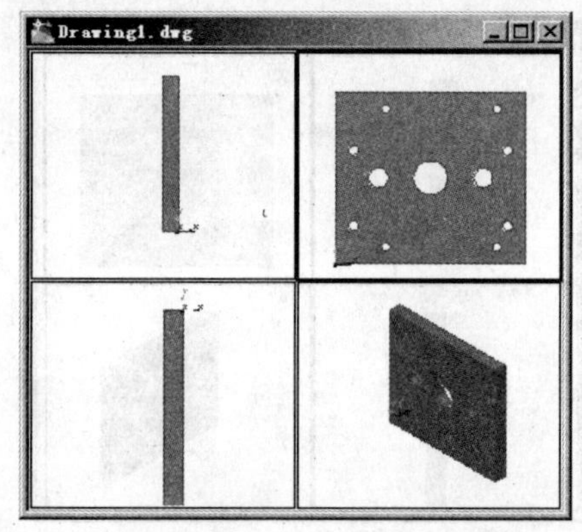

图 4-75　绘制模板的顶出孔

Step 07 选择【绘图】→【建模】→【圆柱体】命令，并根据提示进行如下操作：

```
命令: _cylinder
指定底面的中心点或 [三点(3P)/两点(2P)/相切、相切、半径(T)/椭圆(E)]: 60,125,0 Enter
指定底面半径或 [直径(D)] <14.0000>: 17.5 Enter
指定高度或 [两点(2P)/轴端点(A)] <25.0000>: 8 Enter
```

选择【修改】→【三维操作】→【三维镜像】命令，并根据提示进行如下操作：

```
命令: _mirror3d
选择对象: 找到 1 个
选择对象: Enter
指定镜像平面(三点)的第一个点或[对象(O)/最近的(L)/Z 轴(Z)/视图(V)/XY 平面(XY)/YZ 平面
(YZ)/ZX 平面(ZX)/三点 (3) ]<三点>: 135,0,0 Enter
在镜像平面上指定第二点: 135,250,0 Enter
在镜像平面上指定第三点: 135,250,25 Enter
是否删除源对象？[是(Y)/否(N)] <否>: Enter
```

结果如图 4-76 所示。

Step 08 选择【修改】→【实体编辑】→【差集】命令，并根据提示进行如下操作：

```
命令: _subtract 选择要从中减去的实体或面域...
选择对象: 找到 1 个                                   //选择长方体主体
```

```
选择对象: Enter
选择要减去的实体或面域 ..
选择对象: 找到 1 个                                   //选择绘制的半径值为 17.5 的圆柱体之一
选择对象: 找到 1 个，总计 2 个                         //选择绘制的半径值为 17.5 的圆柱体之二
选择对象: Enter
```

结果如图 4-77 所示。

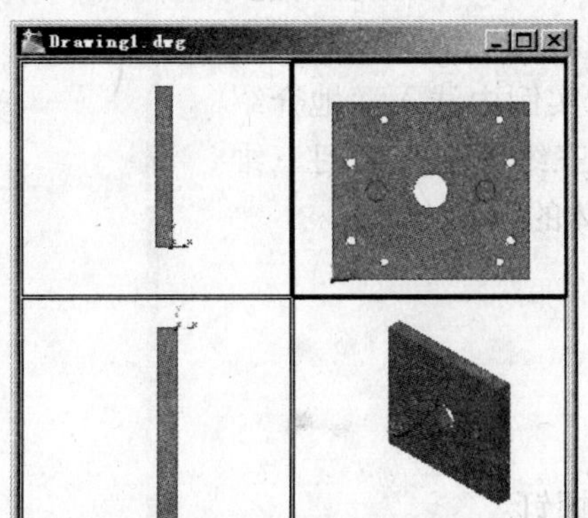

图 4-76　绘制两个小圆柱

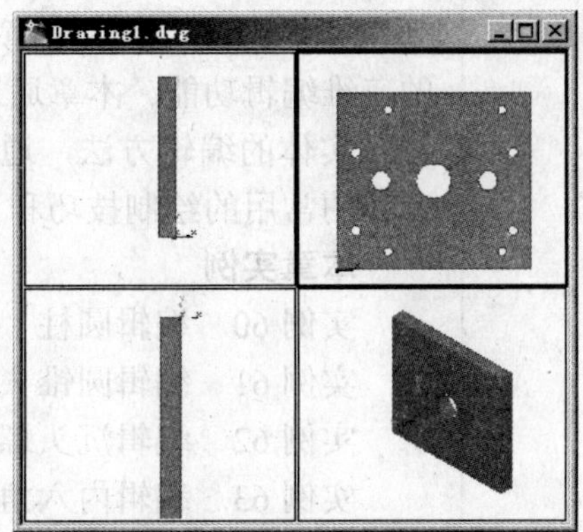

图 4-77　绘制模板顶出孔的台阶

Step 09 设右下角视口为当前视口。选择【视图】→【动态观察】→【自由动态观察】命令，把绘制的模板旋转至图 4-78 所示的位置，便可以看到绘制的孔的台阶。

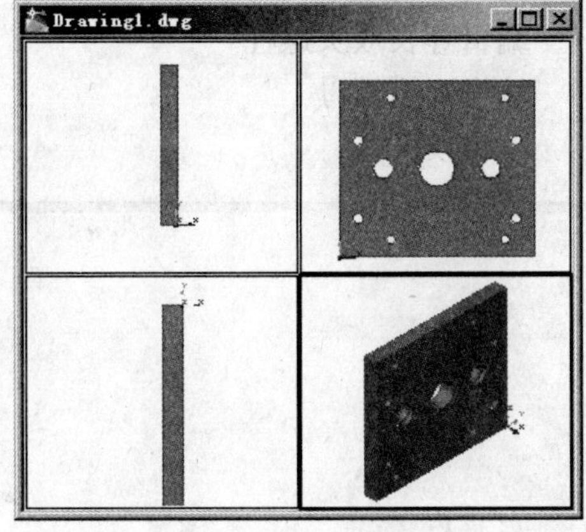

图 4-78　绘制的模板

步骤 3　保存文件

选择【文件】→【保存】命令，以“EXAMPLE59.dwg”为名保存该图形文件。选择【文件】→【退出】命令，退出 AutoCAD。

第 5 章　编辑三维对象

在第 4 章，介绍了 AutoCAD 2008 的一个主要功能：创建三维实体。在这一章中，将介绍 AutoCAD 2008 的三维编辑功能。本章通过 11 个实例由浅入深地介绍三维实体的编辑方法，通过绘制三维图形，学习三维实体的常用的绘制技巧和三维实体的编辑命令。

本章实例

实例 60　编辑圆柱
实例 61　编辑圆锥头
实例 62　编辑沉头螺栓
实例 63　编辑内六角圆柱头螺钉
实例 64　编辑阶梯导柱
实例 65　编辑 A 型导套
实例 66　编辑平垫圈
实例 67　编辑吊钩
实例 68　编辑等长双头螺柱
实例 69　编辑开槽螺母
实例 70　编辑模板

实例 60　编辑圆柱

本实例简单地介绍了三维实体——圆柱的编辑，学习“查询”命令的使用，学习“视觉样式”命令的使用。查询命令可以提供图形中对象的相关信息，以及执行有用的计算。例如，可以获取由选定对象或点序列定义的面积、周长和质量特性；可以计算和显示点序列的面积和周长；也可以获取几种任意类型对象的面积、周长和质量特性。

步骤 1　创建图形文件

启动 AutoCAD 2008 中文版系统。选择【文件】→【打开】命令，打开第 4 章中创建的实例文件“EXAMPLE49.dwg”。选择【文件】→【另存为】命令，将其另存为“EXAMPLE60.dwg”。

步骤 2　编辑圆柱

Step 01 选择【视图】→【视觉样式】→【三维隐藏】命令，命令行的显示如下所示：

```
输入选项 [二维线框（2）/三维线框（3）/三维隐藏(H)/真实(R)/概念(C)/
其他(O)] <三维线框>: _H
```

Step 02 选择【工具】→【查询】→【面域/质量特性】命令，并根据提示进行如下操作：

```
命令: _massprop
选择对象: 找到 1 个//选择圆柱体
选择对象: Enter
```

弹出如图 5-1 所示的【AutoCAD 文本窗口】对话框。

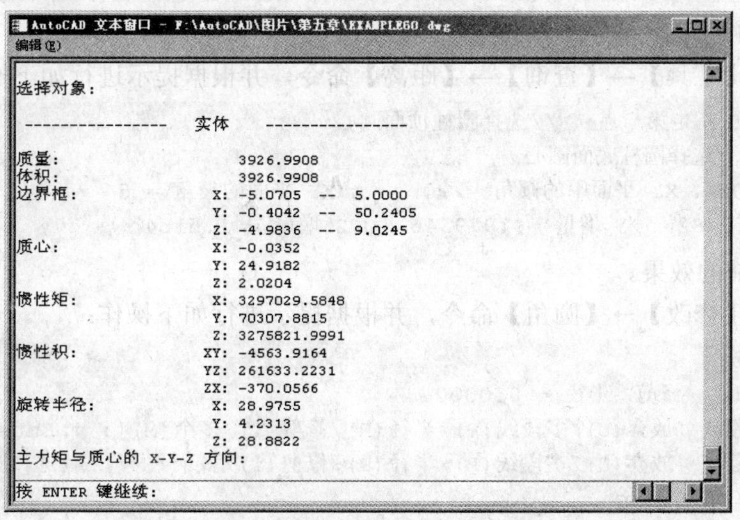

图 5-1　【AutoCAD 文本窗口】对话框

```
按 Enter 键继续: Enter
                I: 842666.7795 沿 [1.0000 0.0014 0.0001]
```

```
                    J: 49087.3852 沿 [-0.0014 0.9967 0.0808]
                    K: 842666.7795 沿 [0.0000 -0.0808 0.9967]
是否将分析结果写入文件？[是(Y)/否(N)] <否>: y Enter
```

弹出如图 5-2 所示的【创建质量与面积特性文件】对话框。在此对话框中可以将查询结果以文件形式保存下来，以方便查用。

Step 03 选择【工具】→【查询】→【距离】命令，并根据提示进行如下操作及显示：

```
命令: '_dist 指定第一点:  //选择圆柱顶面圆心
指定第二点: //选择圆柱底面圆心
距离 = 50.0000，XY 平面中的倾角 = 90，  与 XY 平面的夹角 = 5
X 增量 = -0.0705，  Y 增量 = 49.8364，   Z 增量 = 4.0409
```

Step 04 移动鼠标选择圆柱体，选中圆柱体，如图 5-3 所示。

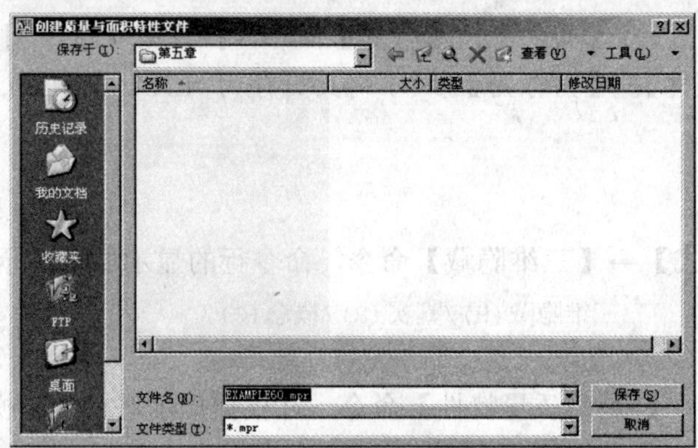

图 5-2 【创建质量与面积特性文件】对话框

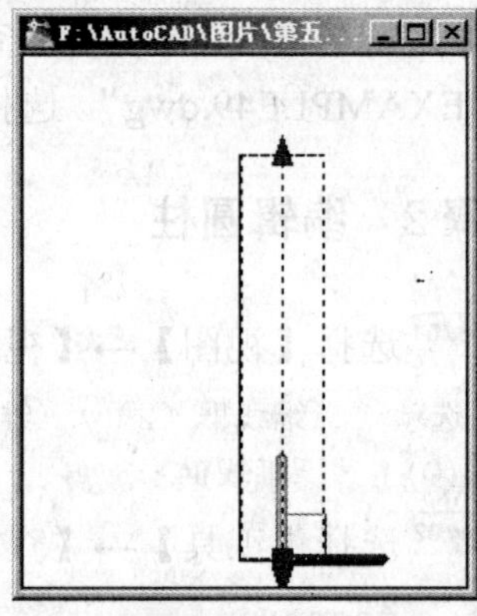

图 5-3 选中圆柱体

单击圆柱体顶面上的 1 个蓝点，该点变红，并根据提示进行如下操作：

```
指定点位置或 [基点(B)/放弃(U)/退出(X)]: 0,0,20 Enter
```

结果如图 5-4 所示。

Step 05 选择【工具】→【查询】→【距离】命令，并根据提示进行如下操作及显示：

```
命令: '_dist 指定第一点:  //选择圆柱顶面圆心
指定第二点: //选择圆柱底面圆心
距离 = 20.0000，XY 平面中的倾角 = 90，  与 XY 平面的夹角 = 5
X 增量 = -0.0282，  Y 增量 = 19.9346，   Z 增量 = 1.6164
```

可以看到拉伸的效果。

Step 06 选择【修改】→【圆角】命令，并根据提示进行如下操作：

```
命令: _fillet
当前设置: 模式 = 修剪，半径 = 0.0000
选择第一个对象或 [放弃(U)/多段线(P)/半径(R)/修剪(T)/多个(M)]: m Enter
选择第一个对象或 [放弃(U)/多段线(P)/半径(R)/修剪(T)/多个 (M)]://选择圆柱体
输入圆角半径: 2 Enter
选择边或 [链(C)/半径(R)]:
选择边或 [链(C)/半径(R)]:
已选定 2 个边用于圆角。
选择第一个对象或 [放弃(U)/多段线(P)/半径(R)/修剪(T)/多个(M)]: Enter
```

结果如图 5-5 所示。

Step 07 选择【视图】→【视觉样式】→【概念】命令，命令行的显示如下所示：

```
输入选项 [二维线框（2）/三维线框（3）/三维隐藏(H)/真实(R)/概念(C)/
其他(O)] <真实>: _C
```

结果如图 5-6 所示。

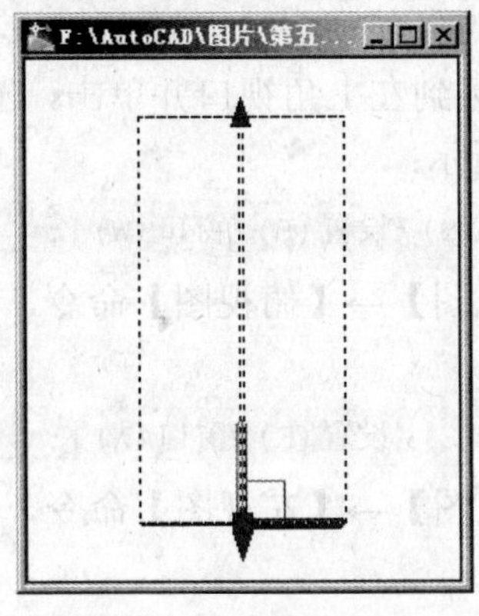
图 5-4　拉伸圆柱体

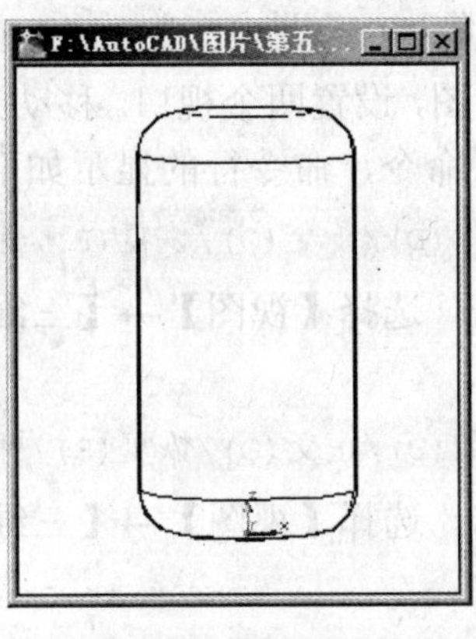
图 5-5　绘制倒角

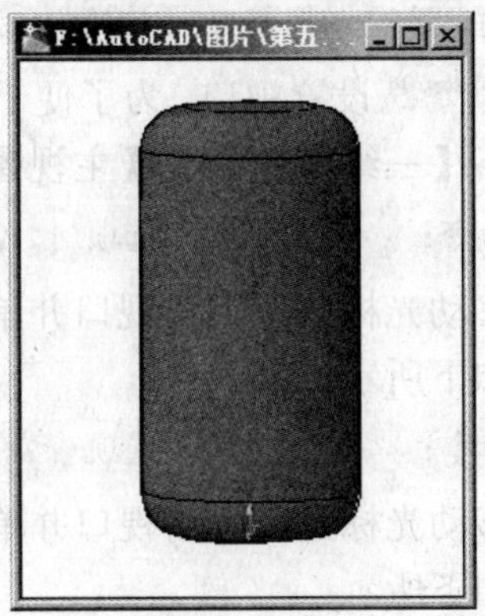
图 5-6　绘制的圆柱

步骤 3　保存文件

选择【文件】→【保存】命令，保存该图形文件。选择【文件】→【退出】命令，退出 AutoCAD。

实例 61　编辑圆锥头

本实例简单地介绍了三维实体——圆锥头的编辑。通过本实例，可以学习在三维实体模式中“标注”命令的使用、“视觉样式”命令的使用、视口的使用和创建复合三维实体的绘制命令。

步骤 1　创建图形文件

启动 AutoCAD 2008 中文版系统。选择【文件】→【打开】命令，打开第 4 章中创建的实例文件“EXAMPLE50.dwg”。选择【文件】→【另存为】命令，将其另存为“EXAMPLE61.dwg”。

步骤 2　编辑圆锥头

Step 01 设置层，选择【格式】→【图层】命令，弹出【图层特性管理器】对话框，建立一个“标注线层”图层，并将“0”图层设为当前图层。

Step 02 选择【修改】→【实体编辑】→【并集】命令，并根据提示进行如下操作：

```
选择对象: 找到 1 个//选择创建的圆锥体
选择对象: 找到 1 个, 总计 2 个//选择创建的圆柱体
```

```
选择对象: 找到 1 个, 总计 3 个//选择创建的球体
选择对象:Enter
```

结果如图 5-7 所示。

Step 03 选择【视图】→【视口】→【四个视口】命令，命令行的显示如下所示：

```
命令: _-vports
输入选项 [保存(S)/恢复(R)/删除(D)/合并(J)/单一(SI)/?/2/3/4] <3>: _4 正在重生成模型。
```

Step 04 设置视口。为了便于绘图，设置四个视口。移动光标到左上角视口并单击，选择【视图】→【三维视图】→【主视图】命令，命令行的显示如下所示：

```
命令: _-view 输入选项 [?/删除(D)/正交(O)/恢复(R)/保存(S)/设置(E)/窗口(W)]: _front
```

移动光标到左下角视口并单击，选择【视图】→【三维视图】→【俯视图】命令，命令行显示如下所示：

```
命令: _-view 输入选项 [?/删除(D)/正交(O)/恢复(R)/保存(S)/设置(E)/窗口(W)]: _top
```

移动光标到右上角视口并单击，选择【视图】→【三维视图】→【左视图】命令，命令行显示如下所示：

```
命令: _-view 输入选项 [?/删除(D)/正交(O)/恢复(R)/保存(S)/设置(E)/窗口(W)]: _left
```

移动光标到右上角视口并单击，选择【视图】→【三维视图】→【西南等轴测】命令，命令行的显示如下所示：

```
命令: _-view 输入选项 [?/删除(D)/正交(O)/恢复(R)/保存(S)/设置(E)/窗口(W)]: _swiso
```

结果如图 5-8 所示。

图 5-7 实体编辑-并集

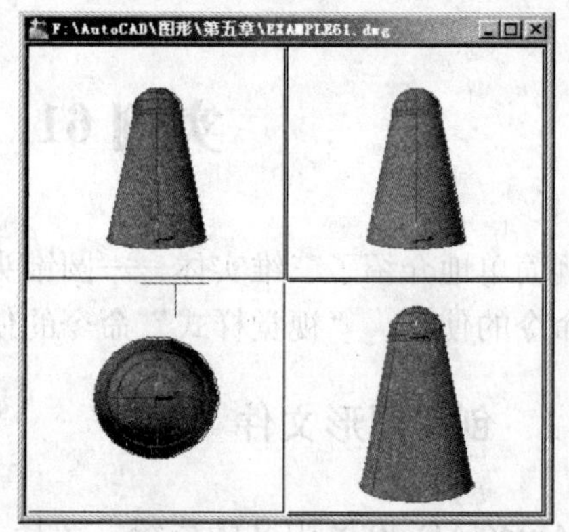

图 5-8 设置视口

Step 05 将右上角视口设为当前视图。选择【修改】→【圆角】命令，并根据提示进行如下操作：

```
命令: _fillet
当前设置: 模式 = 修剪, 半径 = 0.0000
选择第一个对象或 [放弃(U)/多段线(P)/半径(R)/修剪(T)/多个
(M)]://选择圆锥体与圆柱体相交的边
输入圆角半径: 10 Enter
选择边或 [链(C)/半径(R)]: Enter
已选定 1 个边用于圆角。
```

结果如图 5-9 所示。

Step 06 将右下角视口设为当前视图。选择【视图】→【视口】→【一个视口】命令，命令行的显示如下所示：

```
命令: _-vports
输入选项 [保存(S)/恢复(R)/删除(D)/合并(J)/单一(SI)/?/2/3/4] <3>: _si 正在重生成模型。
```

选择【工具】→【新建 UCS】→【原点】命令，并根据提示进行如下操作：

```
命令: _ucs
当前 UCS 名称: *没有名称*
指定 UCS 的原点或 [面(F)/命名(NA)/对象(OB)/上一个(P)/视图(V)/世界(W)/X/Y/Z/Z 轴(ZA)] <世界>: _o
指定新原点 <0,0,0>: 0,0,-52 Enter
```

结果如图 5-10 所示。

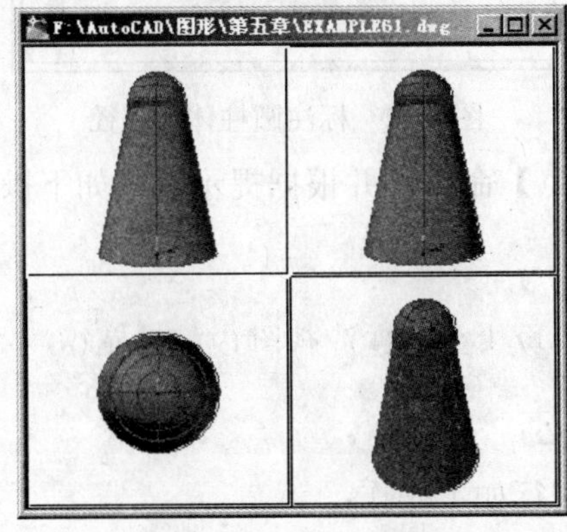

图 5-9 绘制圆角

图 5-10 改变视口和坐标

步骤 3 标注圆锥头的直径

Step 01 选择【标注】→【直径】命令，并根据提示进行如下操作：

```
命令: _dimdiameter
选择圆弧或圆://选择圆锥的底部外圆处
标注文字 = 40
指定尺寸线位置或 [多行文字(M)/文字(T)/角度(A)]://在适当的位置处单击
```

结果如图 5-11 所示。

Step 02 选择【工具】→【新建 UCS】→【原点】命令，并根据提示进行如下操作：

```
命令: _ucs
当前 UCS 名称: *没有名称*
指定 UCS 的原点或 [面(F)/命名(NA)/对象(OB)/上一个(P)/视图(V)/世界(W)/X/Y/Z/Z 轴(ZA)] <世界>: _o
指定新原点 <0,0,0>: 利用捕捉功能捕捉圆柱体的圆心
```

选择【标注】→【直径】命令，并根据提示进行如下操作：

```
命令: _dimdiameter
```

```
选择圆弧或圆://选择圆柱体的外圆处
标注文字 = 20
指定尺寸线位置或 [多行文字(M)/文字(T)/角度(A)]://在适当的位置处单击
```

结果如图 5-12 所示。

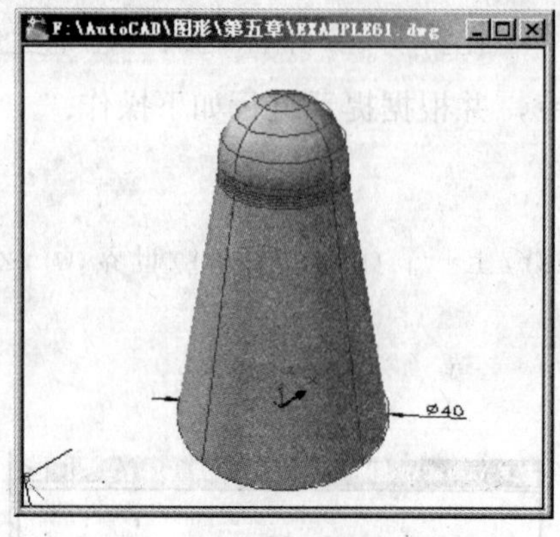

图 5-11　标注圆锥底部圆直径

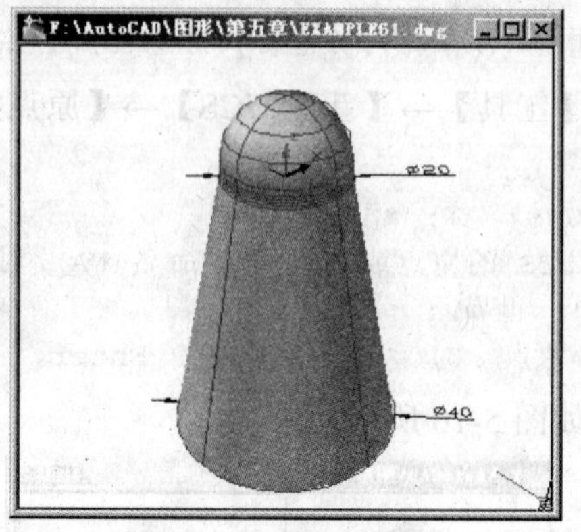

图 5-12　标注圆柱体的直径

Step 03 选择【工具】→【新建 UCS】→【原点】命令，并根据提示进行如下操作：

```
命令: _ucs
当前 UCS 名称: *没有名称*
指定 UCS 的原点或 [面(F)/命名(NA)/对象(OB)/上一个(P)/视图(V)/世界(W)/X/Y/Z/Z 轴(ZA)] <世界>: _o
指定新原点 <0,0,0>: 利用捕捉功能捕捉球体的圆心
```

选择【标注】→【直径】命令，并根据提示进行如下操作：

```
命令: _dimdiameter
选择圆弧或圆://选择圆柱体的外圆处
标注文字 = 20
指定尺寸线位置或 [多行文字(M)/文字(T)/角度(A)]:m Enter //弹出
```

【文字格式】对话框，在数值前输入“S”后，再单击【确定】按钮，则返回到绘图区域。

```
指定尺寸线位置或 [多行文字(M)/文字(T)/角度(A)]:                //在适当的位置处单击
```

结果如图 5-13 所示。

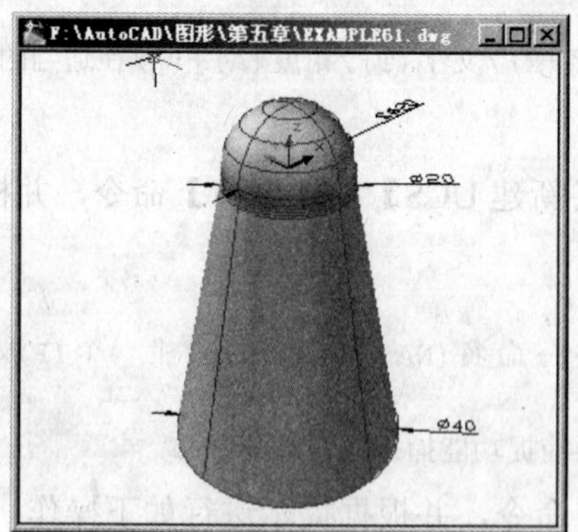

图 5-13　标注球体的直径

步骤 4　保存文件

选择【文件】→【保存】命令，保存该图形文件。选择【文件】→【退出】命令，退出 AutoCAD。

实例 62　编辑沉头螺栓

本实例简单地介绍了三维实体——沉头螺栓的编辑，学习在三维实体模式中“标注”命令的使用，学习“倒角”命令的使用，学习视口的使用，学习创建复合三维实体的绘制命令。

步骤 1　创建图形文件

启动 AutoCAD 2008 中文版系统。选择【文件】→【打开】命令，打开第 4 章中创建的实例文件“EXAMPLE51.dwg”。选择【文件】→【另存为】命令，将其另存为“EXAMPLE62.dwg”。

步骤 2　编辑沉头螺栓

Step 01 设置层，选择【格式】→【图层】命令，弹出【图层特性管理器】对话框，建立一个“标注线层”图层，并将“3d”图层设为当前图层。

Step 02 将右下角视口设为当前视图。选择【修改】→【圆角】命令，并根据提示进行如下操作：

```
命令: FILLET
当前设置: 模式 = 修剪, 半径 = 0.0000
选择第一个对象或 [放弃(U)/多段线(P)/半径(R)/修剪(T)/多个(M)]:
输入圆角半径: 1
选择边或 [链(C)/半径(R)]:
选择边或 [链(C)/半径(R)]:
选择边或 [链(C)/半径(R)]: Enter
已选定 3 个边用于圆角。
```

结果如图 5-14 所示。

Step 03 选择【视图】→【三维视图】→【东北等轴测】命令，命令行的显示如下所示：

```
命令: _-view 输入选项 [?/删除(D)/正交(O)/恢复(R)/保存(S)/设置(E)/窗口(W)]: _neiso
```

选择【修改】→【倒角】命令，并根据提示进行如下操作：

```
命令: _chamfer
("修剪"模式)当前倒角距离 1 = 1.0000, 距离 2 = 1.0000
选择第一条直线或 [放弃(U)/多段线(P)/距离(D)/角度(A)/修剪(T)/方式(E)/多个(M)]:
基面选择...
输入曲面选择选项 [下一个(N)/当前(OK)] <当前(OK)>: Enter
指定基面的倒角距离 <1.0000>: 0.5 Enter
指定其他曲面的倒角距离 <1.0000>: 0.5 Enter
```

```
选择边或 [环(L)]:
选择边或 [环(L)]:
选择边或 [环(L)]:
选择边或 [环(L)]: Enter
```

选择【修改】→【倒角】命令，并根据提示进行如下操作：

```
命令: _chamfer
("修剪"模式)当前倒角距离 1 = 0.5000, 距离 2 = 0.5000
选择第一条直线或 [放弃(U)/多段线(P)/距离(D)/角度(A)/修剪(T)/方式(E)/多个(M)]:
基面选择...
输入曲面选择选项 [下一个(N)/当前(OK)] <当前(OK)>: Enter
指定基面的倒角距离 <1.0000>: 0.5 Enter
指定其他曲面的倒角距离 <1.0000>: 0.5 Enter
选择边或 [环(L)]:
选择边或 [环(L)]:
选择边或 [环(L)]: Enter
```

结果如图 5-15 所示。

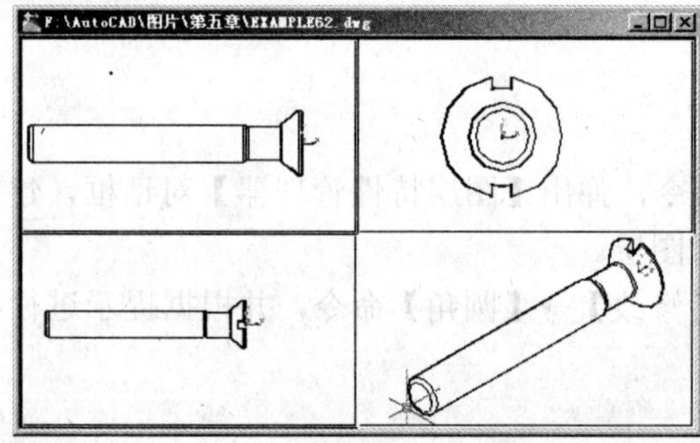

图 5-14　绘制沉头螺栓的圆角

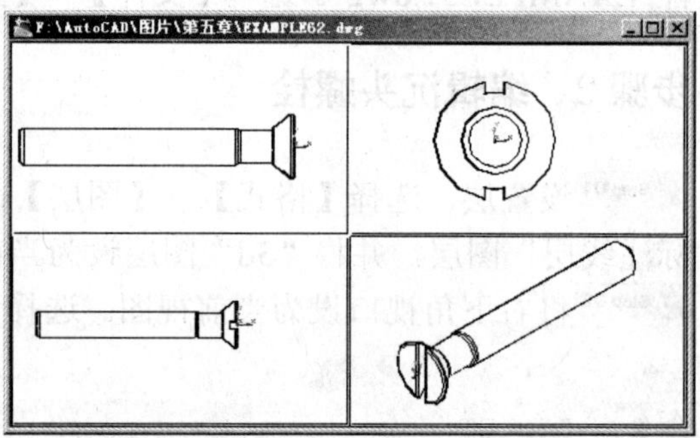

图 5-15　绘制沉头螺栓的倒角

步骤 3　标注沉头螺栓

Step 01 将右下角视口设为当前视图。选择【视图】→【三维视图】→【平面视图】→【世界 UCS】命令，命令行的显示如下所示：

```
命令: _plan
输入选项 [当前 UCS(C)/UCS(U)/世界(W)] <当前 UCS>: _w
```

结果如图 5-16 所示。

Step 02 设标注线层为当前图层，选择【标注】→【线性】命令，并根据提示进行如下操作：

```
命令: DIMLINEAR
指定第一条尺寸界线原点或 <选择对象>://选择沉头螺栓一端边上的一点
指定第二条尺寸界线原点: //选择沉头螺栓一端边上的一点
指定尺寸线位置或[多行文字(M)/文字(T)/角度(A)/水平(H)/垂直(V)/
旋转(R)]: //在适当的位置处单击
标注文字 = 76
```

同样的操作，绘制如图 5-17 所示的尺寸标注。

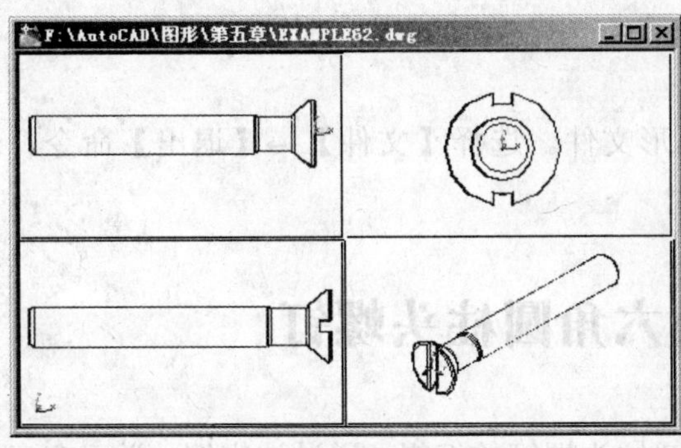

图 5-16　改变视图

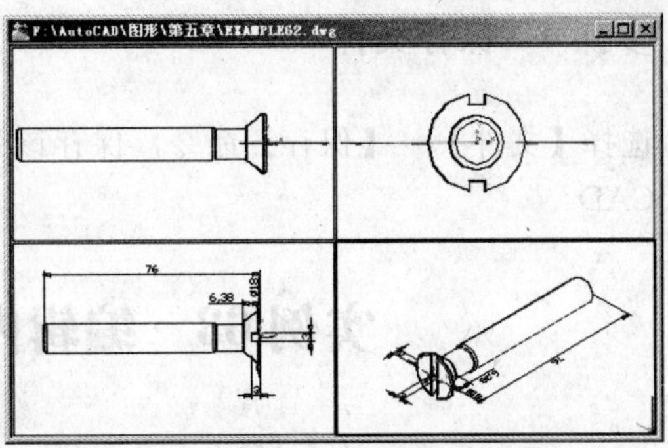

图 5-17　绘制沉头螺栓的线性标注

Step 03 选择【标注】→【直径】命令，并根据提示进行如下操作：

```
命令: _dimdiameter
选择圆弧或圆:                                    //选择沉头螺栓中间圆柱体
的圆
标注文字 = 9
指定尺寸线位置或 [多行文字(M)/文字(T)/角度(A)]:        //在适当的位置处单击
```

选择【标注】→【直径】命令，并根据提示进行如下操作：

```
命令: _dimdiameter
选择圆弧或圆:                                    //选择沉头螺栓底部圆
柱体的圆
标注文字 = 18
指定尺寸线位置或 [多行文字(M)/文字(T)/角度(A)]: //在适当的位置处单击
```

结果如图 5-18 所示。

Step 04 选择【视图】→【视口】→【一个视口】命令，命令行的显示如下所示：

```
命令: _-vports
输入选项 [保存(S)/恢复(R)/删除(D)/合并(J)/单一(SI)/?/2/3/4] <3>: _si 正在重生成模型。
```

结果如图 5-19 所示。

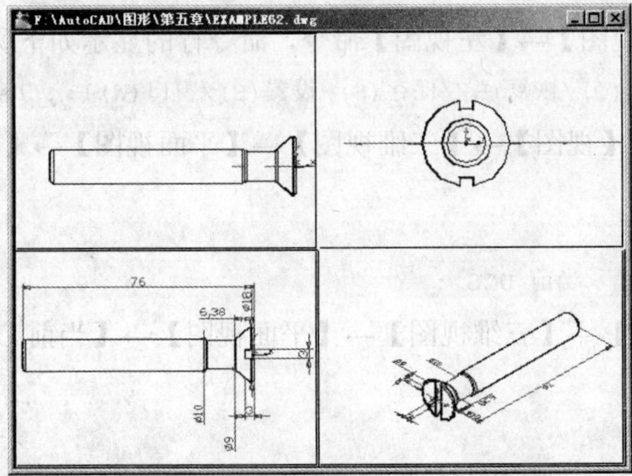

图 5-18　绘制沉头螺栓的直径标注

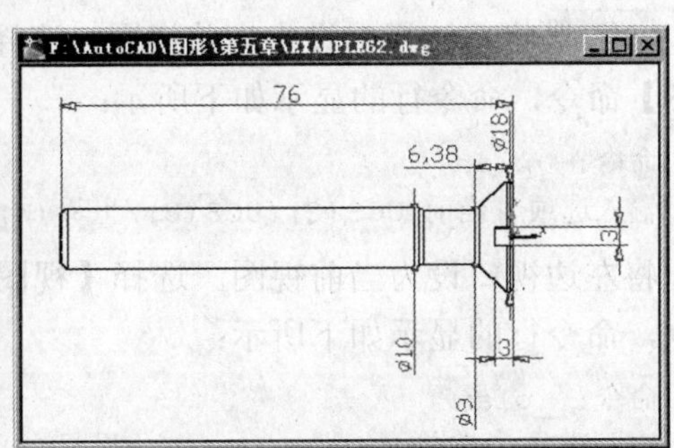

图 5-19　编辑和标注沉头螺栓

步骤 4　保存文件

选择【文件】→【保存】命令，保存该图形文件。选择【文件】→【退出】命令，退出AutoCAD。

实例 63　编辑内六角圆柱头螺钉

本实例简单地介绍了三维实体——内六角圆柱头螺钉的编辑。通过该实例，学习在三维实体模式中“标注”命令的使用和视口的使用。

步骤 1　创建图形文件

启动 AutoCAD 2008 中文版系统。选择【文件】→【打开】命令，打开第 4 章中创建的实例文件“EXAMPLE52.dwg”。选择【文件】→【另存为】命令，将其另存为“EXAMPLE63.dwg”。

步骤 2　标注内六角圆柱头螺钉

Step 01 设置层，选择【格式】→【图层】命令，弹出【图层特性管理器】对话框，建立一个“标注线层”图层，并将“3d”图层设为当前图层。

Step 02 选择【视图】→【视口】→【二个视口】命令，并根据提示进行如下操作：

```
命令: _-vports
输入选项 [保存(S)/恢复(R)/删除(D)/合并(J)/单一(SI)/?/2/3/4]
<3>: _2
输入配置选项 [水平(H)/垂直(V)] <垂直>: v Enter
```

单击左边视口，选择【视图】→【三维视图】→【主视图】命令，命令行的显示如下所示：

```
命令: _-view 输入选项 [?/删除(D)/正交(O)/恢复(R)/保存(S)/设置(E)/窗口(W)]: _front
```

单击右边视口，选择【视图】→【三维视图】→【左视图】命令，命令行的显示如下所示：

```
命令: _-view 输入选项 [?/删除(D)/正交(O)/恢复(R)/保存(S)/设置(E)/窗口(W)]: _left
```

Step 03 将右边视口设为当前视图。选择【视图】→【三维视图】→【平面视图】→【当前UCS】命令，命令行的显示如下所示：

```
命令: _plan
输入选项 [当前 UCS(C)/UCS(U)/世界(W)] <当前 UCS>:
```

将左边视口设为当前视图。选择【视图】→【三维视图】→【平面视图】→【当前 UCS】命令，命令行的显示如下所示：

```
命令: _plan
输入选项 [当前 UCS(C)/UCS(U)/世界(W)] <当前 UCS>:
```

结果如图 5-20 所示。

Step 04 设标注线层为当前图层。将左边视口设为当前视图。标注内六角圆柱头螺钉总体长度。选择【标注】→【线性】命令，并根据提示进行如下操作：

```
命令: _dimlinear
指定第一条尺寸界线原点或 <选择对象>:                    //选择内六角圆柱头螺钉一端边上的一点
指定第二条尺寸界线原点: :                              //选择内六角圆柱头螺钉另一端边上的一点
指定尺寸线位置或[多行文字(M)/文字(T)/角度(A)/水平(H)/垂直(V)/旋转(R)]:              //在适当的位置处单击
标注文字 = 50.00
```

标注内六角圆柱头螺钉的圆柱头长度。选择【标注】→【线性】命令，并根据提示进行如下操作：

```
命令: _dimlinear
指定第一条尺寸界线原点或 <选择对象>:                    //选择内六角圆柱头螺钉的圆柱头一端边上的一点
指定第二条尺寸界线原点:                                //选择内六角圆柱头螺钉的圆柱头另一端边上的一点
指定尺寸线位置或[多行文字(M)/文字(T)/角度(A)/水平(H)/垂直(V)/
旋转(R)]:                                    //在适当的位置处单击
标注文字 = 12.00
```

标注内六角圆柱头螺钉的内六角深度。选择【标注】→【线性】命令，并根据提示进行如下操作：

```
命令: _dimlinear
指定第一条尺寸界线原点或 <选择对象>:                    //选择内六角圆柱头螺钉的内六角一端边上的一点
指定第二条尺寸界线原点:                                //选择内六角圆柱头螺钉的内六角另一端边上的一点
指定尺寸线位置或[多行文字(M)/文字(T)/角度(A)/水平(H)/垂直(V)/旋转(R)]:              //在适当的位置处单击
标注文字 = 8.00
```

结果如图 5-21 所示。

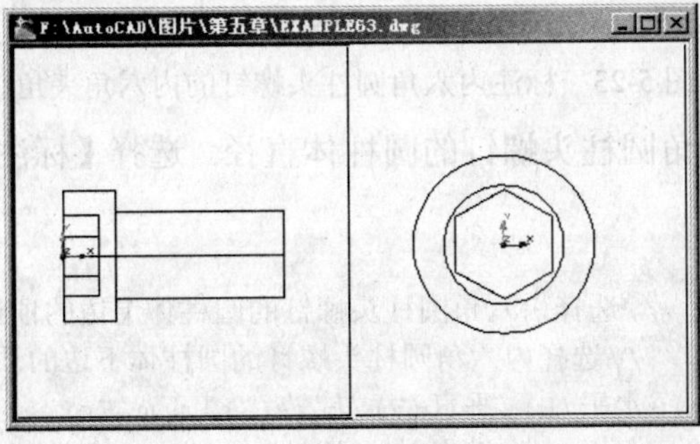

图 5-20　设置内六角圆柱头螺钉图形视口的视图

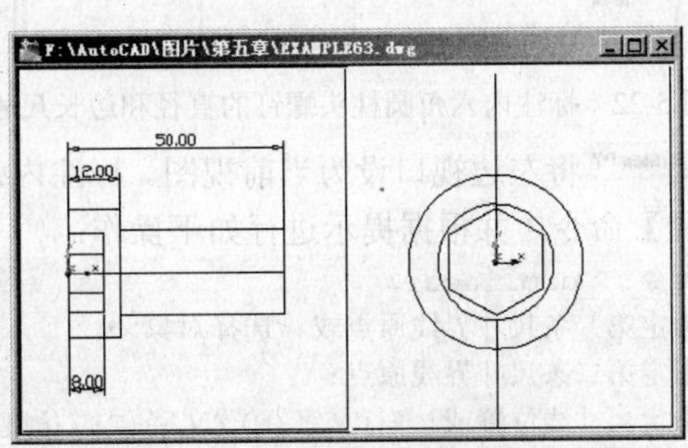

图 5-21　标注内六角圆柱头螺钉的长度尺寸

Step 05 将右边视口设为当前视图。标注内六角圆柱头螺钉的圆柱头直径。选择【标注】→【直径】命令，并根据提示进行如下操作：

```
命令: _dimdiameter
选择圆弧或圆:                                        //选择内六角圆柱头螺钉的圆柱外圆
```

```
标注文字 = 30.00
指定尺寸线位置或 [多行文字(M)/文字(T)/角度(A)]:
```

标注内六角圆柱头螺钉的内六角尺寸。选择【标注】→【线性】命令，并根据提示进行如下操作：

```
命令: _dimlinear
指定第一条尺寸界线原点或 <选择对象>:          //选择内六角圆柱头螺钉的内六角边上的一点
指定第二条尺寸界线原点: //选择内六角圆柱头螺钉的内六角另一边上的一点
指定尺寸线位置或[多行文字(M)/文字(T)/角度(A)/水平(H)/垂直(V)/旋转(R)]:     //在适当的位置处单击
标注文字 = 16.00
```

同样的操作，标注内六角的边长。结果如图 5-22 所示。

Step 06 标注内六角圆柱头螺钉的内六角夹角。选择【标注】→【角度】命令，并根据提示进行如下操作：

```
命令: _dimangular
选择圆弧、圆、直线或 <指定顶点>:              //选择内六角圆柱头螺钉的内六角的一边
选择第二条直线:                               //选择内六角圆柱头螺钉的内六角的相邻的一边
指定标注弧线位置或 [多行文字(M)/文字(T)/角度(A)]:      //在适当的位置处单击
标注文字 = 120
```

结果如图 5-23 所示。

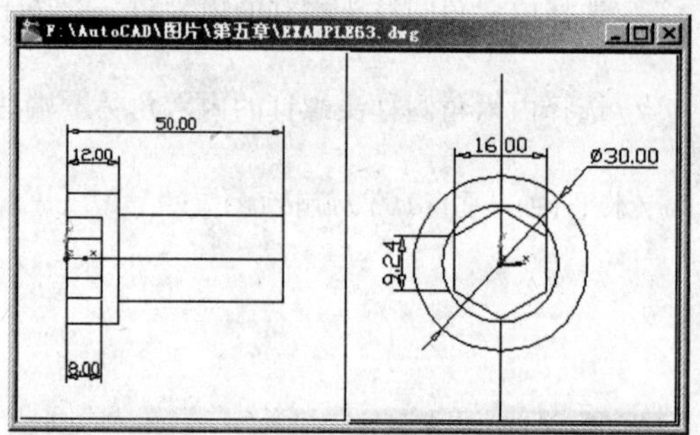

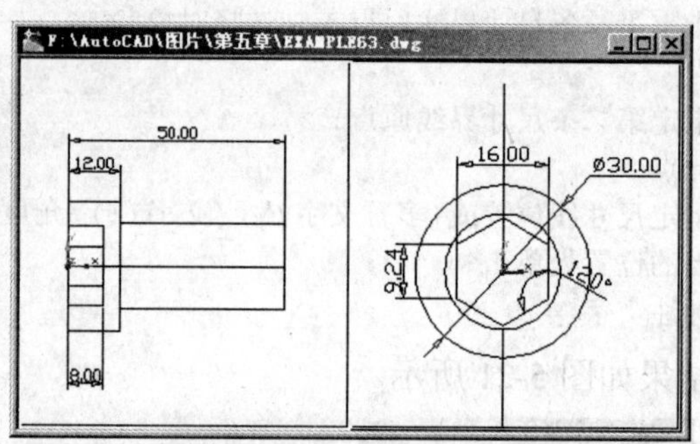

图 5-22 标注内六角圆柱头螺钉的直径和边长尺寸 图 5-23 标注内六角圆柱头螺钉的内六角夹角

Step 07 将左边视口设为当前视图。标注内六角圆柱头螺钉的圆柱体直径。选择【标注】→【直径】命令，并根据提示进行如下操作：

```
命令: _dimlinear
指定第一条尺寸界线原点或 <选择对象>:          //选择内六角圆柱头螺钉的圆柱体上边的顶点
指定第二条尺寸界线原点:                        //选择内六角圆柱头螺钉的圆柱体下边的顶点
指定尺寸线位置或[多行文字(M)/文字(T)/角度(A)/水平(H)/垂直(V)/旋转(R)]: m Enter
指定尺寸线位置或[多行文字(M)/文字(T)/角度(A)/水平(H)/垂直(V)/旋转(R)]:      //在适当的位置处单击
标注文字 = 20.00
```

结果如图 5-24 所示。

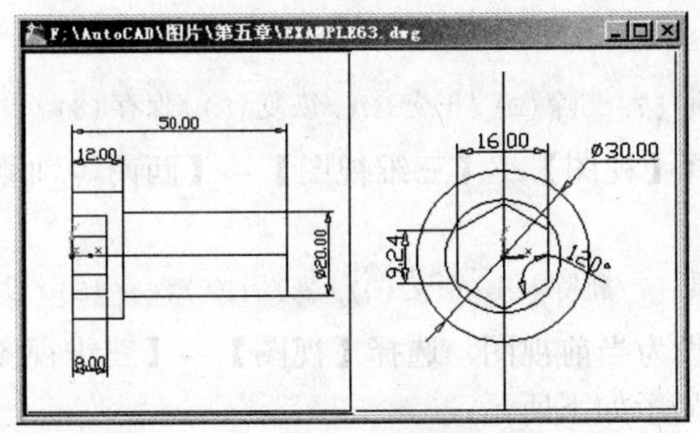

图 5-24　标注内六角圆柱头螺钉

步骤 3　保存文件

选择【文件】→【保存】命令，保存该图形文件。选择【文件】→【退出】命令，退出 AutoCAD。

实例 64　编辑阶梯导柱

本实例简单地介绍了三维实体——阶梯导柱的编辑。通过本实例，学习在三维实体模式中“标注”命令的使用和视口的使用。

步骤 1　创建图形文件

启动 AutoCAD 2008 中文版系统。选择【文件】→【打开】命令，打开第 4 章中创建的实例文件“EXAMPLE53.dwg”。选择【文件】→【另存为】命令，将其另存为“EXAMPLE64.dwg”。

步骤 2　标注阶梯导柱

Step 01 设置层，选择【格式】→【图层】命令，弹出【图层特性管理器】对话框，建立一个“标注线层”图层，并将“3d”图层设为当前图层。

Step 02 选择【视图】→【视口】→【四个视口】命令，命令行的显示如下所示：

```
命令: _-vports
输入选项[保存(S)/恢复(R)/删除(D)/合并(J)/单一(SI)/?/2/3/4] <3>: _4 正在重生成模型。
```

Step 03 设置视口。为了便于绘图，设置四个视口。单击左上角视口，选择【视图】→【三维视图】→【主视图】命令，命令行的显示如下所示：

```
命令: _-view 输入选项 [?/删除(D)/正交(O)/恢复(R)/保存(S)/设置(E)/窗口(W)]: _front
```

单击左下角视口，选择【视图】→【三维视图】→【俯视图】命令，命令行的显示如下所示：

```
命令: _-view 输入选项 [?/删除(D)/正交(O)/恢复(R)/保存(S)/设置(E)/窗口(W)]: _top
```

单击右上角视口，选择【视图】→【三维视图】→【左视图】命令，命令行的显示如下所示：

```
命令: _-view 输入选项 [?/删除(D)/正交(O)/恢复(R)/保存(S)/设置(E)/窗口(W)]: _left
```

单击右下角视口，选择【视图】→【三维视图】→【西南等轴测】命令，命令行的显示如下所示：

```
命令: _-view 输入选项 [?/删除(D)/正交(O)/恢复(R)/保存(S)/设置(E)/窗口(W)]: _seiso
```

Step 04 将左下角视口设为当前视图。选择【视图】→【三维视图】→【平面视图】→【当前 UCS】命令，命令行的显示如下所示：

```
命令: _plan
输入选项 [当前 UCS(C)/UCS(U)/世界(W)] <当前 UCS>:
```

将左上角视口设为当前视图。选择【视图】→【三维视图】→【平面视图】→【世界 UCS】命令，命令行的显示如下所示：

```
命令: _plan
输入选项 [当前 UCS(C)/UCS(U)/世界(W)] <当前 UCS>:
```

将右上角视口设为当前视图。选择【视图】→【三维视图】→【平面视图】→【世界 UCS】命令，命令行的显示如下所示：

```
命令: _plan
输入选项 [当前 UCS(C)/UCS(U)/世界(W)] <当前 UCS>:
```

Step 05 将左下角视口设为当前视图。选择【视图】→【视觉样式】→【三维线框】命令，命令行的显示如下所示：

```
命令: _vscurrent
输入选项 [二维线框（2）/三维线框（3）/三维隐藏(H)/真实(R)/概念(C)/其他(O)] <真实>: _3
```

结果如图 5-25 所示。

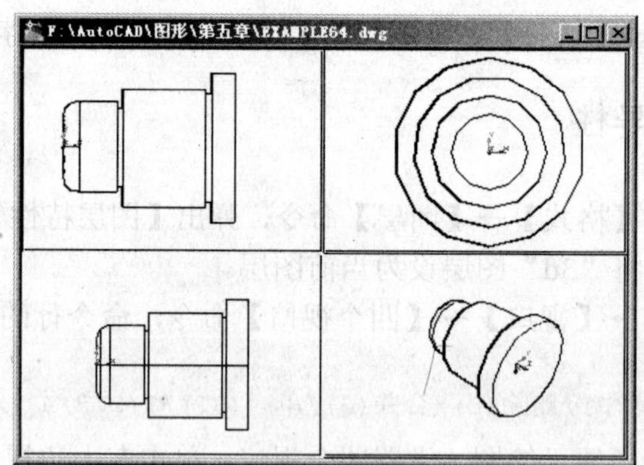

图 5-25　设置阶梯导柱的视口

Step 06 设标注线层为当前图层。标注如图 5-26 所示的阶梯导柱尺寸。标注阶梯导柱总长度尺寸。选择【标注】→【线性】命令，并根据提示进行如下操作：

```
命令: _dimlinear
指定第一条尺寸界线原点或 <选择对象>:                    //选择阶梯导柱一端的一个角点
指定第二条尺寸界线原点:                                  //选择阶梯导柱另一端
```

```
的一个角点
指定尺寸线位置或[多行文字(M)/文字(T)/角度(A)/水平(H)/垂直(V)/旋转(R)]:    //在适当的位置处单击
标注文字 = 58
```

选择【标注】→【线性】命令，并根据提示进行如下操作：

```
命令: _dimlinear
指定第一条尺寸界线原点或 <选择对象>:          //选择阶梯导柱最大直径的圆柱体一端的一个角点
指定第二条尺寸界线原点:                //选择阶梯导柱最大直径的圆柱体另一端的一个角点
指定尺寸线位置或[多行文字(M)/文字(T)/角度(A)/水平(H)/垂直(V)/旋转(R)]:    //在适当的位置处单击
标注文字 = 8
```

选择【标注】→【线性】命令，并根据提示进行如下操作：

```
命令: _dimlinear
指定第一条尺寸界线原点或 <选择对象>::          //选择阶梯导柱固定部分的圆柱体一端的一个角点
指定第二条尺寸界线原点:                //选择阶梯导柱固定部分的圆柱体另一端的一个角点
指定尺寸线位置或[多行文字(M)/文字(T)/角度(A)/水平(H)/垂直(V)/旋转(R)]:    //在适当的位置处单击
标注文字 = 28
```

选择【标注】→【线性】命令，并根据提示进行如下操作：

```
命令: _dimlinear
指定第一条尺寸界线原点或 <选择对象>:          //选择阶梯导柱固定部分的圆柱体一端的一个角点
指定第二条尺寸界线原点:                //选择阶梯导柱最大直径的圆柱体另一端的一个角点
指定尺寸线位置或[多行文字(M)/文字(T)/角度(A)/水平(H)/垂直(V)/旋转(R)]:    //在适当的位置处单击
标注文字 = 2
```

选择【标注】→【线性】命令，并根据提示进行如下操作：

```
命令: _dimlinear
指定第一条尺寸界线原点或 <选择对象>:          //选择阶梯导柱导向部分的圆
```

柱体一端的一个角点

```
指定第二条尺寸界线原点:                //选择阶梯导柱导向部分的圆柱体另一端的一个角点
指定尺寸线位置或[多行文字(M)/文字(T)/角度(A)/水平(H)/垂直(V)/旋转(R)]:    //在适当的位置处单击
标注文字 = 18
```

结果如图 5-26 所示。

Step 07 将右上角视口设为当前视图。选择【标注】→【直径】命令，并根据提示进行如下操作：

```
命令: _dimdiameter
选择圆弧或圆:                                    //选择如图 5-32 所示的圆
标注文字 = 20
指定尺寸线位置或 [多行文字(M)/文字(T)/角度(A)]:        //在适当的位置处单击
```

结果如图 5-27 所示。

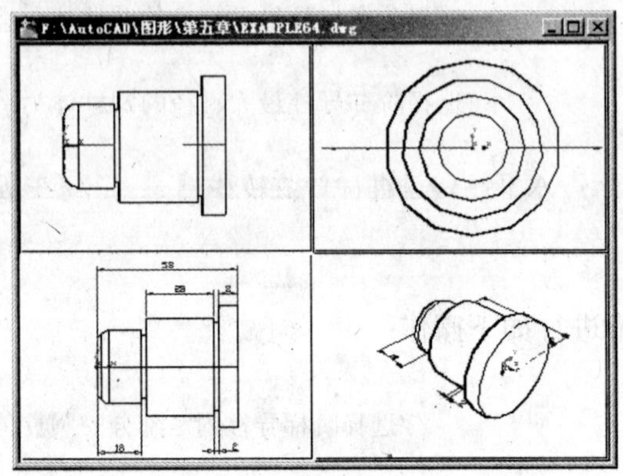

图 5-26 标注阶梯导柱的线性尺寸

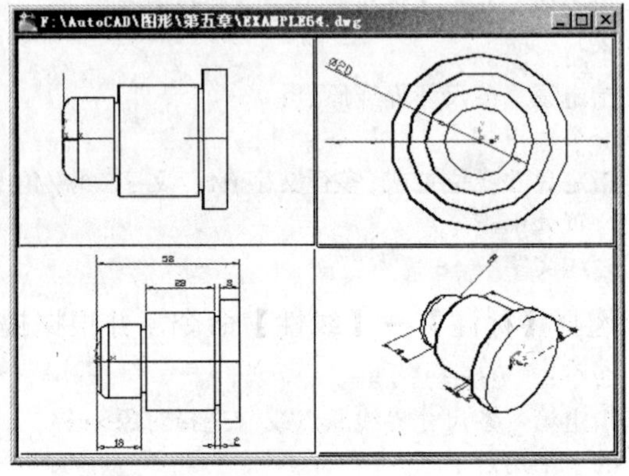

图 5-27 标注阶梯导柱的一个直径尺寸

Step 08 选择【工具】→【新建 UCS】→【原点】命令，并根据提示进行如下操作：

```
命令: _ucs
当前 UCS 名称: *左视*
指定 UCS 的原点或 [面(F)/命名(NA)/对象(OB)/上一个(P)/视图(V)/
世界(W)/X/Y/Z/Z 轴(ZA)] <世界>: _o
指定新原点 <0,0,0>: 0,0,-16 Enter
```

选择【标注】→【直径】命令，并根据提示进行如下操作：

```
命令: _dimdiameter
选择圆弧或圆:                                    //选择阶梯导柱导向部分的圆柱体
标注文字 = 26
指定尺寸线位置或[多行文字(M)/文字(T)/角度(A)]:         //在适当的位置处单击
```

结果如图 5-28 所示。

Step 09 选择【工具】→【新建 UCS】→【原点】命令，并根据提示进行如下操作：

```
命令: _ucs
当前 UCS 名称: *没有名称*
指定 UCS 的原点或 [面(F)/命名(NA)/对象(OB)/上一个(P)/视图(V)/
世界(W)/X/Y/Z/Z 轴(ZA)] <世界>: _o
指定新原点 <0,0,0>: 0,0,-16 Enter
```

选择【标注】→【直径】命令，并根据提示进行如下操作：

```
命令: _dimdiameter
选择圆弧或圆:                                    //选择阶梯导柱固定部分的圆柱体的圆
标注文字 = 40
指定尺寸线位置或 [多行文字(M)/文字(T)/角度(A)]:        //在适当的位置处单击
```

结果如图 5-29 所示。

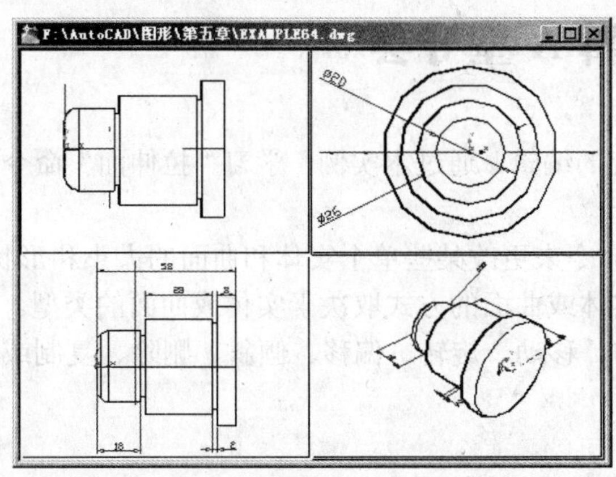

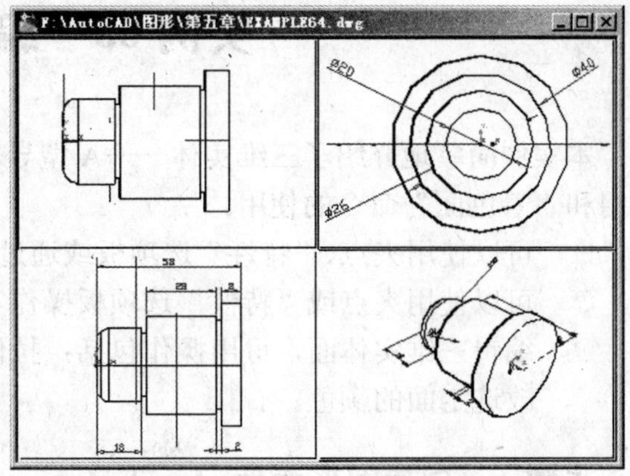

图 5-28　标注阶梯导柱导向部分的圆柱体的直径尺寸　图 5-29　标注阶梯导柱固定部分的圆柱体的直径尺寸

Step 10 选择【工具】→【新建 UCS】→【原点】命令，并根据提示进行如下操作：

```
命令: _ucs
当前 UCS 名称: *没有名称*
指定 UCS 的原点或 [面(F)/命名(NA)/对象(OB)/上一个(P)/视图(V)/
世界(W)/X/Y/Z/Z 轴(ZA)] <世界>: _o
指定新原点 <0,0,0>: 0,0,-25
```

选择【标注】→【直径】命令，并根据提示进行如下操作：

```
命令: _dimdiameter
选择圆弧或圆:                                    //选择阶梯导柱最大直径的圆柱体的圆
标注文字 = 50
指定尺寸线位置或 [多行文字(M)/文字(T)/角度(A)]:      //在适当的位置处单击
```

结果如图 5-30 所示。

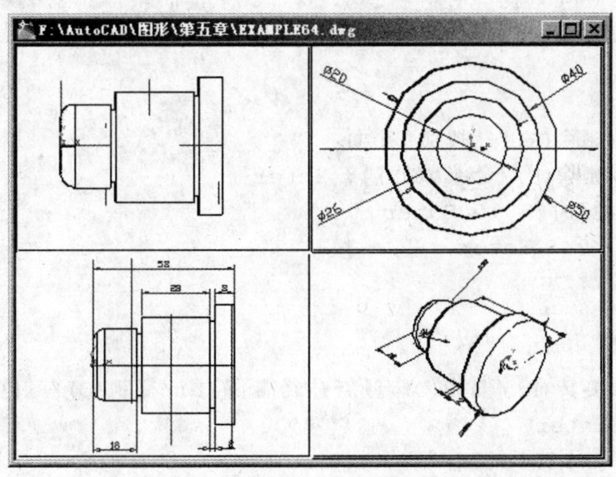

图 5-30　标注阶梯导柱尺寸

步骤 3　保存文件

选择【文件】→【保存】命令，保存该图形文件。选择【文件】→【退出】命令，退出 AutoCAD。

实例 65 编辑 A 型导套

本实例简单地介绍了三维实体——A 型导套的编辑。通过本实例，学习“拉伸面”命令的使用和“着色面”命令的使用。

- 可以使用夹点、“特性”选项板或通过命令来更改某些单个实体和曲面的大小和形状。
- 可以使用夹点或“特性”选项板操作实体或曲面的方式取决于实体或曲面的类型。
- 编辑三维实体面，可用操作包括：拉伸、移动、旋转、偏移、倾斜、删除、复制或更改选定面的颜色。

步骤 1 创建图形文件

启动 AutoCAD 2008 中文版系统。选择【文件】→【打开】命令，打开第 4 章中创建的实例文件“EXAMPLE54.dwg”。选择【文件】→【另存为】命令，将其另存为“EXAMPLE65.dwg”。结果如图 5-31 所示。

步骤 2 编辑 A 型导套

Step 01 将右下角视口设为当前视图。选择【修改】→【实体编辑】→【拉伸面】命令，并根据提示进行如下操作：

```
命令: _solidedit
实体编辑自动检查:  SOLIDCHECK=1
输入实体编辑选项 [面(F)/边(E)/体(B)/放弃(U)/退出(X)] <退出>: _face
输入面编辑选项
[拉伸(E)/移动(M)/旋转(R)/偏移(O)/倾斜(T)/删除(D)/复制(C)/颜色(L)/材质(A)/放弃(U)/退出(X)] <退出>:
_extrude
选择面或 [放弃(U)/删除(R)]: 找到一个面。                      //选择 A 型导套的端面
选择面或 [放弃(U)/删除(R)/全部(ALL)]: Enter
指定拉伸高度或 [路径(P)]: 10 Enter
指定拉伸的倾斜角度 <0>: Enter
已开始实体校验。
已完成实体校验。
输入面编辑选项
[拉伸(E)/移动(M)/旋转(R)/偏移(O)/倾斜(T)/删除(D)/复制(C)/颜色(L)/材质(A)/放弃(U)/退出(X)] <退出>: Enter
实体编辑自动检查:  SOLIDCHECK=1
输入实体编辑选项 [面(F)/边(E)/体(B)/放弃(U)/退出(X)] <退出>: Enter
```

结果如图 5-32 所示。对比拉伸前的 A 型导套（图 5-31 所示）。

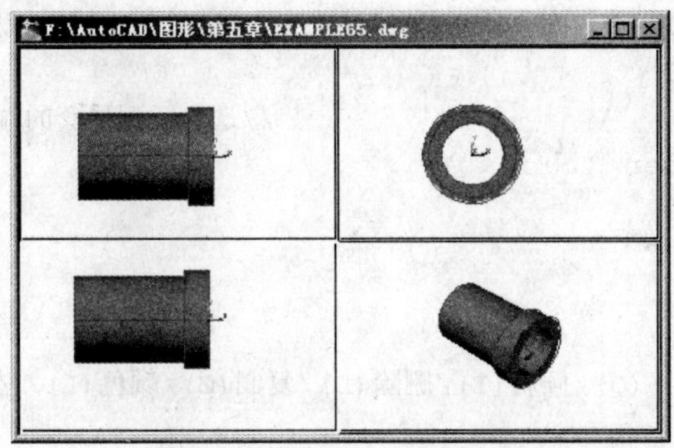

图 5-31　拉伸前的 A 型导套

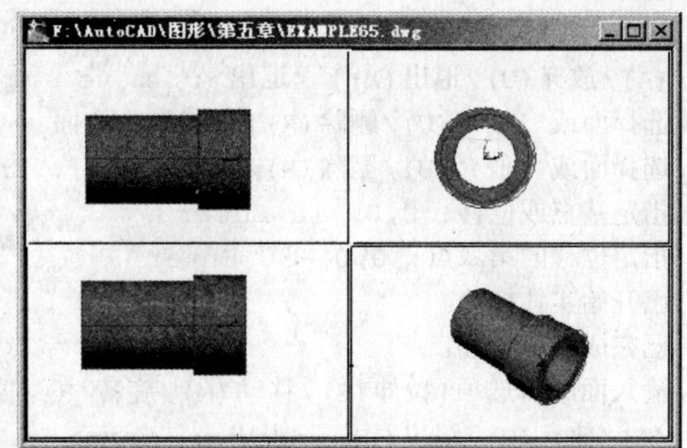

图 5-32　拉伸后的 A 型导套

Step 02 选择【修改】→【实体编辑】→【着色面】命令，并根据提示进行如下操作：

```
命令：_solidedit
实体编辑自动检查：  SOLIDCHECK=1
输入实体编辑选项 [面(F)/边(E)/体(B)/放弃(U)/退出(X)] <退出>: _face
输入面编辑选项[拉伸(E)/移动(M)/旋转(R)/偏移(O)/倾斜(T)/删除(D)/复制(C)/颜色(L)/材质(A)/放弃(U)/退出(X)] <退出>: _color
选择面或 [放弃(U)/删除(R)]: 找到一个面                    //选择 A 型导套的端面
选择面或[放弃(U)/删除(R)/全部(ALL)]: Enter
```

弹出【选择颜色】对话框，设置如图 5-33 所示。单击【确定】按钮，退出【选择颜色】对话框。

```
输入面编辑选项[拉伸(E)/移动(M)/旋转(R)/偏移(O)/倾斜(T)/删除(D)/复制(C)/颜色(L)/材质(A)/放弃(U)/退出(X)] <退出>: Enter
实体编辑自动检查：  SOLIDCHECK=1
输入实体编辑选项[面(F)/边(E)/体(B)/放弃(U)/退出(X)]<退出>: Enter
```

结果如图 5-34 所示。

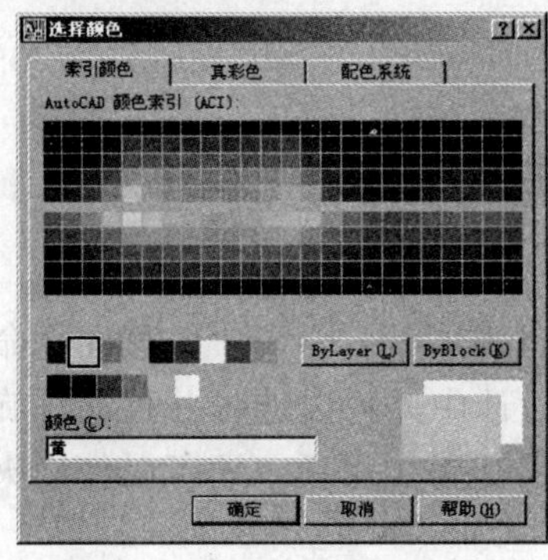

图 5-33　【选择颜色】对话框

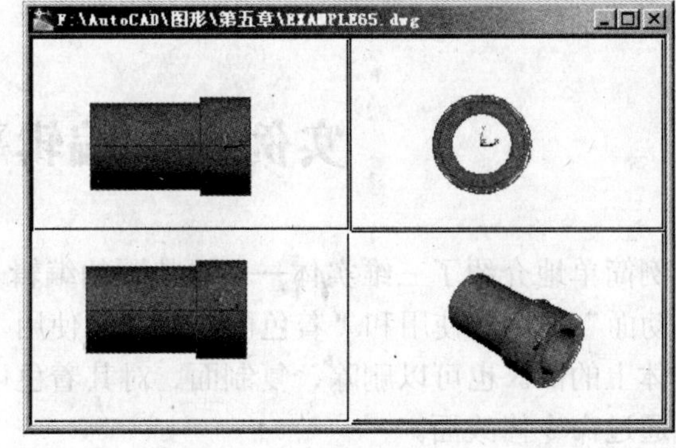

图 5-34　着色 A 型导套的端面

Step 03 选择【修改】→【实体编辑】→【移动面】命令，并根据提示进行如下操作：

```
命令：_solidedit
实体编辑自动检查：  SOLIDCHECK=1
输入实体编辑选项[面(F)/边(E)/体(B)/放弃(U)/退出(X)]<退出>: _face
```

```
输入面编辑选项[拉伸(E)/移动(M)/旋转(R)/偏移(O)/倾斜(T)/删除(D)/复制(C)/颜色(L)/材质(A)/放弃(U)/退出(X)] <退出>: _move
选择面或 [放弃(U)/删除(R)]: 找到一个面                    //选择A型导套的端面
选择面或 [放弃(U)/删除(R)/全部(ALL)]: Enter
指定基点或位移: 0,0,-10 Enter
指定位移的第二点: 0,0,-30 Enter
已开始实体校验。
已完成实体校验。
输入面编辑选项[拉伸(E)/移动(M)/旋转(R)/偏移(O)/倾斜(T)/删除(D)/复制(C)/颜色(L)/材质(A)/放弃(U)/退出(X)] <退出>: Enter
实体编辑自动检查: SOLIDCHECK=1
输入实体编辑选项 [面(F)/边(E)/体(B)/放弃(U)/退出(X)] <退出>: Enter
```

结果如图 5-35 所示。

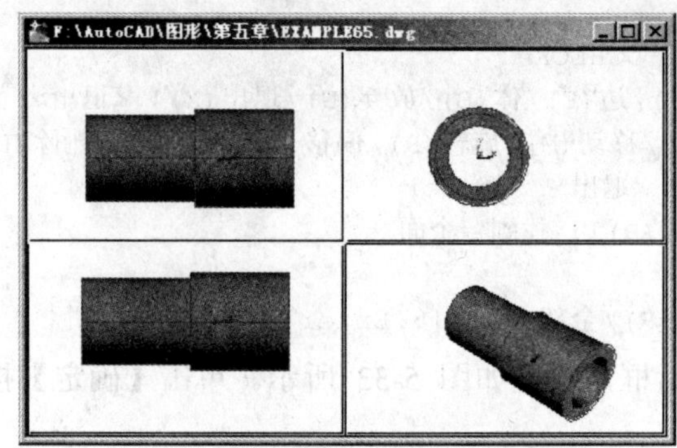

图 5-35　编辑 A 型导套

步骤 3　保存文件

选择【文件】→【保存】命令，保存该图形文件。选择【文件】→【退出】命令，退出 AutoCAD。

实例 66　编辑平垫圈

本实例简单地介绍了三维实体——平垫圈的编辑。通过本实例，学习“偏移面”命令的使用、“移动面”命令的使用和“着色面”命令的使用。在设计中，可以选择并移动、旋转和缩放三维实体上的面。也可以删除、复制面、对其着色以及为其添加材质。还可以使用夹点、夹点工具或通过命令修改面。

步骤 1　创建图形文件

启动 AutoCAD 2008 中文版系统。选择【文件】→【打开】命令，打开第 4 章中创建的实例文件“EXAMPLE55.dwg”。选择【文件】→【另存为】命令，将其另存为“EXAMPLE66.dwg”。

步骤 2　编辑平垫圈

Step 01 选择【修改】→【实体编辑】→【着色面】命令，并根据提示进行如下操作：

```
命令：_solidedit
实体编辑自动检查：  SOLIDCHECK=1
输入实体编辑选项 [面(F)/边(E)/体(B)/放弃(U)/退出(X)] <退出>: _face
输入面编辑选项[拉伸(E)/移动(M)/旋转(R)/偏移(O)/倾斜(T)/删除(D)/复制(C)/颜色(L)/材质(A)/放弃(U)/退出(X)] <退出>: _color
选择面或 [放弃(U)/删除(R)]: 找到一个面。                    //选择平垫圈的内壁面
选择面或 [放弃(U)/删除(R)/全部(ALL)]: Enter
```

弹出【选择颜色】对话框，设置如图 5-33。单击【确定】按钮，退出【选择颜色】对话框。

```
输入面编辑选项[拉伸(E)/移动(M)/旋转(R)/偏移(O)/倾斜(T)/删除(D)/复制(C)/颜色(L)/材质(A)/放弃(U)/退出(X)] <退出>: Enter
```

结果如图 5-36 所示。

Step 02 选择【修改】→【实体编辑】→【偏移面】命令，并根据提示进行如下操作：

```
_offset
选择面或 [放弃(U)/删除(R)]: 找到 2 个面。                    //单击内壁面倒角处
选择面或 [放弃(U)/删除(R)/全部(ALL)]: 找到 2 个面。          //单击外壁面倒角处
选择面或 [放弃(U)/删除(R)/全部(ALL)]: Enter
指定偏移距离: 10,0,0 Enter
指定第二点: 20,0,0 Enter
已开始实体校验。
已完成实体校验。
输入面编辑选项[拉伸(E)/移动(M)/旋转(R)/偏移(O)/倾斜(T)/删除(D)/复制(C)/颜色(L)/材质(A)/放弃(U)/退出(X)] <退出>: Enter
实体编辑自动检查：  SOLIDCHECK=1
输入实体编辑选项 [面(F)/边(E)/体(B)/放弃(U)/退出(X)] <退出>: Enter
```

结果如图 5-37 所示。

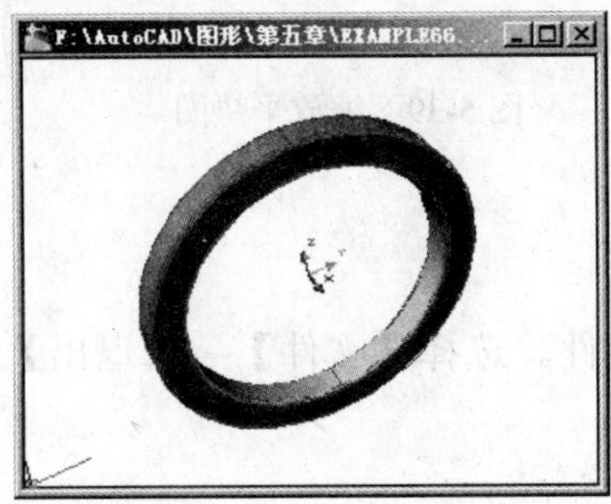

图 5-36　着色平垫圈的内壁面

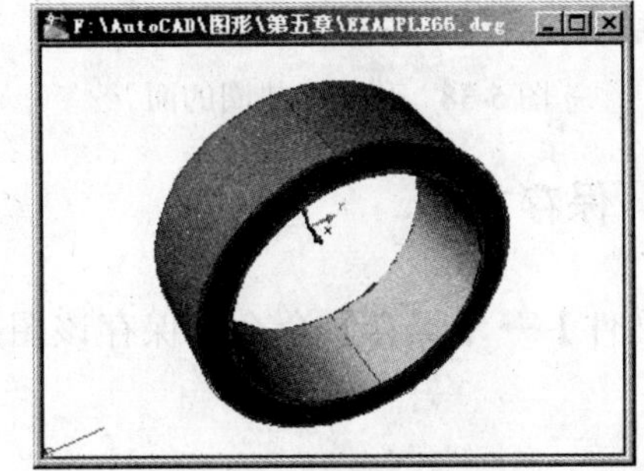

图 5-37　偏移平垫圈的面

Step 03 选择【修改】→【实体编辑】→【移动面】命令，并根据提示进行如下操作：

```
命令：_solidedit
实体编辑自动检查：  SOLIDCHECK=1
输入实体编辑选项 [面(F)/边(E)/体(B)/放弃(U)/退出(X)] <退出>: _face
输入面编辑选项[拉伸(E)/移动(M)/旋转(R)/偏移(O)/倾斜(T)/删除(D)/复制(C)/颜色(L)/材质
```

```
(A)/放弃(U)/退出(X)] <退出>: _move
选择面或 [放弃(U)/删除(R)]: 找到一个面。                    //选择平垫圈的侧面
选择面或 [放弃(U)/删除(R)/全部(ALL)]: 找到 2 个面。          //单击内壁面倒角处
选择面或 [放弃(U)/删除(R)/全部(ALL)]: 找到 2 个面。          //单击外壁面倒角处
选择面或 [放弃(U)/删除(R)/全部(ALL)]: Enter
指定基点或位移: 10,0,0 Enter
指定位移的第二点: 0,0,0 Enter
已开始实体校验。
已完成实体校验。
输入面编辑选项[拉伸(E)/移动(M)/旋转(R)/偏移(O)/倾斜(T)/删除(D)/复制(C)/颜色(L)/材质
(A)/放弃(U)/退出(X)] <退出>: Enter
实体编辑自动检查: SOLIDCHECK=1
输入实体编辑选项 [面(F)/边(E)/体(B)/放弃(U)/退出(X)] <退出>: Enter
```

结果如图 5-38 所示。

Step 04 选择【修改】→【缩放】命令，并根据提示进行如下操作：

```
命令: _scale
选择对象: 找到 1 个//选择平垫圈
选择对象: Enter
指定基点: 0,0,0 Enter
指定比例因子或 [复制(C)/参照(R)] <1.0000>: 0.8 Enter
```

结果如图 5-39 所示。

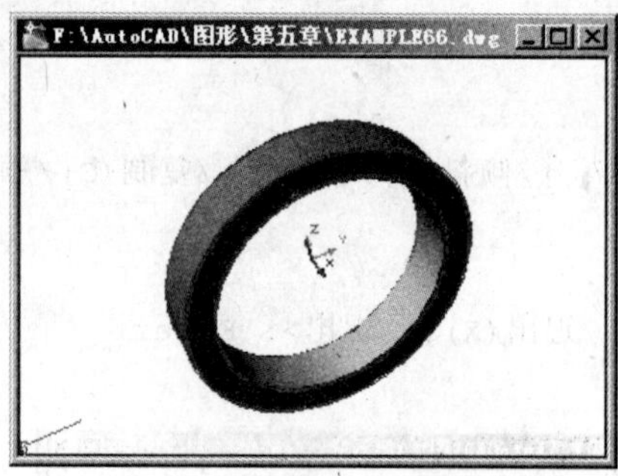

图 5-38　移动平垫圈的面

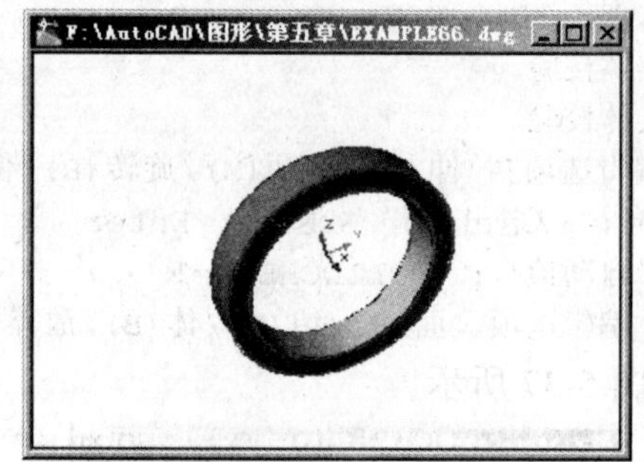

图 5-39　缩放平垫圈

步骤 3　保存文件

选择【文件】→【保存】命令，保存该图形文件。选择【文件】→【退出】命令，退出 AutoCAD。

实例 67　编辑吊钩

本实例简单地介绍了三维实体——吊钩的编辑。通过本实例，学习“偏移面”命令的使用和“缩放”命令的使用。

步骤1 创建图形文件

启动 AutoCAD 2008 中文版系统。选择【文件】→【打开】命令，打开第4章中创建的实例文件“EXAMPLE56.dwg”。选择【文件】→【另存为】命令，将其另存为“EXAMPLE67.dwg”。

步骤2 编辑吊钩

Step 01 选择【视图】→【视口】→【一个视口】命令，命令行的显示如下所示：

```
命令: _-vports
输入选项 [保存(S)/恢复(R)/删除(D)/合并(J)/单一(SI)/?/2/3/4] <3>: _si 正在重生成模型。
```

结果如图5-40所示。

Step 02 选择【修改】→【缩放】命令，并根据提示进行如下操作：

```
命令: _scale
选择对象: 找到 1 个                                    //选择多段线
选择对象: 找到 1 个，总计 2 个                          //选择吊钩
选择对象: Enter
指定基点: 0,0,0 Enter
指定比例因子或 [复制(C)/参照(R)] <1.0000>:  1.5 Enter
```

结果如图5-41所示。

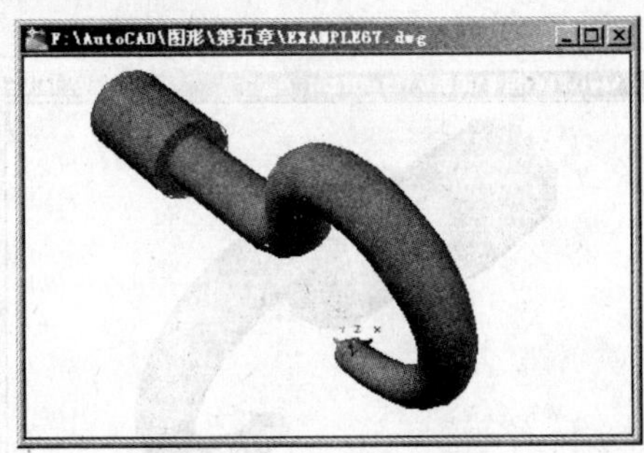

图5-40 设置吊钩的视口

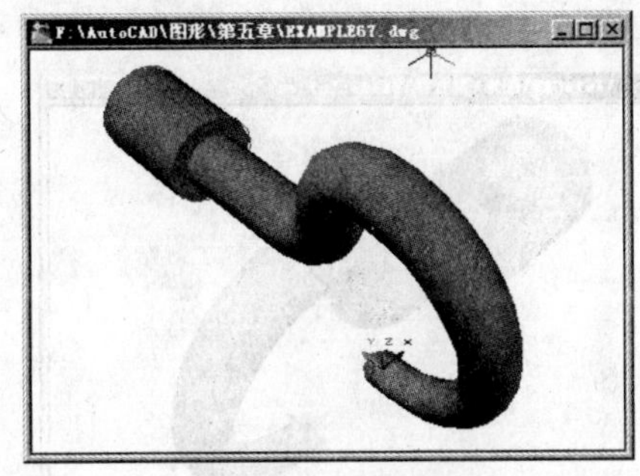

图5-41 缩放吊钩

Step 03 选择【修改】→【实体编辑】→【偏移面】命令，并根据提示进行如下操作：

```
_offset
选择面或 [放弃(U)/删除(R)]: 找到一个面。                    //选择圆柱体的外表面
选择面或 [放弃(U)/删除(R)/全部(ALL)]: Enter
指定偏移距离: 5 Enter
已开始实体校验。
已完成实体校验。
输入面编辑选项[拉伸(E)/移动(M)/旋转(R)/偏移(O)/倾斜(T)/删除(D)/复制(C)/颜色(L)/材质(A)/放弃(U)/退出(X)] <退出>: Enter
实体编辑自动检查:  SOLIDCHECK=1
输入实体编辑选项 [面(F)/边(E)/体(B)/放弃(U)/退出(X)] <退出>: Enter
```

结果如图5-42所示。

Step 04 选择【修改】→【圆角】命令，并根据提示进行如下操作：

```
命令: _fillet
当前设置: 模式 = 修剪, 半径 = 0.0000
选择第一个对象或 [放弃(U)/多段线(P)/半径(R)/修剪(T)/多个(M)]:        //选择圆柱体与放样体的交线
输入圆角半径: 2 Enter
选择边或 [链(C)/半径(R)]:
已选定 1 个边用于圆角。
```

选择【修改】→【倒角】命令，并根据提示进行如下操作：

```
命令: _chamfer
("修剪"模式)当前倒角距离 1 = 0.0000, 距离 2 = 0.0000
选择第一条直线或 [放弃(U)/多段线(P)/距离(D)/角度(A)/修剪(T)/方式(E)/多个(M)]: //选择圆柱体的外表面
基面选择...
输入曲面选择选项 [下一个(N)/当前(OK)] <当前(OK)>: Enter
指定基面的倒角距离: 1 Enter
指定其他曲面的倒角距离 <1.0000>: 1 Enter
选择边或 [环(L)]:                                    //选择圆柱体的外表面上边缘线
选择边或 [环(L)]:                                    //选择圆柱体的外表面下边缘线
选择边或 [环(L)]: Enter
```

结果如图 5-43 所示。

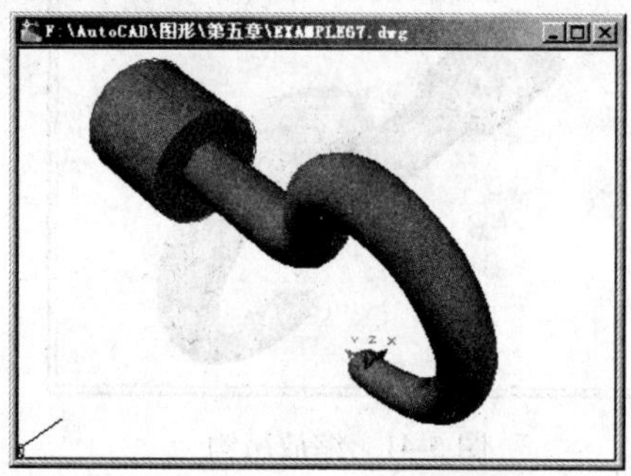

图 5-42　偏移吊钩圆柱面

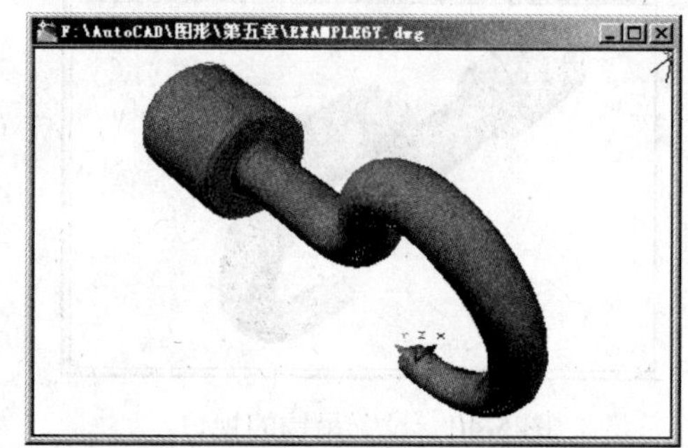

图 5-43　绘制吊钩的倒角与圆角

步骤 3　保存文件

选择【文件】→【保存】命令，保存该图形文件。选择【文件】→【退出】命令，退出 AutoCAD。

实例 68　编辑等长双头螺柱

本实例简单地介绍了三维实体——等长双头螺柱的编辑。通过本实例，学习“移动”命令的使用、“截面平面”命令的使用和“三维移动”命令的使用。

在设计中，可以根据称为截面对象的透明剪切平面与三维模型相交的位置，从该模型中创建截面视图。如果截面对象上的活动截面处于活动状态，则当截面平面静止或在三维模型中移动时，可以查看模型的内部细节。使用活动截面可以动态更改相交实体的剪切轮廓。

步骤1　创建图形文件

启动AutoCAD 2008中文版系统。选择【文件】→【打开】命令，打开第4章中创建的实例文件“EXAMPLE57.dwg”。选择【文件】→【另存为】命令，将其另存为“EXAMPLE68.dwg”。

步骤2　编辑等长双头螺柱

Step 01 将右下角视口设为当前视图。选择【修改】→【移动】命令，并根据提示进行如下操作：

```
命令: _move
选择对象: 找到 1 个                                  //选择一个圆体柱
选择对象: 找到 1 个, 总计 2 个                       //选择另一个圆体柱
选择对象: 找到 1 个, 总计 3 个                       //选择一个圆体柱
选择对象: Enter
指定基点或 [位移(D)] <位移>:  0,0,0 Enter
指定第二个点或 <使用第一个点作为位移>: 0,0,10 Enter
```

结果如图5-44所示。

Step 02 选择【修改】→【实体编辑】→【偏移面】命令，并根据提示进行如下操作：

```
_offset
选择面或 [放弃(U)/删除(R)]:找到一个面。              //选择下半部分圆柱体的圆面
选择面或 [放弃(U)/删除(R)/全部(ALL)]: Enter
指定偏移距离:                                        //利用捕捉功能捕捉刚选择圆面的圆心
指定第二点:                                          //利用捕捉功能捕捉圆面的圆心
已开始实体校验。
已完成实体校验。
输入面编辑选项[拉伸(E)/移动(M)/旋转(R)/偏移(O)/倾斜(T)/删除(D)/复制(C)/颜色(L)/材质(A)/放弃(U)/退出(X)] <退出>: Enter
实体编辑自动检查:  SOLIDCHECK=1
输入实体编辑选项 [面(F)/边(E)/体(B)/放弃(U)/退出(X)] <退出>: Enter
```

结果如图5-45所示。

Step 03 选择【绘图】→【建模】→【截面平面】命令，并根据提示进行如下操作：

```
命令: _sectionplane 选择面或任意点以定位截面线或 [绘制截面(D)/正交(O)]: o Enter
将截面对齐至: [前(F)/后(A)/顶部(T)/底部(B)/左(L)/右(R)] <前>: f Enter
```

在各个视口，选择【视图】→【缩放】→【窗口】命令，把图形放大到适当大小。结果如图5-46所示。

Step 04 选择【修改】→【实体操作】→【三维移动】命令，并根据提示进行如下操作：

```
命令: _3dmove
```

```
选择对象: 找到 1 个                          //选择显示的一半等长双头螺柱
选择对象: Enter
指定基点或 [位移(D)] <位移>: 0,0,0 Enter
指定第二个点或 <使用第一个点作为位移>: 0,0,40 Enter
```

结果如图 5-47 所示。

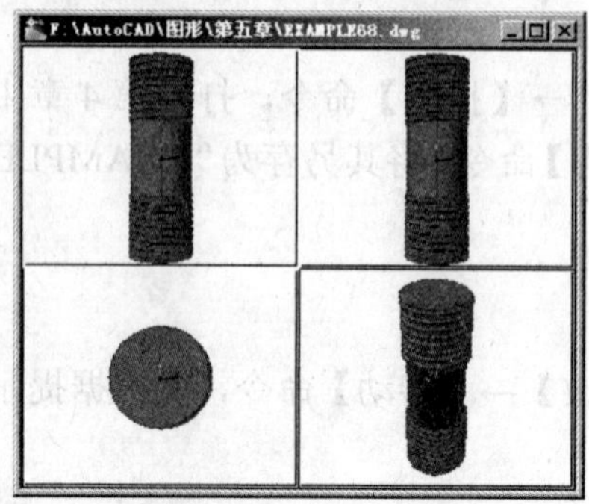

图 5-44 移动等长双头螺柱上半部分

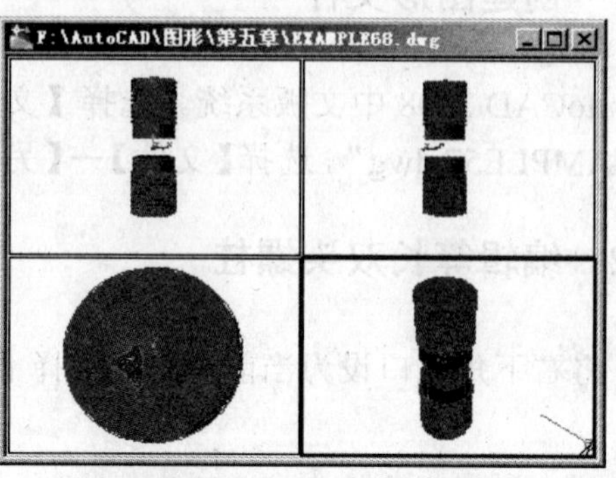

图 5-45 偏移等长双头螺柱的面

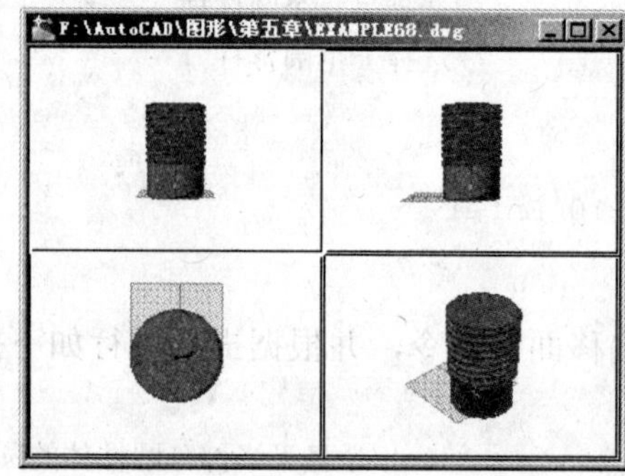

图 5-46 截面平面操作等长双头螺柱

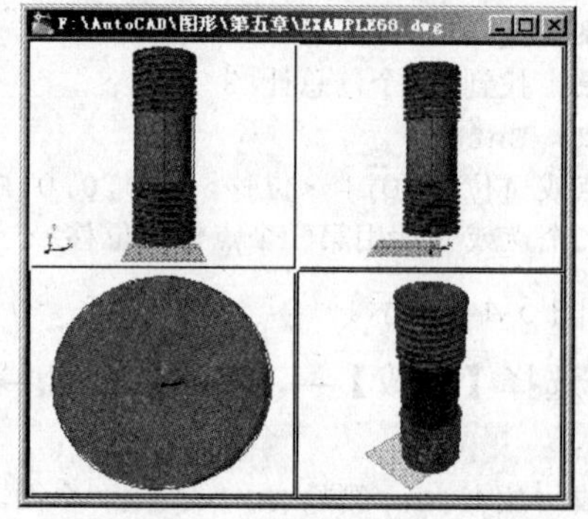

图 5-47 移动等长双头螺柱

Step 05 选择【绘图】→【建模】→【设置】→【图形】命令，并根据提示进行如下操作：

```
命令: _soldraw 正在重生成布局。
重生成模型 - 缓存视口。
选择要绘图的视口...
选择对象: 找到 1 个                    //选择视口边框
选择对象: Enter
忽略非 SOLVIEW 视口。
```

结果如图 5-48 所示。

图 5-48 进入布局模式

Step 06 选择【绘图】→【建模】→【设置】→【视图】命令，并根据提示进行如下操作：

```
命令: _solview 正在重生成布局。
重生成模型 - 缓存视口。
输入选项 [UCS(U)/正交(O)/辅助(A)/截面(S)]: u Enter
输入选项 [命名(N)/世界(W)/?/当前(C)] <当前>: w Enter
输入视图比例 <1>: Enter
```

```
指定视图中心:                                    //选择等长双头螺柱右边适当位置
指定视图中心 <指定视口>:                         //选择等长双头螺柱右边适当位置
指定视口的第一个角点:                            //选择等长双头螺柱右边适当位置
指定视口的对角点:                                //选择等长双头螺柱右边适当位置
输入视图名: 123 Enter
输入选项 [UCS(U)/正交(O)/辅助(A)/截面(S)]: o Enter
指定视口要投影的那一侧:                          //选择等长双头螺柱左边
指定视图中心:                                    //选择等长双头螺柱左边适当位置
指定视图中心 <指定视口>:                         //选择等长双头螺柱左边适当位置
指定视口的第一个角点:                            //选择等长双头螺柱左边适当位置
指定视口的对角点:                                //选择等长双头螺柱左边适当位置
输入视图名: 124
```

结果如图 5-49 所示。

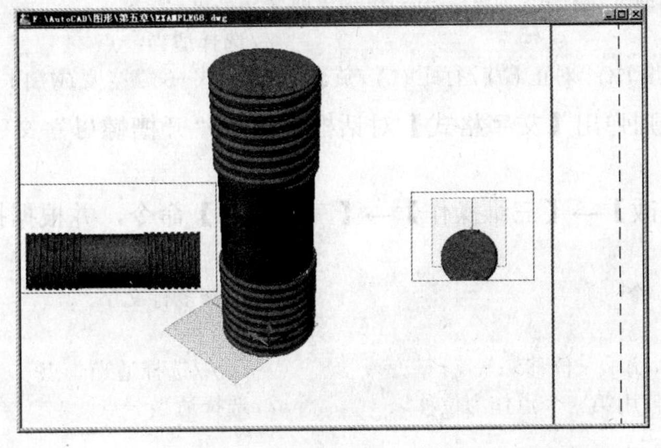

图 5-49　设置等长双头螺柱

步骤 3　保存文件

选择【文件】→【保存】命令，保存该图形文件。选择【文件】→【退出】命令，退出 AutoCAD。

实例 69　编辑开槽螺母

本实例简单地介绍了三维实体——开槽螺母的编辑。通过本实例，学习“三维旋转”命令的使用、“剖切”命令的使用和“三维移动”命令的使用。

- 要旋转三维对象，可以使用 ROTATE 命令，也可使用 ROTATE3D 命令。
- 使用坐标、栅格捕捉、对象捕捉和其他工具可以精确移动三维对象。
- 通过剖切现有实体可以创建新实体。使用 SLICE 命令剖切实体时，可以保留剖切实体的一半或全部。剖切实体不保留创建它们的原始形式的历史记录。剖切实体保留原实体的图层和颜色特性。

步骤 1 创建图形文件

启动 AutoCAD 2008 中文版系统。选择【文件】→【打开】命令，打开第 4 章中创建的实例文件“EXAMPLE58.dwg”。选择【文件】→【另存为】命令，将其另存为“EXAMPLE69.dwg”。

步骤 2 编辑开槽螺母

Step 01 设置层，选择【格式】→【图层】命令，弹出【图层特性管理器】对话框，建立一个“标注线层”图层。

Step 02 设当前图层为“标注线层”图层。将右上角视口设为当前视图。选择【绘图】→【文字】→【多行文字】命令，并根据提示进行如下操作：

```
命令：_mtext 当前文字样式:"Standard"  当前文字高度:2.5
指定第一角点：                                        //选择适当一点
指定对角点或 [高度(H)/对正(J)/行距(L)/旋转(R)/样式(S)/宽度(W)]：
```

选择适当一点，则弹出【文字格式】对话框，输入“开槽螺母”文字。结果如图 5-50 所示。

Step 03 选择【修改】→【三维操作】→【三维移动】命令，并根据提示进行如下操作：

```
命令：_3dmove
选择对象：找到 1 个                                   //选择多行文字
选择对象：Enter
指定基点或 [位移(D)] <位移>：                              //选择适当一点
指定第二个点或 <使用第一个点作为位移>：               //选择适当一点
```

结果如图 5-51 所示。

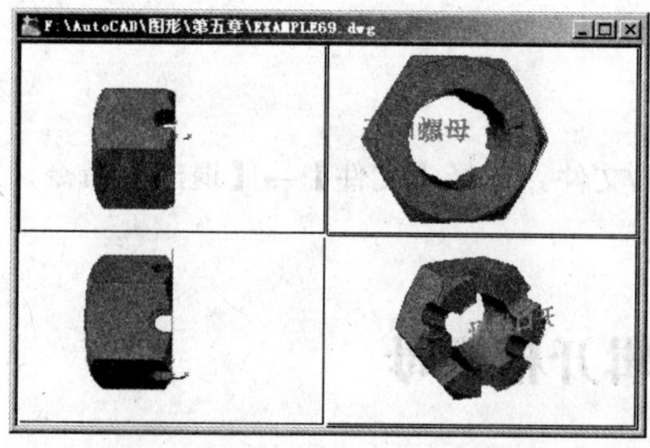

图 5-50 输入文字

图 5-51 移动多行文字

Step 04 将右下角视口设为当前视图。选择【修改】→【三维操作】→【三维旋转】命令，并根据提示进行如下操作：

```
命令：_3drotate
UCS 当前的正角方向： ANGDIR=逆时针  ANGBASE=0
选择对象：找到 1 个                                   //选择多行文字
选择对象：找到 1 个，总计 2 个                        //选择开槽螺母
选择对象：Enter                                            //出现如图 5-52 所示的图形
指定基点：                                            //选择开槽螺母的一个圆心
```

```
拾取旋转轴：                                    //选择适当一点
指定角的起点：                                  //选择适当一点
指定角的端点：                                  //选择适当一点
```

结果如图 5-53 所示。

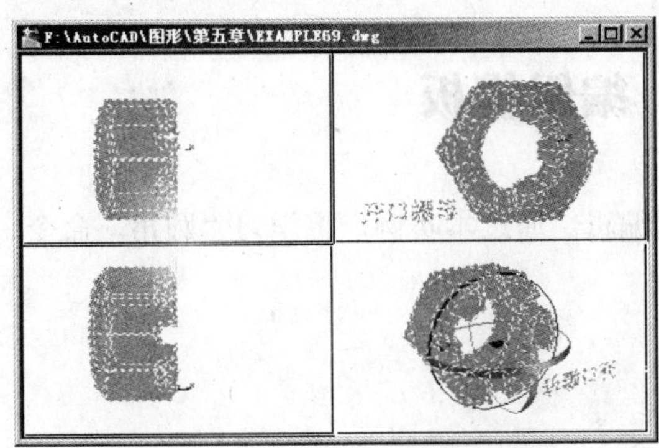

图 5-52　选择三维旋转对象

图 5-53　三维旋转开槽螺母

Step 05 选择【修改】→【三维操作】→【剖切】命令，并根据提示进行如下操作：

```
命令： _slice
选择要剖切的对象： 找到 1 个
选择要剖切的对象： Enter
指定 切面 的起点或 [平面对象(O)/曲面(S)/Z 轴(Z)/视图
(V)/XY/YZ/ZX/三点(3)] <三点>:                        //选择适当一点
指定平面上的第二个点：                                //选择适当一点
在所需的侧面上指定点或 [保留两个侧面(B)] <保留两个侧面>: Enter
```

结果如图 5-54 所示。

Step 06 选择【修改】→【实体编辑】→【并集】命令，并根据提示进行如下操作：

```
命令： _union
选择对象： 找到 1 个                          //分别选择被剖切开槽螺母之一
选择对象： 找到 1 个，总计 2 个                //分别选择被剖切开槽螺母之二
选择对象： Enter
```

结果如图 5-55 所示。

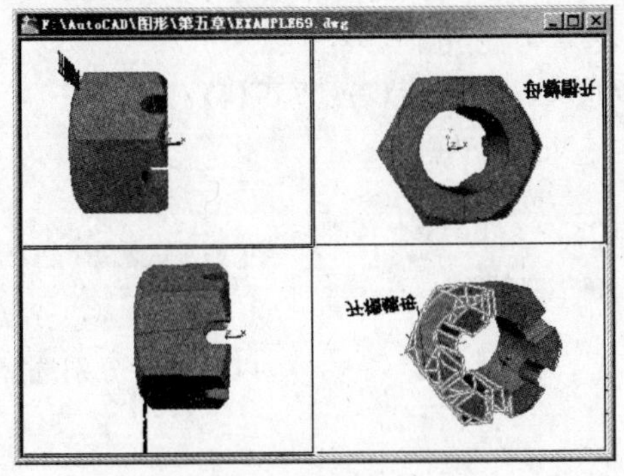

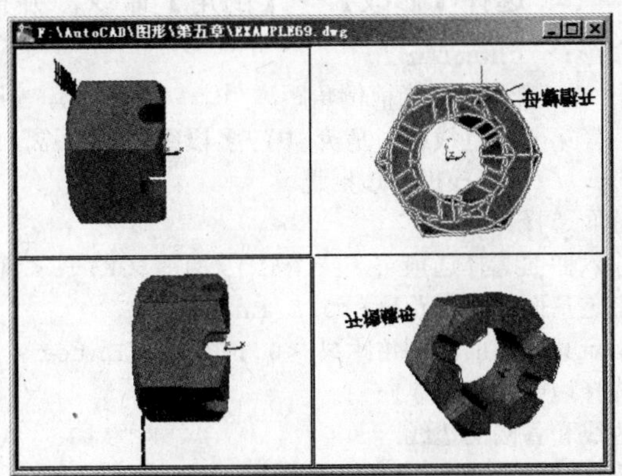

图 5-54　剖切开槽螺母

图 5-55　剖切开槽螺母

步骤 3　保存文件

选择【文件】→【保存】命令，保存该图形文件。选择【文件】→【退出】命令，退出 AutoCAD。

实例 70　编辑模板

本实例简单地介绍了三维实体——模板的编辑。通过本实例，将学习“圆角”命令、“倒角”命令以及“自由动态观察”命令的使用。

步骤 1　创建图形文件

启动 AutoCAD 2008 中文版系统。选择【文件】→【打开】命令，打开第 4 章中创建的实例文件“EXAMPLE59.dwg”。选择【文件】→【另存为】命令，将其另存为“EXAMPLE70.dwg”。

步骤 2　编辑模板

Step 01 设右下角视口为当前视口。选择【视图】→【视口】→【一个视口】命令，把四个视口转化为一个视口。选择【修改】→【圆角】命令，并根据提示进行如下操作：

```
命令: _fillet
当前设置: 模式 = 修剪，半径 = 0.0000
选择第一个对象或 [放弃(U)/多段线(P)/半径(R)/修剪(T)/多个
(M)]:                                        //选择模板一个圆孔的台阶处的边线
输入圆角半径: 1Enter
选择边或 [链(C)/半径(R)]:                      //选择模板另一个圆孔的台阶处的边线
选择边或 [链(C)/半径(R)]: Enter
已选定 2 个边用于圆角。
```

结果如图 5-56 所示。

Step 02 选择【修改】→【倒角】命令，并根据提示进行如下操作：

```
命令: _chamfer
("修剪"模式)当前倒角距离 1 = 0.0000，距离 2 = 0.0000
选择第一条直线或 [放弃(U)/多段线(P)/距离(D)/角度(A)/修剪(T)/方式(E)/多个(M)]:
    //选择模板的边框线
基面选择...
输入曲面选择选项 [下一个(N)/当前(OK)] <当前(OK)>: Enter
指定基面的倒角距离: 0.5 Enter
指定其他曲面的倒角距离 <0.5000>: Enter
选择边或 [环(L)]:                                   //以下各步分别选择模板的
边线和各圆的边线
选择边或 [环(L)]:
选择边或 [环(L)]:
```

```
选择边或 [环(L)]:
选择边或 [环(L)]:
选择边或 [环(L)]:
选择边或 [环(L)]:
选择边或 [环(L)]:
选择边或 [环(L)]:
选择边或 [环(L)]:
选择边或 [环(L)]:
选择边或 [环(L)]:
选择边或 [环(L)]:
选择边或 [环(L)]:
选择边或 [环(L)]:
选择边或 [环(L)]: Enter
```

结果如图 5-57 所示。

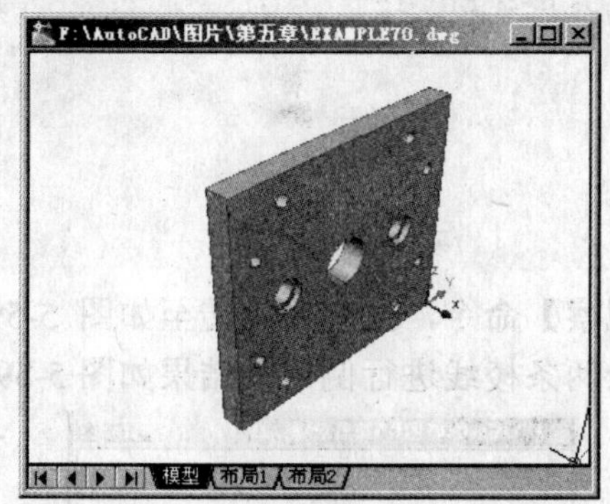

图 5-56 绘制模板的圆角

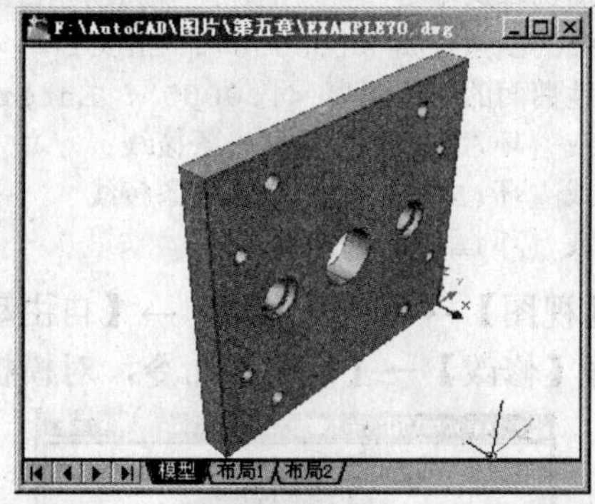

图 5-57 绘制模板的一面的倒角

Step 03 选择【视图】→【动态观察】→【自由动态观察】命令，把模板旋转至如图 5-58 所示的位置。选择【修改】→【倒角】命令，并根据提示进行如下操作：

```
命令: _chamfer
("修剪"模式)当前倒角距离 1 = 0.5000，距离 2 = 0.5000
选择第一条直线或 [放弃(U)/多段线(P)/距离(D)/角度(A)/修剪(T)/方
式(E)/多个(M)]:                                //选择模板的边框线
基面选择...
输入曲面选择选项 [下一个(N)/当前(OK)] <当前(OK)>: Enter
指定基面的倒角距离 <0.5000>: Enter
指定其他曲面的倒角距离 <0.5000>: Enter
选择边或 [环(L)]:                               //以下各步分别选择模板的边线和各圆的边线
选择边或 [环(L)]:
选择边或 [环(L)]:
选择边或 [环(L)]:
选择边或 [环(L)]:
选择边或 [环(L)]:
选择边或 [环(L)]:
选择边或 [环(L)]:
选择边或 [环(L)]:
选择边或 [环(L)]:
```

```
选择边或 [环(L)]:
选择边或 [环(L)]:
选择边或 [环(L)]:
选择边或 [环(L)]:
选择边或 [环(L)]:
选择边或 [环(L)]: Enter
```

结果如图 5-58 所示。

Step 04 选择【修改】→【倒角】命令，并根据提示进行如下操作：

```
命令: _chamfer
("修剪"模式) 当前倒角距离 1 = 1.0000，距离 2 = 1.0000
选择第一条直线或 [放弃(U)/多段线(P)/距离(D)/角度(A)/修剪(T)/方式(E)/多个(M)]:
    //选择一条棱线
基面选择...
输入曲面选择选项 [下一个(N)/当前(OK)] <当前(OK)>: Enter
指定基面的倒角距离 <1.0000>: Enter
指定其他曲面的倒角距离 <1.0000>: Enter
选择边或 [环(L)]: //选择一条棱线
选择边或 [环(L)]: //选择另一条棱线
选择边或 [环(L)]: Enter
```

选择【视图】→【动态观察】→【自由动态观察】命令，把模板旋转至如图 5-59 所示的位置。选择【修改】→【倒角】命令，对模板其余两条棱线进行倒角。结果如图 5-59 所示。

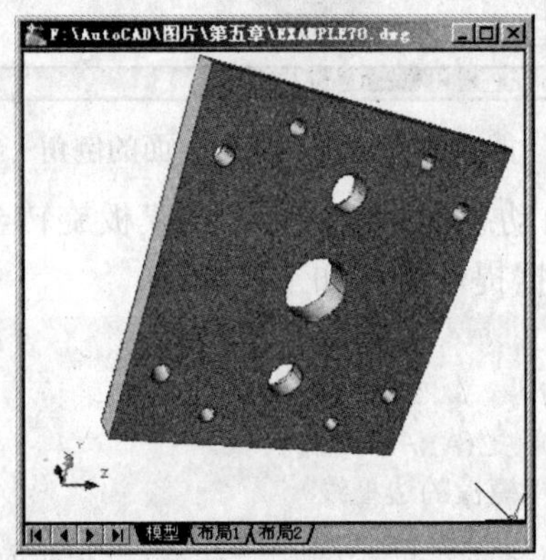

图 5-58　绘制模板的另一个面的倒角

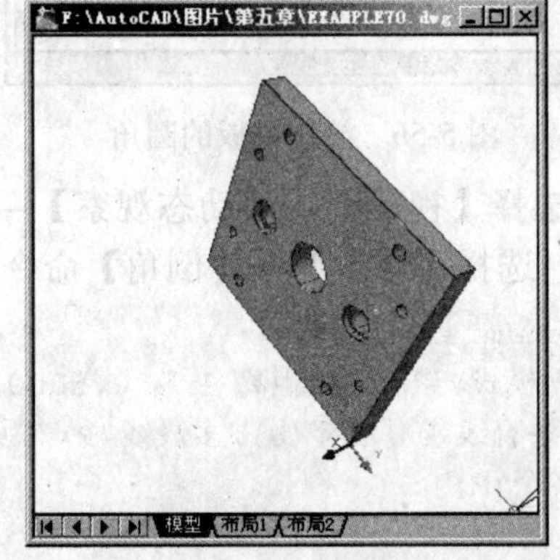

图 5-59　编辑的模板

步骤 3　保存文件

选择【文件】→【保存】命令，保存该图形文件。选择【文件】→【退出】命令，退出 AutoCAD。

CHAPTER

02 提高篇

本篇介绍综合使用基本平面绘图命令和高级命令，绘制较复杂的二维图形，以及综合使用基本三维绘图命令、高级三维绘图命令，绘制较复杂的三维图形一些绘制基本图形的命令。分别安排了“平面图形”和“三维图形”2章内容，每章都列举了大量的实例，从实战出发，分门别类的为读者介绍绘制和编辑图形元素对象的制作方法与技巧。

第 6 章　平面图形

本章将介绍综合使用基本平面绘图命令和高级命令，绘制较复杂的二维图形。

本章实例

实例 71　盖子

实例 72　斜齿轮

实例 73　紧固件

实例 74　连接件

实例 75　手杆

实例 76　模架支架

实例 77　定模固定板

实例 78　动模固定板

实例 79　模架底板

实例 80　手柄

实例 81　深沟球轴承

实例 82　压盖

实例 83　圆螺母用止动垫圈

实例 71　盖子

本例通过绘制盖子，学习使用样板格式文件，学习综合使用绘图命令绘制一般平面图形。图形样板文件包含标准设置。可以从提供的样板文件中选择一个，或者创建自定义样板文件。图形样板文件的扩展名为.dwt。如果根据现有的样板文件创建新图形，则新图形中的修改不会影响样板文件。

步骤 1　创建图形文件

Step 01 启动 AutoCAD 2008 中文版系统。选择【文件】→【新建】命令，弹出【选择样板】对话框。选择如图 6-1 所示的选项，单击【打开】按钮完成设置并返回到绘图模式。在屏幕中出现了一个图纸样式。

Step 02 设置单位。选择【格式】→【单位】命令，弹出【图形单位】对话框，按图 6-2 所示设置长度、度和单位等参数。单击【确定】按钮，完成设置并退出【图形单位】对话框。

图 6-1　【选择样板】对话框

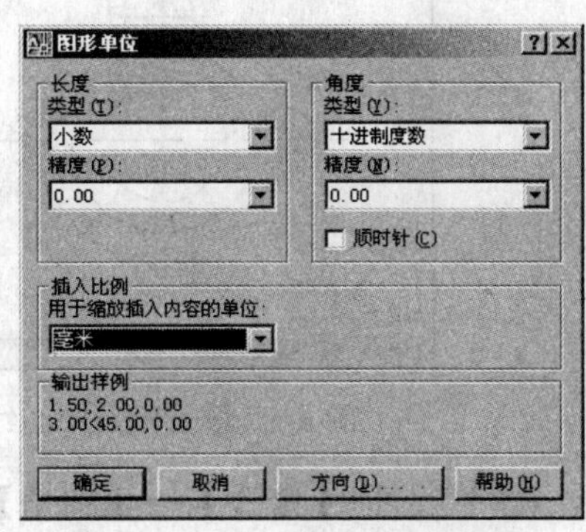

图 6-2　【图形单位】对话框

Step 03 设置层，选择【格式】→【图层】命令，弹出【图层特性管理器】对话框，分别设置实线层，设置中心线层，设置辅助线层，设置剖面线层，设置标注线层。单击【确定】按钮，完成设置并退出【图层特性管理器】对话框。

步骤 2　绘制盖子轮廓线

Step 01 把当前层设为中心线层，绘制两条直线。选择【绘图】→【直线】命令，在图纸框内适当位置绘制两条适当长度并垂直相交的中心线。

Step 02 把当前层设为实线层。选择【绘图】→【圆】→【圆心，半径】命令，以中心线的交点为圆心，分别绘制半径为 30 和 40 的同心圆。

Step 03 把当前层设为虚线层。选择【绘图】→【圆】→【圆心，半径】命令，以中心线的交点为圆心，绘制半径为 20 的圆。结果如图 6-3 所示。

Step 04 把当前层设为中心线层。选择【绘图】→【直线】命令，绘制一条过半径为 40 的圆与水平中心线交点的垂直直线。

Step 05 把当前层设为实线层。选择【绘图】→【圆】→【圆心，半径】命令，以半径为40的圆与水平中心线交点为圆心，分别绘制半径为5和10的同心圆。结果如图6-4所示。

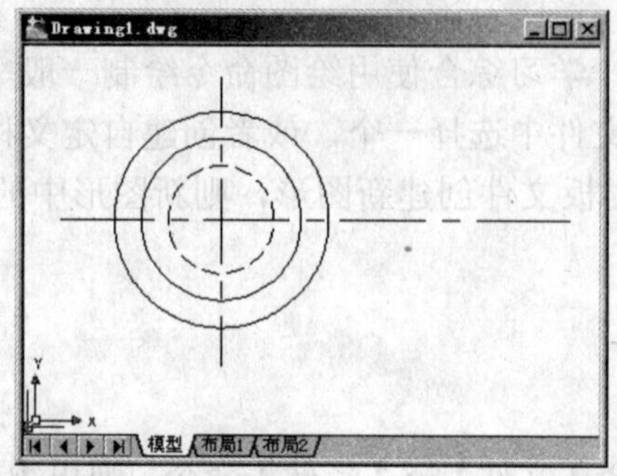

图 6-3　绘制的中心线和圆

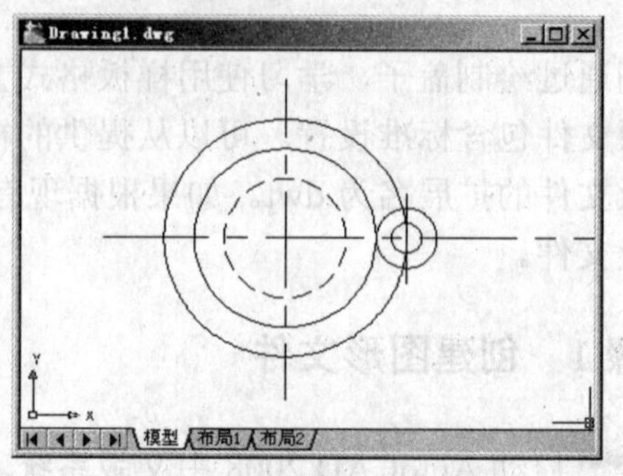

图 6-4　绘制的中心线和小圆

Step 06 选择【修改】→【阵列】命令，绘制如图6-5所示的轮廓线。结果如图6-5所示。

Step 07 选择【修改】→【裁剪】命令，绘制如图6-6所示的轮廓线。结果如图6-6所示。

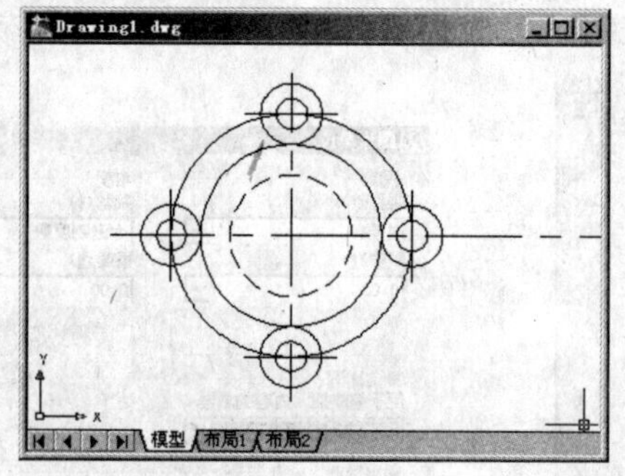

图 6-5　阵列圆及中心线

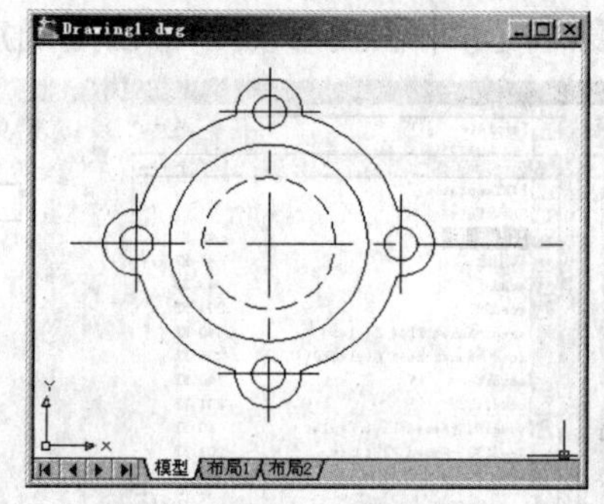

图 6-6　绘制盖子主视图轮廓线

Step 08 选择【修改】→【圆角】命令，对半径为10和40的圆的交点处进行R1的圆角处理。结果见图6-7所示。

Step 09 设辅助线层为当前图层，绘制盖子左视图的辅助线。选择【绘图】→【构造线】命令，绘制如图6-8所示的构造线。

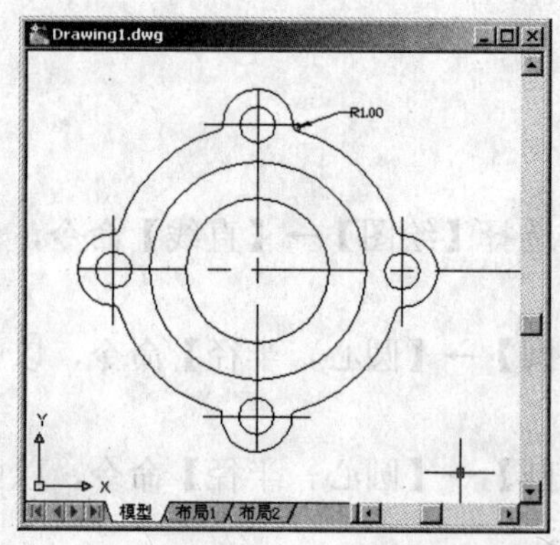

图 6-7　绘制盖子主视图轮廓线的圆角

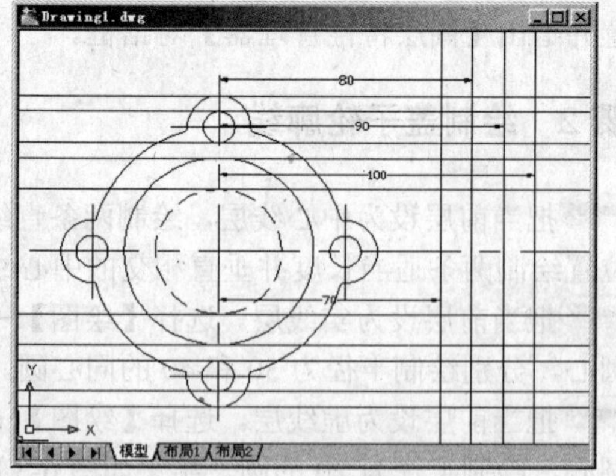

图 6-8　绘制盖子左视图构造线

Step 10 把当前层设为中心线层。选择【绘图】→【直线】命令，利用捕捉功能，绘制如图

6-9 所示的中心线。把当前层设为实线层。选择【绘图】→【直线】命令，利用辅助线，绘制如图 6-9 所示的轮廓线。选择【格式】→【图层】命令，弹出【图层特性管理器】对话框，关闭辅助线层。单击【确定】按钮，完成设置并退出【图层特性管理器】对话框。选择【修改】→【圆角】命令，对盖子左视图轮廓进行如图 6-9 所示的倒圆角和倒角处理。结果如图 6-9 所示。

Step 11 设剖面线层为当前图层。选择【绘图】→【图案填充】命令，绘制图 6-10 所示的剖面线。

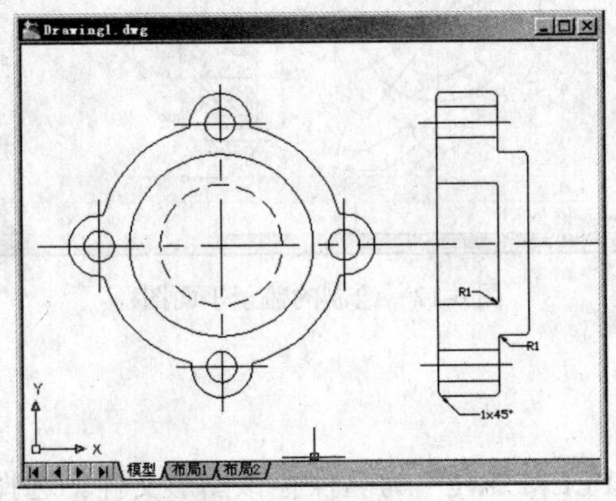

图 6-9　绘制盖子轮廓线

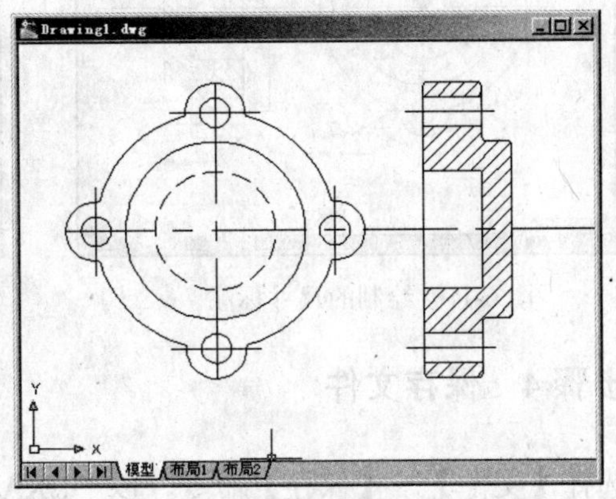

图 6-10　绘制盖子剖面线

步骤 3　标注尺寸

Step 01 设标注线层为当前图层，选择【格式】→【标注样式】命令，弹出【标注样式管理器】对话框。单击【修改】按钮，弹出【修改标注样式：ISO-25】对话框。在【文字】选项卡的【文字位置】选项框中，设置“垂直方向”选项为“置中”，“水平方向”选项为“置中”。在【主单位】选项框中，设置“精度”选项为保留小数点后两位数，“小数分隔符”选项为“.”句点。设置【测量比例单位】选项框中的“比例因子”选项为“0.25”。完成设置后，单击【确定】按钮，返回到【标注样式管理器】对话框。再单击【关闭】按钮，完成修改标注样式。

选择【格式】→【标注样式】命令，弹出【标注样式管理器】对话框。单击【新建】按钮，弹出【创建新标注样式】对话框。将【用于】选项设置为“半径标注”。单击【继续】按钮，弹出【新建标注样式：ISO-25：半径】对话框。在【文字】选项卡中，设置“文字对齐”选项为“水平”。单击【确定】按钮，返回【标注样式管理器】对话框。

单击【新建】按钮，弹出【创建新标注样式】对话框。设置【用于】选项为“直径标注”项。单击【继续】按钮，弹出【新建标注样式：ISO-25：直径】对话框。在【文字】选项卡中，设置“文字对齐”选项为 “水平”。单击【确定】按钮，返回【标注样式管理器】对话框。再单击【关闭】按钮，完成并退出标注样式。

Step 02 选择【标注】→【半径】命令，对圆弧及其圆角进行半径标注。绘制如图 6-11 所示的尺寸标注。选择【标注】→【直径】命令，对圆进行直径标注。选择【标注】→【线性】命令，对长、宽、高等进行尺寸标注。选择【标注】→【多重引线】命令，对倒角进行标注。结果如图 6-11 所示。

Step 03 选择【绘制】→【文字】→【多行文字】命令，在文字输入框中输入如图 6-12 所示的文字。

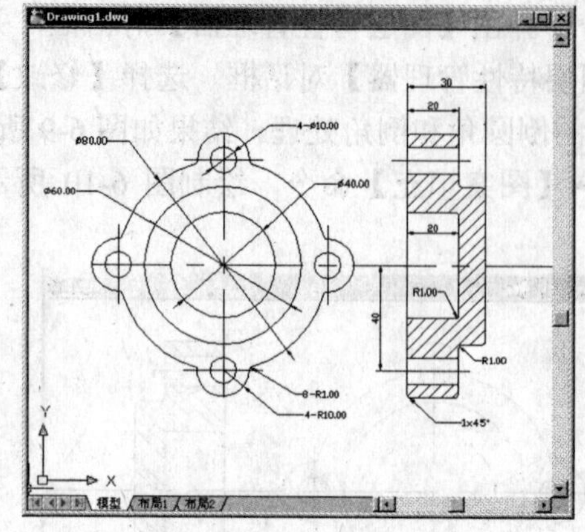

图 6-11 绘制的尺寸标注

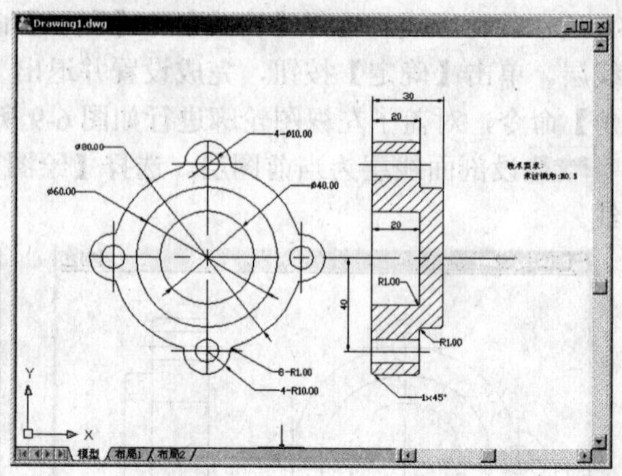

图 6-12 绘制的盖子平面图

步骤 4 保存文件

选择【文件】→【保存】命令，以“EXAMPLE71.dwg”为名保存该图形文件。选择【文件】→【退出】命令，退出 AutoCAD。

实例 72 斜齿轮

本例通过绘制斜齿轮，学习综合使用绘图命令绘制较复杂图形。

步骤 1 新建文件

Step 01 启动 AutoCAD 2008 中文版系统，进入二维绘图模式。

Step 02 设置单位。选择【格式】→【单位】命令，弹出【图形单位】对话框，按图 6-2 所示设置长度、度和单位等参数。单击【确定】按钮，完成设置并退出【图形单位】对话框。

Step 03 设置层，选择【格式】→【图层】命令，弹出【图层特性管理器】对话框，分别设置实线层，设置中心线层，设置辅助线层，设置剖面线层，设置标注线层。单击【确定】按钮，完成设置，退出【图层特性管理器】对话框。

步骤 2 绘制齿轮轮廓线

Step 01 把当前层设为中心线层，绘制三条直线。选择【绘图】→【直线】命令，并根据提示进行如下操作：

```
命令: _line 指定第一点: 20,200 Enter
指定下一点或 [放弃(U)]: 220,200 Enter
指定下一点或 [放弃(U)]: Enter
```

选择【绘图】→【直线】命令，并根据提示进行如下操作：

```
命令: _line 指定第一点: 250,200 Enter
指定下一点或 [放弃(U)]: 450,200 Enter
指定下一点或 [放弃(U)]: Enter
```

选择【绘图】→【直线】命令，并根据提示进行如下操作：

```
命令: _line 指定第一点: 350,300 Enter
指定下一点或 [放弃(U)]: 350,100 Enter
指定下一点或 [放弃(U)]: Enter
```

Step 02 绘制分度圆。选择【绘图】→【圆】→【圆心，直径】命令，以中心线的交点为圆心，绘制直径为 140 的圆。结果如图 6-13 所示。

Step 03 将辅助线作为当前层。绘制垂直辅助线。选择【绘图】→【直线】命令，绘制一条直线，起点（200，100）、终点（200，300）。选择【修改】→【偏移】命令，绘制如图 6-14 所示的辅助线。

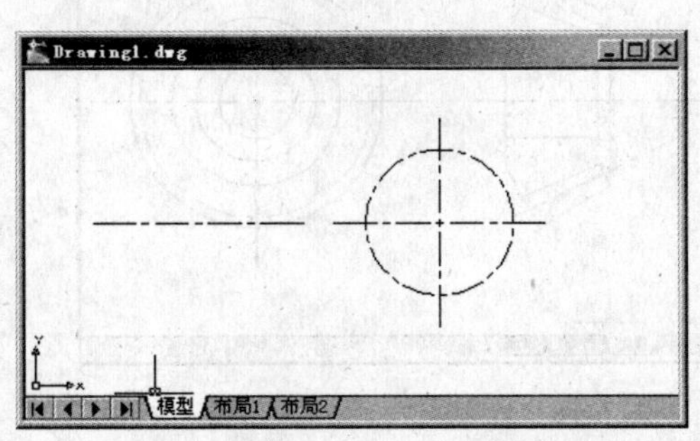

图 6-13　绘制的中心线和分度圆

图 6-14　绘制的垂直和水平辅助线

Step 04 绘制角度辅助线。选择【绘图】→【直线】命令，并根据提示进行如下操作：

```
命令: _line 指定第一点:                         //捕捉直线 1 与 C 的交点
指定下一点或 [放弃 (U) ] : <对象捕捉 关> @160<210d50'
指定下一点或 [放弃 (U) ] :  Enter
```

选择【绘图】→【直线】命令，并根据提示进行如下操作：

```
命令:LINE 指定第一点:                           //捕捉直线 1 与 C 的交点
指定下一点或 [放弃 (U) ] : @50<62d15'
指定下一点或 [放弃 (U) ] : Enter
```

选择【修改】→【偏移】命令，并根据提示进行如下操作：

```
命令: _offset
当前设置: 删除源=否  图层=源  OFFSETGAPTYPE=0
指定偏移距离或 [通过(T)/删除(E)/图层(L)] <76.19>: 50 Enter
选择要偏移的对象，或 [退出(E)/放弃(U)] <退出>:       //选取刚刚绘制的直线
指定要偏移的那一侧上的点，或 [退出(E)/多个(M)/放弃(U)] <退出>://左侧选取一点
选择要偏移的对象，或 [退出(E)/放弃(U)] <退出>:Enter
```

选择【绘图】→【直线】命令，绘制一条过 E 与水平中心线的交点且与水平线成角度 24.33°的直线。选择【绘图】→【直线】命令，绘制一条过 E 与水平中心线的交点和直线 B 与直线 2

的交点的直线。将中心线层作为当前层。选择【绘图】→【直线】命令，绘制一条过 E 与水平中心线的交点和直线 B 与直线 2 的交点的直线。

Step 06 将辅助线层作为当前层。选择【修改】→【镜像】命令，把刚刚绘制的中心线和辅助线镜像到水平中心线的下面。选择【修改】→【偏移】命令，绘制两条与垂直中心线偏移距离为 7 的垂直辅助线和一条与水平中心线偏移距离为 26.3 的水平辅助线。结果如图 6-15 所示的辅助线。

Step 07 将实线设置为当前层。选择【绘图】→【直线】命令，将相应的辅助线交点连接起来，绘制如图 6-16 所示的主视图轮廓线。选择【绘图】→【圆】→【圆心，直径】命令，利用捕捉功能，参照主视图绘制完成侧视图的圆。选择【修改】→【裁剪】命令，绘制完成侧视图的键槽。选择【格式】→【图层】命令，弹出【图层特性管理器】对话框，关闭辅助线层。单击【确定】按钮，完成设置并退出【图层特性管理器】对话框。结果如图 6-16 所示。

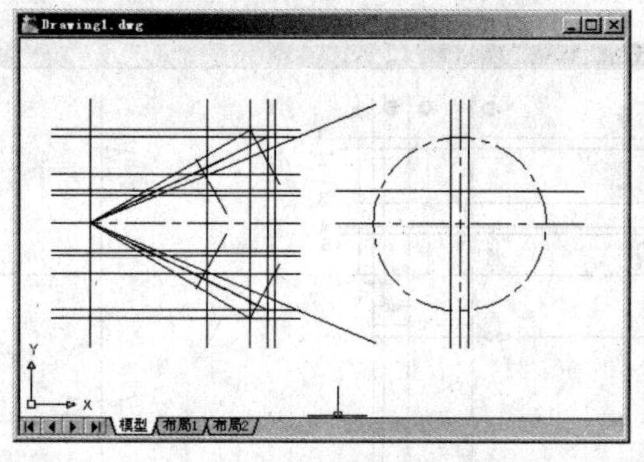

图 6-15 绘制的辅助线

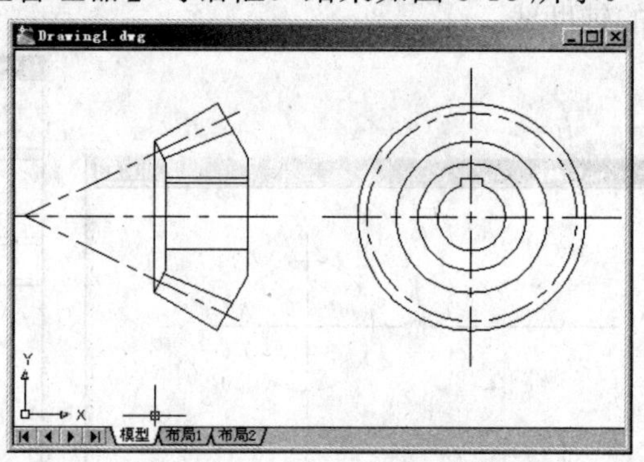

图 6-16 绘制斜齿轮的轮廓线

Step 08 设剖面线层为当前图层。选择【绘图】→【图案填充】命令，绘制斜齿轮主视图的剖面线。结果如图 6-17 所示。

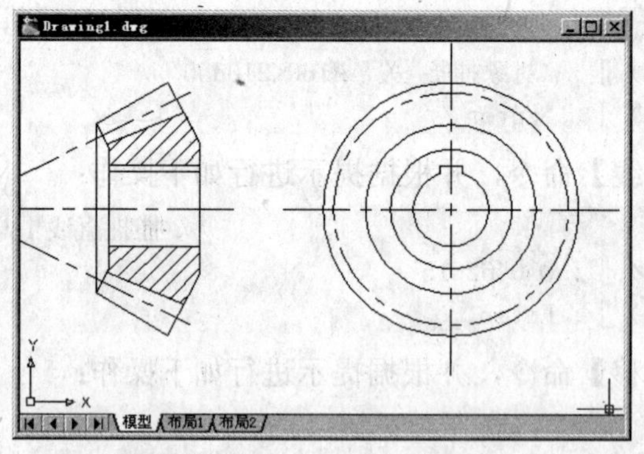

图 6-17 绘制斜齿轮的剖面线

步骤 3 标注尺寸

Step 01 设标注线层为当前图层，选择【格式】→【标注样式】命令，弹出【标注样式管理器】对话框。单击【修改】按钮，弹出【修改标注样式：ISO-25】对话框。在【文字】选项卡中，设置“文字高度”选项为“5”，设置【文字位置】选项框中的“垂直方向”选项为“置中”，“水平方向”选项为“置中”。在【主单位】选项框中，设置“精度”选项为保留小数点后两位数，“小数分隔符”选项为“.” 句点。完成设置后，单击【确定】按钮，返回到【标注样式管理器】对话框。再单击【关闭】按钮，完成修改标注样式。

选择【格式】→【标注样式】命令，弹出【标注样式管理器】对话框。单击【新建】按钮，弹出【创建新标注样式】对话框。设置【用于】选项为“角度标注”。单击【继续】按钮，弹出【新建标注样式：ISO-25：角度】对话框。在【文字】选项卡中，设置“文字对齐”选项为“水平”。单击【确定】按钮，返回【标注样式管理器】对话框。再单击【关闭】按钮，完成并退出标注样式。

Step 02 选择【标注】→【对齐】命令，对齿轮的齿进行标注。绘制如图 6-18 所示的尺寸标注。选择【标注】→【线性】命令，对长、宽、高等进行尺寸标注。选择【标注】→【角度】命令，对角度值进行尺寸标注。

Step 03 选择【绘制】→【文字】→【多行文字】命令，在文字输入框中输入如图 6-19 所示的文字。结果如图 6-19 所示。

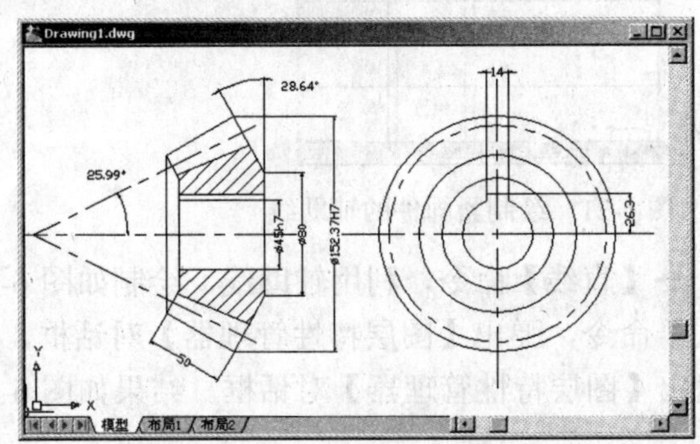

图 6-18　绘制的斜齿轮的尺寸标注

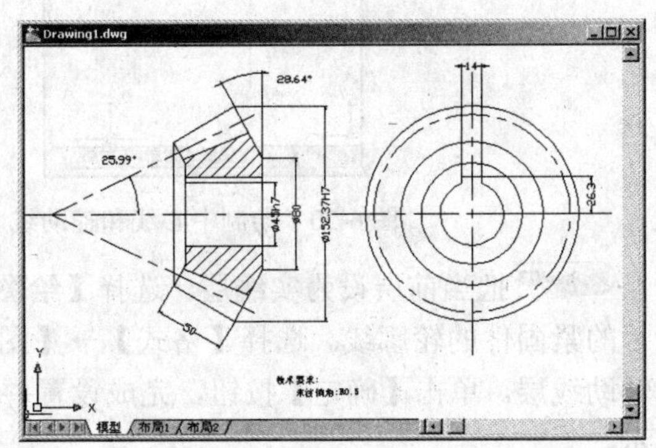

图 6-19　绘制的斜齿轮

步骤 4　保存文件

选择【文件】→【保存】命令，以“EXAMPLE72.dwg”为名保存该图形文件。选择【文件】→【退出】命令，退出 AutoCAD。

实例 73　紧固件

本例通过绘制紧固件，学习综合使用绘图命令绘制一般平面图形。

步骤 1　创建新图形文件

Step 01 启动 AutoCAD 2008 中文系统，进入二维绘图模式。

Step 02 设置层，选择【格式】→【图层】命令，弹出【图层特性管理器】对话框，分别设置实线层，设置中心线层，设置辅助线层，设置细实线层，设置标注线层。单击【确定】按钮，完成设置并退出【图层特性管理器】对话框。

步骤 2 绘制紧固件的轮廓线

Step 01 把当前层设为中心线层，绘制一条直线。选择【绘图】→【直线】命令，绘制如图 6-20 所示的垂直中心线。把当前层设为辅助线层。选择【绘图】→【直线】命令，绘制如图 6-20 所示的水平辅助线。

Step 02 绘制紧固件的辅助线。选择【绘图】→【构造线】命令，绘制如图 6-21 所示的辅助线。

结果如图 6-21 所示。

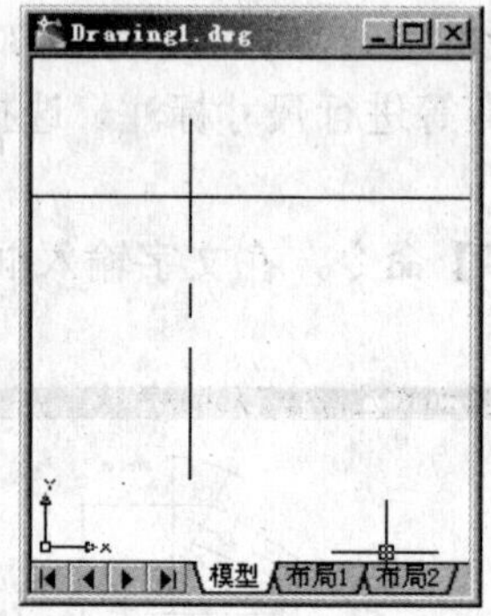

图 6-20 绘制中心线和辅助线

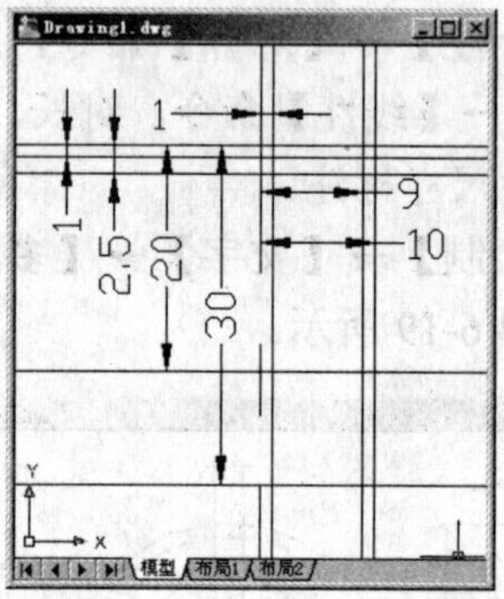

图 6-21 绘制紧固件的辅助线

Step 03 把当前层设为实线层。选择【绘图】→【直线】命令，利用辅助线，绘制如图 6-22 所示的紧固件的轮廓线。选择【格式】→【图层】命令，弹出【图层特性管理器】对话框，关闭辅助线层。单击【确定】按钮，完成设置并退出【图层特性管理器】对话框。结果如图 6-22 所示。

Step 04 选择【格式】→【图层】命令，弹出【图层特性管理器】对话框，打开辅助线层。单击【确定】按钮，完成设置并退出【图层特性管理器】对话框。把当前层设为细实线层。选择【绘图】→【直线】命令，利用辅助线，绘制如图 6-23 所示的紧固件的螺纹线。选择【格式】→【图层】命令，弹出【图层特性管理器】对话框，关闭辅助线层。单击【确定】按钮，完成设置并退出【图层特性管理器】对话框。结果如图 6-23 所示。

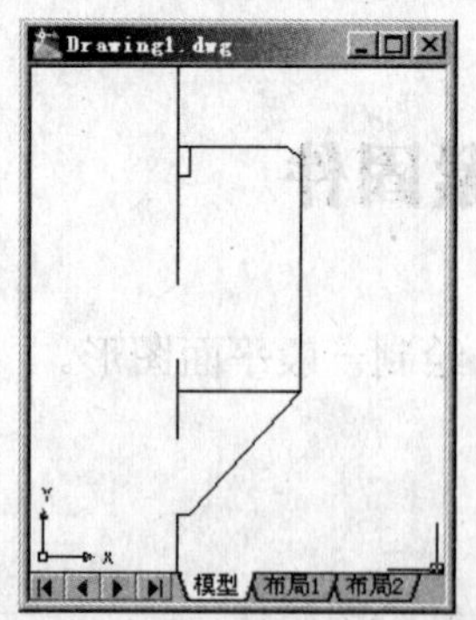

图 6-22 绘制紧固件的部分轮廓线

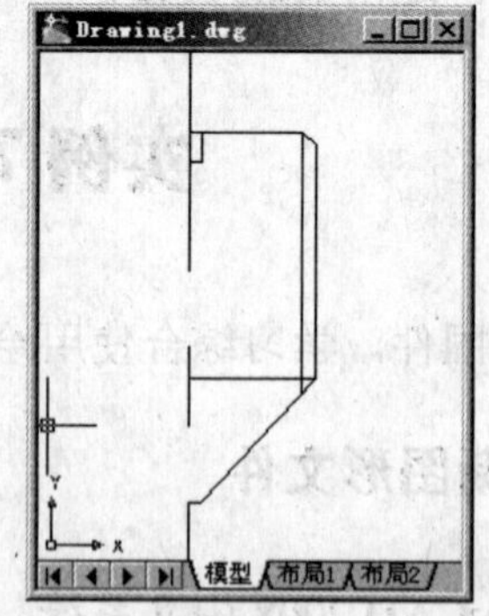

图 6-23 绘制紧固件的螺纹线

Step 05 将实线层作为当前层。选择【修改】→【镜像】命令，把刚刚绘制的细实线和实线镜像到垂直中心线的右边。结果如图 6-24 所示。

步骤3　标注尺寸

Step 01 设标注线层为当前图层，选择【格式】→【标注样式】命令，弹出【标注样式管理器】对话框。单击【修改】按钮，弹出【修改标注样式：ISO-25】对话框。在【文字】选项卡中，设置“文字高度”选项为“2.5”。设置【文字位置】选项框中的“垂直方向”选项为“置中”，“水平方向”选项为“置中”。在【主单位】卡选项卡中，设置“精度”选项为保留小数点后两位数，“小数分隔符”选项为“.”句点。设置【测量比例单位】选项框中的“比例因子”选项为“0.5”。完成设置后，单击【确定】按钮返回到【标注样式管理器】对话框。再单击【关闭】按钮，完成修改标注样式。

Step 02 绘制如图 6-25 所示的尺寸标注。选择【标注】→【线性】命令，对长、宽、高等进行尺寸标注。

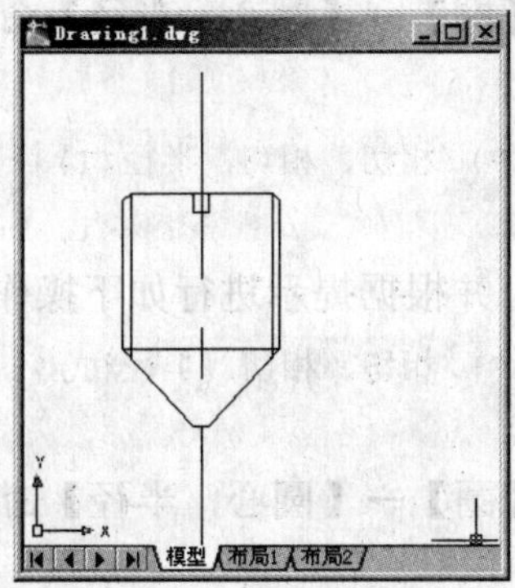

图 6-24　绘制紧固件的轮廓线

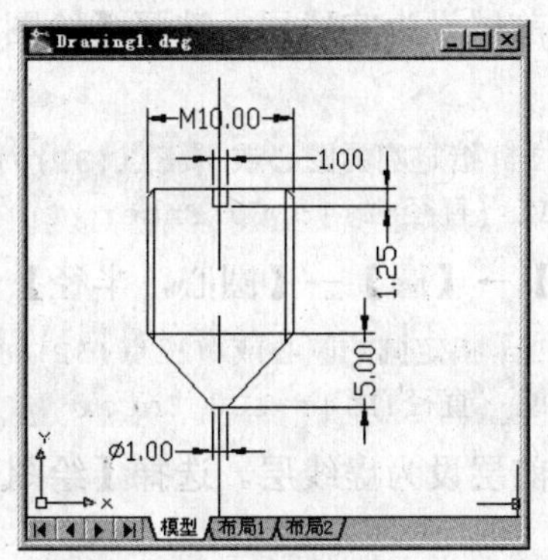

图 6-25　绘制的紧固件

步骤4　保存文件

选择【文件】→【保存】命令，以“EXAMPLE73.dwg”为名保存该图形文件。选择【文件】→【退出】命令，退出 AutoCAD。

实例 74　连接件

本例通过绘制连接件，学习综合使用绘图命令绘制一般平面图形。

步骤1　创建新图形文件

Step 01 启动 AutoCAD 2008 中文系统，进入二维绘图模式。

Step 02 设置层，选择【格式】→【图层】命令，弹出【图层特性管理器】对话框，分别设置实线层，设置中心线层，设置辅助线层，设置剖面线层，设置虚线层，设置标注线层。单击【确定】按钮，完成设置并退出【图层特性管理器】对话框。

步骤 2 绘制连接件的轮廓线

Step 01 把当前层设为中心线层，绘制两条直线。选择【绘图】→【直线】命令，并根据提示进行如下操作：

```
命令: _line 指定第一点: 20,120 Enter
指定下一点或 [放弃(U)]: 240,120 Enter
指定下一点或 [放弃(U)]: Enter
```

选择【绘图】→【直线】命令，并根据提示进行如下操作：

```
命令: _line 指定第一点: 130,10 Enter
指定下一点或 [放弃(U)]: 130,230 Enter
指定下一点或 [放弃(U)]: Enter
```

Step 02 把当前层设为实线层。选择【绘图】→【圆】→【圆心，半径】命令，并根据提示进行如下操作：

```
命令: _circle 指定圆的圆心或 [三点(3P)/两点(2P)/相切、相切、半径(T)]: 130,120 Enter
指定圆的半径或 [直径(D)]: 60 Enter
```

选择【绘图】→【圆】→【圆心，半径】命令，并根据提示进行如下操作：

```
命令: _circle 指定圆的圆心或 [三点(3P)/两点(2P)/相切、相切、半径(T)]: 130,120 Enter
指定圆的半径或 [直径(D)]: 100 Enter
```

Step 03 把当前层设为虚线层。选择【绘图】→【圆】→【圆心，半径】命令，并根据提示进行如下操作：

```
命令: _circle 指定圆的圆心或 [三点(3P)/两点(2P)/相切、相切、半径(T)]: 130,120 Enter
指定圆的半径或 [直径(D)]: 75 Enter
```

结果如图 6-26 所示。

Step 04 把当前层设为中心线层，绘制两条直线。选择【绘图】→【直线】命令，并根据提示进行如下操作：

```
命令: _line 指定第一点: 45,110 Enter
指定下一点或 [放弃(U)]: 45,130 Enter
指定下一点或 [放弃(U)]: Enter
```

选择【绘图】→【直线】命令，并根据提示进行如下操作：

```
命令: _line 指定第一点: 35,120 Enter
指定下一点或 [放弃(U)]: 55,120 Enter
指定下一点或 [放弃(U)]: Enter
```

Step 05 把当前层设为实线层。选择【绘图】→【圆】→【圆心，半径】命令，并根据提示进行如下操作：

```
命令: _circle 指定圆的圆心或 [三点(3P)/两点(2P)/相切、相切、半径(T)]: 45,120 Enter
指定圆的半径或 [直径(D)]: 5 Enter
```

结果如图 6-27 所示。

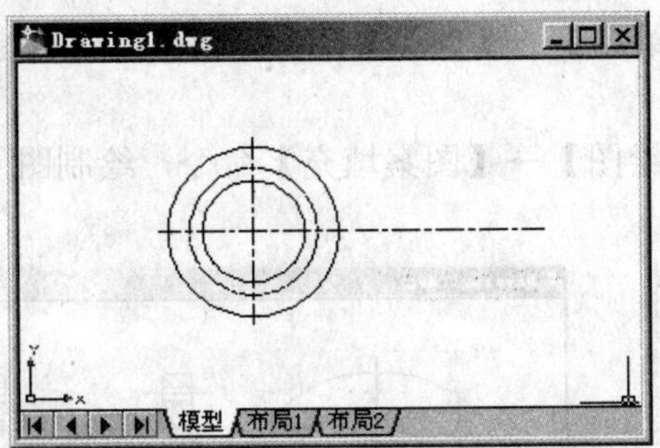

图 6-26　绘制的中心线和圆

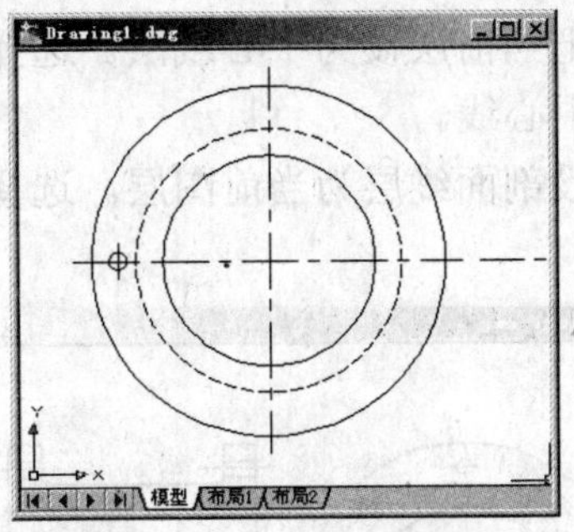

图 6-27　绘制小圆及其中心线

Step 06 选择【修改】→【阵列】命令，把上一步绘制的半径为 5 的圆及其中心线阵列对象，绘制如图 6-28 所示其余的 5 个小圆及其中心线。

Step 07 设辅助线层为当前图层，绘制连接件的辅助线。选择【绘图】→【构造线】命令，绘制如图 6-29 所示的辅助线。

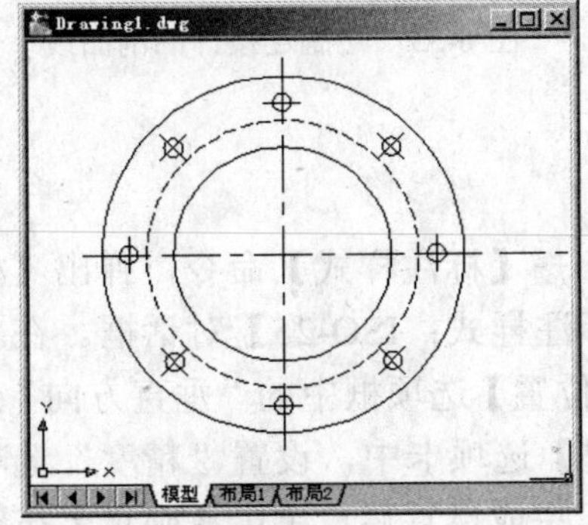

图 6-28　阵列小圆及其中心线

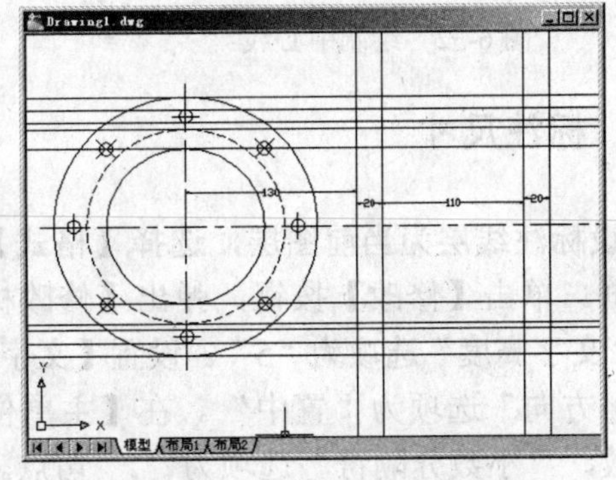

图 6-29　绘制连接件的辅助线

Step 08 把当前层设为实线层。选择【绘图】→【直线】命令，利用辅助线，绘制如图 6-30 所示的连接件左视图轮廓线。选择【格式】→【图层】命令，弹出【图层特性管理器】对话框，关闭辅助线层。单击【确定】按钮，完成设置并退出【图层特性管理器】对话框。结果如图 6-30 所示。

Step 09 选择【修改】→【圆角】命令，绘制如图 6-31 所示的圆角。选择【修改】→【倒角】命令，绘制如图 6-31 所示的倒角。

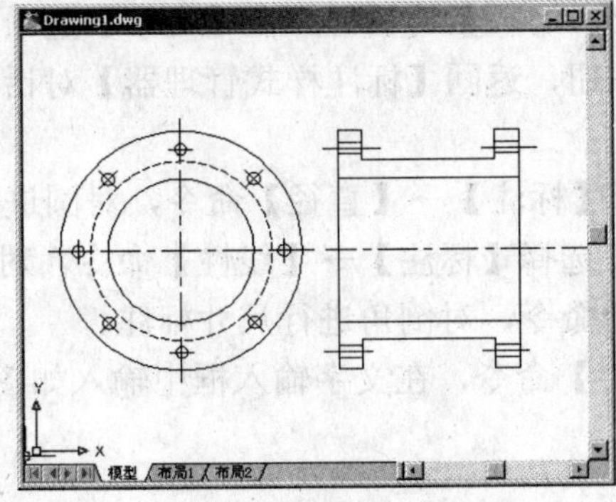

图 6-30　绘制连接件轮廓线

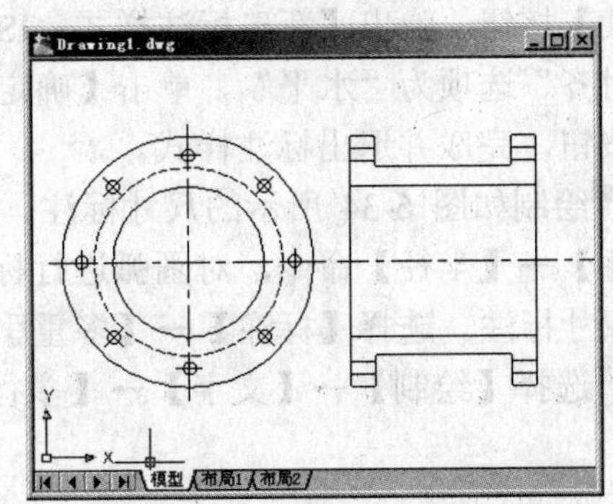

图 6-31　绘制连接件轮廓线的圆角和倒角

Step 10 把当前层设为中心线层。选择【绘图】→【直线】命令，利用捕捉功能，绘制如图 6-32 所示的中心线。

Step 11 设剖面线层为当前图层。选择【绘图】→【图案填充】命令，绘制图 6-33 所示的剖面线。

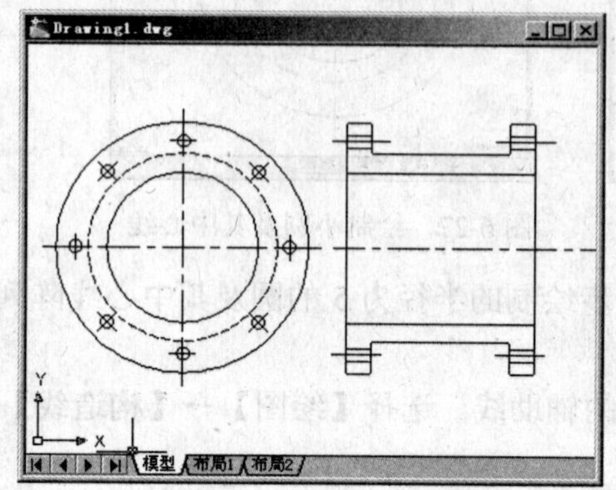

图 6-32　绘制中心线

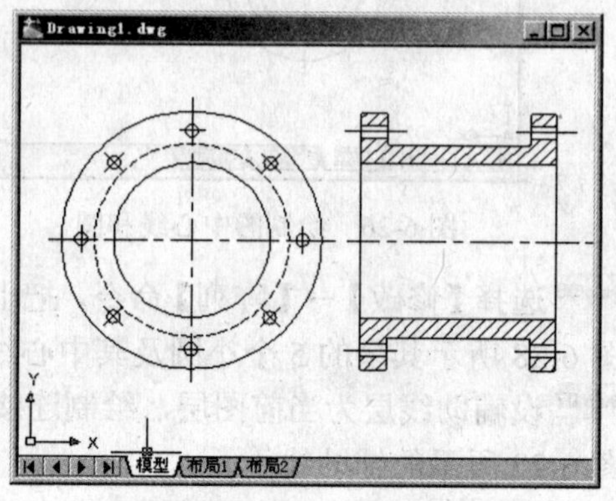

图 6-33　绘制连接件的剖面线

步骤 3　标注尺寸

Step 01 设标注线层为当前图层，选择【格式】→【标注样式】命令，弹出【标注样式管理器】对话框。单击【修改】按钮，弹出【修改标注样式：ISO-25】对话框。在【文字】选项卡，设置“文字高度”选项为“5”。设置【文字位置】选项框中的“垂直方向”选项为“置中”，“水平方向”选项为“置中”。在【主单位】选项卡中，设置“精度”选项为保留小数点后两位数，“小数分隔符”选项为“.”句点。完成设置后，单击【确定】按钮，返回到【标注样式管理器】对话框。在【标注样式管理器】对话框中，单击【关闭】按钮完成修改标注样式。

选择【格式】→【标注样式】命令，弹出【标注样式管理器】对话框。单击【新建】按钮，弹出【创建新标注样式】对话框。设置【用于】选项为“直径标注”。单击【继续】按钮，弹出【新建标注样式：ISO-25：直径】对话框。在【文字】选项卡中，设置“文字对齐”选项为“水平”。单击【确定】按钮，则返回到【标注样式管理器】对话框。

单击【新建】按钮，弹出【创建新标注样式】对话框。设置【用于】选项为“半径标注”。单击【继续】按钮，弹出【新建标注样式：ISO-25：半径】对话框。在【文字】选项卡中，设置“文字对齐”选项为“水平”。单击【确定】按钮，返回【标注样式管理器】对话框。单击【关闭】按钮，完成并退出标注样式。

Step 02 绘制如图 6-34 所示的尺寸标注。选择【标注】→【直径】命令，对圆进行标注。选择【标注】→【半径】命令，对圆弧进行标注。选择【标注】→【线性】命令，对长、宽、高等进行尺寸标注。选择【标注】→【多重引线】命令，对倒角进行尺寸标注。

Step 03 选择【绘制】→【文字】→【多行文字】命令，在文字输入框中输入如图 6-35 所示的文字。

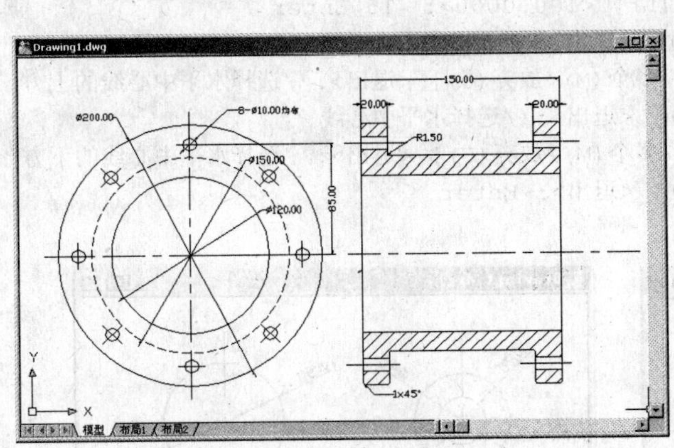

图6-34　绘制的连接件的尺寸标注

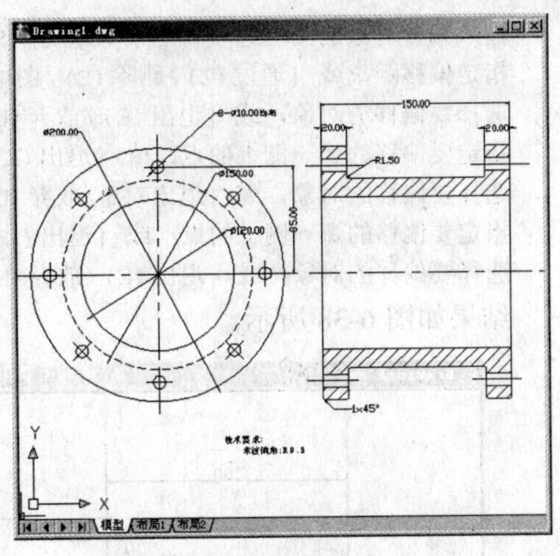

图6-35　绘制的连接件平面图

步骤4　保存文件

选择【文件】→【保存】命令，以“EXAMPLE74.dwg”为名保存该图形文件。选择【文件】→【退出】命令，退出AutoCAD。

实例75　手杆

本例通过绘制手杆，学习综合使用绘图命令绘制一般平面图形。

步骤1　创建新图形文件

Step 01 启动AutoCAD 2008中文系统，进入二维绘图模式。

Step 02 设置层，选择【格式】→【图层】命令，弹出【图层特性管理器】对话框，分别设置实线层，设置中心线层，设置辅助线层，设置剖面线层，设置标注线层。单击【确定】按钮，完成设置并退出【图层特性管理器】对话框。

步骤2　绘制手杆的主视图轮廓线

Step 01 把当前层设为中心线层，绘制三条直线。选择【绘图】→【直线】命令，在屏幕中间位置绘制如图6-36所示的中心线。

Step 02 把当前层设为实线层。选择【绘图】→【圆】→【圆心，半径】命令，以中心线的交点为圆心，分别绘制如图6-37所示的圆。

Step 03 选择【修改】→【偏移】命令，并根据如下提示进行操作：

```
命令: _offset
当前设置: 删除源=否  图层=源  OFFSETGAPTYPE=0
指定偏移距离或 [通过(T)/删除(E)/图层(L)] <100.0000>:  1 Enter
```

```
输入偏移对象的图层选项 [当前(C)/源(S)] <源>:  c Enter
指定偏移距离或 [通过(T)/删除(E)/图层(L)] <100.0000>:  15 Enter
选择要偏移的对象，或 [退出(E)/放弃(U)] <退出>://选择水平中心线
指定要偏移的那一侧上的点，或 [退出(E)/多个(M)/放弃(U)] <退出>://选择水平中心线的上方
选择要偏移的对象，或 [退出(E)/放弃(U)] <退出>://选择水平中心线
指定要偏移的那一侧上的点，或 [退出(E)/多个(M)/放弃(U)] <退出>://选择水平中心线的下方
选择要偏移的对象，或 [退出(E)/放弃(U)] <退出>: Enter
```

结果如图 6-38 所示。

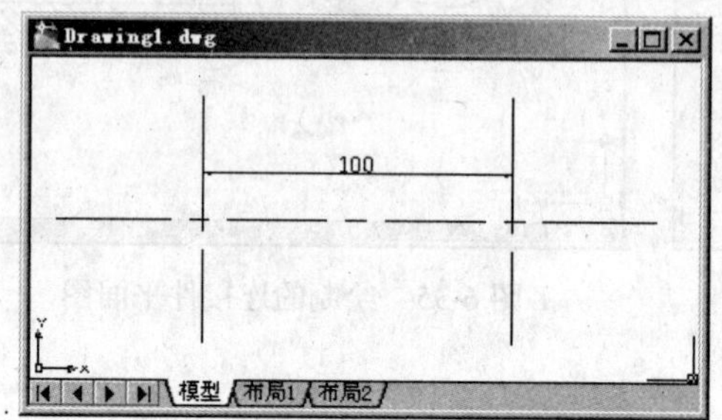

图 6-36　绘制手杆的中心线

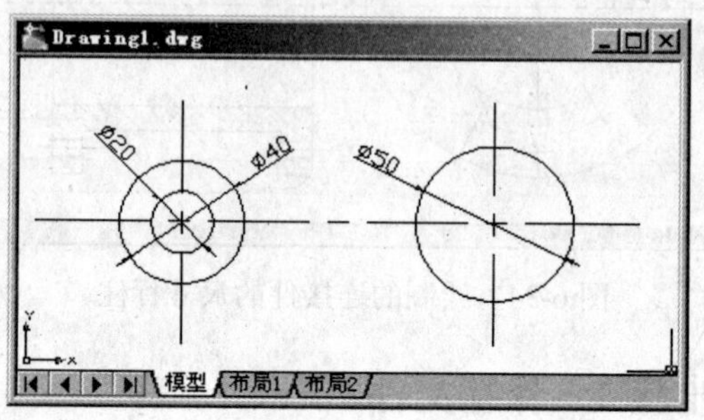

图 6-37　绘制手杆的圆

Step 04 选择【修改】→【裁剪】命令和选择【绘图】→【直线】命令，绘制如图 6-39 所示的手杆的主视图轮廓线。

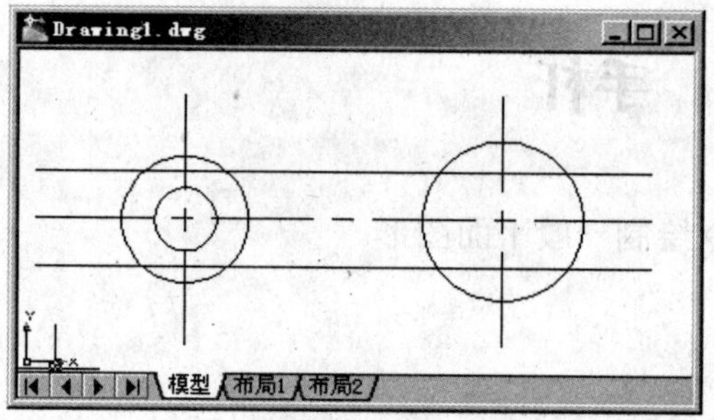

图 6-38　绘制偏移线

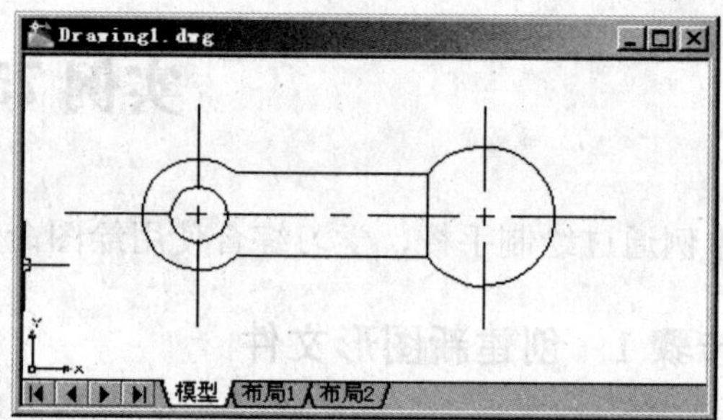

图 6-39　绘制手杆的主视图轮廓线

步骤 3　绘制手杆的俯视图轮廓线

Step 01 绘制紧固件的辅助线。选择【绘图】→【构造线】命令，绘制如图 6-40 所示的辅助线。

结果如图 6-40 所示。

Step 02 把当前层设为实线层。选择【绘图】→【直线】命令，利用辅助线，绘制如图 6-41 所示的手杆的俯视图的轮廓线。选择【格式】→【图层】命令，弹出【图层特性管理器】对话框，关闭辅助线层。单击【确定】按钮，完成设置并退出【图层特性管理器】对话框。结果如图 6-41 所示。

Step 03 选择【绘图】→【圆】→【圆心，半径】命令，绘制一个半径为 25 的圆。选择【修改】→【裁剪】命令，绘制如图 6-42 所示的手杆俯视图的轮廓线。

Step 04 设剖面线层为当前图层。选择【绘图】→【图案填充】命令，绘制图6-43所示的剖面线。

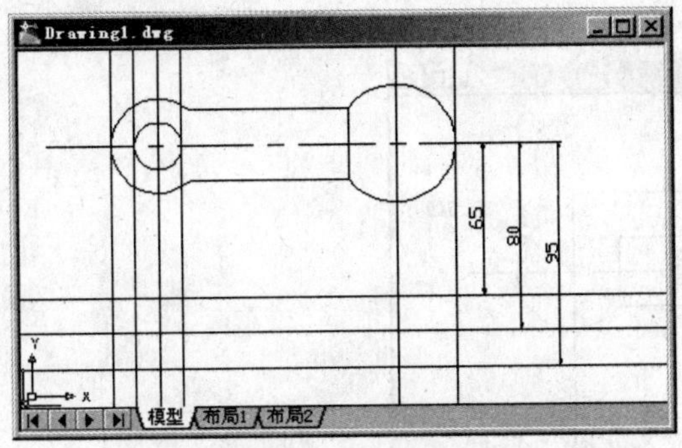

图6-40 绘制手杆的俯视图辅助线

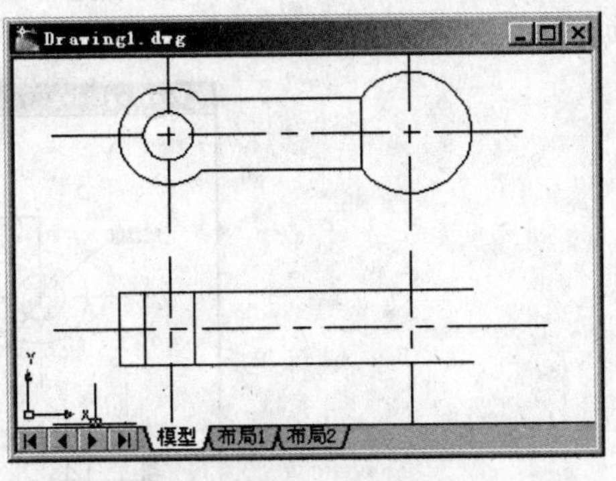

图6-41 绘制手杆的俯视图的部分轮廓线

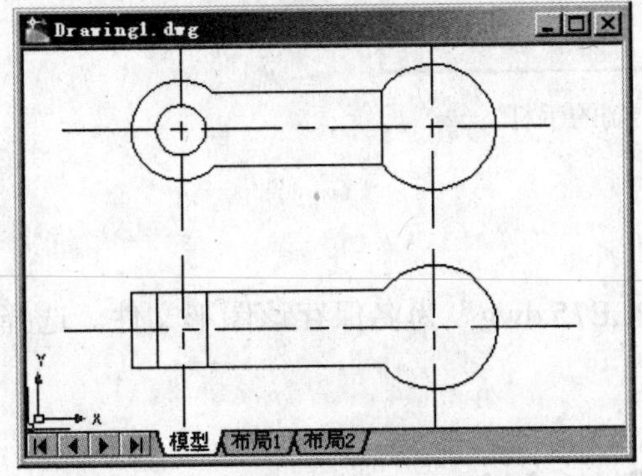

图6-42 绘制手杆的俯视图轮廓线

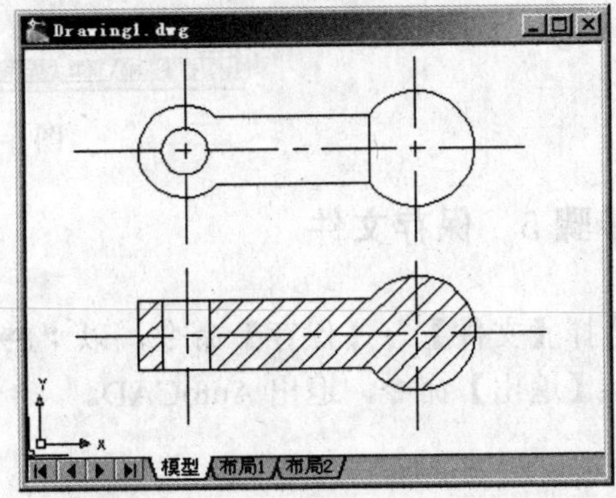

图6-43 绘制手杆的俯视图剖面线

步骤4 标注尺寸

Step 01 设标注线层为当前图层，选择【格式】→【标注样式】命令，弹出【标注样式管理器】对话框。单击【修改】按钮，弹出【修改标注样式：ISO-25】对话框。在【文字】选项卡中，设置【文字位置】选项框的“垂直方向”选项为“置中”，“水平方向”选项为“置中”。在【主单位】选项卡中，设置“精度”选项为保留小数点后两位数，“小数分隔符”选项为“.”句点。完成设置后，单击【确定】按钮，返回到【标注样式管理器】对话框。再单击【关闭】按钮，完成修改标注样式。

选择【格式】→【标注样式】命令，弹出【标注样式管理器】对话框。单击【新建】按钮，弹出【创建新标注样式】对话框。设置【用于】选项为“半径标注”。单击【继续】按钮，弹出【新建标注样式：ISO-25：半径】对话框。在【文字】选项卡中，设置“文字对齐”选项为“水平”。单击【确定】按钮，返回【标注样式管理器】对话框。

单击【新建】按钮，弹出【创建新标注样式】对话框。设置【用于】选项为“直径标注”。单击【继续】按钮，弹出【新建标注样式：ISO-25：直径】对话框。在【文字】选项卡中，设置“文字对齐”选项为 “水平”。单击【确定】按钮，返回【标注样式管理器】对话框。再单击【关闭】按钮，完成并退出标注样式。

Step 02 选择【标注】→【半径】命令，对圆弧进行半径标注。选择【标注】→【直径】命令，对圆进行直径标注。选择【标注】→【线性】命令，对长、宽、高等进行尺寸标注。绘制如图 6-44 所示的尺寸标注。

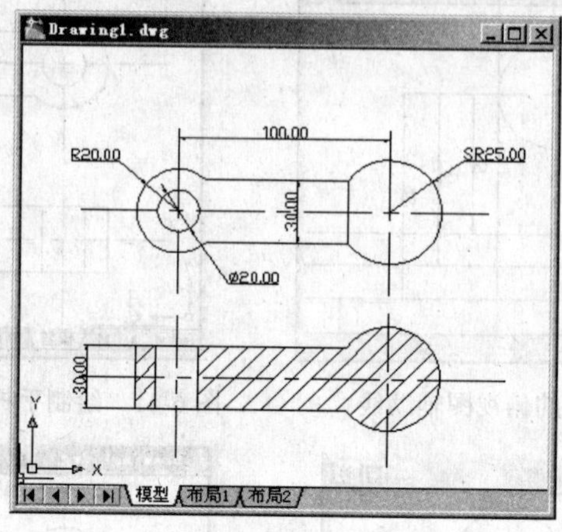

图 6-44　绘制的手杆

步骤 5　保存文件

选择【文件】→【保存】命令，以“EXAMPLE75.dwg”为名保存该图形文件。选择【文件】→【退出】命令，退出 AutoCAD。

实例 76　模架支架

本例通过绘制模架支架，学习综合使用绘图命令绘制一般平面图形。

步骤 1　创建图形文件

Step 01 启动 AutoCAD 2008 中文版系统。选择【文件】→【新建】命令，弹出【选择样板】对话框。在【名称】框中选择“Gb_a4 -Color Dependent Plot Styles”的选项，单击【打开】按钮完成设置并返回到绘图模式。在屏幕中出现了如图 6-45 所示的 A4 图纸样式。

Step 02 选择【工具】→【选项】命令，弹出【选项】对话框。单击【选项】对话框中的【窗口元素】框的【颜色】按钮，弹出【图形窗口颜色】对话框，如图 6-46 所示。在【背景】选项框中选择“图纸/布局”选项，在【界面元素】选项框中选择“统一背景”选项。设置【颜色】选项为“白”。设置完成后，单击【应用并关闭】按钮，返回【选项】对话框。单击【确定】按钮，完成设置，返回到绘图模式。

Step 03 设置层，选择【格式】→【图层】命令，弹出【图层特性管理器】对话框。分别设置实线层、中心线层、辅助线层、剖面线层和标注线层。单击【确定】按钮，完成设置，并退出【图层特性管理器】对话框。

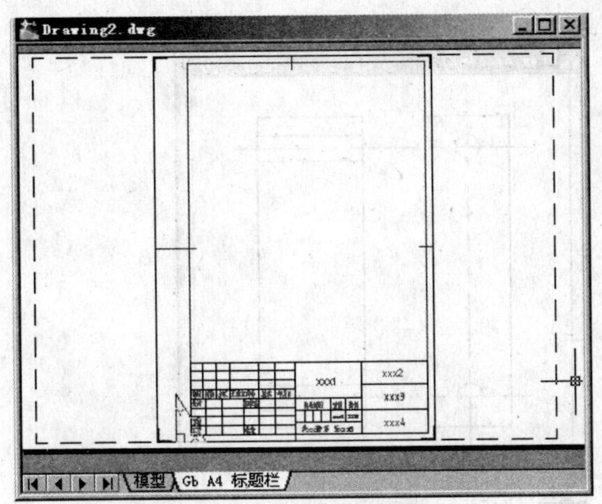

图 6-45　GB A4 图纸样式

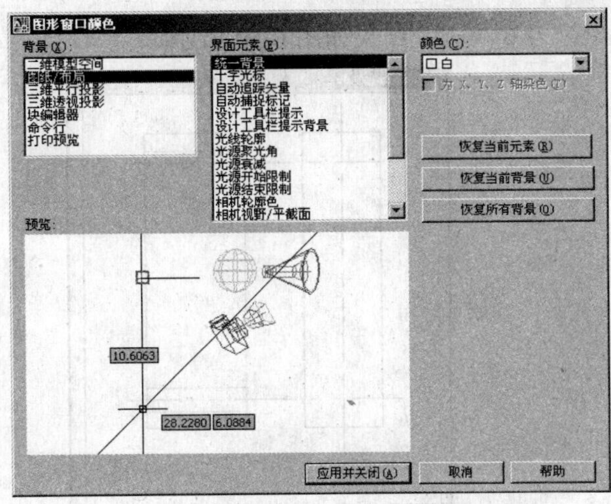

图 6-46　【图形窗口颜色】对话框-图纸/布局

步骤 2　绘制模板支架轮廓线

Step 01 把当前层设为中心线层，绘制三条直线。选择【绘图】→【直线】命令，在图纸框内适当位置绘制如图 6-47 所示的中心线。

Step 02 设辅助线层为当前图层，绘制模架支架的辅助线。选择【绘图】→【构造线】命令，绘制如图 6-48 所示的辅助线。

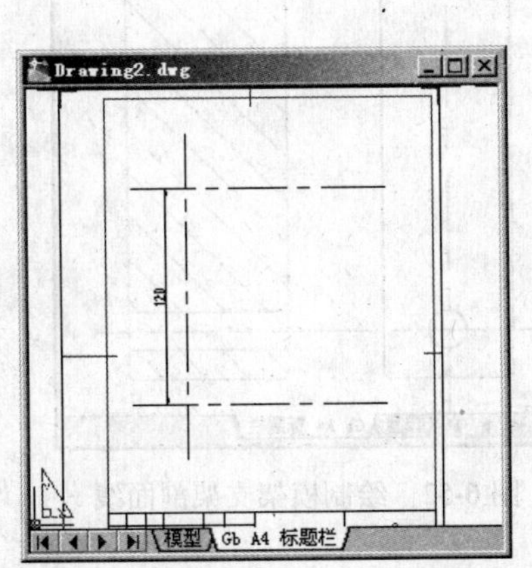

图 6-47　绘制模板支架的中心线

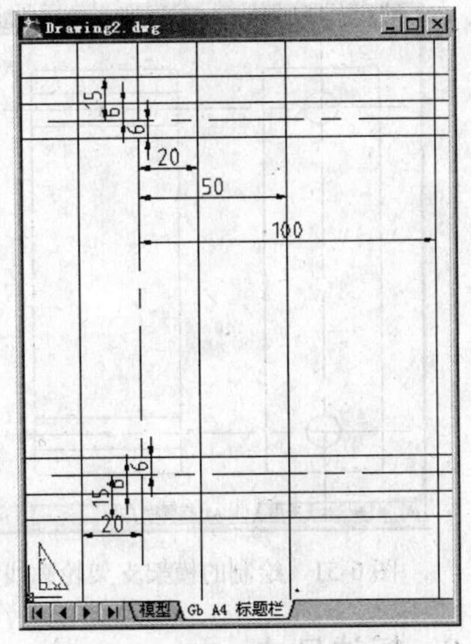

图 6-48　绘制模架支架辅助线

Step 03 把当前层设为实线层。选择【绘图】→【直线】命令，利用辅助线，绘制如图 6-49 所示的模架支架轮廓线。选择【格式】→【图层】命令，弹出【图层特性管理器】对话框，关闭辅助线层。单击【确定】按钮，完成设置并退出【图层特性管理器】对话框。结果如图 6-49 所示。

Step 04 选择【绘图】→【圆】→【圆心，半径】命令，分别以中心线的交点为圆心，绘制半径为 6 的圆。结果如图 6-50 所示。

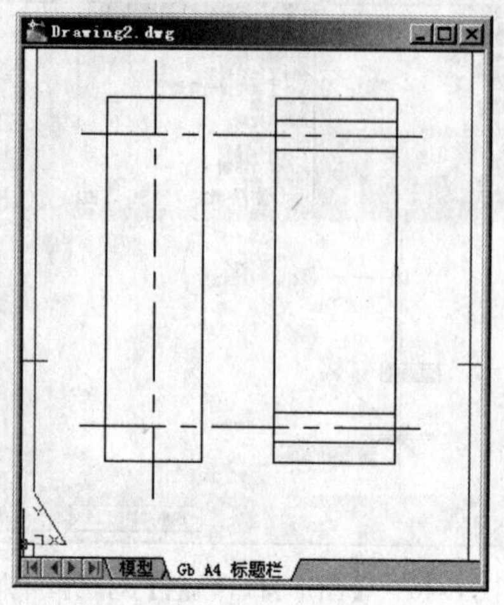

图 6-49 绘制的模架支架轮廓线

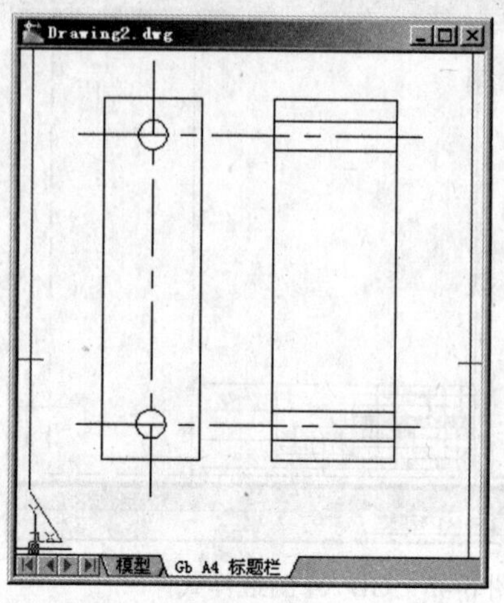

图 6-50 绘制模架支架剖面线

Step 05 选择【修改】→【圆角】命令，绘制如图 6-51 所示的圆角。选择【修改】→【倒角】命令，绘制倒角。选择【修改】→【裁剪】命令，把绘制圆角时没有裁剪的直线段删除。结果如图 6-51 所示。

Step 06 设剖面线层为当前图层。选择【绘图】→【图案填充】命令，绘制图 6-52 所示的剖面线。

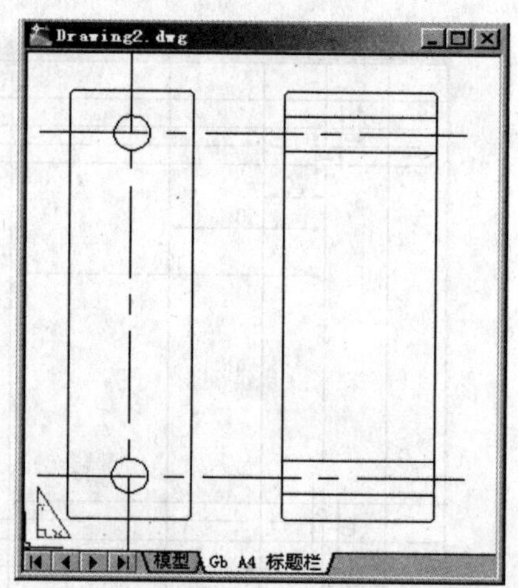

图 6-51 绘制的模架支架轮廓线

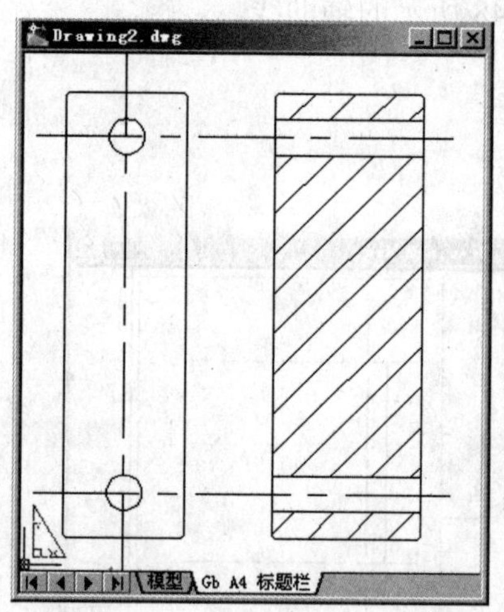

图 6-52 绘制模架支架剖面线

步骤 3 标注尺寸

Step 01 绘制如图 6-53 所示的尺寸标注。选择【标注】→【直径】命令，对圆进行标注。选择【标注】→【半径】命令，对圆角进行标注。选择【标注】→【线性】命令，对长、宽、高等进行尺寸标注。选择【标注】→【多重引线】命令，对倒角进行尺寸标注。

Step 02 选择【修改】→【特性】命令，增加如图 6-54 所示的公差尺寸标注。

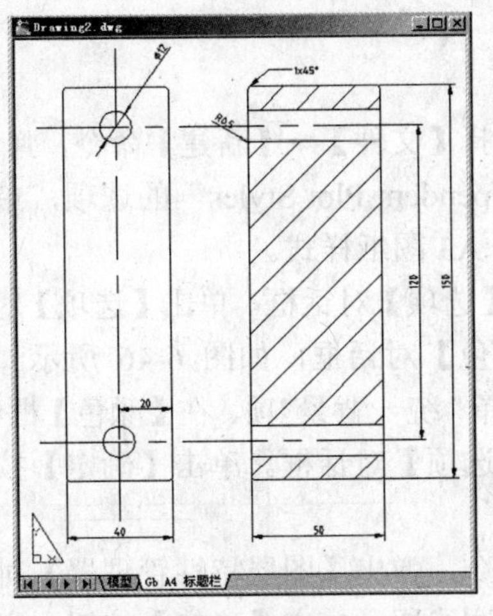

图 6-53　标注尺寸

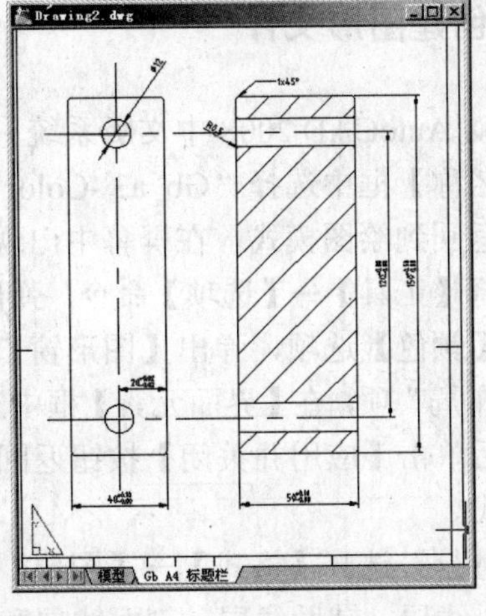

图 6-54　标注尺寸公差

Step 03 选择【标注】→【多重引线】命令和选择【标注】→【公差】命令，对模架支架进行形位公差标注。结果如图 6-55 所示。

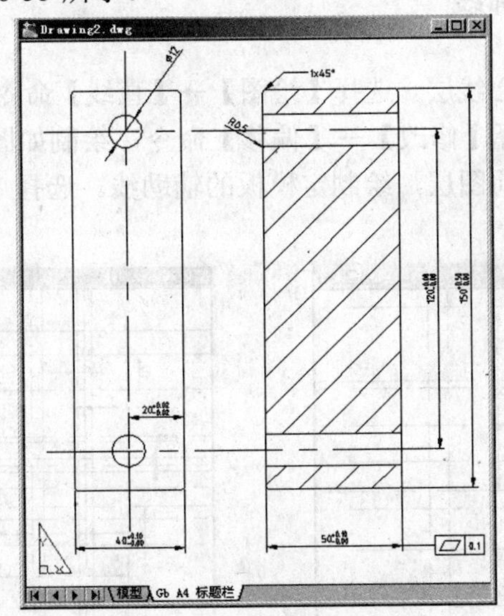

图 6-55　绘制的模板支架

步骤 4　保存文件

选择【文件】→【保存】命令，以“EXAMPLE76.dwg”为名保存该图形文件。选择【文件】→【退出】命令，退出 AutoCAD。

实例 77　定模固定板

本例通过绘制定模固定板，学习综合使用绘图命令绘制一般平面图形。

步骤 1　创建图形文件

Step 01 启动 AutoCAD 2008 中文版系统。选择【文件】→【新建】命令，弹出【选择样板】对话框。在【名称】框中选择“Gb_a3 -Color Dependent Plot Styles”的选项，单击【打开】按钮完成设置并返回到绘图模式。在屏幕中出现了 A3 图纸样式。

Step 02 选择【工具】→【选项】命令，弹出【选项】对话框。单击【选项】对话框中的【窗口元素】框的【颜色】选项，弹出【图形窗口颜色】对话框，如图 6-46 所示。在【背景】框中选择“图纸/布局”项，在【界面元素】框中选择“统一背景”项，在【颜色】框中都选择“白”项。设置完成后单击【应用并关闭】按钮返回【选项】对话框。单击【确定】按钮，完成设置返回到绘图模式。

Step 03 设置层，选择【格式】→【图层】命令，弹出【图层特性管理器】对话框，分别设置实线层、中心线层、辅助线层、剖面线层和标注线层。单击【确定】按钮，完成设置，并退出【图层特性管理器】对话框。

步骤 2　绘制模板轮廓线

Step 01 把当前层设为中心线层。选择【绘图】→【直线】命令，在图纸框内适当位置绘制两条垂直相交的中心线。选择【修改】→【偏移】命令，绘制如图 6-56 所示的中心线。

Step 02 设辅助线层为当前图层，绘制定模板的辅助线。选择【绘图】→【构造线】命令，绘制如图 6-57 所示的辅助线。

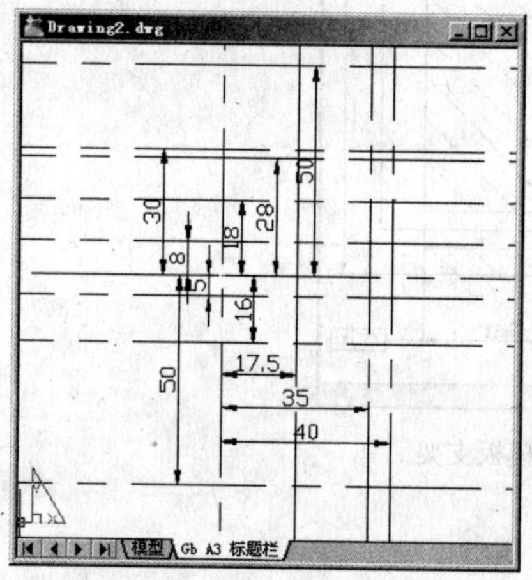

图 6-56　绘制定模板的中心线

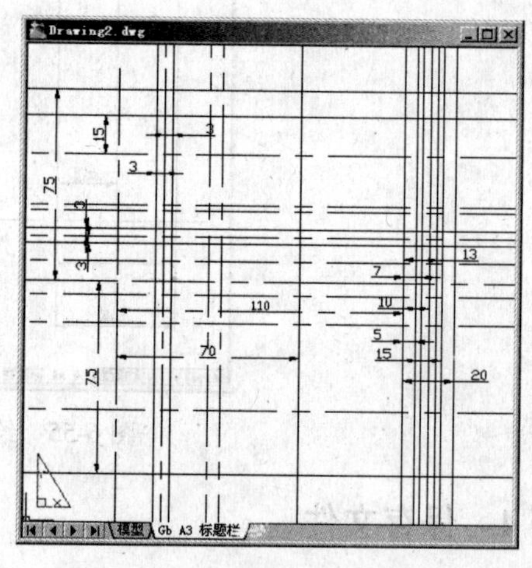

图 6-57　绘制定模板的辅助线

Step 03 把当前层设为实线层。选择【绘图】→【直线】命令，利用辅助线，绘制如图 6-58 所示的定模板轮廓线。选择【格式】→【图层】命令，弹出【图层特性管理器】对话框，关闭辅助线层。单击【确定】按钮，完成设置，并退出【图层特性管理器】对话框。结果如图 6-58 所示。

Step 04 选择【格式】→【图层】命令，弹出【图层特性管理器】对话框，打开辅助线层。单击【确定】按钮，完成设置并退出【图层特性管理器】对话框。把当前层设为虚线层。选择【绘图】→【直线】命令，利用辅助线，绘制如图 6-59 所示的定模板冷却水管。选择【格式】→【图层】命令，弹出【图层特性管理器】对话框，关闭辅助线层。单击【确定】按钮，完成设置并退出【图层特性管理器】对话框。结果如图 6-59 所示。

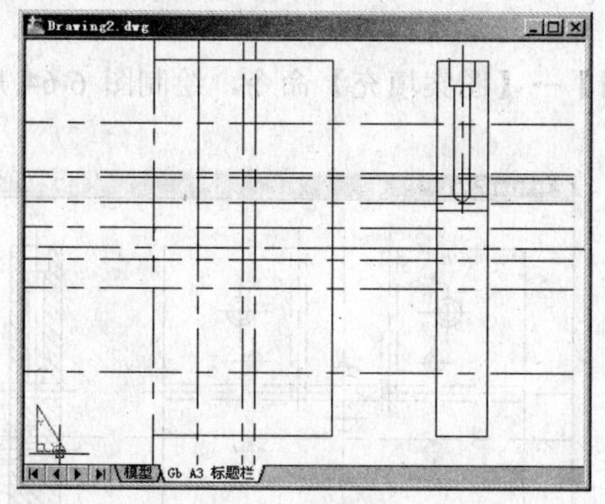

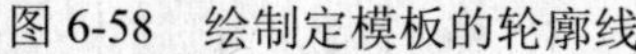

图 6-58　绘制定模板的轮廓线

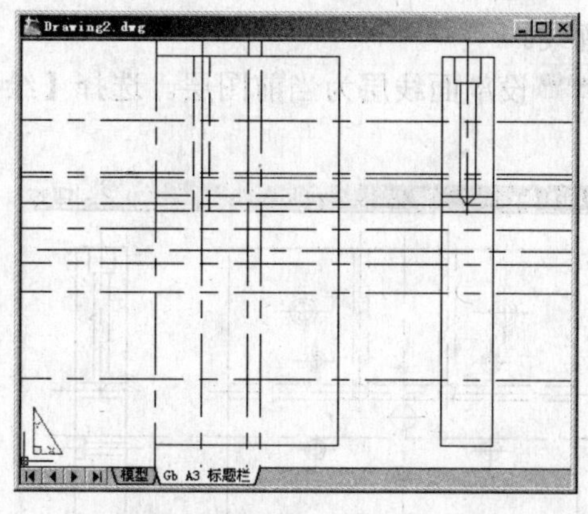

图 6-59　绘制定模板的部分轮廓线

Step 05 把当前层设为实线层。选择【绘图】→【圆】→【圆心，半径】命令，利用中心线，绘制如图 6-60 所示的圆。

Step 06 把当前层设为虚线层。选择【绘图】→【直线】命令和选择【修改】→【裁剪】命令，绘制如图 6-61 所示的直线。

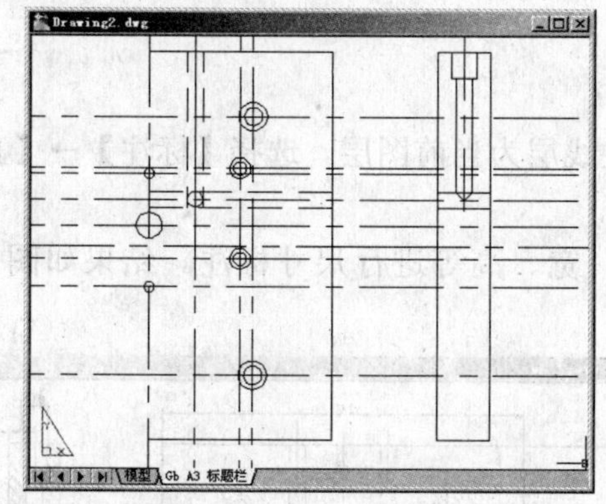

图 6-60　绘制定模板的孔

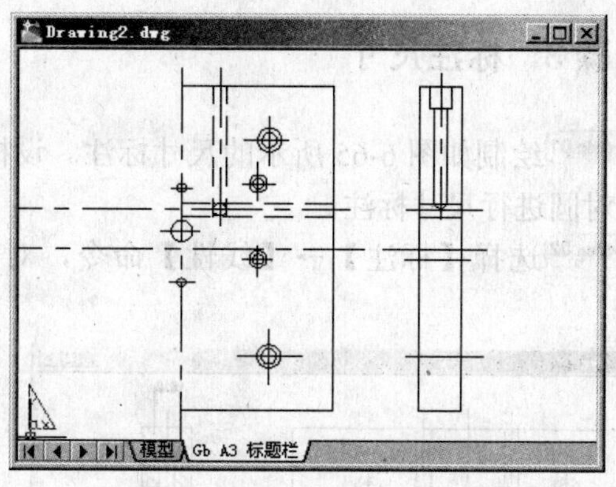

图 6-61　绘制定模板的相交线

Step 07 把当前层设为实线层。选择【修改】→【镜像】命令，绘制如图 6-62 所示的定模板的轮廓线。

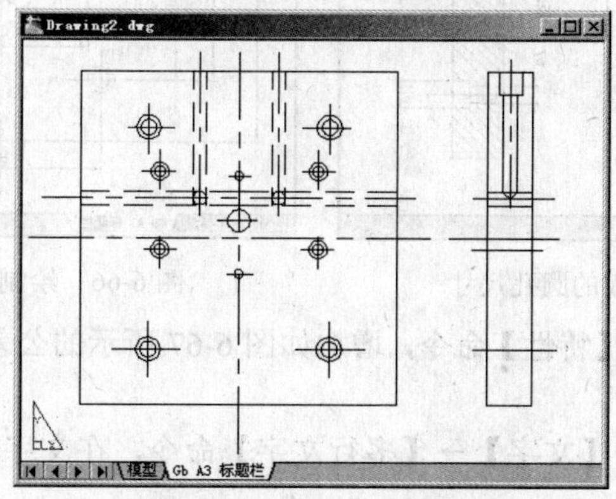

图 6-62　绘制定模板的主视图轮廓线

Step 08 选择【绘图】→【直线】命令，利用捕捉功能，绘制如图 6-63 所示的定模板左视图的轮廓线。

Step 09 设剖面线层为当前图层。选择【绘图】→【图案填充】命令，绘制图 6-64 所示的剖面线。

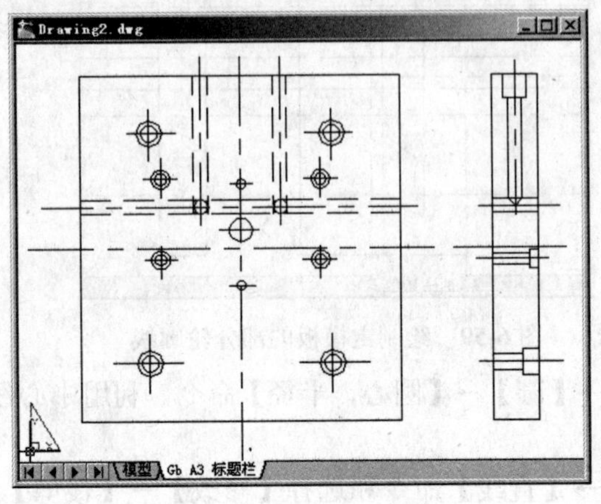

图 6-63 绘制定模板的轮廓线

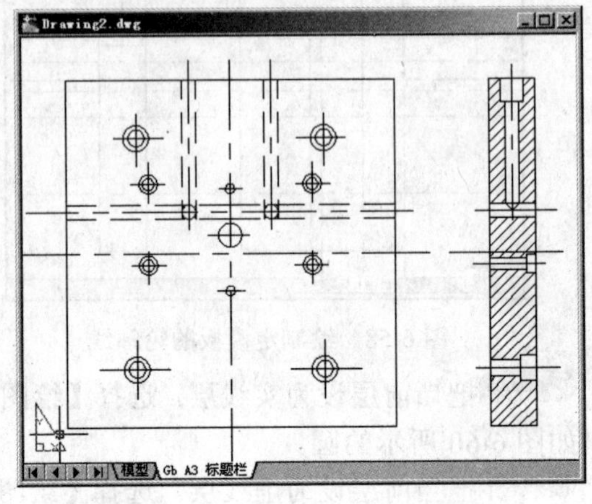

图 6-64 绘制定模板的左视图剖面线

步骤 3 标注尺寸

Step 01 绘制如图 6-65 所示的尺寸标注。设标注线层为当前图层。选择【标注】→【直径】命令，对圆进行尺寸标注。

Step 02 选择【标注】→【线性】命令，对长、宽、高等进行尺寸标注。结果如图 6-66 所示。

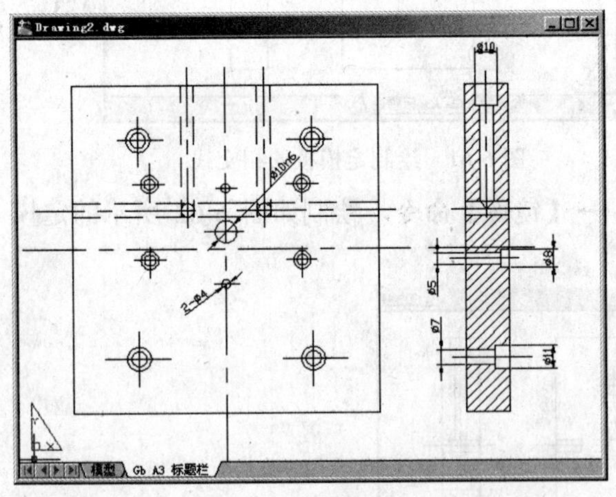

图 6-65 标注定模板的圆孔尺寸

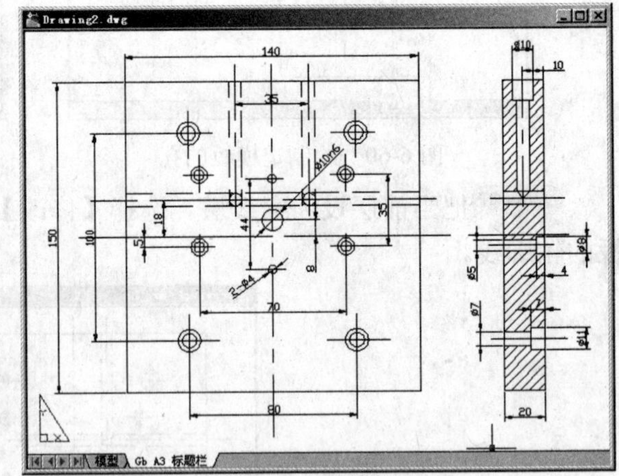

图 6-66 绘制定模板的尺寸标注

Step 03 选择【修改】→【特性】命令，增加如图 6-67 所示的公差尺寸标注。结果如图 6-67 所示。

Step 04 选择【绘制】→【文字】→【多行文字】命令，在文字输入框中输入如图 6-68 所示的文字。

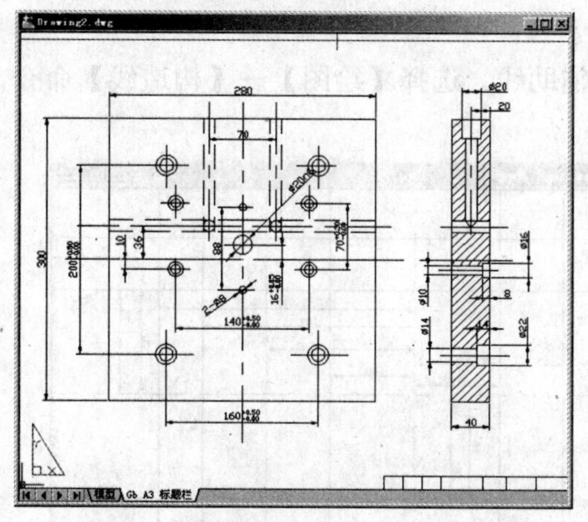
图 6-67 绘制定模板的尺寸公差标注

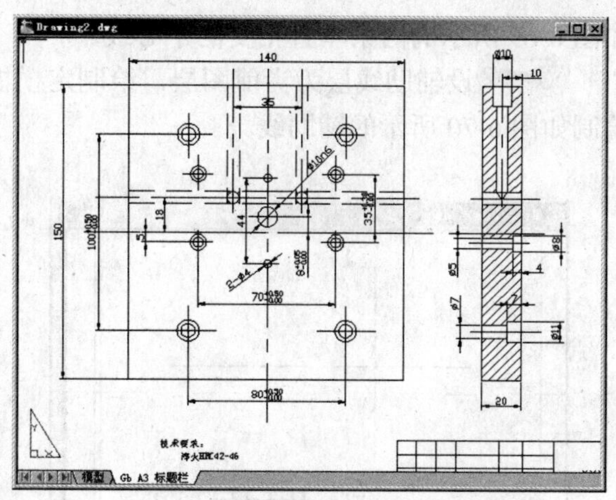
图 6-68 绘制的定模固定板

步骤 4 保存文件

选择【文件】→【保存】命令，以“EXAMPLE77.dwg”为名保存该图形文件。选择【文件】→【退出】命令，退出 AutoCAD。

实例 78 动模固定板

本例通过绘制动模固定板，学习综合使用绘图命令绘制一般平面图形。

步骤 1 创建图形文件

Step 01 启动 AutoCAD 2008 中文版系统。选择【文件】→【新建】命令，弹出【选择样板】对话框。在【名称】框中选择“Gb_a3 -Color Dependent Plot Styles”的选项，单击【打开】按钮，完成设置并返回到绘图模式。这时，在屏幕中出现了 A3 图纸样式。

Step 02 选择【工具】→【选项】命令，弹出【选项】对话框。单击【选项】对话框中的【窗口元素】框的【颜色】按钮，弹出【图形窗口颜色】对话框，如图 6-46 所示。在【背景】选项框中选择“图纸/布局”选项，在【界面元素】选项框中选择“统一背景”选项，设置【颜色】选项为“白”。设置完成后，单击【应用并关闭】按钮，返回【选项】对话框。单击【确定】按钮，完成设置返回到绘图模式。

Step 03 设置层，选择【格式】→【图层】命令，弹出【图层特性管理器】对话框。分别设置实线层、中心线层、辅助线层、剖面线层和标注线层。单击【确定】按钮，完成设置并退出【图层特性管理器】对话框。

步骤 2 绘制动模板轮廓线

Step 01 把当前层设为中心线层。选择【绘图】→【直线】命令，在图纸框内适当位置绘制如图 6-69 所示的两条垂直相交的中心线。

Step 02 设辅助线层为当前图层，绘制定模板的辅助线。选择【绘图】→【构造线】命令，绘制如图 6-70 所示的辅助线。

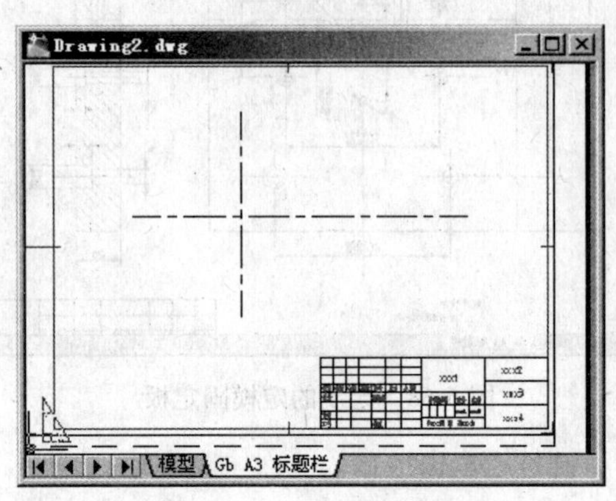

图 6-69　绘制动模板的中心线

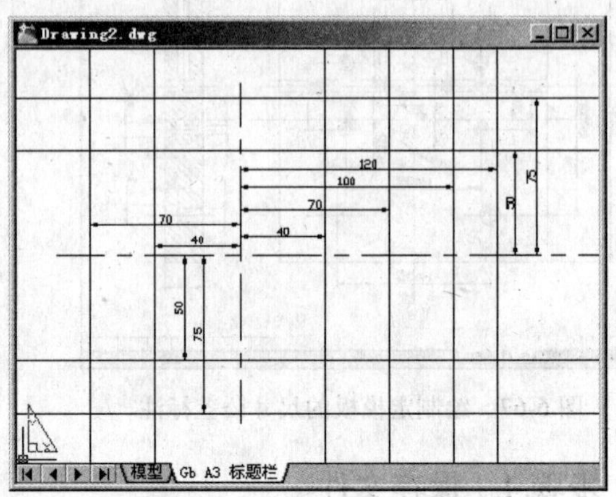

图 6-70　绘制动模板的辅助线

Step 03 把当前层设为实线层。选择【绘图】→【直线】命令，利用辅助线，绘制如图 6-71 所示的动模板轮廓线。选择【绘图】→【圆】→【圆心，半径】命令，利用中心线，绘制如图 6-71 所示的 4 组同心圆，其半径分别为 3.5 和 5.5。选择【格式】→【图层】命令，弹出【图层特性管理器】对话框，关闭辅助线层。单击【确定】按钮，完成设置并退出【图层特性管理器】对话框。结果如图 6-71 所示。

Step 04 选择【格式】→【图层】命令，弹出【图层特性管理器】对话框，打开辅助线层。单击【确定】按钮，完成设置并退出【图层特性管理器】对话框。把当前层设为中心线层。选择【绘图】→【直线】命令，利用辅助线，绘制如图 6-72 所示的中心线。选择【格式】→【图层】命令，弹出【图层特性管理器】对话框，关闭辅助线层。单击【确定】按钮，完成设置并退出【图层特性管理器】对话框。结果如图 6-72 所示。

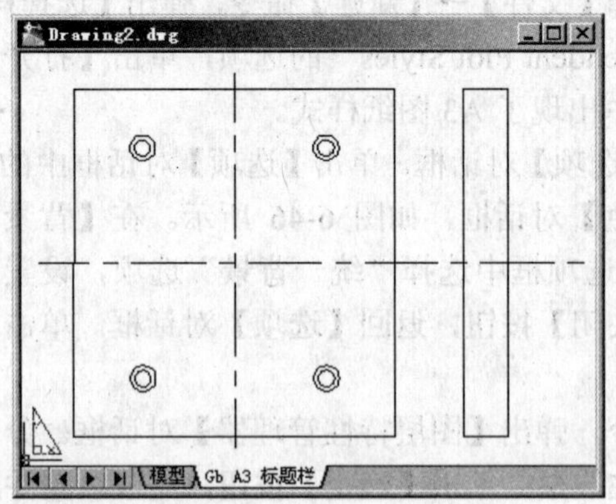

图 6-71　绘制动模板部分轮廓线

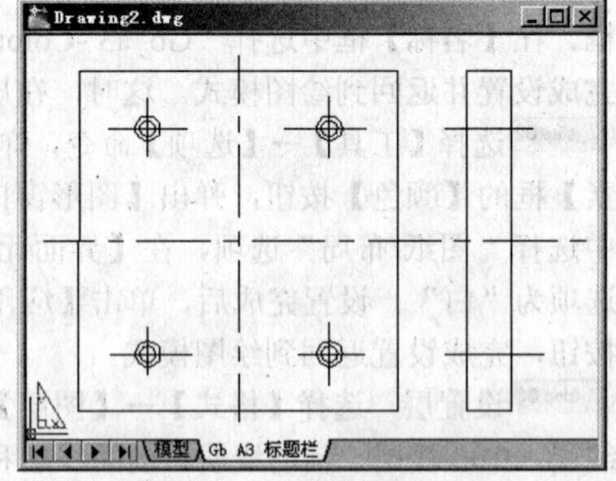

图 6-72　绘制圆的中心线

Step 05 把当前层设为实线层。选择【绘图】→【圆】→【圆心，半径】命令，利用中心线，绘制如图 6-73 所示的圆，其半径分别为 12.5。选择【绘图】→【直线】命令，利用捕捉功能，绘制动模板轮廓线。选择【修改】→【倒角】命令，绘制倒角（1×1）。结果如图

6-73 所示。

Step 06 设剖面线层为当前图层。选择【绘图】→【图案填充】命令，绘制图 6-74 所示的剖面线。

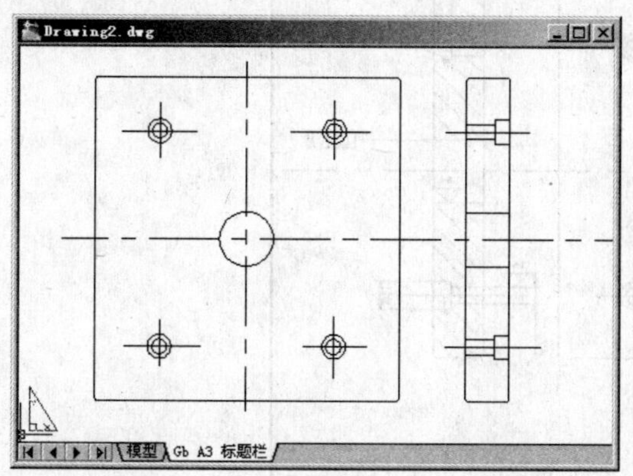

图 6-73　绘制完成动模板轮廓线

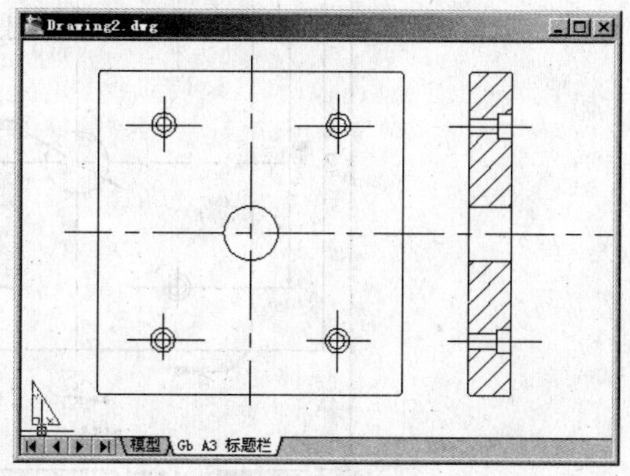

图 6-74　绘制动模板的左视图剖面线

步骤 3　标注尺寸

Step 01 设标注线层为当前图层，绘制如图 6-75 所示的尺寸标注。选择【标注】→【线性】命令，对长、宽、高等进行尺寸标注。选择【标注】→【直径】命令，对圆进行尺寸标注。选择【标注】→【多重引线】命令，对倒角进行尺寸标注。

Step 02 选择【修改】→【特性】命令，增加如图 6-76 所示的公差尺寸标注。选择【标注】→【多重引线】命令和选择【标注】→【公差】命令，对动模板平面进行形位公差标注。结果如图 6-76 所示。

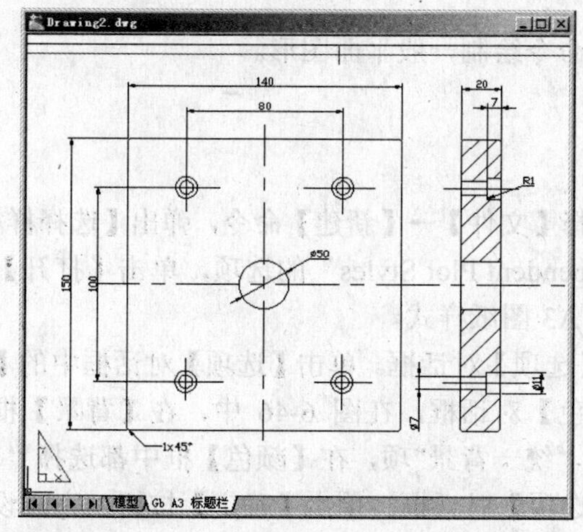

图 6-75　绘制定模板的标注尺寸标注

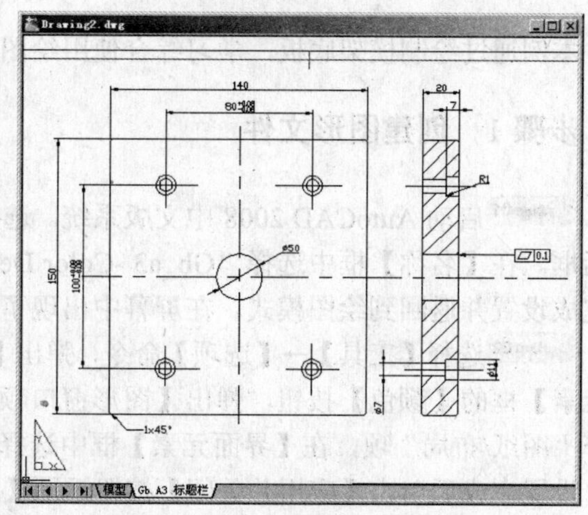

图 6-76　绘制定模板的公差标注

Step 03 选择【绘图】→【直线】命令和选择【绘制】→【文字】→【多行文字】命令，绘制如图 6-77 所示的粗糙度符号和技术要求。

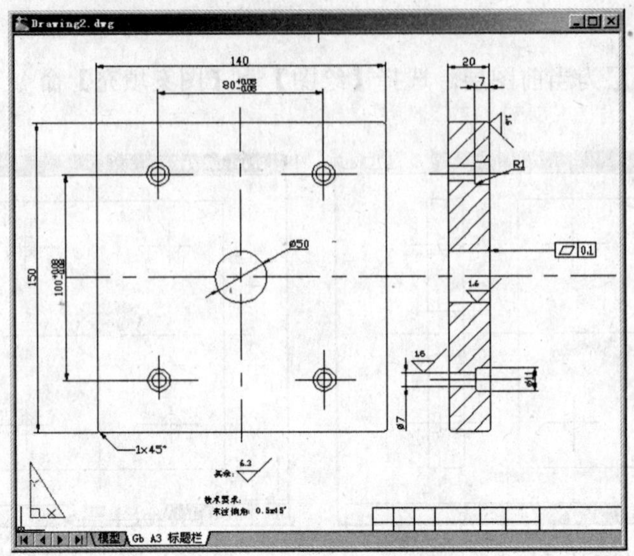

图 6-77　绘制的动模固定板

步骤 4　保存文件

选择【文件】→【保存】命令，以“EXAMPLE78.dwg”为名保存该图形文件。选择【文件】→【退出】命令，退出 AutoCAD。

实例 79　模架底板

本例通过绘制模架底板，学习综合使用绘图命令绘制一般平面图形。

步骤 1　创建图形文件

Step 01 启动 AutoCAD 2008 中文版系统。选择【文件】→【新建】命令，弹出【选择样板】对话框。在【名称】框中选择“Gb_a3 -Color Dependent Plot Styles”的选项，单击【打开】按钮完成设置并返回到绘图模式。在屏幕中出现了 A3 图纸样式。

Step 02 选择【工具】→【选项】命令，弹出【选项】对话框。单击【选项】对话框中的【窗口元素】框的【颜色】按钮，弹出【图形窗口颜色】对话框，在图 6-46 中，在【背景】框中选择“图纸/布局”项，在【界面元素】框中选择“统一背景”项，在【颜色】框中都选择“白”项。设置完成后单击【应用并关闭】按钮返回【选项】对话框。单击【确定】按钮，完成设置返回到绘图模式。

Step 03 设置层，选择【格式】→【图层】命令，弹出【图层特性管理器】对话框，分别设置实线层，设置中心线层，设置辅助线层，设置剖面线层，设置标注线层。单击【确定】按钮，完成设置并退出【图层特性管理器】对话框。

步骤 2　绘制模架底板轮廓线

Step 01 把当前层设为中心线层。选择【绘图】→【直线】命令，在图纸框内适当位置绘制两条垂直相交的中心线。选择【修改】→【偏移】命令，绘制如图 6-78 所示的中心线。

Step 02 把当前层设为实线层。选择【绘图】→【圆】→【圆心，半径】命令，利用中心线，绘制如图 6-79 所示的圆。

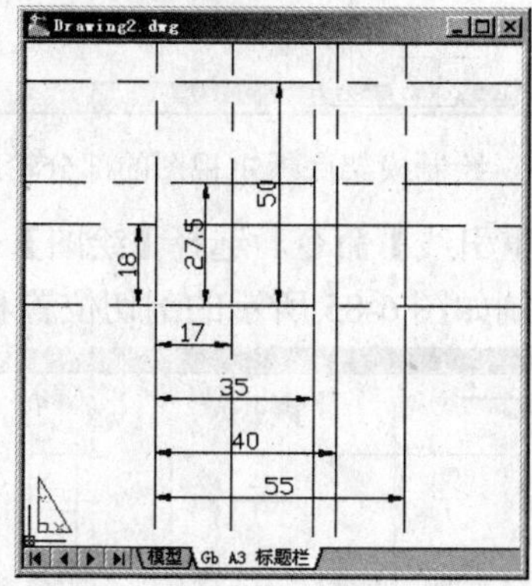

图 6-78　绘制模架底板的中心线

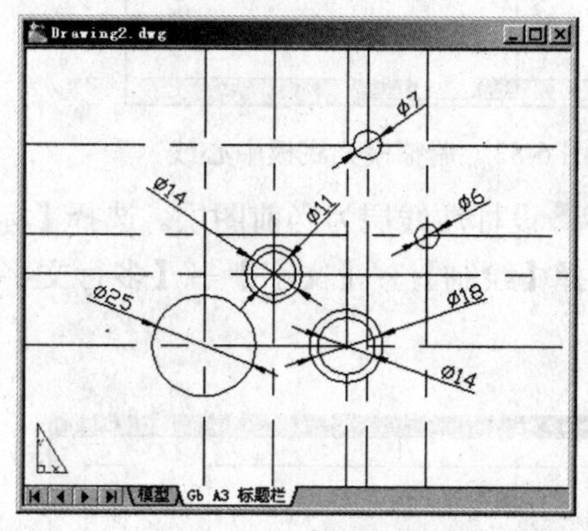

图 6-79　绘制模架底板的圆

Step 03 设辅助线层为当前图层，绘制定模板的辅助线。选择【绘图】→【构造线】命令，绘制如图 6-80 所示的辅助线。

Step 04 把当前层设为实线层。选择【绘图】→【直线】命令，利用辅助线，绘制模架底板轮廓线。选择【格式】→【图层】命令，弹出【图层特性管理器】对话框，关闭辅助线层。单击【确定】按钮，完成设置并退出【图层特性管理器】对话框。结果如图 6-81 所示。

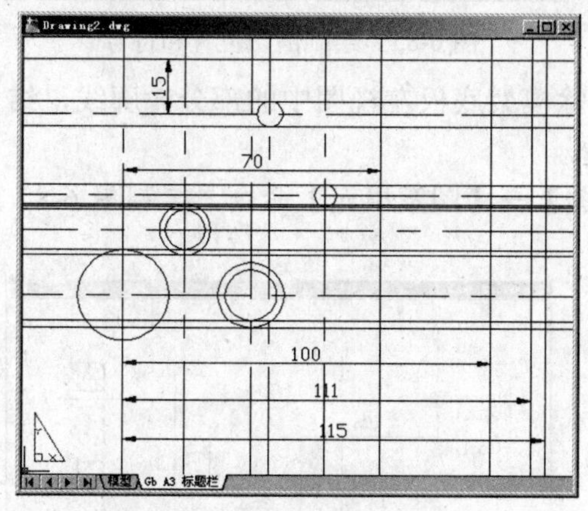

图 6-80　绘制模架底板的辅助线

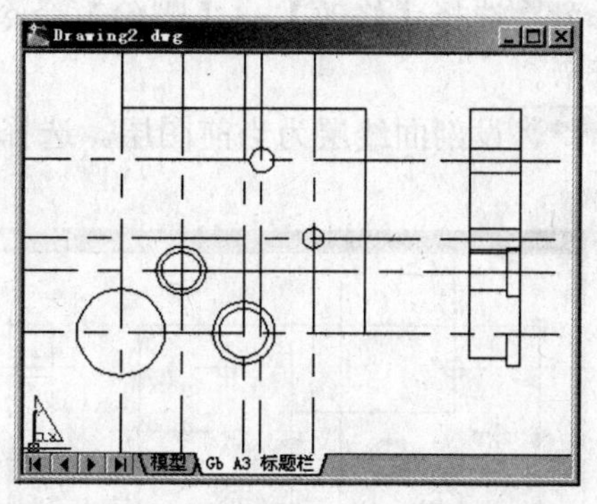

图 6-81　绘制模架底板的部分轮廓线

Step 05 调整中心线的长度。选择【修改】→【裁剪】命令和选择【修改】→【拉伸】命令，绘制得到如图 6-82 所示的中心线。

Step 06 选择【修改】→【镜像】命令，绘制模架底板主视图的部分轮廓线，结果如图 6-83 所示。

Step 07 绘制模架底板平面视图水平中心线下半部分的轮廓线。选择【修改】→【镜像】命令，绘制如图 6-84 所示的模架底板的轮廓线。

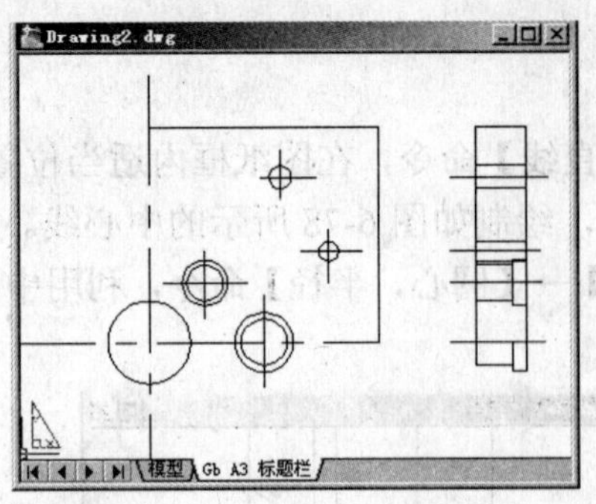

图 6-82　调整模架底板中心线

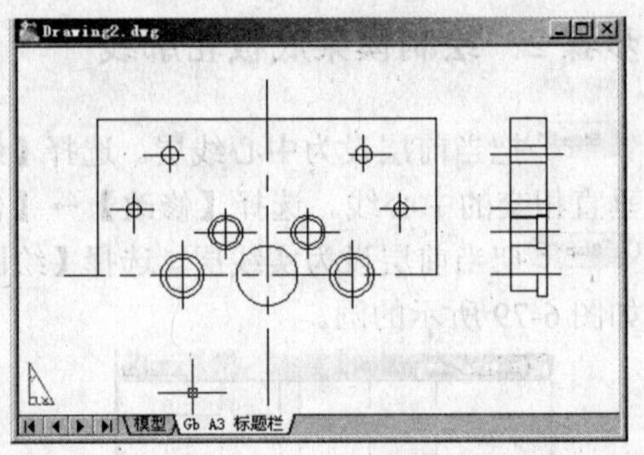

图 6-83　绘制模架底板主视图的部分轮廓线

Step 08 设标注线层为当前图层。选择【标注】→【多重引线】命令、选择【绘图】→【直线】命令和选择【绘制】→【文字】→【多行文字】命令，绘制如图 6-85 所示的剖切位置和符号。

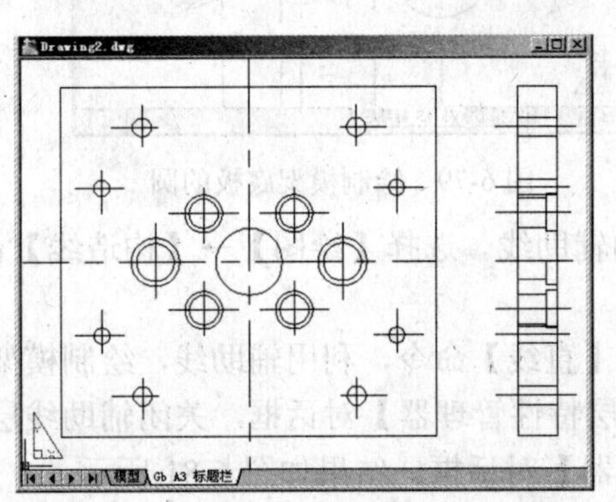

图 6-84　绘制模架底板的下半部分轮廓线

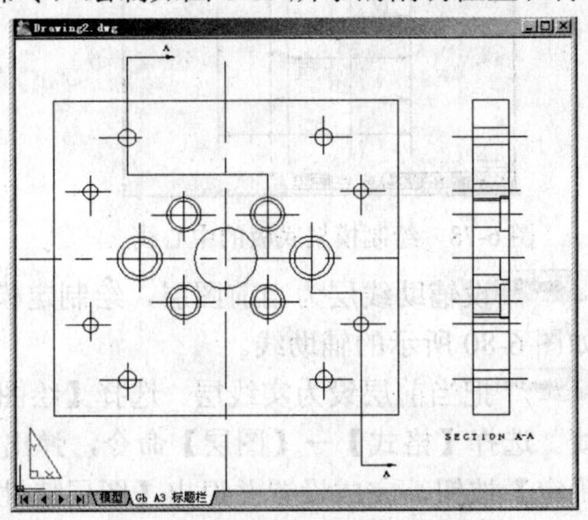

图 6-85　绘制剖切位置和符号

Step 09 选择【修改】→【删除】命令，删除模架底板左视图中的部分轮廓线，结果如图 6-86 所示。

Step 10 设剖面线层为当前图层。选择【绘图】→【图案填充】命令，绘制图 6-87 所示的剖面线。

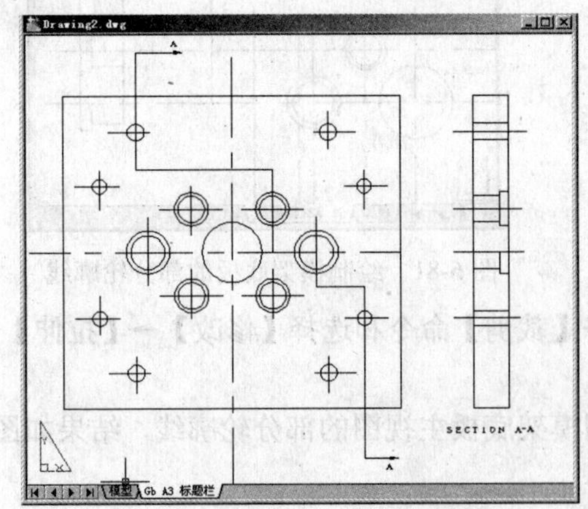

图 6-86　绘制模架底板的轮廓线

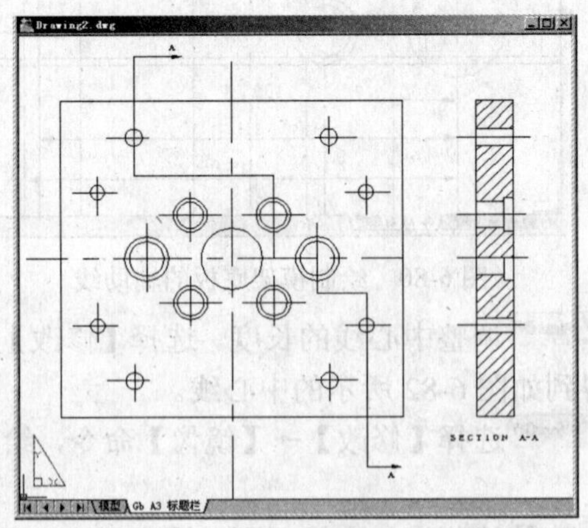

图 6-87　绘制模架底板的剖面线

步骤3　标注尺寸

Step 01 设标注线层为当前图层。选择【标注】→【直径】命令，对圆进行标注，如图6-88所示。

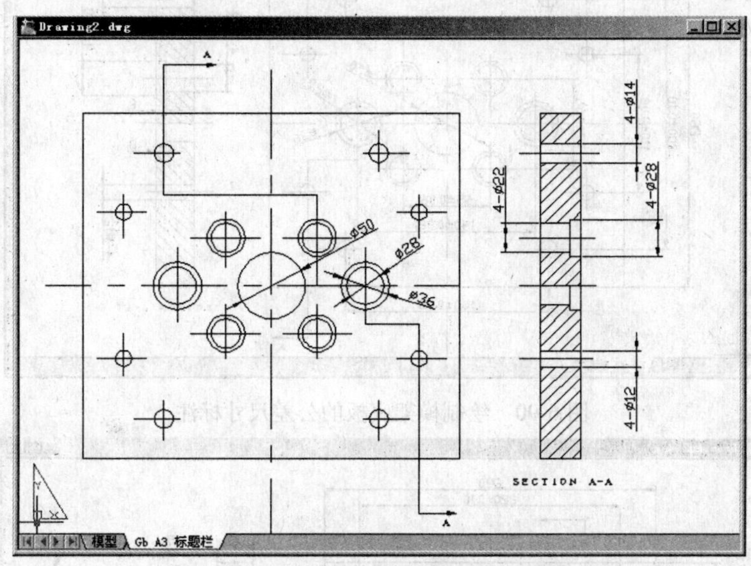

图6-88　绘制模架底板尺寸标注

Step 02 选择【标注】→【线性】命令，对长、宽、高等进行尺寸标注。结果如图6-89所示。

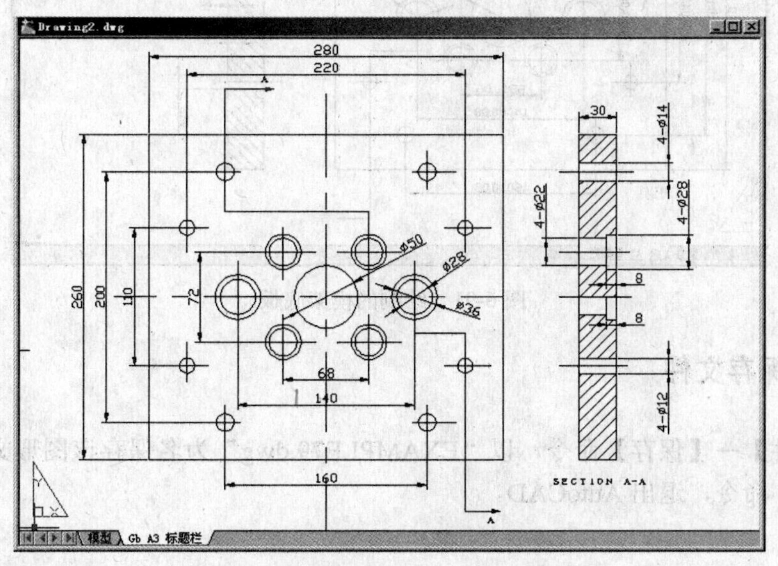

图6-89　绘制模架底板尺寸标注

Step 03 选择【修改】→【特性】命令，增加如图6-90所示的公差尺寸标注。

Step 04 选择【绘制】→【文字】→【多行文字】命令，绘制如图6-91所示的文字。

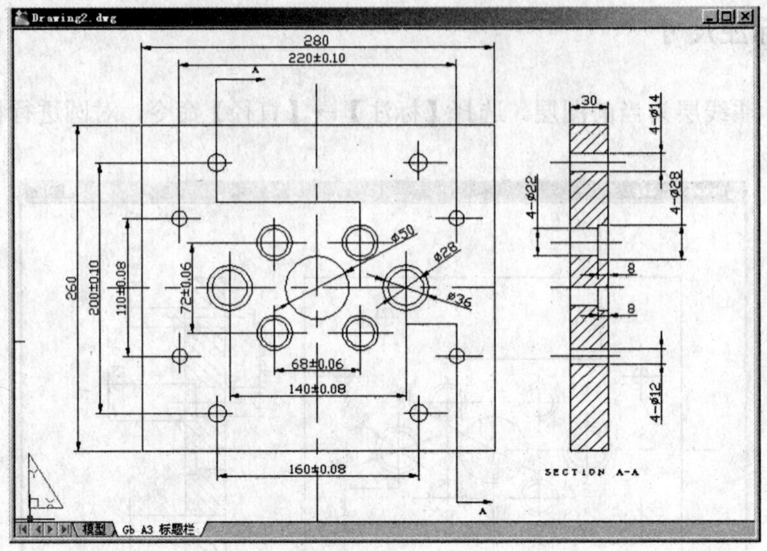

图 6-90 绘制模架底板的公差尺寸标注

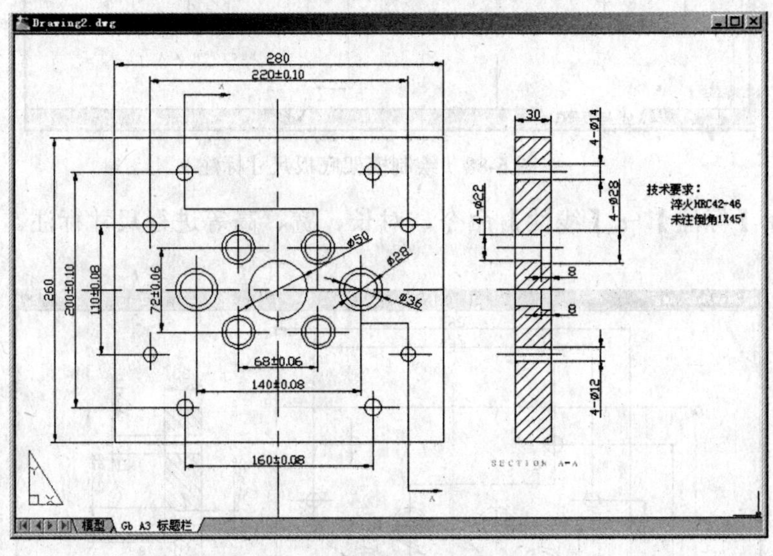

图 6-91 绘制的模架底板

步骤 4 保存文件

选择【文件】→【保存】命令，以“EXAMPLE79.dwg”为名保存该图形文件。选择【文件】→【退出】命令，退出 AutoCAD。

实例 80 手柄

本例通过绘制手柄，学习综合使用绘图命令绘制一般平面图形。

步骤1 创建新图形文件

启动 AutoCAD 2008 中文系统，进入二维绘图模式。

步骤2 绘制手柄的轮廓线

Step 01 设置层，选择【格式】→【图层】命令，弹出【图层特性管理器】对话框，分别设置实线层，设置中心线层，设置辅助线层，设置标注线层。单击【确定】按钮，完成设置并退出【图层特性管理器】对话框。

Step 02 把当前层设为中心线层，绘制三条直线。选择【绘图】→【直线】命令，在屏幕中间位置绘制如图 6-92 所示的中心线。选择【绘图】→【圆】→【圆心，直径】命令，以中心线的交点为圆心，分别绘制直径为 20 和 30 的圆。结果如图 6-92 所示。

Step 03 设辅助线层为当前图层。选择【绘图】→【构造线】命令，绘制如图 6-93 所示的水平构造线和垂直构造线。选择【绘图】→【圆】→【圆心，直径】命令，分别绘制直径为 90 和 110 的圆，如图 6-93 所示。

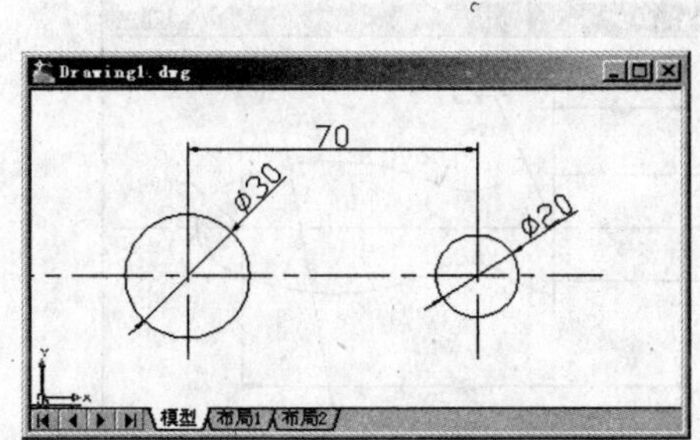

图 6-92 绘制手柄的圆和中心线

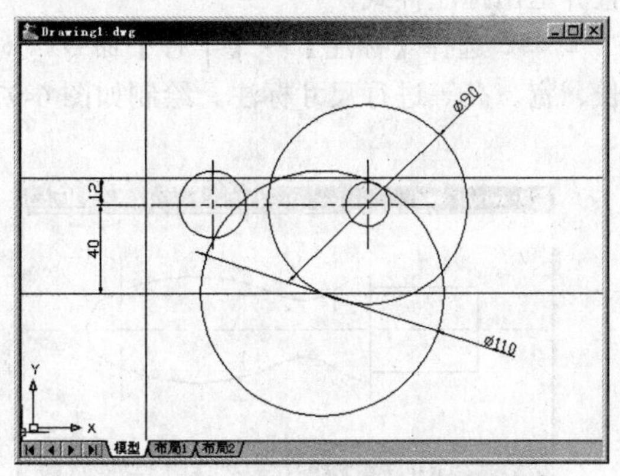

图 6-93 绘制手柄的圆和辅助线

Step 04 把当前层设为实线层。选择【绘图】→【直线】命令，利用辅助线，绘制如图 6-94 所示的直线。选择【绘图】→【圆弧】→【起点，圆心，终点】命令，绘制如图 6-94 所示的圆弧。

Step 05 选择【修改】→【裁剪】命令，绘制如图 6-95 所示的手柄轮廓线。选择【修改】→【圆角】命令，绘制如图 6-95 所示的圆角。

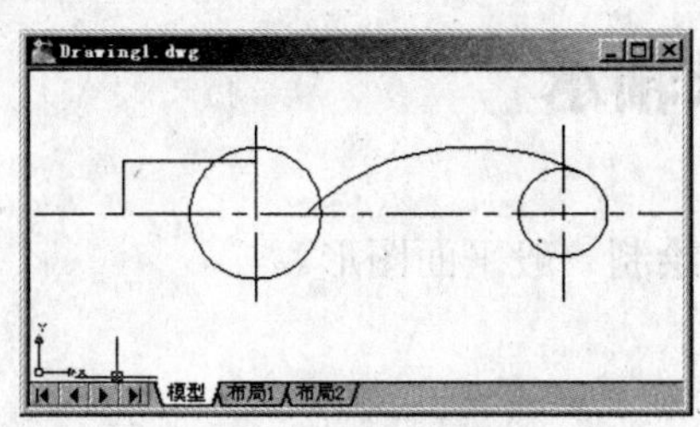

图 6-94 绘制手柄的部分轮廓线

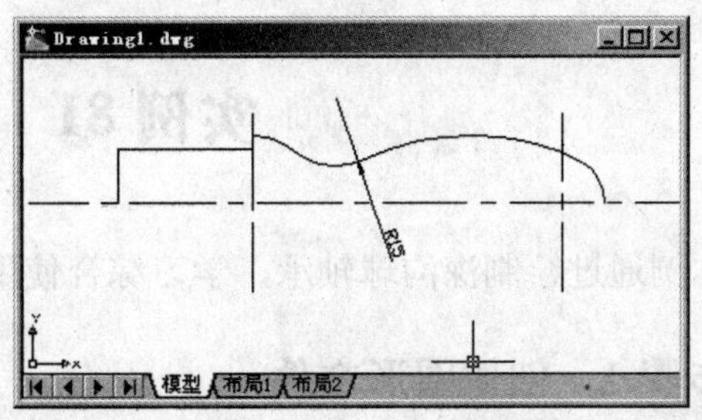

图 6-95 绘制手柄的中心线上半部分轮廓线

Step 06 选择【修改】→【镜像】命令，绘制如图 6-96 所示的手柄轮廓线。

步骤 3　标注尺寸

Step 01 设标注线层为当前图层，选择【格式】→【标注样式】命令，弹出【标注样式管理器】对话框。单击【修改】按钮，弹出【修改标注样式：ISO-25】对话框。在【主单位】选项卡中，设置“精度”选项为保留小数点后两位数，“小数分隔符”选项为“句点”。完成设置后，单击【确定】按钮，返回到【标注样式管理器】对话框。再单击【关闭】按钮，完成修改标注样式。

选择【格式】→【标注样式】命令，弹出【标注样式管理器】对话框。单击【新建】按钮，弹出【创建新标注样式】对话框。设置【用于】选项为“半径标注”。单击【继续】按钮，弹出【新建标注样式：ISO-25：半径】对话框。在【文字】选项卡中。设置【文字位置】选项框中的“垂直方向”选项为“置中”，“水平方向”选项为“置中”。设置“文字对齐”选项为“水平”。单击【确定】按钮，返回【标注样式管理器】对话框。再单击【关闭】按钮，完成设置并退出标注样式。

Step 02 选择【标注】→【半径】命令，对圆弧进行标注。选择【标注】→【线性】命令，对长、宽、高等进行尺寸标注。绘制如图 6-97 所示的尺寸标注。

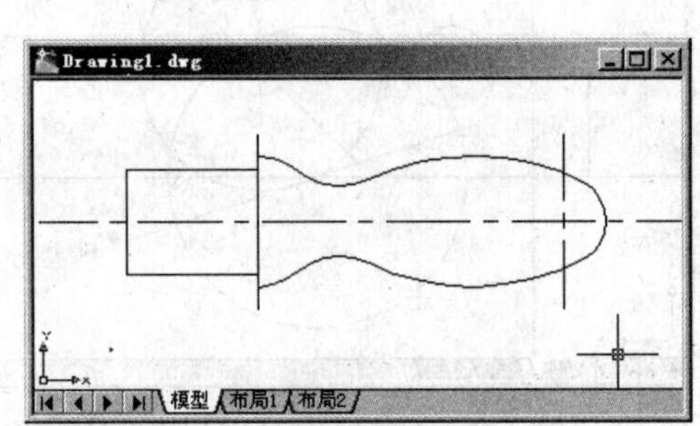

图 6-96　绘制手柄的轮廓线

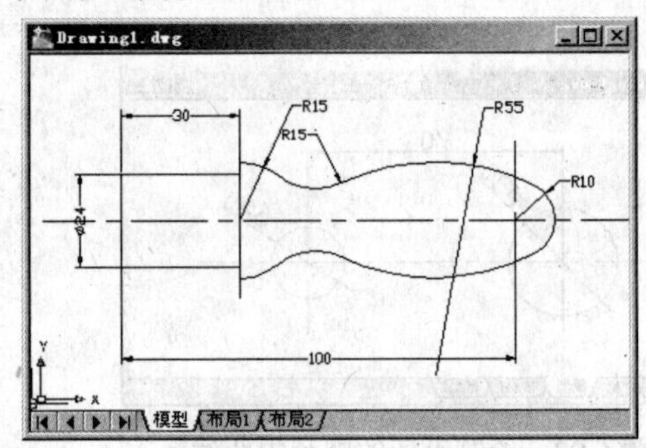

图 6-97　绘制的手柄

步骤 4　保存文件

选择【文件】→【保存】命令，以“EXAMPLE80.dwg”为名保存该图形文件。选择【文件】→【退出】命令，退出 AutoCAD。

实例 81　深沟球轴承

本例通过绘制深沟球轴承，学习综合使用绘图命令绘制一般平面图形。

步骤 1　创建图形文件

Step 01 启动 AutoCAD 2008 中文版系统。选择【文件】→【新建】命令，弹出【选择样板】

对话框。选择“A4图纸-纵”样板文件，单击【打开】按钮完成设置并返回到绘图模式。在屏幕中出现了一个图纸样式。

Step 02 设置层，选择【格式】→【图层】命令，弹出【图层特性管理器】对话框，分别设置实线层、中心线层、辅助线层、剖面线层和注线层。单击【确定】按钮，完成设置并退出【图层特性管理器】对话框。

步骤2 绘制轮廓线

Step 01 把当前层设为中心线层，绘制两条直线。选择【绘图】→【直线】命令，在图纸框内适当位置绘制两条适当长度并垂直相交的中心线，如图6-98所示。

Step 02 设辅助线层为当前图层。选择【绘图】→【构造线】命令，绘制如图6-99所示的构造线。

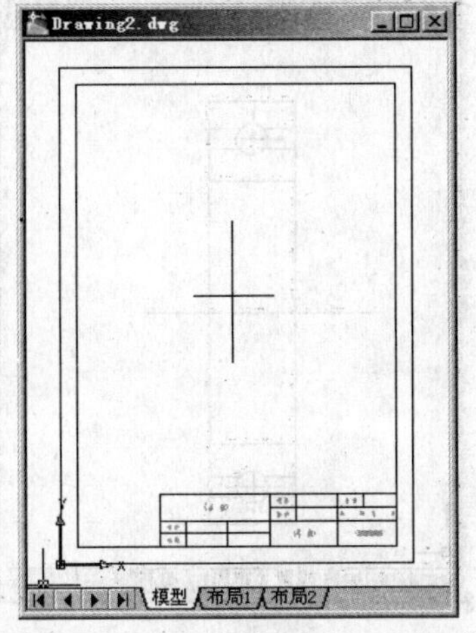

图6-98 绘制深沟球轴承的中心线

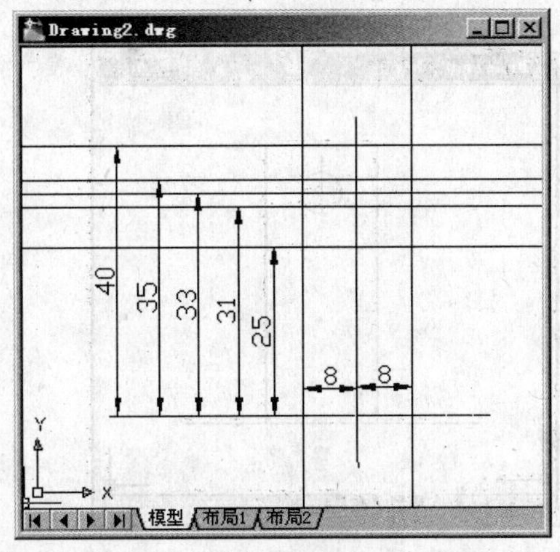

图6-99 绘制深沟球轴承的辅助线

Step 03 把当前层设为实线层。选择【绘图】→【直线】命令，利用辅助线，绘制如图6-100所示的轮廓线。选择【格式】→【图层】命令，弹出【图层特性管理器】对话框，关闭辅助线层。单击【确定】按钮，完成设置并退出【图层特性管理器】对话框。结果如图6-100所示。

Step 04 选择【格式】→【图层】命令，弹出【图层特性管理器】对话框，打开辅助线层。单击【确定】按钮，完成设置并退出【图层特性管理器】对话框。选择【绘图】→【圆】→【圆心，直径】命令，绘制如图6-101所示的圆。把当前层设为中心线层，绘制两条直线。选择【绘图】→【直线】命令，给刚刚绘制的圆绘制两条适当长度并垂直相交的中心线。选择【格式】→【图层】命令，弹出【图层特性管理器】对话框，关闭辅助线层。单击【确定】按钮，完成设置并退出【图层特性管理器】对话框。结果如图6-101所示。

Step 05 选择【修改】→【裁剪】命令，绘制如图6-102所示的轮廓线。

Step 06 选择【修改】→【镜像】命令，绘制深沟球轴承下一半部分的轮廓线。结果如图6-103所示。选择【修改】→【删除】命令，删除深沟球轴承平面视图中长的垂直中心线。选择【修改】→【拉伸】命令，调整深沟球轴承平面视图中长的水平中心线的长度。结果如图6-103所示。

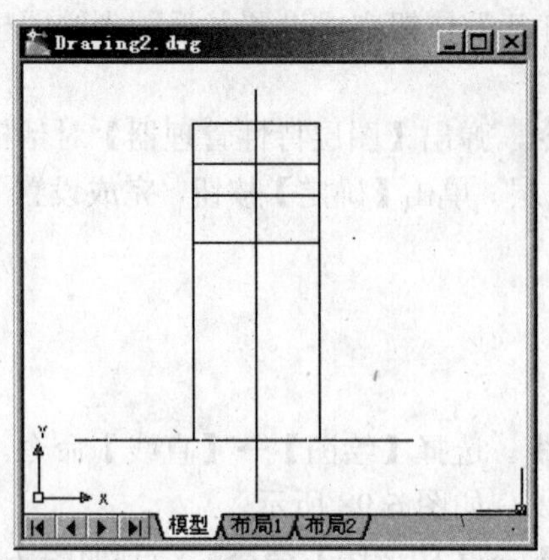

图 6-100 绘制深沟球轴承上半部分的轮廓线

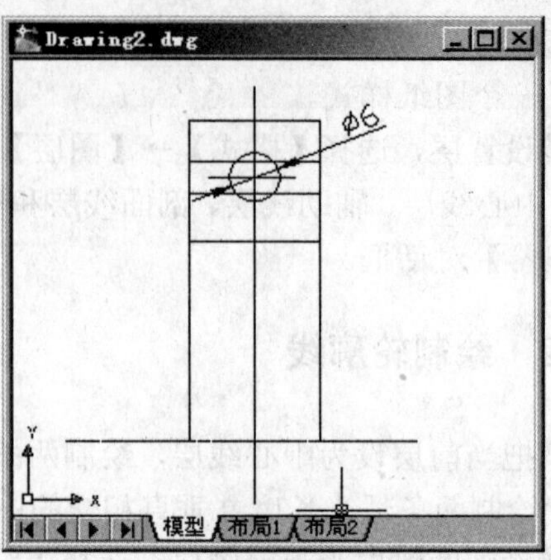

图 6-101 绘制深沟球轴承的滚珠

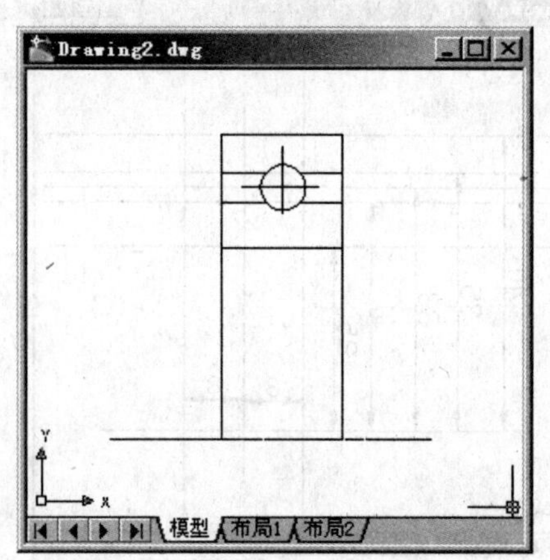

图 6-102 裁剪深沟球轴承的轮廓线

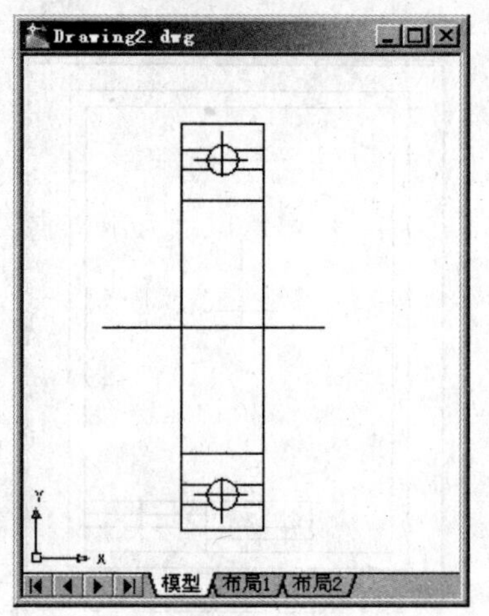

图 6-103 绘制深沟球轴承的轮廓线

步骤 3 标注尺寸

Step 01 设标注线层为当前图层，选择【格式】→【标注样式】命令，弹出【标注样式管理器】对话框。单击【修改】按钮，弹出【修改标注样式：ISO-25】对话框。在【文字】选项卡中，设置“文字高度”选项为“5”。设置【文字位置】选项框中，“垂直方向”选项为“置中”，“水平方向”选项为“置中”。在【主单位】选项卡中，设置“精度”选项为保留小数点后两位数，“小数分隔符”选项为“.”句点。完成设置后，单击【确定】按钮，返回【标注样式管理器】对话框。再单击【关闭】按钮，完成修改标注样式。

选择【格式】→【标注样式】命令，弹出【标注样式管理器】对话框。单击【新建】按钮，弹出【创建新标注样式】对话框。设置【用于】选项为“直径标注”。单击【继续】按钮，弹出【新建标注样式：ISO-25：直径】对话框。在【文字】选项卡中，设置“文字对齐”选项为“水平”。单击【确定】按钮，返回【标注样式管理器】对话框。

Step 02 设标注线层为当前图层，选择【标注】→【直径】命令，对圆进行标注。选择【标注】→【线性】命令，对长、宽、高等进行尺寸标注。结果如图 6-104 所示。

Step 03 选择【修改】→【特性】命令，增加如图 6-105 所示的公差尺寸标注。

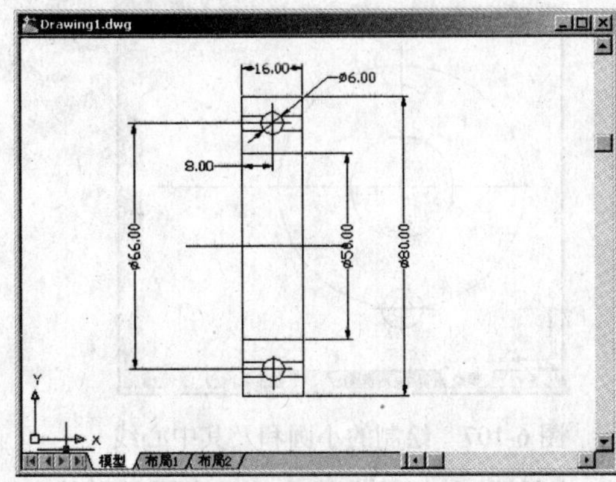

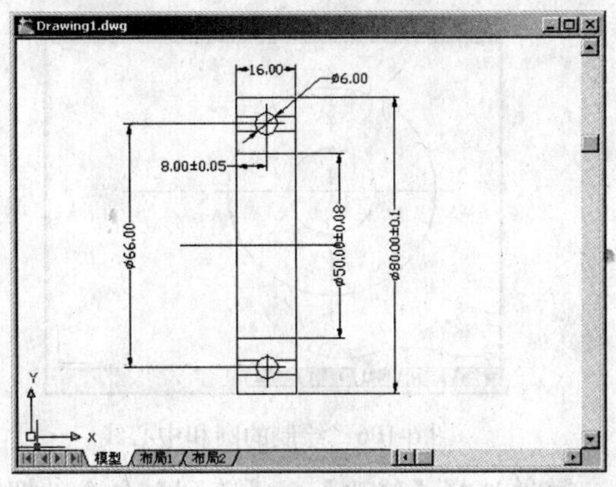

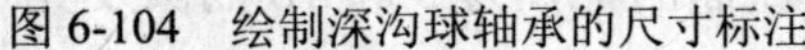
图 6-104　绘制深沟球轴承的尺寸标注　　　　图 6-105　绘制深沟球轴承

步骤 4　保存文件

选择【文件】→【保存】命令，以“EXAMPLE81.dwg”为名保存该图形文件。选择【文件】→【退出】命令，退出 AutoCAD。

实例 82　压盖

本例通过绘制压盖，学习综合使用绘图命令绘制一般平面图形。

步骤 1　创建图形文件

Step 01 启动 AutoCAD 2008 中文版系统。选择【文件】→【新建】命令，弹出【选择样板】对话框。选择如图 6-1 所示的选项。单击【打开】按钮完成设置并返回到绘图模式。在屏幕中出现了一个图纸样式。

Step 02 设置层，选择【格式】→【图层】命令，弹出【图层特性管理器】对话框，分别设置实线层，设置中心线层，设置辅助线层，设置剖面线层，设置标注线层。单击【确定】按钮，完成设置并退出【图层特性管理器】对话框。

步骤 2　绘制压盖主视图轮廓线

Step 01 把当前层设为中心线层，绘制两条直线。选择【绘图】→【直线】命令，在图纸框内适当位置绘制两条适当长度并垂直相交的中心线。

Step 02 把当前层设为实线层。选择【绘图】→【圆】→【圆心，半径】命令，以中心线的交点为圆心，分别绘制半径为 25 和 60 的同心圆。结果如图 6-106 所示。

Step 03 选择【绘图】→【圆】→【圆心，半径】命令，以中心线与半径为 60 圆的交点为圆心，分别绘制半径为 5 和 10 的同心圆。把当前层设为中心线层。选择【绘图】→【直线】

命令，绘制小圆的中心线。结果如图 6-107 所示。

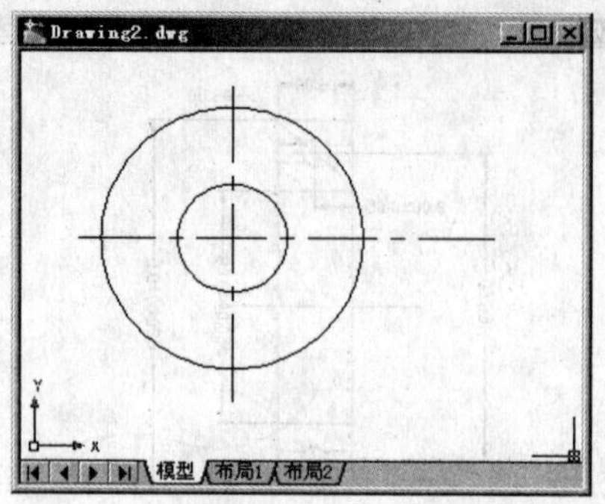

图 6-106　绘制的圆和中心线

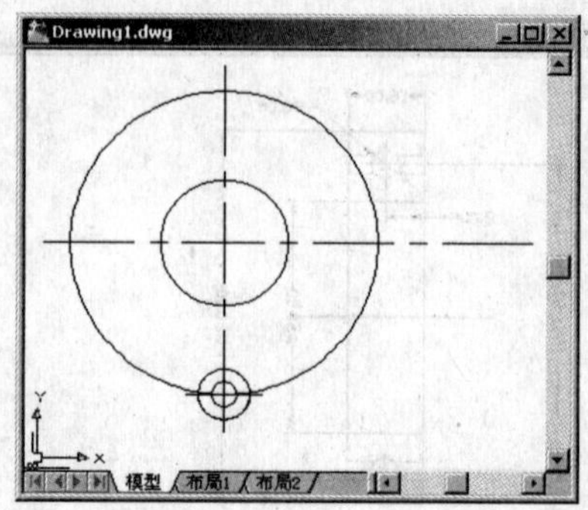

图 6-107　绘制的小圆和及其中心线

Step 04 选择【修改】→【阵列】命令，把上一步绘制的半径为 5 和 10 的圆及其中心线阵列对象，绘制如图 6-108 所示其余的 5 个小圆及其中心线。结果如图 6-108 所示。

Step 05 选择【修改】→【裁剪】命令，裁剪半径为 60 和 10 的圆的部分轮廓线。选择【修改】→【圆角】命令，对半径为 60 和 10 的圆的圆弧交点处进行 R5 的倒圆角。结果如图 6-109 所示。

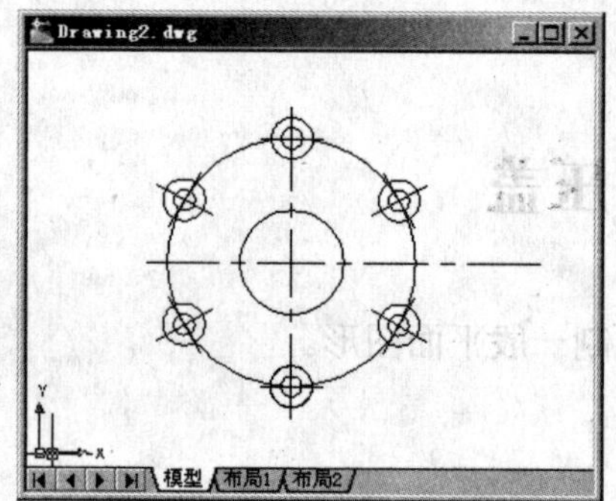

图 6-108　绘制的小圆和及其中心线

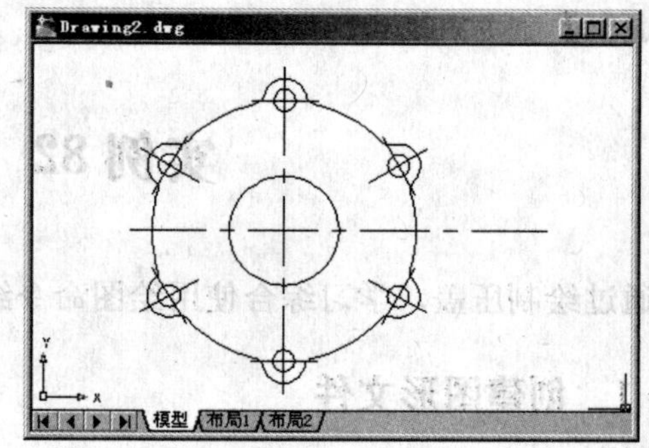

图 6-109　绘制压盖主视图轮廓线

步骤 3　绘制压盖左视图轮廓线

Step 01 设辅助线层为当前图层，绘制连接件的辅助线。选择【绘图】→【构造线】命令，绘制如图 6-110 所示的辅助线。

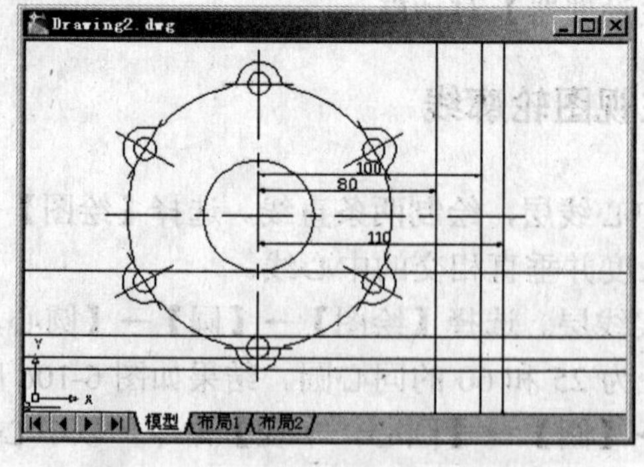

图 6-110　绘制压盖左视图辅助线

Step 02 把当前层设为实线层。选择【绘图】→【直线】命令，利用辅助线，绘制压盖左视图下半部分轮廓线。选择【格式】→【图层】命令，弹出【图层特性管理器】对话框，关闭辅助线层。单击【确定】按钮，完成设置并退出【图层特性管理器】对话框。结果如图 6-111 所示。

Step 03 选择【修改】→【圆角】命令，绘制圆角。选择【修改】→【倒角】命令，绘制如图 6-112 所示的倒角。选择【修改】→【裁剪】命令，把绘制圆角时没有裁剪的直线段删除。结果如图 6-112 所示。

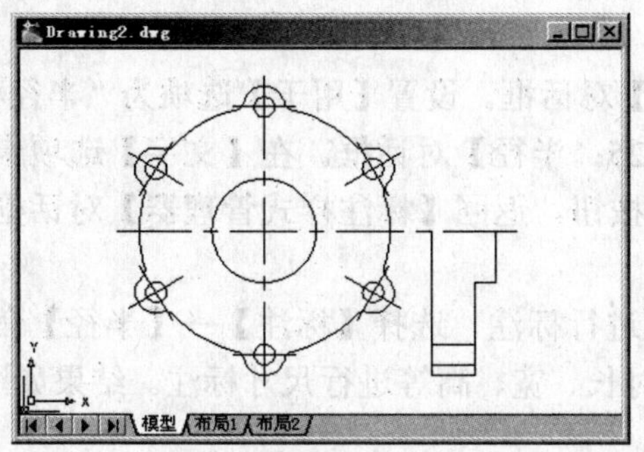

图 6-111　绘制压盖左视图下半部分轮廓线

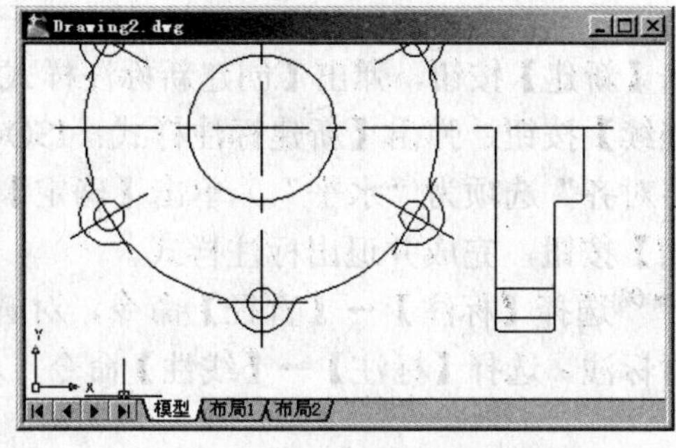

图 6-112　绘制压盖左视图的圆角和倒角

Step 04 选择【修改】→【镜像】命令，绘制压盖左视图上半部分轮廓线。把当前层设为中心线层。选择【绘图】→【直线】命令，利用捕捉功能，绘制如图 6-113 所示的中心线。结果如图 6-113 所示。

Step 05 设剖面线层为当前图层。选择【绘图】→【图案填充】命令，绘制图 6-114 所示的剖面线。

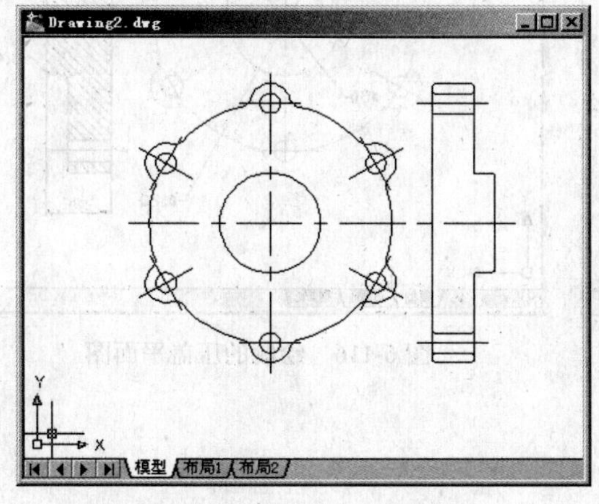

图 6-113　绘制压盖左视图轮廓线

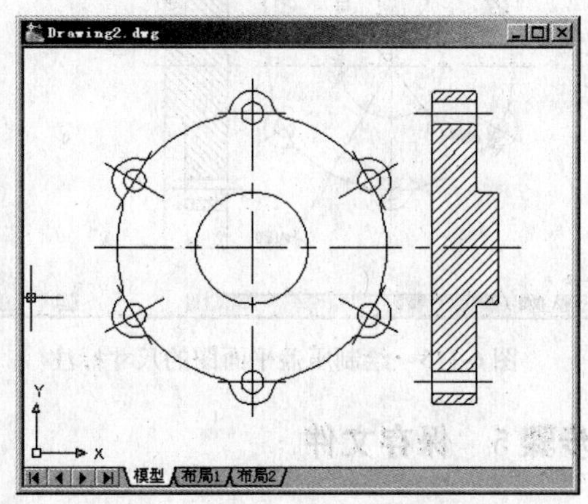

图 6-114　绘制压盖左视图剖面线

步骤 4　标注尺寸

Step 01 设标注线层为当前图层，选择【格式】→【标注样式】命令，弹出【标注样式管理器】对话框。单击【修改】按钮，弹出【修改标注样式：ISO-25】对话框。在【文字】选项卡，设置“文字高度”高度为“5”。在【文字位置】选项框总，设置“垂直方向”选项为“置中”，“水平方向”选项为“置中”。在【主单位】选项卡中，设置“精度”选项为保留小数点后两位数，“小数分隔符”选项为“.”句点。完成设置后，单击【确定】按钮，返回【标注样式管理器】对话框。再单击【关闭】按钮，完成修改标注样式。

选择【格式】→【标注样式】命令，弹出【标注样式管理器】对话框。单击【新建】按钮，弹出【创建新标注样式】对话框，在【创建新标注样式】对话框中，设置【用于】选项为“直径标注”。单击【继续】按钮，弹出【新建标注样式：ISO-25：直径】对话框。在【文字】选项卡中，设置“文字对齐”选项为“水平”。单击【确定】按钮，返回【标注样式管理器】对话框。

单击【新建】按钮，弹出【创建新标注样式】对话框。设置【用于】选项为“半径标注”。单击【继续】按钮，弹出【新建标注样式：ISO-25：半径】对话框。在【文字】选项卡中，设置“文字对齐”选项为“水平”。单击【确定】按钮，返回【标注样式管理器】对话框。再单击【关闭】按钮，完成并退出标注样式。

Step 02 选择【标注】→【直径】命令，对圆进行标注。选择【标注】→【半径】命令，对圆弧进行标注。选择【标注】→【线性】命令，对长、宽、高等进行尺寸标注。结果如图 6-115 所示。

Step 03 选择【标注】→【多重引线】命令，对倒角进行尺寸标注。结果如图 6-116 所示。

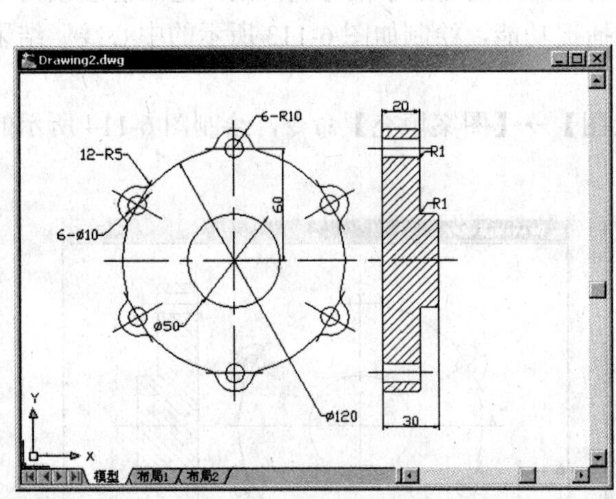

图 6-115　绘制压盖平面图的尺寸标注

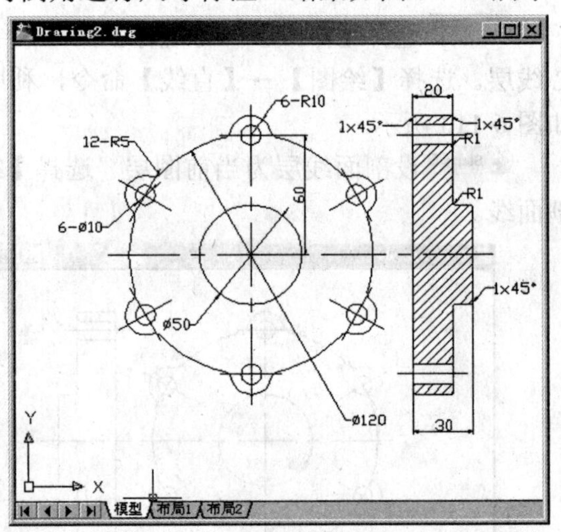

图 6-116　绘制的压盖平面图

步骤 5　保存文件

选择【文件】→【保存】命令，以“EXAMPLE82.dwg”为名保存该图形文件。选择【文件】→【退出】命令，退出 AutoCAD。

实例 83　圆螺母用止动垫圈

本例通过绘制圆螺母用止动垫圈，学习综合使用绘图命令绘制一般平面图形。

步骤1　创建图形文件

Step 01 启动 AutoCAD 2008 中文版系统。选择【文件】→【新建】命令，弹出【选择样板】对话框。选择如图 6-1 所示的选项，单击【打开】按钮完成设置并返回到绘图模式。在屏幕中出现了一个图纸样式。

Step 02 设置层，选择【格式】→【图层】命令，弹出【图层特性管理器】对话框，分别设置实线层、中心线层、辅助线层、剖面线层和标注线层。单击【确定】按钮，完成设置并退出【图层特性管理器】对话框。

步骤2　绘制圆螺母用止动垫圈轮廓线

Step 01 把当前层设为中心线层，绘制两条直线。选择【绘图】→【直线】命令，在图纸框内适当位置绘制两条适当长度并垂直相交的中心线。

Step 02 把当前层设为实线层。选择【绘图】→【圆】→【圆心，直径】命令，以中心线的交点为圆心，分别绘制直径为 22.5、30 和 42 的同心圆。结果如图 6-117 所示。

Step 03 选择【修改】→【旋转】命令，并根据提示进行如下操作：

```
命令: _rotate
UCS 当前的正角方向:  ANGDIR=逆时针  ANGBASE=0
选择对象: 找到 1 个                                    //选择垂直中心线
选择对象:Enter
指定基点:                                              //选择中心线的交点
指定旋转角度，或 [复制(C)/参照(R)] <0>:  c Enter
旋转一组选定对象。
指定旋转角度，或 [复制(C)/参照(R)] <0>:  -30 Enter
```

重复上述操作，绘制如图 6-118 所示的中心线。

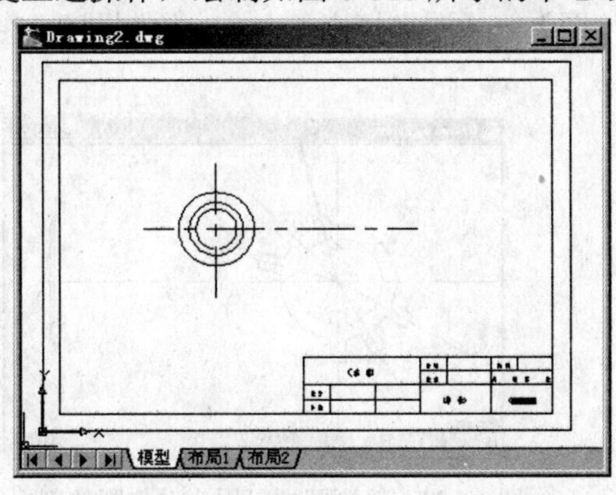

图 6-117　绘制中心线和圆

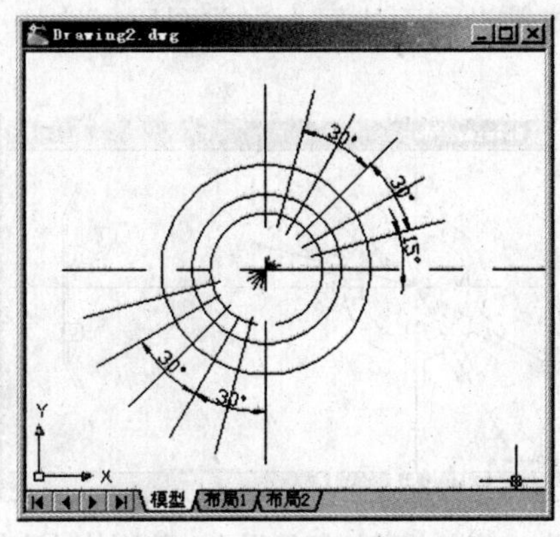

图 6-118　旋转绘制中心线

Step 04 选择【修改】→【裁剪】命令，裁剪中心线，结果如图 6-119 所示。

Step 05 设辅助线层为当前图层，绘制连接件的辅助线。选择【绘图】→【构造线】命令，绘制如图 6-120 所示的辅助线。

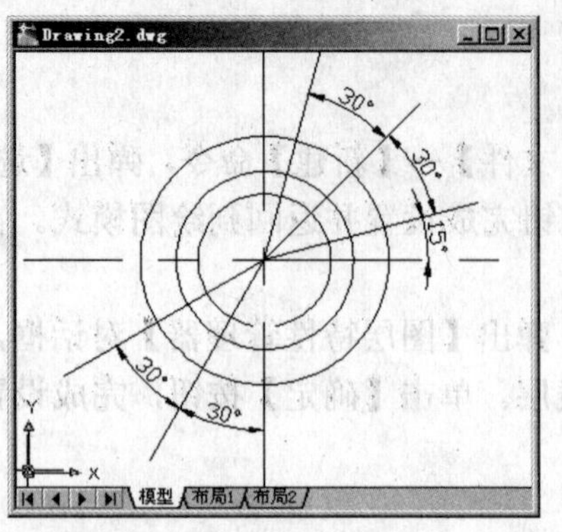

图 6-119　裁剪中心线

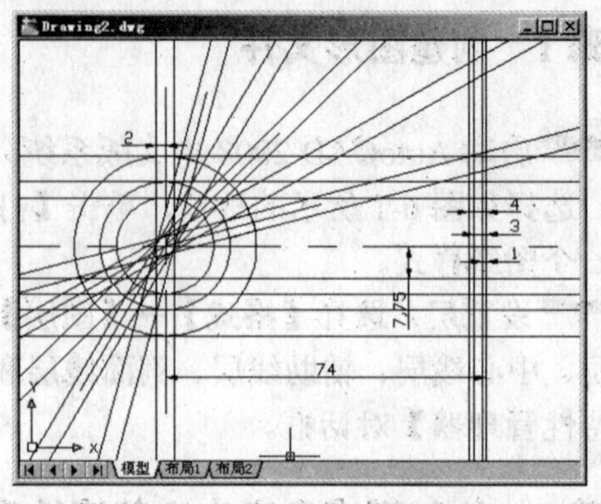

图 6-120　绘制的辅助线

Step 06 把当前层设为实线层。选择【绘图】→【直线】命令，利用辅助线，绘制圆螺母用止动垫圈轮廓线。选择【格式】→【图层】命令，弹出【图层特性管理器】对话框，关闭辅助线层。单击【确定】按钮，完成设置并退出【图层特性管理器】对话框。结果如图 6-121 所示。

Step 07 选择【修改】→【裁剪】命令，绘制如图 6-122 所示的轮廓线。

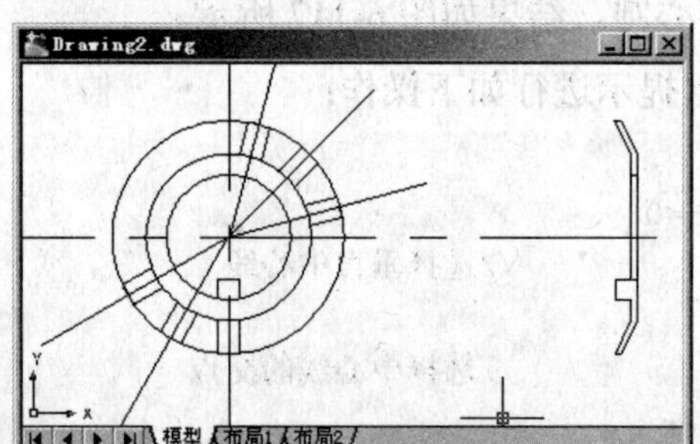

图 6-121　直线绘制圆螺母用止动垫圈的部分轮廓线

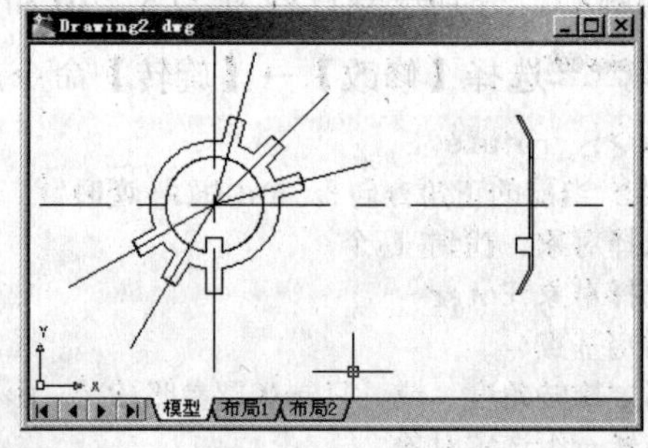

图 6-122　绘制圆螺母用止动垫圈的轮廓线

Step 08 选择【修改】→【圆角】命令，绘制如图 6-123 所示的圆角。

Step 09 设剖面线层为当前图层。选择【绘图】→【图案填充】命令，绘制图 6-124 所示的剖面线。

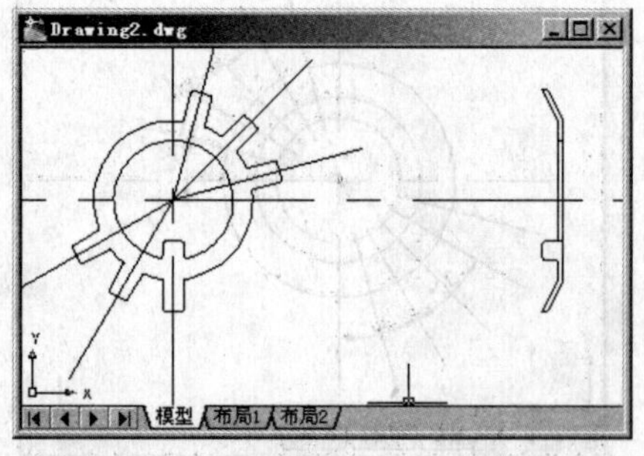

图 6-123　修剪圆螺母用止动垫圈的轮廓线

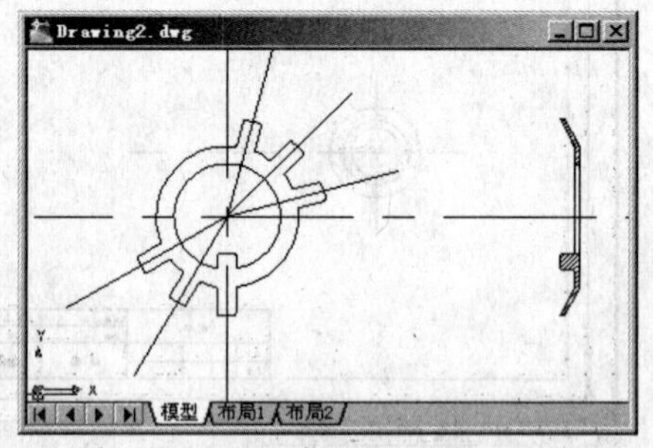

图 6-124　绘制圆螺母用止动垫圈的剖面线

步骤 3　标注尺寸

Step 01 设标注线层为当前图层，选择【格式】→【标注样式】命令，弹出【标注样式管理器】对话框。单击【修改】按钮，弹出【修改标注样式：ISO-25】对话框。在【文字】选项卡，设置“文字高度”选项为“2.5”。设置【文字位置】选项框中的“垂直方向”选项为“置中”，“水平方向”选项为“置中”。在【主单位】选项卡中，设置“精度”选项为保留小数点后两位数，“小数分隔符”选项为“.”句点。完成设置后，单击【确定】按钮，返回【标注样式管理器】对话框。在【标注样式管理器】对话框中，单击【关闭】按钮，完成修改标注样式。

选择【格式】→【标注样式】命令，弹出【标注样式管理器】对话框。单击【新建】按钮，弹出【创建新标注样式】对话框。设置【用于】选项为“直径标注”。单击【继续】按钮，弹出【新建标注样式：ISO-25：直径】对话框。在【文字】选项卡中，设置“文字对齐”选项为“水平”。单击【确定】按钮，返回【标注样式管理器】对话框。

单击【新建】按钮，弹出【创建新标注样式】对话框。设置【用于】选项为“半径标注”。单击【继续】按钮，弹出【新建标注样式：ISO-25：半径】对话框，在【文字】选项卡中，设置“文字对齐”选项为“水平”。单击【确定】按钮，返回【标注样式管理器】对话框。再单击【关闭】按钮。

Step 02 绘制如图6-125所示的尺寸标注。选择【标注】→【直径】命令，对圆进行标注。选择【标注】→【半径】命令，对圆角进行标注。选择【标注】→【线性】命令，对长、宽、高等进行尺寸标注。

Step 03 选择【标注】→【多重引线】命令，绘制剖切符号。选择【绘制】→【文字】→【多行文字】命令，在文字输入框中输入如图6-126所示的文字。

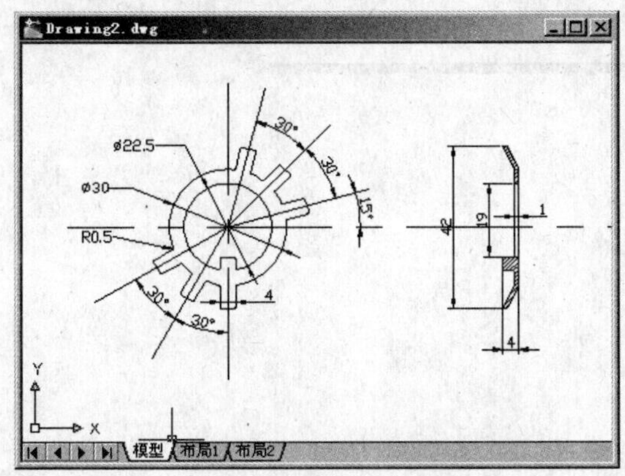

图6-125　绘制圆螺母用止动垫圈的尺寸标注

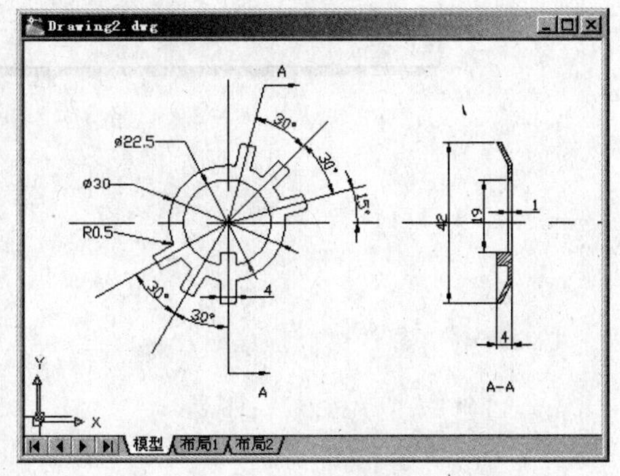

图6-126　绘制圆螺母用止动垫圈

步骤4　保存文件

选择【文件】→【保存】命令，以“EXAMPLE83.dwg”为名保存该图形文件。选择【文件】→【退出】命令，退出AutoCAD。

第 7 章　三维图形

本章将介绍综合使用基本三维绘图命令、高级三维绘图命令，绘制较复杂的三维图形。

本章实例

实例 84　压盖

本例通过绘制压盖，学习综合使用三维建模命令绘制一般三维图形。

步骤 1　新建文件

Step 01 启动 AutoCAD 2008 系统，进入三维建模模式。

Step 02 选择【工具】→【草图设置】命令，弹出【草图设置】对话框，确保“启用栅格”没有被勾选。

步骤 2　绘制压盖

Step 01 选择【绘图】→【建模】→【圆柱体】命令，并根据提示进行如下操作：

```
命令: _cylinder
指定底面的中心点或 [三点(3P)/两点(2P)/相切、相切、半径(T)/椭圆(E)]: 0,0,0 Enter
指定底面半径或 [直径(D)]: 60 Enter
指定高度或 [两点(2P)/轴端点(A)]: 20 Enter
```

结果如图 7-1 所示。

Step 02 选择【工具】→【新建 UCS】→【原点】命令，并根据提示进行如下操作：

```
命令: _ucs
当前 UCS 名称: *世界*
指定 UCS 的原点或 [面(F)/命名(NA)/对象(OB)/上一个(P)/视图(V)/世界(W)/X/Y/Z/Z 轴(ZA)] <世界>: _o
指定新原点 <0,0,0>: 0,60,0 Enter
```

选择【绘图】→【建模】→【圆柱体】命令，并根据提示进行如下操作：

```
命令: _cylinder
指定底面的中心点或 [三点(3P)/两点(2P)/相切、相切、半径(T)/椭圆(E)]: 0,0,0 Enter
指定底面半径或 [直径(D)] <60.0000>: 10 Enter
指定高度或 [两点(2P)/轴端点(A)] <20.0000>: 20 Enter
```

结果如图 7-2 所示。

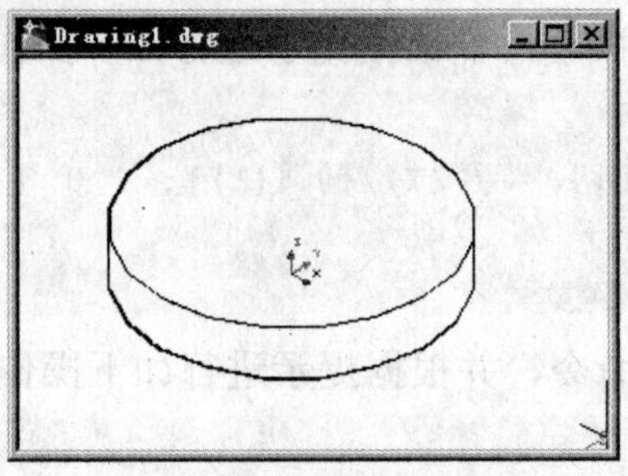

图 7-1　绘制压盖的圆柱体

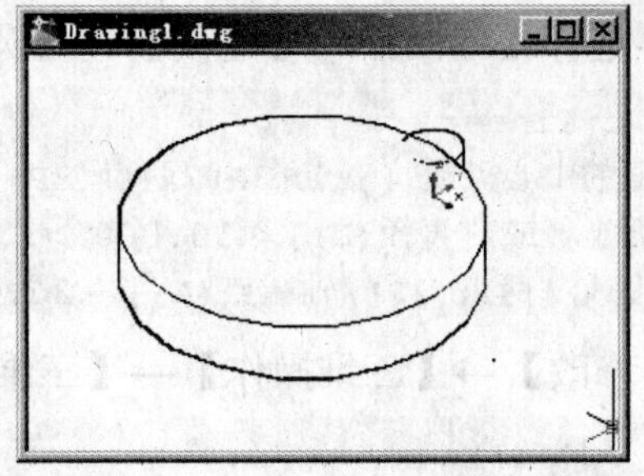

图 7-2　绘制压盖的小圆柱体

Step 03 选择【修改】→【三维操作】→【三维阵列】命令，并根据提示进行如下操作：

```
命令: _3darray
正在初始化...已加载 3DARRAY。
选择对象: 找到 1 个                                    //选择刚刚绘制的圆柱体
选择对象: Enter
输入阵列类型 [矩形(R)/环形(P)] <矩形>:p Enter
输入阵列中的项目数目: 6 Enter
指定要填充的角度 (+=逆时针, -=顺时针)<360>: Enter
旋转阵列对象? [是(Y)/否(N)] <Y>: Y Enter
指定阵列的中心点:                                      //捕捉大圆柱体的上表面圆心
指定旋转轴上的第二点: //捕捉大圆柱体的下表面圆心
```

结果如图 7-3 所示。

Step 04 选择【修改】→【实体编辑】→【并集】命令，并根据提示进行如下操作：

```
命令: _union
选择对象: 找到 1 个                       //选择第一个绘制的圆柱体
选择对象: 找到 1 个，总计 2 个            //选择第二个绘制的圆柱体
选择对象: 找到 1 个，总计 3 个            //选择阵列的圆柱体之一
选择对象: 找到 1 个，总计 4 个            //选择阵列的圆柱体之二
选择对象: 找到 1 个，总计 5 个            //选择阵列的圆柱体之三
选择对象: 找到 1 个，总计 6 个            //选择阵列的圆柱体之四
选择对象: 找到 1 个，总计 7 个            //选择阵列的圆柱体之五
选择对象:Enter
```

结果如图 7-4 所示。

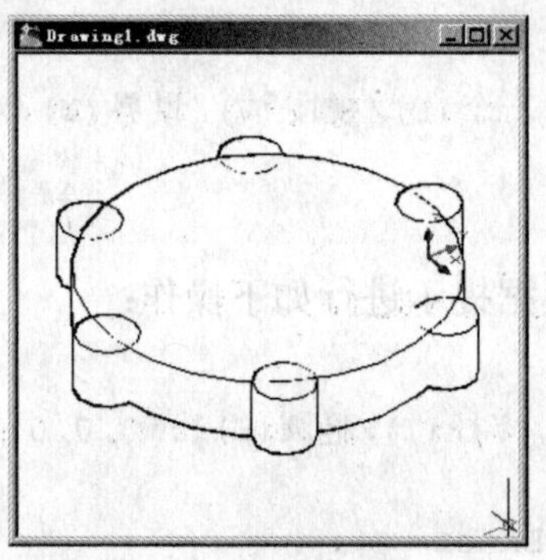

图 7-3 阵列小圆体（1）

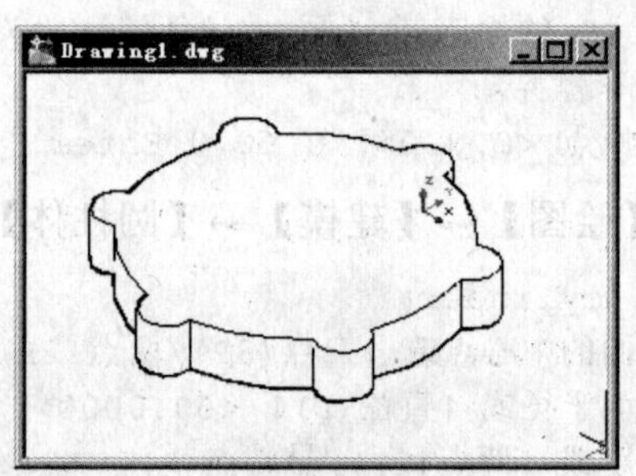

图 7-4 绘制压盖的主体

Step 04 选择【绘图】→【建模】→【圆柱体】命令，并根据提示进行如下操作：

```
命令: _cylinder
指定底面的中心点或 [三点(3P)/两点(2P)/相切、相切、半径(T)/椭圆(E)]: 0,0,0 Enter
指定底面半径或 [直径(D)] <10.0000>: 5 Enter
指定高度或 [两点(2P)/轴端点(A)] <20.0000>: Enter
```

选择【修改】→【三维操作】→【三维阵列】命令，并根据提示进行如下操作：

```
命令: _3darray
正在初始化... 已加载 3DARRAY。
选择对象: 找到 1 个                              //选择刚刚绘制的圆柱体
```

```
选择对象: Enter
输入阵列类型 [矩形(R)/环形(P)] <矩形>:p Enter
输入阵列中的项目数目: 6 Enter
指定要填充的角度 (+=逆时针, -=顺时针)<360>: Enter
旋转阵列对象? [是(Y)/否(N)] <Y>: Enter
指定阵列的中心点:                                  //捕捉大圆柱体的上表面圆心
指定旋转轴上的第二点:                              //捕捉大圆柱体的下表面圆心
```

结果如图 7-5 所示。

Step 06 选择【修改】→【实体编辑】→【差集】命令，并根据提示进行如下操作：

```
命令: _subtract 选择要从中减去的实体或面域...
选择对象: 找到 1 个                                //选择绘制压盖的主体
选择对象: Enter
选择要减去的实体或面域 ..
选择对象: 找到 1 个                                //选择刚刚绘制的圆柱体
选择对象: 找到 1 个, 总计 2 个                     //选择刚刚阵列的圆柱体之一
选择对象: 找到 1 个, 总计 3 个                     //选择刚刚阵列的圆柱体之二
选择对象: 找到 1 个, 总计 4 个                     //选择刚刚阵列的圆柱体之三
选择对象: 找到 1 个, 总计 5 个                     //选择刚刚阵列的圆柱体之四
选择对象: 找到 1 个, 总计 6 个                     //选择刚刚阵列的圆柱体之五
选择对象: Enter
```

结果如图 7-6 所示。

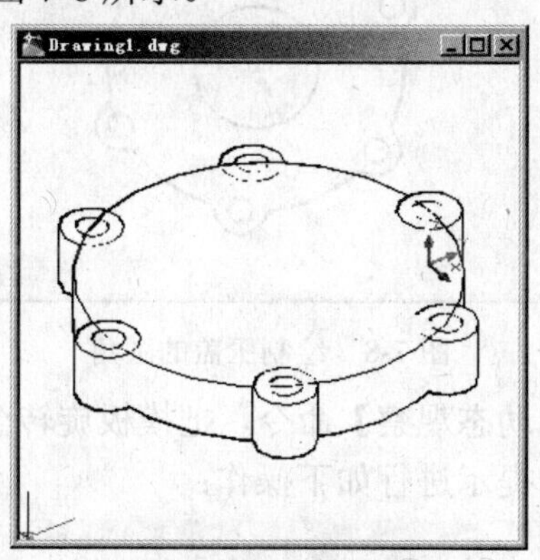

图 7-5　阵列小圆体（2）

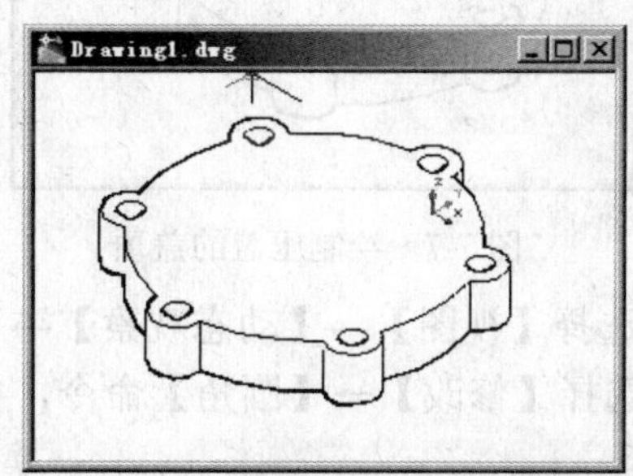

图 7-6　绘制压盖的孔

Step 07 选择【工具】→【新建 UCS】→【原点】命令，并根据提示进行如下操作：

```
命令: _ucs
当前 UCS 名称: *没有名称*
指定 UCS 的原点或 [面(F)/命名(NA)/对象(OB)/上一个(P)/视图(V)/世界(W)/X/Y/Z/Z 轴
(ZA)] <世界>: _o
指定新原点 <0,0,0>: 0,-60,20 Enter
```

选择【绘图】→【建模】→【圆柱体】命令，并根据提示进行如下操作：

```
命令: _cylinder
指定底面的中心点或 [三点(3P)/两点(2P)/相切、相切、半径(T)/椭圆(E)]: 0,0,0 Enter
指定底面半径或 [直径(D)] <5.0000>: 25 Enter
```

```
指定高度或 [两点(2P)/轴端点(A)] <20.0000>: 10 Enter
```

选择【修改】→【实体编辑】→【并集】命令，并根据提示进行如下操作：

```
命令: _union
选择对象: 找到 1 个                          //选择前几步绘制的实体
选择对象: 找到 1 个，总计 2 个                //选择刚刚绘制的圆柱体
选择对象: Enter
```

结果如图 7-7 所示。

Step 08 选择【修改】→【圆角】命令，并根据提示进行如下操作：

```
命令: _fillet
当前设置: 模式 = 修剪，半径 = 0.0000
选择第一个对象或 [放弃(U)/多段线(P)/半径(R)/修剪(T)/多个(M)]:
输入圆角半径: 5 Enter
选择边或 [链(C)/半径(R)]: Enter
已选定 1 个边用于圆角。
```

同样的操作，倒其余相同 9 处的圆角。其间要选择【视图】→【动态观察】→【自由动态观察】命令，对压盖的位置进行变化，便于选择要倒圆角的边线。结果如图 7-8 所示。

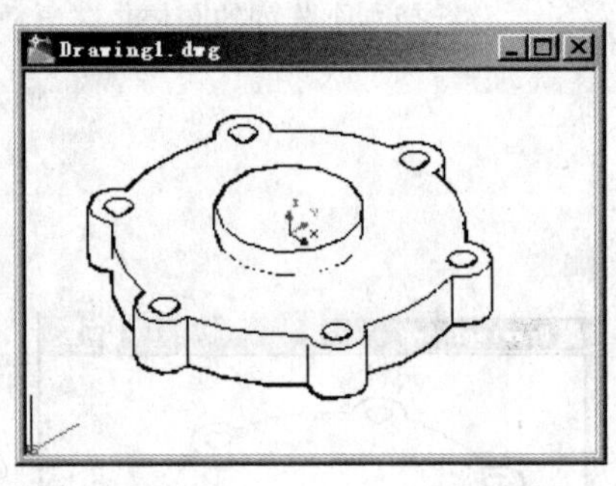

图 7-7 绘制压盖的盖顶

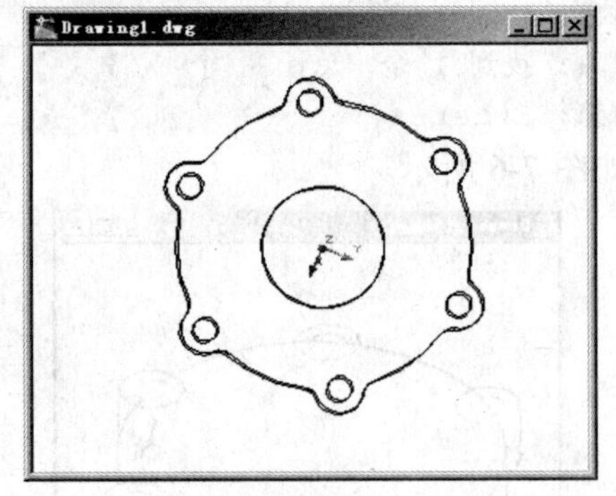

图 7-8 绘制压盖的圆角

Step 09 选择【视图】→【动态观察】→【自由动态观察】命令，把模板旋转至如图 7-9 所示的位置。选择【修改】→【圆角】命令，并根据提示进行如下操作：

```
命令: _fillet
当前设置: 模式 = 修剪，半径 = 5.0000
选择第一个对象或 [放弃(U)/多段线(P)/半径(R)/修剪(T)/多个(M)]:        //选择压盖两圆柱体的交线
输入圆角半径 <5.0000>: 1 Enter
选择边或 [链(C)/半径(R)]: Enter
已选定 1 个边用于圆角。
```

选择【修改】→【倒角】命令，并根据提示进行如下操作：

```
命令: _chamfer
("修剪"模式)当前倒角距离 1 = 0.0000，距离 2 = 0.0000
选择第一条直线或 [放弃(U)/多段线(P)/距离(D)/角度(A)/修剪(T)/方式(E)/多个(M)]: m Enter
选择第一条直线或 [放弃(U)/多段线(P)/距离(D)/角度(A)/修剪(T)/方式(E)/多个(M)]://选择
```

```
压盖的主体上表面的边线
基面选择...
输入曲面选择选项 [下一个(N)/当前(OK)] <当前(OK)>:  Enter
指定基面的倒角距离: 0.5 Enter
指定其他曲面的倒角距离 <0.5000>: 0.5 Enter
选择边或 [环(L)]: l Enter
选择边环或 [边(E)]:                                    //选择压盖的主体上表面的
边线
选择边环或 [边(E)]:                                    //依次选择 6 个圆孔的边线
选择边环或 [边(E)]:
选择边环或 [边(E)]:
选择边环或 [边(E)]:
选择边环或 [边(E)]:
选择边环或 [边(E)]:
选择边环或 [边(E)]: Enter
选择第一条直线或 [放弃(U)/多段线(P)/距离(D)/角度(A)/修剪(T)/方式(E)/多个(M)]: //选择
压盖中间圆柱体上表面的边线
基面选择...
输入曲面选择选项 [下一个(N)/当前(OK)] <当前(OK)>: OK Enter
指定基面的倒角距离 <0.5000>: Enter
指定其他曲面的倒角距离 <0.5000>: Enter
选择边或 [环(L)]: 选择边或 [环(L)]: Enter
选择第一条直线或 [放弃(U)/多段线(P)/距离(D)/角度(A)/修剪(T)/方式(E)/多个(M)]: Enter
```

结果如图 7-9 所示。

Step 08 选择【视图】→【动态观察】→【自由动态观察】命令，把模板旋转至如图 7-10 所示的位置。选择【修改】→【倒角】命令，并根据提示进行如下操作：

```
命令: _chamfer
("修剪"模式)当前倒角距离 1 = 0.5000，距离 2 = 0.5000
选择第一条直线或 [放弃(U)/多段线(P)/距离(D)/角度(A)/修剪(T)/方式(E)/多个(M)]: //选择
压盖的主体下表面的边线
基面选择...
输入曲面选择选项 [下一个(N)/当前(OK)] <当前(OK)>: OK Enter
指定基面的倒角距离 <0.5000>: Enter
指定其他曲面的倒角距离 <0.5000>: Enter
选择边或 [环(L)]: l Enter
选择边环或 [边(E)]:                                //选择压盖的主体下表面的边线
选择边环或 [边(E)]:                                //依次选择 6 个圆孔的边线
选择边环或 [边(E)]:
选择边环或 [边(E)]:
选择边环或 [边(E)]:
选择边环或 [边(E)]:
选择边环或 [边(E)]:
选择边环或 [边(E)]: Enter
```

结果如图 7-10 所示。

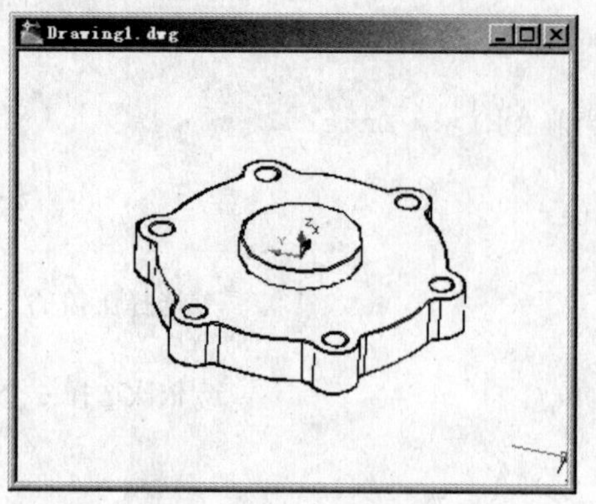

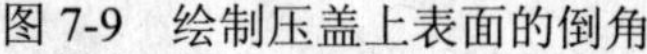
图 7-9　绘制压盖上表面的倒角

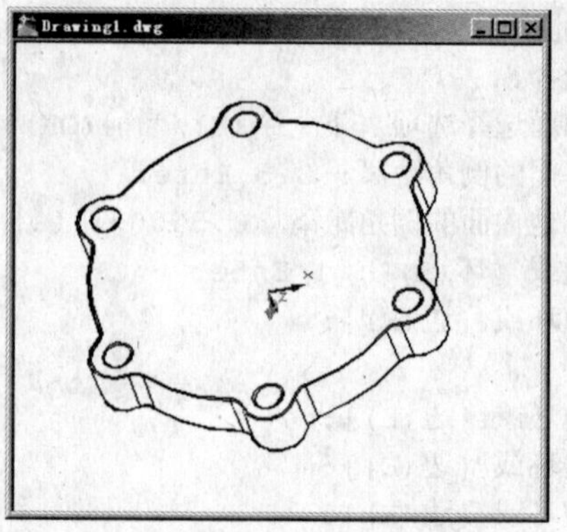

图 7-10　绘制压盖下表面的倒角

Step 09 选择【视图】→【三维视图】→【西南等轴测】命令，结果如图 7-11 所示。

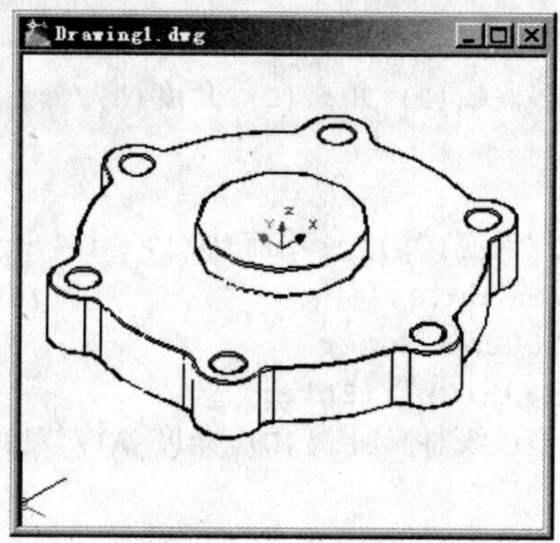

图 7-11　绘制的压盖

步骤 3　保存文件

选择【文件】→【保存】命令，以“EXAMPLE84.dwg”为名保存该图形文件。选择【文件】→【退出】命令，退出 AutoCAD。

实例 85　圆柱销

本例通过绘制圆柱销，学习综合使用三维建模命令绘制一般三维图形。

步骤 1　新建文件

Step 01 启动 AutoCAD 2008 系统，进入三维建模模式。

Step 02 设置层，选择【格式】→【图层】命令，弹出【图层特性管理器】对话框，建立一个“3d”图层和一个“标注线层”，并将“3d”图层设为当前图层。

Step 03 选择【工具】→【草图设置】命令，弹出【草图设置】对话框，确保“启用栅格”没有被勾选。

步骤 2　绘制圆柱销

Step 01 选择【绘图】→【建模】→【圆柱体】命令，并根据提示进行如下操作：

```
命令: _cylinder
指定底面的中心点或 [三点(3P)/两点(2P)/相切、相切、半径(T)/椭圆(E)]: 0,0,0 Enter
指定底面半径或 [直径(D)]: 1.5 Enter
指定高度或 [两点(2P)/轴端点(A)]: 30 Enter
```

选择【视图】→【缩放】→【窗口】命令，把绘制的圆柱体放大到适当大小。选择【视图】→【三维视图】→【西南等轴测】命令，命令行的显示如下所示。

```
命令: _-view 输入选项 [?/删除(D)/正交(O)/恢复(R)/保存(S)/设置(E)/窗口(W)]: _swiso
```

结果如图 7-12 所示。

Step 02 选择【视图】→【视口】→【两个视口】命令，并根据提示进行如下操作：

```
命令: _-vports
输入选项 [保存(S)/恢复(R)/删除(D)/合并(J)/单一(SI)/?/2/3/4] <3>: _2
输入配置选项 [水平(H)/垂直(V)] <垂直>: h Enter
正在重生成模型。
```

结果如图 7-13 所示。

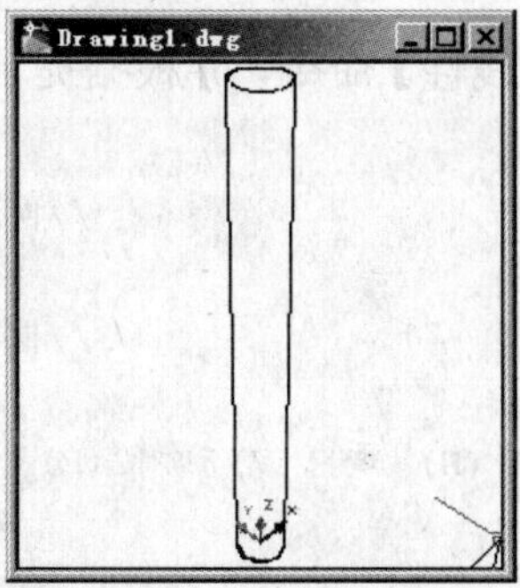

图 7-12　绘制圆柱体

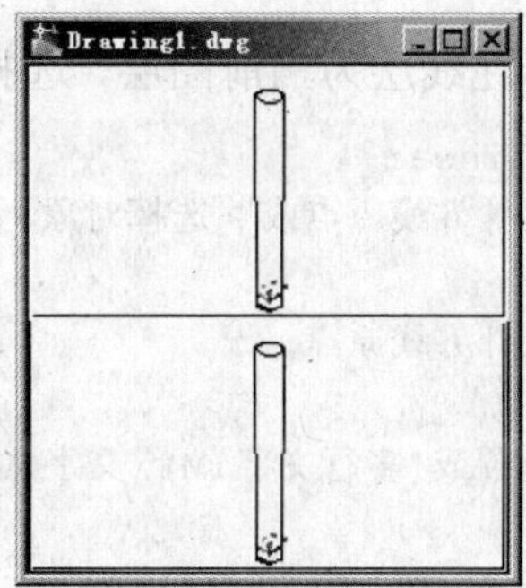

图 7-13　两个视口

Step 03 移动光标到上面视口并单击，选择【视图】→【三维视图】→【主视图】命令。移动光标到下面视口并单击，选择【视图】→【三维视图】→【俯视图】命令。结果如图 7-14 所示。

Step 04 将上面视口设为当前视图。选择【修改】→【倒角】命令，并根据提示进行如下操作：

```
命令: _chamfer
("修剪"模式)当前倒角距离 1 = 0.0000，距离 2 = 0.0000
选择第一条直线或 [放弃(U)/多段线(P)/距离(D)/角度(A)/修剪(T)/方式(E)/多个(M)]: //选择圆柱体上表面
基面选择...
输入曲面选择选项 [下一个(N)/当前(OK)] <当前(OK)>: OK Enter
指定基面的倒角距离: 0.5 Enter
指定其他曲面的倒角距离 <0.5000>: Enter
选择边或 [环(L)]:                                                //选择圆柱
```

体上表面的边线
选择边或 [环(L)]: Enter

同样的操作，对圆柱体下表面的边线进行倒角。结果如图 7-15 所示。

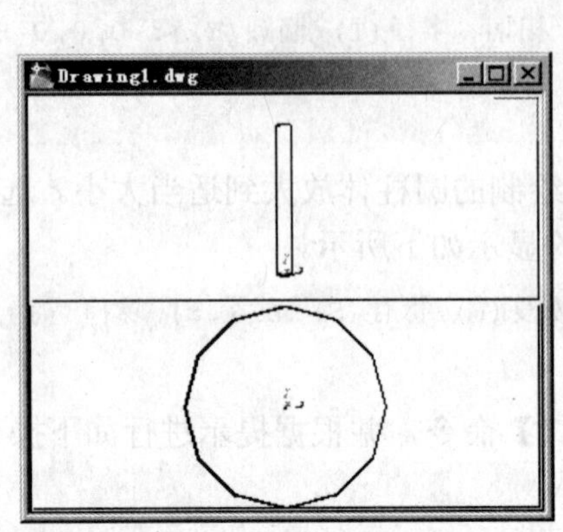

图 7-14　设置两个视口

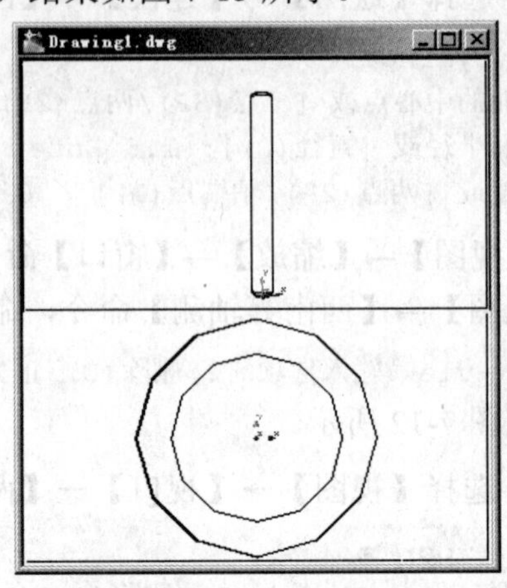

图 7-15　编辑圆柱销

步骤 3　标注圆柱销尺寸

Step 01 设标注线层为当前图层，选择【标注】→【线性】命令，并根据提示进行如下操作：

```
命令: _dimlinear
指定第一条尺寸界线原点或 <选择对象>:                //圆柱体的上表面的顶点
指定第二条尺寸界线原点:                            //圆柱体的下表面的顶点
指定尺寸线位置或[多行文字(M)/文字(T)/角度(A)/水平(H)/垂直(V)/旋转(R)]:    //选择适当位置
标注文字 = 30
```

选择【标注】→【引线】命令，并根据提示进行如下操作：

```
命令: _qleader
指定第一个引线点或 [设置(S)] <设置>:                //圆柱体的下表面的顶点
指定下一点:                                        //选择适当位置
指定下一点:                                        //选择适当位置
指定文字宽度 <0>:                                  //选择适当位置
输入注释文字的第一行 <多行文字(M)>: 0.5x45%%d Enter
输入注释文字的下一行: Enter
```

选择【标注】→【线性】命令，并根据提示进行如下操作：

```
命令: _dimlinear
指定第一条尺寸界线原点或 <选择对象>:                //圆柱体的左下角倒角的顶点
指定第二条尺寸界线原点:                            //圆柱体的右下角倒角的顶点
```

```
指定尺寸线位置或[多行文字(M)/文字(T)/角度(A)/水平(H)/垂直(V)/旋转(R)]: m Enter
    //在数值前输入“%%d”
指定尺寸线位置或[多行文字(M)/文字(T)/角度(A)/水平(H)/垂直(V)/旋转(R)]:        //选择
适当位置
标注文字 = 3
```

结果如图 7-16 所示。

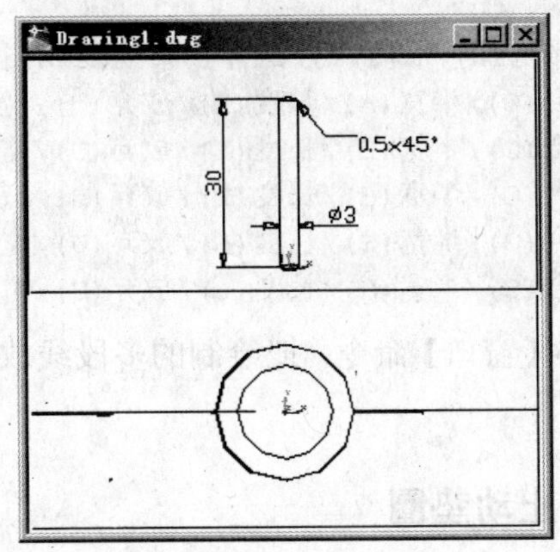

图 7-16　绘制的圆柱销

步骤 4　保存文件

选择【文件】→【保存】命令，以“EXAMPLE85.dwg”为名保存该图形文件。选择【文件】→【退出】命令，退出 AutoCAD。

实例 86　圆螺母用止动垫圈

本例通过绘制圆螺母用止动垫圈，学习综合使用三维建模命令绘制一般三维图形。

步骤 1　新建文件

Step 01 启动 AutoCAD 2008 系统，进入三维建模模式。

Step 02 选择【工具】→【草图设置】命令，弹出【草图设置】对话框，确保“启用栅格”没有被勾选。

Step 03 设置层，选择【格式】→【图层】命令，弹出【图层特性管理器】对话框，建立一个“3d”图层，并将“0”图层设为当前图层。

Step 04 选择【工具】→【选项】命令，弹出【选项】对话框。单击【选项】对话框中的【窗口元素】选项框的【颜色】按钮，弹出【图形窗口颜色】对话框。在【背景】选项框中选择“三维平行投影”选项，在【界面元素】选项框中分别选择“统一背景”选项，在【颜色】选项框中选择“黑”选项。设置完成后，单击【应用并关闭】按钮，返回【选项】对话框。单击【确定】按钮，完成设置返回到绘图模式。

步骤 2　绘制平面图形

选择【绘图】→【多段线】命令，并根据提示进行如下操作：

```
命令: _pline
指定起点: 11.25,0 Enter
当前线宽为 0.0000
指定下一个点或 [圆弧(A)/半宽(H)/长度(L)/放弃(U)/宽度(W)]: 15,0 Enter
指定下一点或 [圆弧(A)/闭合(C)/半宽(H)/长度(L)/放弃(U)/宽度(W)]: 21,3 Enter
指定下一点或 [圆弧(A)/闭合(C)/半宽(H)/长度(L)/放弃(U)/宽度(W)]: 21,4 Enter
指定下一点或 [圆弧(A)/闭合(C)/半宽(H)/长度(L)/放弃(U)/宽度(W)]: 15,1 Enter
指定下一点或 [圆弧(A)/闭合(C)/半宽(H)/长度(L)/放弃(U)/宽度(W)]: 11.25,1 Enter
指定下一点或 [圆弧(A)/闭合(C)/半宽(H)/长度(L)/放弃(U)/宽度(W)]: c Enter
```

选择【视图】→【缩放】→【窗口】命令，把绘制的多段线放大到适当大小，结果如图 7-17 所示。

步骤 3　绘制圆螺母用止动垫圈

Step 01 设当前图层为“3d”图层，选择【绘图】→【建模】→【旋转】命令，并根据提示进行如下操作：

```
命令: _revolve
当前线框密度: ISOLINES=4
选择要旋转的对象: 找到 1 个                              //选择上一步创建的多段线
选择要旋转的对象: Enter
指定轴起点或根据以下选项之一定义轴[对象(O)/X/Y/Z]<对象>:0,0 Enter
指定轴端点: 0,5 Enter
指定旋转角度或 [起点角度(ST)] <360>: Enter
```

结果如图 7-18 所示。

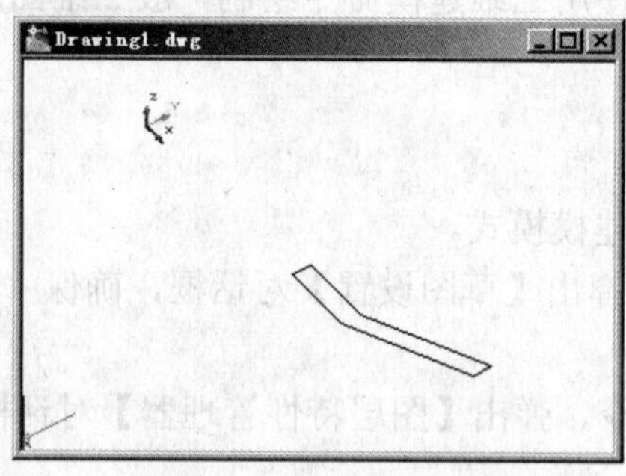

图 7-17　绘制的多段线

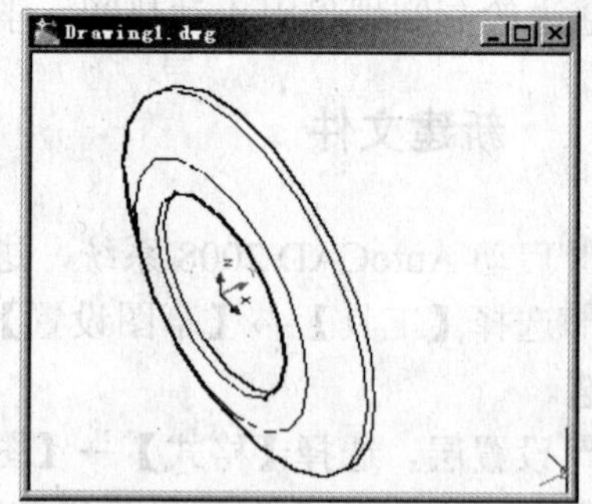

图 7-18　绘制的旋转体

Step 02 为了便于绘图，设置四个视口。这样，在三维建模时便于观察和三维操作。选择【视图】→【视口】→【四个视口】命令。

Step 03 设置视口将左上角视口设置为主视图。将左下角视口设置为俯视图。将右上角视口设置为左视图。右下角视口设为西南等轴测。结果如图 7-19 所示。

Step 04 设左上角视口为当前视口。选择【绘图】→【建模】→【长方体】命令，并根据提示进行如下操作：

```
命令：_box
指定第一个角点或 [中心(C)]: 2,11.25 Enter
指定其他角点或 [立方体(C)/长度(L)]: -2,9.5 Enter
指定高度或 [两点(2P)]: -4 Enter
```

结果如图 7-20 所示。

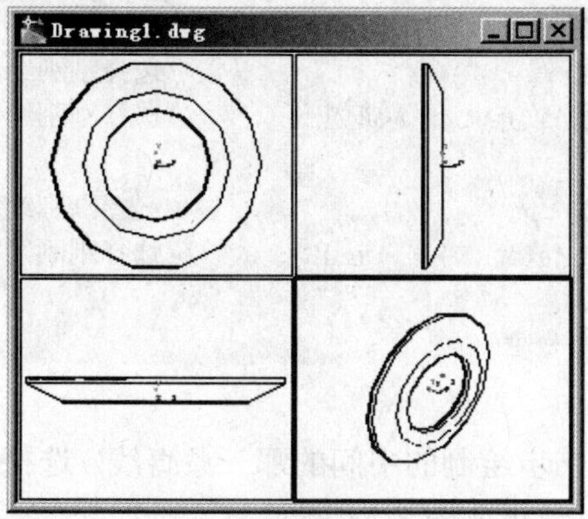

图 7-19　设置 4 个视口

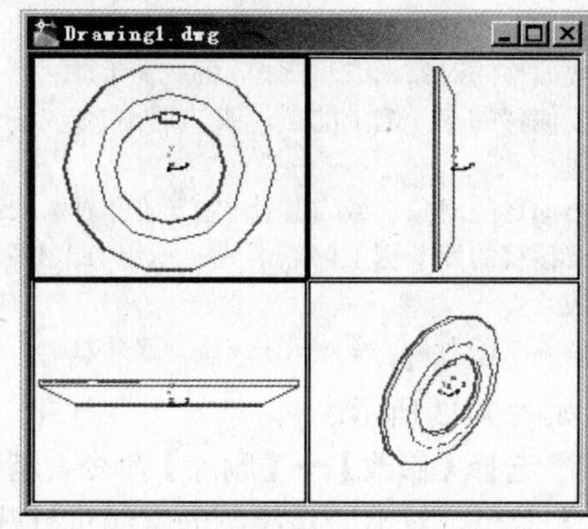

图 7-20　绘制的长方体

Step 05 设当前图层为“0”图层。选择【绘图】→【圆】→【圆心，直径】命令，并根据提示进行如下操作：

```
命令：_circle 指定圆的圆心或 [三点(3P)/两点(2P)/相切、相切、半径(T)]: 0,0 Enter
指定圆的半径或 [直径(D)]: 21 Enter
```

选择【绘图】→【圆】→【圆心，直径】命令，并根据提示进行如下操作：

```
命令：_circle 指定圆的圆心或 [三点(3P)/两点(2P)/相切、相切、半径(T)]: 0,0 Enter
指定圆的半径或 [直径(D)] <21.0000>: 15 Enter
```

结果如图 7-21 所示。

Step 06 选择【格式】→【图层】命令，弹出【图层特性管理器】对话框，关闭“3d”层。结果如图 7-22 所示。

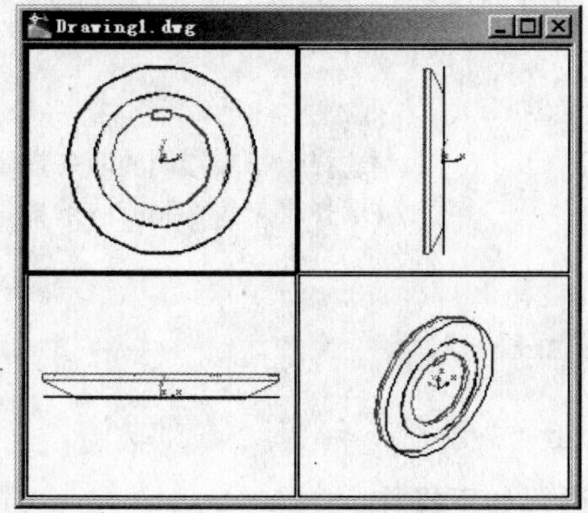

图 7-21　绘制的两个圆

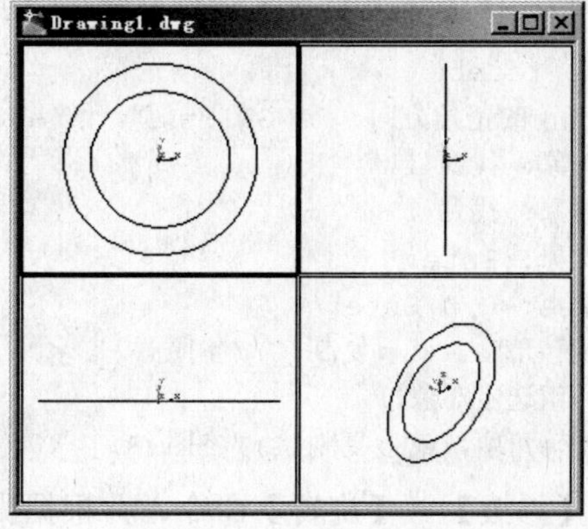

图 7-22　关闭“3d”层

Step 07 选择【绘图】→【直线】命令，并根据提示进行如下操作：

```
命令: _line 指定第一点: 0,0 Enter
指定下一点或 [放弃(U)]: 0,21 Enter
指定下一点或 [放弃(U)]: Enter
```

选择【修改】→【偏移】命令，并根据提示进行如下操作：

```
命令: _offset
当前设置: 删除源=否  图层=源  OFFSETGAPTYPE=0
指定偏移距离或 [通过(T)/删除(E)/图层(L)] <通过>:  2 Enter
选择要偏移的对象，或 [退出(E)/放弃(U)] <退出>:                    //选择刚刚绘制的直线
指定要偏移的那一侧上的点，或 [退出(E)/多个(M)/放弃(U)] <退出>:     //选择刚刚绘制的直线
的左边
选择要偏移的对象，或 [退出(E)/放弃(U)] <退出>:                    //选择刚刚绘制的直线
指定要偏移的那一侧上的点，或 [退出(E)/多个(M)/放弃(U)] <退出>:     //选择刚刚绘制的直线
的右边
选择要偏移的对象，或 [退出(E)/放弃(U)] <退出>: Enter
```

结果如图 7-23 所示。

Step 08 选择【修改】→【删除】命令，删除上一步绘制的中间的那一条直线。选择【修改】→【裁剪】命令，对上一步绘制的直线进行裁剪。结果如图 7-24 所示。

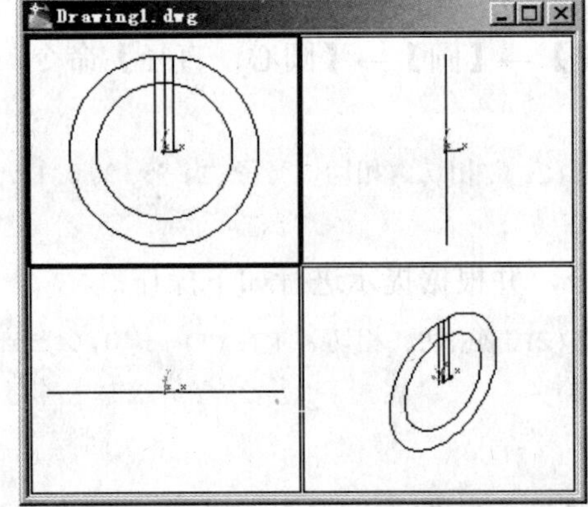

图 7-23 绘制的两条偏移直线

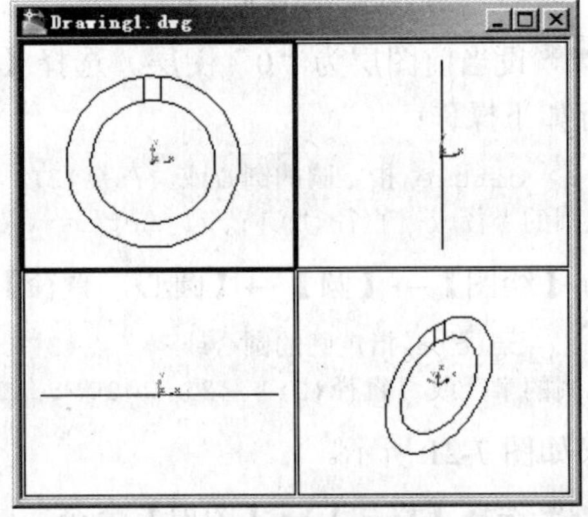

图 7-24 裁剪的两条偏移直线

Step 09 选择【修改】→【旋转】命令，并根据提示进行如下操作：

```
命令: _rotate
UCS 当前的正角方向: ANGDIR=逆时针  ANGBASE=0
选择对象: 找到 1 个                          //选择上一步绘制的两条直线之一
选择对象: 找到 1 个，总计 2 个               //选择上一步绘制的两条直线之二
选择对象: Enter
指定基点: 0,0 Enter
指定旋转角度，或 [复制(C)/参照(R)] <0>:  c Enter
旋转一组选定对象。
指定旋转角度，或 [复制(C)/参照(R)] <0>:  -30 Enter
```

选择【修改】→【旋转】命令，并根据提示进行如下操作：

```
命令: _rotate
```

```
UCS 当前的正角方向:  ANGDIR=逆时针   ANGBASE=0
选择对象: 找到 1 个                                    //选择刚刚绘制的两条直线之一
选择对象: 找到 1 个, 总计 2 个                          //选择刚刚绘制的两条直线之二
选择对象: Enter
指定基点: 0,0 Enter
指定旋转角度, 或 [复制(C)/参照(R)] <330>:  c Enter
旋转一组选定对象。
指定旋转角度, 或 [复制(C)/参照(R)] <330>:  -30 Enter
```

结果如图 7-25 所示。

Step 10 选择【修改】→【旋转】命令，并根据提示进行如下操作：

```
命令: _rotate
UCS 当前的正角方向:  ANGDIR=逆时针   ANGBASE=0
选择对象: 找到 1 个                                    //选择前两步绘制的 6 条直线之一
选择对象: 找到 1 个, 总计 2 个                          //选择前两步绘制的 6 条直线之二
选择对象: 找到 1 个, 总计 3 个                          //选择前两步绘制的 6 条直线之三
选择对象: 找到 1 个, 总计 4 个                          //选择前两步绘制的 6 条直线之四
选择对象: 找到 1 个, 总计 5 个                          //选择前两步绘制的 6 条直线之五
选择对象: 找到 1 个, 总计 6 个                          //选择前两步绘制的 6 条直线之六
选择对象: Enter
指定基点: 0,0 Enter
指定旋转角度, 或 [复制(C)/参照(R)] <330>:  c Enter
旋转一组选定对象。
指定旋转角度, 或 [复制(C)/参照(R)] <330>:  -165 Enter
```

结果如图 7-26 所示。

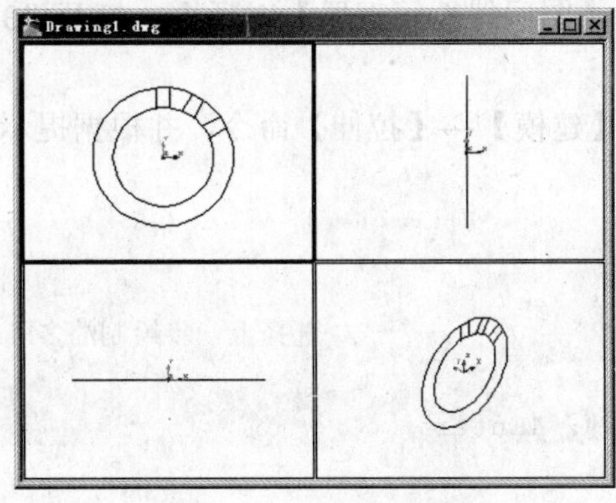

图 7-25　旋转绘制的四条直线

图 7-26　旋转绘制的六条直线

Step 11 选择【修改】→【裁剪】命令，对上一步绘制的直线进行裁剪。结果如图 7-27 所示。

Step 12 选择【修改】→【对象】→【多段线】命令，并根据提示进行如下操作：

```
命令: _pedit 选择多段线或 [多条(M)]: m Enter
选择对象: 找到 24 个                                   //选择上一步裁剪生成的所示圆弧和直
线
选择对象: Enter
```

```
是否将直线和圆弧转换为多段线？[是(Y)/否(N)]？ <Y> Enter
输入选项 [闭合(C)/打开(O)/合并(J)/宽度(W)/拟合(F)/样条曲线(S)/非曲线化(D)/线型生成(L)/放弃(U)]: j Enter
合并类型 = 延伸
输入模糊距离或 [合并类型(J)] <0.0000>: j Enter
输入合并类型 [延伸(E)/添加(A)/两者都(B)] <延伸>: b Enter
合并类型 = 两者都 (延伸或添加)
输入模糊距离或 [合并类型(J)] <0.0000>: Enter
多段线已增加 7 条线段
输入选项 [闭合(C)/打开(O)/合并(J)/宽度(W)/拟合(F)/样条曲线(S)/非曲线化(D)/线型生成(L)/放弃(U)]: Enter
```

结果如图 7-28 所示。

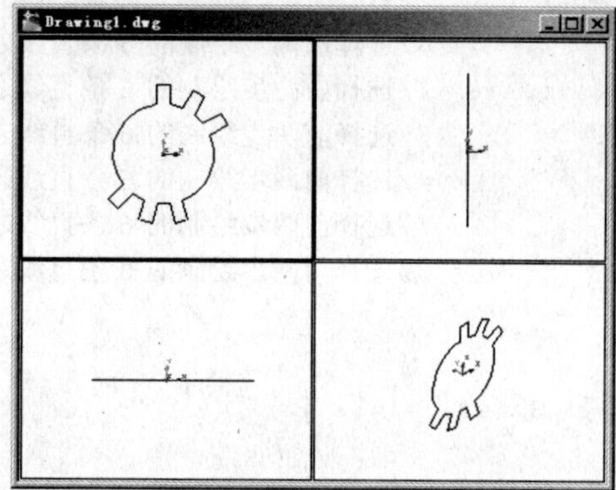

图 7-27　裁剪直线和圆

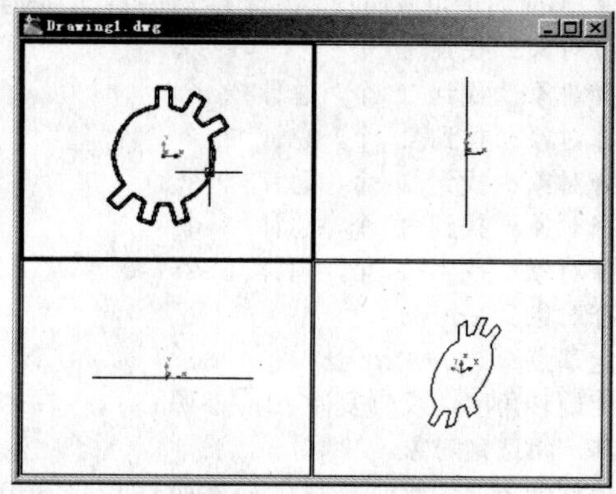

图 7-28　生成一条多段线

Step 13 选择【格式】→【图层】命令，弹出【图层特性管理器】对话框，打开“3d”层。设当前图层为“3d”图层。

设右上角视口为当前视口。选择【绘图】→【建模】→【拉伸】命令，并根据提示进行如下操作：

```
命令: _extrude
当前线框密度: ISOLINES=4
选择要拉伸的对象: 找到 1 个                    //选择上一步绘制的多段线
选择要拉伸的对象: Enter
指定拉伸的高度或 [方向(D)/路径(P)/倾斜角(T)]: 4Enter
```

结果如图 7-29 所示。

Step 14 选择【修改】→【实体编辑】→【交集】命令，并根据提示进行如下操作：

```
命令: _intersect
选择对象: 找到 1 个                    //选择刚刚绘制的拉伸体
选择对象: 找到 1 个，总计 2 个          //选择前面绘制的旋转体
选择对象: Enter
```

结果如图 7-30 所示。

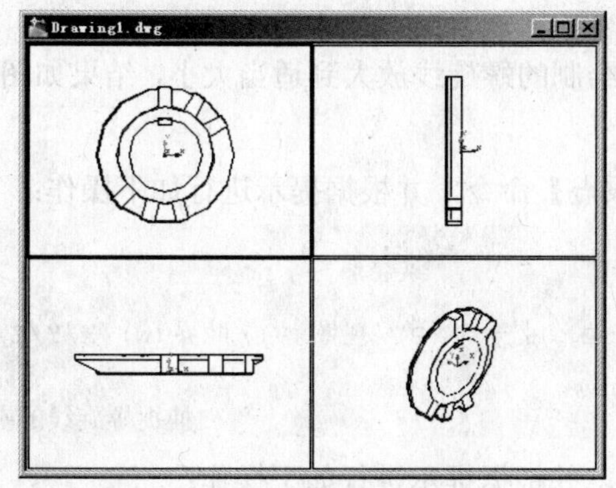

图 7-29　绘制的拉伸体

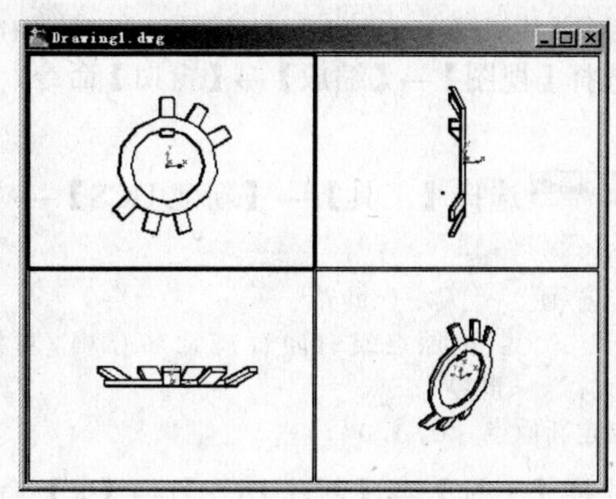

图 7-30　绘制的圆螺母用止动垫圈

步骤 4　保存文件

选择【文件】→【保存】命令，以“EXAMPLE86.dwg”为名保存该图形文件。选择【文件】→【退出】命令，退出 AutoCAD。

实例 87　紧固件

本例通过绘制紧固件，学习综合使用三维建模命令绘制一般三维图形。

步骤 1　新建文件

Step 01 首先启动 AutoCAD 2008 系统，进入三维建模模式。

Step 02 选择【工具】→【草图设置】命令，弹出【草图设置】对话框，确保“启用栅格”没有被勾选。

Step 03 设置层，选择【格式】→【图层】命令，弹出【图层特性管理器】对话框，建立一个“3d”图层，并将“0”图层设为当前图层。

步骤 2　绘制平面图形

Step 01 将“0”图层设为当前图层。选择【绘图】→【螺旋】命令，并根据提示进行如下操作：

```
命令: _Helix
圈数 = 3.0000      扭曲=CCW
指定底面的中心点: 0,0,0 Enter
指定底面半径或 [直径(D)] <1.0000>: 5 Enter
指定顶面半径或 [直径(D)] <5.0000>: 5 Enter
指定螺旋高度或 [轴端点(A)/圈数(T)/圈高(H)/扭曲(W)] <1.0000>: h Enter
指定圈间距 <0.2500>: 2 Enter
```

```
指定螺旋高度或 [轴端点(A)/圈数(T)/圈高(H)/扭曲(W)] <1.0000>: 20 Enter
```

选择【视图】→【缩放】→【窗口】命令，把绘制的螺旋线放大到适当大小，结果如图 7-31 所示。

Step 02 选择【工具】→【新建 UCS】→【原点】命令，并根据提示进行如下操作：

```
命令: _ucs
当前 UCS 名称: *世界*
指定 UCS 的原点或 [面(F)/命名(NA)/对象(OB)/上一个(P)/视图(V)/世界(W)/X/Y/Z/Z 轴(ZA)] <世界>: _o
指定新原点 <0,0,0>:                                                        //捕捉螺旋线的端点
```

选择【工具】→【新建 UCS】→【X】命令，并根据提示进行如下操作：

```
命令: _ucs
当前 UCS 名称: *没有名称*
指定 UCS 的原点或 [面(F)/命名(NA)/对象(OB)/上一个(P)/视图(V)/世界(W)/X/Y/Z/Z 轴(ZA)] <世界>: _x
指定绕 X 轴的旋转角度 <90>: 90 Enter
```

选择【绘图】→【圆】→【圆心，半径】命令，并根据提示进行如下操作：

```
命令: _circle 指定圆的圆心或 [三点(3P)/两点(2P)/相切、相切、半径(T)]:
指定圆的半径或 [直径(D)]: 0.9 Enter
```

结果如图 7-32 所示。

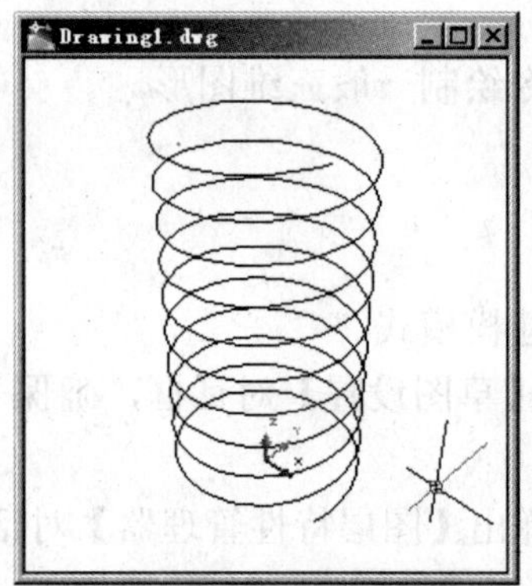

图 7-31　绘制螺纹线

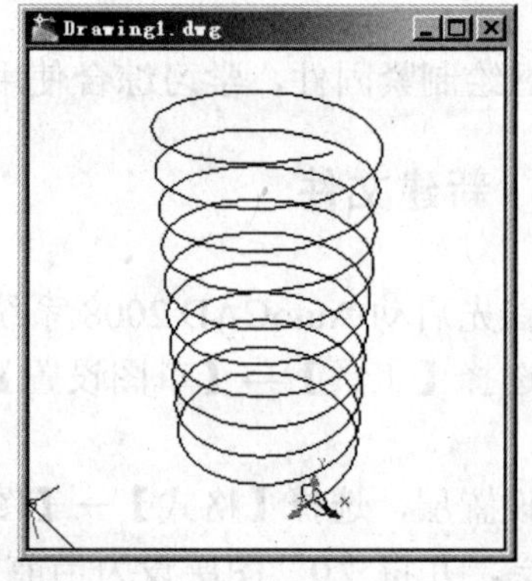

图 7-32　绘制的圆

步骤 3　绘制紧固件

Step 01 将“0”图层设为当前图层。选择【绘图】→【建模】→【扫掠】命令，并根据提示进行如下操作：

```
命令: _sweep
当前线框密度: ISOLINES=4
选择要扫掠的对象: 找到 1 个                                         //选择刚刚绘制的圆
选择要扫掠的对象: Enter
选择扫掠路径或 [对齐(A)/基点(B)/比例(S)/扭曲(T)]:                          //选择绘制的螺旋线
```

结果如图 7-33 所示。

Step 02 选择【工具】→【新建 UCS】→【原点】命令，并根据提示进行如下操作：

```
命令: _ucs
当前 UCS 名称: *没有名称*
指定 UCS 的原点或 [面(F)/命名(NA)/对象(OB)/上一个(P)/视图(V)/世界(W)/X/Y/Z/Z 轴(ZA)] <世界>: _o
指定新原点 <0,0,0>:                                                    //捕捉扫掠体的圆心
```

选择【工具】→【新建 UCS】→【X】命令，并根据提示进行如下操作：

```
命令: _ucs
当前 UCS 名称: *没有名称*
指定 UCS 的原点或 [面(F)/命名(NA)/对象(OB)/上一个(P)/视图(V)/世界(W)/X/Y/Z/Z 轴(ZA)] <世界>: _x
指定绕 X 轴的旋转角度 <90>: -90 Enter
```

选择【绘图】→【建模】→【圆柱体】命令，并根据提示进行如下操作：

```
命令: _cylinder
指定底面的中心点或 [三点(3P)/两点(2P)/相切、相切、半径(T)/椭圆(E)]: 0,0,1 Enter
指定底面半径或 [直径(D)]: 5.8 Enter
指定高度或 [两点(2P)/轴端点(A)]: 18 Enter
```

结果如图 7-34 所示。

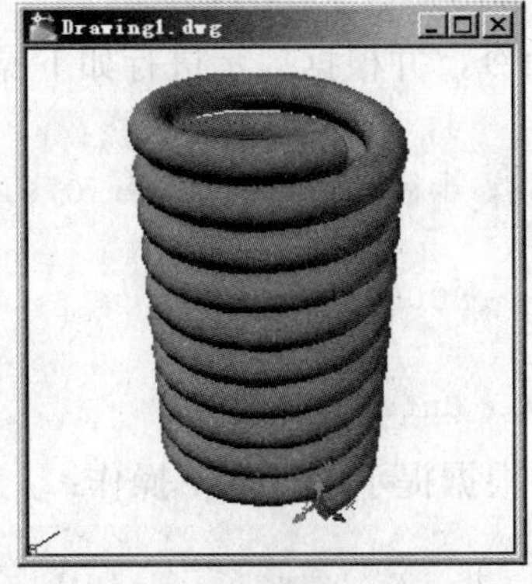

图 7-33　绘制的扫掠体

图 7-34　绘制圆柱体

Step 03 选择【绘图】→【建模】→【圆锥体】命令，并根据提示进行如下操作：

```
命令: _cone
指定底面的中心点或 [三点(3P)/两点(2P)/相切、相切、半径(T)/椭圆(E)]: 0,0,1 Enter
指定底面半径或 [直径(D)] <5.8000>: 5.8 Enter
指定高度或 [两点(2P)/轴端点(A)/顶面半径(T)] <18.0000>: t Enter
指定顶面半径 <0.0000>: 2.5 Enter
指定高度或 [两点(2P)/轴端点(A)] <18.0000>: 2.5 Enter
```

选择【修改】→【三维操作】→【三维旋转】命令，旋转如图 7-35 所示的位置。

Step 04 选择【修改】→【实体编辑】→【并集】命令，并根据提示进行如下操作：

```
命令: _union
选择对象: 找到 1 个                                          //选择刚刚绘制的圆锥体
```

```
选择对象：找到 1 个，总计 2 个                    //选择刚刚绘制的圆柱体
选择对象：Enter
```

选择【修改】→【实体编辑】→【交集】命令，并根据提示进行如下操作：

```
命令：_intersect
选择对象：找到 1 个                              //选择刚刚绘制的圆锥体和圆柱
体的并集
选择对象：找到 1 个，总计 2 个                    //选择绘制的扫掠体
选择对象：Enter
```

结果如图 7-36 所示。

图 7-35　绘制圆锥体

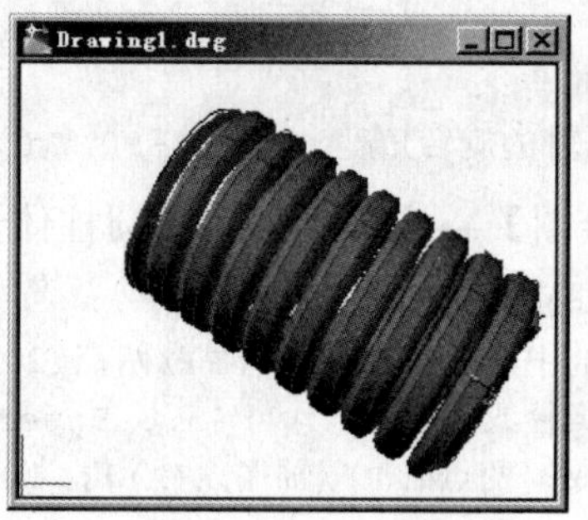

图 7-36　绘制紧固件的螺纹

Step 05 选择【绘图】→【建模】→【圆锥体】命令，并根据提示进行如下操作：

```
命令：_cone
指定底面的中心点或 [三点(3P)/两点(2P)/相切、相切、半径(T)/椭圆(E)]: 0,0,1 Enter
指定底面半径或 [直径(D)] <5.8000>: 5.8 Enter
指定高度或 [两点(2P)/轴端点(A)/顶面半径(T)] <-2.5000>: t Enter
指定顶面半径 <2.5000>: 2.5 Enter
指定高度或 [两点(2P)/轴端点(A)] <-2.5000>: 2.5 Enter
```

选择【绘图】→【建模】→【圆柱体】命令，并根据提示进行如下操作：

```
命令：_cylinder
指定底面的中心点或 [三点(3P)/两点(2P)/相切、相切、半径(T)/椭圆(E)]: 0,0,1 Enter
指定底面半径或 [直径(D)] <5.8000>: 5.1 Enter
指定高度或 [两点(2P)/轴端点(A)] <-2.5000>: 20.5 Enter
```

选择【修改】→【实体编辑】→【并集】命令，并根据提示进行如下操作：

```
命令：_union
选择对象：找到 1 个                              //选择刚刚绘制的圆锥体
选择对象：找到 1 个，总计 2 个                    //选择刚刚绘制的圆柱体
选择对象：找到 1 个，总计 3 个                    //选择上一步绘制的螺纹
选择对象：Enter
```

结果如图 7-37 所示。

Step 06 选择【绘图】→【建模】→【圆锥体】命令，并根据提示进行如下操作：

```
命令：_cone
```

```
指定底面的中心点或 [三点(3P)/两点(2P)/相切、相切、半径(T)/椭圆(E)]://捕捉上一步绘制的圆锥体的上表面的圆心
指定底面半径或 [直径(D)] <5.1000>: 2.5 Enter
指定高度或 [两点(2P)/轴端点(A)/顶面半径(T)] <20.5000>: 1.5 Enter
```

选择【修改】→【实体编辑】→【差集】命令，并根据提示进行如下操作：

```
命令: _subtract 选择要从中减去的实体或面域...
选择对象: 找到 1 个                                 //选择上一步生成的实体
选择对象: Enter
选择要减去的实体或面域 ..
选择对象: 找到 1 个                                 //选择刚刚绘制的圆锥体
选择对象: Enter
```

选择【修改】→【三维操作】→【三维旋转】命令，旋转如图 7-38 所示的位置。

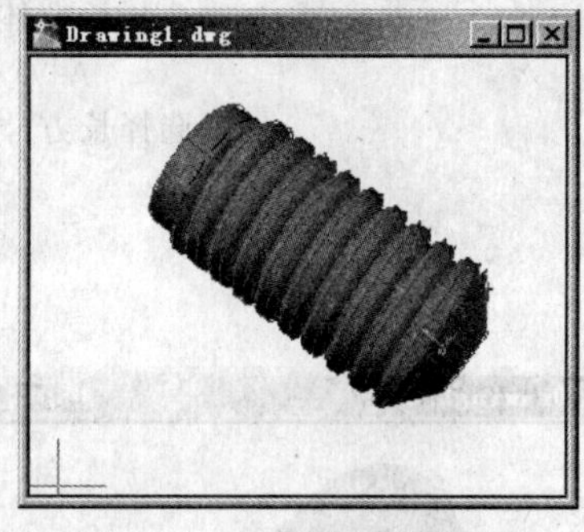

图 7-37　绘制紧固件的螺纹杆

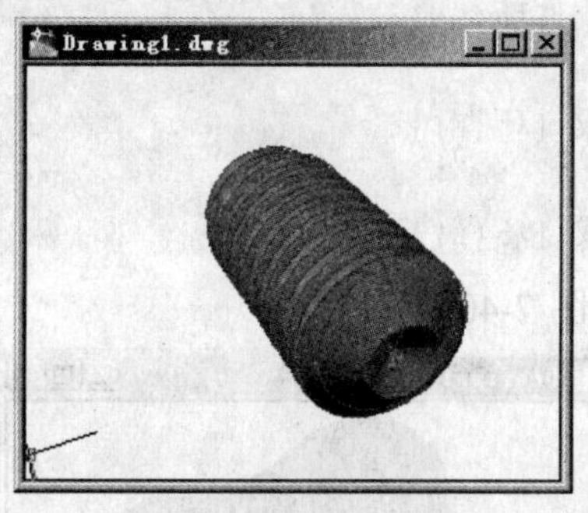

图 7-38　绘制紧固件底部圆锥孔

Step 07 选择【绘图】→【建模】→【长方体】命令，并根据提示进行如下操作：

```
命令: _box
指定第一个角点或 [中心(C)]: c Enter
指定中心:                                           //捕捉上一步绘制的圆锥孔底面圆心
指定角点或 [立方体(C)/长度(L)]: l Enter
指定长度: 12 Enter
指定宽度: 12 Enter
指定高度或 [两点(2P)] <2.5000>: 10 Enter
```

结果如图 7-39 所示。

Step 08 选择【修改】→【倒角】命令，并根据提示进行如下操作：

```
命令: _chamfer
("修剪"模式)当前倒角距离 1 = 0.0000，距离 2 = 0.0000
选择第一条直线或 [放弃(U)/多段线(P)/距离(D)/角度(A)/修剪(T)/方式(E)/多个(M)]: //选择长方体的一个侧面
基面选择...
输入曲面选择选项 [下一个(N)/当前(OK)] <当前(OK)>: OK Enter
指定基面的倒角距离: 1.5 Enter
指定其他曲面的倒角距离 <1.5000>: Enter
选择边或 [环(L)]:                                   //选择长方体的侧面上的一边
```

```
选择边或 [环(L)]:                                    //选择长方体的侧面上的另一边
选择边或 [环(L)]: Enter
```

选择【修改】→【三维操作】→【三维旋转】命令，旋转如图 7-40 所示的位置。

选择【修改】→【倒角】命令，并根据提示进行如下操作：

```
命令: _chamfer
("修剪"模式)当前倒角距离 1 = 1.5000，距离 2 = 1.5000
选择第一条直线或 [放弃(U)/多段线(P)/距离(D)/角度(A)/修剪(T)/方式(E)/多个(M)]://选择长方体的另一个侧面
基面选择...
输入曲面选择选项 [下一个(N)/当前(OK)] <当前(OK)>: OK Enter
指定基面的倒角距离 <1.5000>: Enter
指定其他曲面的倒角距离 <1.5000>: Enter
选择边或 [环(L)]:                                    //选择长方体的侧面上的一边
选择边或 [环(L)]:                                    //选择长方体的侧面上的另一边
选择边或 [环(L)]: Enter
```

结果如图 7-40 所示。

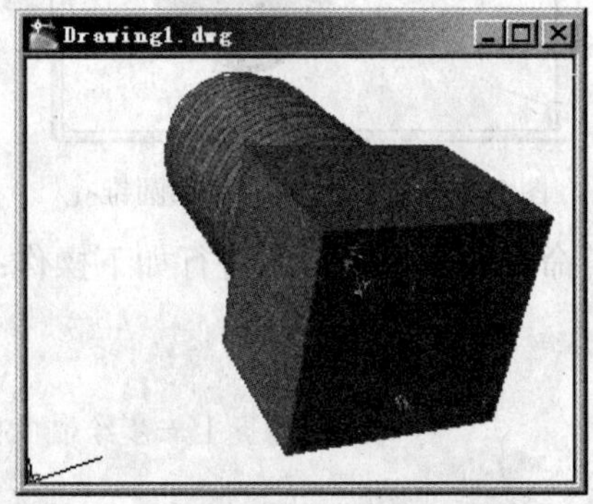

图 7-39　绘制的长方体

图 7-40　绘制紧固件的倒角

Step 09 选择【修改】→【三维操作】→【三维移动】命令，并根据提示进行如下操作：

```
命令: _3dmove
选择对象: 找到 1 个                                  //选择绘制的长方体
选择对象: Enter
指定基点或 [位移(D)] <位移>:                          //选择圆锥体的底面圆心
指定第二个点或 <使用第一个点作为位移>:                  //选择圆柱体远离圆锥体一端的圆心
```

选择【修改】→【实体编辑】→【差集】命令，并根据提示进行如下操作：

```
命令: _union
选择对象: 找到 1 个                                  //选择绘制的长方体
选择对象: 找到 1 个，总计 2 个                        //选择绘制紧固件的螺纹杆
选择对象: Enter
```

结果如图 7-41 所示。

图 7-41　绘制的紧固件

步骤 4　保存文件

选择【文件】→【保存】命令，以“EXAMPLE87.dwg”为名保存该图形文件。选择【文件】→【退出】命令，退出 AutoCAD。

实例 88　手柄

本例通过绘制手柄，学习综合使用三维建模命令绘制一般三维图形。

步骤 1　新建文件

Step 01 启动 AutoCAD 2008 系统，进入三维建模模式。

Step 02 选择【工具】→【草图设置】命令，弹出【草图设置】对话框，确保“启用栅格”没有被勾选。

步骤 2　绘制手柄

Step 01 选择【绘图】→【建模】→【圆柱体】命令，并根据提示进行如下操作：

```
命令：_cylinder
指定底面的中心点或 [三点(3P)/两点(2P)/相切、相切、半径(T)/椭圆(E)]: 0,0,0
指定底面半径或 [直径(D)]: 15
指定高度或 [两点(2P)/轴端点(A)]: 20
```

选择【视图】→【缩放】→【窗口】命令，把绘制的圆柱体放大到适当大小，结果如图 7-42 所示。

Step 02 选择【工具】→【新建 UCS】→【原点】命令，并根据提示进行如下操作：

```
命令：_ucs
当前 UCS 名称：*世界*
指定 UCS 的原点或 [面(F)/命名(NA)/对象(OB)/上一个(P)/视图(V)/世界(W)/X/Y/Z/Z 轴
```

```
(ZA)] <世界>: _o
指定新原点 <0,0,0>:捕捉圆柱体的上表面的圆心
```

选择【绘图】→【建模】→【球体】命令，并根据提示进行如下操作：

```
命令: _sphere
指定中心点或 [三点(3P)/两点(2P)/相切、相切、半径(T)]: 0,0,0 Enter 指定半径或 [直径(D)]
<20.0000>: 20 Enter
```

结果如图 7-43 所示。

图 7-42　绘制的圆柱体

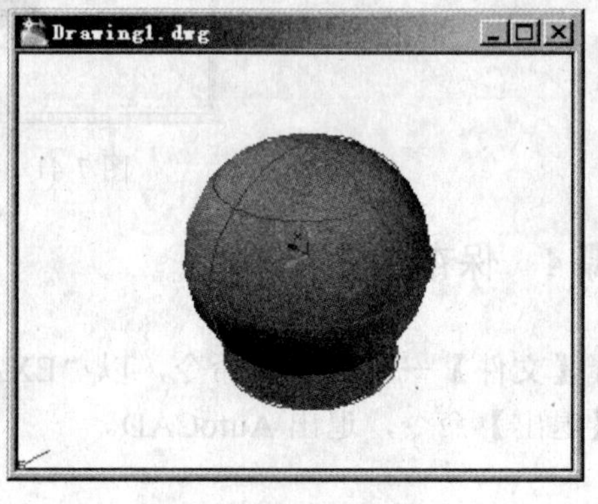

图 7-43　绘制的球体

Step 03 选择【修改】→【三维操作】→【剖切】命令，并根据提示进行如下操作：

```
命令: _slice
选择要剖切的对象: 找到 1 个//选择球体
选择要剖切的对象: Enter
指定 切面 的起点或 [平面对象(O)/曲面(S)/Z 轴(Z)/视图(V)/XY/YZ/ZX/三点(3)] <三点>: xy
Enter
指定 XY 平面上的点 <0,0,0>: Enter
在所需的侧面上指定点或 [保留两个侧面(B)] <保留两个侧面>: 0,0,10 Enter
```

选择【修改】→【实体编辑】→【并集】命令，并根据提示进行如下操作：

```
命令: _union
选择对象: 找到 1 个                                  //选择半球体
选择对象: 找到 1 个，总计 2 个                       //选择长方体
选择对象: Enter
```

结果如图 7-44 所示。

Step 04 选择【工具】→【新建 UCS】→【原点】命令，并根据提示进行如下操作：

```
命令: _ucs
当前 UCS 名称: *没有名称*
指定 UCS 的原点或 [面(F)/命名(NA)/对象(OB)/上一个(P)/视图(V)/世界(W)/X/Y/Z/Z 轴
(ZA)] <世界>: _o
指定新原点 <0,0,0>: 0,0,10 Enter
```

选择【绘图】→【圆】→【圆心，半径】命令，并根据提示进行如下操作：

```
命令: _circle 指定圆的圆心或 [三点(3P)/两点(2P)/相切、相切、半径(T)]: 0,0,0 Enter
指定圆的半径或 [直径(D)]: 10 Enter
```

选择【工具】→【新建 UCS】→【原点】命令，并根据提示进行如下操作：

```
命令: _ucs
当前 UCS 名称: *没有名称*
指定 UCS 的原点或 [面(F)/命名(NA)/对象(OB)/上一个(P)/视图(V)/世界(W)/X/Y/Z/Z 轴(ZA)] <世界>: _o
指定新原点 <0,0,0>: 0,0,25 Enter
```

选择【绘图】→【圆】→【圆心，半径】命令，并根据提示进行如下操作：

```
命令: _circle 指定圆的圆心或 [三点(3P)/两点(2P)/相切、相切、半径(T)]: 0,0,0 Enter
指定圆的半径或 [直径(D)] <10.0000>: 25 Enter
```

选择【工具】→【新建 UCS】→【原点】命令，并根据提示进行如下操作：

```
命令: _ucs
当前 UCS 名称: *没有名称*
指定 UCS 的原点或 [面(F)/命名(NA)/对象(OB)/上一个(P)/视图(V)/世界(W)/X/Y/Z/Z 轴(ZA)] <世界>: _o
指定新原点 <0,0,0>: 0,0,25 Enter
```

选择【绘图】→【圆】→【圆心，半径】命令，并根据提示进行如下操作：

```
命令: _circle 指定圆的圆心或 [三点(3P)/两点(2P)/相切、相切、半径(T)]: 0,0,0 Enter
指定圆的半径或 [直径(D)] <25.0000>: 10 Enter
```

选择【绘图】→【三维多段线】命令，并根据提示进行如下操作：

```
命令: _3dpoly
指定多段线的起点: 0,0,0 Enter
指定直线的端点或 [放弃(U)]: 0,0,-50 Enter
指定直线的端点或 [放弃(U)]: Enter
```

结果如图 7-45 所示。

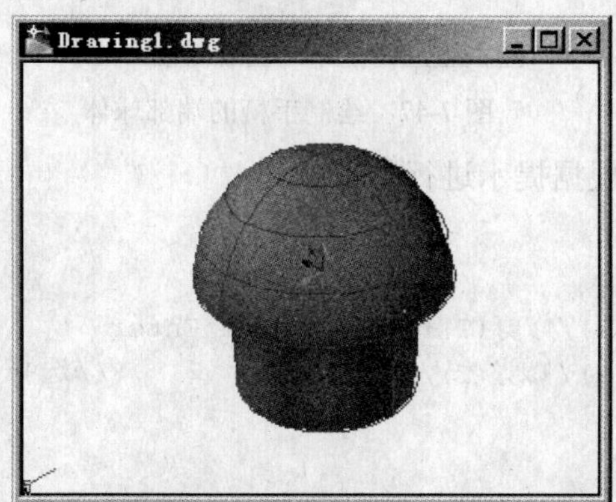

图 7-44 剖切球体

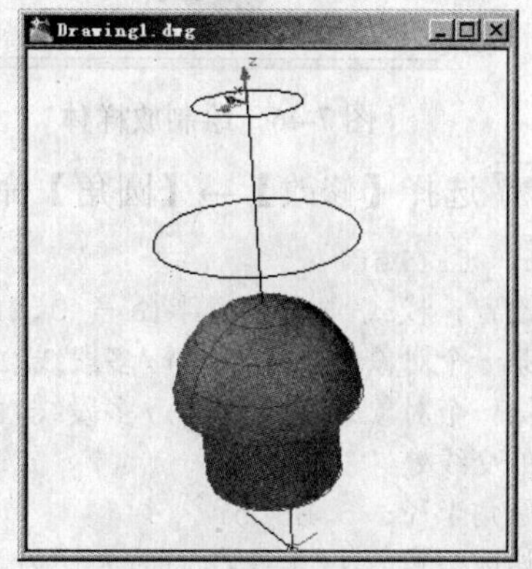

图 7-45 绘制手柄的圆

Step 05 选择【绘图】→【建模】→【放样】命令，并根据提示进行如下操作：

```
命令: _loft
按放样次序选择横截面: 找到 1 个                    //选择第一个绘制的圆
按放样次序选择横截面: 找到 1 个，总计 2 个          //选择第二个绘制的圆
按放样次序选择横截面: 找到 1 个，总计 3 个          //选择第三个绘制的圆
```

```
按放样次序选择横截面: Enter
输入选项 [导向(G)/路径(P)/仅横截面(C)] <仅横截面>: P Enter
选择路径曲线:                                              //选择绘制的三维多段线
```

结果如图 7-46 所示。

Step 06 选择【绘图】→【建模】→【球体】命令，并根据提示进行如下操作：

```
命令: _sphere
指定中心点或 [三点(3P)/两点(2P)/相切、相切、半径(T)]: 0,0,0 Enter
指定半径或 [直径(D)] <20.0000>: 10 Enter
```

选择【修改】→【实体编辑】→【并集】命令，并根据提示进行如下操作：

```
命令: _union
选择对象: 找到 1 个                                    //选择放样体
选择对象: 找到 1 个，总计 2 个                         //选择球体
选择对象: 找到 1 个，总计 3 个                         //选择圆柱体
选择对象: Enter
```

结果如图 7-47 所示。

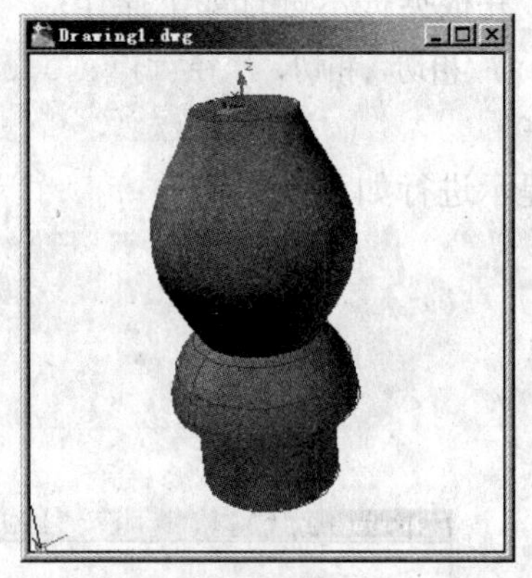

图 7-46　绘制放样体

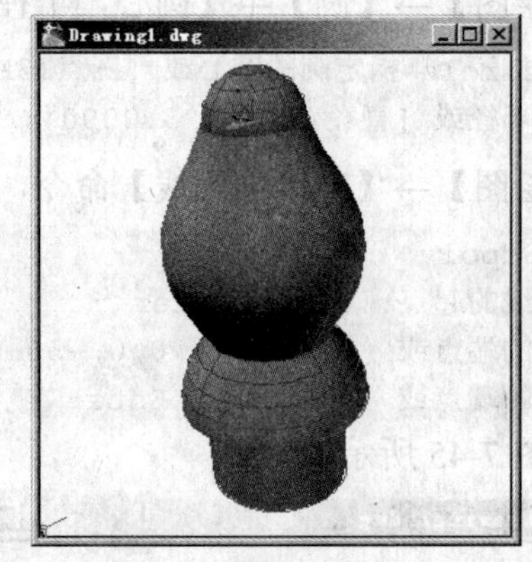

图 7-47　绘制手柄的端部球体

Step 07 选择【修改】→【圆角】命令，并根据提示进行如下操作：

```
命令: _fillet
当前设置: 模式 = 修剪，半径 = 0.0000
选择第一个对象或 [放弃(U)/多段线(P)/半径(R)/修剪(T)/多个(M)]: m Enter
选择第一个对象或 [放弃(U)/多段线(P)/半径(R)/修剪(T)/多个(M)]:         //选择球体与放样体的交线处
输入圆角半径: 5 Enter
选择边或 [链(C)/半径(R)]: Enter
已选定 1 个边用于圆角。
选择第一个对象或 [放弃(U)/多段线(P)/半径(R)/修剪(T)/多个(M)]:         //选择半球体与放样体的交线处
输入圆角半径 <5.0000>: 8 Enter
选择边或 [链(C)/半径(R)]: Enter
已选定 1 个边用于圆角。
选择第一个对象或 [放弃(U)/多段线(P)/半径(R)/修剪(T)/多个(M)]: Enter
```

结果如图 7-48 所示。

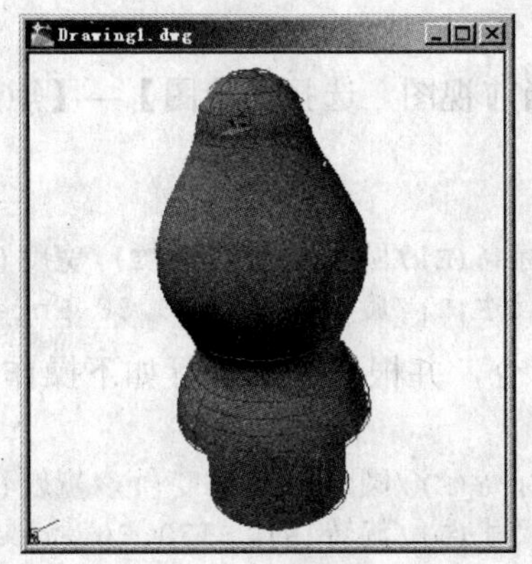

图 7-48　绘制的手柄

步骤 3　保存文件

选择【文件】→【保存】命令，以“EXAMPLE88.dwg”为名保存该图形文件。选择【文件】→【退出】命令，退出 AutoCAD。

实例 89　球轴承

本例通过绘制球轴承，学习综合使用三维建模命令绘制一般三维图形。

步骤 1　新建文件

Step 01 首先启动 AutoCAD 2008 系统，进入三维建模模式。

Step 02 选择【工具】→【草图设置】命令，弹出【草图设置】对话框，确保“启用栅格”没有被勾选。

Step 03 选择【视图】→【三维视图】→【视点预置】命令，弹出【视点预置】对话框。在该对话框中，设在“自 X 轴”文本框中设置观察角度在 XY 平面上与 X 轴的夹角为 325，在“自 XY 平面”文本框中设置观察角度与 XY 平面的夹角为 45，通过这两个夹角就可以得到一个相对于当前坐标系（WCS 或 UCS）的特定三维视图。

Step 04 选择【视图】→【视口】→【四个视口】命令。

Step 05 设置视口。为了便于绘图，可以设置四个视口，在三维建模时便于观察和三维操作。将左上角视口设置为主视图。

Step 06 选择【工具】→【选项】命令，弹出【选项】对话框。单击【选项】对话框中的【窗口元素】选项框的【颜色】按钮，弹出【图形窗口颜色】对话框。在【背景】选项框中选择“三维平行投影”选项；在【界面元素】选项框中选择“统一背景”选项；在【颜色】选框中选择“黑”选项。设置完成后，单击【应用并关闭】按钮，返回【选项】对话框。单击【确定】按钮，完成设置返回到绘图模式。

步骤 2　绘制平面图形

Step 01 将右上角视口设为当前视图。选择【绘图】→【矩形】命令，并根据提示进行如下操作：

```
命令: _rectang
指定第一个角点或 [倒角(C)/标高(E)/圆角(F)/厚度(T)/宽度(W)]: 0,0 Enter
指定另一个角点或 [面积(A)/尺寸(D)/旋转(R)]: 10,30 Enter
```

选择【绘图】→【矩形】命令，并根据提示进行如下操作：

```
命令: _rectang
指定第一个角点或 [倒角(C)/标高(E)/圆角(F)/厚度(T)/宽度(W)]: 20,0 Enter
指定另一个角点或 [面积(A)/尺寸(D)/旋转(R)]: 30,30 Enter
```

在每个视口，选择【视图】→【缩放】→【窗口】命令，把绘制的矩形放大到适当大小，结果如图 7-49 所示。

Step 02 将右上角视口设为当前视图。选择【绘图】→【圆】→【圆心，半径】命令，并根据提示进行如下操作：

```
命令: _circle 指定圆的圆心或 [三点(3P)/两点(2P)/相切、相切、半径(T)]: 15,15 Enter
指定圆的半径或 [直径(D)]: 8 Enter
```

选择【修改】→【修剪】命令，并根据提示进行如下操作：

```
命令: _trim
当前设置:投影=UCS、边=无
选择剪切边...
选择对象或 <全部选择>: Enter
选择要修剪的对象，或按住 Shift 键选择要延伸的对象，或[栏选(F)/窗交(C)/投影(P)/边(E)/删除(R)/放弃(U)]://选择左边矩形与圆相交的直线圆内的部分
选择要修剪的对象，或按住 Shift 键选择要延伸的对象，或[栏选(F)/窗交(C)/投影(P)/边(E)/删除(R)/放弃(U)]: //选择右边矩形与圆相交的直线圆内的部分
[栏选(F)/窗交(C)/投影(P)/边(E)/删除(R)/放弃(U)]://选择两个矩形之间的圆弧上面部分
选择要修剪的对象，或按住 Shift 键选择要延伸的对象，或[栏选(F)/窗交(C)/投影(P)/边(E)/删除(R)/放弃(U)]: //选择两个矩形之间的圆弧下面部分
选择要修剪的对象，或按住 Shift 键选择要延伸的对象，或[栏选(F)/窗交(C)/投影(P)/边(E)/删除(R)/放弃(U)]: Enter
```

结果如图 7-50 所示。

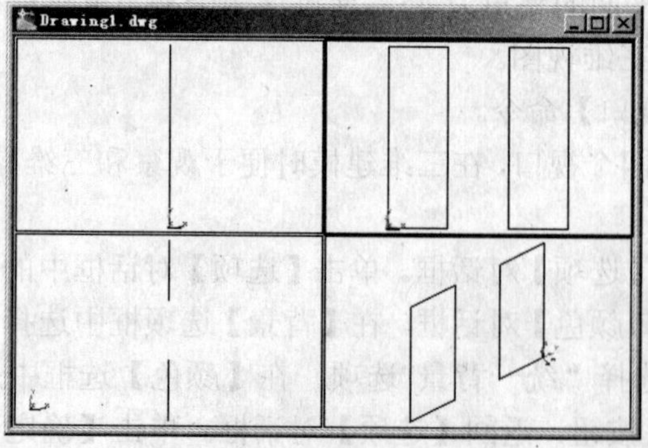

图 7-49　绘制的两个矩形

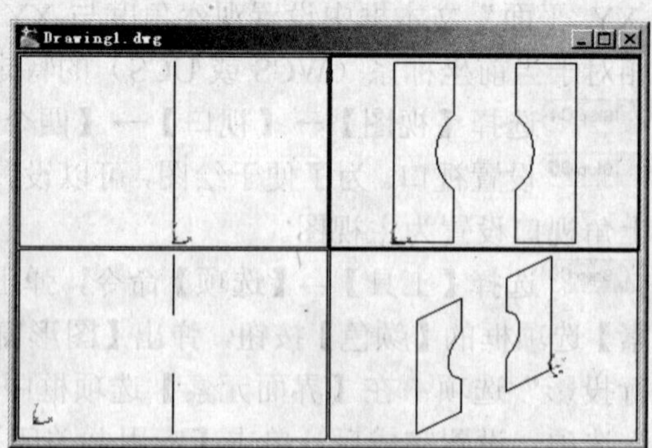

图 7-50　绘制球轴承的内环

Step 03 选择【修改】→【对象】→【多段线】命令，并根据提示进行如下操作：

```
命令: _pedit 选择多段线或 [多条(M)]://选择左边一个矩形
输入选项 [闭合(C)/合并(J)/宽度(W)/编辑顶点(E)/拟合(F)/样条曲线(S)/非曲线化(D)/线型生成(L)/放弃(U)]: j Enter
选择对象: 找到 1 个                                    //选择与左边的矩形相连的圆弧
选择对象: Enter
1 条线段已添加到多段线
输入选项 [打开(O)/合并(J)/宽度(W)/编辑顶点(E)/拟合(F)/样条曲线(S)/非曲线化(D)/线型生成(L)/放弃(U)]: Enter
```

选择【修改】→【倒角】命令，并根据提示进行如下操作：

```
命令: _chamfer
("修剪"模式)当前倒角距离 1 = 0.0000，距离 2 = 0.0000
选择第一条直线或 [放弃(U)/多段线(P)/距离(D)/角度(A)/修剪(T)/方式(E)/多个(M)]: d Enter
指定第一个倒角距离 <0.0000>: 0.5 Enter
指定第二个倒角距离 <0.5000>: 0.5 Enter
选择第一条直线或 [放弃(U)/多段线(P)/距离(D)/角度(A)/修剪(T)/方式(E)/多个(M)]: p Enter
选择二维多段线: Enter
4 条直线已被倒角
1 条 平行
```

同样对第二个截面倒角，如图7-51所示。

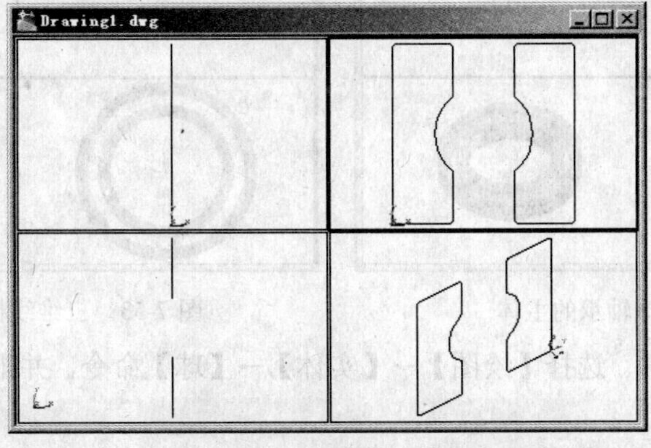

图7-51　绘制球轴承的截面

Step 04 选择【修改】→【移动】命令，并根据提示进行如下操作：

```
命令: _move
选择对象:找到 1 个//选择左边的多段线
选择对象:找到 1 个，总计 2 个//选择右边的多段线
选择对象: Enter
指定基点或位移: 0,0 Enter
指定位移的第二点或 <用第一点作位移>: 50,0 Enter
```

步骤 3　绘制球轴承

Step 01 设当前图层为“3d”层。选择【绘图】→【建模】→【旋转】命令，并根据提示进行如下操作：

```
命令: _revolve
当前线框密度:  ISOLINES=4
选择要旋转的对象: 找到 1 个//选择左边的多段线
选择要旋转的对象: 找到 1 个, 总计 2 个//选择右边的多段线
选择要旋转的对象: Enter
指定轴起点或根据以下选项之一定义轴 [对象(O)/X/Y/Z] <对象>: 0,0 Enter
指定轴端点: 0,50 Enter
指定旋转角度或 [起点角度(ST)] <360>: Enter
```

分别在四个视口中，滚动鼠标中键，对视图进行缩放，如图 7-52 所示。

Step 02 将右上角视口设为当前视图。选择【视图】→【视觉样式】→【三维线框】命令，命令行的显示如下所示。

```
命令: _vscurrent
输入选项 [二维线框 (2) /三维线框 (3) /三维隐藏(H)/真实(R)/概念(C)/其他(O)] <三维线框>:
_H
```

结果如图 7-53 所示。

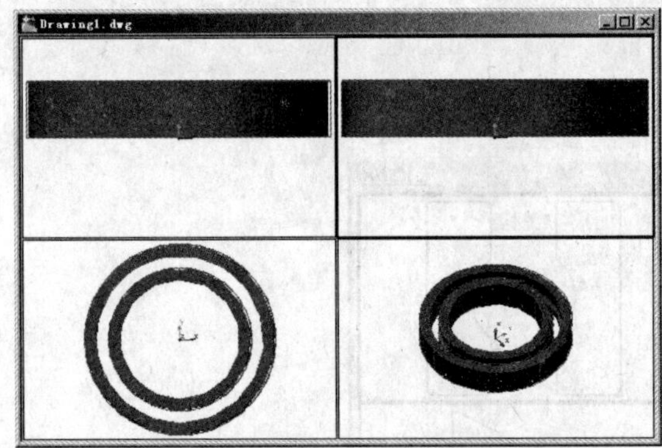

图 7-52　绘制球轴承的主体

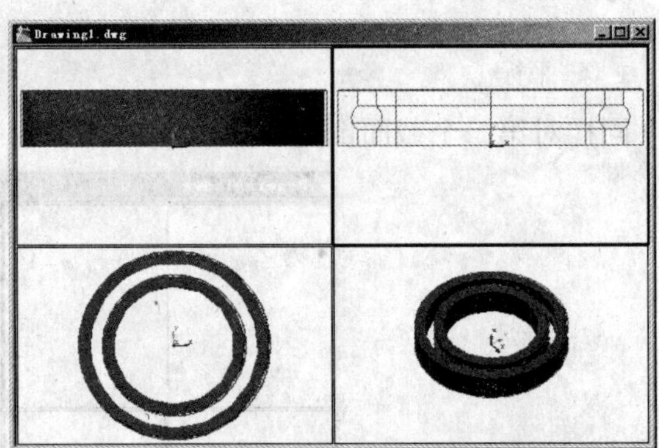

图 7-53　三维线框显示轴承外壳

Step 03 绘制一个滚珠。选择【绘图】→【实体】→【球】命令，并根据提示进行如下操作：

```
命令: _sphere
指定中心点或 [三点(3P)/两点(2P)/相切、相切、半径(T)]: 65,15,0
指定半径或 [直径(D)]: 8
```

如图 7-54 所示。

Step 04 三维阵列滚珠。选择【修改】→【三维操作】→【三维阵列】命令，并根据提示进行如下操作：

```
命令: _3darray
正在初始化...  已加载 3DARRAY。
选择对象: 找到 1 个                                    //选取刚刚画的一个球体
选择对象: Enter
```

```
输入阵列类型 [矩形(R)/环形(P)] <矩形>:p Enter
输入阵列中的项目数目: 18 Enter
指定要填充的角度 (+=逆时针, -=顺时针)<360>: Enter
旋转阵列对象? [是(Y)/否(N)] <Y>: Enter
指定阵列的中心点: 0,0,0 Enter
指定旋转轴上的第二点: 0,50,0 Enter
```

最终完成的球轴承如图 7-55 所示。

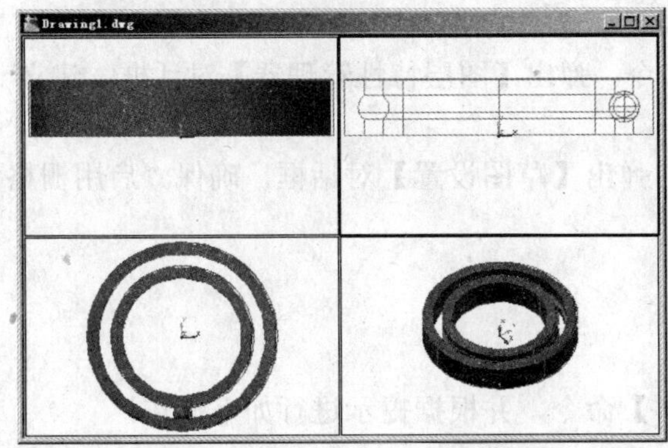

图 7-54　绘制轴承的滚珠

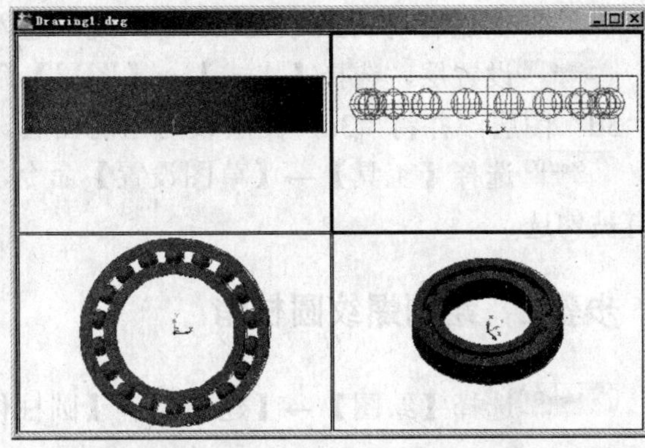

图 7-55　球轴承

Step 05 选择【视图】→【视觉样式】→【真实】命令，命令行的显示如下所示。

```
命令: _vscurrent
输入选项 [二维线框 (2) /三维线框 (3) /三维隐藏(H)/真实(R)/概念(C)/其他(O)] <三维线框>:
_R
```

结果如图 7-56 所示。

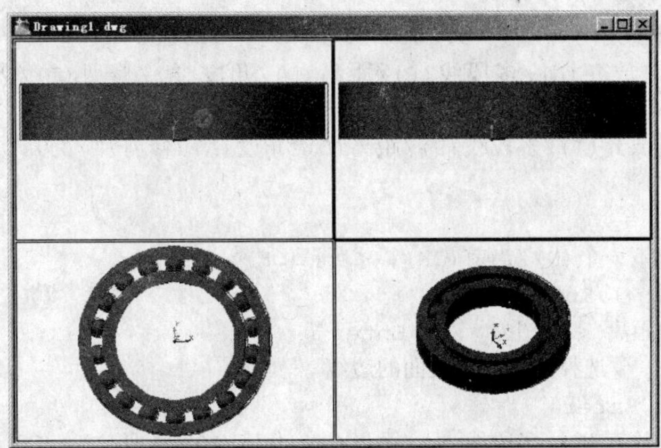

图 7-56　真实视觉样式的球轴承

步骤 4　保存文件

选择【文件】→【保存】命令，以“EXAMPLE89.dwg”为名保存该图形文件。选择【文件】→【退出】命令，退出 AutoCAD。

实例 90　螺纹圆柱销

本例通过绘制螺纹圆柱销，学习综合使用三维建模命令绘制一般三维图形。

步骤 1　新建文件

Step 01 首先启动 AutoCAD 2008 系统，进入三维建模模式。

Step 02 设置层，选择【格式】→【图层】命令，弹出【图层特性管理器】对话框，建立一个“3d”图层，并将“3d”图层设为当前图层。

Step 03 选择【工具】→【草图设置】命令，弹出【草图设置】对话框，确保“启用栅格”没有被勾选。

步骤 2　绘制螺纹圆柱销

Step 01 选择【绘图】→【建模】→【圆柱体】命令，并根据提示进行如下操作：

```
命令: _cylinder
指定底面的中心点或 [三点(3P)/两点(2P)/相切、相切、半径(T)/椭圆(E)]: 0,0,0 Enter
指定底面半径或 [直径(D)] <2.0000>: 5 Enter
指定高度或 [两点(2P)/轴端点(A)] <10.0000>: 25 Enter
```

设置视图。选择【视图】→【三维视图】→【西南等轴测】命令。结果如图 7-57 所示。

Step 02 选择【修改】→【倒角】命令，并根据提示进行如下操作：

```
命令: _chamfer
(“修剪”模式)当前倒角距离 1 = 0.0000，距离 2 = 0.0000
选择第一条直线或 [放弃(U)/多段线(P)/距离(D)/角度(A)/修剪(T)/方式(E)/多个(M)]:  m
Enter
选择第一条直线或 [放弃(U)/多段线(P)/距离(D)/角度(A)/修剪(T)/方式(E)/多个(M)]: //选择
圆柱体上表面
基面选择...
输入曲面选择选项 [下一个(N)/当前(OK)] <当前(OK)>: Enter
指定基面的倒角距离: 1 Enter
指定其他曲面的倒角距离 <1.0000>: 1 Enter
选择边或 [环(L)]: //选择圆柱体上表面的边线
选择边或 [环(L)]: Enter
选择第一条直线或 [放弃(U)/多段线(P)/距离(D)/角度(A)/修剪(T)/方式(E)/多个(M)]: //选择
圆柱体下表面
基面选择...
输入曲面选择选项 [下一个(N)/当前(OK)] <当前(OK)>: Enter
指定基面的倒角距离 <1.0000>: Enter
指定其他曲面的倒角距离 <1.0000>: Enter
选择边或 [环(L)]: //选择圆柱体下表面的边线
选择边或 [环(L)]: Enter
选择第一条直线或 [放弃(U)/多段线(P)/距离(D)/角度(A)/修剪(T)/方式(E)/多个(M)]: Enter
```

选择【修改】→【三维操作】→【三维旋转】命令，旋转如图 7-58 所示的位置。

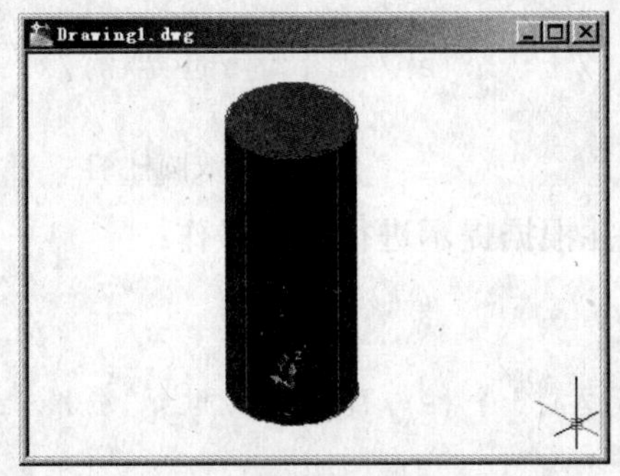

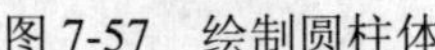
图 7-57 绘制圆柱体

图 7-58 编辑圆柱体

Step 03 选择【修改】→【三维操作】→【三维旋转】命令，旋转如图 7-59 所示的位置。

```
选择【绘图】→【建模】→【多段体】命令，并根据提示进行如下操作：命令： _Polysolid 指定起点
或 [对象(O)/高度(H)/宽度(W)/对正(J)] <
对象>: h Enter
指定高度 <80.0000>: 5 Enter
指定起点或 [对象(O)/高度(H)/宽度(W)/对正(J)] <对象>: w Enter
指定宽度 <5.0000>: 1.5 Enter
指定起点或 [对象(O)/高度(H)/宽度(W)/对正(J)] <对象>: 6,0Enter
指定下一个点或 [圆弧(A)/放弃(U)]: -6,0 Enter
指定下一个点或 [圆弧(A)/放弃(U)]: Enter
```

结果如图 7-59 所示。

Step 04 选择【修改】→【三维操作】→【三维旋转】命令，旋转如图 7-60 所示的位置。

选择【修改】→【实体编辑】→【差集】命令，并根据提示进行如下操作：

```
命令: _subtract 选择要从中减去的实体或面域...
选择对象: 找到 1 个                                    //选择圆柱体
选择对象: Enter
选择要减去的实体或面域 ..
选择对象: 找到 1 个                                    //选择多段体
选择对象: Enter
```

结果如图 7-60 所示。

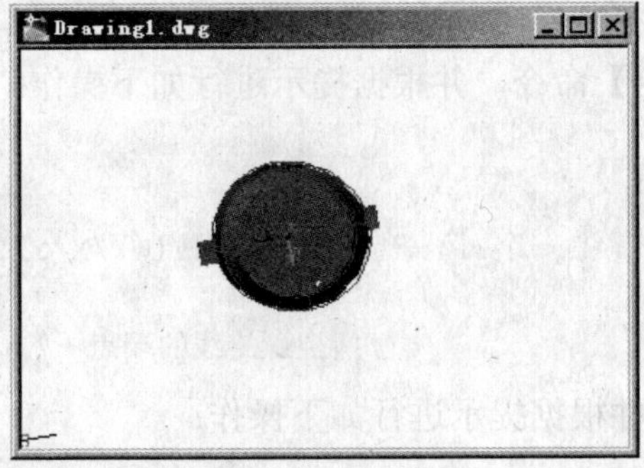

图 7-59 绘制多段体

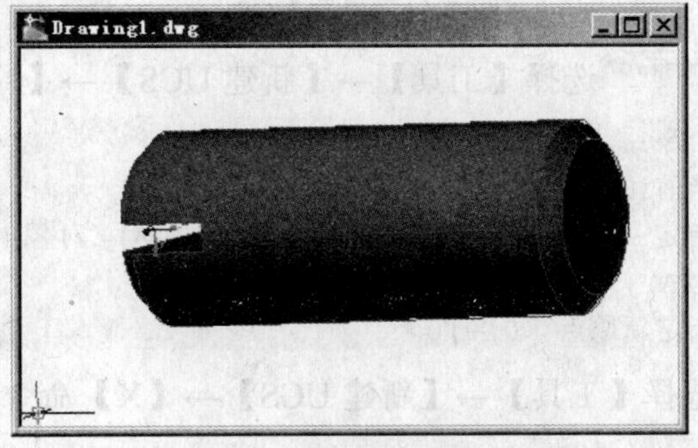

图 7-60 绘制螺纹圆柱销的槽

Step 05 选择【工具】→【新建 UCS】→【原点】命令，并根据提示进行如下操作：

```
命令: _ucs
当前 UCS 名称: *俯视*
指定 UCS 的原点或 [面(F)/命名(NA)/对象(OB)/上一个(P)/视图(V)/世界(W)/X/Y/Z/Z 轴(ZA)] <世界>: _o
指定新原点 <0,0,0>:                                          //捕捉螺纹圆柱销
```

选择【工具】→【新建 UCS】→【X】命令，并根据提示进行如下操作：

```
命令: _ucs
当前 UCS 名称: *没有名称*
指定 UCS 的原点或 [面(F)/命名(NA)/对象(OB)/上一个(P)/视图(V)/世界(W)/X/Y/Z/Z 轴(ZA)] <世界>: _x
指定绕 X 轴的旋转角度 <90>: 180 Enter
```

结果如图 7-61 所示。

Step 06 将“0”图层设为当前图层。选择【绘图】→【螺旋】命令，并根据提示进行如下操作：

```
命令: _Helix
圈数 = 3.0000      扭曲=CCW
指定底面的中心点:0,0,0 Enter
指定底面半径或 [直径(D)] <1.0000>: 5Enter
指定顶面半径或 [直径(D)] <5.0000>: 5 Enter
指定螺旋高度或 [轴端点(A)/圈数(T)/圈高(H)/扭曲(W)] <10.0000>: h Enter
指定圈间距 <3.3333>: 2 Enter
指定螺旋高度或 [轴端点(A)/圈数(T)/圈高(H)/扭曲(W)] <10.0000>: 10 Enter
```

结果如图 7-62 所示。

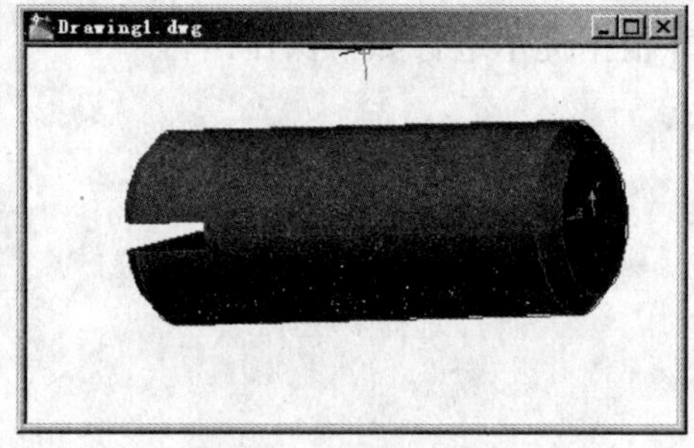

图 7-61　设置 UCS

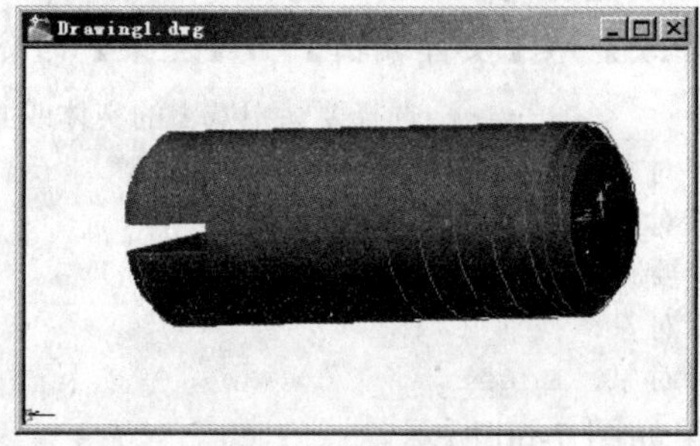

图 7-62　绘制螺旋线

Step 07 选择【工具】→【新建 UCS】→【原点】命令，并根据提示进行如下操作：

```
命令: _ucs
当前 UCS 名称: *没有名称*
指定 UCS 的原点或 [面(F)/命名(NA)/对象(OB)/上一个(P)/视图(V)/世界(W)/X/Y/Z/Z 轴(ZA)] <世界>: _o
指定新原点 <0,0,0>:                                          //捕捉螺旋线的端点
```

选择【工具】→【新建 UCS】→【X】命令，并根据提示进行如下操作：

```
命令: _ucs
当前 UCS 名称: *没有名称*
指定 UCS 的原点或 [面(F)/命名(NA)/对象(OB)/上一个(P)/视图(V)/世界(W)/X/Y/Z/Z 轴
```

```
(ZA)] <世界>: _x
指定绕 X 轴的旋转角度 <90>: -90 Enter
```

选择【绘图】→【圆】→【圆心，半径】命令，并根据提示进行如下操作：

```
命令: _circle 指定圆的圆心或 [三点(3P)/两点(2P)/相切、相切、半径(T)]: 0,0,0 Enter
指定圆的半径或 [直径(D)]: 0.9 Enter
```

结果如图 7-63 所示。

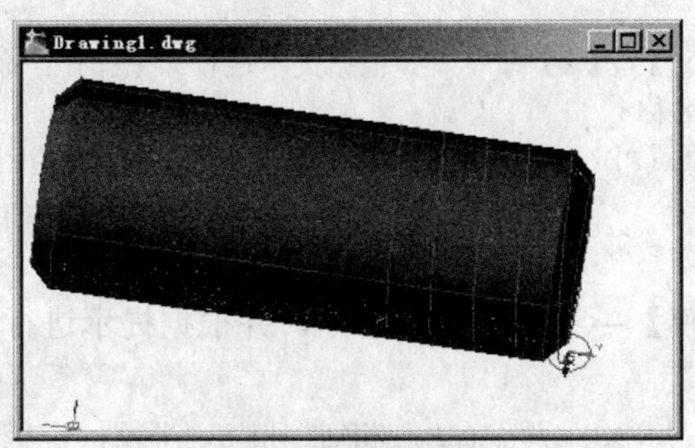

图 7-63　绘制圆

Step 08 将“0”图层设为当前图层。选择【绘图】→【建模】→【扫掠】命令，并根据提示进行如下操作：

```
命令: _sweep
当前线框密度: ISOLINES=4
选择要扫掠的对象: 找到 1 个                                   //选择刚刚绘制的圆
选择要扫掠的对象: Enter
选择扫掠路径或 [对齐(A)/基点(B)/比例(S)/扭曲(T)]:                    //选择螺旋线
```

结果如图 7-64 所示。

Step 09 选择【修改】→【实体编辑】→【差集】命令，并根据提示进行如下操作：

```
命令: _subtract 选择要从中减去的实体或面域...
选择对象: 找到 1 个                                          //选择圆柱体
选择对象: Enter
选择要减去的实体或面域 ..
选择对象: 找到 1 个                                          //选择扫掠体
选择对象: Enter
```

结果如图 7-65 所示。

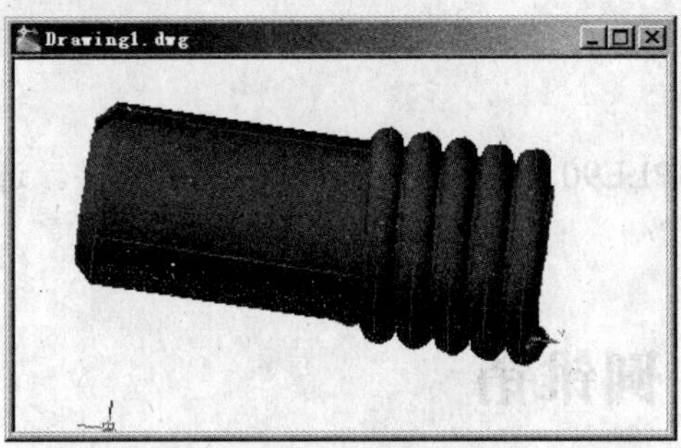

图 7-64　绘制扫掠体

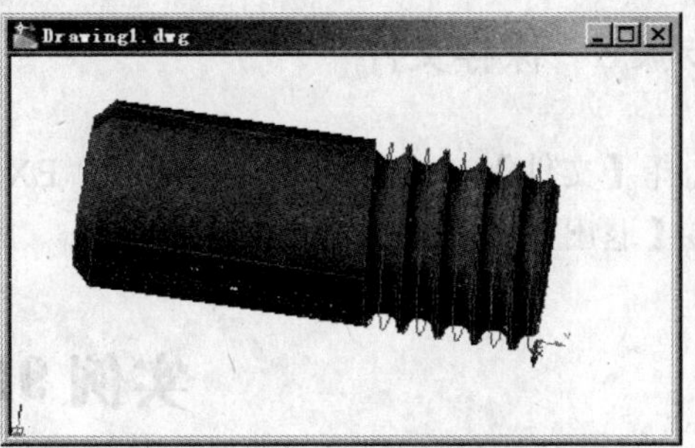

图 7-65　绘制螺纹

Step 10 选择【格式】→【图层】命令，弹出【图层特性管理器】对话框，关闭“0”图层。选择【工具】→【新建 UCS】→【原点】命令，并根据提示进行如下操作：

```
命令: _ucs
当前 UCS 名称: *没有名称*
指定 UCS 的原点或 [面(F)/命名(NA)/对象(OB)/上一个(P)/视图(V)/世界(W)/X/Y/Z/Z 轴(ZA)] <世界>: _o
指定新原点 <0,0,0>:                                         //捕捉圆柱体的底面圆心
选择【工具】→【新建 UCS】→【X】命令，并根据提示进行如下操作: 命令: _ucs
当前 UCS 名称: *没有名称*
指定 UCS 的原点或 [面(F)/命名(NA)/对象(OB)/上一个(P)/视图(V)/世界(W)/X/Y/Z/Z 轴(ZA)] <世界>: _x
指定绕 X 轴的旋转角度 <90>: 180 Enter
```

选择【绘图】→【建模】→【圆柱体】命令，并根据提示进行如下操作：

```
命令: _cylinder
指定底面的中心点或 [三点(3P)/两点(2P)/相切、相切、半径(T)/椭圆(E)]: 0,0,0 Enter
指定底面半径或 [直径(D)]: 4.2 Enter
指定高度或 [两点(2P)/轴端点(A)]: 14 Enter
```

选择【修改】→【实体编辑】→【并集】命令，并根据提示进行如下操作：

```
命令: _union
选择对象: 找到 1 个                                  //选择刚刚绘制的圆柱体
选择对象: 找到 1 个, 总计 2 个                        //选择有螺纹的圆柱体
选择对象: Enter
```

结果如图 7-66 所示。

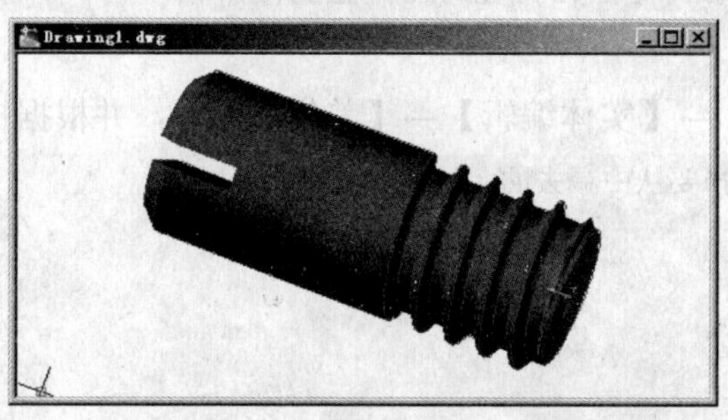

图 7-66　绘制的螺纹圆柱销

步骤 3　保存文件

选择【文件】→【保存】命令，以“EXAMPLE90.dwg”为名保存该图形文件。选择【文件】→【退出】命令，退出 AutoCAD。

实例 91　圆锥销

本例通过绘制圆锥销，学习综合使用三维建模命令绘制一般三维图形。

步骤 1　新建文件

Step 01 首先启动 AutoCAD 2008 系统，进入三维建模模式。

Step 02 设置层，选择【格式】→【图层】命令，弹出【图层特性管理器】对话框，建立一个“3d”图层，并将“3d”图层设为当前图层。

Step 03 选择【工具】→【草图设置】命令，弹出【草图设置】对话框，确保“启用栅格”没有被勾选。

步骤 2　绘制圆锥销

Step 01 设置视图。选择【视图】→【三维视图】→【西南等轴测】命令。

选择【绘图】→【建模】→【圆锥体】命令，并根据提示进行如下操作：

```
命令: _cone
指定底面的中心点或 [三点(3P)/两点(2P)/相切、相切、半径(T)/椭圆(E)]: 0,0 ,0Enter
指定底面半径或 [直径(D)] <0.0000>: 10 Enter
指定高度或 [两点(2P)/轴端点(A)/顶面半径(T)]: t Enter
指定顶面半径 <0.0000>: 8 Enter
指定高度或 [两点(2P)/轴端点(A)]: 100 Enter
```

选择【视图】→【缩放】→【窗口】命令，把绘制的圆锥体放大到适当大小。结果如图 7-67 所示。

Step 02 选择【修改】→【倒角】命令，并根据提示进行如下操作：

```
命令: _chamfer
(“修剪”模式)当前倒角距离 1 = 0.0000，距离 2 = 0.0000
选择第一条直线或 [放弃(U)/多段线(P)/距离(D)/角度(A)/修剪(T)/方式(E)/多个(M)]: m
Enter
选择第一条直线或 [放弃(U)/多段线(P)/距离(D)/角度(A)/修剪(T)/方式(E)/多个(M)]: //选择
圆锥体上表面
基面选择...
输入曲面选择选项 [下一个(N)/当前(OK)] <当前(OK)>: OK Enter
指定基面的倒角距离: 1.5 Enter
指定其他曲面的倒角距离 <1.5000>: 1.5 Enter
选择边或 [环(L)]:                                    //选择圆锥体上表面的边线
选择边或 [环(L)]: Enter
选择第一条直线或 [放弃(U)/多段线(P)/距离(D)/角度(A)/修剪(T)/方式(E)/多个(M)]: //选择
圆锥体下表面
基面选择...
输入曲面选择选项 [下一个(N)/当前(OK)] <当前(OK)>: OK Enter
指定基面的倒角距离 <1.5000>: Enter
指定其他曲面的倒角距离 <1.5000>: Enter
选择边或 [环(L)]:                                    //选择圆锥体上表面的边线
选择边或 [环(L)]: Enter
选择第一条直线或 [放弃(U)/多段线(P)/距离(D)/角度(A)/修剪(T)/方式(E)/多个(M)]: Enter
```

结果如图 7-68 所示。

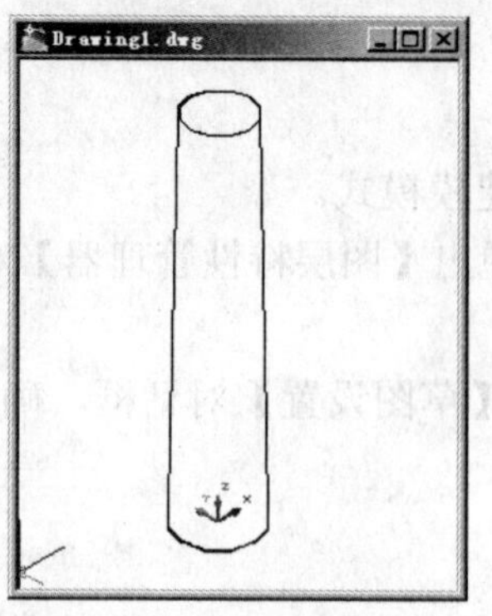

图 7-67　绘制圆锥体

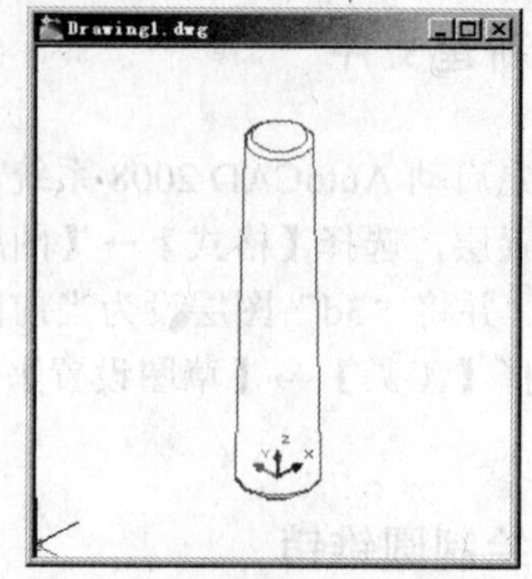

图 7-68　编辑圆锥体

Step 03 选择【视图】→【视口】→【四个视口】命令。设置视口。将左上角视口设置为主视图。将左下角视口设置为俯视图。将右上角视口设置为左视图。右下角视口设置不变。结果如图 7-69 所示。

Step 04 选择【工具】→【新建 UCS】→【原点】命令，并根据提示进行如下操作：

```
命令: _ucs
当前 UCS 名称: *俯视*
指定 UCS 的原点或 [面(F)/命名(NA)/对象(OB)/上一个(P)/视图(V)/世界(W)/X/Y/Z/Z 轴(ZA)] <世界>: _o
指定新原点 <0,0,0>: 0,0,100 Enter
```

将左下角视口设置为当前视口。选择【绘图】→【建模】→【多段体】命令，并根据提示进行如下操作：

```
命令: _Polysolid 指定起点或 [对象(O)/高度(H)/宽度(W)/对正(J)] <对象>: h Enter
指定高度 <80.0000>: 40 Enter
指定起点或 [对象(O)/高度(H)/宽度(W)/对正(J)] <对象>: w Enter
指定宽度 <5.0000>: 2 Enter
指定起点或 [对象(O)/高度(H)/宽度(W)/对正(J)] <对象>: -10,0 Enter
指定下一个点或 [圆弧(A)/放弃(U)]: 10,0 Enter
指定下一个点或 [圆弧(A)/放弃(U)]: Enter
```

结果如图 7-70 所示。

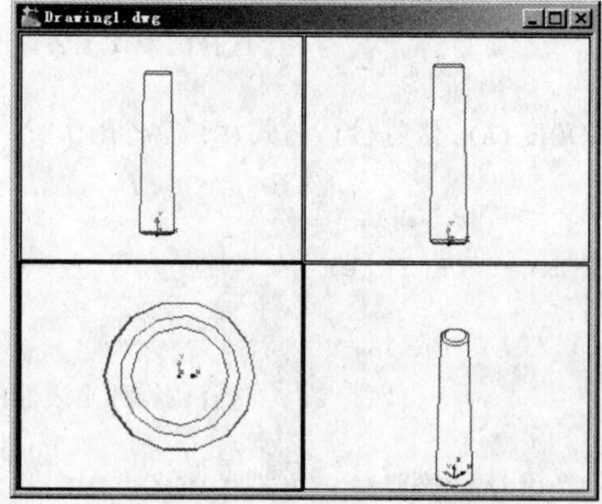

图 7-69　设置四个视口

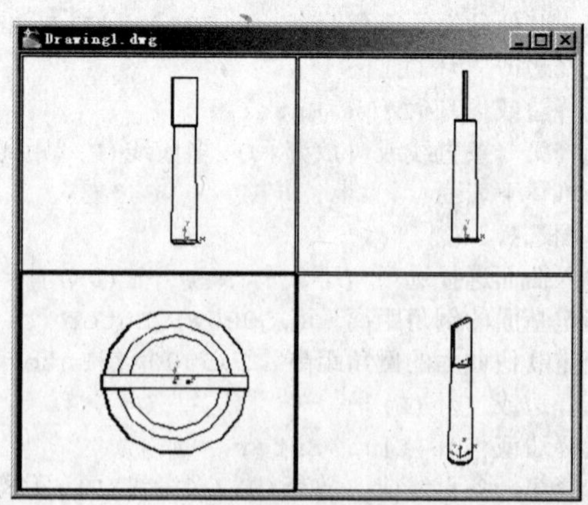

图 7-70　绘制多段体

Step 05 将右下角视口设置为当前视口。选择【修改】→【三维操作】→【三维移动】命令，并根据提示进行如下操作：

```
命令: _mirror3d
选择对象: 找到 1 个                                   //选择刚刚绘制的多段体
选择对象: Enter
指定镜像平面 (三点)的第一个点或[对象(O)/最近的(L)/Z 轴(Z)/视图(V)/XY 平面(XY)/YZ 平面(YZ)/ZX 平面(ZX)/三点 (3)] <三点>:     //利用捕捉功能捕捉圆锥体上表面的一个象限点
在镜像平面上指定第二点:                               //利用捕捉功能捕捉圆锥体上表面的另一个象限点
在镜像平面上指定第三点:                               //利用捕捉功能捕捉圆锥体上表面的第三个象限点
是否删除源对象? [是(Y)/否(N)] <否>: y Enter
```

结果如图 7-71 所示。

Step 06 选择【修改】→【实体编辑】→【差集】命令，并根据提示进行如下操作：

```
命令: _subtract 选择要从中减去的实体或面域...
选择对象: 找到 1 个                                  //选择圆锥体
选择对象: Enter
选择要减去的实体或面域 ..
选择对象: 找到 1 个                                  //选择多段体
选择对象: Enter
```

结果如图 7-72 所示。

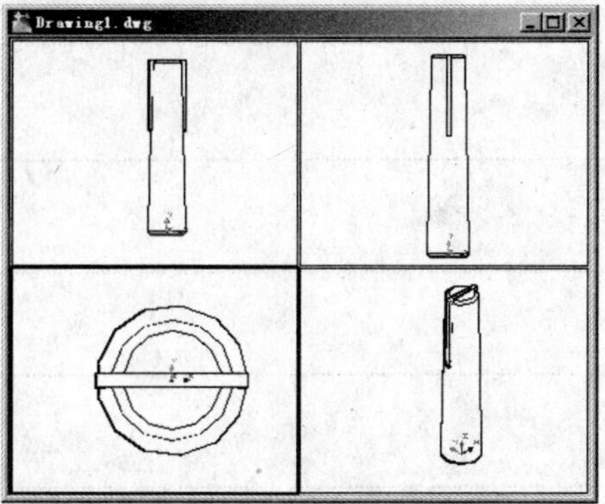

图 7-71　三维镜像多段体

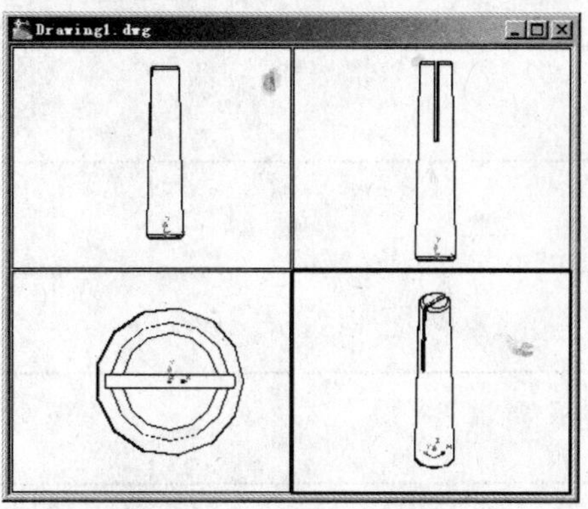

图 7-72　绘制圆锥销的槽

Step 07 选择【视图】→【视口】→【一个视口】命令，将视图转变成一个视口。选择【视图】→【动态观察】→【自由动态观察】命令，调整圆锥销的位置。结果如图 7-73 所示。

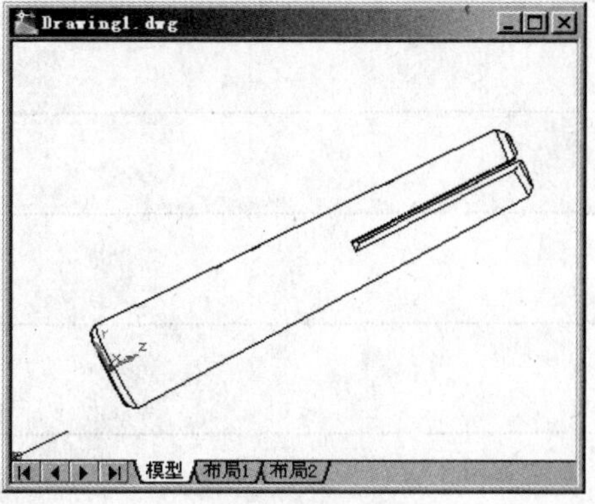

图 7-73　绘制的圆锥销

步骤 3　保存文件

选择【文件】→【保存】命令，以“EXAMPLE91.dwg”为名保存该图形文件。选择【文件】→【退出】命令，退出 AutoCAD。

读者笔记

CHAPTER

03 实践篇

本篇介绍综合使用 AutoCAD 在机械设计、产品设计、模具设计等方面的实践制作技巧。

分别安排了“机械设计”、“产品设计”、“模具设计”以及“附录实例”4 章内容，每章都列举了大量的实例，从实战出发，分门别类的为读者介绍绘制和编辑图形元素对象的制作方法与技巧。

第 8 章　机械设计

本章将介绍 AutoCAD 2008 在机械设计方面的运用，介绍综合使用 AutoCAD 平面基本绘图命令和高级绘图命令绘制精确机械设计图形。

本章实例

实例 92　机械底座

实例 93　机架

实例 92　机械底座

本例通过绘制机械底座，学习综合使用绘图命令绘制较复杂的机械图形。

步骤 1　创建新图形文件

Step 01 启动 AutoCAD 2008 中文系统，进入二维绘图模式。

Step 02 设置层，选择【格式】→【图层】命令，弹出【图层特性管理器】对话框，分别设置实线层、中心线层、辅助线层、剖面线层、虚线层和标注线层。单击【确定】按钮，完成设置并退出【图层特性管理器】对话框。

步骤 2　绘制机械底座的轮廓线

Step 01 把当前层设为中心线层，绘制三条直线。选择【绘图】→【直线】命令，在屏幕中间位置绘制如图 8-1 所示的中心线。

Step 02 设辅助线层为当前图层，绘制机械底座的辅助线。选择【绘图】→【构造线】命令，绘制如图 8-1 所示的辅助线。

Step 03 把当前层设为中心线层。选择【绘图】→【直线】命令，利用辅助线，绘制如图 8-2 所示的中心线。选择【格式】→【图层】命令，弹出【图层特性管理器】对话框，关闭辅助线层。单击【确定】按钮，完成设置并退出【图层特性管理器】对话框。结果如图 8-2 所示。

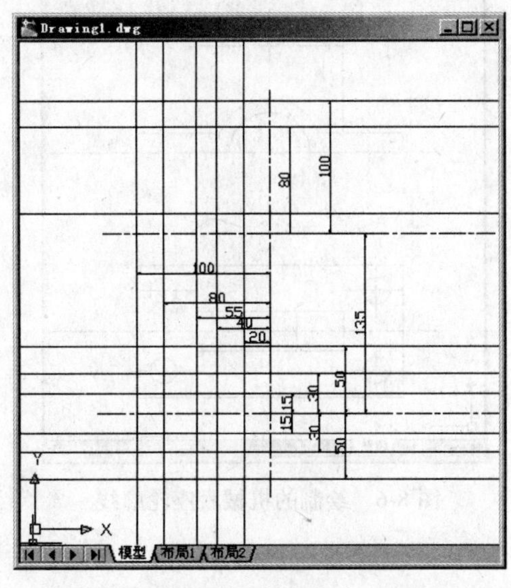

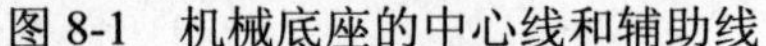

图 8-1　机械底座的中心线和辅助线

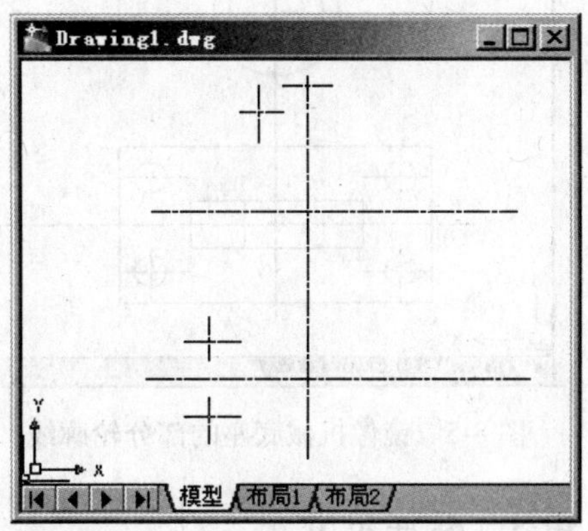

图 8-2　绘制机械底座的圆孔中心线

Step 04 把当前层设为实线层。选择【绘图】→【圆】→【圆心，半径】命令，以刚刚绘制的中心线的交点为圆心，分别绘制如图 8-3 所示的圆。

Step 05 选择【格式】→【图层】命令，弹出【图层特性管理器】对话框，打开辅助线层。

单击【确定】按钮，完成设置并退出【图层特性管理器】对话框。选择【绘图】→【直线】命令，利用辅助线，绘制如图 8-4 所示的实线。选择【格式】→【图层】命令，弹出【图层特性管理器】对话框，关闭辅助线层。单击【确定】按钮，完成设置并退出【图层特性管理器】对话框。

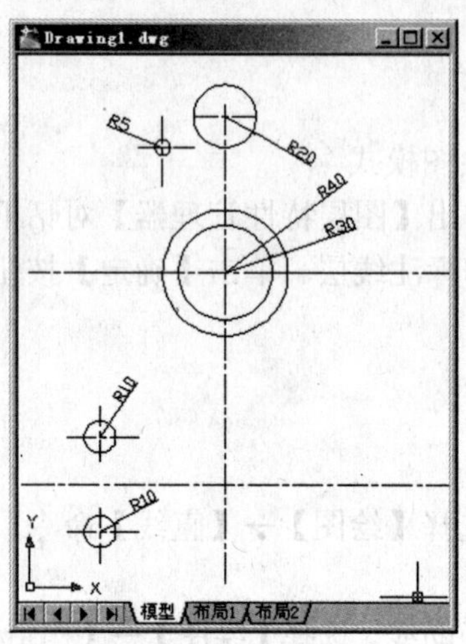

图 8-3　机械底座的圆

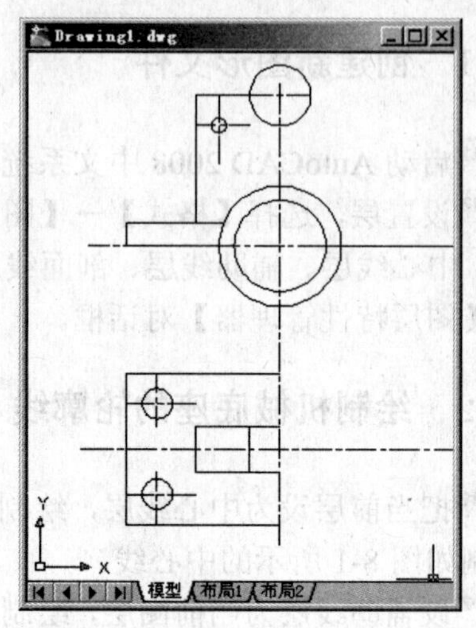

图 8-4　机械底座的部分轮廓线

Step 06 选择【修改】→【镜像】命令，把垂直中心线左边的直线、圆及其中心线镜像到垂直中心线的右边。结果如图 8-5 所示。

Step 07 选择【修改】→【裁剪】命令，裁剪多余的圆的轮廓线。结果如图 8-6 所示。

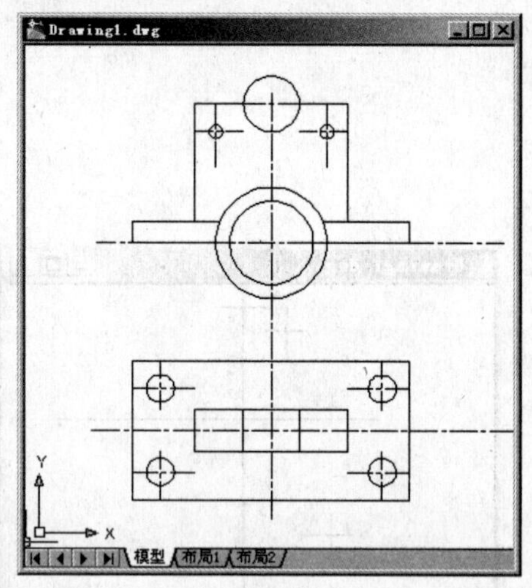

图 8-5　镜像机械底座的部分轮廓线

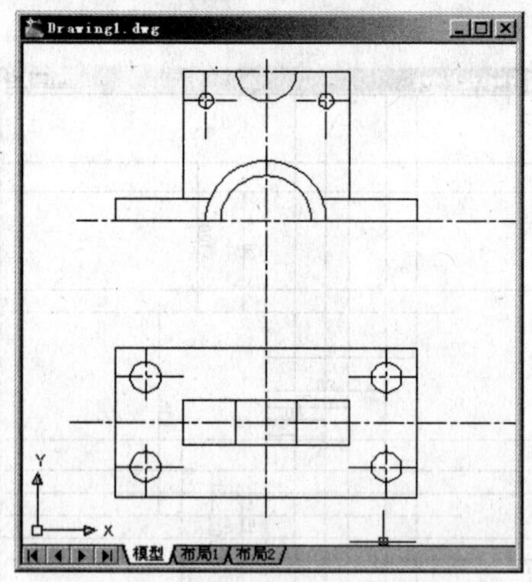

图 8-6　绘制的机械底座轮廓线

步骤 3　标注尺寸

Step 01 设标注线层为当前图层，选择【格式】→【标注样式】命令，弹出【标注样式管理器】对话框。单击【修改】按钮，弹出【修改标注样式：ISO-25】对话框。在【文字】选项卡，设置“文字高度”选项为“5”。在【主单位】选项卡中，设置“精度”选项为保留小数点后两位数，“小数分隔符”选项为“.”句点。完成设置后，单击【确定】按钮，返回到【标注样式管理器】对话框。单击【关闭】按钮，完成修改标注样式。

选择【格式】→【标注样式】命令，弹出【标注样式管理器】对话框。单击【新建】按钮，弹出【创建新标注样式】对话框。设置【用于】选项为“直径标注”项。单击【继续】按钮，弹出【新建标注样式：ISO-25：直径】对话框。在【文字】选项卡中，设置“文字对齐”选项为“水平”。单击【确定】按钮，则返回到【标注样式管理器】对话框。

单击【新建】按钮，弹出【创建新标注样式】对话框。设置【用于】选项为“半径标注”。单击【继续】按钮，弹出【新建标注样式：ISO-25：半径】对话框。在【文字】选项卡中，设置“文字对齐”选项为“水平”。单击【确定】按钮，返回【标注样式管理器】对话框。单击【关闭】按钮，完成并退出标注样式。

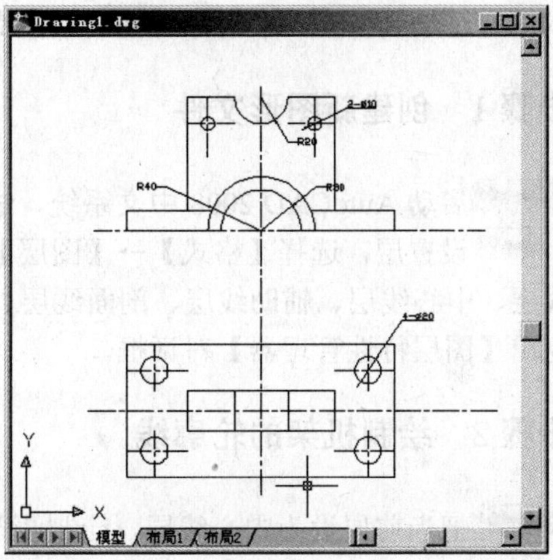

图 8-7 标注机械底座（1）

Step 02 绘制如图 8-7 所示的尺寸标注。选择【标注】→【直径】命令，对圆进行标注。选择【标注】→【半径】命令，对圆弧进行标注。

Step 03 绘制如图 8-8 所示的尺寸标注。选择【标注】→【线性】命令，对长、宽、高等进行尺寸标注。

Step 03 选择【绘制】→【文字】→【多行文字】命令，在文字输入框中输入如图 8-9 所示的文字。

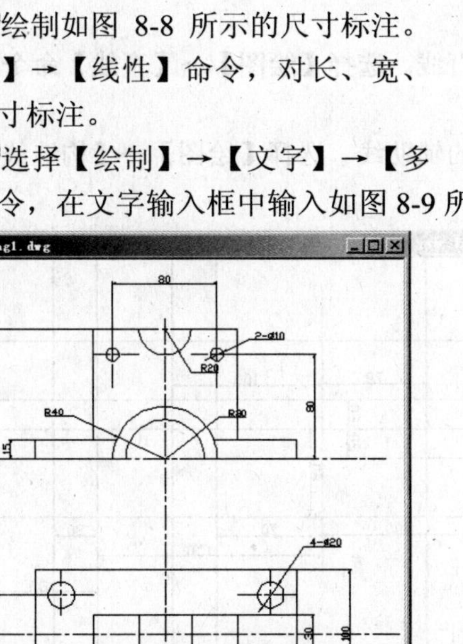

图 8-8 标注机械底座（2）

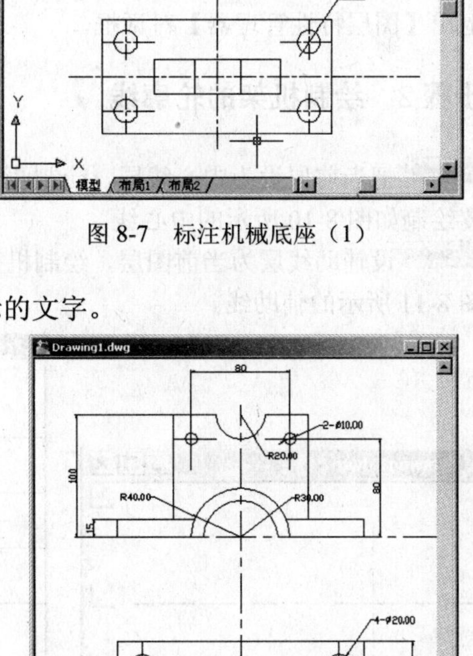

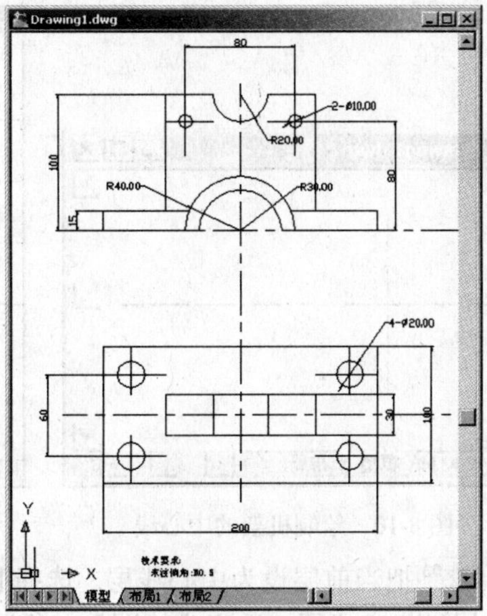

图 8-9 绘制的机械底座

步骤 4　保存文件

选择【文件】→【保存】命令，以“EXAMPLE92.dwg”为名保存该图形文件。选择【文件】→【退出】命令，退出 AutoCAD。

实例 93　机架

本例通过绘制机架，学习综合使用绘图命令绘制较复杂的机械图形。

步骤 1　创建新图形文件

Step 01 启动 AutoCAD 2008 中文系统，进入二维绘图模式。

Step 02 设置层，选择【格式】→【图层】命令，弹出【图层特性管理器】对话框，分别设置实线层、中心线层、辅助线层、剖面线层、虚线层和标注线层。单击【确定】按钮，完成设置并退出【图层特性管理器】对话框。

步骤 2　绘制机架的轮廓线

Step 01 把当前层设为中心线层，绘制两条直线。选择【绘图】→【直线】命令，在屏幕中间位置绘制如图 8-10 所示的中心线。

Step 02 设辅助线层为当前图层，绘制机架的辅助线。选择【绘图】→【构造线】命令，绘制如图 8-11 所示的辅助线。

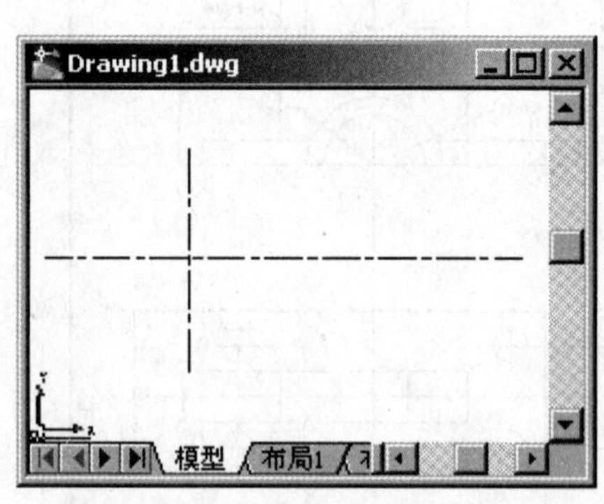

图 8-10　绘制机架的中心线

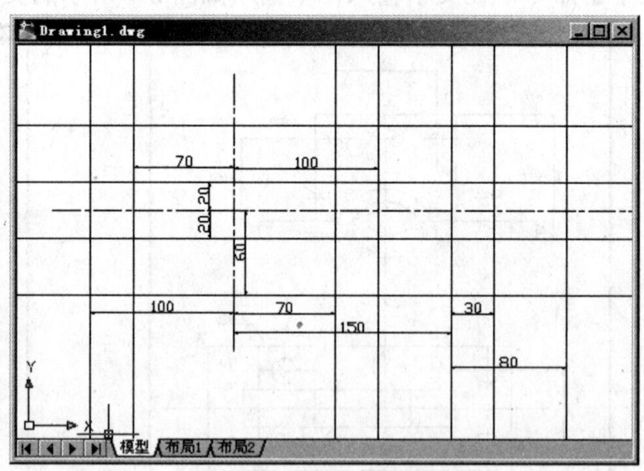

图 8-11　绘制机架的辅助线

Step 03 把当前层设为中心线层。选择【绘图】→【直线】命令，利用辅助线，绘制中心线。把当前层设为实线层。选择【绘图】→【圆弧】→【起点，圆心，终点】命令，绘制圆弧。选择【格式】→【图层】命令，弹出【图层特性管理器】对话框，关闭辅助线层。单击【确定】按钮，完成设置并退出【图层特性管理器】对话框。结果如图 8-12 所示。

选择【格式】→【图层】命令，弹出【图层特性管理器】对话框。打开辅助线层。单击【确定】按钮，完成设置并退出【图层特性管理器】对话框。选择【绘图】→【直线】命令，利用辅助线，绘制如图 8-13 所示的实线。选择【格式】→【图层】命令，弹出【图层特性管理器】对话框，关闭辅助线层。单击【确定】按钮，完成设置并退出【图层特性管理器】对话框。

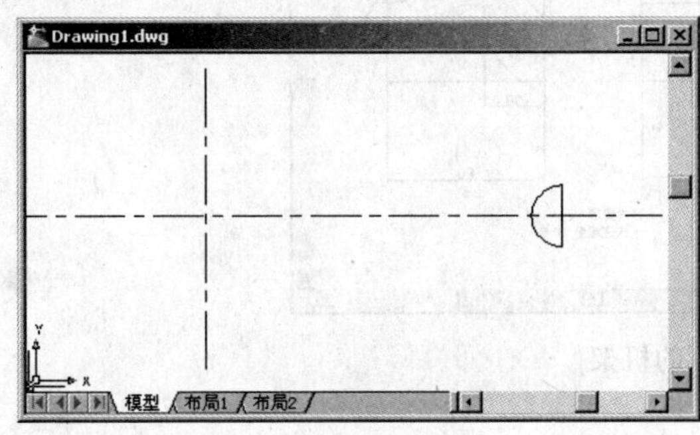

图 8-12　绘制的圆弧

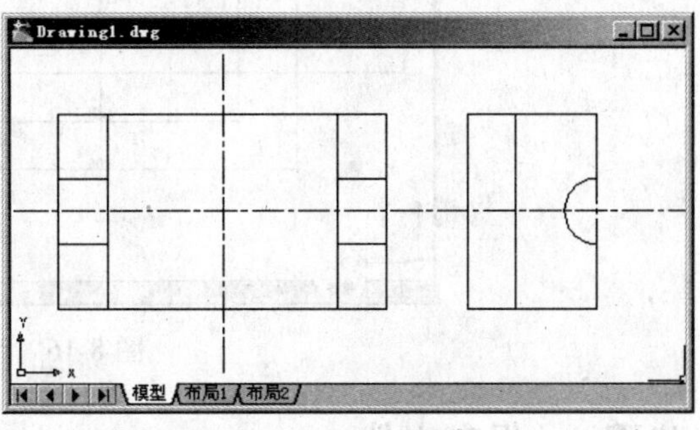

图 8-13　绘制机架的轮廓线

Step 04 设剖面线层为当前图层。选择【绘图】→【图案填充】命令，绘制图 8-14 所示的剖面线。

步骤 3　标注尺寸

Step 01 设标注线层为当前图层，选择【格式】→【标注样式】命令，弹出【标注样式管理器】对话框。单击【修改】按钮，弹出【修改标注样式：ISO-25】对话框。在【文字】选项卡中，设置“文字高度”选项为“5”。在【主单位】选项卡中，设置“精度”选项为保留小数点后两位数，“小数分隔符”选项为“句点”。其他设置不变。完成设置后，单击【确定】按钮，返回到【标注样式管理器】对话框。在【标注样式管理器】对话框中单击【关闭】按钮完成修改标注样式。

Step 02 选择【标注】→【线性】命令，绘制如图 8-15 所示的尺寸标注。

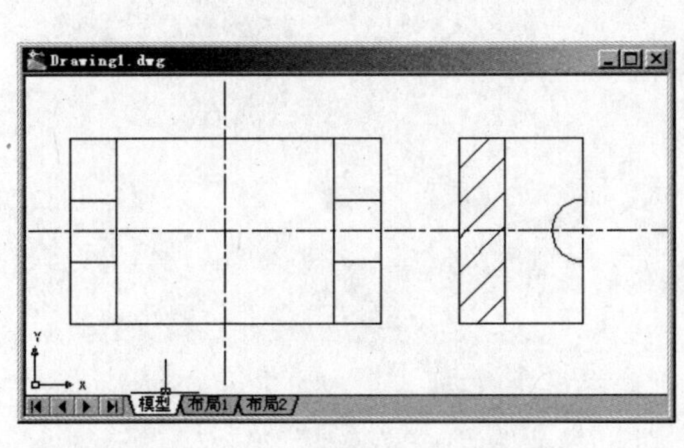

图 8-14　绘制机架的剖面线

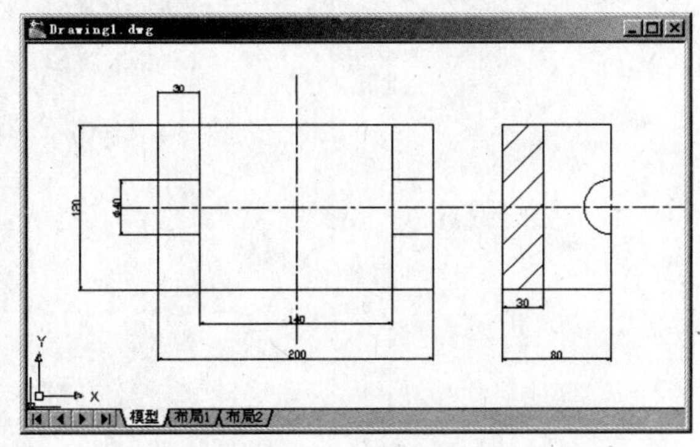

图 8-15　绘制的机架

Step 03 选择【绘制】→【文字】→【多行文字】命令，在文字输入框中输入如图 8-16 所示的文字。

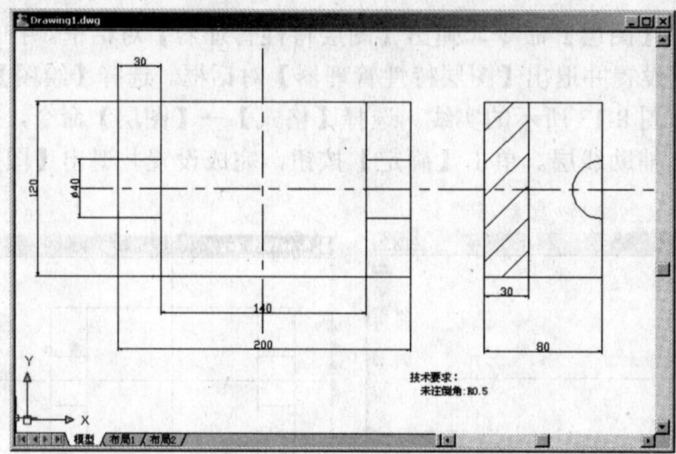

图 8-16　绘制的机架

步骤 4　保存文件

选择【文件】→【保存】命令，以“EXAMPLE93.dwg”为名保存该图形文件。选择【文件】→【退出】命令，退出 AutoCAD。

第 9 章　产品设计

本章将介绍 AutoCAD 2008 在产品设计方面的运用，将学习综合使用绘图命令绘制较复杂的产品平面图形，从而进行产品设计。

本章实例

实例 94　手机音量按键
实例 95　手机方向键
实例 96　手机 LCD 镜片
实例 97　手机装饰件

实例 94　手机音量按键

本例通过绘制手机音量按键，学习综合使用绘图命令绘制较复杂的产品平面图形。

步骤 1　创建新图形文件

启动 AutoCAD 2008 中文系统，进入二维绘图模式。

步骤 2　绘制手机音量按键的轮廓线

Step 01 设置层，选择【格式】→【图层】命令，弹出【图层特性管理器】对话框，分别设置实线层、中心线层、辅助线层、剖面线层、标注线层。单击【确定】按钮，完成设置并退出【图层特性管理器】对话框。

Step 02 把当前层设为中心线层，绘制两条直线。选择【绘图】→【直线】命令，在屏幕中间位置绘制两条适当长度并垂直相交的中心线。结果如图 9-1 所示。

Step 03 设辅助线层为当前图层。绘制水平和垂直构造线。选择【绘图】→【构造线】命令，绘制如图 9-2 所示的辅助线。

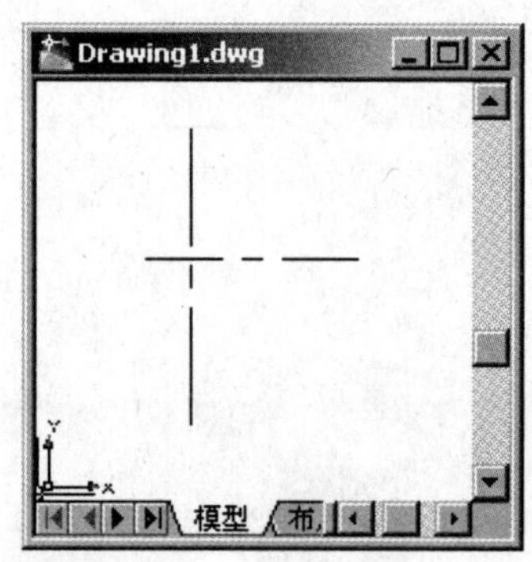

图 9-1　绘制中心线

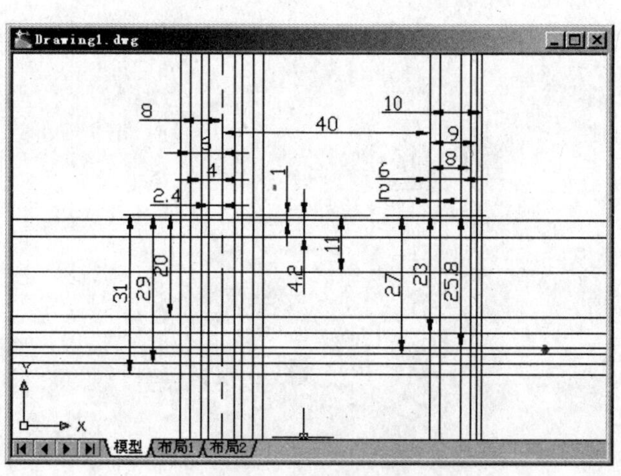

图 9-2　绘制辅助线

Step 04 把当前层设为实线层。选择【绘图】→【直线】命令和选择【绘图】→【多段线】命令，利用辅助线，绘制如图 9-3 所示的轮廓线。选择【格式】→【图层】命令，弹出【图层特性管理器】对话框，关闭辅助线层。单击【确定】按钮，完成设置并退出【图层特性管理器】对话框。

Step 05 选择【修改】→【圆角】命令，对手机音量按键主视图轮廓进行倒圆角（R8 和 R4）。选择【修改】→【倒角】命令，对手机音量按键左视图轮廓进行倒角（2×2）。结果如图 9-4 所示。

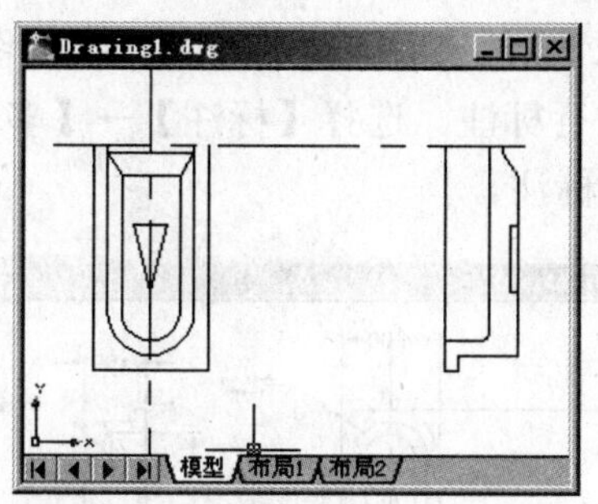

图 9-3 绘制的手机音量键的部分轮廓线

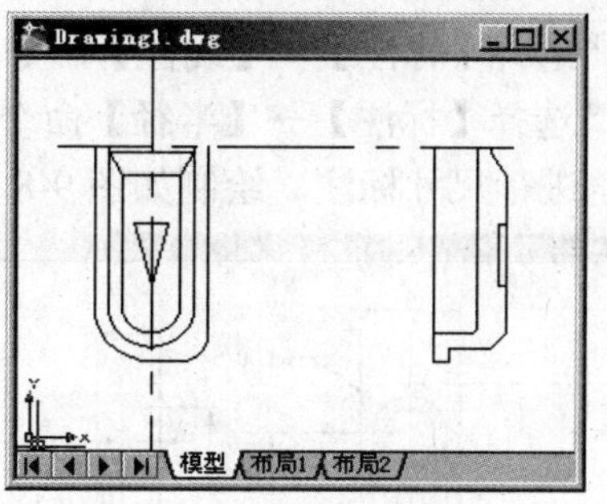

图 9-4 绘制圆角和倒角

Step 06 选择【修改】→【镜像】命令，绘制手机音量按键主视图和左视图上半部部分轮廓线。结果如图 9-5 所示。

Step 07 设剖面线层为当前图层。选择【绘图】→【图案填充】命令，绘制手机音量按键左视图的剖面线。结果如图 9-6 所示。

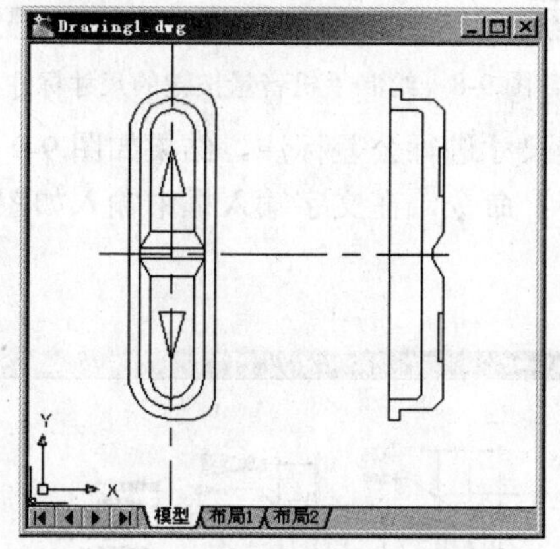

图 9-5 绘制手机音量按键轮廓线

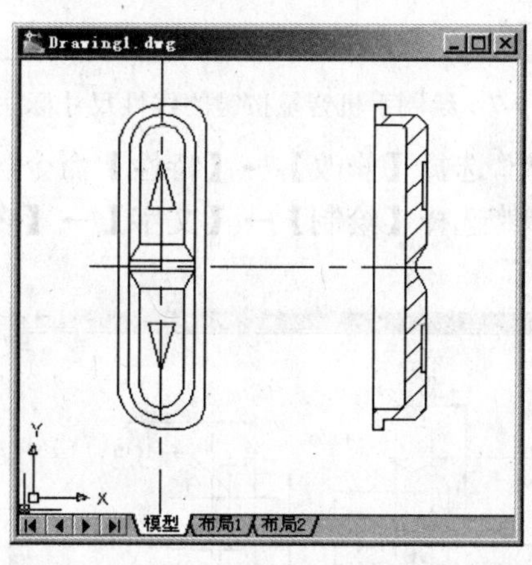

图 9-6 绘制手机音量按键左视图的剖面线

步骤 3 标注尺寸

Step 01 设标注线层为当前图层，选择【格式】→【标注样式】命令，弹出【标注样式管理器】对话框。单击【修改】按钮，弹出【修改标注样式：ISO-25】对话框。在【文字】选项卡的【文字位置】选项框中，设置“垂直方向”选项为“置中”，“水平方向”选项为“置中”。在【主单位】选项卡中，设置“精度”选项为保留小数点后两位数，“小数分隔符”选项为“.”句点。在【测量比例单位】选项框中，设置“比例因子”选项为“0.25”。其他设置不变。完成设置后，单击【确定】按钮，返回【标注样式管理器】对话框。单击【关闭】按钮，完成修改标注样式。

选择【格式】→【标注样式】命令，弹出【标注样式管理器】对话框。单击【新建】按钮，弹出【创建新标注样式】对话框。设置【用于】选项为“半径标注”项。单击【继续】按钮，弹出【新建标注样式：ISO-25：半径】对话框。在【文字】选项卡中，设置“文字对齐”选项为“水平”。单击【确定】按钮，返回【标注样式管理器】对话框。单击【关闭】按钮，完成并退出标注样式。

Step 02 选择【标注】→【线性】命令，对长、宽、高等进行尺寸标注。结果如图 9-7 所示。

Step 03 选择【标注】→【半径】命令，对圆角进行标注。选择【标注】→【多重引线】命令，对倒角进行尺寸标注。绘制如图 9-8 所示的尺寸标注。

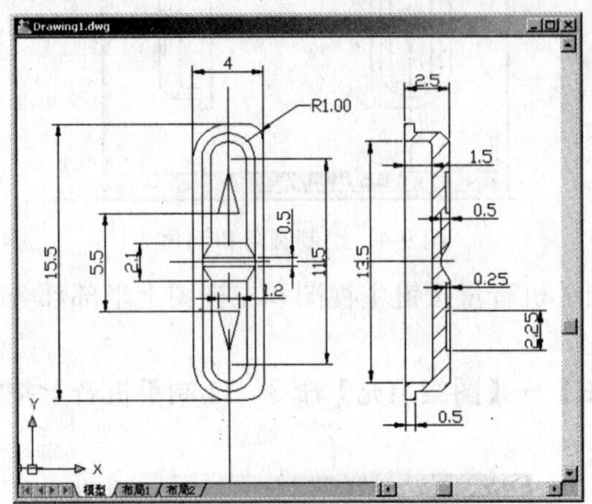

图 9-7　绘制手机音量按键的线性尺寸标注

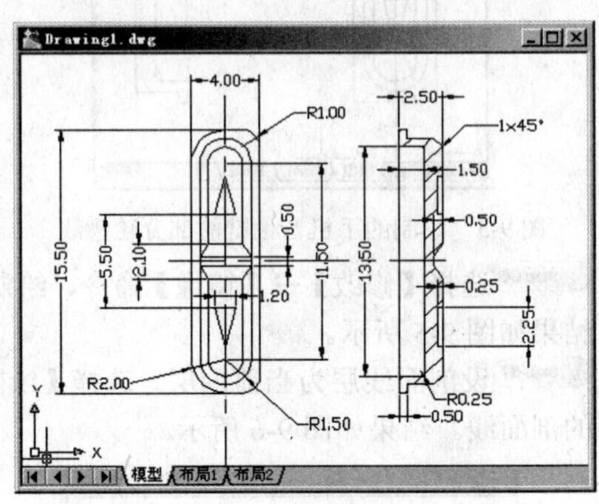

图 9-8　绘制手机音量按键的尺寸标注

Step 04 选择【修改】→【特性】命令，对关键尺寸进行公差标注。结果如图 9-9 所示。

Step 05 选择【绘制】→【文字】→【多行文字】命令，在文字输入框中输入如图 9-10 所示的文字。

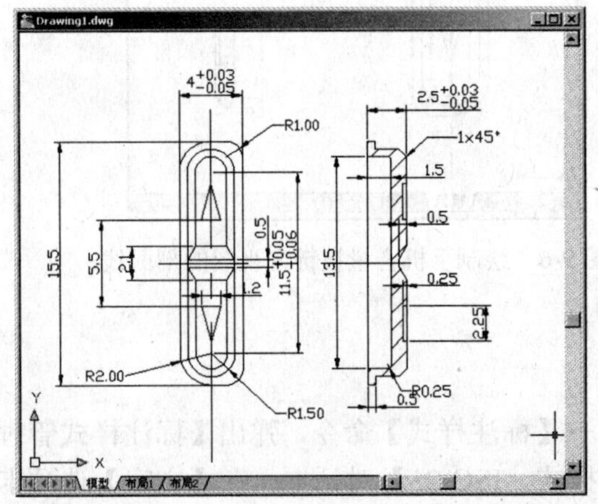

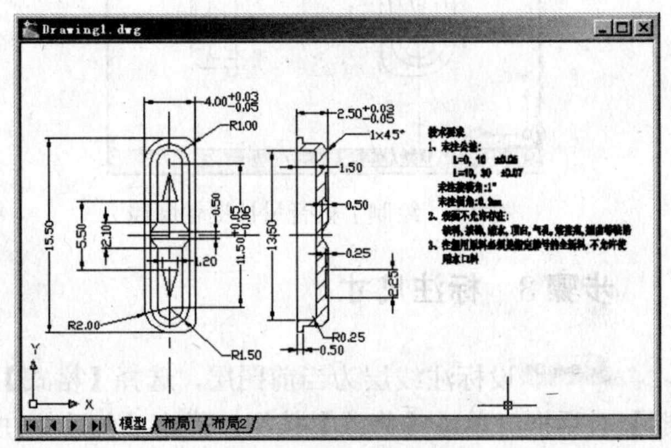

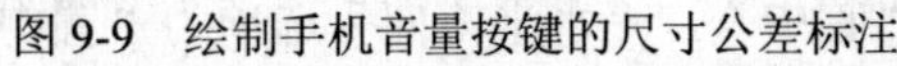
图 9-9　绘制手机音量按键的尺寸公差标注

图 9-10　绘制手机音量按键

步骤 4　保存文件

选择【文件】→【保存】命令，以“EXAMPLE94.dwg”为名保存该图形文件。选择【文件】→【退出】命令，退出 AutoCAD。

实例 95　手机方向键

本例通过绘制手机方向键，学习综合使用绘图命令绘制较复杂的产品平面图形。

步骤1　创建新图形文件

启动 AutoCAD 2008 中文系统，进入二维绘图模式。

步骤2　绘制手机方向键的轮廓线

Step 01 设置层，选择【格式】→【图层】命令，弹出【图层特性管理器】对话框，分别设置实线层、虚线层、中心线层、辅助线层、剖面线层和标注线层。单击【确定】按钮，完成设置并退出【图层特性管理器】对话框。

Step 02 把当前层设为中心线层，绘制两条直线。选择【绘图】→【直线】命令，在屏幕中间位置绘制两条适当长度并垂直相交的中心线。结果如图 9-11 所示。

Step 03 绘制手机方向键的主视图轮廓线。设实线层为当前图层。选择【绘图】→【圆】→【圆心，半径】命令，分别绘制以两中心线的交点为圆心，半径为 11、14、26 和 35 的同心圆。结果如图 9-12 所示。

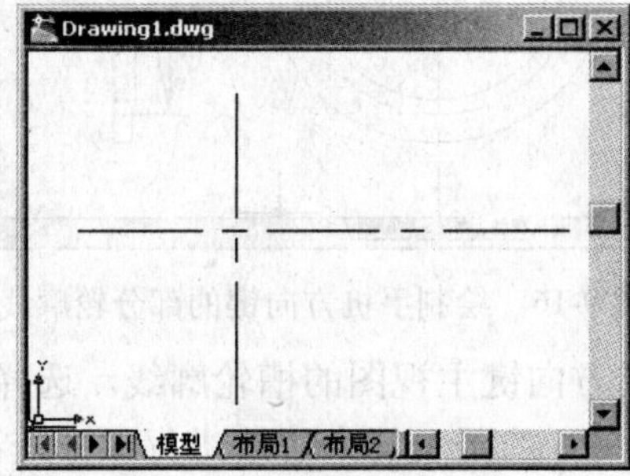

图 9-11　绘制中心线

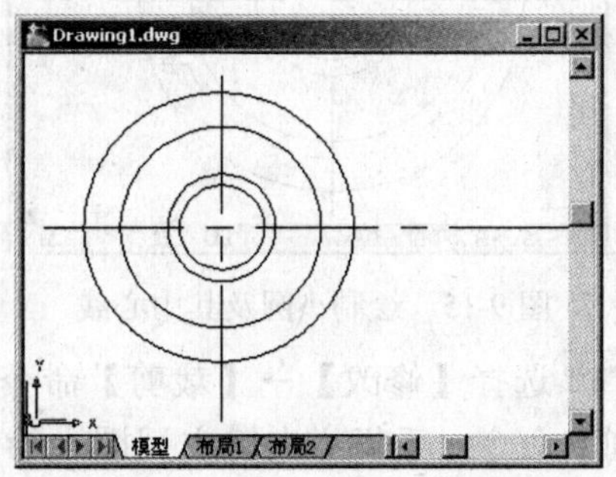

图 9-12　绘制同心圆

Step 04 设虚线层为当前图层。选择【绘图】→【圆】→【圆心，半径】命令，绘制以两中心线的交点为圆心，半径为 29 的圆。结果如图 9-13 所示。

Step 05 设辅助线层为当前图层，绘制手机方向键的辅助线。选择【绘图】→【构造线】命令，绘制如图 9-14 所示的构造线。

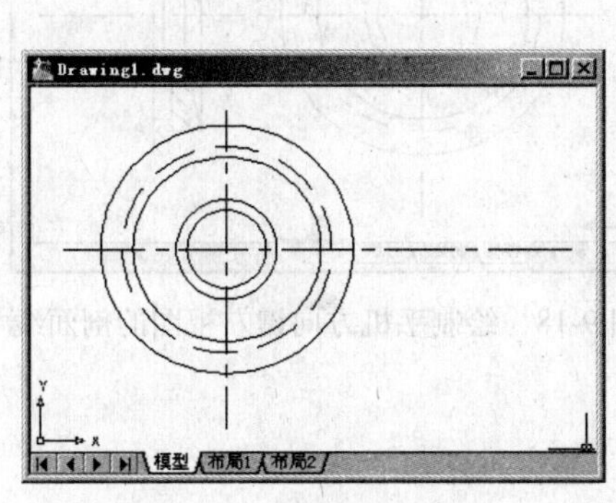

图 9-13　绘制中心线和圆

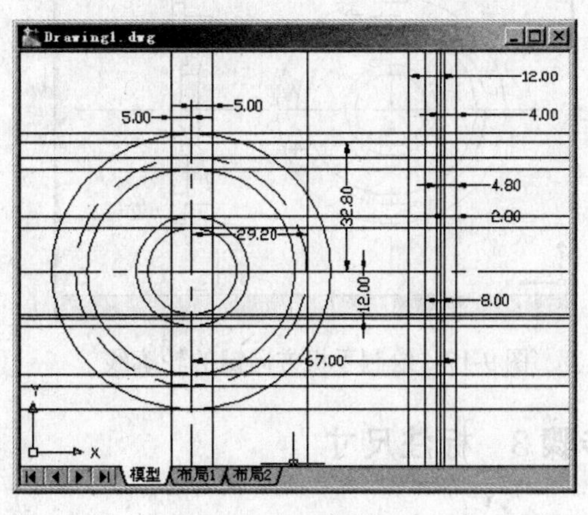

图 9-14　绘制辅助线

Step 06 绘制手机方向键的轮廓线。设中心线线层为当前图层。选择【绘图】→【直线】命令，利用辅助线，绘制一个小圆的中心线。选择【绘图】→【圆】→【圆心，半径】命令，绘制以两中心线的交点为圆心，半径为1.6的圆。选择【格式】→【图层】命令，弹出【图层特性管理器】对话框，关闭辅助线层。单击【确定】按钮，完成设置并退出【图层特性管理器】对话框。结果如图9-15所示。

Step 07 选择【格式】→【图层】命令，弹出【图层特性管理器】对话框，打开辅助线层。单击【确定】按钮，完成设置并退出【图层特性管理器】对话框。设中心线线层为当前图层。选择【绘图】→【直线】命令，利用辅助线，绘制如图9-16所示的直线。选择【格式】→【图层】命令，弹出【图层特性管理器】对话框，关闭辅助线层。单击【确定】按钮，完成设置并退出【图层特性管理器】对话框。

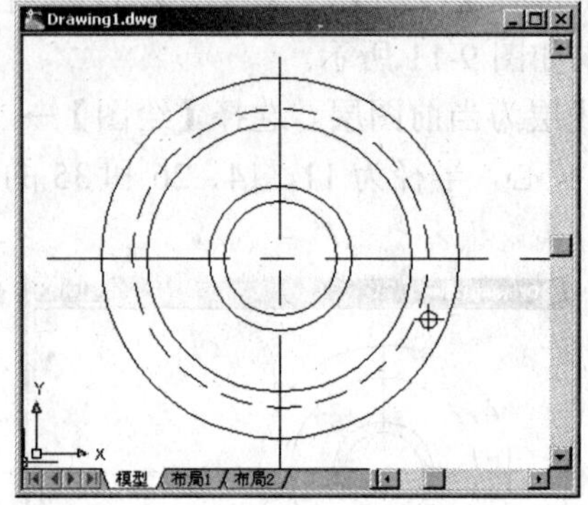

图 9-15　绘制小圆及其中心线

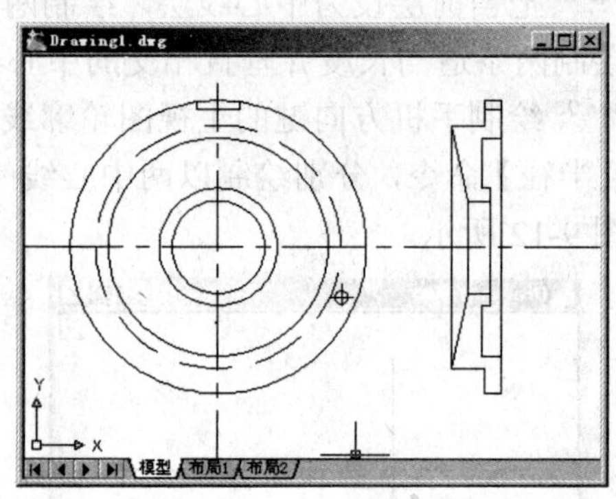

图 9-16　绘制手机方向键的部分轮廓线

Step 08 选择【修改】→【裁剪】命令，绘制手机方向键主视图的槽轮廓线。选择【修改】→【阵列】命令，手机方向键主视图上绘制的半径为1.6的圆及其中心线进行环形阵列。结果如图9-17所示。

Step 09 设剖面线层为当前图层。选择【绘图】→【图案填充】命令，绘制手机方向键左视图的剖面线。结果如图9-18所示。

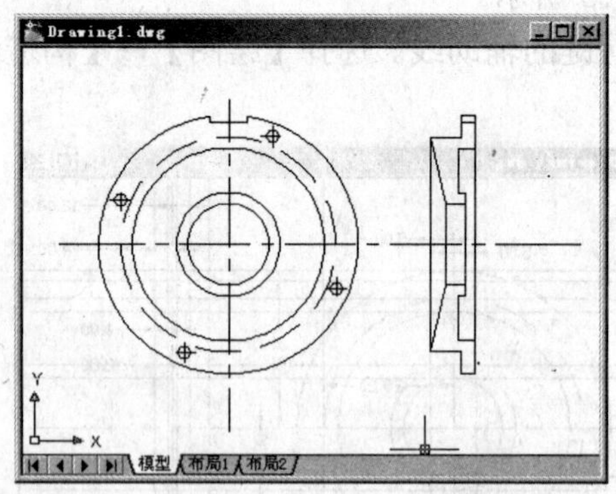

图 9-17　绘制手机方向键的轮廓线

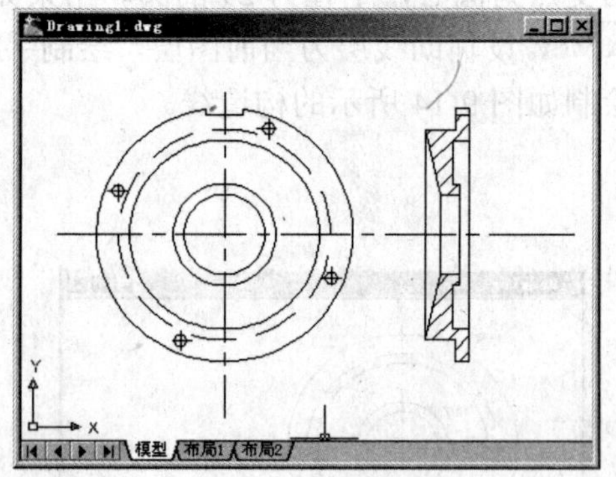

图 9-18　绘制手机方向键左视图的剖面线

步骤 3　标注尺寸

Step 01 设标注线层为当前图层，选择【格式】→【标注样式】命令，弹出【标注样式管理器】对话框。单击【修改】按钮，弹出【修改标注样式：ISO-25】对话框。在【文字】选项卡，设置【文字位置】选项框中的“垂直方向”选项为“置中”，“水平方向”选项为“置中”。在【主单位】选项卡中，设置“精度”选项为保留小数点后两位数，“小数分隔符”选项为“.”句点。设置【测量比例单位】选项框中的“比例因子”选项为“0.25”。完成设置后，单击【确定】按钮，返回到【标注样式管理器】对话框。单击【关闭】按钮完成修改标注样式。

选择【格式】→【标注样式】命令，弹出【标注样式管理器】对话框。单击【新建】按钮，弹出【创建新标注样式】对话框。设置【用于】选项为“直径标注”。单击【继续】按钮，弹出【新建标注样式：ISO-25：直径】对话框。在【文字】选项卡中，设置“文字对齐”选项为“水平”。单击【确定】按钮，返回【标注样式管理器】对话框。单击【关闭】按钮，完成并退出标注样式。

Step 02 选择【标注】→【直径】命令，对圆进行标注。选择【标注】→【线性】命令，对长、宽、高及深度等进行尺寸标注。结果如图 9-19 所示。

Step 03 选择【修改】→【特性】命令，对关键尺寸进行公差标注。结果如图 9-20 所示。

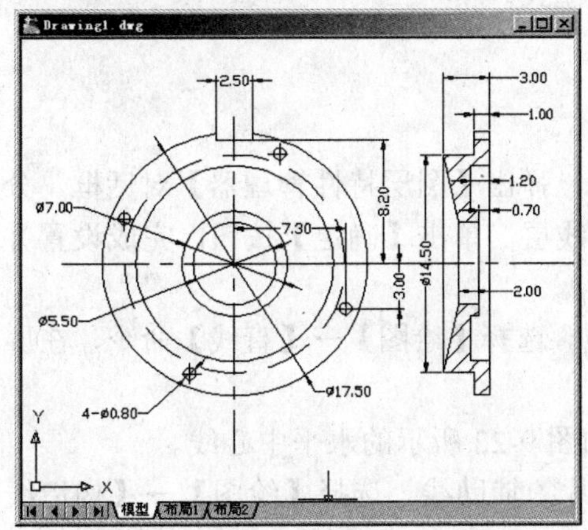

图 9-19　绘制手机方向键的尺寸标注

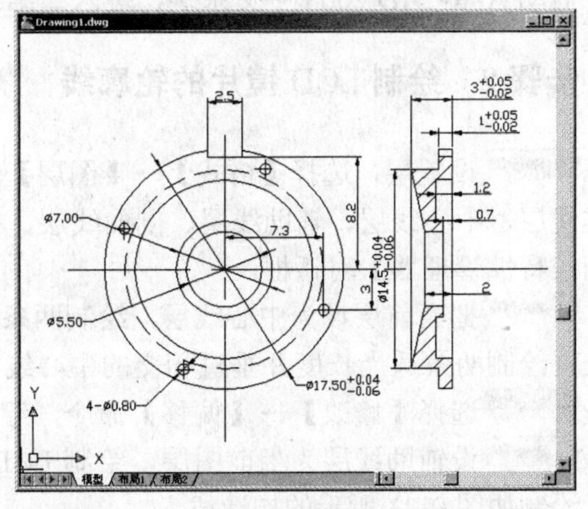

图 9-20　绘制手机方向键的尺寸公差标注

Step 04 选择【绘制】→【文字】→【多行文字】命令，在文字输入框中输入如图 9-21 所示的文字。

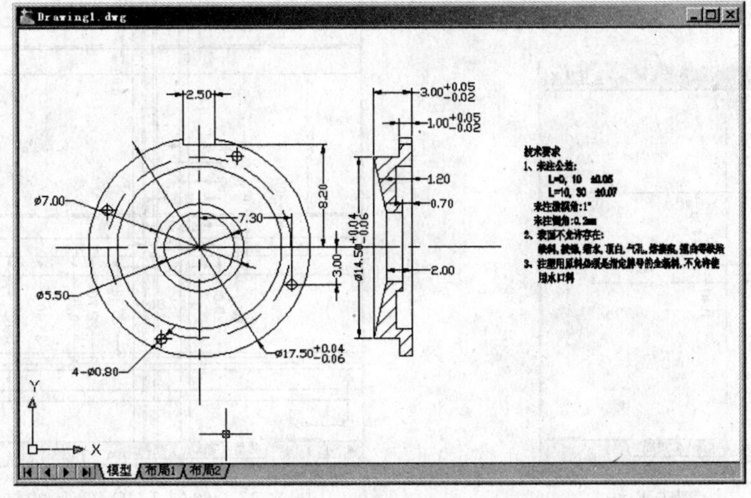

图 9-21　绘制的手机方向键

步骤 4　保存文件

选择【文件】→【保存】命令，以“EXAMPLE95.dwg”为名保存该图形文件。选择【文件】→【退出】命令，退出 AutoCAD。

实例 96　手机 LCD 镜片

本例通过绘制手机 LCD 镜片，学习综合使用绘图命令绘制较复杂的产品平面图形。

步骤 1　创建新图形文件

启动 AutoCAD 2008 中文系统，进入二维绘图模式。

步骤 2　绘制 LCD 镜片的轮廓线

Step 01 设置层，选择【格式】→【图层】命令，弹出【图层特性管理器】对话框，分别设置实线层、中心线层、辅助线层、剖面线层、标注线层。单击【确定】按钮，完成设置并退出【图层特性管理器】对话框。

Step 02 把当前层设为中心线层，绘制两条直线。选择【绘图】→【直线】命令，在屏幕中间位置绘制两条适当长度并垂直相交的中心线。

Step 03 选择【修改】→【偏移】命令，绘制如图 9-22 所示的水平中心线。

Step 04 设辅助线层为当前图层，绘制 LCD 镜片的辅助线。选择【绘图】→【构造线】命令，绘制如图 9-23 所示的构造线。

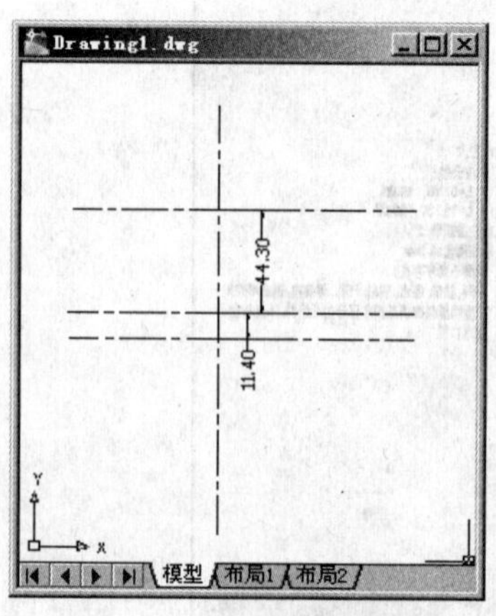

图 9-22　绘制中心线

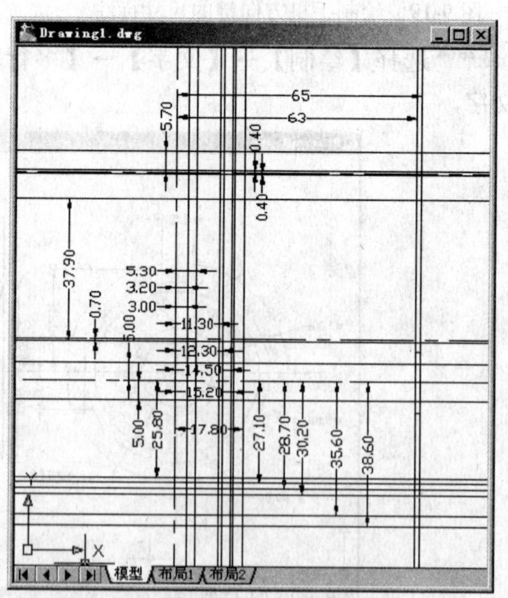

图 9-23　绘制 LCD 镜片的辅助线

Step 05 把当前层设为实线层。选择【绘图】→【直线】命令和选择【绘图】→【多段线】命令，利用辅助线，绘制如图 9-24 所示的轮廓线。选择【格式】→【图层】命令，弹出【图层特性管理器】对话框，关闭辅助线层。单击【确定】按钮，完成设置并退出【图层特性管理器】对话框。结果如图 9-24 所示。

Step 06 选择【格式】→【图层】命令，弹出【图层特性管理器】对话框，打开辅助线层。单击【确定】按钮，完成设置并退出【图层特性管理器】对话框。把当前层设为中心线层。选择【绘图】→【直线】命令，利用辅助线，绘制如图 9-25 所示的中心线。选择【格式】→【图层】命令，弹出【图层特性管理器】对话框，关闭辅助线层。单击【确定】按钮，完成设置并退出【图层特性管理器】对话框。结果如图 9-25 所示。

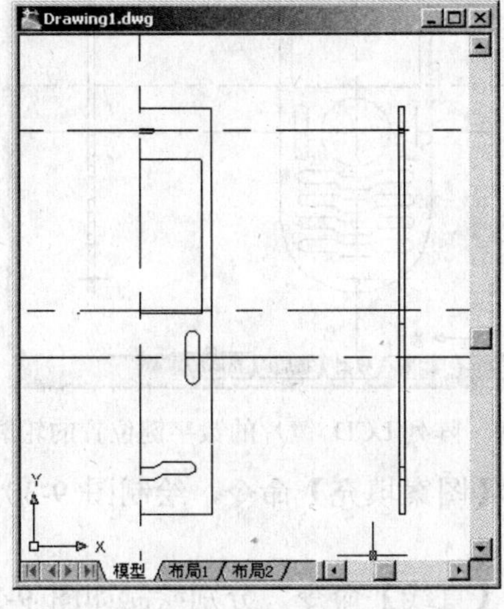

图 9-24　绘制 LCD 镜片的部分轮廓线

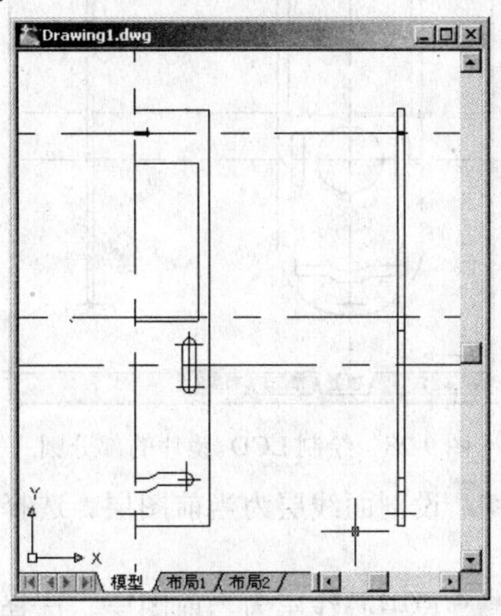

图 9-25　绘制 LCD 镜片的部分中心线

Step 07 把当前层设为实线层。选择【修改】→【圆角】命令，对手机 LCD 镜片主视图轮廓进行如图 9-26 所示的倒圆角（R0.3、R1.2 和 R17.8）。结果如图 9-26 所示。

Step 08 选择【修改】→【镜像】命令，绘制 LCD 镜片主视图左半部部分轮廓线。结果如图 9-27 所示。

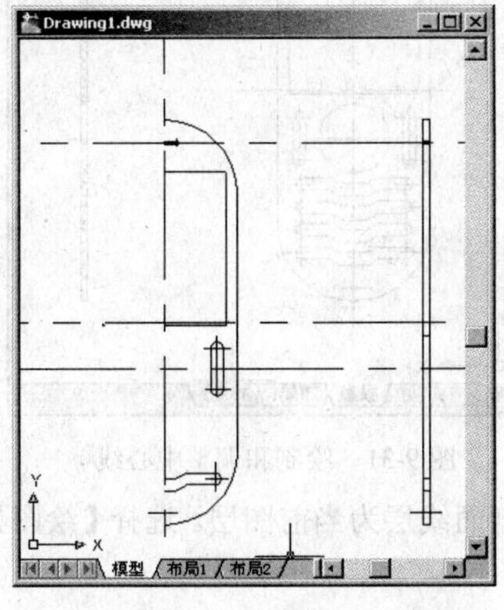

图 9-26　绘制 LCD 镜片的圆角

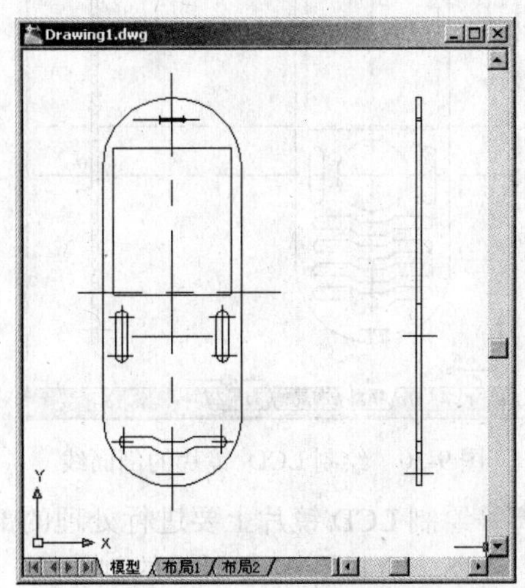

图 9-27　镜像绘制左半部分轮廓线

Step 09 设实线层为当前图层。选择【绘图】→【圆】→【圆心，直径】命令，分别绘制两个圆。圆的直径分别为 1.2 和 16.4。选择【绘图】→【直线】命令，绘制这两个圆在左视图中的轮廓线。结果如图 9-28 所示。

Step 10 选择【修改】→【阵列】命令，绘制 LCD 镜片主视图和左视图中数字键位置的轮廓线。结果如图 9-29 所示。

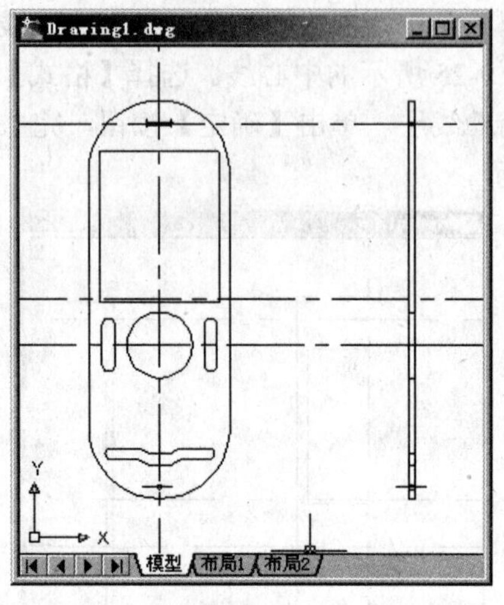

图 9-28　绘制 LCD 镜片的部分圆

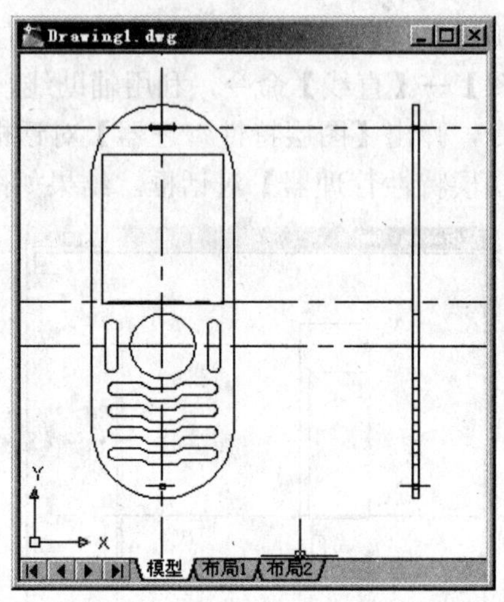

图 9-29　阵列 LCD 镜片的数字键位置的轮廓线

Step 11 设剖面线层为当前图层。选择【绘图】→【图案填充】命令，绘制图 9-30 所示的剖面线。

Step 12 设中心线层为当前图层。选择【绘图】→【直线】命令，分别绘制如图 9-31 所示的中心线。选择【修改】→【拉长】命令，重新调整中心线的长度。

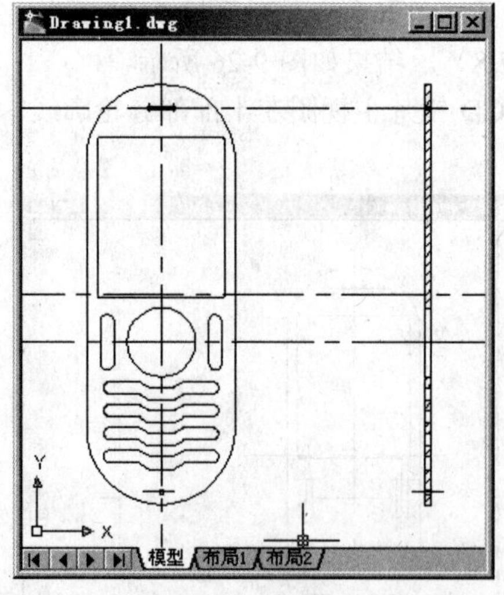

图 9-30　绘制 LCD 镜片的剖面线

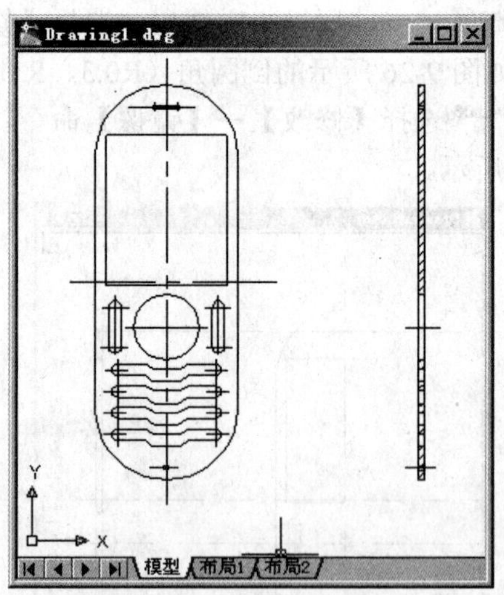

图 9-31　绘制和调整中心线

Step 13 绘制 LCD 镜片上要进行处理的部分。设剖面线层为当前图层。选择【绘图】→【图案填充】命令，绘制图 9-32 所示的剖面线。

步骤 3　标注尺寸

Step 01 设标注线层为当前图层，选择【格式】→【标注样式】命令，弹出【标注样式管理器】对话框。单击【修改】按钮，弹出【修改标注样式：ISO-25】对话框。在【文字】选项卡的【文字位置】选项框中，设置“垂直方向”选项为“置中”，“水平方向”选项为“置中”。在【主单位】选项卡，设置“精度”选项为保留小数点后两位数，“小数分隔符”选项为“.”句点。完成设置后，单击【确定】按钮返回到【标注样式管理器】对话框。在单击【关闭】按钮，完成修改标注样式。

选择【格式】→【标注样式】命令，弹出【标注样式管理器】对话框。单击【新建】按钮，弹出【创建新标注样式】对话框。设置【用于】选项为“半径标注”。单击【继续】按钮，弹出【新建标注样式：ISO-25：半径】对话框。设置【文字】选项卡中的“文字对齐”选项为“水平”。单击【确定】按钮，返回【标注样式管理器】对话框。单击【关闭】按钮，完成并退出标注样式。

Step 02 选择【标注】→【半径】命令，对圆进行标注。选择【标注】→【线性】命令，对长、宽、高等进行尺寸标注。结果如图 9-33 所示。

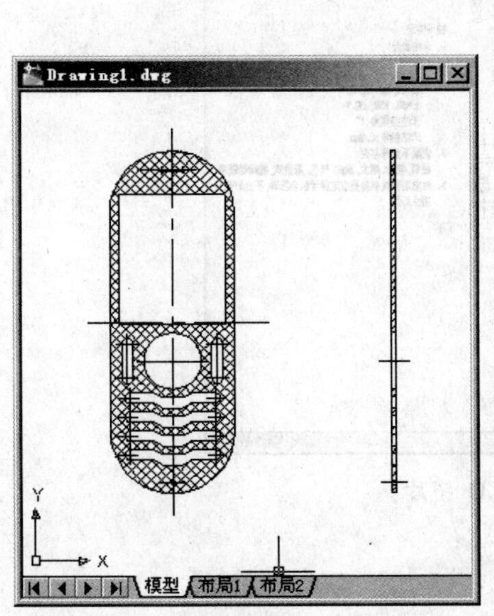

图 9-32　绘制 LCD 镜片上丝印区域

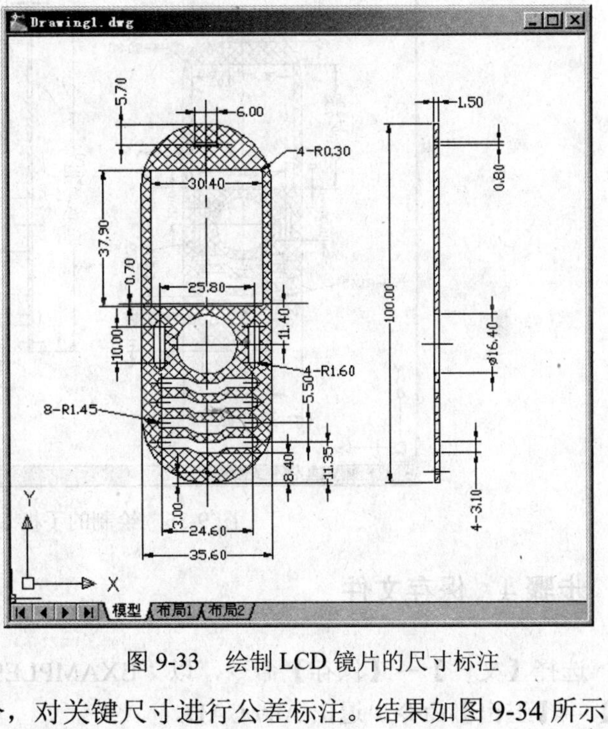

图 9-33　绘制 LCD 镜片的尺寸标注

Step 03 选择【修改】→【特性】命令，对关键尺寸进行公差标注。结果如图 9-34 所示。

Step 04 选择【标注】→【多重引线】命令，对 LCD 镜片上丝印区域进行标注。结果如图 9-35 所示。

Step 05 选择【绘制】→【文字】→【多行文字】命令，在文字输入框中输入如图 9-36 所示的文字。

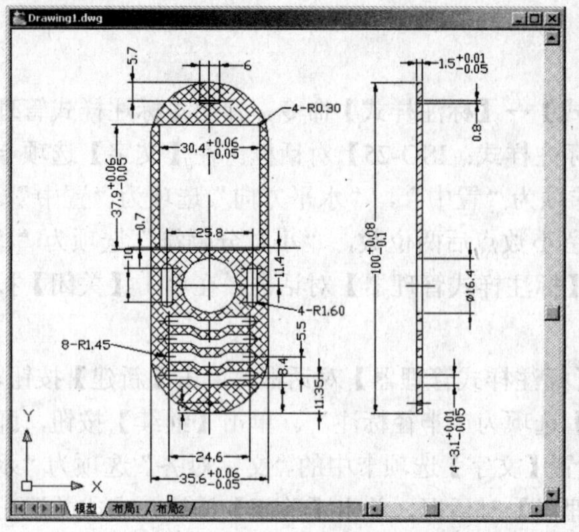

图 9-34　绘制 LCD 镜片的尺寸公差标注

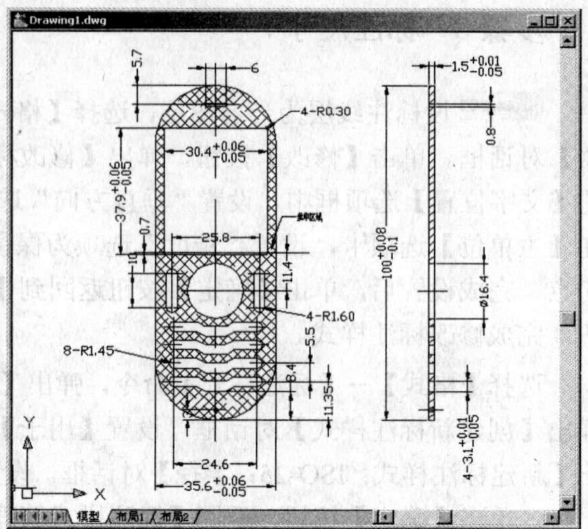

图 9-35　标注 LCD 镜片的丝印区域

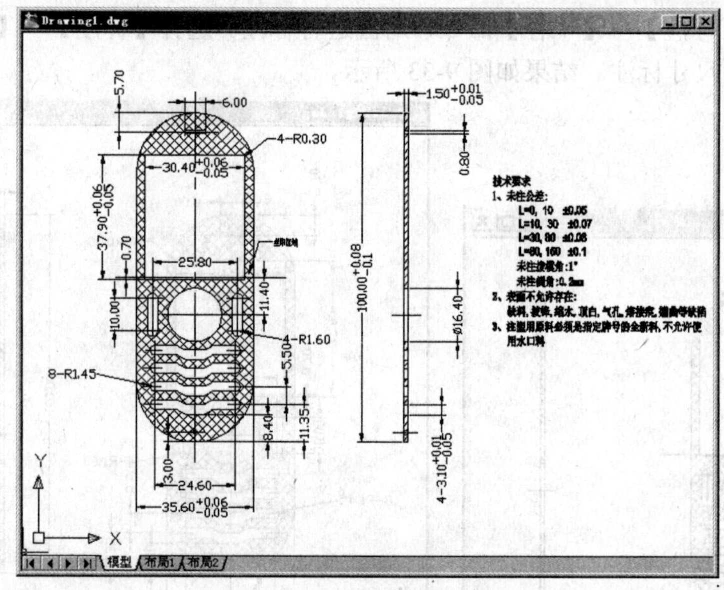

图 9-36　绘制的手机 LCD 镜片

步骤 4　保存文件

选择【文件】→【保存】命令，以“EXAMPLE96.dwg”为名保存该图形文件。选择【文件】→【退出】命令，退出 AutoCAD。

实例 97　手机装饰件

本例通过绘制手机装饰件，学习综合使用绘图命令绘制较复杂的产品平面图形。

步骤1　创建新图形文件

启动 AutoCAD 2008 中文系统，进入二维绘图模式。

步骤2　绘制手机装饰件的轮廓线

Step 01 设置层。选择【格式】→【图层】命令，弹出【图层特性管理器】对话框，分别设置实线层、中心线层、辅助线层、剖面线层和标注线层。单击【确定】按钮，完成设置并退出【图层特性管理器】对话框。

Step 02 把当前层设为中心线层，绘制 6 条直线。选择【绘图】→【直线】命令，在屏幕中间位置绘制如图 9-37 所示的的中心线。

Step 03 设实线层为当前图层。选择【绘图】→【圆】→【圆心，直径】命令，分别绘制如图 9-38 所示的三个圆。

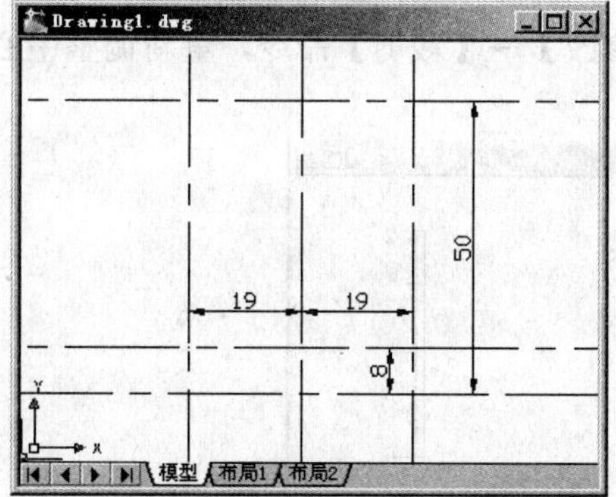

图 9-37　绘制手机装饰件的中心线

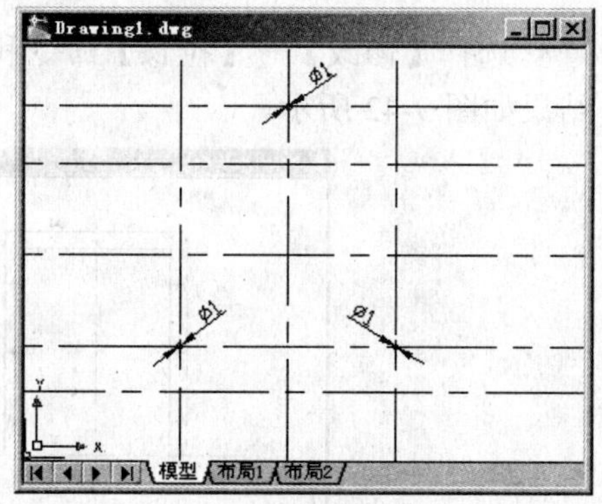

图 9-38　绘制手机装饰件的小圆柱

Step 04 选择【修改】→【阵列】命令，阵列圆及其中心线。结果如图 9-39 所示。

Step 05 设辅助线层为当前图层，绘制手机装饰件的辅助线。选择【绘图】→【构造线】命令，绘制如图 9-40 所示的构造线。

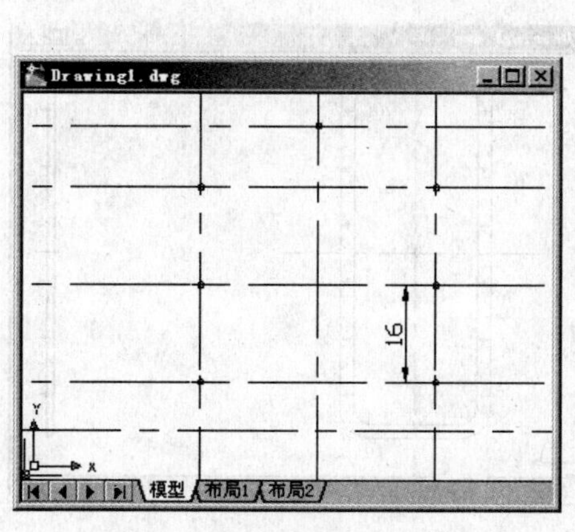

图 9-39　阵列的圆及其中心线

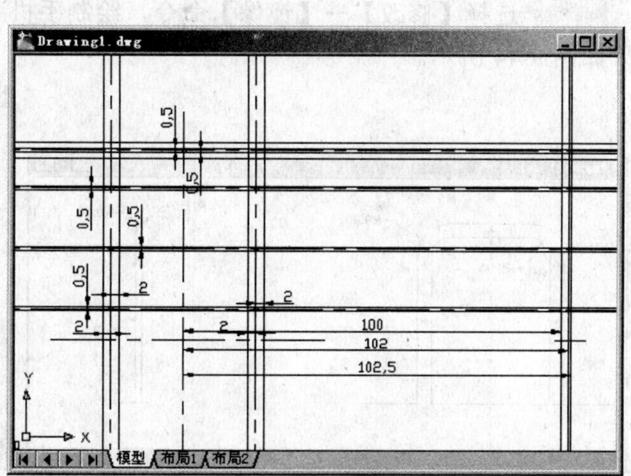

图 9-40　绘制手机装饰件的辅助线

Step 06 把当前层设为实线层。选择【绘图】→【直线】命令，利用辅助线，绘制如图 9-41 所示的轮廓线。

选择【格式】→【图层】命令，弹出【图层特性管理器】对话框，关闭辅助线层。单击【确定】按钮，完成设置并退出【图层特性管理器】对话框。结果如图 9-41 所示。

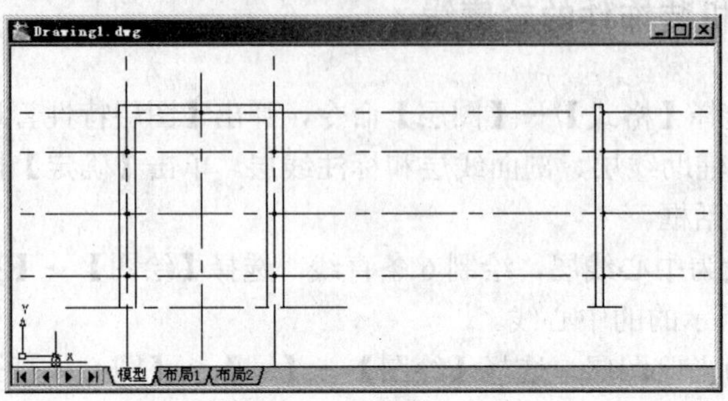

图 9-41　绘制手机装饰件的部分轮廓线

Step 07 选择【修改】→【拉长】命令和选择【修改】→【裁剪】命令，重新调整中心线的长度。结果如图 9-42 所示。

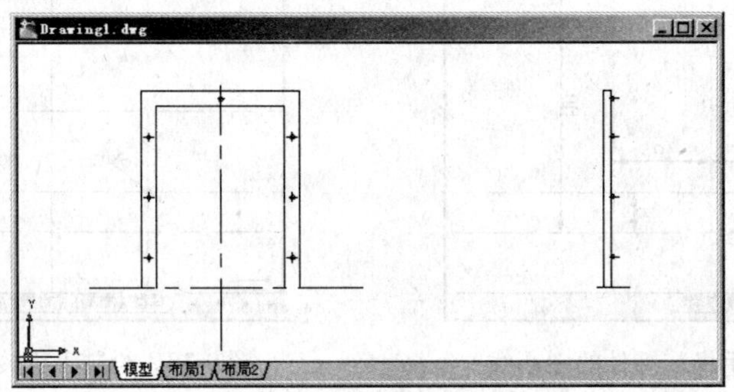

图 9-42　调整中心线的长度

Step 08 选择【修改】→【圆角】命令，对手机装饰件进行如图 9-43 所示的倒圆角。

Step 09 选择【修改】→【镜像】命令，绘制手机装饰件主视图和左视图下半部分轮廓线。结果如图 9-44 所示。

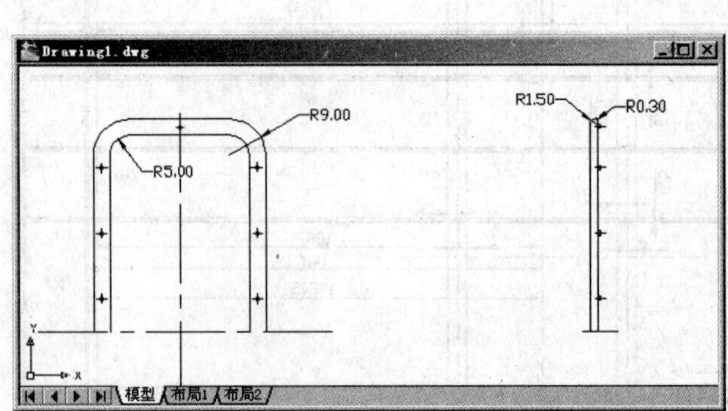

图 9-43　绘制手机装饰件的倒圆角

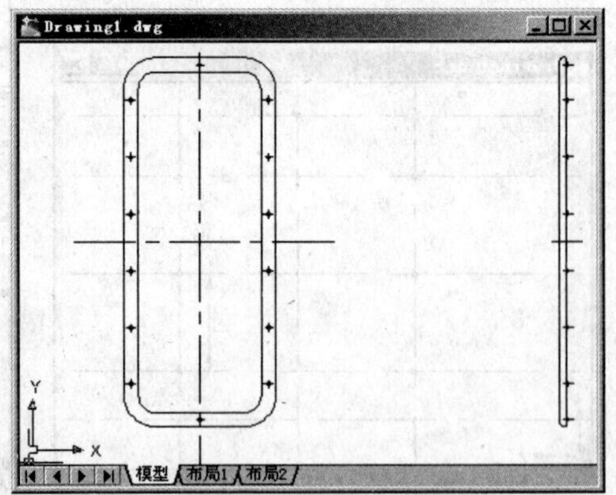

图 9-44　绘制手机装饰件主视图和左视图下半部分轮廓线

步骤 3　标注尺寸

Step 01 设标注线层为当前图层，选择【格式】→【标注样式】命令，弹出【标注样式管理器】对话框。单击【修改】按钮，弹出【修改标注样式：ISO-25】对话框。在【主单位】选项卡中，设置“精度”选项为保留小数点后两位数，“小数分隔符”选项为“句点”。完成设置后，单击【确定】按钮，返回【标注样式管理器】对话框。单击【关闭】按钮，完成修改标注样式。

选择【格式】→【标注样式】命令，弹出【标注样式管理器】对话框。单击【新建】按钮，弹出【创建新标注样式】对话框，在【创建新标注样式】对话框中，设置【用于】选项为“半径标注”。单击【继续】按钮，弹出【新建标注样式：ISO-25：半径】对话框。在【文字】选项卡中，设置“文字对齐”选项为“水平”。单击【确定】按钮，返回【标注样式管理器】对话框。单击【关闭】按钮，完成并退出标注样式。

选择【格式】→【标注样式】命令，弹出【标注样式管理器】对话框。单击【新建】按钮，弹出【创建新标注样式】对话框。设置【用于】选项为“直径标注”。单击【继续】按钮，弹出【新建标注样式：ISO-25：直径】对话框，在【文字】选项卡中，设置“文字对齐”选项为“水平”。单击【确定】按钮，返回【标注样式管理器】对话框。单击【关闭】按钮，完成并退出标注样式。

Step 02 选择【标注】→【线性】命令，对长、宽、高及位置等进行尺寸标注。绘制如图 9-45 所示的尺寸标注。

Step 03 选择【标注】→【半径】命令，对圆弧进行标注。选择【标注】→【直径】命令，对圆进行标注。结果如图 9-46 所示。

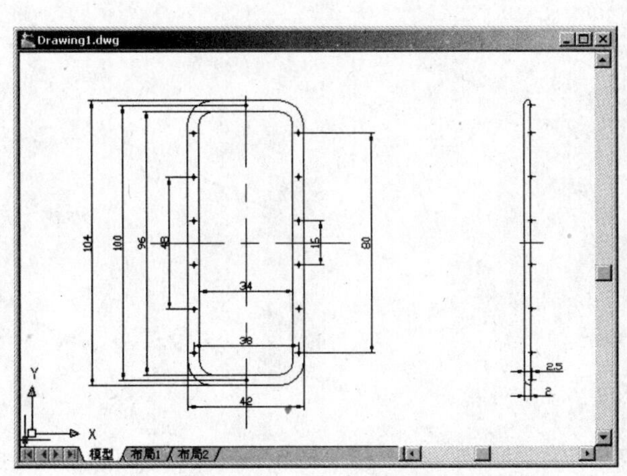

图 9-45　绘制手机装饰件的线性尺寸标注

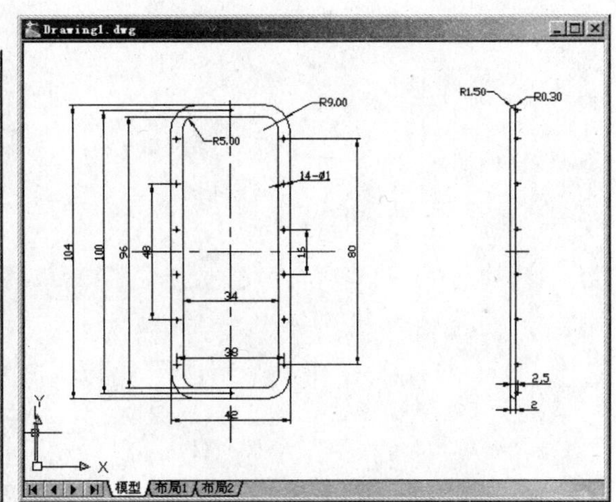

图 9-46　绘制手机装饰件尺寸标注

Step 04 选择【修改】→【特性】命令，对关键尺寸进行公差标注。结果如图 9-47 所示。

Step 05 选择【绘制】→【文字】→【多行文字】命令，在文字输入框中输入如图 9-48 所示的文字。

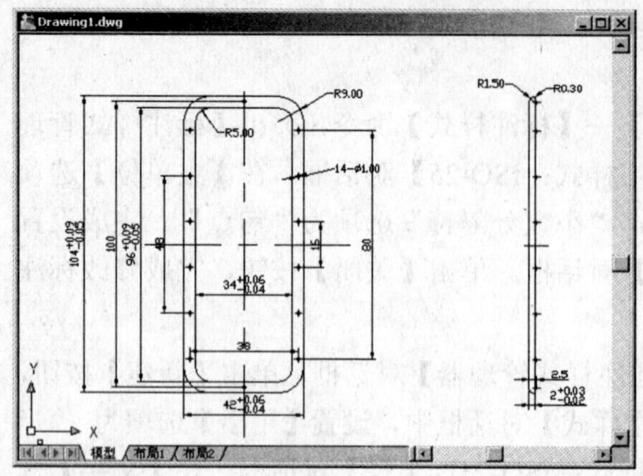

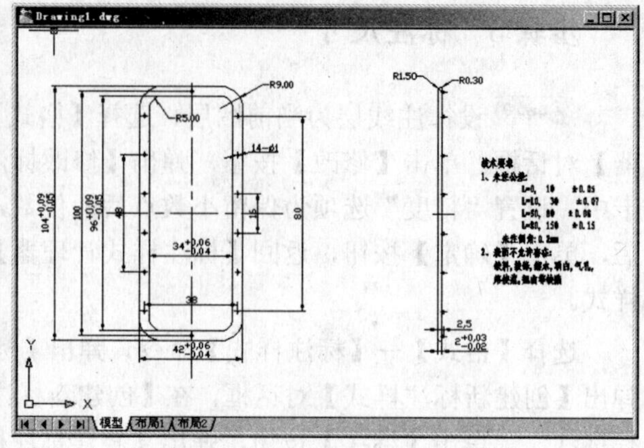

图 9-47　绘制手机手机装饰件尺寸公差标注　　　　图 9-48　绘制的手机手机装饰件

步骤 4　保存文件

选择【文件】→【保存】命令，以“EXAMPLE97.dwg”为名保存该图形文件。选择【文件】→【退出】命令，退出 AutoCAD。

第 10 章　模具设计

本章将通过 3 个实例介绍 AutoCAD 在模具设计方面的运用，综合使用 AutoCAD 平面绘图命令绘制精确产品的模具图形。

本章实例

实例 98　水管盖的模具设计

本例通过绘制水管盖的模具图形，学习综合使用绘图命令绘制复杂的模具产品平面图形。

步骤 1　创建新图形文件

Step 01 启动 AutoCAD 2008 中文系统，进入二维绘图模式。

Step 02 设置层，选择【格式】→【图层】命令，弹出【图层特性管理器】对话框，分别设置实线层、中心线层、辅助线层、剖面线层、虚线层和标注线层。单击【确定】按钮，完成设置并退出【图层特性管理器】对话框。

步骤 2　绘制水管盖的轮廓线

Step 01 把当前层设为中心线层，绘制两条直线。选择【绘图】→【直线】命令，在屏幕中间位置绘制如图 10-1 所示的相互垂直的中心线。

Step 02 设辅助线层为当前图层，绘制水管盖的辅助线。选择【绘图】→【构造线】命令，绘制如图 10-2 所示的辅助线。

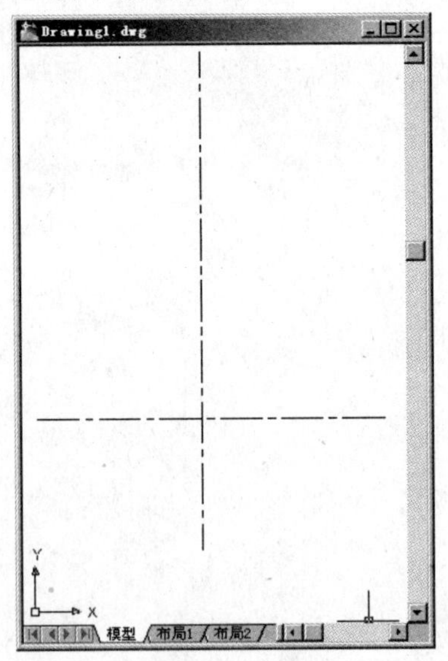

图 10-1　绘制水管盖的中心线

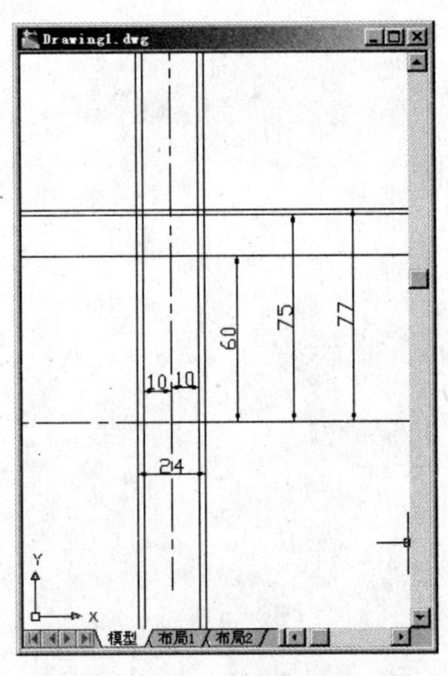

图 10-2　绘制水管盖的辅助线

Step 03 把当前层设为实线层。选择【绘图】→【直线】命令和选择【绘图】→【圆】→【圆心，半径】命令，利用辅助线，绘制如图 10-3 所示的实线。选择【格式】→【图层】命令，弹出【图层特性管理器】对话框，关闭辅助线层。单击【确定】按钮，完成设置并退出【图层特性管理器】对话框。

Step 04 设剖面线层为当前图层。选择【绘图】→【图案填充】命令，绘制图 10-4 所示的剖面线。

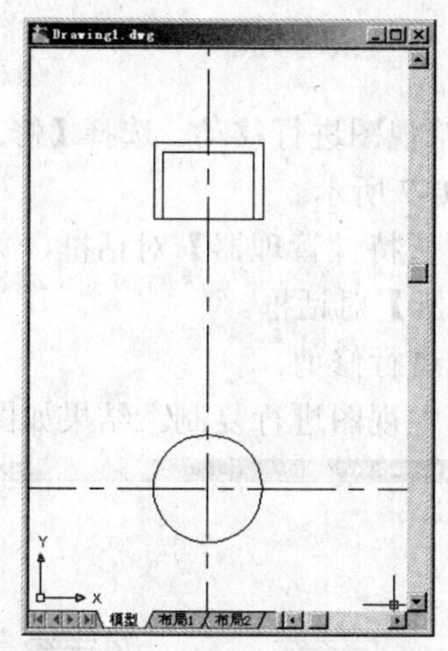

图 10-3　绘制水管盖的轮廓线

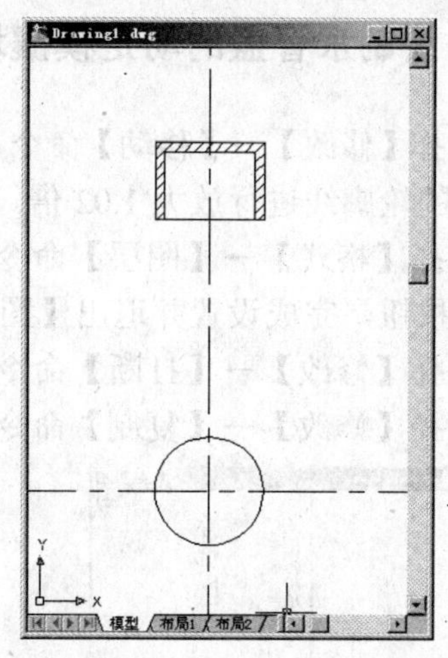

图 10-4　绘制水管盖的剖面线

步骤3　标注水管盖的尺寸

Step 01 设标注线层为当前图层，选择【格式】→【标注样式】命令，弹出【标注样式管理器】对话框。单击【修改】按钮，弹出【修改标注样式：ISO-25】对话框。在【文字】选项卡，设置“文字高度”选项为“5”。在【主单位】选项卡中，设置“精度”选项为保留小数点后两位数，“小数分隔符”选项为“.”句点。完成设置后，单击【确定】按钮，返回【标注样式管理器】对话框。单击【关闭】按钮，完成修改标注样式。

选择【格式】→【标注样式】命令，弹出【标注样式管理器】对话框。单击【新建】按钮，弹出【创建新标注样式】对话框。设置【用于】选项为“直径标注”。单击【继续】按钮，弹出【新建标注样式：ISO-25：直径】对话框。在【文字】选项卡中，设置“文字对齐”选项为“水平”。单击【确定】按钮，返回【标注样式管理器】对话框。单击【关闭】按钮，保存设置。

Step 02 选择【标注】→【直径】命令，对圆进行标注。绘制如图 10-5 所示的尺寸标注。

Step 03 选择【标注】→【线性】命令，对长、宽、高及深度等进行尺寸标注。结果如图 10-6 所示。

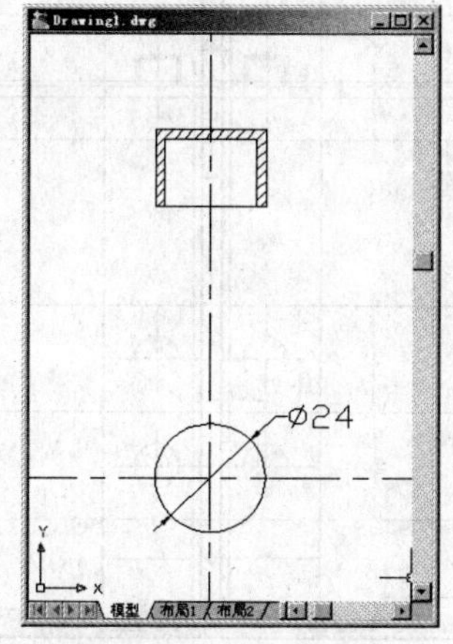

图 10-5　绘制水管盖的直径尺寸标注

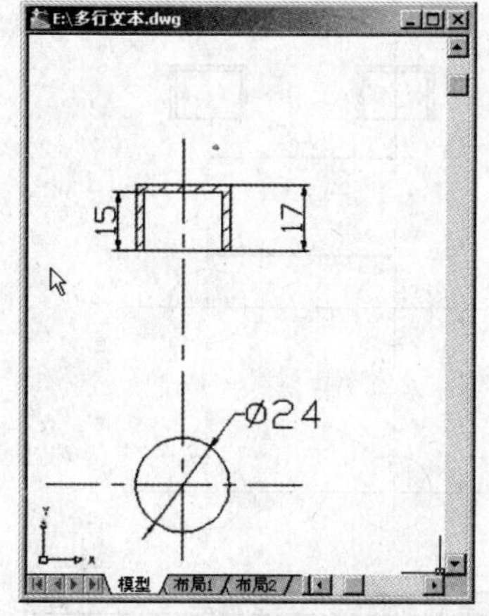

图 10-6　绘制的水管盖

步骤 4　绘制水管盖的动定模镶块

Step 01 选择【修改】→【移动】命令，对水管盖俯视图进行移动。选择【修改】→【缩放】命令，对水管的轮廓线进行放大 1.02 倍。结果如图 10-7 所示。

Step 02 选择【格式】→【图层】命令，弹出【图层特性管理器】对话框，关闭标注线层。单击【确定】按钮，完成设置并退出【图层特性管理器】对话框。

Step 03 选择【修改】→【打断】命令，对中心线进行修剪。

Step 04 选择【修改】→【复制】命令，对水管盖主视图进行复制。结果如图 10-8 所示。

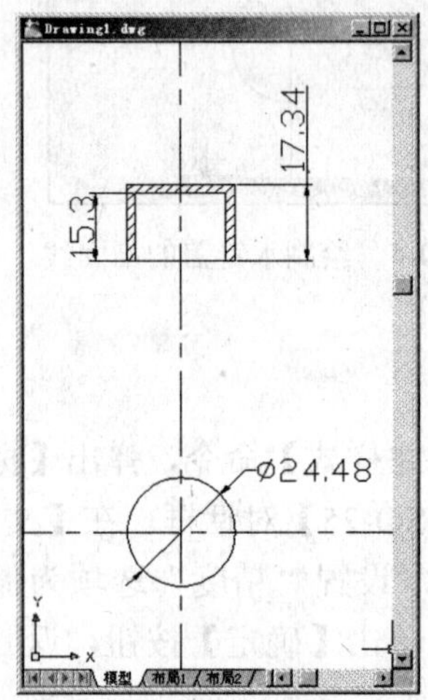

图 10-7　设置水管盖的缩水

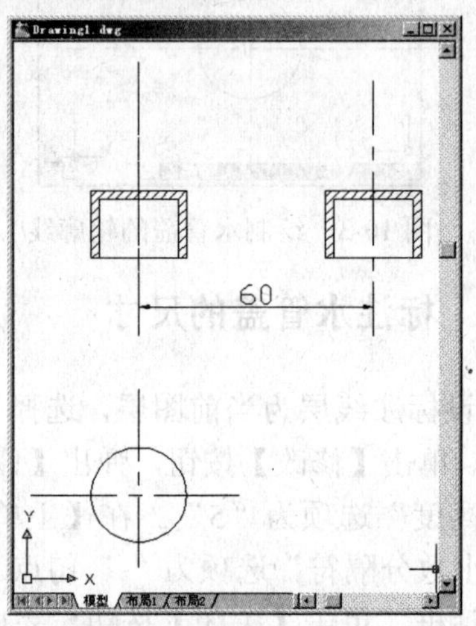

图 10-8　复制水管盖的主俯视图

Step 04 选择【修改】→【阵列】命令，对水管盖俯视图进行阵列。结果如图 10-9 所示。

Step 05 选择【格式】→【图层】命令，弹出【图层特性管理器】对话框。打开辅助线层，并设辅助线层为当前图层。单击【确定】按钮，完成设置并退出【图层特性管理器】对话框。选择【修改】→【删除】命令，删除当前的辅助线。绘制水平和垂直构造线。选择【绘图】→【构造线】命令，绘制如图 10-10 所示的辅助线。

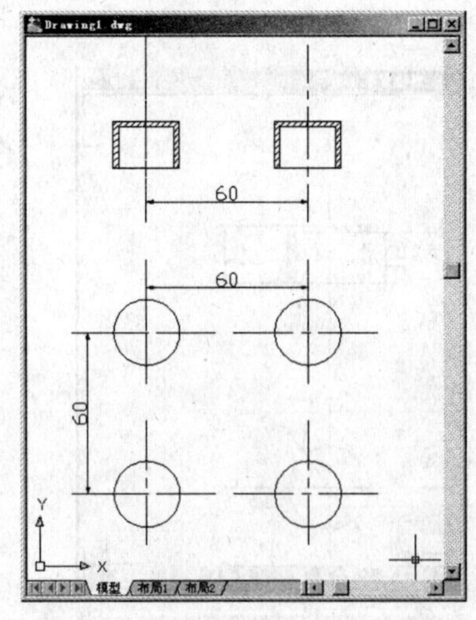

图 10-9　阵列水管盖的主俯视图

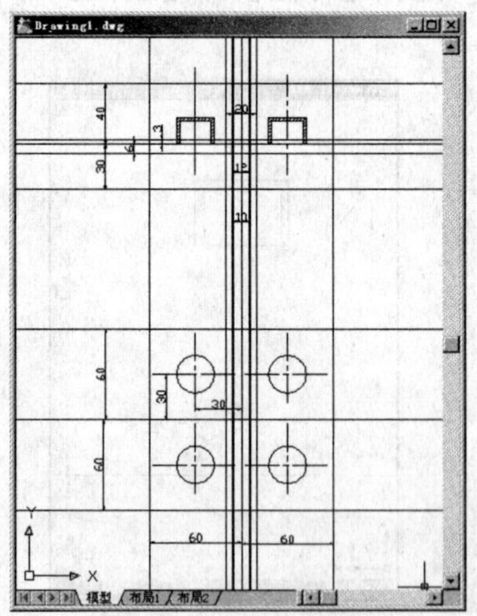

图 10-10　绘制水管盖的动定模镶块的辅助线

Step 06 把当前层设为虚线层。选择【绘图】→【圆】→【圆心，半径】命令，利用辅助线，绘制如图 10-11 所示的圆。把当前层设为中心线层。选择【绘图】→【直线】命令，利用辅助线，绘制如图 10-11 所示的中心线。把当前层设为实线层。选择【绘图】→【直线】命令和选择【绘图】→【圆】→【圆心，半径】命令，利用辅助线，绘制如图 10-11 所示的轮廓线。选择【格式】→【图层】命令，弹出【图层特性管理器】对话框，关闭辅助线层。单击【确定】按钮，完成设置并退出【图层特性管理器】对话框。结果如图 10-11 所示。

Step 07 选择【修改】→【延伸】命令，绘制如图 10-12 所示水管盖的动定模镶块的主视图轮廓线。

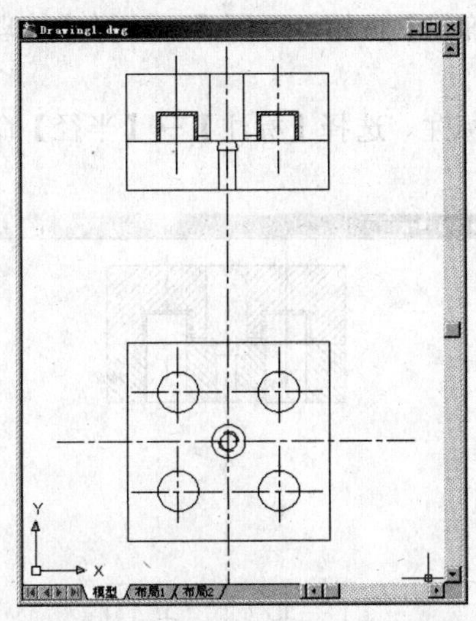

图 10-11　利用辅助线绘制的水管盖动定模镶块的轮廓线

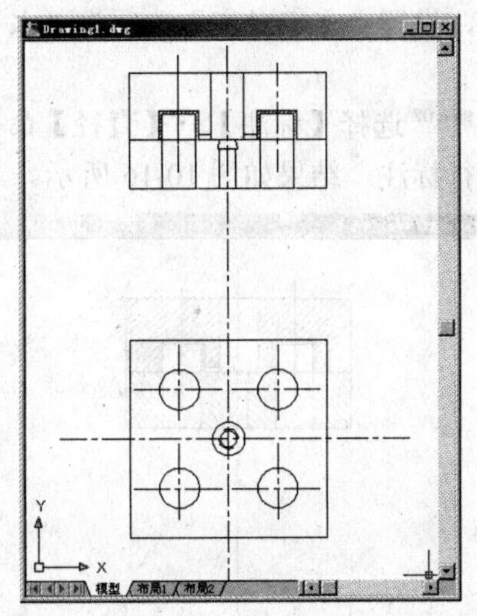

图 10-12　绘制的水管盖动定模镶块的部分轮廓线

Step 08 选择【绘图】→【直线】命令和选择【绘图】→【多段线】命令，绘制如图 10-13 所示的水管盖动定模镶块的流道。

Step 09 设标注线层为当前图层，选择【标注】→【多重引线】命令，绘制剖切符号。选择【绘制】→【文字】→【多行文字】命令，在文字输入框中输入剖切符号的文字。选择【绘图】→【直线】命令，连接两引线。结果如图 10-14 所示。

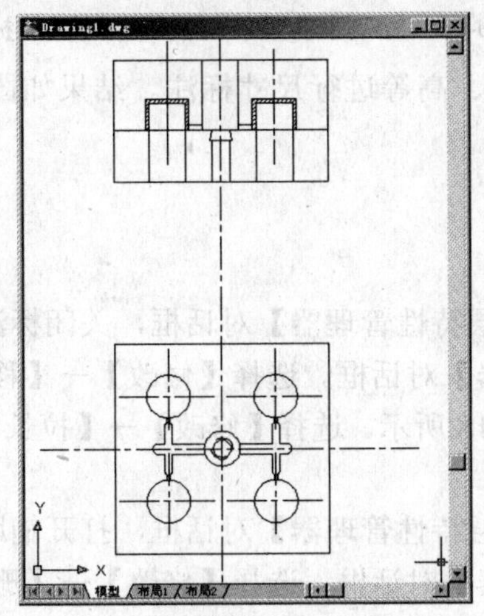

图 10-13　绘制水管动定模镶块的流道

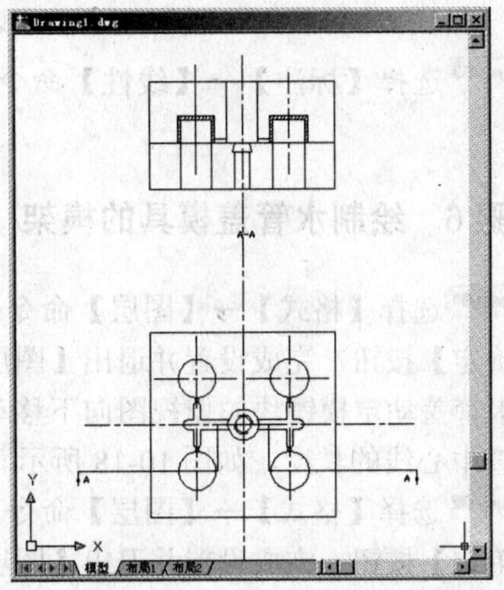

图 10-14　绘制水管盖动定模镶块的剖切符号

Step 10 设剖面线层为当前图层。选择【绘图】→【图案填充】命令，绘制水管盖动定模镶块主视图的剖面线。结果如图 10-15 所示。

步骤 5　标注水管盖的动定模镶块尺寸

Step 01 设标注线层为当前图层，选择【格式】→【标注样式】命令，弹出【标注样式管理器】对话框。单击【新建】按钮，弹出【创建新标注样式】对话框，设置【用于】选项为"半径标注"。单击【继续】按钮，弹出【新建标注样式：ISO-25：半径】对话框。在【文字】选项卡中，设置"文字对齐"选项为"水平"。单击【确定】按钮，返回【标注样式管理器】对话框。

Step 02 选择【标注】→【直径】命令，对圆进行标注。选择【标注】→【半径】命令，对圆弧进行标注。结果如图 10-16 所示。

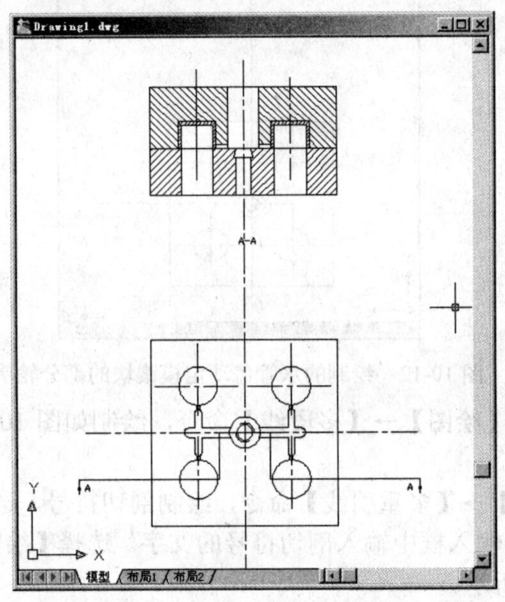

图 10-15　绘制水管盖动定模镶块的剖切线

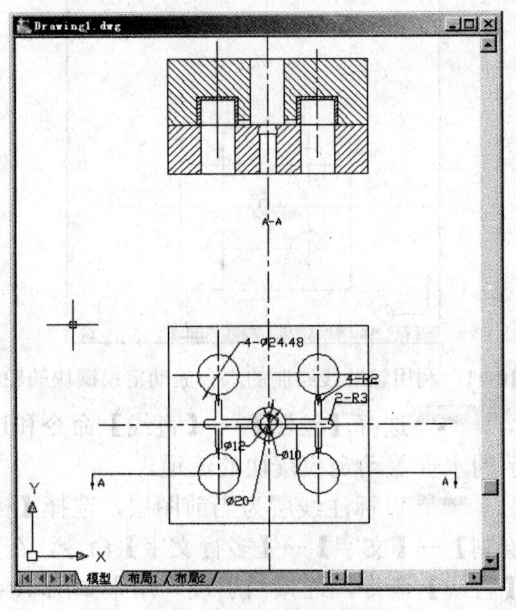

图 10-16　绘制水管盖动定模镶块的尺寸标注

Step 03 选择【标注】→【线性】命令，对长、宽、高等进行尺寸标注。结果如图 10-17 所示。

步骤 6　绘制水管盖模具的模架

Step 01 选择【格式】→【图层】命令，弹出【图层特性管理器】对话框，关闭标注线层。单击【确定】按钮，完成设置并退出【图层特性管理器】对话框。选择【修改】→【移动】命令，把水管盖动定模镶块的俯视图向下移动，如图 10-18 所示。选择【修改】→【拉长】命令，拉长垂直中心线的长度，如图 10-18 所示。

Step 02 选择【格式】→【图层】命令，弹出【图层特性管理器】对话框，打开辅助线层。单击【确定】按钮，完成设置并退出【图层特性管理器】对话框。选择【修改】→【删除】命令，删除水管盖动定模镶块的辅助线。设辅助线层为当前图层。绘制水管盖模具的模架的辅助线。选择【绘图】→【构造线】命令，绘制如图10-19所示的构造线。结果如图10-19所示。

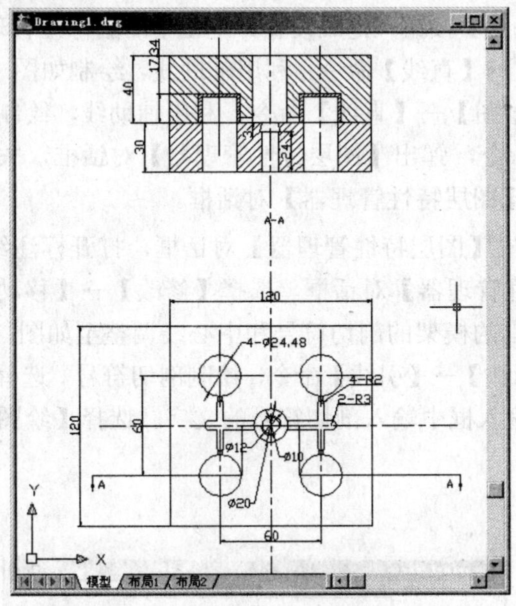

图10-17　绘制的水管盖动定模镶块

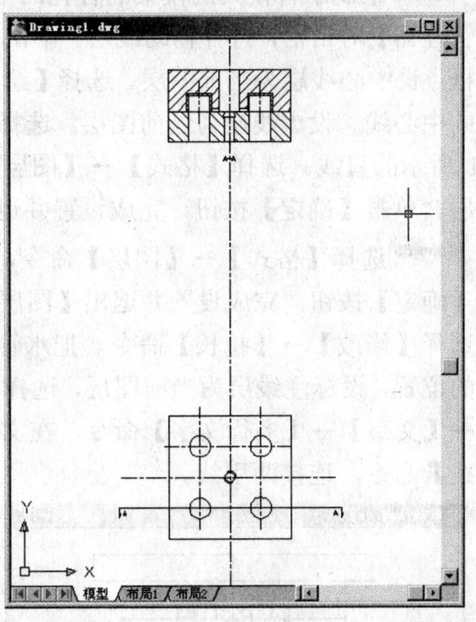

图10-18　移动水管盖动定模镶块的俯视图

Step 03 绘制水管模具的模架的部分轮廓线。设实线层为当前图层。选择【绘图】→【直线】命令，利用辅助线，绘制如图10-20所示的直线。选择【格式】→【图层】命令，弹出【图层特性管理器】对话框，关闭辅助线层。单击【确定】按钮，完成设置并退出【图层特性管理器】对话框。

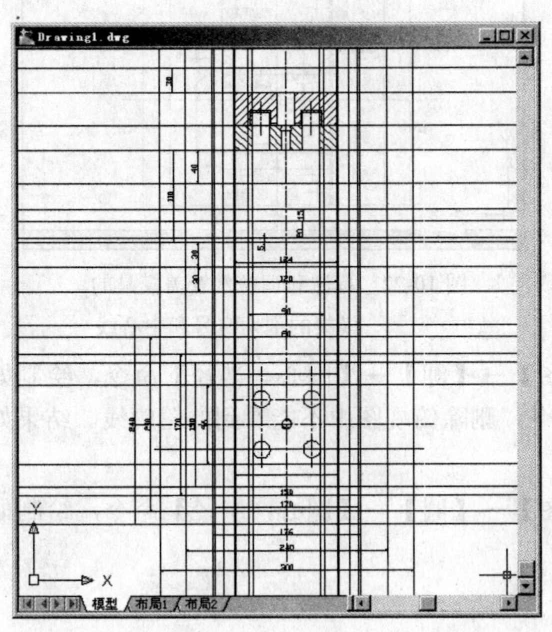

图10-19　绘制水管盖模具的模架的辅助线

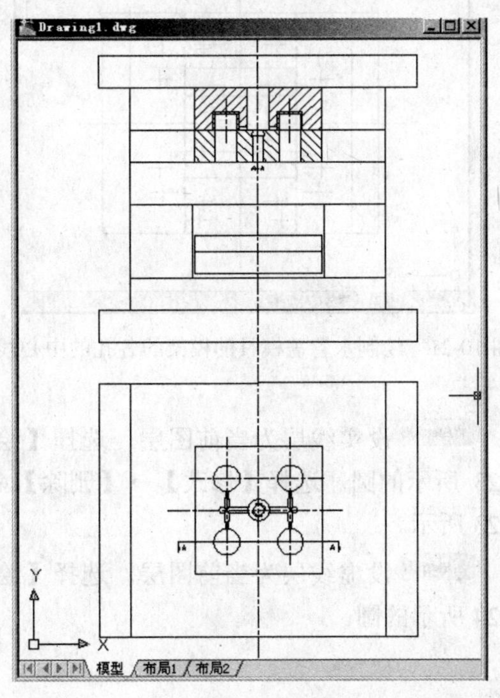

图10-20　绘制水管盖模具的模架的部分轮廓线

Step 04 绘制水管模具的模架的各孔的中心线。选择【格式】→【图层】命令，弹出【图层特性管理器】对话框，打开辅助线层。单击【确定】按钮，完成设置并退出【图层特性管理器】对话框。设中心线层为当前图层。选择【绘图】→【直线】命令，利用辅助线，绘制如图 10-21 所示的中心线。设虚线层为当前图层。选择【绘图】→【直线】命令，利用辅助线，绘制如图 10-21 所示的直线。选择【格式】→【图层】命令，弹出【图层特性管理器】对话框，关闭辅助线层。单击【确定】按钮，完成设置并退出【图层特性管理器】对话框。

Step 05 选择【格式】→【图层】命令，弹出【图层特性管理器】对话框，打开标注线层。单击【确定】按钮，完成设置并退出【图层特性管理器】对话框。选择【修改】→【移动】命令和选择【修改】→【拉长】命令，把水管模具的模架的剖切符号和中心线调整至如图 10-22 所示的位置。设标注线层为当前图层，选择【标注】→【引线】命令，绘制剖切符号。选择【绘制】→【文字】→【多行文字】命令，在文字输入框中输入剖切符号的文字。选择【绘图】→【直线】命令，连接两引线。

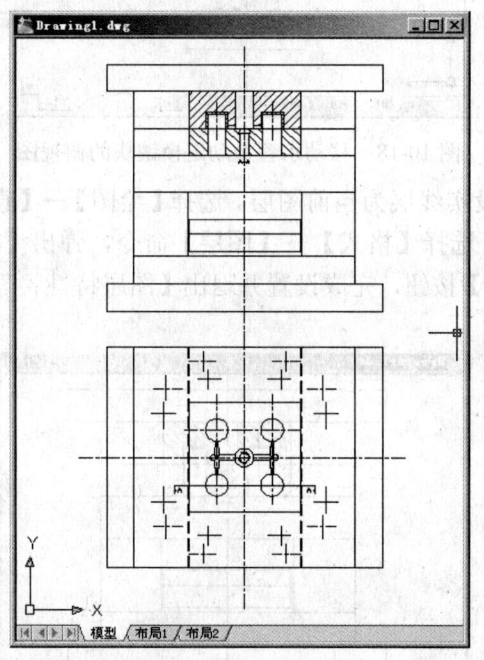

图 10-21　绘制水管盖模具的模架的各孔的中心线

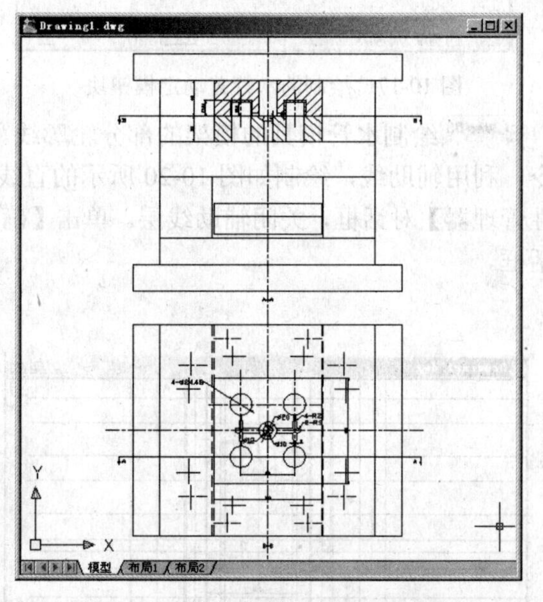

图 10-22　标注和调整水管盖模具的模架的剖切符号和中心线

Step 06 设实线层为当前图层。选择【绘图】→【圆】→【圆心，半径】命令，绘制如图 10-23 所示的圆。选择【修改】→【删除】命令，删除俯视图中不能看到的轮廓线。结果如图 10-23 所示。

Step 07 设虚线层为当前图层。选择【绘图】→【圆】→【圆心，半径】命令，绘制如图 10-24 所示的圆。

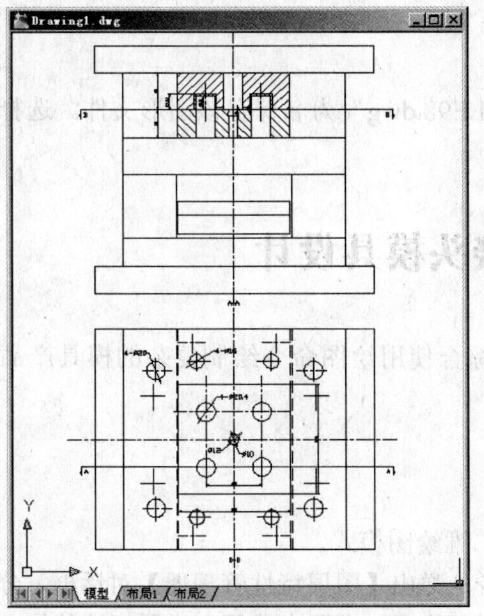

图 10-23　绘制水管盖模具的模架的圆孔（一）

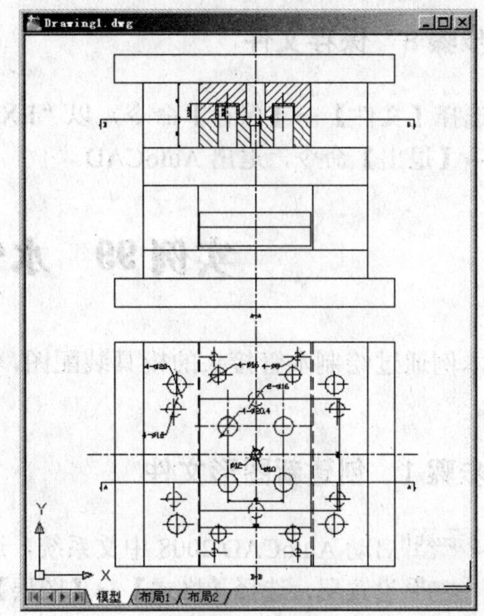

图 10-24　绘制水管盖模具的模架的圆孔（二）

Step 08 设剖面线层为当前图层。选择【绘图】→【图案填充】命令，绘制水管模具的模架的剖面线。结果如图 10-25 所示。

步骤 7　标注水管盖模具模架尺寸

设标注线层为当前图层，选择【标注】→【线性】命令，对长、宽、高等进行尺寸标注。绘制如图 10-26 所示的尺寸标注。

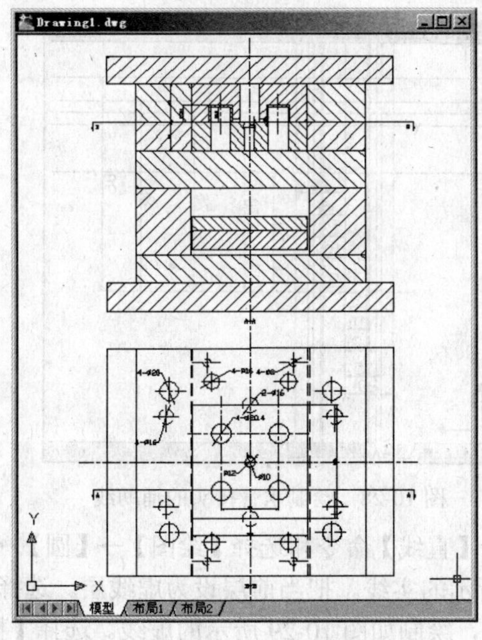

图 10-25　绘制水管盖模具的模架的剖面线

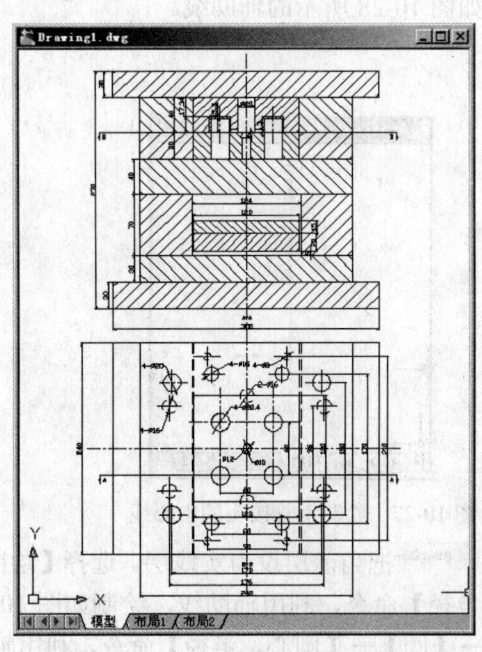

图 10-26　绘制的水管盖模具的模架

步骤 8 保存文件

选择【文件】→【保存】命令，以“EXAMPLE98.dwg”为名保存该图形文件。选择【文件】→【退出】命令，退出 AutoCAD。

实例 99 水管接头模具设计

本例通过绘制水管接头的模具装配图，学习综合使用绘图命令绘制复杂的模具产品平面图形。

步骤 1 创建新图形文件

Step 01 启动 AutoCAD 2008 中文系统，进入二维绘图模式。

Step 02 设置层，选择【格式】→【图层】命令，弹出【图层特性管理器】对话框，分别设置实线层，设置中心线层，设置辅助线层，设置剖面线层，设置虚线层，设置标注线层。单击【确定】按钮，完成设置并退出【图层特性管理器】对话框。

步骤 2 绘制水管接头的轮廓线

Step 01 把当前层设为中心线层，绘制两条直线。选择【绘图】→【直线】命令，在屏幕中间位置绘制如图 10-27 所示的相互垂直的中心线。

Step 02 设辅助线层为当前图层，绘制机械底座的辅助线。选择【绘图】→【构造线】命令，绘制如图 10-28 所示的辅助线。

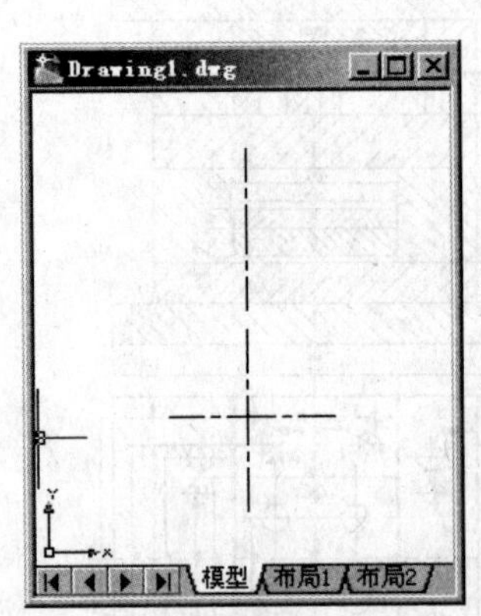

图 10-27 绘制水管接头的中心线

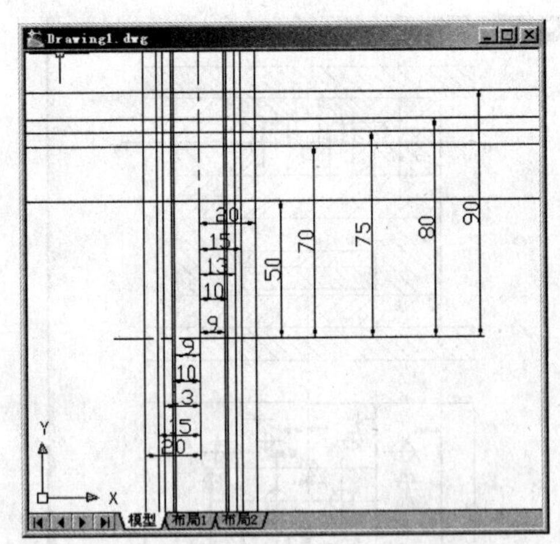

图 10-28 绘制水管接头的辅助线

Step 03 把当前层设为实线层。选择【绘图】→【直线】命令和选择【绘图】→【圆】→【圆心，半径】命令，利用辅助线，绘制如图 10-29 所示的实线。把当前层设为虚线层。选择【绘图】→【圆】→【圆心，半径】命令，利用辅助线，绘制如图 10-29 所示的虚线。选择【格式】→【图层】命令，弹出【图层特性管理器】对话框，关闭辅助线层。单击【确定】按钮，完成设置并退出【图层特性管理器】对话框。

Step 04 设剖面线层为当前图层。选择【绘图】→【图案填充】命令，绘制图 10-30 所示的剖面线。

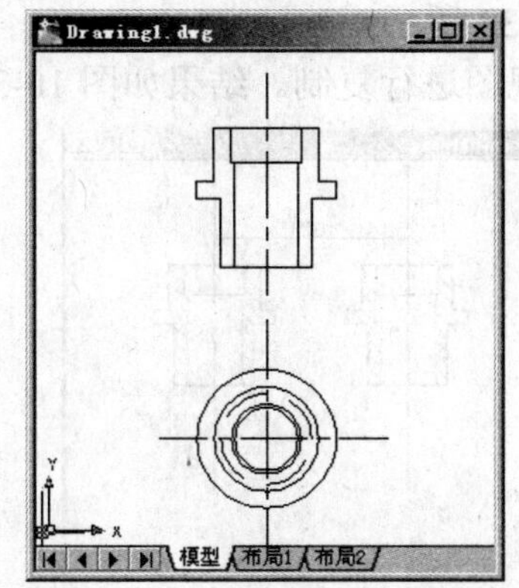

图 10-29 绘制水管接头的轮廓线

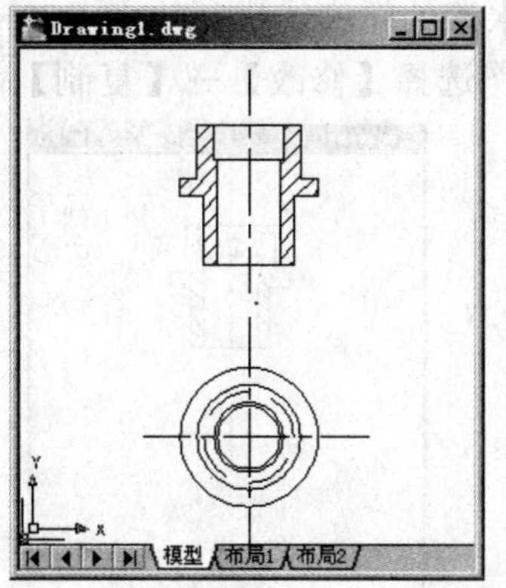

图 10-30 绘制水管接头的剖面线

步骤 3 标注水管接头的尺寸

Step 01 设标注线层为当前图层，选择【格式】→【标注样式】命令，弹出【标注样式管理器】对话框。单击【修改】按钮，弹出【修改标注样式：ISO-25】对话框。在【文字】选项卡中，设置把“文字高度”选项为“5”。在【主单位】选项卡中，设置“精度”选项为保留小数点后两位数，“小数分隔符”选项为“句点”。完成设置后，单击【确定】按钮，返回【标注样式管理器】对话框。单击【关闭】按钮，完成修改标注样式。

选择【格式】→【标注样式】命令，弹出【标注样式管理器】对话框。单击【新建】按钮，弹出【创建新标注样式】对话框，设置【用于】选项为“直径标注”。单击【继续】按钮，弹出【新建标注样式：ISO-25：直径】对话框，在【文字】选项卡中，设置“文字对齐”选项为“水平”。单击【确定】按钮，返回【标注样式管理器】对话框。

Step 02 选择【标注】→【直径】命令，对圆进行标注。绘制如图 10-31 所示的尺寸标注。

Step 03 选择【标注】→【线性】命令，对长、宽、高及深度等进行尺寸标注。结果如图 10-32 所示。

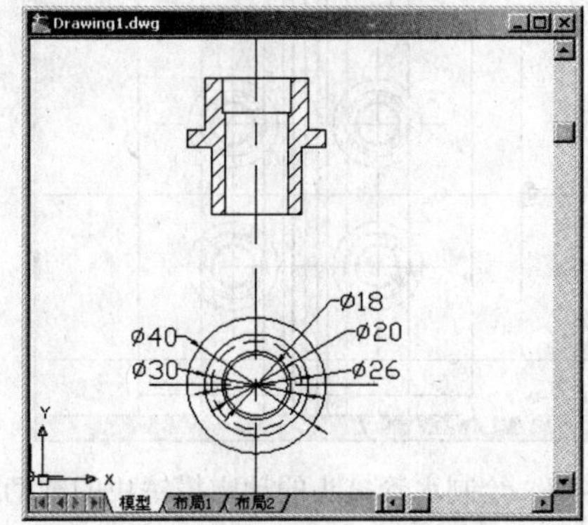

图 10-31 绘制水管接头的直径尺寸标注

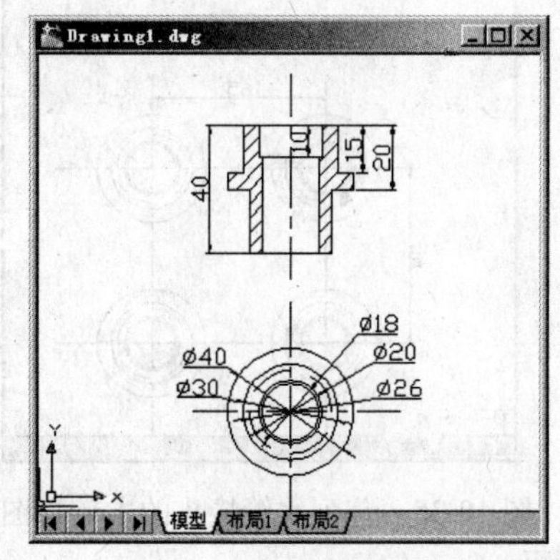

图 10-32 绘制的水管接头

步骤 4　绘制水管接头的动定模镶块

Step 01 选择【修改】→【移动】命令，对水管俯视图进行移动。选择【修改】→【缩放】命令，对水管的轮廓线进行放大 1.02 倍。结果如图 10-33 所示。

Step 02 选择【修改】→【复制】命令，对水管主视图进行复制。结果如图 10-34 所示。

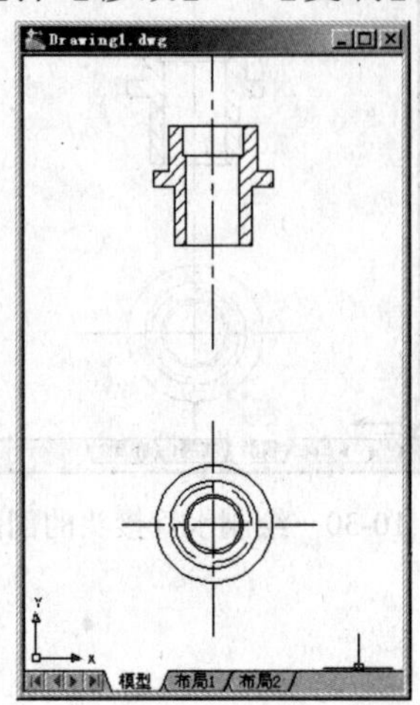

图 10-33　设置水管接头的缩水

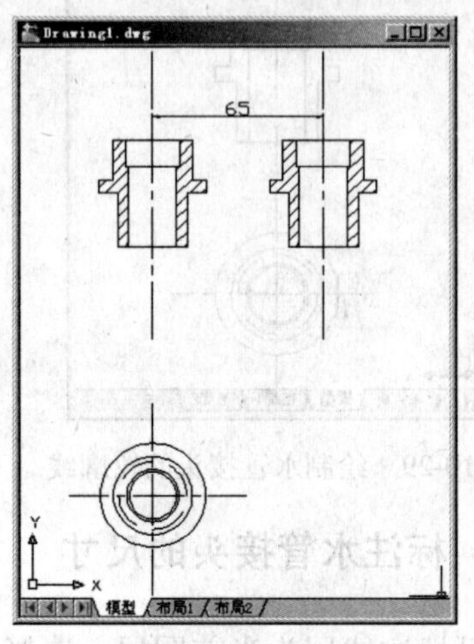

图 10-34　复制水管接头的主俯视图

Step 03 选择【修改】→【阵列】命令，对水管俯视图进行阵列。结果如图 10-35 所示。

Step 04 选择【格式】→【图层】命令，弹出【图层特性管理器】对话框，打开辅助线层。单击【确定】按钮，完成设置并退出【图层特性管理器】对话框。选择【修改】→【删除】命令，删除水管动定模镶块的辅助线。设辅助线层为当前图层。绘制水平和垂直构造线。选择【绘图】→【构造线】命令，绘制如图 10-36 所示的辅助线。

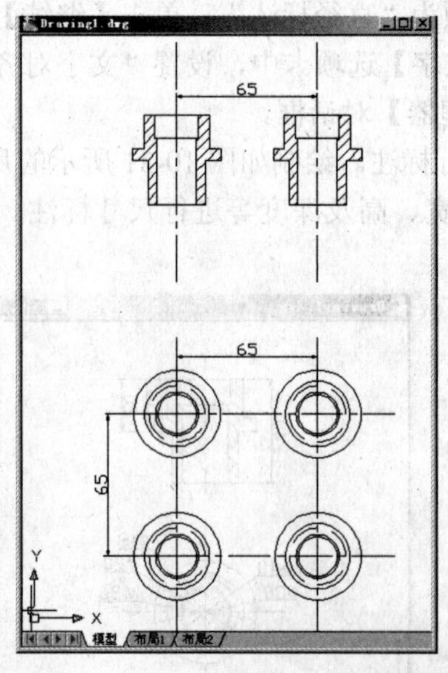

图 10-35　阵列水管接头的主俯视图

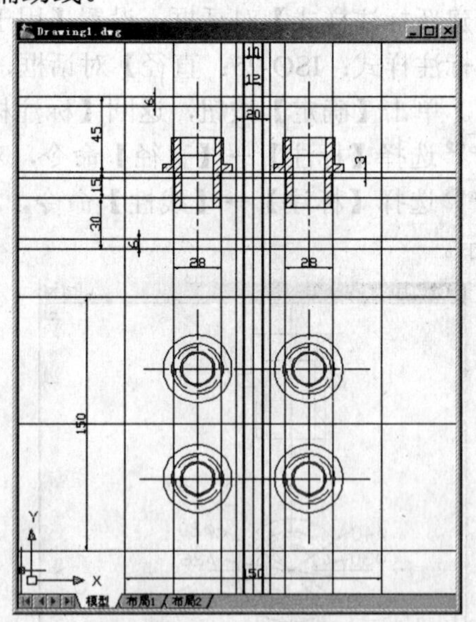

图 10-36　绘制水管接头的动定模镶块的辅助线

Step 05 把当前层设为虚线层。选择【绘图】→【圆】→【圆心，半径】命令，利用辅助线，绘制如图 10-37 所示的圆。把当前层设为实线层。选择【绘图】→【直线】命令和选择【绘图】

→【圆】→【圆心，半径】命令，利用辅助线，绘制如图 10-37 所示的轮廓线。选择【格式】→【图层】命令，弹出【图层特性管理器】对话框，关闭辅助线层。单击【确定】按钮，完成设置并退出【图层特性管理器】对话框。

Step 06 选择【修改】→【镜像】命令和选择【修改】→【延伸】命令，绘制如图 10-38 所示水管的动定模镶块的主视图轮廓线。

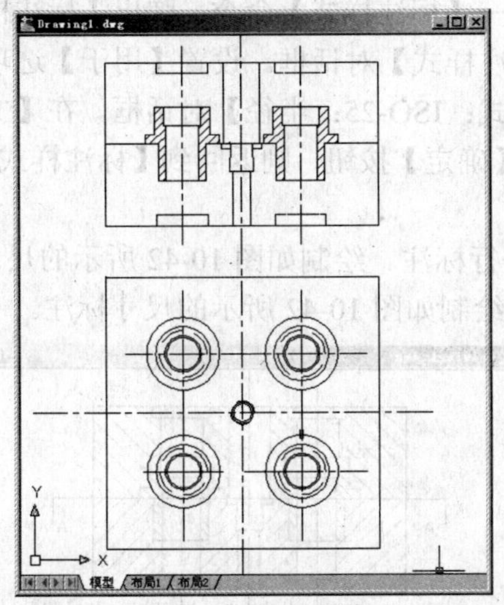

图 10-37　利用辅助线绘制的水管接头动定模镶块的轮廓线

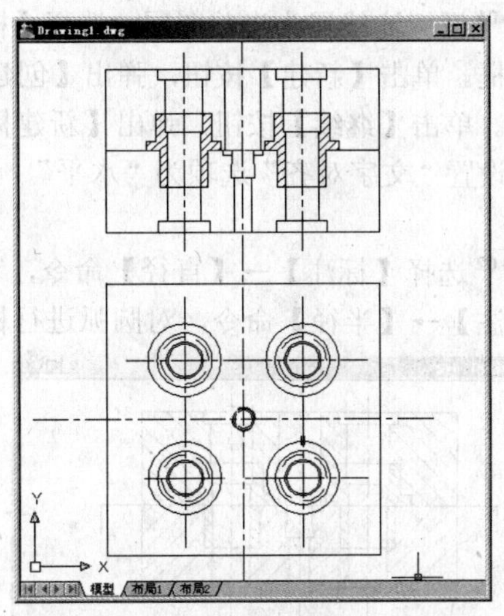

图 10-38　绘制的水管接头动定模镶块的部分轮廓线

Step 07 选择【绘图】→【直线】命令和选择【绘图】→【多段线】命令，绘制如图 10-39 所示的水管动定模镶块的流道。

Step 08 设标注线层为当前图层，选择【标注】→【多重引线】命令，绘制剖切符号。选择【绘制】→【文字】→【多行文字】命令，在文字输入框中输入剖切符号的文字。选择【绘图】→【直线】命令，连接两引线。选择【修改】→【删除】命令，删除俯视图中不能看到的轮廓线。选择【格式】→【图层工具】→【更改为当前图层】命令，把图中的虚线圆更改为实线圆。结果如图 10-40 所示。

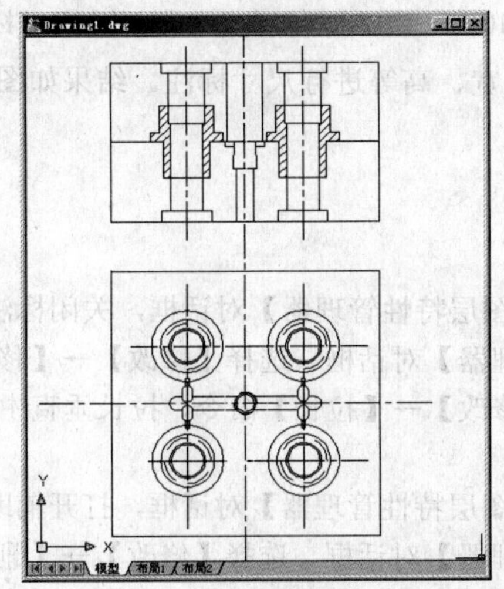

图 10-39　绘制水管接头动定模镶块的流道

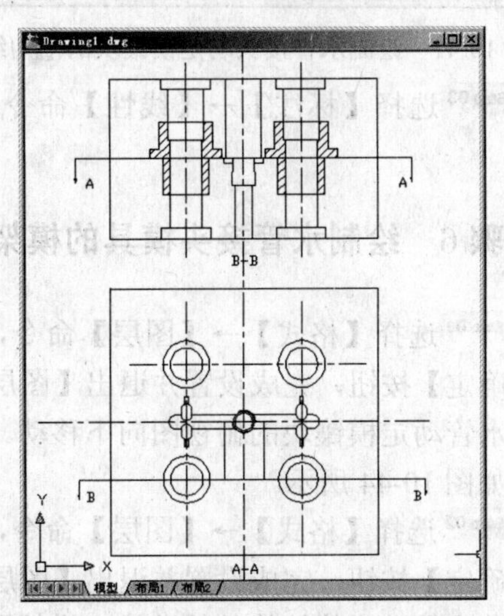

图 10-40　绘制水管接头动定模镶块的剖切符号

Step 09 设剖面线层为当前图层。选择【绘图】→【图案填充】命令，绘制水管动定模镶块主视图的剖面线。结果如图 10-41 所示。

步骤 5　标注水管接头的动定模镶块尺寸

Step 01 设标注线层为当前图层，选择【格式】→【标注样式】命令，弹出【标注样式管理器】对话框。单击【新建】按钮，弹出【创建新标注样式】对话框。设置【用于】选项为“半径标注”。单击【继续】按钮，弹出【新建标注样式：ISO-25：半径】对话框。在【文字】选项卡中，设置“文字对齐”选项为“水平”。单击【确定】按钮，则返回到【标注样式管理器】对话框。

Step 02 选择【标注】→【直径】命令，对圆进行标注。绘制如图 10-42 所示的尺寸标注。选择【标注】→【半径】命令，对圆弧进行标注。绘制如图 10-42 所示的尺寸标注。

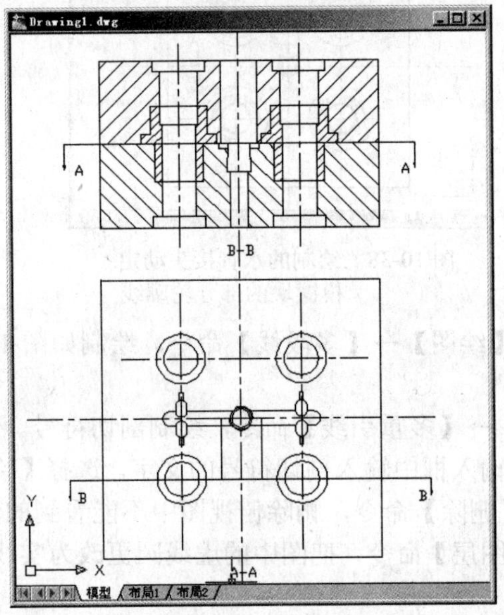

图 10-41　绘制水管接头动定模镶块的剖切线

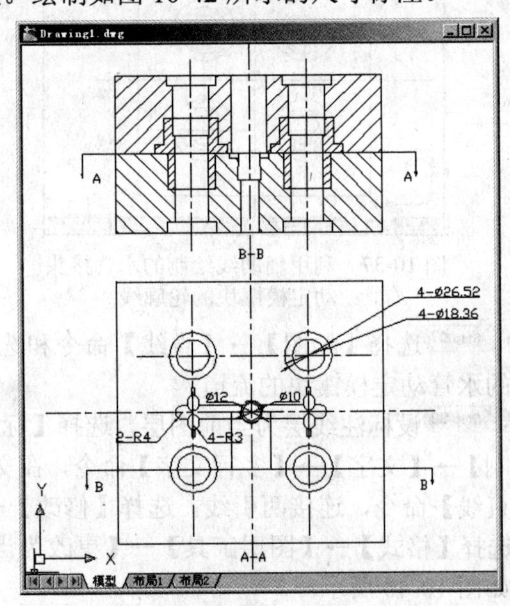

图 10-42　绘制水管接头动定模镶块的尺寸标注

Step 03 选择【标注】→【线性】命令，对长、宽、高等进行尺寸标注。结果如图 10-43 所示

步骤 6　绘制水管接头模具的模架

Step 01 选择【格式】→【图层】命令，弹出【图层特性管理器】对话框，关闭标注线层。单击【确定】按钮，完成设置并退出【图层特性管理器】对话框。选择【修改】→【移动】命令，把水管动定模镶块的俯视图向下移动。选择【修改】→【拉长】命令，拉长垂直中心线的长度，如图 10-44 所示。

Step 02 选择【格式】→【图层】命令，弹出【图层特性管理器】对话框，打开辅助线层。单击【确定】按钮，完成设置并退出【图层特性管理器】对话框。选择【修改】→【删除】命令，删除水管动定模镶块的辅助线。设辅助线层为当前图层。绘制水管模具的模架的辅助线。

选择【绘图】→【构造线】命令，绘制如图 10-45 所示的构造线。

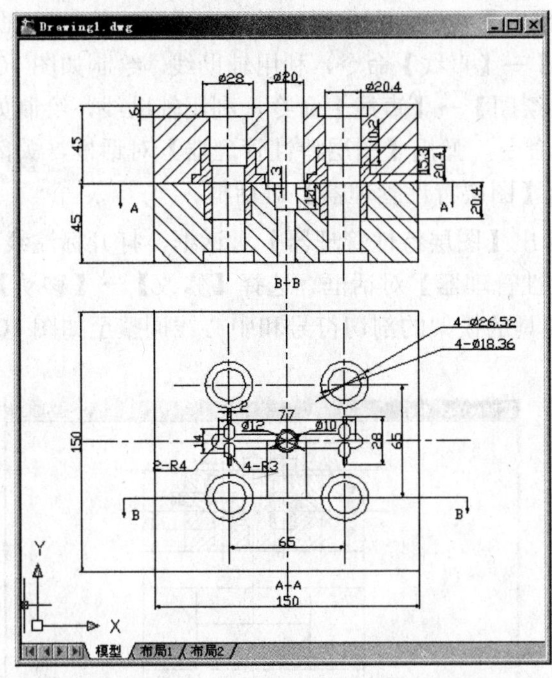

图 10-43 绘制的水管接头动定模镶块

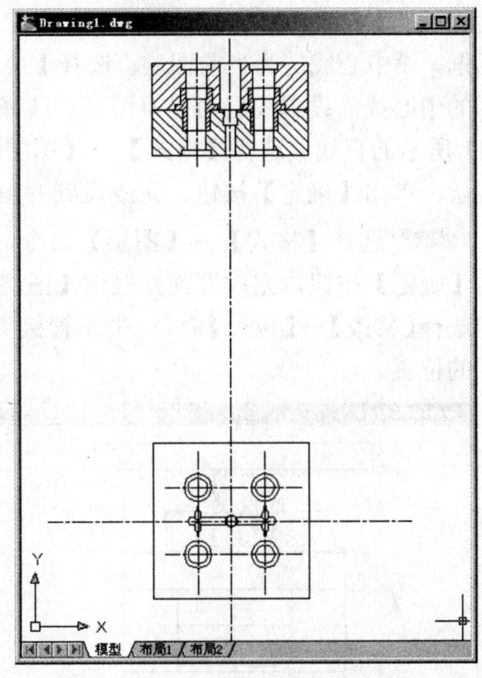

图 10-44 移动水管接头动定模镶块的俯视图

Step 03 绘制水管模具的模架的部分轮廓线。设实线层为当前图层。选择【绘图】→【直线】命令，利用辅助线，绘制如图 10-46 所示的直线。选择【格式】→【图层】命令，弹出【图层特性管理器】对话框，关闭辅助线层。单击【确定】按钮，完成设置并退出【图层特性管理器】对话框。

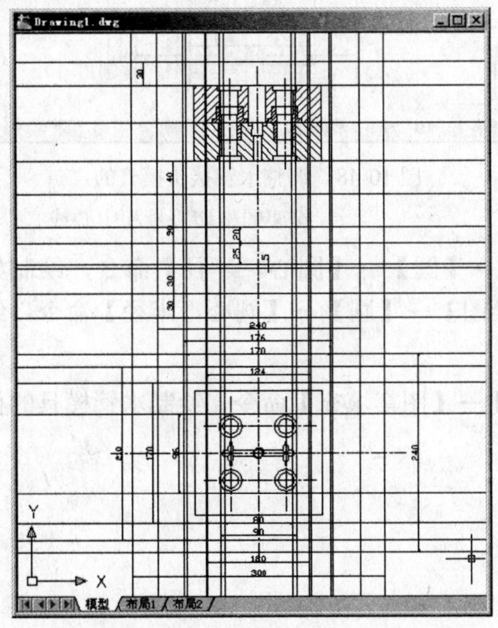

图 10-45 绘制水管接头模具的模架的辅助线

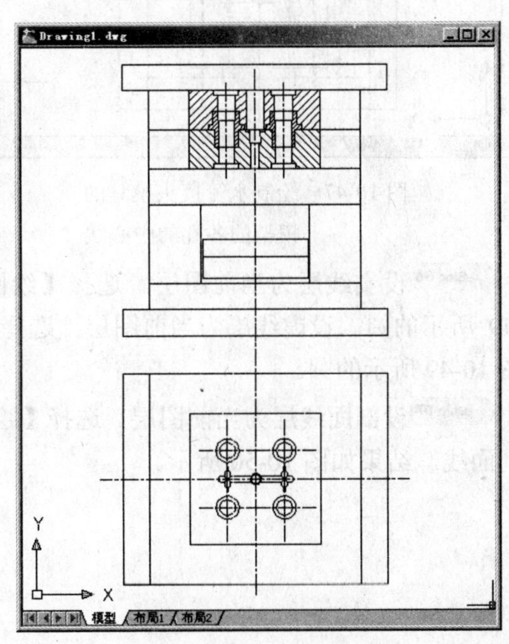

图 10-46 绘制水管接头模具的模架的部分轮廓线

Step 04 绘制水管模具的模架的各孔的中心线。选择【格式】→【图层】命令，弹出【图层特性管理器】对话框，打开辅助线层。单击【确定】按钮，完成设置并退出【图层特性管理器】对话框。设中心线层为当前图层。选择【绘图】→【直线】命令，利用辅助线，绘制如图 10-47 所示的中心线。设虚线层为当前图层。选择【绘图】→【直线】命令，利用辅助线，绘制如图 10-47 所示的直线。选择【格式】→【图层】命令，弹出【图层特性管理器】对话框，关闭辅助线层。单击【确定】按钮，完成设置并退出【图层特性管理器】对话框。

Step 05 选择【格式】→【图层】命令，弹出【图层特性管理器】对话框，打开标注线层。单击【确定】按钮，完成设置并退出【图层特性管理器】对话框。选择【修改】→【移动】命令和选择【修改】→【拉长】命令，把水管接头模具的模架的剖切符号和中心线调整至如图 10-48 所示的位置。

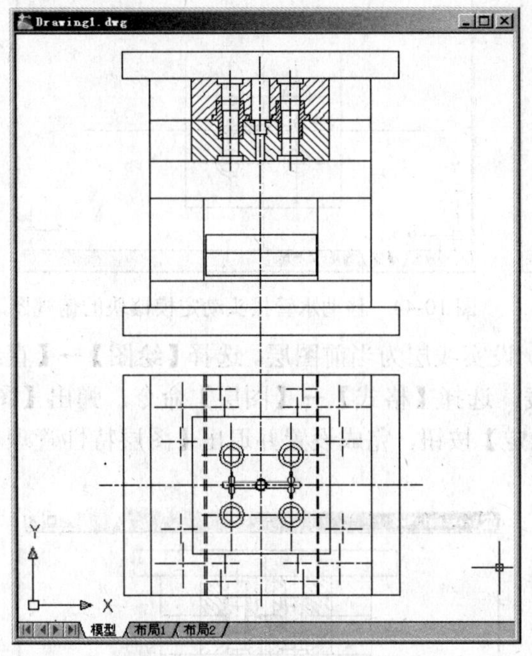

图 10-47 绘制水管接头模具的模架的各孔的中心线

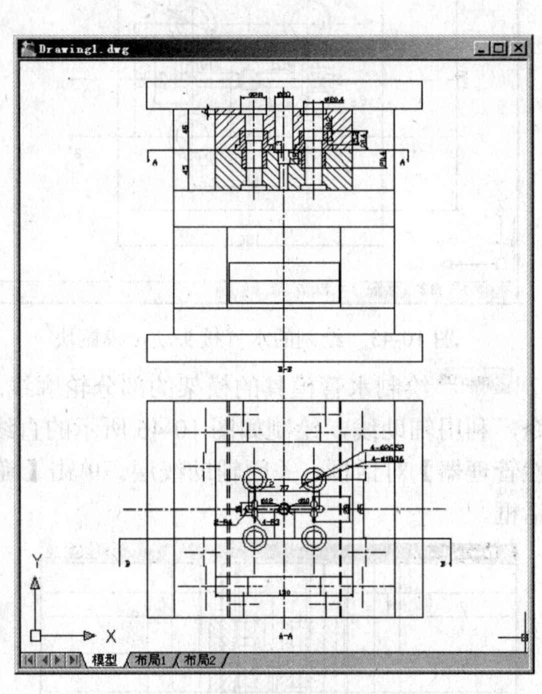

图 10-48 调整水管接头模具的模架的剖切符号和中心线

Step 06 设实线层为当前图层。选择【绘图】→【圆】→【圆心，半径】命令，绘制如图 10-49 所示的圆。设虚线层为当前图层。选择【绘图】→【圆】→【圆心，半径】命令，绘制如图 10-49 所示的圆。

Step 07 设剖面线层为当前图层。选择【绘图】→【图案填充】命令，绘制水管模具的模架的剖面线。结果如图 10-50 所示。

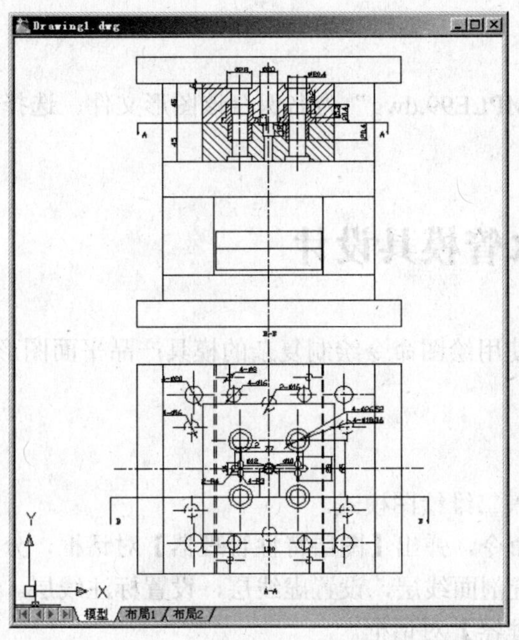
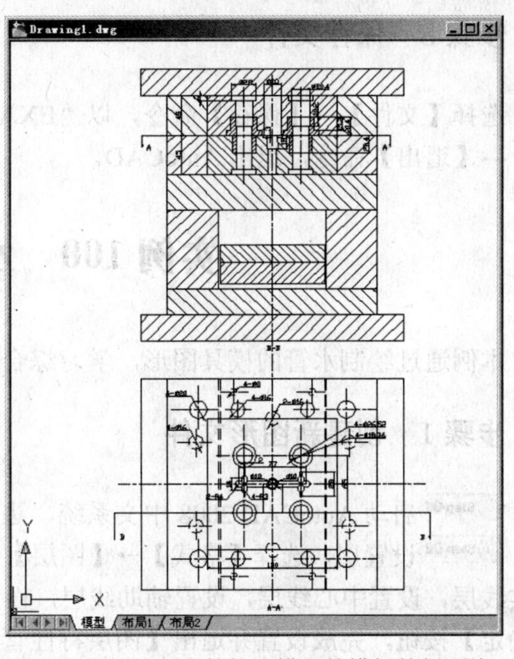

图 10-49　绘制水管接头模具的模架的圆孔　　图 10-50　绘制水管接头模具的模架的剖面线

步骤 7　标注水管接头模具模架尺寸

设标注线层为当前图层，选择【标注】→【线性】命令，对长、宽、高等进行尺寸标注。绘制如图 10-51 所示的尺寸标注。

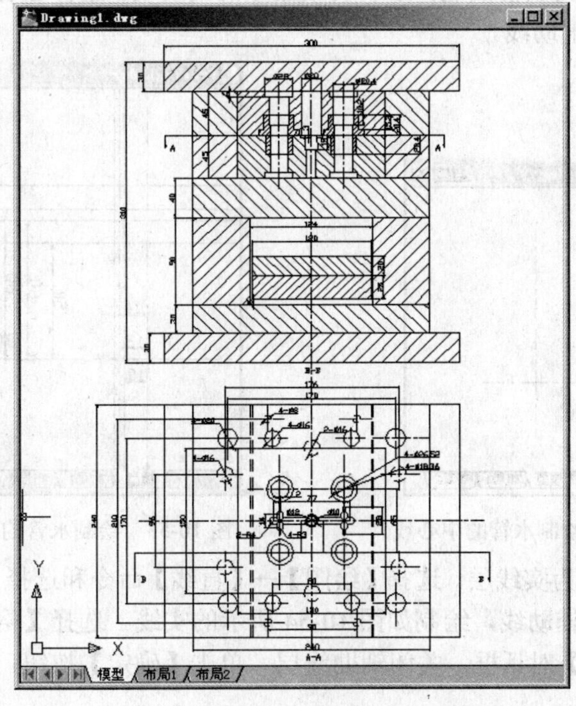

图 10-51　绘制的水管接头模具的模架

步骤 8　保存文件

选择【文件】→【保存】命令，以“EXAMPLE99.dwg”为名保存该图形文件。选择【文件】→【退出】命令，退出 AutoCAD。

实例 100　水管模具设计

本例通过绘制水管的模具图形，学习综合使用绘图命令绘制复杂的模具产品平面图形。

步骤 1　创建新图形文件

Step 01 启动 AutoCAD 2008 中文系统，进入二维绘图模式。

Step 02 设置层，选择【格式】→【图层】命令，弹出【图层特性管理器】对话框，分别设置实线层，设置中心线层，设置辅助线层，设置剖面线层，设置虚线层，设置标注线层。单击【确定】按钮，完成设置并退出【图层特性管理器】对话框。

步骤 2　绘制水管的轮廓线

Step 01 把当前层设为中心线层，绘制两条直线。选择【绘图】→【直线】命令，在屏幕中间位置绘制如图 10-52 所示的相互垂直的中心线。

Step 02 设辅助线层为当前图层，绘制机械底座的辅助线。选择【绘图】→【构造线】命令，绘制如图 10-53 所示的辅助线。

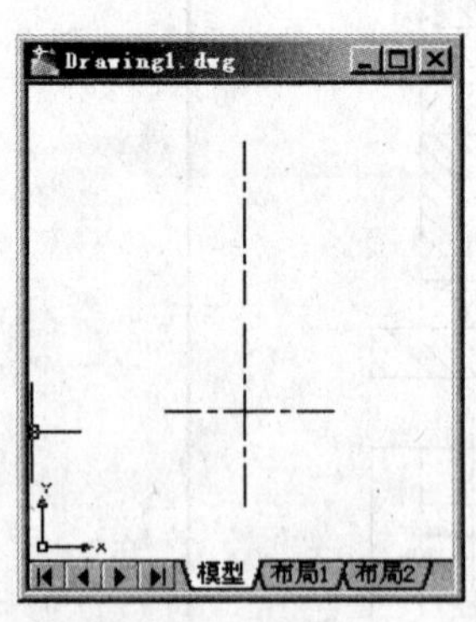

图 10-52　绘制水管的中心线

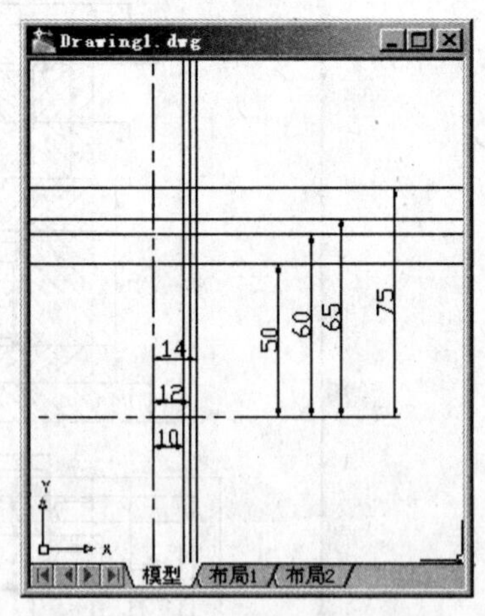

图 10-53　绘制水管的辅助线

Step 03 把当前层设为实线层。选择【绘图】→【直线】命令和选择【绘图】→【圆】→【圆心，半径】命令，利用辅助线，绘制如图 10-54 所示的实线。选择【格式】→【图层】命令，弹出【图层特性管理器】对话框，关闭辅助线层。单击【确定】按钮，完成设置并退出【图层特性管理器】对话框。

Step 04 选择【修改】→【镜像】命令，绘制如图 10-55 所示的轮廓线。

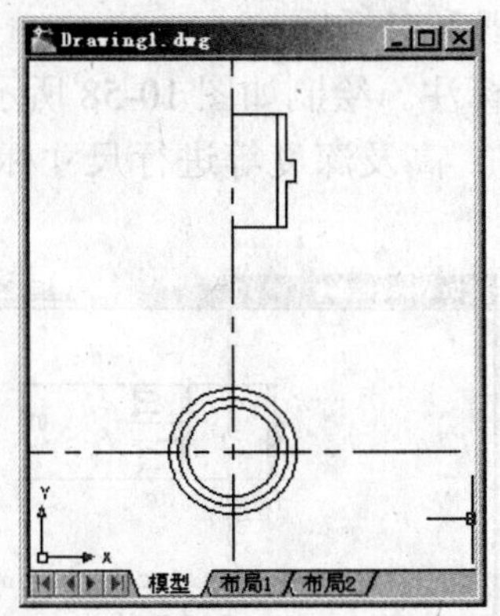

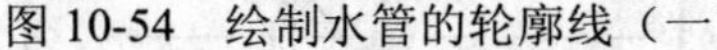

图 10-54　绘制水管的轮廓线（一）

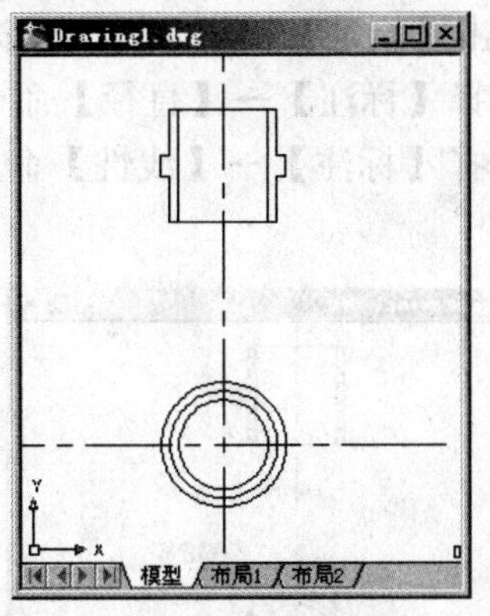

图 10-55　绘制水管的轮廓线（二）

Step 05 设标注线层为当前图层，选择【标注】→【多重引线】命令，绘制剖切符号。选择【绘制】→【文字】→【多行文字】命令，在文字输入框中输入剖切符号的文字。选择【绘图】→【直线】命令，连接两引线。结果如图 10-56 所示。

Step 06 设剖面线层为当前图层。选择【绘图】→【图案填充】命令，绘制图 10-57 所示的剖面线。

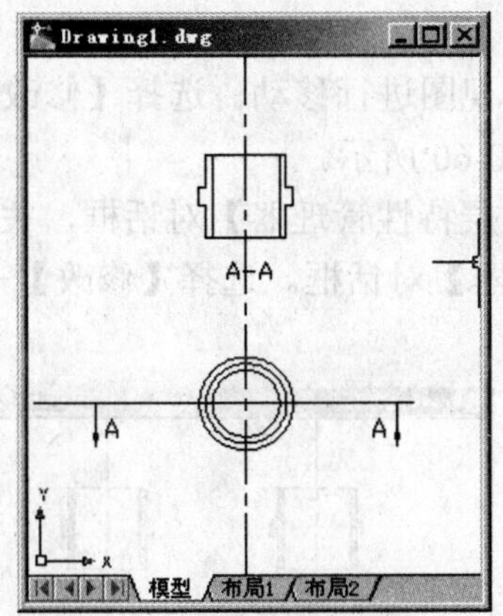

图 10-56　绘制水管动定模镶块的剖切符号

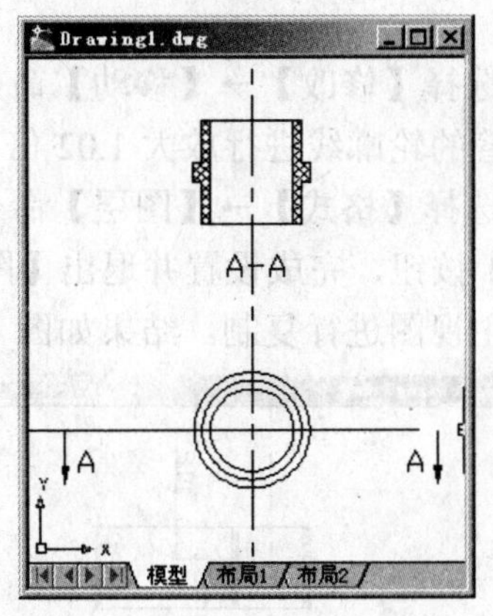

图 10-57　绘制水管的剖面线

步骤 3　标注水管尺寸

Step 01 设标注线层为当前图层，选择【格式】→【标注样式】命令，弹出【标注样式管理器】对话框。单击【修改】按钮，弹出【修改标注样式：ISO-25】对话框。在【文字】选项卡中，设置“文字高度”选项为“5”。在【主单位】选项卡中，设置“精度”选项为保留小数点后两位数，“小数分隔符”选项为“句点”。其他设置不变。完成设置后，单击【确定】按钮，返回到【标注样式管理器】对话框。在【标注样式管理器】对话框中单击【关闭】按钮完成修改标注样式。

选择【格式】→【标注样式】命令，弹出【标注样式管理器】对话框。单击【新建】按钮，弹出【创建新标注样式】对话框。设置【用于】选项为“直径标注”。单击【继续】按钮，弹出【新建标注样式：ISO-25：直径】对话框。在【文字】选项卡中，设置“文字对齐”选项为“水平”。单击【确定】按钮，返回【标注样式管理器】对话框。

Step 02 选择【标注】→【直径】命令，对圆进行标注。绘制如图 10-58 所示的尺寸标注。

Step 03 选择【标注】→【线性】命令，对长、宽、高及深度等进行尺寸标注。结果如图 10-59 所示。

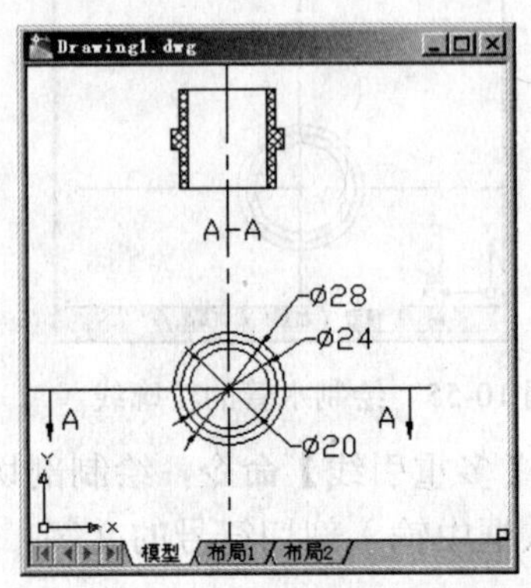

图 10-58 绘制水管的直径尺寸标注

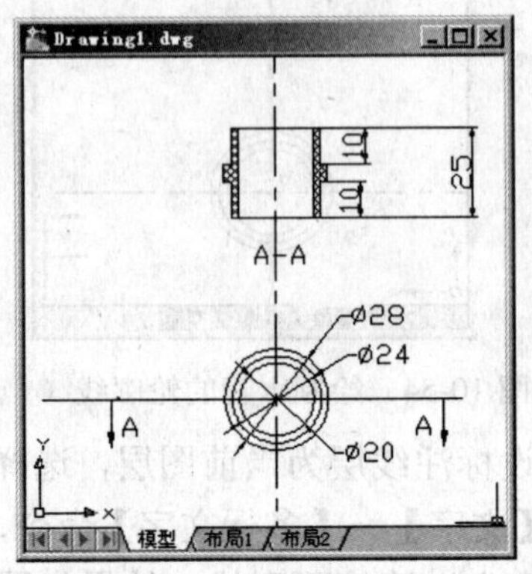

图 10-59 绘制的水管

步骤 4 绘制水管的动定模镶块

Step 01 选择【修改】→【移动】命令，对水管俯视图进行移动。选择【修改】→【缩放】命令，对水管的轮廓线进行放大 1.02 倍。结果如图 10-60 所示。

Step 02 选择【格式】→【图层】命令，弹出【图层特性管理器】对话框，关闭标注线层。单击【确定】按钮，完成设置并退出【图层特性管理器】对话框。选择【修改】→【复制】命令，对水管主视图进行复制。结果如图 10-61 所示。

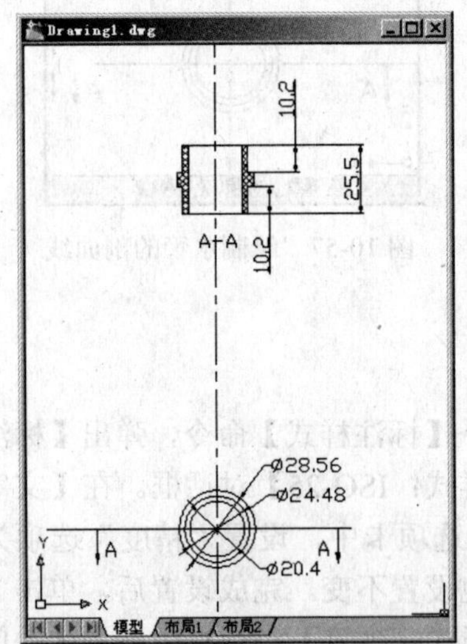

图 10-60 设置水管的缩水

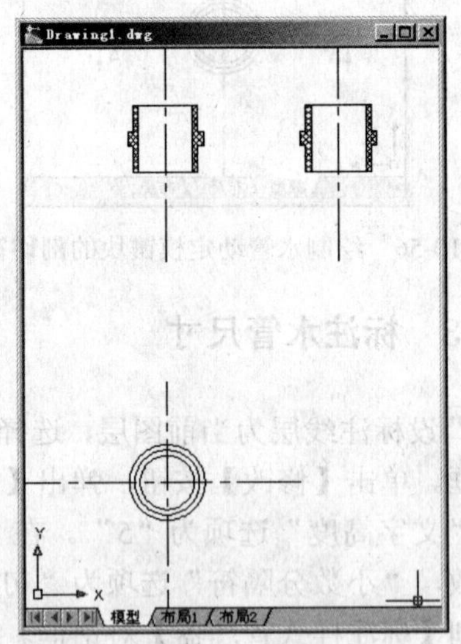

图 10-61 复制水管的主俯视图

Step 03 选择【修改】→【阵列】命令，对水管俯视图进行阵列。结果如图 10-62 所示。

Step 04 设辅助线层为当前图层。绘制水平和垂直构造线。选择【绘图】→【构造线】命令，绘制如图 10-63 所示的辅助线。

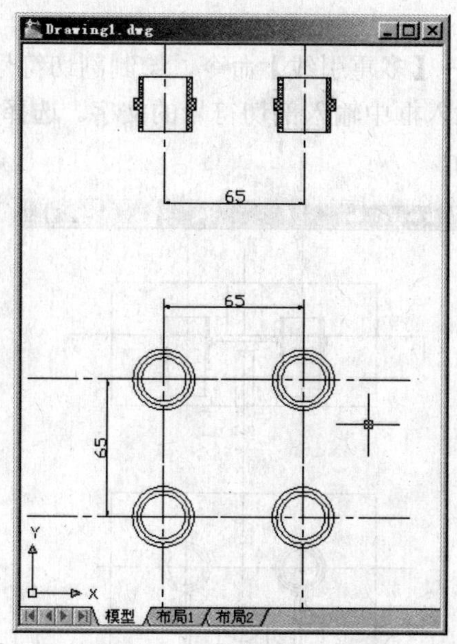

图 10-62　阵列水管的主俯视图

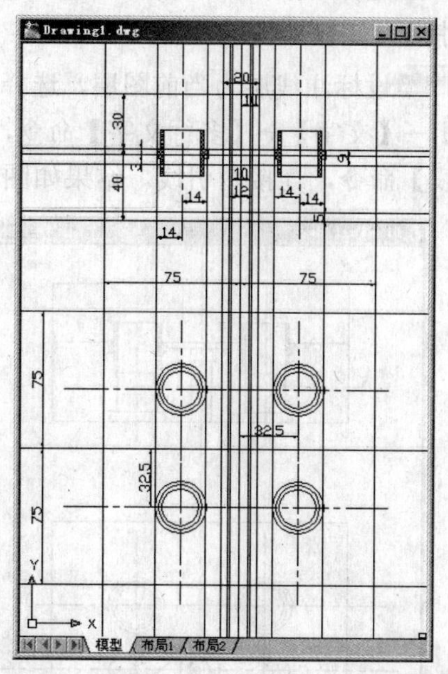

图 10-63　绘制水管的动定模镶块的辅助线

Step 05 把当前层设为虚线层。选择【绘图】→【圆】→【圆心，半径】命令，利用辅助线，绘制如图 10-64 所示的圆。把当前层设为实线层。选择【绘图】→【直线】命令和选择【绘图】→【圆】→【圆心，半径】命令，利用辅助线，绘制如图 10-64 所示的轮廓线。选择【格式】→【图层】命令，弹出【图层特性管理器】对话框，关闭辅助线层。单击【确定】按钮，完成设置并退出【图层特性管理器】对话框。结果如图 10-64 所示。

Step 06 选择【修改】→【镜像】命令和选择【修改】→【延伸】命令，绘制如图 10-65 所示水管的动定模镶块的主视图轮廓线。结果如图 10-65 所示。

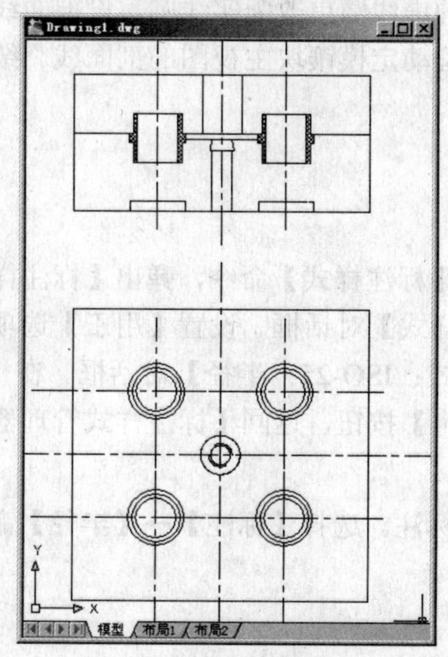

图 10-64　利用辅助线绘制的水管动定模镶块的轮廓线

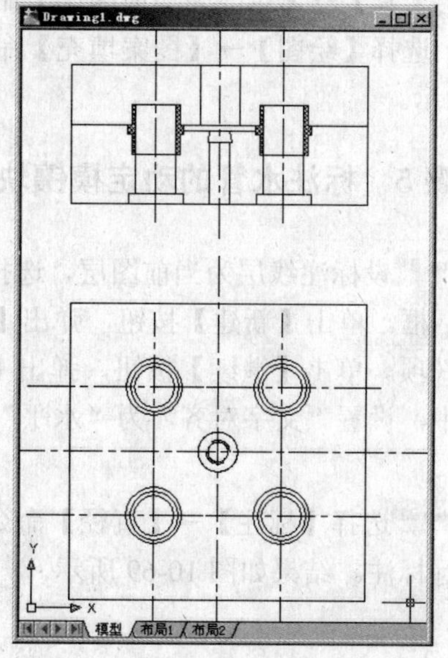

图 10-65　绘制的水管动定模镶块的部分轮廓线

Step 07 选择【绘图】→【直线】命令和选择【绘图】→【多段线】命令，绘制如图 10-66 所示的水管动定模镶块的流道。

Step 08 设标注线层为当前图层，选择【标注】→【多重引线】命令，绘制剖切符号。选择【绘制】→【文字】→【多行文字】命令，在文字输入框中输入剖切符号的文字。选择【绘图】→【直线】命令，连接两引线。结果如图 10-67 所示。

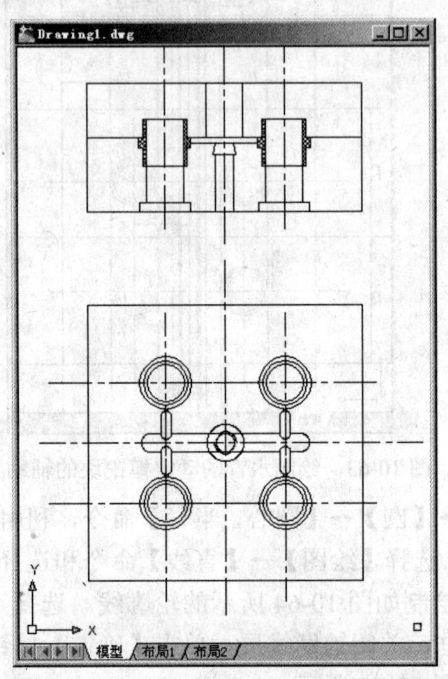

图 10-66　绘制水管动定模镶块的流道

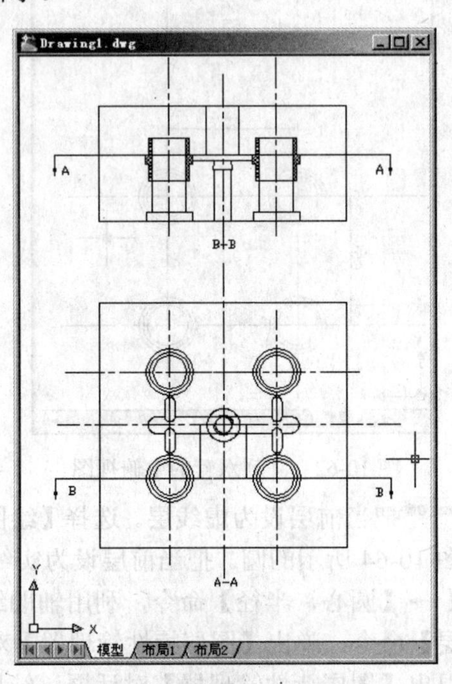

图 10-67　绘制水管动定模镶块的剖切符号

Step 09 选择【修改】→【删除】命令，删除俯视图中不能看到的轮廓线。选择【格式】→【图层工具】→【更改为当前图层】命令，把图中的虚线圆更改为实线圆。设剖面线层为当前图层。选择【绘图】→【图案填充】命令，绘制水管动定模镶块主视图的剖面线。结果如图 10-68 所示。

步骤 5　标注水管的动定模镶块尺寸

Step 01 设标注线层为当前图层，选择【格式】→【标注样式】命令，弹出【标注样式管理器】对话框。单击【新建】按钮，弹出【创建新标注样式】对话框。设置【用于】选项为“半径标注”项。单击【继续】按钮，弹出【新建标注样式：ISO-25：半径】对话框。在【文字】选项卡中，设置“文字对齐”为“水平”。单击【确定】按钮，返回【标注样式管理器】对话框。

Step 02 选择【标注】→【直径】命令，对圆进行标注。选择【标注】→【半径】命令，对圆弧进行标注。结果如图 10-69 所示。

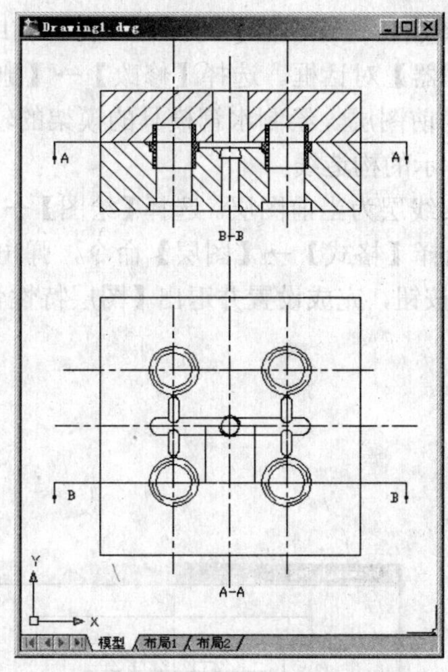

图 10-68　绘制水管动定模镶块的剖切线

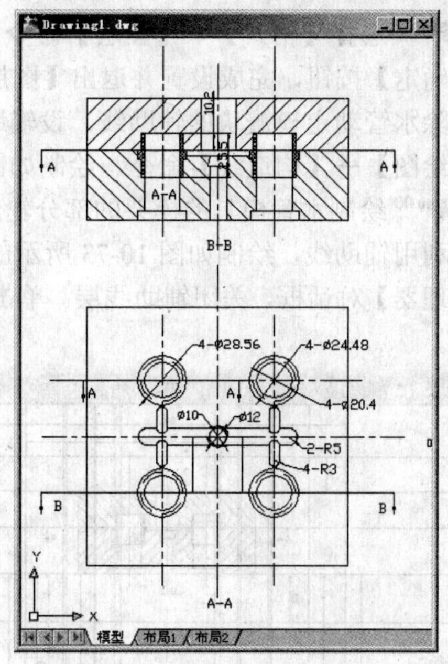

图 10-69　绘制水管动定模镶块的尺寸标注

Step 03 选择【标注】→【线性】命令，对长、宽、高等进行尺寸标注。结果如图 10-70 所示。

步骤 6　绘制水管模具的模架

Step 01 选择【格式】→【图层】命令，弹出【图层特性管理器】对话框，关闭标注线层。单击【确定】按钮，完成设置并退出【图层特性管理器】对话框。选择【修改】→【移动】命令，把水管动定模镶块的俯视图向下移动。选择【修改】→【拉长】命令，拉长垂直中心线的长度。结果如图 10-71 所示。

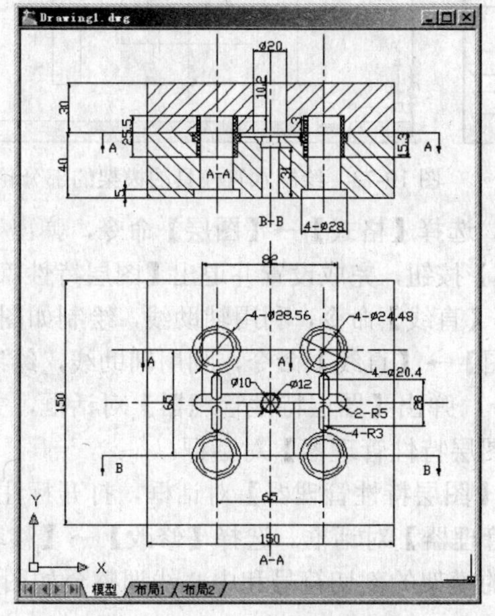

图 10-70　绘制的水管动定模镶块

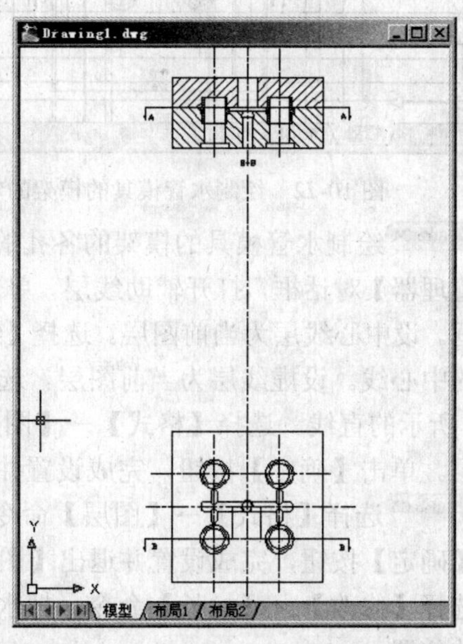

图 10-71　移动水管动定模镶块的俯视图

Step 02 选择【格式】→【图层】命令，弹出【图层特性管理器】对话框，打开辅助线层。单击【确定】按钮，完成设置并退出【图层特性管理器】对话框。选择【修改】→【删除】命令，删除水管动定模镶块的辅助线。设辅助线层为当前图层。绘制水管模具的模架的辅助线。选择【绘图】→【构造线】命令，绘制如图 10-72 所示的构造线。

Step 03 绘制水管模具的模架的部分轮廓线。设实线层为当前图层。选择【绘图】→【直线】命令，利用辅助线，绘制如图 10-73 所示的直线。选择【格式】→【图层】命令，弹出【图层特性管理器】对话框，关闭辅助线层。单击【确定】按钮，完成设置并退出【图层特性管理器】对话框。

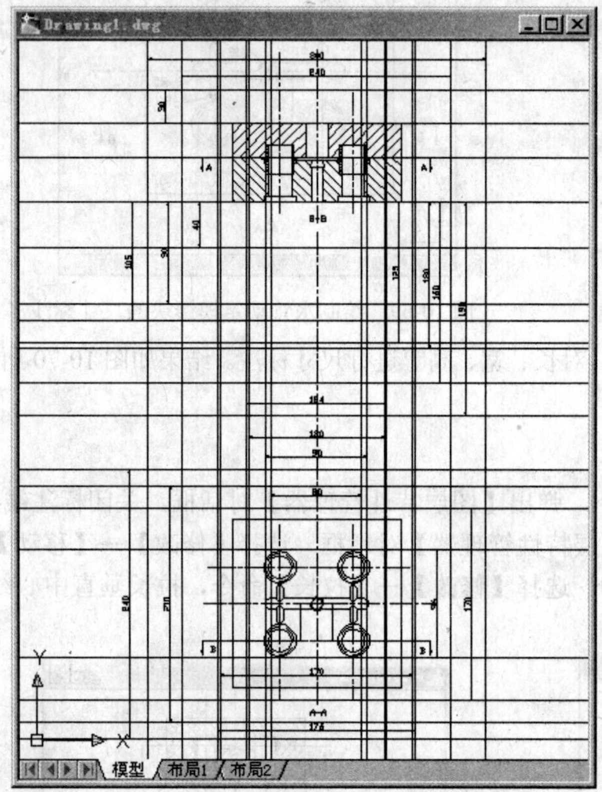

图 10-72 绘制水管模具的模架的辅助线

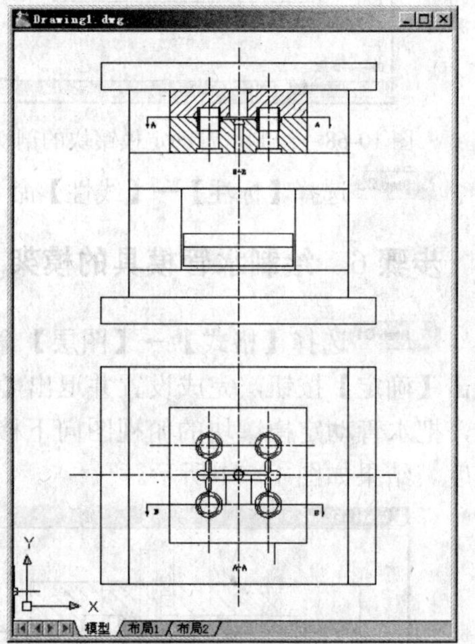

图 10-73 绘制水管模具的模架的部分轮廓线

Step 04 绘制水管模具的模架的各孔的中心线。选择【格式】→【图层】命令，弹出【图层特性管理器】对话框，打开辅助线层。单击【确定】按钮，完成设置并退出【图层特性管理器】对话框。设中心线层为当前图层。选择【绘图】→【直线】命令，利用辅助线，绘制如图 10-74 所示的中心线。设虚线层为当前图层。选择【绘图】→【直线】命令，利用辅助线，绘制如图 10-74 所示的直线。选择【格式】→【图层】命令，弹出【图层特性管理器】对话框，关闭辅助线层。单击【确定】按钮，完成设置并退出【图层特性管理器】对话框。

Step 05 选择【格式】→【图层】命令，弹出【图层特性管理器】对话框，打开标注线层。单击【确定】按钮，完成设置并退出【图层特性管理器】对话框。选择【修改】→【移动】命令和选择【修改】→【拉长】命令，把水管模具的模架的剖切符号和中心线调整至如图 10-75 所示的位置。

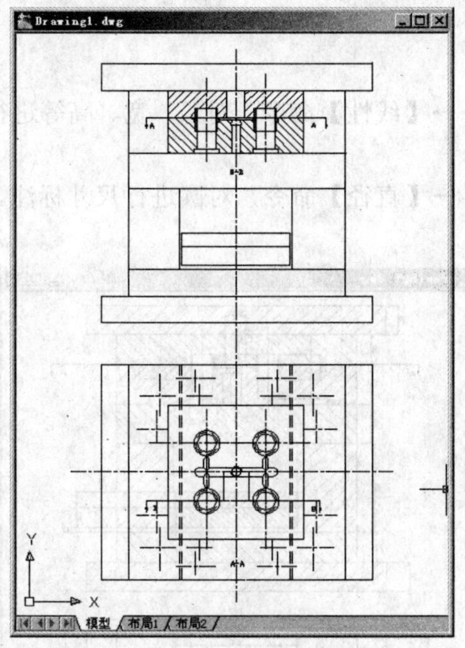

图 10-74　绘制水管模具的模架的各孔的中心线

图 10-75　调整水管模具的模架的剖切符号和中心线

Step 06 设实线层为当前图层。选择【绘图】→【圆】→【圆心，半径】命令，绘制如图 10-76 所示的圆。设虚线层为当前图层。选择【绘图】→【圆】→【圆心，半径】命令，绘制如图 10-76 所示的圆。

Step 07 设剖面线层为当前图层。选择【绘图】→【图案填充】命令，绘制水管模具的模架的剖面线。结果如图 10-77 所示。

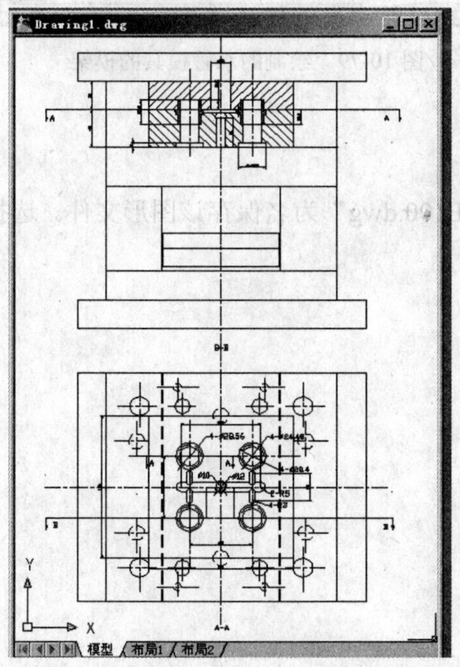

图 10-76　绘制水管模具的模架的圆孔

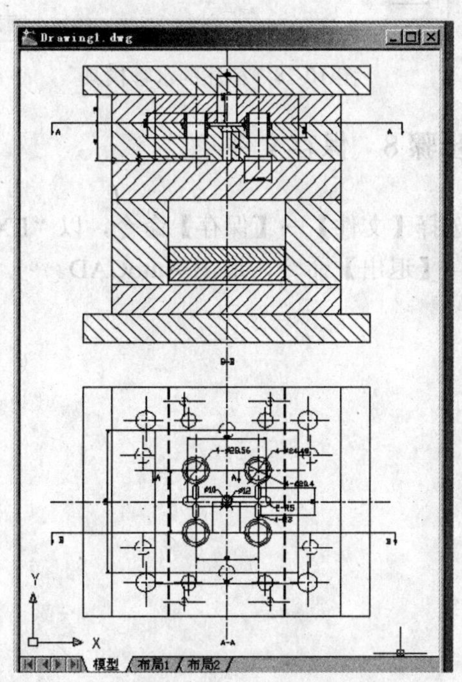

图 10-77　绘制水管模具的模架的剖面线

步骤 7　标注水管模具模架尺寸

Step 01 设标注线层为当前图层，选择【标注】→【线性】命令，对长、宽、高等进行尺寸标注。绘制如图 10-78 所示的尺寸标注。

Step 02 设标注线层为当前图层，选择【标注】→【直径】命令，对圆进行尺寸标注。绘制如图 10-79 所示的尺寸标注。

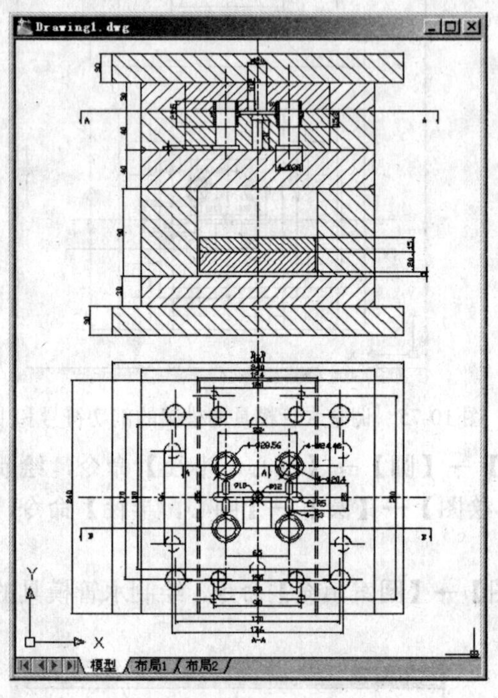

图 10-78　标注的水管模具

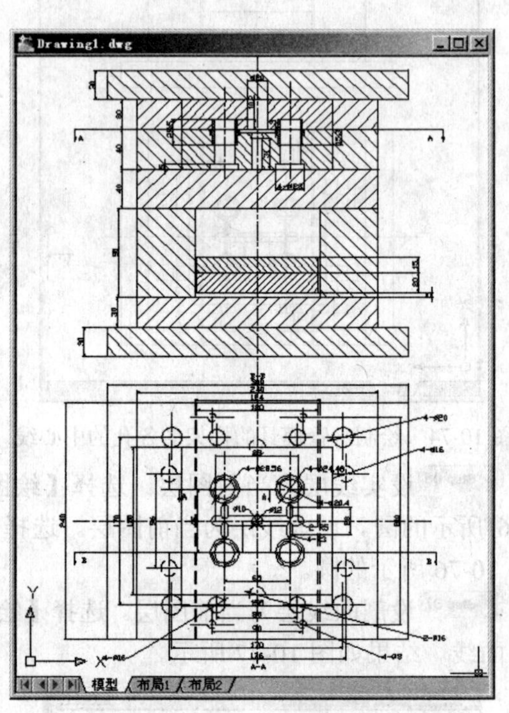

图 10-79　绘制的水管模具的模架

步骤 8　保存文件

选择【文件】→【保存】命令，以“EXAMPLE100.dwg”为名保存该图形文件。选择【文件】→【退出】命令，退出 AutoCAD。

附　录

通过这一部分 AutoCAD 2008 的基本操作的学习，可以快速了解和掌握 AutoCAD 2008。在绘图时，困扰初学者的两个首要问题是怎样执行一个命令和选取图元或将鼠标定位在图元上。详见实例 2 的怎样执行一个命令和实例 3 的怎样选取图元。下面介绍怎样将鼠标定位在图元上。

本章实例

附录实例 1　将鼠标定位在图元上

附录实例 2　常用工具栏的常用按钮的使用

附录实例 3　对象特性命令

附录实例 1　将鼠标定位在图元上

在绘图过程中，经常需要将一条直线的端点定位在另一条直线的端点或者中点或其他特征点上，除了后面将要介绍的对象捕捉工具栏中各种捕捉功能外，在一般情况下，只需打开绘图区特性工具栏中的【对象捕捉】即可完成一般的捕捉功能，例如直线的端点、两图元的交点以及圆和椭圆的圆心等。

步骤 1　打开文件 A-EXAMPLE1

选择【文件】→【打开】命令，浏览到文件 A-EXAMPLE1，并打开该文件。

步骤 2　捕捉圆心和直线端点

Step 01 选择【工具】→【草图设置】命令，打开【草图设置】对话框。分别按如图 A-1 和 A-2 所示设置各选项。完成后，单击【确定】按钮，退出【草图设置】对话框。

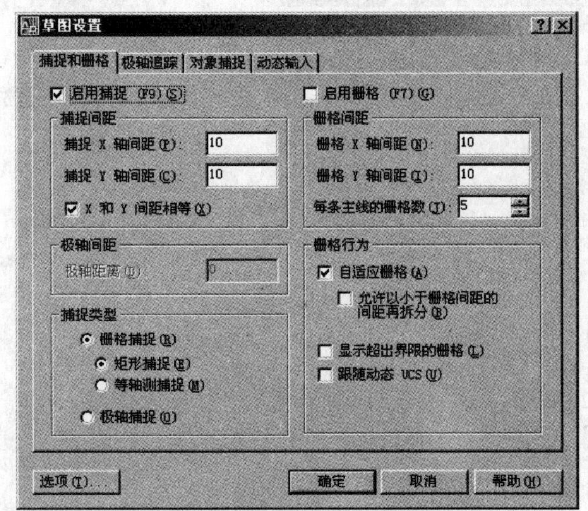

图 A-1　【草图设置】对话框（1）

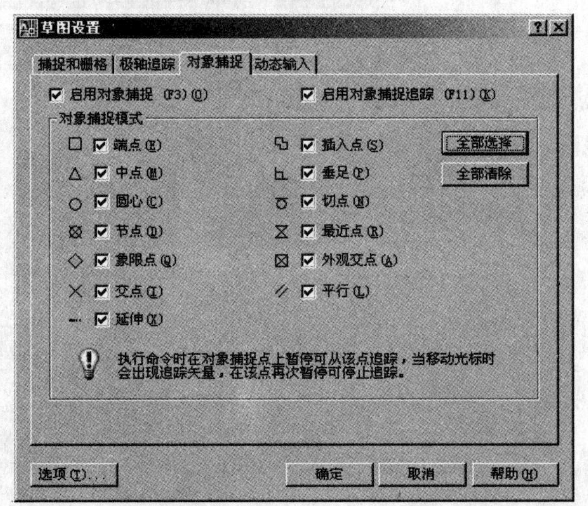

图 A-2　【草图设置】对话框（2）

Step 02 选择【绘图】→【直线】命令，画一条开始于圆心，终止于正七边形顶点的直线。当鼠标移动到正七边形一个定点时也会出现交点标识。单击鼠标选取该点，如图 A-3 所示。同理当鼠标移动到圆心或者圆上区域时，在圆心位置上会出现圆心标识，单击鼠标则可绘制直线，如图 A-4 所示。

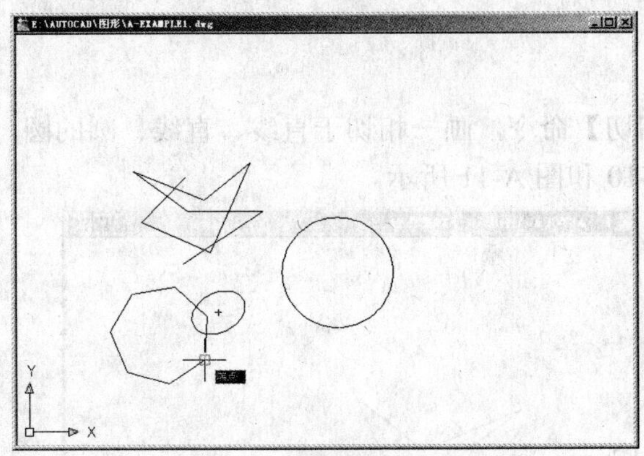

图 A-3　捕捉到交点

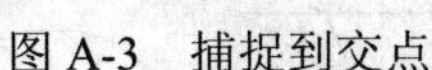

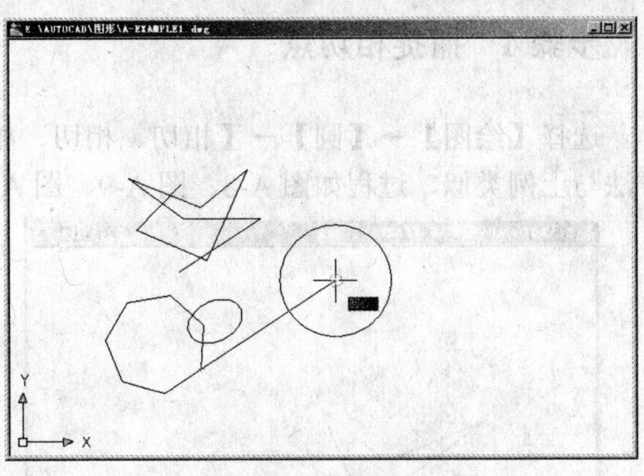

图 A-4　捕捉到圆心

步骤 3　捕捉直线端点和椭圆圆心

选择【绘图】→【直线】命令，画一条开始于直线端点，终止于椭圆圆心的直线，方法与上例类似，过程如图 A-5、图 A-6 和图 A-7 所示。

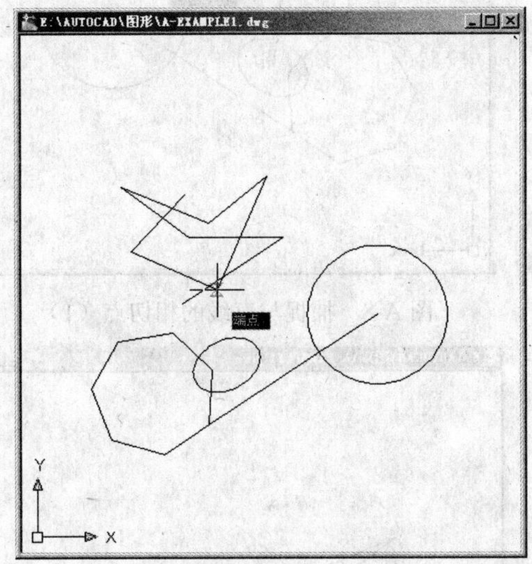

图 A-5　捕捉到端点

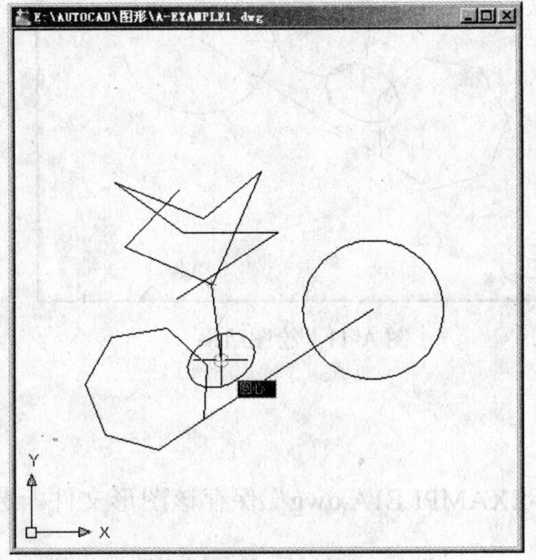

图 A-6　捕捉到圆心

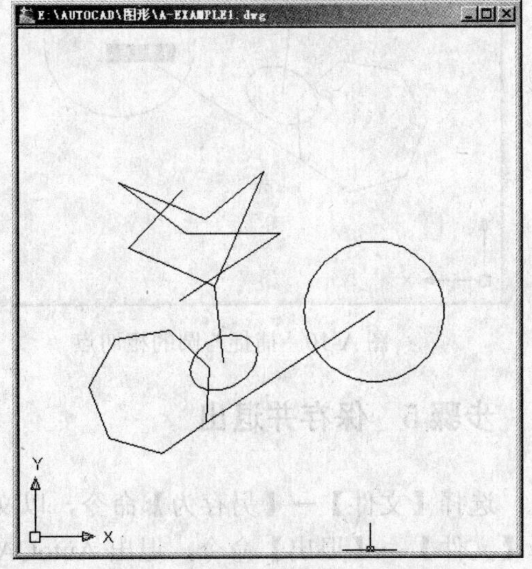

图 A-7　绘图结果

步骤 4　捕捉相切点

选择【绘图】→【圆】→【相切、相切、相切】命令，画一相切于直线、直线、圆的圆，方法与上例类似，过程如图 A-8、图 A-9、图 A-10 和图 A-11 所示。

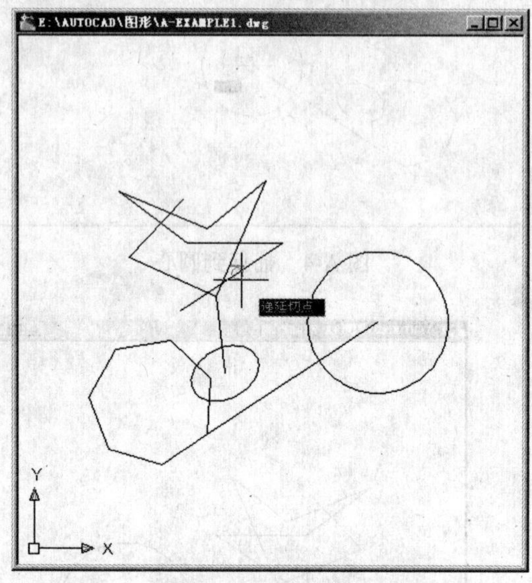

图 A-8　捕捉与直线的相切点（1）

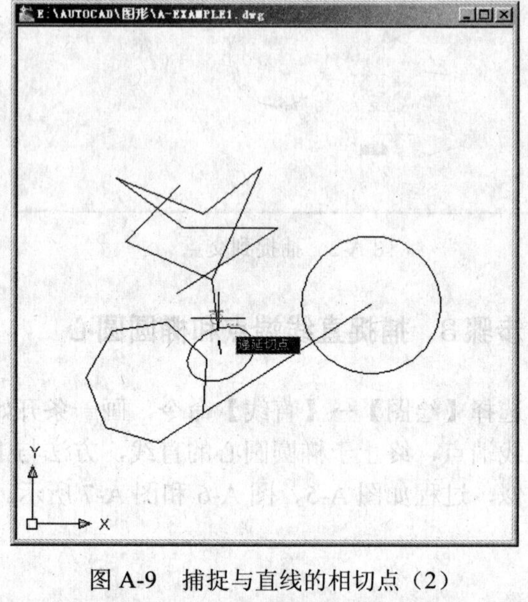

图 A-9　捕捉与直线的相切点（2）

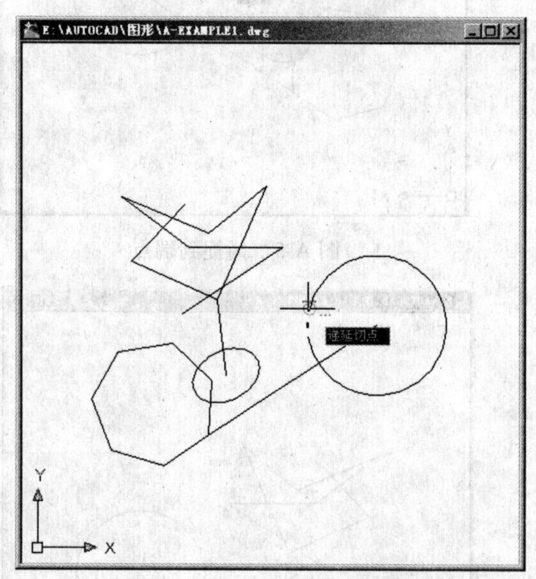

图 A-10　捕捉与圆的相切点

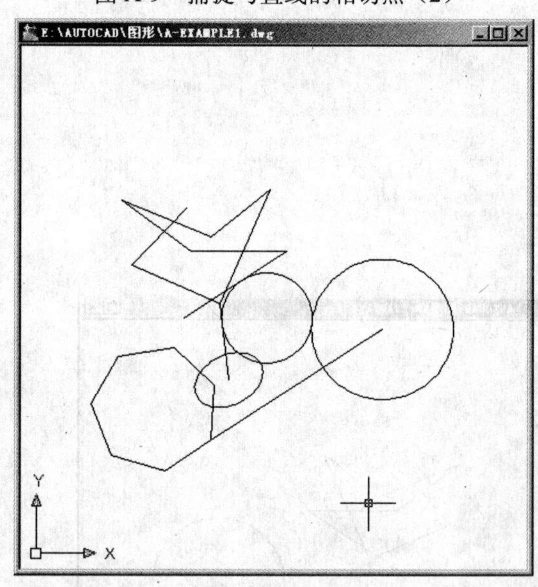

图 A-11　绘图结果

步骤 5　保存并退出

选择【文件】→【另存为】命令，以文件名“A-EXAMPLE1A.dwg”保存该图形文件。选择【文件】→【退出】命令，退出 AutoCAD。

附录实例 2　常用工具栏的常用按钮的使用

下面详细介绍 AutoCAD 常用工具栏的常用按钮。标准工具栏中常用按钮包括：【新建】按钮、【打开】按钮、【保存】按钮、【打印】按钮、【剪切】按钮、【复制】按钮、【粘贴】按钮，【特性匹配】按钮、【撤销】按钮、【重做】按钮、【实时平移】按钮、【实时缩放】按钮、【窗口缩放】按钮、【对象特性】按钮等。下面将详细讲解讲解【特性匹配】按钮、【实时平移】按钮、【实时缩放】按钮、【窗口缩放】按钮、【对象特性】按钮等的具体用法。除此之外的按钮和其他办公软件类似，不再详述。

1. 【特性匹配】按钮

【特性匹配】功能是将图元的颜色、线型、线宽及图层等特性匹配成与源对象一致，类似于 Word 中的“格式刷”。使用方法：单击【特性匹配】按钮，光标变成小方框。单击源对象后，鼠标变成小方框加格式刷，在单击目标对象，则目标对象的属性与源对象一致。

2. 【实时平移】按钮

【实时平移】功能可将对象在绘图区根据需要平移。使用方法：单击【实时平移】按钮，光标变成形状。在绘图区的合适位置单击鼠标并拖动到合适位置时松开，即可完成平移对象。

3. 【实时缩放】按钮

【实时缩放】功能可以对绘图区的对象进行缩放显示。使用方法：单击【实时缩放】按钮，光标变成形状。在绘图区合适位置单击鼠标并向右下方拖动，可缩小图像。相反，向左上方拖动可放大图像。到图像放大或缩小到合适大小时松开，即可完成缩放对象。

4. 【窗口缩放】按钮

【窗口缩放】功能可将所选窗口内的对象最大限度的显示在绘图区中。使用方法：单击【窗口缩放】按钮，框选取要放大显示的对象。所选窗口内的所有对象将最大限度的显示在绘图区中。

步骤 1　打开文件 A-EXAMPLE2

选择【文件】→【打开】命令，找到文件 A-EXAMPLE2，并打开，如图 A-12 所示。

步骤 2　设置一根中心线到中心线层

将图形的一根中心线设置到中心线层。过程如图 A-13、图 A-14 和图 A-15 所示。

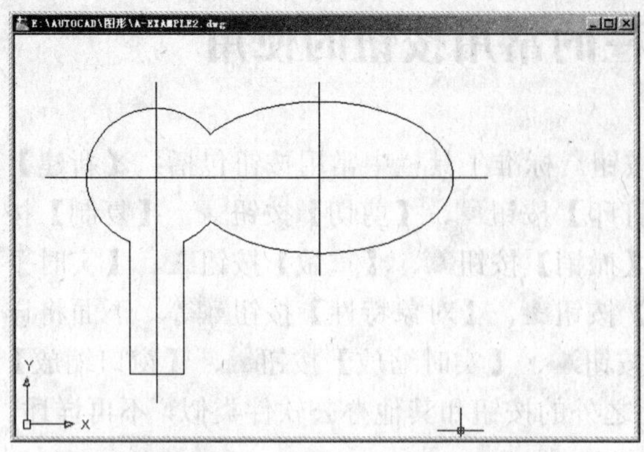

图 A-12 【特性匹配】命令修改图形

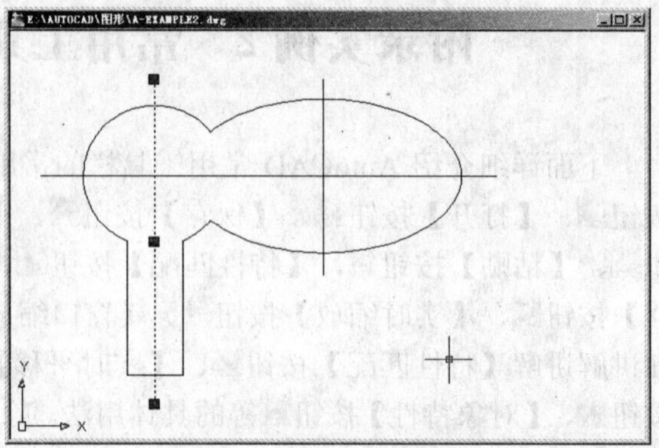

图 A-13 选取一条中心线

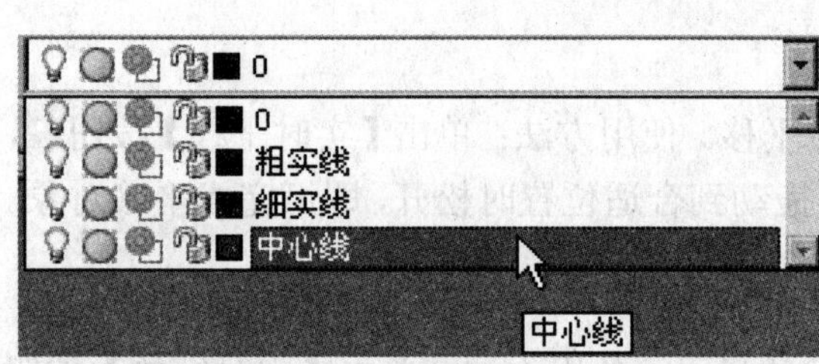

图 A-14 将选定对象放置到中心线层

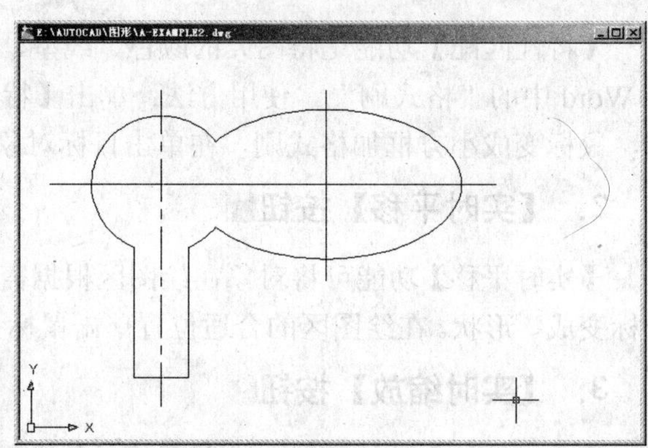

图 A-15 修改结果

步骤 3 执行特性匹配命令

Step 01 单击【特性匹配】按钮，选择源对象如图 A-16 所示。

Step 02 选取对象图元，对象图元与源对象特性一致，如图 A-17 和图 A-18 所示。

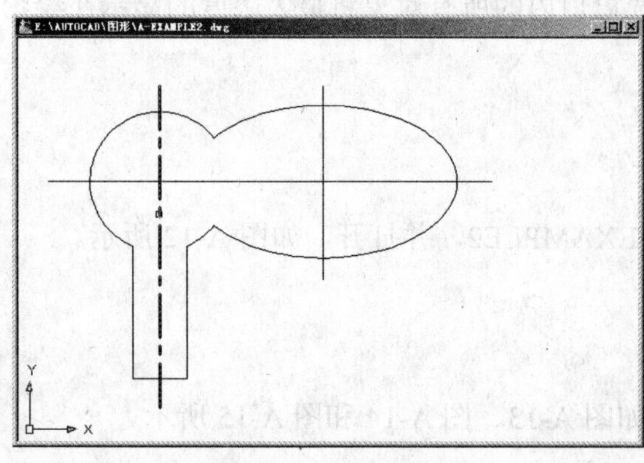

图 A-16 选取源对象

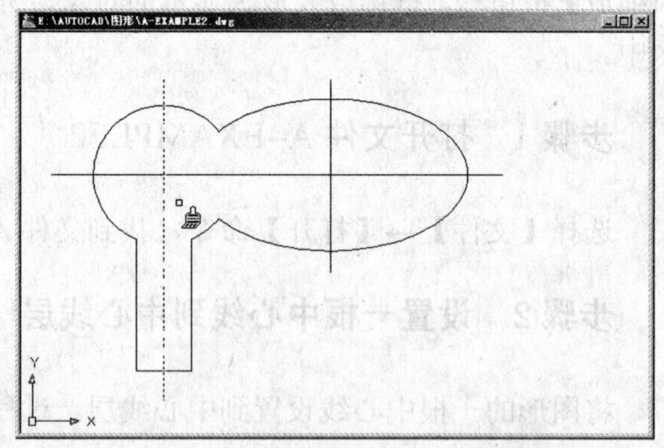

图 A-17 源对象图元选取

Step 03 目标图元选择完毕，回车结束选取。效果如图 A-19 所示。

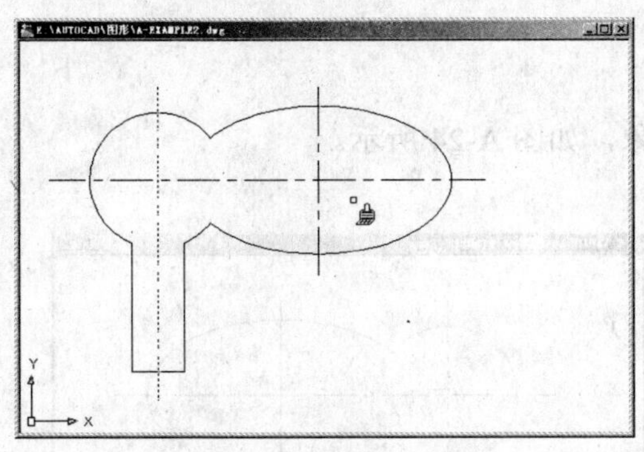

图 A-18 选取目标对象

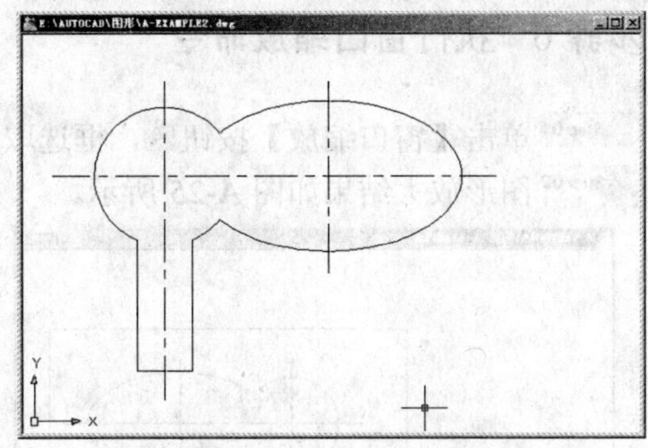

图 A-19 【特性匹配】命令修改图形结果

步骤 4 执行实时平移命令

单击【实时平移】按钮，鼠标变成形状，如图 A-20 所示。在绘图区合适位置单击鼠标并拖动到合适位置时松开，即可完成平移对象。结果如图 A-21 所示。

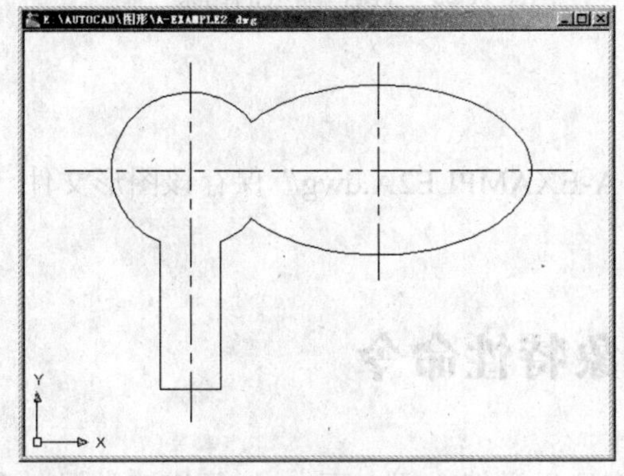

图 A-20 实时平移的对象

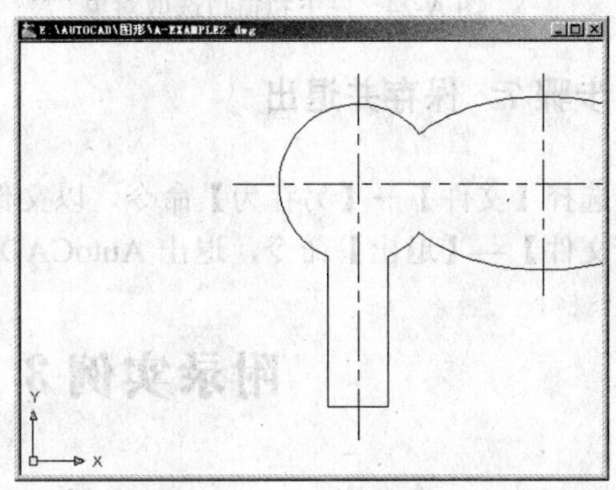

图 A-21 实时平移的结果

步骤 5 执行实时缩放命令

单击【实时缩放】按钮，鼠标变成形状，如图 A-22 所示。在绘图区合适位置单击鼠标并向右下方拖动可缩小图像，缩小到合适大小时松开，结果如图 A-23 所示。

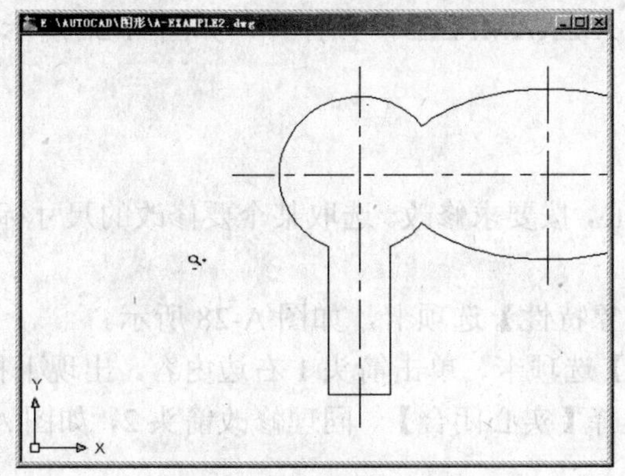

图 A-22 实时缩放的对象

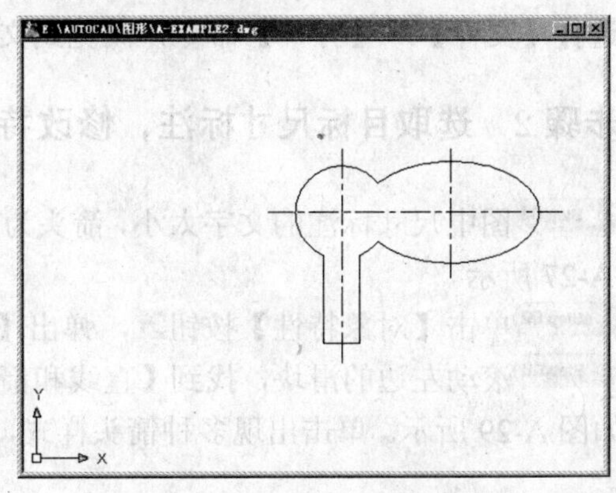

图 A-23 实时缩放的结果

步骤 6　执行窗口缩放命令

Step 01 单击【窗口缩放】按钮，框选取对象，如图 A-24 所示。

Step 02 图形放大结果如图 A-25 所示。

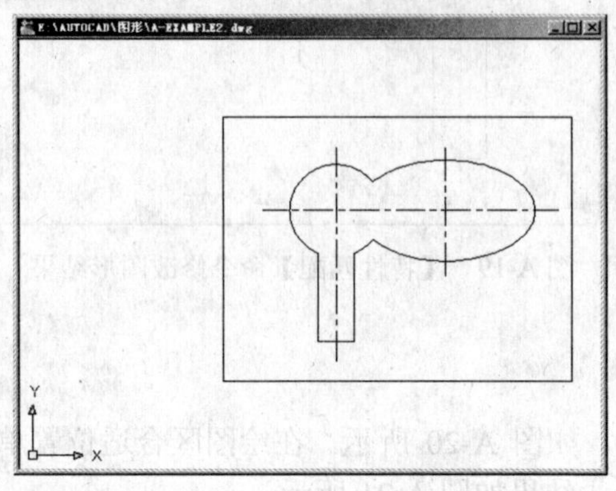

图 A-24　左下拉窗口选取对象

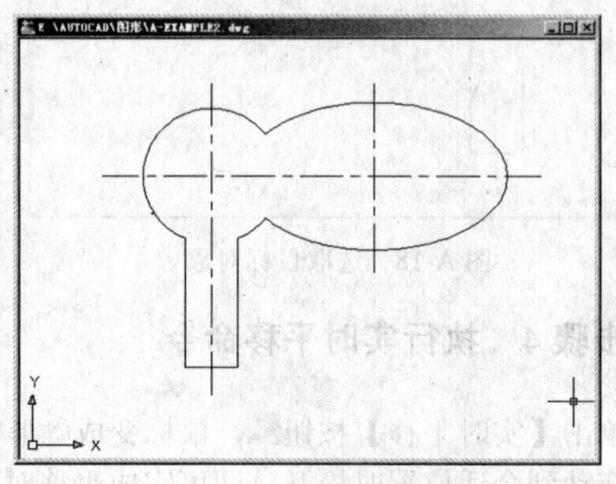

图 A-25　窗口缩放的结果

步骤 7　保存并退出

选择【文件】→【另存为】命令，以文件名“A-EXAMPLE2A.dwg”保存该图形文件。选择【文件】→【退出】命令，退出 AutoCAD。

附录实例 3　对象特性命令

由于在 AUTOCAD 中使用频率非常之高，故在这里详细介绍一下，以便快速掌握。【对象特性】用于查看和修改对象的特性。例如可以修改尺寸标注中箭头的样式、大小，文字的内容、高度，尺寸的文字替代等。

步骤 1　打开文件 A–EXAMPLE3

选择【文件】→【打开】命令，浏览到文件 A-EXAMPLE3，并打开，如图 A-26 所示。

步骤 2　选取目标尺寸标注，修改特性

Step 01 图中尺寸标注的文字太小，箭头为空心，按要求修改。选取某个要修改的尺寸标注。如图 A-27 所示。

Step 02 单击【对象特性】按钮，弹出【对象特性】选项卡，如图 A-28 所示。

Step 03 滚动左边的滑块，找到【直线和箭头】选项卡，单击箭头 1 右边内容，出现下拉箭头，如图 A-29 所示。单击出现多种箭头样式，选择【实心闭合】。同理修改箭头 2，如图 A-30 所示。

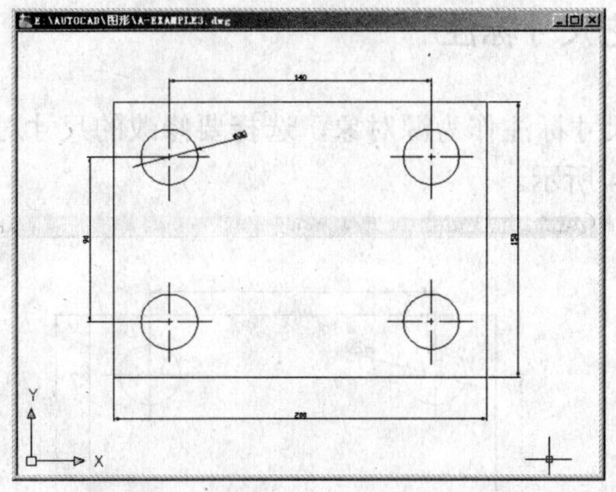

图 A-26 【对象特性】修改尺寸标注

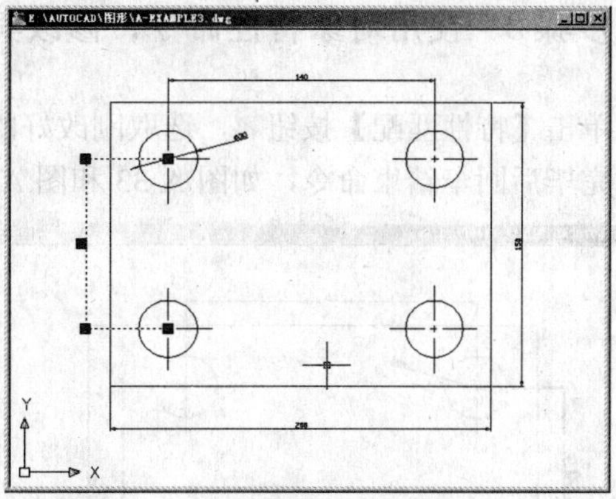

图 A-27 选取尺寸标注

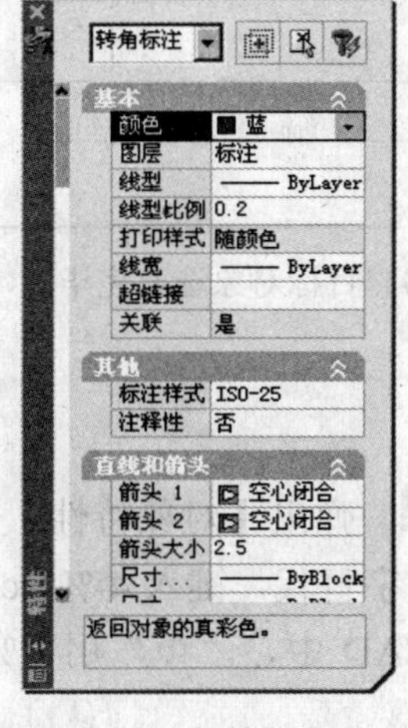

图 A-28 【对象特性】选项卡

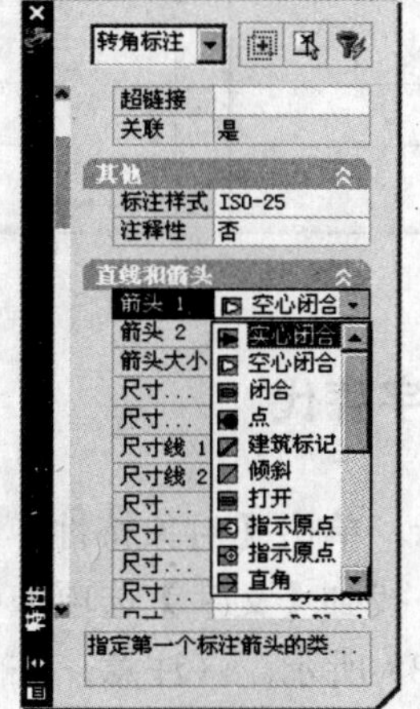

图 A-29 修改箭头 1 样式

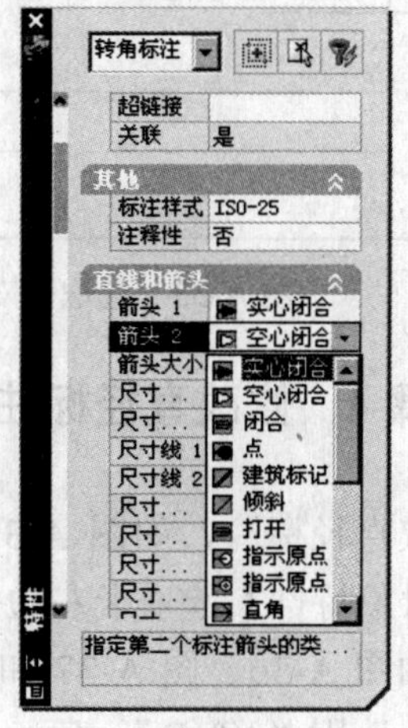

图 A-30 修改箭头 2 样式

Step 04 修改箭头大小。单击箭头大小右边内容，将 2.5 修改为 5.5，回车确认，则尺寸标注的箭头样式修改完毕，如图 A-31 所示。

Step 05 滚动左边滑块，找到【文字】选项卡，按与前面步骤相同的方法修改文字高度为 5.5，如图 A-32 所示。

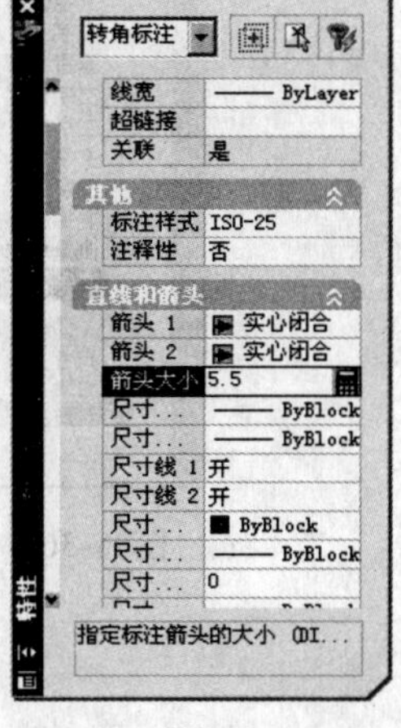

图 A-31 修改箭头大小

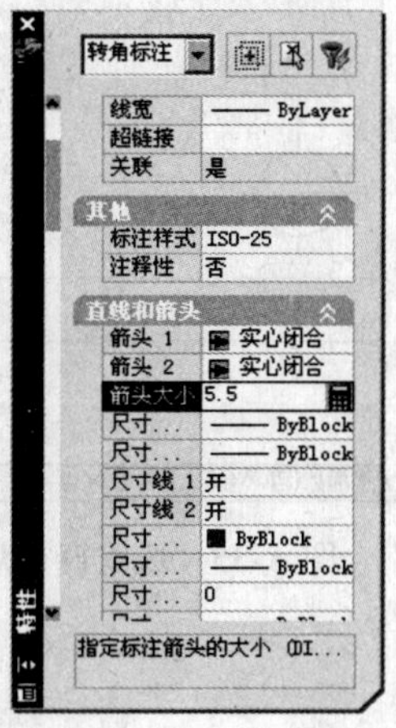

图 A-32 修改文字高度

步骤 3　使用对象特性命令，修改其它尺寸标注

单击【特性匹配】按钮，选取刚改好的尺寸标注作为源对象，选择要修改的尺寸对象，修改完毕后回车结束命令，如图 A-33 和图 A-34 所示。

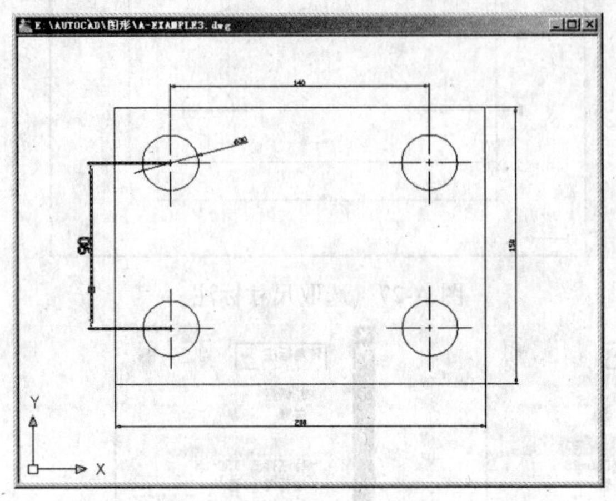

图 A-33　选取源对象

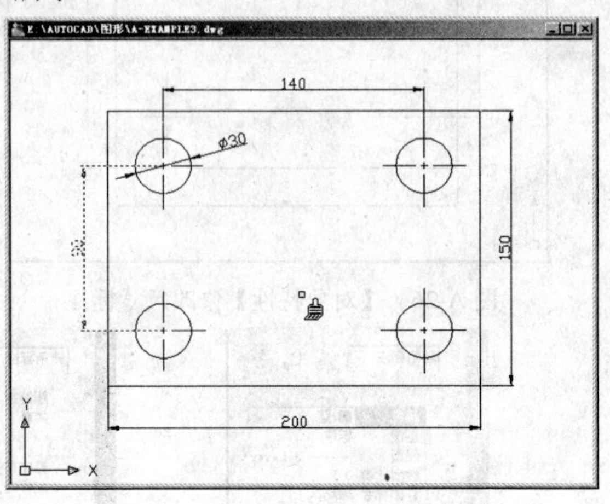

图 A-34　目标对象选取完毕

步骤 4　修改直径标注的文字替代

选取直径标注，如图 A-35 所示。单击【对象特性】按钮，弹出【对象特性】选项卡，滚动【对象特性】选项卡左边滑块，找到【文字】选项卡中的文字替代，键入 4-%%c30，回车即可，如图 A-36、图 A-37 和图 A-38 所示。（注意：在 AutoCAD 中，“Φ”用“%%C”表示，“°”用“%%D”表示，且与字母的大小写无关。）

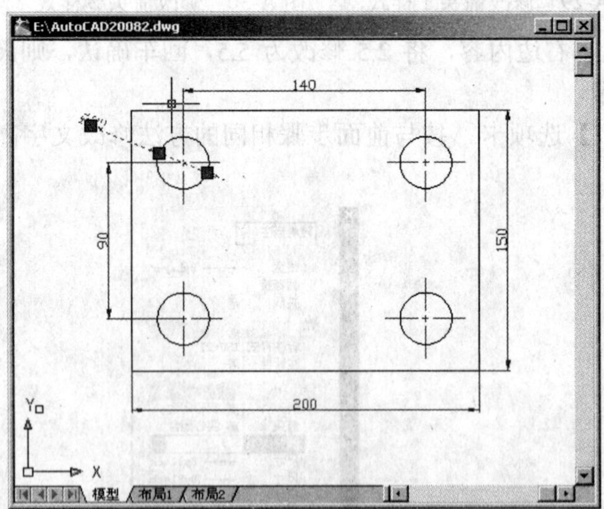

图 A-35　选取直径尺寸标注

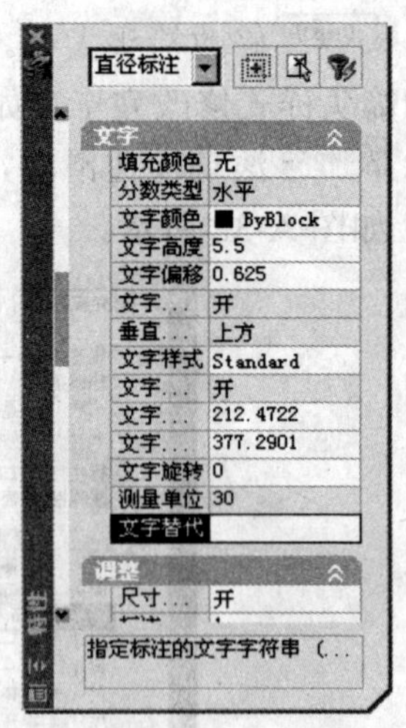

图 A-36　文字替代

图 A-37　修改文字替代

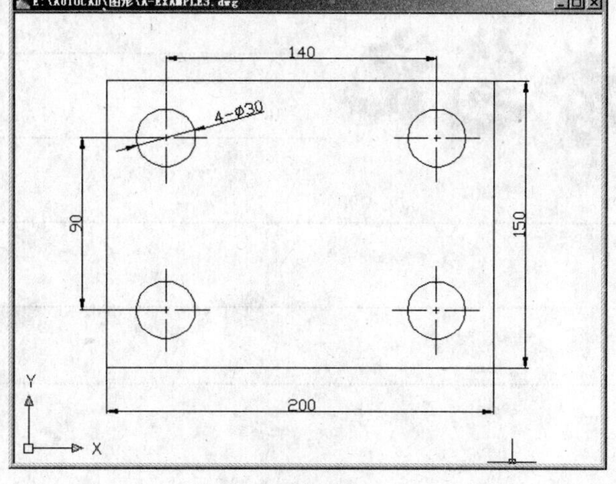

图 A-38　修改结果

步骤 5　保存文件并退出

选择【文件】→【另存为】命令，以文件名“A-EXAMPLE3A.dwg”保存该图形文件。选择【文件】→【退出】命令，退出 AutoCAD。

读者笔记